당신에게 노벨상을 수여합니다

노벨 생리의학상

당신에게 노벨상을 수여합니다

이 책은 스웨덴 노벨 재단Nobel Foundation의 동의를 얻어 1901년부터 2023년까지 노벨 물리학상, 노벨 화학상, 노벨 생리의학상 시상 연설문을 엮은 책입니다. 인류에 공헌한 사람에게 상을 수여하라는 노벨의 유언에 따라 인류가 쌓아 온 지적 유산인 노벨상 시상 연설을 공유하는 데 동의한 노벨 재단에 깊은 감사를 드립니다. 본문에 실린 시상 연설의 원문은 노벨 재단 홈페이지(www.nobelprize.org)에서 모두 확인하실 수 있습니다.

당신에게 노벨상을 수여합니다

노벨 재단 엮음 유영숙·권오승·한선규 옮김

노벨 생리의학상

1901~2023

The Nobel Prize

Physiology or Medicine

바다출판사

추천사

과학 분야 노벨상의 시상 연설을 모은 이 책에는 20세기에 모든 영역에서 이루어진 과학의 역사가 짜임새 있고 충실하게 정리되어 있습니다. 매년 12월 10일, 스톡홀름 콘서트홀에서는 노벨상 시상식이 거행되는데, 노벨상 위원회는 스웨덴 국왕의 시상에 앞서 수상자의 연구가 왜 노벨상을 받게 되는지를 설명하는 그리 길지 않은 연설을 합니다. 그 연설은 왕실과 귀빈뿐만 아니라 전 세계 일반 대중들도 그해 수상자의 업적을 이해할 수 있도록 쉽게 쓰여 있습니다. 그해 노벨상의 과학적 의미를 쉽고 간결하게 설명하는 셈이지요. 언론 매체뿐 아니라 일반 대중에게도 이 시상 연설은 큰 흥밋거리이며, 과학자들에게는 자신의 연구를 되돌아보고 앞으로 탐구할 것을 생각하는 계기가 됩니다. 그리고 시상 연설들을 모으면 그대로 지난 110년 동안의 과학 발전사를 모은 훌륭한 과학책이 됩니다.

인류 역사에 20세기처럼 역동적인 시대가 또 있었을까요? 약육강식의 식민지 시대의 끄트머리에서 시작한 20세기에, 인류는 두 차례에 걸친 세계대전과 첨예한 이데올로기의 냉전을 경험했습니다. 20세기 중반 이후 많은 민족이 자주 국가로 독립하였고, 민중이 권력을 쥐는 민주화가 전반적으로 확대되어 왔습니다. 이 결과 인류는 역사상 유래없는 반세기의 평화시대를 구가하고 있습니다.

농업혁명으로 대부분의 인류가 기아와 전염병의 위협으로부터 해방되었고, 인간의 평균 수명 또한 20년 정도 늘었습니다. 교통과 통신 기술이 급속도로 발달하여, 이제 전 지구가 1일생활권으로 축소되었습니다. 국가 간에 상품, 지식 및 사람의 교류가 과거 어느 때보다 많고 활발하여 국경이라는 개념도 모호해지고 있습니다. 한 세기 만에 인류 역사는 산업사회를 지나 지식기반 사회로 접어들었습니다. 이처럼 그 예를 찾아볼 수 없을 정도로 빠르고 광범위한 변화의 배경에는 인류의 과학과 기술이 있습니다.

이런 변화를 예상이라도 한 듯, 19세기 말 알프레드 노벨은 물리, 화학 그리고 생리 · 의학 분야의 발전에 커다란 공헌을 한 사람들에게 자신의 이름을 딴 상을 수여하라는 유언을 남겼습니다. 수상자의 국적을 가리지 말라는 유지에 따라 노벨상은 세계 최고의 국제적 성격을 가진 상이 되었습니다. 1901년에 첫 수상자를 낸 후, 20세기 내내 각 분야의 발전을 이끌어 온 위대한 과학자들이 거의 모두 노벨상을 수상하였습니다. 이제 노벨상은 수상자는 물론이고 수상자를 배출한 가족, 마을, 학교, 그리고 국가에게까지 커다란 영광으로 인식되고 있습니다. 즉 과학 분야의 노벨상은 과학기술의 눈부신 발전과 함께해 왔으며, 지구상에서 가장 권위 있는 상으로 자리매김 하였습니다.

세계 10위권 경제대국에 걸맞게 이제 우리나라도 과학 분야의 노벨상을 타야 한다는 열망이 전 국민에 퍼져 있습니다. 한국과학기술연구원(KIST)의 연구원들이 시간을 쪼개서 노벨상 시상 연설을 번역한 이 책을 출간하는 지금, 이제는 노벨상에 대한 무조건적인 열망보다는 노벨상을 냉정하고 진솔하게 바라보았으면 합니다. 황우석 교수의 줄기세포 연구에 대다수의 국민이 열광했던 예를 보면, 우리는 노벨상을 희구하는 일종의 집단 콤플렉스를 가지고 있는 듯합니다. 우리 땅에서 과학에 대한 연구와 기술 개발이 본격적으로 추진된 것은 최근 20년~30년에 지나지 않습니다. 선진국에 비해서 과학에 대한 연구 개발과 투자의 역사가 일천한 셈입니다.

과학은 자연을 체계적으로 이해하겠다는 인류의 의지로부터 발원했습니다. 인류가 어떻게 지식을 넓혀 왔는가에 주목하고 또 그것이 어떻게 가능했는지를 진솔하게 보아야 할 것입니다. 역대 노벨상 수상자들처럼 자연과 주변의 현상에 근본적인 호기심을 갖고, 그 답을 얻기 위해 정진하는 자세를 가다듬어야 할 것입니다.

마지막으로 1965년 노벨 물리학상을 수상한 리처드 파인먼 교수가 노벨상 시상식 만찬에서 행한 연설을 통해 노벨상이란 우수한 연구 성과에 주어지는 결과일 뿐, 결코 그 자체로 연구의 목적이 되어서는 안 된다는 점을 되새기고자 합니다.

"저는 이미 제가 해온 일에 대한 적절한 보상과 인정을 받았다고 생각합니다. 더 높은 수준의 이해를 위해 상상의 날개를 펼치다가 돌연 자연의 아름답고 숭고한 형상이 펼쳐진 새로운 공간에 홀로 서 있는 저를 발견했습니다. 저는 그것으로 충분합니다. 그리고 새로운 수준에 더 쉽게 도달할 수 있는 도구를 만들자 다른 사람들이 그 도구로 더 큰 자연의 수수께끼에 도전하는 모습을 보게 되었습니다. 이것으로써 나는 충분히 인정을 받았습니다."

제20대 한국과학기술연구원(KIST) 원장 금동화

출간을 축하하며

매년 12월이면 스웨덴 스톡홀름에서는 한바탕 축제가 벌어집니다. 바로 노벨상 시상식이 열리기 달이기 때문입니다. 노벨상 시상식의 하이라이트는 무엇보다 스웨덴 국왕이 노벨상을 수여하는 시상 순간이겠죠. 하지만 우리 과학자들은 바로 그 시상식 직전에 이루어지는 시상 연설에 더 주목합니다. 노벨상 시상 연설은 쉽게 말하면, 그해 노벨상 수상자들의 업적을 소개하는 간결하지만 인상 깊은 연설입니다.

이 책은 첫 노벨상 수상이 이루어진 1901년부터 최근에 이르기까지의 노벨상 시상 연설들을 빠짐없이 모은 책입니다. 그러다 보니 지난 100년 이상 인류가 이룩한 과학 발전사를 한 눈에 볼 수 있는 흥미로운 책이 되었습니다.

흔히들 과학은 이해하기 어렵다고 합니다만, 이 책은 세계 최고의 과학자들이 이룬 업적을 쉽고 재미있게 설명하고 있습니다. 적절한 비유와 예시를 사용하여 물리, 화학, 생리 · 의학 분야에서 이룩한 과학적 성과의 발견 과정과 내용, 인류에 미친 영향을 알기 쉽게 소개하고 있습니다.

이 책을 통해 우리의 청소년들이 과학에 대한 흥미와 호기심을 키우고, 일반 국민들은 과학 분야의 전문적인 성과를 이해하는 소중한 기회를 얻을 수 있을 것이라 생각합니다. 아울러 지난 20세기 과학이 걸어온 발자취를 되돌아보고, 현재의 과학이 서 있는 지점, 그리고 앞으로 나아가야 할 길을 가늠해 보는 자료로 활용될 수 있을 것입니다.

동서고금을 막론하고 과학기술은 국민에게 희망을 주고 삶의 질을 향상시키며 나라를 부강하게 하는 힘이 되어 왔습니다. 새로운 아이디어와 발견의 작은 물방울들이 만나 기술이라는 큰 물방울이 되고, 다시 제품이라는 빗줄기로 쏟아져 내려 땅을 촉촉이 적심으로써 우리의 삶을 풍요롭게 하기 때문입니다.

우리 주위에는 백신, 의약품, 항공기, 반도체와 같이 과학이 이루어낸 첨단 제품들이 헤아릴 수 없을 만큼 많습니다. 이러한 발명의 뒤꼍에는 과학자들의 창의력과 열정, 인내가 배어 있습니다. 노벨 과학상이 인류 발전에 커다란 공헌을 한 사람에게 수여되고, 지구상에서 가장 권위 있는 상으로 자리 잡은 것은 이 같은 이유에서가 아닌가 생각됩니다.

우리나라의 국력이 빠르게 신장하면서 과학 분야의 노벨상 수상에 대한 기대와 열망 또한 높아지고 있습니다. 이와 같은 열망 속에서 한국과학기술연구원(KIST)의 과학자들이 연구의 바쁜 틈을 내어 이 책을 출간하게 되었습니다. 2년 전에 1901년부터 2006년까지의 노벨상 시상연설을 발간하였지만, 이번에 2009년 시상 연설까지 포함하는 개정 증보판을 새로이 내놓았습니다.

대개 많은 책들이 유행을 타면서 명멸明滅하는데, 이 책은 2008년 교육과학기술부와 한국창의재단으로부터 '우수과학도서'로 선정되어 청소년과 일반 국민 사이에서 꾸준히 읽히고 있습니다. 아마 20세기의 과학사를 이토록 쉽고 충실하게 보여 주는 책이 드물기 때문이 아닌가 생각됩니다. 인류의 과학이 멈추지 않는 한 계속 새로운 내용이 추가되면서 10년 후, 20년 후에 읽어도 흥미롭고 유익한 책이 될 것입니다.

우리나라에서도 세계적인 연구 성과가 속속 나오고, 뛰어난 과학자들이 배출되고 있어 과학의 미래가 밝고 희망차 보입니다. 우리나라 R&D 투자의 대부분이 1990년대 이후에 이루어진 점을 감안하면, 앞으로 연구 성과가 쌓여 갈수록 노벨상 수상의 영광을 안게 될 날도 머지않아 다가오리라 생각됩니다.

아무쪼록, 이 책이 과학에 대한 국민의 이해와 관심을 높이고, 호기심과 열정으로 가득 찬 청소년들이 과학에 도전하는 계기를 만드는 밑거름이 되길 바랍니다. 이를 통해 과학기술이 국위 선양은 물론 부강하고 풍요로운 나라를 만드는 데 이바지하기를 기대합니다.

제21대 한국과학기술연구원(KIST) 원장 한홍택

인류에 공헌한 과학을 위하여

"…… 이에 당신에게 노벨상을 수여합니다."

지난 2013년 12월 10일, 스웨덴의 스톡홀름에서는 2013년도 노벨상 시상식이 전 세계 56개국에 생중계되는 가운데에 거행되었습니다. 스웨덴 국왕 내외를 포함한 1,250명의 참석자는 준비된 성대한 만찬과 함께 작은 오페라 공연을 즐기며, 수상자들을 축하하고 그들의 업적을 기렸습니다. 한 사람의 사회적 공헌이 110년을 넘어 인류 역사에 의미 있는 발자취를 만들어가는 자리에 또 한 해가 보태어졌습니다.

이 상이 가지는 의미는 여러분이 '노벨상'이라는 단어를 들었을 때 머릿속에 떠오른 그대로일 것입니다. 세계에서 가장 위대한 학문적 업적을 이룬 이들에게 주어지는 상. 하지만, 매년 수백 수천의 연구가 이루어지고 논문이 발표되는 가운데 과연 어떤 연구와 업적이 '세계에서 가장 위대하다'는 평가를 받을 수 있을지 새삼 궁금해지기도 합니다.

노벨상을 제정한 알프레드 노벨의 유언장에서 "지난해 인류에 가장 큰 공헌을 한 사람들"을 선정한다고 밝힌 바 있습니다. 여기서 우리는 노벨이 자신의 이름을 딴 상을 통해 격려하고자 한 것이 바로 '인류'에 대한 공헌이라는 점을 알 수 있습니다. 노벨은 물리학, 화학, 생리학, 문학, 평화라는 다섯 가지 분야를 명시하였고, 스웨덴은행이 별도의 기금으로 경제학 분야를 추가하여 1969년부터 여섯 개 분야에 대한 수상이 이루어지고 있습니다. 1901년부터 2013년까지 112년간 110회에 걸쳐 876명(중복 수상 포함)이 수상하였습니다.

먼저 이 책에 관심을 갖고 선택한 여러분께 격려의 말을 전하고 싶습니다. 이 책은 지난 110여 년 동안 노벨상 수상자들이 상을 받는 그 순간 시상식 현장에서 낭독되었던 시상 연설을 모아 놓은 책입니다. 전문적인 용어와 생소한 표현이 있지만 기본적으로는 과학에 전문적인 지식이 없는 사람들을 위해 최대한 이해하기 쉽게 풀어낸 연설문입니다. 따라서 이 책을 읽다보면, 마치 내가 노벨상 시상식에 참석해 있다는 느낌, 나아가 노벨상을 받고 있다는 느낌이 들기도 합니다.

이 책은 스웨덴 노벨 재단의 동의를 얻어 한국과학기술연구원(KIST)의 과학자들이 노벨상 시상연설을 번역해 출간한 책입니다. 2007년 처음으로 출간한 이후, 2010년에 한 차례, 그리고 지금 2013년까지의 시상연설을 추가해 새로 개정판을 내놓습니다. 바쁜 연구 일정 속에서도 이러한 일들을 해올 수 있었던 것은 과학에 대한 열망과 인류 진보에 대한 갈망 때문일 겁니다. 이 책을 통하여 한국의 많은 청년과 연구자가 과학 연구의 역사를 알고, 세계 흐름을 읽고, 인류의 삶에 기여할 수 있는 길을 걸어갈 수 있다면 더 바랄 게 없을 것입니다. 이 책은 단지 노벨상 수상이라는 목표가 아니라 자신의 삶을 무엇을 위해 바칠 것인가를 고민하는 젊은이들에게 길잡이가 될 것입니다.

이 책에 실린 연설문의 주인공들은 결코 돈과 명예를 좇아 살지 않았습니다. 꾸준한 노력을 통해 평생을 바쳐 인류의 미래에 공헌한 사람들입니다. 역대 노벨상 수상자들의 평균 나이는 59세 정도라고 합니다. 이들 중 대부분은 자신들의 주된 연구 이후 수십 년이 지나서야 상을 받았으며, 10년 이내에 수상한 이들은 손에 꼽을 정도라고 합니다. 또한 그들의 연구가 당시에는 학계의 주류에서 벗어나 있었거나, 관심을 받지 못하는 내용인 경우가 상당히 많았습니다. 바로 얼마 전, 2013년도 물리학상을 수상한 피터 힉스는 50년 전의 연구로 노벨상을 수상할 것이라고는 상상도 못했다고 소회를 밝혔습니다. 그렇다면 이들이 노벨상을 받지 못했다고 연구를 포기했을까요? 아닙니다. 그들은 상을 받는 순간에도 자신들의 평생을 바쳐 묵묵히 연구해 온 그 분야의 석학들이었습니다.

이런 사정 때문에 노벨상 수상자들의 서구 강대국 편중과 유난히 큰 성비, 학문적 업적에 대한 비교 우위를 둘러싼 여러 논란에도 불구하고, 그 권위를 잃지 않는 것입니다. 이러한 비판에 앞서, 많은 노벨상 수상자들을 배출하는 나라의 연구 환경과 연구자들의 삶을 들여다보고 우리나라의 과학 연구의 현실과 어떠한 차이점이 있으며, 또 우리의 가능성은 무엇인지를 고민해보는 것이 필요하다고 생각합니다.

이 책은 교양서로서도 충분한 가치가 있는 책입니다. 흔히들 과학은 인문학의 반대 개념인 것처럼 말하곤 합니다. 고등학교에서 '이과'와 '문과'로 나뉘는 구조가 이러한 생각을 더욱 강화했다고 봅니다. '과학적'이라는 말은 '이성적'이라는 의미와 함께 '덜 인간적'이라는 의미로까지 쓰이는 듯합니다. 과학은 '까다로운' 것이고, '어려운' 것이며, 실생활에 별 의미가 없는 것처럼 인식되었습니다. 게다가 기초 과학이 학교 교과과정에서 밀려나고, 취업을 준비하는 젊은이들에게 인기가 없어졌다는 뉴스를 들을 때면 씁쓸한 마음을 감출 수가 없습니다.

그러나 과학은 인간, 자연, 우주라는 대상을 우리 인간을 중심으로 연구하는, 가장 '인간적인' 학문이 아닐 수 없습니다. 그런 의미에서 과학과 인문학은 공존해야 하는 것이지, 분리되어 따로 존재할 수 있는 것이 아닙니다. 특히나 요즈음과 같은 융합의 시대에 과학과 인문학의 융합은 새로운 변화를 이끌어내는 창조적 영역으로 떠오르고 있습니다. 바로 이 책에 담겨 있는 '노벨상 시상 연설문'이 그 가장 좋은 예가 아닐까 싶습니다. 수십, 수백 페이지에 달하는 논문의 내용을 일반인도 이해할 수 있는 쉬운 말로 바꾸고, 수십 년에 걸친 연구의 업적을 5분 정도에 읽을 수 있도록 요약하는 것은 매우 뛰어난 인문학적 역량이 필요한 일이기 때문입니다.

우리가 노벨상으로부터 배워야할 점은 또 있습니다. 바로 '사소취대捨小取大', 즉, '작은 것을 버리고 큰 것을 얻는다'는 말입니다. 처음 노벨의 유언이 공개되었을 당시, 가족들의 반대는 물론이고 스웨덴 전체가 논란에 휩싸였다고 합니다. 성별은 물론이고 국적에도 무관하게 수상자를 선정하라는 노벨의 유언에 대해 외국인이 받을 경우 국부가 해외에 유출될 것이라는 우려 때문이었습니다. 그럼에도 불구하고, 스웨덴 정부는 1900년에 노벨 재단을 승인하였고, 110여 년이 흐른 지금 노벨상은 세계의 존경을 받는 최고의 명예로운 상이 되었습니다. 만일 그때 노벨의 유언이 관철되지 않았다면, 스웨덴 국왕 부부가 참석하고 스웨덴 국가가 울려 퍼지는 시상식 장면이 전 세계로 생중계되는 일은 없었을 것입니다. 또한 스웨덴의 국가 이미지를 긍정적으로 만들어주고, 전 세계 과학 분야에 대한 기여를 경제적으로 환산해볼 때 막대한 가치를 창출한 결과가 되었습니다.

아시는 바와 같이 노벨상은 알프레드 노벨이 고뇌와 결단을 통해 거의 모든 재산을 사회에 환원했기에 제정될 수 있었습니다. 사실 세계 평화를 염원하는 마음과는 달리, 그의 연구 성과는 개발과 전쟁 등에 무분

별하게 활용되고 말았습니다. 어쩌면 이처럼 과학적 성과는 사용하는 사람의 의도에 따라 이로움과 해로움이 결정되는 '칼날'과도 같을 수 있습니다. 연구자로서 자신의 분야에서 의미있는 연구 결과를 얻는 것은 최고의 행복이겠지만, 그 파급력이 목적대로만 이루어지지는 않을 수도 있습니다. 따라서 연구의 목적과 지향과 방향을 올바르게 취하려면 인류 문화와 역사에 대한 통찰력이 필요합니다. 그런 점에서 노벨이 정한 '인류에 가장 큰 공헌'에 대한 정의, 그리고 그러한 길을 선택한 연구자들의 성찰은, 오늘날 과학 연구에 있어 하나의 지침이 될 수 있겠다고 생각합니다. 그러므로 우리가 지향해야 할 지점은 단순히 '노벨상을 받는 것'이 아니라, 과학을 통해 인류의 행복과 발전에 공헌하고자 하는 부단한 도전과 노력이 아닐까 합니다.

제23대 한국과학기술연구원(KIST) 원장 이병권

차례

추천사 _ 제20대 한국과학기술연구원 원장 금동화 | iv

출간을 축하하며 _ 제21대 한국과학기술연구원 원장 한홍택| viii

인류에 공헌한 과학을 위하여 _ 제23대 한국과학기술연구원 원장 이병권| xii

옮긴이 서문 | 14

1901 혈청을 이용한 디프테리아 치료법의 발견 | 에밀 폰 베링 | 23

1902 말라리아의 인체 침투 경로에 관한 연구 | 로널드 로스 | 28

1903 심상루프스의 치료를 위한 광치료법 발견 | 닐스 핀센 | 34

1904 소화 · 생리 기능의 생명 현상에 관한 업적 | 이반 파블로프 | 40

1905 결핵 연구 | 로베르트 코흐 | 48

1906 신경계의 구조에 관한 연구 | 카밀로 골지, 산티아고 라몬 이 카할 | 56

1907 질병 발생과 관련한 원생생물의 역할에 관한 연구 | 알퐁스 라베랑 | 62

1908 면역에 관한 연구 | 일리야 메치니코프, 파울 에를리히 | 70

1909 갑상선의 생리학 · 병리학적 연구 및 외과 수술에 관한 연구 | 에밀 코허 | 75

1910 세포화학의 발전에 관한 공로 | 알브레히트 코셀 | 80

1911 눈의 굴절광학에 관한 연구 | 알바르 굴스트란드 | 86

1912 혈관 봉합술 및 기관 이식에 관한 업적 | 알렉시스 카렐 | 90

1913 과민증에 관한 연구 | 샤를 리셰 | 97

1914 전정기관의 생리 · 병리학에 관한 업적 | 로베르트 바라니 | 103

1919 면역에 관한 연구 | 쥘 보르데 | 109

1920 모세혈관의 운동조절 메커니즘에 관한 연구 | 아우구스트 크로그 | 116

1922 근육 내 열생산에 관한 연구 | 아치볼드 힐 | 126

산소 소비와 젖산대사의 고정관계 연구 | 오토 마이어호프

1923 인슐린의 발견 | 프레데릭 밴팅, 존 매클라우드 | 136

1924 심전도 메커니즘을 발견한 공로 | 빌렘 에인트호벤 | 143

1926 스파이롭테라 암을 발견한 공로 | 요하네스 피비게르 | 153
1927 마비성 치매의 치료에서 말라리아 접종법의 가치에 관한 연구 | 바그너 야우레크 | 158
1928 티푸스 연구 | 샤를 니콜 | 163
1929 항신경염성 비타민과 성장촉진 비타민의 발견 | 크리스티안 에이크만, 프레더릭 홉킨스 | 170
1930 인간의 혈액형 발견 | 카를 란트슈타이너 | 179
1931 호흡효소의 성질과 작용 방식의 발견 | 오토 바르부르크 | 185
1932 뉴런의 기능 발견 | 찰스 셰링턴, 에드거 에이드리언 | 189
1933 유전 현상에서 염색체의 역할 규명 | 토머스 헌트 모건 | 197
1934 간을 이용한 빈혈 치료법 발견 | 조지 휘플, 조지 마이넛, 윌리엄 머피 | 205
1935 배 발생에서의 형성체 효과 발견 | 한스 슈페만 | 218
1936 신경 충격의 화학적 전달기전 발견 | 헨리 데일, 오토 뢰비 | 223
1937 생물학적 연소 과정에 관한 연구 | 얼베르트 센트죄르지 | 230
1938 동과 대동맥의 호흡 조절 메커니즘에 관한 연구 | 코르네유 하이만스 | 237
1939 프론토실의 항균 효과 발견 | 게르하르트 도마크 | 244
1943 비타민 K의 발견과 그 화학적 성질에 관한 연구 | 헨리크 담, 에드워드 도이지 | 251
1944 단일 신경섬유의 기능 발견 | 조지프 얼랜저, 허버트 개서 | 256
1945 감염성 질환에 대한 페니실린의 효과에 관한 연구 | 알렉산더 플레밍, 언스트 보리스 체인, 하워드 플로리 | 261
1946 엑스선에 의한 돌연변이 발생의 발견 | 허먼 멀러 | 270
1947 글리코겐의 촉매 전환 과정에 관한 연구 | 코리 부부 | 276
당대사 과정에서의 뇌하수체 호르몬의 역할 연구 | 베르나르도 우사이
1948 DDT의 효과 발견 | 파울 뮐러 | 286
1949 중뇌의 기능 발견 | 발터 루돌프 헤스 | 293
정신병 치료에 있어 백질 절제술의 가치에 관한 연구 | 앙토니우 에가스 모니즈
1950 부신피질 호르몬에 관한 연구 | 에드워드 켄들, 타데우시 라이히슈타인, 필립 헨치 | 299
1951 황열병에 관한 연구 | 맥스 타일러 | 310
1952 스트렙토마이신 발견 | 셀먼 왁스먼 | 316
1953 시트르산 회로 발견과 조효소에 관한 연구 | 한스 크레브스, 프리츠 리프만 | 324

1954 소아마비 바이러스 배양 방법 발견 | 존 엔더스, 토머스 웰러, 프레더릭 로빈스 | 330
1955 산화효소의 작용 방식과 성질에 관한 연구 | 악셀 후고 테오렐 | 339
1956 심장도관술과 순환계의 병리적 현상에 관한 업적
| 앙드레 쿠르낭, 베르너 포르스만, 디킨슨 리처즈 | 343
1957 특정 화학요법제의 작용에 관한 연구 | 다니엘 보베 | 350
1958 특정 화학반응을 조절하는 유전자 기능 연구 | 조지 비들, 에드워드 테이텀 | 355
세균의 유전물질 구조 및 유전자 재조합 연구 | 조슈아 레더버그
1959 DNA와 RNA의 생물학적 합성 기전에 관한 연구
| 세베로 오초아, 아서 콘버그 | 362
1960 후천성 면역내성을 발견한 공로 | 프랭크 버닛, 피터 메더워 | 368
1961 와우관 자극의 물리적 전달기전에 관한 연구 | 게오르크 폰 베케시 | 374
1962 핵산의 분자 구조 및 생체 내 기능에 관한 연구
| 프랜시스 크릭, 제임스 왓슨, 모리스 윌킨스 | 379
1963 신경섬유를 통한 신경충격의 화학적 전달 과정 발견
| 존 에클스, 앨런 호지킨, 앤드루 헉슬리 | 385
1964 콜레스테롤과 지방산 대사 조절 메커니즘에 관한 업적
| 콘라트 블로흐, 페오도르 리넨 | 391
1965 효소의 유전적 조절 작용과 세균 합성에 관한 연구
| 프랑수아 자코브, 앙드레 르보프, 자크 모노 | 396
1966 발암 바이러스의 발견 | 페이턴 라우스 | 403
호르몬을 이용한 전립선암 치료법 발견 | 찰스 허긴스
1967 시각의 생리학적·화학적 과정 발견
| 랑나르 그라니트, 핼던 하틀라인, 조지 월드 | 411
1968 유전암호의 해독과 그 기능에 관한 연구
| 로버트 홀리, 고빈드 코라나, 마셜 니런버그 | 418
1969 바이러스의 복제기전과 유전적 구조 발견
| 막스 델브뤼크, 앨프레드 허시, 살바도르 루리아 | 424
1970 신경종말에 존재하는 채액성 전달물질에 대한 연구
| 버나드 카츠, 울프 폰 오일러, 줄리어스 액설로드 | 430

1971 호르몬의 작용 기전 발견 | 얼 서덜랜드 | 435
1972 항체의 화학적 구조를 밝힌 업적 | 제럴드 에들먼, 로드니 포터 | 439
1973 동물의 행동 유형에 관한 연구
| 카를 폰 프리슈, 콘라트 로렌츠, 니콜라스 틴베르헌 | 443
1974 세포의 구조 및 기능에 관한 연구
| 알베르 클로드, 크리스티앙 드 뒤브, 조지 펄라디 | 448
1975 종양 바이러스와 세포 유전물질의 상호작용 발견
| 데이비드 볼티모어, 레나토 둘베코, 하워드 테민 | 453
1976 감염성 질병의 기원과 전파에 관한 새로운 발견
| 버룩 블럼버그, 칼턴 가이두섹 | 458
1977 뇌하수체 호르몬의 발견과 면역정량 방법의
개발에 관한 연구 | 로제 기유맹, 앤드루 섈리, 로절린 옐로 | 462
1978 제한 효소의 발견과 그 응용에 대한 연구
| 베르너 아르버, 대니얼 네이선스, 해밀턴 스미스 | 468
1979 컴퓨터 단층촬영술 개발 | 앨런 코맥, 고드프리 하운스필드 | 474
1980 면역반응을 조절하는 세포표면의 유전적 구조체 발견
| 바루 베나세라프, 장 도세, 조지 스넬 | 479
1981 대뇌반구의 기능과 시각정보화 과정에 관한 연구
| 로저 스페리, 데이비드 허블, 토르스텐 비셀 | 486
1982 프로스타글란딘과 관련된 생물학적 활성물질에 대한 연구
| 수네 베리스트룀, 벵트 사무엘손, 존 베인 | 492
1983 전이성 유전인자 발견 | 바버라 매클린턱 | 498
1984 면역체계의 특이적 발달과 조절 이론, 그리고 단일클론항체
생산 원리에 대한 연구 | 닐스 예르네, 게오르게스 쾰러, 체자르 밀스테인 | 503
1985 콜레스테롤 대사 조절에 관한 연구 | 마이클 브라운, 조지프 골드스테인 | 510
1986 세포 성장을 촉진하는 성장인자의 발견 | 스탠리 코언, 리타 레비몬탈치니 | 514
1987 다양한 항체 생성의 유전적 원리 발견 | 도네가와 스스무 | 519
1988 약물 치료의 중요한 원칙의 발견 | 제임스 블랙, 거트루드 앨리언, 조지 히칭스 | 523
1989 암을 유발하는 레트로바이러스에 관한 연구 | 마이클 비숍, 헤럴드 바머스 | 529

1990 생체기관과 세포 이식에 관한 발견 | 조지프 머리, 에드워드 토머스 | 533
1991 세포의 정보교환에 관한 발견 | 에르빈 네어, 베르트 자크만 | 538
1992 가역적인 단백질 인산화에 관한 연구 | 에드먼드 피셔, 에드윈 크레브스 | 542
1993 절단 유전자의 발견 | 리처드 로버츠, 필립 샤프 | 546
1994 G-단백질의 발견과 세포 내 신호전달 체계에서의 기능 연구
| 앨프리드 길먼, 마틴 로드벨 | 550
1995 초기 배아 발달의 유전적 조절에 관한 연구
| 에드워드 루이스, 크리스티아네 뉘슬라인 폴하르트, 에릭 위샤우스 | 554
1996 세포에 의한 면역방어체계의 특이성에 관한 발견 | 피터 도허티, 롤프 칭커나겔 | 558
1997 새로운 생물학적 감염 물질인 프리온의 발견 | 스탠리 프루시너 | 562
1998 심혈관 시스템에서 신경전달물질로서 기능하는 일산화질소에 대한 연구
| 로버트 퍼치고트, 루이스 이그내로, 페리드 머래드 | 566
1999 세포 내 단백질 이동 경로를 규정하는 고유한 신호전달 체계의 발견
| 귄터 블로벨 | 571
2000 신경계의 신호전달에 대한 발견 | 아르비드 칼손, 폴 그린가드, 에릭 캔들 | 575
2001 세포주기의 핵심 조절 인자 발견 | 릴런드 하트웰, 티머시 헌트, 폴 너스 | 581
2002 생체기관의 발생과 세포 사멸의 유전학적 조절에 대한 발견
| 시드니 브레너, 존 설스턴, 로버트 호비츠 | 585
2003 자기공명영상에 관한 연구 | 폴 로버터, 피터 맨스필드 | 590
2004 냄새 수용체와 후각 시스템의 구조에 대한 발견 | 리처드 액설, 린다 벅 | 593
2005 위염과 위궤양을 일으키는 원인균인 헬리코박터파일로리균의 발견
| 배리 마셜, 로빈 워런 | 597
2006 이중나선 RNA에 의한 RNA 간섭현상 발견 | 앤드루 파이어, 크레이그 멜로 | 601
2007 배아줄기세포를 이용하여 특정 유전자를 생쥐에 주입하는 원리 발견
| 마리오 카페키, 마틴 에반스, 올리버 스미시스 | 605
2008 자궁경부암 유발 인유두종 바이러스의 발견 | 하랄트 추어하우젠 | 609
인간면역결핍 바이러스의 발견 | 프랑수아 바레-시누시, 뤽 몽타니에
2009 텔로미어와 텔로머라제 효소의 염색체 보호 기전의 발견
| 엘리자베스 블랙번, 캐럴 그라이더, 잭 조스택 | 613

2010 체외수정 기술의 개발 | 로버트 G. 에드워즈 | 617
2011 선천적 면역반응 활성화와 관련된 발견 | 보이틀러, 호프만 | 620
수지상 세포의 발견과 적응 면역(후천 면역)에서의
해당 세포의 역할을 규명 | 스타인먼
2012 성숙한 세포가 만능세포로 재구성되는 기제에 대한 발견
| 존 B. 거던, 야마나카 신야 | 624
2013 세포내 물질의 수송 시스템인 소포체의 수송 조절 장치의 발견
| 제임스 로스먼, 랜디 셰크먼, 토마스 쥐트호프 | 628
2014 뇌세포의 위치정보처리에 관한 발견
| 존 오키프, 마이브리트 모세르, 에드바르 모세르 | 633
2015 기생충 감염 및 말라리아 치료제의 개발
| 윌리엄 캠벨, 사토시 오무라, 유유 투 | 637
2016 자가 포식 기전에 대한 발견 | 요시노리 오스미 | 641
2017 일주기 리듬 (생체시계) 조절의 분자 기전을 규명
| 제프리 홀, 마이클 로스배시, 마이클 영 | 645
2018 음성(네가티브) 면역 관문 억제를 통한 암 치료법 발견
| 제임스 앨리슨, 혼조 다스쿠 | 649
2019 세포의 산소 이용을 감지하고 적응하는 방법의 발견
| 윌리엄 케일린, 피터 랫클리프, 그레그 서멘자 | 653
2020 C형 간염 바이러스 발견 | 하비 올터, 마이클 호턴, 찰스 라이스 | 657
2021 온도와 촉각 수용체의 발견 | 데이비드 줄리어스, 아뎀 파타푸티언 | 661
2022 멸종된 호미닌의 유전체와 인류 진화에 관한 발견 | 스반테 페보 | 664
2023 코로나19의 mRNA 백신 개발을 가능하게 한 핵산 염기변형 기술 발견
| 커털린 커리코, 드루 와이스먼 | 668

알프레드 노벨의 생애와 사상 | 674
노벨상의 역사 | 677
노벨상 수상자 선정 과정 | 680
인명 찾아보기 | 682

옮긴이 서문

지난 20세기는 인류 역사상 문명이 가장 급격하게 발전한 세기였다. 생명과학 분야 역시 이 시기에 획기적으로 도약했다. 노벨상이 제정된 지 123년이 되었다. 지난 100여 년간 각종 질병을 극복하면서 인류의 건강과 수명은 급속하게 향상됐다. 생명과학 분야의 과학자를 대표하는 노벨 생리의학상 수상자들에게 우리는 모두 빚을 지고 있다. 그들은 인류를 줄기차게 공격해 질병을 일으키는 원충, 세균, 바이러스 연구에 매진했다. 면역 연구는 인류 생존을 위한 방어 체계를 구축하려는 그들의 헌신이다. 질병의 원인을 규명하고자 그들은 인간의 유전 연구에도 도전해 왔다. 인간의 세포나 장기 연구는 생명의 근본을 이해하는 데 필수 불가결했다. 여러 가지 대사 연구로부터 효소와 수용체의 기능을 밝혀 질병의 치료와 약물의 개발을 이끌었다. 이 책에서 우리는 노벨 생리의학상의 시상 연설을 통해 생명과학 연구의 역사를 개괄했다. 이를 통해 생명과학자들이 생명의 이해와 질병 대응의 최전선을 지키며 어떤 헌신을 해 왔는지 알 수 있었다. 이와 함께 노벨상 수상자의 국가별 통계와 유망 연구 분야를 살펴보며 미래를 전망하고자 하였다.

:: 질병 정복: 원충, 세균, 바이러스의 공격에 대한 투쟁

인류의 역사는 각종 질병에 대응한 끊임없는 투쟁으로 점철되어 있다. 질병은 원충, 세균, 바이러스가 매개체를 통해 사람을 전염시켜 발생한다. 노벨 생리의학상의 역사는 이 질병들에 대항한 과학자들의 노정을 오롯이 보여준다.

최근 2020년에 노벨 생리의학상을 수상한 하비 올터, 마이클 호턴, 찰스 라이스는 수혈 후 간염에 걸린 사람들을 연구하는 데 매진했다. 간염을 유발하는 바이러스를 복제하여 새로운 검색 기술을 개발했고, 마침내 감염 입자를 규명하여 C형 간염 치료에 성공하였다. 올해 2023년 노벨상을 받은 커털린 커리코와 드루 와이스먼은 mRNA 백신 개발의 기초를 제공하여 코로나19 팬데믹으로부터 인류를 구하였다.

:: 면역 연구: 인류 생존을 위한 방어 체계 구축

각종 미생물에 대한 방어에서 암 치료까지 인류의 생존에 핵심적인 역할을 한 면역 연구는 노벨 생리의학상의 중요한 축을 담당한다. 일리야 메치니코프는 미생물이 유기체 내 세포에 의해 파괴된다는 포식 이론을 발표하였고, 파울 에를리히는 디프테리아 혈청 요법을 완성했다. 이는 면역 현상에서 세포의 중요성을 강조한 첫 연구로 1908년 노벨상을 받았다.

1972년 수상자 제럴드 에들먼과 로드니 포터는 항체(면역글로부린)의 화학 구조를 발견하였다. 1984년 수상자 닐스 예르네, 게오르게스 쾰러, 체자르 밀스테인은 면역 체계의 특이적 발달 조절 이론과 융합 세포 기법을 이용하여 단일클론항체 생성 원리를 발견했다. 또한 도네가와 스스무는 몇백 개의 유전자가 재조합하여 수십 개의 다양한 항체를 생성하는 유전적 원리를 밝혔다. 그는 다양한 항체 생성의 유전적 원리를 발견한 공로로 1987년 노벨상을 받았다. 이어 1996년 수상자 피터 도허티와 롤프 징커나겔은 세포 매개성 면역방어체계의 특이성을 발견한다. 이는 백혈구 세포가 어떻게 바이러스에 감염된 세포를 인식하고 공격해 죽이는지 그 기전을 찾아낸 연구였다. 최근 2018년 수상자 제임스 앨리슨과 혼조 다스쿠는 면역 관문 치료제(제 3세대 항암제)를 개발했다.

:: 유전 연구: 인류의 질병 정복을 위한 새로운 도전

약 37억 년 생명의 역사를 가능하게 한 유전에 관한 연구는 노벨 생리의학상에서 빼놓을 수 없는 축이다. 1901년 이전까지 생명과학 연구의 발전 속도가 거북이걸음이었다고 한다면, 노벨상이 시작된 1901년부터 1960년 초까지는 마라톤 선수의 달리기 속도라고 할 수 있다. 그러다 그 이후부터는 1960~1970년대에 이룩한 획기적인 연구 결과들로 마치 고속 철도가 달리는 것처럼 그 속도가 급격히 가속되었다.

유전 현상의 바탕을 이루는 유전물질에 대한 이해는 분자적 이해와 함께 더욱 깊어졌다. 1959년 노벨상 수상자 세베로 오초아는 RNA 합성효소를, 아서 콘버그는 DNA합성효소를 발견했다. 또한 1962년 수상자 프랜시스 크릭, 제임스 왓슨, 모리스 윌킨스는 역사적인 DNA 이중나선의 삼차원 구조를 밝혔다. 1978년 수상자 베르너 아르버, 대니얼 네이선스, 해밀턴 스미스는 제한 효소를 발견하여 분자유전학의 놀라운 발전을 가져왔다. 네이선스는 이 방법으로 원숭이 바이러스의 DNA를 절단하여 처음으로 유전자 지도를 완성했다.

DNA에 관한 활발한 연구는 식물에서의 이동성 유전자 발견(1983년 바바라 매클린턱)과 절단 유전자의 발견(1993년 리처드 로버츠, 필립 샤프)

을 이끌었으며, 암 유발 유전자 연구(1989년 마이클 비숍, 해럴드 바머스)는 유전자 기능을 이해하고 조절을 가능하게 함으로써 인류의 질병을 치료할 수 있다는 기대를 품게 했다.

:: 세포와 장기 연구: 생명체를 이해하기 위한 토대와 시스템의 작동 방식 규명

생명체로서 인간을 이해하고자 하는 과학자들의 노력은 노벨 생리의학상의 또 다른 한 축을 이룬다. 1963년 노벨상을 받은 존 에클스, 앨런 호지킨, 앤드루 헉슬리는 신경충격을 이용해 세포의 전기적 변화를 측정하여 소듐(나트륨)과 칼륨의 막전위 이론을 증명하였고, 1991년 수상자 에르빈 네어와 베르트 자크만은 이온 채널을 측정하여 세포 정보교환 이론을 밝혔다.

1986년 수상자 스탠리 코언, 리타 레비몬탈치니는 세포 성장을 촉진하는 신경성장인자(NGF)와 상피성장인자(EGF)를 발견했다. 얼 서덜랜드는 호르몬의 작용 기전에 중요한 2차 메신저인 cAMP를 발견해 1971년 노벨상을 받았고, 1992년 수상자 에드먼드 피셔, 에드윈 크레브스는 근육의 글리코겐이 단백질 인산화 반응에 의해 당분으로 유리됨을 밝혀냈다. 앨프리드 길먼, 마틴 로드벨은 G-단백질의 발견과 세포 내 신호전달 체계의 기능 연구에서 세포 간 교신을 위한 G-단백질의 역할을 밝혀 1994년 노벨상을 수상했다. 요시노리 오스미는 효모 모델에서 자가포식 및 자가포식 조절 유전자를 규명해 2016년 노벨상을 받았다.

존 거던과 야마나카 신야는 성숙 세포를 만능세포로 재구성하는 기전을 연구했다. 신야는 단지 네 개의 유전자 조합으로 성숙한 피부세포를 줄기세포 단계로 돌릴 수 있었고, 인간 피부세포를 줄기세포로 재구성한 뒤 신경, 심장, 근육 세포로 분화시킬 수 있음을 보였다. 이들은 만능세포 재구성에 대한 기제 발견의 공로로 2012년 노벨상을 받았다.

감각과 관련해 2004년 수상자 리처드 액설, 린다 벅은 냄새 수용체와 후각 시스템의 구조를 규명하였고, 2021년 수상자인 데이비드 줄리어스와 아뎀 파타푸티언은 각각 캡사이신의 작용으로부터 열 감지 수용체와 자극에 반응하는 새로운 종류의 단백질의 촉각 수용체를 발견했다.

생명체의 핵심 기관 중 하나인 뇌와 관련해서 먼저, 카밀로 골지와 산티아고 이 카할이 은銀염색법을 이용해 중추신경계 신경세포와 신경섬유의 연결구조를 밝혀 1906년 노벨상을 받았다. 1932년 수상자 찰스 셰링턴, 에드거 에이드리언은 신경계 뉴런의 기능을 발견했고, 1936년 수상자 헨리 데일, 오토 뢰비는 신경충격의 화학적 전달 기전, 즉 아세틸콜린의 신체 내 생리적 역할을 밝혔다. 이어 버나드 카츠, 울프 오일러, 줄리어스 액설로드가 신경종말에 존재하는 체액성 전달물질인 아세틸콜린과 노르아드레날린을 발견해 1970년에 노벨상을 받았다. 또한 1998년 수상자 로버트 퍼치고트, 루이스 이그내로, 페리드 머래드는 심혈관 시스템에서 신경전달물질인 일산화질소의 기능을 연구하여 니트로글리세린 약물의 기전을 규명했고, 2000년 노벨상 수상자 아르비드 칼손, 폴 그린가드, 에릭 캔들은 신경계의 신호전달 이론을 밝혔다. 대표적으로 칼손은 도파민의 작용, 파킨슨병의 원리, L-도파를 파킨슨병의 치료 약물로 사용할 수 있음을 찾아냈다. 끝으로 존 오키프, 마이브리트 모세르, 에드바르 모세르는 뇌세포의 위치정보를 처리하는 장소 세포인 격자세포의 기능을 밝혀 2014년에 노벨상을 받았다.

:: 대사 연구: 효소 및 수용체의 역할과 기능의 규명

한스 크레브스, 프리츠 리프만은 시트르산 회로를 발견하고 조효소를 연구한 공로로 1953년에, 악셀 후고 테오도르는 산화효소의 작용 방식과 성질 연구로 효소의 작용을 밝혀 1955년 노벨상을 받았다. 콘라트 블로흐, 페오도르 리넨은 콜레스테롤과 지방산 대사 조절 메커니즘을 밝힌 공로로 1964년 노벨상을 받았고, 20여 년 뒤인 1985에 마이클 브라운, 조지프 골드스테인은 콜레스테롤 대사 조절, 즉 LDL 수용체의 작용 기전을 밝힌 공로로 노벨상을 수상했다. 로제 기유맹, 앤드루 샐리, 로절린 앨로는 뇌하수체 호르몬을 발견하고 면역정량법을 개발한 공로로 1977년 노벨상을 받았다. 수네 베리스트룀, 벵트 사무엘손, 존 베인은 프로스타글란딘과 프로스타시클린을 발견한 공로로 1982년 노벨상을 받았다.

:: 국가별 노벨 생리의학상 수상자

1901년에 노벨상이 제정되고 123년이 지났다. 2023년까지 22개 나라의 238명이 노벨 생리의학상을 수상하였다. 미국 112명(47퍼센트)을 비롯하여 영국 30명(12.6퍼센트), 독일 17명(7.1퍼센트), 네덜란드 13명(5.4퍼센트), 프랑스 11명(4.6퍼센트), 스웨덴 8명(3.4퍼센트), 스위스 7명(2.9퍼센트), 호주 6명(2.5퍼센트), 덴마크와 일본 각각 5명(2.1퍼센트), 이탈리아 4명(1.7퍼센트), 벨기에, 오스트리아, 캐나다가 각각 3명(1.3퍼센트)의 순서다. 단독 수상이 41건, 2명 및 3명의 공동 수상이 36건과 37건이었다. 초창기에는 단독 수상이 많았으나 2000년 이후 단독 수상은 3건에 지나지 않는다.

:: 미지의 세계를 향한 집념과 투지 그리고 응원

이 서문에서는 노벨 생리의학상 수상자의 업적을 질병, 면역, 유전, 세포와 장기, 대사로 분류하여 살펴보았다. 이를 통해 세 가지 분명한 시

사점이 드러난다.

첫째, 노벨상이 조명하는 곳은 연구자의 독특한 창의성 그리고 끈질긴 집념과 투지라는 사실이다. 예를 들면 RNA 종양 바이러스에 의한 RNA로부터 DNA 합성(1975년)은 기존의 이론이나 원리에 과감하게 도전하는 연구였다. 심지어 동료 과학자들이 오랫동안 인정하지 않을 정도였다. 유전자 기능의 관여 없이 스스로 복제하는 프리온 단백질 발견(1997년), 그리고 변형된 염기를 포함하는 mRNA를 이용한 백신 개발 연구(2023년)도 이 같은 경우다.

둘째, 우리가 도전할 미지의 분야가 아직 많이 남아 있다. 성숙 세포의 역분화 기전(2012년)과 온도 및 촉각 수용체의 발견(2021년)에서 보듯이 줄기세포와 뇌과학 분야는 여전히 미지의 세계다. 치매와 암 치료도 더 많은 도전이 필요한 분야다.

셋째, 수상자 대부분이 미국과 유럽에 분포하고 있다. 우리나라도 연구의 저변 확대를 위한 노력이 긴요하다. 오늘날 대한민국은 선진국이다. 과학의 수준도 꽤 높다. 이제 도약을 위해서는 기초 과학에 더욱 관심을 쏟을 때다. 한국도 20~30년 전과 비교해 과학을 연구하는 환경이 급격히 나아졌다는 사실을 부인할 수 없다. 이제는 기초 과학에 관심을 쏟을 수 있는 연구 환경의 조성, 정부의 일관된 과학기술 정책, 그리고 지속적인 예산 지원의 뒷받침이 긴요하다. 머지않아 우리나라 과학자의 노벨 생리의학상 수상을 손꼽아 기대한다.

2023년 12월 권오승, 유영숙, 한선규

알프레드 노벨의 유언 중에서

돈으로 바꿀 수 있는 나머지 모든 유산은 다음과 같은 방법으로 처리해야 한다. 유언 집행자는 그것을 안전한 곳에 투자해 기금을 조성하고, 거기서 나오는 이자는 지난해 인류에 가장 큰 공헌을 한 사람들을 선정해 상금의 형태로 매년 지급하도록 한다. 그리고 그 이자는 5개 부분에 공헌한 사람들에게 골고루 분배한다.

첫째, 물리학 분야에서 가장 중요한 발견이나 발명을 한 사람.
둘째, 가장 중요한 화학적 발견이나 개선을 이룬 사람.
셋째, 생리학이나 의학 분야에서 가장 중요한 발견을 한 사람.
넷째, 문학 분야에서 가장 뛰어난 이상적 경향의 작품을 쓴 사람.
다섯째, 국가 간의 우호를 증진시켰거나 군대의 폐지나 감축에 기여한 사람. 또는 평화회의를 개최하거나 추진하는 데 가장 큰 공헌을 한 사람.

수상자를 선정하는 데 후보자의 국적을 고려해서는 안 되며, 스칸디나비아 사람이든 아니든 가장 적합한 인물이 상을 받아야 한다.

- 노벨 경제학상은 스웨덴 중앙은행의 기부금으로 1968년에 조성되었으며, 노벨의 유언에는 언급되지 않았다.

혈청을 이용한 디프테리아 치료법의 발견

1901

에밀 폰 베링 | 독일

:: 에밀 아돌프 폰 베링 Emil Adolf von Behring (1854~1917)

독일의 세균학자. 1878년 베를린에 있는 육군 군의학교를 졸업한 후 군의관으로 근무하였다. 1888년에 독일 위생연구소의 R. 코흐의 밑에서 조교로 일했다. 1894년에 할레 대학교 위생학 교수가 되었으며, 1895년부터는 마르크부르크 대학교 위생학 교수로 재직하였다. 특정 세균으로부터 얻은 독소에 의해 면역성을 갖게 된 혈청을 다른 사람의 장기에 주입함으로써 그 세균에 대한 내성을 갖게 하는 혈청 치료법을 개발함으로써 면역 분야에 선구적인 역할을 하였다.

전하, 그리고 신사 숙녀 여러분.

알프레드 노벨 박사님이 의학에 관심을 갖기 시작한 것은 두 가지 생각 때문이었습니다.

인류에게 유용한 의학과 인류에게 이익이 되는 의학을 향한 그의 따뜻한 마음이었습니다. 우리는 이런 그의 마음과 열정을 그의 생애와 유언을 통해 확인할 수 있습니다.

그의 열정은 그가 직접 관여하던 활동 영역에 국한되지 않았습니다. 노벨 박사님은 의학 문제를 해결하고자 노력하였으며 의문에 대한 해답을 얻기 위해서라면 수고나 비용을 아끼지 않았습니다. 이런 열정은 오래전에 카롤린스카 연구소에 상당한 금액을 기부한 것으로도 알 수 있습니다.

노벨 박사님과 같은 품성과 태도를 가진 사람들이 생명의학 연구에 많은 관심을 갖는다는 것은 결코 놀라운 일이 아닙니다. 노벨 박사님은 의학 연구를 높이 평가하였으며, 이런 연구들이 성공적으로 발전할 것으로 기대하고 있었습니다.

이와 같은 그의 생각은 틀리지 않았습니다.

지난 세기의 의학은 이전과는 비교할 수 없을 만큼 많은 발전을 이루었습니다. 처음 50년 동안 그 기초를 완성하였고, 더 많은 발전을 이루기 위한 기반을 마련하였습니다. 그리고 다음 50년은 중요한 연구들과 그로 인한 빛나는 업적들로 풍성하게 채워졌습니다.

이 모든 일을 여기에서 다 언급할 수는 없지만 세균학의 창시자인 파스퇴르 박사님과, 이를 보다 발전시킨 로버트 콕 박사님, 그리고 세균학을 외과 수술에 유용하게 응용하도록 이끈 리스터 박사님에 대해서 상기해 보고자 합니다.

세균학은 의학의 여러 분야에 많은 영향을 끼친 학문입니다. 세균학은 공중보건의 향상에 큰 영향을 주었으며 이와 관련된 모든 분야에서 그 내용을 찾아볼 수 있습니다. 외과 수술을 비롯한 관련 분야는 세균학의 발전으로 눈부시게 발전할 수 있었습니다.

또한 기초의학 분야에서도 그 가치는 높게 평가되며, 지금 개발 중인 것들도 너무 많아 일일이 언급할 수조차 없습니다.

세균이 질병을 일으킨다는 사실과 세균의 생활 조건에 대해 알게 되면서 우리는 질병 정복에 대한 희망을 갖게 되었습니다. 심지어 세균이 생명체 안에서 자라고 있는 경우에도 치료의 가능성은 충분합니다. 이러한 방향으로 연구가 이루어질 수 있었던 것은 디프테리아 연구에서부터 비롯되었습니다.

오래전부터 인류는 디프테리아와 이와는 조금 다른 크루프(후두의 가장자리에 섬유소성의 가막假膜이 생기는 급성 염증. 목소리가 쉬고 호흡 곤란을 일으키는데, 가막이 쉽게 벗겨지는 점이 디프테리아와 다르다)를 인류에 대한 하늘의 응징(천벌)으로 여겨 왔습니다. 발병률이 다소 감소할 때에는 분명히 이 질병이 멈추는 것 같았지만, 얼마 지나면 어김없이 다시 급격하게 발병률이 증가하며 치명적인 증상을 가진 질병을 전염시켰습니다. 수십 년 동안 이 질병은 여러 문명국가에서 창궐하였습니다.

마치 테러와도 같은 이 질병이 남아 있는 가족에게 안겨다 주는 절망은 설명하지 않아도 모두 알 수 있을 것입니다. 하지만 이런 상황은 이제 변하고 있으며, 이 질병 치료에 대한 전망은 매우 밝습니다.

하지만 디프테리아는 여전히 위협적인 질병이며 앞으로도 그럴 것입니다. 이 질병을 완전히 퇴치하거나 혹은 완치되는 환자가 몇 명이라도 생길 수 있는 단계까지 도달할 것이라고는 아직 기대할 수 없습니다. 그러나 분명한 것은 이 질병과의 싸움이 예전과는 달라졌다는 것입니다. 우리는 수많은 경우에 대한 효과적인 대책을 알게 됨으로써 이 질병에 대한 자신감과 희망을 갖게 되었습니다.

1883년은 디프테리아의 역사에 전환점이 된 해입니다. 일찍이 디프테리아의 발병 원인이 세균일 것이라고 가정한 두 명의 과학자가 있었습니다. 그러나 이 가정에 이의를 제기한 저명한 전문가도 있었습니다.

희망적인 것은 아무것도 없었으며 이에 관한 과학적 논쟁도 없었습니다. 이 질병과 기생충이 관련되어 있다는 것에 대해서도 여전히 언급되지 않고 있었습니다.

같은 해에 뢰플러 박사님은 디프테리아와 관련하여 세균학을 포괄적으로 연구하였습니다. 이 연구는 디프테리아 치료법을 더욱 발전시킨 중요한 초석이 되었습니다. 뢰플러 박사님의 연구는 세균들의 가면을 벗기고 작용기전을 밝혔습니다. 뢰플러 박사님에 맞서서 세균은 더 이상 자신의 무기를 사용할 수 없게 되었습니다.

일반적으로 개체 속으로 침투한 세균은 독소를 생산하고, 이 독소는 개체 안에서 유해한 환경을 조성합니다. 세균이 매우 위험한 이유는 바로 이 독소 때문입니다. 하지만 이 독소는 유기체에 해를 입히지 않으면서 유기체로 하여금 세균의 성장을 막을 수 있는 물질을 만들게 하기도 합니다. 이런 조건에서는 개체가 세균에 대한 감수성을 잃어 독소에 저항할 수 있게 되는데 우리는 이를 '면역'이라고 부릅니다. 이러한 사실로부터 다양하고 실질적인 응용이 가능해졌습니다.

하지만 디프테리아와의 전쟁에서 이기기 위해서는 다음 단계의 연구가 필요했습니다. 실제로 이에 관한 연구에 성공했고, 디프테리아를 비롯한 여러 질병에 대한 매우 중요한 결과들을 얻었습니다.

어떤 세균에서 얻은 독소로 그 세균에 대한 면역성을 갖게 된 개인의 혈액 또는 혈청〔피가 엉기어 굳을 때에, 혈병(血餠, 적혈구 포함)에서 분리하여 제거시킨 황색의 투명한 액체. 면역 항체나 각종 영양소, 노폐물을 함유하고 있다〕을 다른 사람의 장기에 주입하면 이 사람 또한 그 세균에 대한 내성을 갖게 됩니다. 이와 같은 사실에서 현재 우리가 사용하는 혈청 치료법이 생겨났습니다.

지금까지는 특히 디프테리아에 대해 혈청 치료법이 시행되었으며 결과는 매우 성공적이었습니다. 그러나 이 치료법의 중요성은 디프테리아에만 국한되는 것이 아니며 다른 많은 질병에도 적용할 수 있습니다. 혈청 치료법의 적용이 가능한 연구 분야는 현재로서는 분명한 한계가 없습니다. 이 방법이 시행되어야 하는 이유는 이미 증명되었습니다. 따라서 보다 중요한 진전을 기대하는 것은 당연합니다.

이 새로운 의학 분야의 선구자로서 에밀 폰 베링 교수님이 올해의 노벨 생리·의학상 수상자로서 선정되었습니다.

폰 베링 교수님.

왕립 카롤린스카 연구소는 노벨 생리·의학상 수상자로 이미 명성이 알려진 박사님을 결정하였습니다. 이 유익하고 획기적인 당신의 연구업적은 이 나라에서뿐만 아니라 전 세계적으로 널리 알려질 것입니다. 치명적인 질병에 대항할 수 있는 해결책을 교수님이 제시함으로써 의학 분야는 매우 중요한 큰 발전을 이룰 수 있었습니다.

왕립 카롤린스카 연구소 소장 K. A. H. 뫼르너

말라리아의 인체 침투 경로에 관한 연구

1902

로널드 로스 | 영국

:: **로널드 로스 Ronald Ross (1857~1932)**

영국의 세균학자. 1875년 런던에 있는 세인트 바솔로뮤 병원 의학교를 졸업하였으며, 1881년에 인도 군의단에 입단한 뒤 1892년부터 말라리아에 관하여 연구하였다. 1902년에 리버풀 열대병 의학교(현 리버풀 대학교) 교수로 임용되었다. 1911년에 기사 작위를 받았으며, 1912년에는 런던 킹스 대학교병원 고문의가 되었다. 1926년에는 그를 기념하여 설립된 로스 열대병 병원 및 연구소 소장이 되었다. 말라리아가 모기의 기생충에 의해 전염된다는 점을 밝힘으로써 말라리아 예방에 기여하였으며, 과학에 있어 생물학적 관심을 불러일으키기도 하였다.

전하, 그리고 신사 숙녀 여러분.

알프레드 노벨 박사님은 노벨 재단을 설립하면서 이 상이 갖는 국제적인 의미를 매우 강조하였습니다. 그는 이 재단을 통하여 인류에 대한 사랑뿐 아니라 우리 모두가 서로 형제라는 생각, 그리고 의학과 그 발전에 폭넓은 관심을 보여 주었습니다.

나라와 분야를 막론하고 모든 의학 연구자들에게는 궁극적으로 하나의 목표가 있습니다. 즉 인체와 그 내부에서 일어나는 일련의 반응들, 그리고 인체에 해를 끼치는 요인들과 그 방지책에 관해 더 완전한 지식을 얻고자 하는 것입니다. 따라서 모든 의학 연구자들은 한마음으로 이 목적을 추구하며, 하나의 동료의식으로 묶여 있습니다. 그럼에도 불구하고 각 분야들 사이에는 상당한 거리감이 있으며, 이는 연구자들에게 멀리 내다봄으로써 연구를 더욱 발전시킬 수 있는 지혜를 요구합니다.

이 지구상에 존재하는 질병의 종류와 심각성은 지역에 따라 다르게 나타납니다. 예를 들어 말라리아는 여기 스웨덴에서는 거의 나타나지 않는 질병이지만, 다른 지역에서는 아주 골치 아픈 문제입니다. 유럽 국가의 경우, 이탈리아에서는 말라리아로 사망하는 사람이 연 15,000명에 이르고, 해마다 200만 건 이상 발병합니다. 1897년에는 영국군 178,000명이 말라리아에 감염되었고 76,000명이 고열로 입원하였습니다. 인도의 경우는 이보다 훨씬 심각해서 1897년에만 말라리아로 사망한 사람이 500만 명이 넘습니다. 이제 말라리아는 매우 넓은 영역에서 창궐하는 질병이 되었으며 국가의 발전에 큰 걸림돌이 되고 있습니다.

따라서 많은 연구자들은 오래전부터 말라리아의 원인과 그것이 인체 조직 속으로 침투하는 방법에 관해, 그리고 이 질병을 예방할 수 있는 방법을 찾기 위해 연구해 왔습니다. 하지만 그 해답을 찾는 것은 매우 어려웠습니다.

프랑스 육군의 외과 의사인 라베랑 박사는 20년 전 말라리아에 관한 중요한 사실을 발견하였습니다. 그는 말라리아 환자의 혈액에서 하등 생물체를 발견하였고, 그 하등 생물체가 말라리아라는 기생충 질병을 유발한다는 사실을 알게 되었습니다. 이 발견으로 라베랑이라는 이름은 말라리아의 역사에 길이 남게 되었습니다.

그 후로 20년간 말라리아에 대한 연구는 주로 라베랑 박사님의 발견에 기초하여 이루어졌습니다. 그리고 이 연구들을 통해 중요한 사실들이 새롭게 발견되었습니다. 혈액 속에는 다양한 형태의 말라리아 기생충이 존재하며, 각각의 형태에 따라 서로 다른 질병이 유발된다는 것을 알게 되었습니다. 적혈구와 기생충의 관계도 밝혀졌으며, 기생충이 혈액 내에서 어떻게 번식하는지도 알게 되었습니다. 이탈리아 학자인 골지 박사는 말라리아 증상이 나타나는 주기가 혈액 속에서 번식하는 기생충에 따라 다르게 나타난다는 중요한 사실을 밝혀내기도 했습니다. 이와 같은 종류의 기생충은 다른 포유류 또는 조류의 혈액에서도 발견되었습니다.

하지만 말라리아 기생충이 인체 외부에서 어떻게 생존하는지, 그리고 사람의 혈액으로 어떻게 침투하는지에 대해서는 알 수 없었습니다. 일부에서는 잘 알려진 다른 기생충들처럼 말라리아 기생충도 사람의 혈액 외부에서 다른 생물에 기생하는 형태로 존재할 것이라고 가정했습니다. 하지만 환자의 분비물이나 배설물에서 말라리아 기생충은 발견되지 않았습니다. 따라서 흡혈 곤충들이 인간의 혈액 속으로 기생충을 옮김으로써 그 안에서 기생충이 번식하게 된다는 제안이 좀 더 설득력을 얻게 되었습니다. 이런 이유로 모기가 말라리아를 퍼뜨리는 주범으로 지목되었고, 마침내 말라리아의 발병에 모기가 결정적인 역할을 한다는 것이 증명되었습니다. 이는 전통적 추론이 과학을 앞지른 대표적인 경우라 할 수 있습니다. 동아프리카 흑인들은 이미 오래전부터 모기와 말라리아를 한 단어로 표현해 왔습니다.

말라리아에 관한 모기 이론은 18년 전 킹 박사가 제안한 적이 있었습니다. 그러나 그 이론은 역학적 관찰에 의한 제안에 불과했으며, 다른 증거가 없었기 때문에 그저 추측에 머무를 뿐이었습니다. 1890년대 초 이탈리아에서 이 이론을 증명하기 위한 실험이 시도되었지만 미미한 가능성만을 보여 줄 뿐이었습니다. 따라서 이런 식의 접근은 문제 해결에 아무런 도움이 되지 못했습니다.

그러던 중 영국의 패트릭 맨슨 박사는 이 문제에 대한 결정적인 해결책을 제시하였습니다. 피를 흘리면 기생충의 외관에 변화가 생기는데, 맨슨 박사는 이 변화가 인체 외부에서 기생충이 살아가는 첫 번째 단계라고 생각했습니다. 그 후 미국의 병리학자인 매컬럼 박사는 이 현상이 기생충의 번식을 의미한다는 것을 알게 되었습니다. 맨슨 박사는 혈액 내에 존재하는 기생충의 하나인 필라리아filaria라는 작은 벌레에 대한 경험을 바탕으로 모기가 옮기는 또 다른 기생충들을 발견하였습니다. 그중에는 특정 모기에 의해서만 옮겨지는 것들도 있었습니다. 말라리아에서 시작된 관찰과 자신의 연구가 말라리아 문제를 해결할 것이라는 기대로 맨슨 박사는 보다 활발하게 연구하였으며, 마침내 모기 이론을 정립하였습니다. 하지만 영국에 살던 맨슨 박사는 이를 실험할 기회가 없었으며 이 문제는 인도에서 해결되었습니다.

영국군의 외과 의사로서 인도에서 근무하던 로널드 로스 박사님은 맨슨 박사의 영향을 받아 실험을 하였습니다. 그는 실험실에서 부화시킨 모기가 말라리아 환자를 물게 한 뒤, 그 모기 속에 존재하는 기생충을 관찰하였습니다. 처음 2년 여에 걸친 실험은 주도면밀하게 진행되었음에도 불구하고 약간의 가능성만을 확인하는 데 그쳤습니다. 그러나 1897년 8월, 드디어 목표에 한 걸음 다가서게 되었습니다. 흔치 않은 모기종을 이용해 실험하던 그는 모기의 위벽에서 기생충이라고 생각되는 것을 발견하였으며 이것이 인간 말라리아 기생충의 진화된 형태라고 생각하였습니다.

인간 말라리아 기생충에 관한 연구가 곤란해지자 로스 박사님은 같은 종류의 조류 말라리아 기생충으로 연구를 계속했습니다. 그 결과 조류 말라리아 기생충에 관한 연구들을 통해 이에 상응하는 인간 말라리아에 관한 사실들을 확인할 수 있었습니다. 뿐만 아니라 모기의 몸속에서 조류 말라리아 기생충의 발달 과정을 증명하는 데에도 성공하였습니다.

말라리아 기생충은 모기의 위벽에서 수정이 일어나면서 성장하기 시작합니다. 수정 후 태어나는 기생충은 위벽으로 침투하고 그 안에서 몸체에 구멍이 나 있는 단추 같은 형태로 자라납니다. 여기에서 생겨난 수없이 많은 가늘고 긴 원충은 구조물이 파괴되면서 모기의 체강으로 빠져나오게 되며 타액선이나 독선에 축적됩니다. 이런 모기에 물리면 모기의 입과 연결되어 있는 타액선 또는 독선에 있는 기생충이 옮는 것입니다. 이때, 모기에 물린 사람이 기생충에 민감하다면 말라리아가 발병합니다.

말라리아에 대한 로스 박사님의 발견은 일련의 중요한 연구들을 이끌어 내는 역할을 했습니다.

이탈리아의 그라시 박사는 비그나미 박사, 바스티아넬리 박사와 함께 인간 말라리아 기생충을 연구하였습니다. 그들은 로스 박사님이 발견한 인간 말라리아 기생충의 초기단계를 증명했을 뿐만 아니라 이 기생충이 조류·말라리아 기생충과 동일한 방법으로 모기 몸속에서 성장한다는 것도 증명하였습니다. 이 외에도 그라시 박사는 사람의 말라리아 발병에 중요한 모기종을 밝혀내는 데 성공하였습니다. 로스 박사님과 그라시 박사, 로베르트 코흐 박사가 수행한 연구들 외에도 수많은 사람들에 의해 매우 가치 있는 연구들이 이루어졌으며 이로 인해 우리는 말라리아 기생충에 대해 더 많은 것을 알게 되었습니다. 그리고 이 지식들은 말라리아의 예방과 치료 연구에 매우 중요한 자료로 이용되었습니다.

로스 박사님의 연구는 말라리아에 관한 최근 연구들의 기반이 되었으며 실용의학이나 위생학에서도 매우 중요한 과학적 가치가 있습니다.

이러한 공로를 인정하여 왕립 카롤린스카 연구소는 올해 노벨 의학상을 로널드 로스 박사님께 수여하기로 결정하였습니다.

로널드 로스 박사님.

왕립 카롤린스카 연구소는 말라리아에 관한 연구로 오늘 노벨 생리·의학상을 수상하시는 박사님께 축하 말씀을 전해드립니다. 박사님의 발견으로 말라리아에 관한 미스터리가 해결되었습니다. 그리고 이 발견은 과학에 있어서 생물학적 관심을 크게 불러일으켰으며 의학적 중요성도 강조해 주었습니다. 뿐만 아니라 말라리아 예방에 관한 연구도 가능하게 하였습니다.

왕립 카롤린스카 연구소 소장 K. A. H. 뫼르너

심상루프스의 치료를 위한 광치료법 발견

1903

닐스 핀센 | 덴마크

:: 닐스 뤼베르 핀센 Niels Ryberg Finsen (1860~1904)

덴마크의 의사. 1890년에 코펜하겐 대학교 의학과를 졸업하였으며, 해부학 교실 조교로 활동하였다. 1896년에 그의 이름을 딴 핀센 광선치료 연구소(후에 코펜하겐 대학교 병원이 되었다)가 세워졌고, 소장을 맡았다. 1898년에 코펜하겐 대학교의 교수가 되었으며, 1899년에 덴마크 기사 작위를 받았다. 광선이 세균의 성장을 막으며 미생물을 죽일 수 있다는 특징을 발견하여, 천연두 치료법으로서 적외선을 사용할 것을 권장하였으며, 이후 심상루프스에 대한 광치료법을 개발하였다.

전하, 그리고 신사 숙녀 여러분.

왕립 카롤린스카 연구소 교수위원회에서는 올해 노벨 생리·의학상 수상자로 광선을 이용하여 심상루프스(결핵성피부염) 치료법을 발견한 덴마크 코펜하겐 대학교의 닐스 핀센 교수님을 선정하였습니다.

핀센 교수님의 연구 중에서 이 질병과 관련된 업적은 가장 잘 알려져 있으며, 그 결과 또한 매우 훌륭하여 오늘날 광선치료법이라는 의학기술이 탄생할 수 있었습니다. 하지만 처음 그의 관심은 광선 때문에 나타나는 생물학적 문제점이었습니다. 이것으로부터 그는 질병을 앓고 있는 피부에 미치는 광선의 효과를 고려할 수 있게 되었습니다. 핀센 교수님의 첫 번째 연구는 천연두였습니다. 이 연구는 비록 심상루프스에 적용된 원리와는 거리가 있었지만 이를 위한 기반 마련에 중요한 역할을 하였습니다.

1983년, 핀센 교수님은 천연두 치료법으로 적외선 사용을 권장하였습니다. 이 치료법을 사용하면 피부는 유해한 광선으로부터 스스로를 보호하기 위해 피부 병소의 회복을 촉진함으로써 이 질병으로 인한 상처의 흔적을 예방할 수 있다고 생각했습니다. 사실 수년 전부터 이와 비슷한 천연두 치료법이 사용되었습니다. 하지만 이 치료법을 실행하기 위한 명확한 근거가 부족했습니다. 그렇지만 핀센 교수님이 이 주제에 관한 연구를 시작하였을 당시 상황은 훨씬 좋아져 있었습니다. 1889년 위드마크 박사는 대부분의 스펙트럼이 굴절하는 광선, 특히 자외선에 노출된 부위에 강력하고 특별한 효과가 나타나는 것을 증명하였습니다. 이 효과는 열선으로 생긴 자극 또는 화상과는 전혀 달랐습니다. 처음에는 효과가 없거나 기껏해야 아주 약한 효과를 보였지만, 광선에 노출된 지 몇 시간 후에는 자극이 느껴졌습니다. 그 자극은 점차 강해졌다가 다시 약해졌으며 약 24시간 동안 나타났습니다. 핀센 교수님의 천연두 치료법에는 위드마크의 발견이 이용되었습니다. 그는 적색 유리와 커튼 등으로 자외선을 걸러 냄으로써 환자를 어두운 공간에 가두지 않고서도 광선에 노출시킴으로써 나타나는 피부 자극을 예방할 수 있었습니다.

천연두 치료법에 관한 핀센 교수님의 업적도 중요하지만 그의 또 다른 업적은 이보다 더 놀라웠습니다. 이후의 연구에서 그는 고도로 굴절시킨 광선의 강력한 생물학적 효과를 치료에 이용하려고 했습니다. 이렇게 그는 일반적인 광선 이외의 다른 광선을 치료에 이용하는 길을 열었으며 이것이 과학적 광선치료법의 시작이었습니다.

핀센 교수님의 광선치료법은 광선이 세균의 성장을 막으며 미생물을 죽일 수 있는 특징이 있다는 사실에서 비롯되었습니다. 그가 세균에 감염된 생물체에 이 광선을 응용하기 전인 1877년에 이미 다운스 박사와 블런트 박사는 이 현상을 관찰하였습니다. 그 외에도 두클로 박사, 루 박사, 부커 박사 등과 같은 수많은 과학자들이 세균 배양을 연구하였습니다. 이 경우에도 스펙트럼을 고도로 굴절시킨 광선이 활성을 나타냈습니다.

세균에 감염된 생물체에 대한 광선의 효과를 연구한 결과를 설명하기 위해서는 병인성 미생물이 광선에 의해 파괴되는 것과 함께 조직 자체에 대한 광선의 효과를 생각해야만 했습니다. 이 두 요소 중 어느 것이 광선치료의 효율에 더 중요한지는 앞으로 더 연구해야 합니다. 어느 것이 더 중요하든지 간에 강하게 굴절시킨 광선이 가장 좋은 활성을 나타내는 것은 분명했습니다. 조금 굴절시킨 광선은 효과가 없을 뿐 아니라 유기체의 산화에 매우 불리했기 때문에 되도록 사용하지 않는 것이 좋습니다. 이와 같은 핀센 박사님의 광선치료법은 연소유리로 병인성 조직을 연소시켜 심상루프스를 치료하려는 것으로, 이것은 이전의 시도와는 완전히 다른 새로운 것이었습니다.

핀센 박사님의 심상루프스 치료법은 다음과 같습니다. 먼저 태양광 또는 강력한 전기불꽃 램프의 빛(이 두 종류 모두 높은 비율의 활성 광선을 포함함)을 적절한 조성을 지닌 렌즈로 모읍니다. 그리고 열선은 가능한 한 제거합니다. 이 광선을 좁은 영역의 병인성 피부에 조사하고 압력에 의해 혈액을 건조시킵니다. 이 광선을 1시간 동안 계속 조사하면 그 즉시 피부가 붉어지면서 약간의 염증을 일으킵니다. 다음 며칠 동안 이 염증은 지속되다가 곧 가라앉기 시작합니다. 바로 이 시점에 상처도 회복되기 시작해서 흔적이 남고, 결국 이 흔적은 정상 피부와 동일하게 됩니다. 모든 환부를 이 방법으로 치료하게 되는데, 필요하다면 이와 같은 과정을 같은 부위에 두 번씩 반복합니다. 이러한 치료는 환자에게 불쾌감을 주지는 않지만 가격이 매우 비싸며 주의 깊은 감독과 상당한 시간을 요합니다. 그러나 이런 단점은 치료 결과에 비하면 아무것도 아닙니다. 이 방법은 다른 피부 질병의 치료에도 유용하며, 특히 심상루프스의 치료에 효과적이었습니다. 이 질병에 대한 기존의 어떤 치료법도 광선치료법의 결과와 비교될 수 없었습니다.

이미 알고 계시는 바와 같이, 심상루프스는 피부, 특히 코·눈썹·입술 및 볼과 같은 얼굴에 나타나는 일종의 결핵입니다. 피부는 점차 벗겨지게 되고, 시간이 지날수록 환자의 얼굴이 점점 더 혐오스러운 모습으로 변하게 됩니다. 이 질병은 특히 만성적으로 진행되는 특징이 있어 10년, 20년 또는 그 이상 활성을 유지할 수 있습니다. 더구나 현재까지 시행한 그 어떤 치료법으로도 이 질병에는 효과가 없었습니다. 따라서 환자가 이러한 형태의 치료를 참고 견딘다 하여도, 그 결과는 좌절로 끝나는 경우가 많았습니다. 이 무시무시한 질병에 대한 궁극적인 치료는 불가능해 보였습니다.

심상루프스에 대한 핀센 박사님의 치료법은 결코 과장이 아니었습니다. 그 결과는 매우 훌륭했으며 이 방법은 전 인류에게 희망을 주었습니다.

핀센 박사님은 1895년 11월에 심상루프스 환자를 처음으로 치료하였습니다. 비록 이 방법은 아직도 더 연구하고 개발해야 하지만 어떤 치료법에도 효과를 보지 못한 이 중증 환자는 매우 만족스러운 결과를 보여주었습니다. 이 성공적인 소식은 곧 널리 알려졌습니다. 심상루프스로 고통 받는 환자들은 더 이상 숨어 있지 않았습니다. 그들은 고통을 줄일 수 있는 치료를 받기 위해 서둘러 모여들었습니다. 그리고 결과에 만족했습니다.

이 새로운 방법은 의학계에 널리 알려졌으며 현재 사용중입니다. 의학 종사자가 아닌 박애주의자들도 이 치료법을 전폭적으로 지지했습니다. 그리하여 이듬해인 1896년에 개인 기부금을 위주로 코펜하겐에 핀센 광선치료 연구소가 세워졌습니다. 주와 시 당국에서도 기부금을 냈습니다. 이 연구소는 광선의 생물학적 효과에 대해 연구하였고 그 결과는 의학에 실질적으로 응용되었습니다. 이후로도 연구소는 계속 발전하여 최근에는 독립 건물을 사용하게 되었으며, 이 건물에는 치료를 위한 임상 및 실험 연구실이 들어섰습니다. 현재는 8명의 박사, 53명의 간호원, 3명의 보조 인력이 근무하고 있으며, 그 외에도 수많은 직원과 국내 인력이 고용되어 있습니다.

이 연구소는 여전히 심상루프스를 치료하는 핀센 박사님의 방법을 사용합니다. 특히 올해는 지난 6년 동안 치료한 심상루프스 환자들에 관한 첫 보고서가 출판되었습니다. 이 보고서에는 1901년 11월부터 현재까지 이 연구소에서 치료받은 약 800명의 환자에 대한 임상 기록이 수록되어 있습니다. 그 결과는 매우 만족스러운 것이었으며 이전의 어떤 치료법보다도 우수했습니다.

병소가 광범위하고 오랫동안 투병중이던 많은 환자들 중에서도 50퍼센트가 치료되었습니다. 그동안 많은 사람들이 불가능하다고 여겼던 회복까지는 오랜 시간이 걸렸습니다.

완전히 치료되지 않았던 환자 중 50퍼센트는 부분적으로 치료되는 효과를 볼 수 있었습니다. 전체 환자의 약 5퍼센트만이 치료에 실패하거나 일시적인 효과를 얻었습니다. 1901년 12월부터 올해 10월 말까지 치료된 심상루프스는 300여 건이나 됩니다. 최근에는 초기 심상루프스 환자 비율이 이전보다 높아졌습니다. 하지만 초기 심상루프스 환자는 치료하기가 훨씬 쉽기 때문에 미래는 매우 희망적입니다. 핀센 박사님의 말처럼 만성 심상루프스 환자가 덴마크에서 사라질 날이 곧 올 것입니다.

이 방법은 앞으로 무한한 도약을 암시하고 있습니다. 핀센 교수님의 연구는 의학의 역사에서 결코 지울 수 없는 발전을 이끌어 냈습니다. 때문에 핀센 교수님은 질병으로 고통 받는 인류로부터 감사를 받을 자격이 충분합니다.

오랜 질병으로 핀센 교수님은 오늘 이 자리에 참석하지 못했습니다.

왕립 카롤린스카 연구소의 교수위원회는 핀센 교수님을 대신해서 올해의 노벨상을 수상하기 위해 순트 해를 건너오신 덴마크의 스포넥 경에게 감사드립니다.

왕립 카롤린스카 연구소 소장 K. A. H. 뫼르너

소화 · 생리 기능의 생명 현상에 관한 업적

1904

이반 파블로프 | 러시아

:: **이반 페트로비치 파블로프 Ivan Petrovich Pavlov (1849~1936)**

러시아의 생리학자. 1879년에 상트페테르부르크 대학교 의학아카데미를 졸업하였으며, 1884년부터 1886년까지 독일 라이프치히 대학교의 루트비히와 브레슬라우 대학교의 R. 하이덴하인의 지도 아래 연구하였으며, 이후 귀국하여 육군 군의학교에서 연구하였다. 1890년 군의학교 약리학 교수 및 실험의학 연구소 소장이 되었다. 소화기관의 독립적 생리 기능을 비롯하여 각 기관들이 구성하는 전체 조직에 대해서도 연구함으로써 소화와 관련된 질병 치료의 연구에 기여하였다.

전하, 그리고 신사 숙녀 여러분.

의과학은 상호의존적인 학문입니다. 때문에 한 분야의 발전이 다른 분야의 발전과 밀접하게 관련되는 경우가 많습니다. 이처럼 과학에서도 어떤 한 분야가 다른 분야의 최근 연구 결과들을 바탕으로 생성되는 경우가 많습니다. 이와 같은 경우에 우리는 기존 분야가 훨씬 중요하며 새로운 분야는 덜 중요하다고 생각하기도 합니다. 지금 당장 유용한 것, 그리고 이익이 되는 발전만이 특별히 중요한 의미가 있는 것은 아닙니다. 그 자체로는 대단하지 않아도 다른 분야의 기초가 되어 더 나은 발전을 촉진하는 분야들도 있기 때문입니다. 과학은 지식의 습득을 목적으로 하며, 그 지식의 가치를 당장의 실질적인 응용 가능성에 따라 평가할 수는 없습니다. 이러한 예는 의학의 역사에서 높이 평가받는 중요한 업적을 세운 연구자들에게서 많이 찾아볼 수 있습니다. 그중 하나가 베살리우스 박사와 하비 박사의 경우입니다. 베살리우스 박사는 일신상의 위험을 무릅쓰고 수행한 연구를 통해 인체해부학이라는 새로운 학문의 길을 열었습니다. 이때 그는 편견과 권력에 대한 맹종을 극복하였고 오로지 과학에 대한 열망으로 연구를 진행하였습니다. 오랜 기간 깊이 있는 연구를 통해 혈액의 순환을 증명한 하비 박사도 오로지 진실에 대한 열망만으로 스스로를 자극하며 연구하였으며 마침내 명예를 얻게 되었습니다.

의학 전반에서 이러한 연구 활동의 중요성은 그 연구가 지식 발달과 개념 정립에 얼마만큼 기여하였는가, 그리고 발전을 촉진하기 위해 어떤 기여를 하였는가라는 점에서 평가되어야 합니다. 만약 연구에 대한 당장의 가치만을 평가한다면 이것은 그저 매우 부적절한 과소평가에 지나지 않을 뿐입니다.

숭고한 뜻을 갖고 노벨 재단을 설립한 알프레드 노벨 박사님은 과학적인 목표뿐만 아니라 실질적인 업적에도 깊은 관심을 갖고 있었습니다. 이는 그가 노벨 의학상을 생리학과 연계시켜 놓은 사실에서도 알 수 있습니다. 일반적인 생명 현상 및 이와 관련된 문제들을 생리학적으로 연구하는 대부분의 경우가 자연현상에 대한 순수 과학적인 연구이지만, 그 연구 결과는 실질적인 응용 가능성으로 평가되기도 합니다. 새롭고 깊이 있는 지식을 얻는데 가장 중요한 것은 자연현상에 대한 호기심, 자신의 열망을 불태우려는 욕구입니다. 노벨 박사님은 다른 상황은 고려하지 않고 지식 그 자체를 탐구하는 연구자들을 높이 평가하였습니다.

따라서 올해의 노벨 생리·의학상의 영광은 소화생리학에 관한 이론을 연구한 상트페테르부르크 대학교 의학아카데미의, 이반 페트로비치 파블로프 교수님께 돌아갔습니다.

처음 소화 과정에 대한 사람들의 생각은 음식물이 위에서 갈리거나 으깨진다고 추측하는 것이 일반적이었습니다. 위에서 진행되는 소화 과정을 직접 관찰하고 연구할 수 없었기 때문에 실질적인 지식을 얻을 방법이 없었기 때문입니다. 그러던 중에 생리학적 연구의 방향을 바꾼, 그렇지만 그 중요성을 뒤늦게 인정받은 한 사건이 일어났습니다. 1820년대에 한 청년이 위에 총상으로 구멍이 생기는 사건이 일어났습니다. 미국의 내과의사 보몬트 박사님은 이 청년의 위에서 일어나는 과정들을 직접 관찰할 수 있었습니다. 이 우연한 사건으로 그는 소화계에서 일어나는 과정들을 생생하게 관찰하였고, 동물실험으로 이와 같은 관찰을 이어나갔습니다. 하지만 매우 중요한 연구 수단인 이 실험기술을 완성시킨 사람은 바로 파블로프 박사님입니다. 파블로프 박사님의 실험동물들은 양호한 건강상태를 유지하고 있었고 소화계 기능에 어떤 장애도 관찰되지 않았습니다. 따라서 체계적인 실험과 관찰이 거의 영구적으로 계속되었습니다.

이렇게 정립된 파블로프 박사님의 소화생리학 연구 방법은 여러 생리학 연구소에서 활용되었습니다. 하지만 대부분의 중요한 연구는 파블로프 박사님의 연구실에서 직접 진행되었습니다. 이 연구들은 소화계에 관한 기존의 지식들에 많은 변화를 주었습니다. 그리고 많은 새로운 사실들도 알려 주었습니다.

실례를 들어 보겠습니다.

소화관은 다양한 방법으로 신경계의 영향을 받고 있습니다. 신경계는 분비과정을 통해 여러 부분의 움직임을 조절하며 각 기관으로 공급되는 혈액을 조절할 뿐 아니라 이들 기관에서 뻗어 나가는 감각 신경들도 조절합니다. 따라서 우리는 신경계가 매우 복잡함을 알 수 있습니다. 게다가 뇌나 척수의 신경 경로, 그리고 교감신경계도 고려해야 합니다. 나아가 소화계의 각 기관들이 신경을 통해 상호의존 관계를 유지한다는 점도 주목해야 합니다. 이런 점들을 고려할 때 신경계는 더욱 복잡해집니다. 신경계의 이와 같은 복잡성은 한 가지 행동이 다른 기관들에까지 영향을 준다는 것을 뜻합니다.

생리학적 관점에서 신경계와 소화기관들의 기능적인 상호연관성의 특징과 범위를 인식하는 것은 매우 중요합니다. 따라서 앞으로 많은 연구자들이 이와 같은 복잡한 질문을 하나씩 해결해 나갈 것이며, 이런 관점에서 파블로프 박사님의 연구 성과는 매우 중요합니다. 박사님은 새로운 관점을 제시하여 문제를 해결하고자 노력하였습니다. 그리고 마침내 결론에 도달하였습니다.

파블로프 박사님 이전까지 이 분야는 여러모로 부족한 점이 많았습니다. 그는 그전까지 알려져 있던 생리학의 중요한 오류를 찾아내고 수정하였습니다. 그리고 실험으로 이를 뒷받침하였습니다. 파블로프 박사님이 밝힌 소화생리학 연구를 이 자리에서 모두 설명할 수는 없습니다. 따라서 타액선에 관한 생리학적 연구와 위, 쓸개 등과 같은 장내 다른 기관들의 운동기능에 관한 연구에 관해서는 깊게 이야기하지 않을 것입니다. 이 연구들 또한 매우 중요하지만 여기에서는 이와 같이 간단히 언급하는 것만으로 만족해야 할 것 같습니다.

하지만 '위액 분비에 관한 생리학적 연구'의 의미있는 영향력에 대해서 잠깐 살펴보도록 하겠습니다.

잘 알려진 것처럼 위 점막의 분비물은 섭취된 음식을 화학적·물리적으로 변하게 합니다. 이때 분비되는 위액과 그 구성 성분은 영양소들의 활용과 관련하여 매우 중요합니다. 이 때문에 소화 환경은 매우 중요하며 이를 규명하는 것은 생리학뿐만 아니라 병리학과 소화생리학에 중요한 정보들을 제공합니다. 파블로프 박사님의 연구가 있기 전에는 위액 분비가 중추신경계의 영향 밖에 있다고 생각했습니다. 하지만 박사님은 이 생각이 틀렸다는 것을 입증하였습니다.

파블로프 박사님은 뇌와 흉부, 복부의 다양한 기관을 연결하는 미주신경이 위액 분비를 활성화하는 신경섬유뿐만 아니라 그 반대 효과를 나타내는 신경섬유들까지도 포함하고 있음을 밝혔습니다. 따라서 위액 분비는 중추신경계가 조절하며 다른 신체 부위에 의하여 영향을 받을 수도 있다고 하였습니다. 또한 심리적인 원인과 자극 등으로도 위액 분비가 영향을 받을 수 있음을 발견하였습니다. 이와 관련하여 파블로프 박사님은 위액 분비와 관련된 또 다른 신경계의 기능과 의미를 밝혀냈습니다. 미주신경계가 위액 분비의 유일한 자극제는 아니었습니다. 파블로프 박사님은 교감신경계를 통해서도 위액 분비가 조절된다는 것을 보여 주었습니다.

박사님은 또한 위 점막과 신경계의 기능적 연관성과 관련하여 점막 자체에 존재하는 특이적인 민감성을 증명하였습니다. 박사님의 연구가 있기 전에는 위 점막이 위 내부에 존재하는 어떤 물질로도 쉽게 활성화될 수 있다고 생각했습니다. 심지어 단순한 기계적인 접촉으로도 위 점막이 활성화될 수 있다고 생각했습니다. 그러나 파블로프 박사님은 이러한 생각이 잘못임을 증명하였습니다. 일반적인 생각과 정반대로 위 점막은 접촉되는 물질에 따라 차별적으로 활성화되었던 것입니다. 따라서 감각기관은 접촉물질에 따라 특이적으로 활성화된다는 것을 알게 되었습니다. 눈은 신체의 다른 부분에는 전혀 영향력이 없는 매우 약한 빛에도 민감하게 반응합니다. 또한 청각기관들은 다른 기관과 달리 공기의 진동에도 영향을 받습니다. 이와 유사한 현상을 다른 기관에서도 관찰할 수 있습니다. 즉 각각의 기관은 어떤 특정 자극에 대한 특이적인 활성을 갖고 있습니다.

파블로프 박사님 덕분에 우리는 이제 비록 의식적으로 자각되지 않는 물질이라 해도 소화관 표면 점막을 특이적으로 활성화시킬 수 있으며, 이것이 분비 과정과 소화관의 운동성에도 영향을 줄 수 있다는 것을 알게 되었습니다. 위 점막은 실제로 음식에 존재하는 특정 물질이나 소화관에 존재하는 특정 물질에 의해서 활성화됩니다. 많은 물질들은 아주 적은 양으로도 맛이나 피부 등에 강한 효과를 나타냅니다. 하지만 이들이 위 점막을 자극하는 경우에는 약간의 위액 분비만 일어나거나 또는 반응이 전혀 일어나지 않을 수도 있습니다. 그리고 또 다른 물질들은 위액 분비를 저해하기도 합니다. 파블로프 박사님이 증명한 위 점막의 특이적 활성화, 즉 위액 분비량과 소화력은 섭취한 음식의 질에 따라 다양하게 나타난다는 사실에 우리는 주목해야 합니다.

지금까지 위액 분비에 관련된 생리 기능을 밝힌 파블로프 박사님의 연구에 관해 간단하게 말씀드렸습니다. 그리고 그 외에 위와 관련된 몇 가지 생리 기능에 대해서도 살펴보았습니다. 그는 다른 소화기관들에 대해서도 연구하였으며 그중에는 위와 유사한 것들도 있었습니다. 하지만 아직까지는 기관들 사이의 차이점만을 관찰할 수 있을 뿐입니다. 이와 같은 연구도 중요하지만 각 기관들에 대한 더 자세한 연구는 우리에게 많은 새로운 것들을 알려 줄 것입니다.

소화기관의 생리 기능에 관해 파블로프 박사님은 다양한 각도로 체계적인 실험들을 수행하였습니다. 그리고 소화기관의 신경분포와 직접 관련은 없지만 연관성 있는 문제들을 연구하였습니다. 예를 들면, 소화액의 활성성분과 이들의 화학적 성질 등에 대한 연구가 있습니다. 이 연구들은 지금까지와는 전혀 다른 새로운 관점의 연구였지만 매우 가치 있는 것들이었습니다. 이 활성물질, 즉 효소에 관해서는 이전에도 많은 연구들이 있었습니다. 하지만 알려지지 않은 채 묻혀 있었던 것을 널리 알린 사람은 바로 파블로프 박사님입니다. 또한 어떤 효소, 더 정확하게 말하면 위액 내 효소에 의한 생성물질이 또 다른 효소에 의해서만 활성을 나타낸다는 그의 연구는 매우 흥미로운 것이었습니다. 여기에서 우리는 여러 소화기관들이 다양한 방법으로 일종의 화학적인 협력을 하고 있음을 발견할 수 있습니다.

파블로프 박사님은 이 같은 서로 다른 기관들 사이의 상호 활성에 관해 연구하였습니다. 그는 서로 다른 소화기관의 독립적인 생리기능뿐 아니라 그들이 구성하고 있는 전체 조직에 대해서도 연구하였습니다. 그는 서로 다른 각 분야들의 유기적인 상호관계를 연구함으로써 소화기관에 대해 효율적으로 연구할 수 있었습니다. 우리는 그의 연구를 통해 이전보다 훨씬 뛰어난 통찰력을 얻었습니다. 이제 우리에게는 소화기관의 일부분이 활성화되면 다른 기관에 영향을 준다는 개념이 확실하게 정립되었습니다. 다르게 표현하자면, 우리 몸을 이롭게 하기 위해, 그리고 우리 몸이 효율적으로 움직이기 위해 소화과정이 얼마나 합리적으로 이루어지는지 알게 되었습니다.

파블로프 박사님은 이런 소화 과정들에 혼란이 생기게 될 경우 나타나는 병리학적 상태에 대해서도 성공적으로 연구하였습니다.

소화와 관련된 그의 연구는 질병 치료에 대한 개념을 전환시킴으로써 생리학 발전에 크게 이바지하였습니다. 앞으로 또 어떤 커다란 변화가 일어날지는 알 수 없습니다. 하지만 이것은 이차적인 문제이며 왕립 카롤린스카 연구소는 올해 노벨 생리·의학상 수상자로서 소화기관의 생리 기능을 재편성한 파블로프 교수님의 획기적인 연구에 관해 상의하였습니다.

이반 파블로프 박사님.

왕립 카롤린스카 연구소는 소화생리 기능에 관한 당신의 연구를 높이 평가하여 당신에게 노벨 생리·의학상을 수여하기로 결정하였습니다. 당신이 생리학 발전에 기여한 공로와 과학의 한 분야에서 이룩한 깊이 있는 학문적 변화에 대해 학회를 대표하여 감사와 축하의 말씀을 드립니다.

왕립 카롤린스카 연구소 소장 K. A. H. 뫼르너

결핵 연구

1905

로베르트 코흐 | 독일

:: **하인리히 헤르만 로베르트 코흐 Heinrich Hermann Robert Koch (1843~1910)**

독일의 의사. 괴팅겐 대학교에서 의학을 공부하고 1866년에 졸업한 후, 여러 지방에서 진료 활동을 하였다. 프랑스-프로이센 전쟁이 일어난 1870년에는 야전의사로 복무하였다. 1882년에 결핵균을, 1885년에 콜레라균을 발견하였으며, 1890년에는 결핵진단용 시약 투베르쿨린을 만들었다. 1885년 베를린 대학교 위생학 교수로 임용되었으며, 1891년에는 전염성 질병 연구소 소장이 되어 1904년까지 재직하였다. 소와 인간의 결핵 등에 대한 연구를 통하여 인간 사이에서 일어나는 전염이 결핵 발병의 가장 중요한 원인임을 밝혀내는 등 결핵에 관한 근본적이고 선구적인 발견을 하였다.

전하, 그리고 신사 숙녀 여러분.

왕립 카롤린스카 연구소는 세균학의 선구자이며 현재 가장 탁월한 두각을 나타내고 있는 로베르트 코흐 박사님을 올해 노벨 생리·의학상 수상자로 결정하게 된 것을 매우 기쁘게 생각합니다.

이 연구는 그의 연구 활동의 일부분에 지나지 않지만, 이것으로 박사님은 지난 수십 년간 의학 발전을 주도하였습니다. 비록 이 자리가 올해의 의학상에 관해서만 언급한다고 해도 저는 박사님의 주요 활동을 간단하게나마 전체적으로 열거하고자 합니다. 결핵에 관한 그의 연구가 어떻게 시작되었는지를 알면 그 연구의 의미는 보다 명확해집니다.

세균학의 발달에서 코흐 박사님의 연구가 갖는 중요한 의미를 분명하게 하기 위해서는 그가 세균학을 처음 연구하기 시작했던 당시의 상황을 알아야 합니다. 그 당시 파스퇴르 박사는 획기적인 연구로 세균학의 기초를 완성하였으며, 리스터 박사의 무균 상처치료법으로 의학은 기술적인 면에서도 크게 발전하였습니다. 그러나 최근 수십 년 동안의 성공적인 연구에 뒤이어, 개개인의 병인을 찾아내고 치료하려는 세균학은 아직도 연구 중입니다. 바로 이 분야에서 코흐 박사님은 선구자였습니다.

탄저병과 티푸스는 모두 독특한 외형의 미생물이 원인입니다. 그럼에도 불구하고 세균과 질병의 인과관계에 대해서는 알려진 바가 없습니다. 미생물이 질병을 일으킨다는 근거는 분명히 있습니다. 하지만 이에 대한 자세한 지식이 부족할 뿐 아니라 실험적으로 발견된 것도 별로 없습니다. 건강한 장기에 세균성 병원균이 존재하는 것인지에 대해서도 알지 못합니다. 이것은 저명한 연구자들 사이에서도 논쟁의 대상이 되었으며, 또 다른 연구자들로부터는 지지를 받았습니다. 그러나 이 질병에서 관찰된 세균이 과연 이 질병의 원인인지, 또는 이러한 연구가 병리학적으로 연구되어야 하는 것인지는 여전히 알 수 없었습니다. 게다가 한 가지 또는 동일한 질병이라 해도 연구자에 따라 미생물이 발견되기도 하고 발견되지 않기도 했습니다. 그뿐만 아니라 특정 질병에서 여러 연구자가 관찰한 세균들도 종종 외형들이 달라, 이들이 질병의 직접적인 원인이라는 것을 확신할 수가 없었습니다. 심지어 전혀 다른 질병에서 같은 종류의 세균이 발견되었다는 사실은 세균과 병리학의 인과관계에 관한 의심을 증폭시켰습니다. 부분적으로 똑같은 질병이 동일한 세균 때문에 일어나는 것처럼 보이기도 하고, 부분적으로 같은 세균이 전혀 다른 질병을 일으키는 것처럼 보이기도 했기 때문에, 발견된 세균이 질병의 본질적인 원인이라고 예측하기에는 무리가 있었습니다. 그것보다는, 모든 세균이 유기체에 영향을 미쳐서 질병을 일으킨다고 가정하는 것이 훨씬 쉬웠습니다. 실험으로도 세균이 유기체를 침범한다는 사실을 증명할 수 없었으므로, 불확실성은 더 커질 수밖에 없었습니다.

코흐 박사님은 1876년부터 탄저균 연구를 위해 세균학을 공부하기 시작했으며, 2년 후에는 상처로 생기는 질병에 대해 연구하였습니다. 이 연구에서 설정한 견해와 제기한 의문은 박사님의 세균학 연구가 크게 발전하는 계기가 되었습니다. 박사님은 또한 위생에 관한 원칙을 확립하고 창의적인 연구를 지속함으로써 현대 세균학의 기초를 정립하였습니다.

박사님은 실제로 세균이 질병을 일으킨다면 그 세균은 항상 질병에 걸린 개체에서 발견되어야 하며, 이 세균의 병리학적인 과정을 설명할 수 있어야 한다고 주장했습니다.

하지만 박사님은 모든 세균이 일반적으로 질병을 유발하는 것은 아닐 수도 있음을 또한 강조하였습니다. 오히려 각각의 세균이 갖는 특이한 성질을 찾아내고자 했습니다. 만일 어떤 세균이 형태상으로는 다른 세균과 유사할지라도, 생물학적 성질은 서로 다릅니다. 다시 말해, 모든 질병은 각각의 독특한 세균이 원인이라는 것입니다. 따라서 질병에 맞서 싸우기 위해서는 세균생물학에 관해 알아야만 합니다. 코흐 박사님은 세균이 어떻게 질병을 유발하는지를 연구하였을 뿐만 아니라, 특정 질병에 관련된 미생물을 발견하고 그 미생물에 대하여 많은 것을 알기 위해 노력하였습니다. 그 당시에는 이와 같은 연구에 대한 기대가 매우 낮았습니다. 코흐 박사님은 이 문제를 해결하는 선구자였으며 이미 그 해결의 열쇠를 가지고 있었습니다.

이와 같은 연구에서 일반적인 방법론을 세우는 것은 각각의 특별한 경우에 알맞은 기술을 발견하는 것만큼 중요합니다. 코흐 박사님은 이런 부분에서 천재적인 재능을 발휘하여 새로운 길을 개척하였고 이는 현재까지 이어지고 있습니다. 여기에서는 이에 관한 자세한 설명은 하지 않겠습니다. 다만 실험과 관련한 박사님의 초기 연구 업적과 더불어 조직 염색 및 현미경 사용 기술의 발전에 박사님이 중요한 업적을 세웠다는 점을 언급하고자 합니다. 그리고 얼마 지나지 않아 박사님은 고체 배지 위에 여러 종류의 미생물들이 각각 콜로니를 형성하도록 성장시켜 순수한 미생물을 분리해 배양할 수 있는 방법을 개발하였으며 이 방법은 지금도 일반적으로 사용합니다.

상처의 감염이 질병으로 진행되는 과정에 관한 보고서를 발표한 직후에, 코흐 박사님은 베를린의 보건부에 소속되었습니다. 그곳에서 그는 결핵, 디프테리아, 티푸스 등과 같은 중요한 질병에 관한 연구를 시작하였습니다. 그는 주로 결핵을 연구하였고, 후자의 두 가지 질병에 대한 연구는 두 명의 학생과 보조원인 로플러와 가프키에게 맡겼습니다. 그들은 이 세 가지 질병에서 발견한 특정 세균에 관해 자세하게 연구하였습니다.

코흐 박사님이 수행한 연구와 두 학생이 진행한 연구, 그리고 코흐 박사님이 간접적으로 수행한 연구들은 지난 수십 년간에 걸쳐 이루어진 세균학의 발전을 고스란히 담고 있습니다. 이 자리에서 저는 이미 언급한 것과 더불어 코흐 박사님의 이름이 직접적으로 관련된 연구 중에서 몇 개의 가장 중요한 업적들을 열거하는 것만으로도 매우 만족합니다. 독일 콜레라 위원회의 위원장으로서 코흐 박사님은 이집트와 인도에서 콜레라를 일으키는 기생충을 연구하여 콜레라 병원균을 발견하고 이 병원균의 생존 조건을 밝혀냈습니다. 이로부터 얻은 경험들은 이 치명적인 질병의 예방과 치료에 실질적으로 응용되었습니다. 또한 코흐 박사님은 사람에게 나타나는 페스트, 말라리아, 열대 이질 및 이집트 눈병에 관해서도 연구하였습니다. 그리고 열대 아프리카에서 티푸스에 관한 연구도 수행하였습니다. 또한 그는 우역rinderpest(소의 전염병), 수라 질병Surra disease(가축에게 나타나는 원충류 질환), 텍사스 열병, 그리고 해안 열병과 체체파리tsetse fly(일명 소를 죽이는 파리)가 전염시키는 트리파노소마 질병 등과 같이 주로 열대지방의 소에게 발생하는 치명적인 열대병을 연구하였습니다.

박사님은 미생물의 배양과 분리 방법을 완성하였고 이를 통해 실질적인 위생에 매우 중요한 소독제 및 살균방법, 그리고 콜레라, 티푸스 및 말라리아 등과 같은 전염병의 조기 탐지 및 치료에 관한 연구를 수행할 수 있었습니다.

지금부터는 노벨상의 수상과 관련된 일련의 연구에 대하여 간단하게 설명하고자 합니다.

결핵이 전염성 질병이라는 생각은 오래전 모르가니 박사가 제기하였습니다. 코흐 박사님이 연구를 시작하기 전부터 이미 동물이 결핵에 감염될 수 있다는 것은 알고 있었습니다. 하지만 미생물이 결핵을 일으킨다는 것은 증명되지 않았고, 이에 관해서는 저명한 연구자들 사이에서도 많은 논쟁이 있었습니다.

코흐 박사님은 1882년 3월 24일, 베를린 생리학회에 처음으로 결핵 연구에 관한 내용을 발표하였습니다. 이 강연의 내용은 약 2쪽 정도에 불과했지만, 그 안에는 발견된 균이 결핵균이라는 증거와 그 균의 주요 특징을 설명하였습니다. 그뿐만 아니라 감염 조직을 염색하는 방법, 사람이나 가축에서 결핵이 진행되는 과정, 결핵균을 순수하게 배양하는 방법, 그리고 결핵균에 감염된 동물을 관찰한 결과에 대한 정보가 들어 있었습니다. 그는 또한 이 발표를 통해 결핵균이 숙주에 의존하여 성장하고 번식한다는 것, 결핵이 폐병 환자의 가래를 통해 전염된다는 것, 그리고 우형牛型 결핵증에 걸린 소에 의해서도 결핵은 감염될 수 있다는 것을 강조하였습니다.

이 획기적인 발견은 결핵에 관련된 세균학의 특징적인 윤곽을 확립하고, 이 질병에 대한 앞으로의 광범위한 연구 분야를 제시하였습니다. 코흐 박사님은 연구에 대한 무한한 열정으로 이 질병에 대한 연구를 최근까지 계속하고 있으며, 이와 관련된 어려운 점들을 해결하기 위해 노력하였습니다. 1880년대에는 공적인 임무 때문에 오랫동안 이 연구를 중단하기도 했습니다. 박사님은 1890년에 결핵과 관련하여 또 하나 획기적인 업적을 세우게 됩니다. 박사님은 결핵균의 배양 과정에서 생성되는 투베르쿨린(결핵 진단용 시약)이라는 물질이 숙주에 어떤 영향을 미치는가에 대한 연구 결과를 발표하였는데, 이 물질은 강한 반응을 일으켰으며 치료에 사용되었습니다. 환자들과 의사들의 질병 치료에 대한 큰 기대와 욕구 때문에 다소 부풀려지기도 했지만 이 방법은 실질적으로 기대했던 만큼의 효과는 없었습니다. 그럼에도 불구하고, 이 방법은 최근에 다시 주목받고 있으며, 또한 그 자체로도 결핵 치료에 효과적으로 이용될 것이라고 생각되어 제한적으로 응용되고 있습니다. 이것은 초기단계나 잠복기의 결핵 진단에 매우 효율적인 수단이었으며 이와 같은 이유로

소의 결핵 치료에도 응용되었습니다. 이 연구는 혈청 치료에 대해서도 선구자적인 중요한 의미를 가지며 이 혈청 치료법은 다른 질병에도 성공적으로 적용되었습니다.

최근에, 아니 정확하게 1901년에 런던의 결핵학회는 인간의 결핵과 소의 결핵 사이에 어떤 연관성이 있다고 발표하였습니다. 이때 코흐 박사님은 그의 결핵 연구에 관한 업적에 중요한 사실을 또 하나 추가하게 됩니다. 사람의 결핵은 대체로 소에게 전염되지 않는 반면, 사람은 소의 결핵에 매우 취약하다는 것을 발견함으로써 그는 이 두 질병의 결핵균 사이에 중요한 차이점이 있다는 것을 알게 되었습니다. 그 당시 소에서 사람에게 결핵이 전염된다는 것은 경험적으로 이미 알고 있었기 때문에 코흐 박사님은 사람의 결핵 전염에는 소의 결핵보다는 사람 사이에서 일어나는 전염이 더 중요하다는 것을 강조하였습니다.

이 두 종의 결핵 사이에 분명한 차이가 있다는 견해와 더불어 소의 결핵은 상대적으로 해롭지 않다는 코흐 박사님의 의견은 심한 반대에 부딪쳤습니다. 이로 인해 코흐 박사님에게 정반의 견해 또한 강한 지지를 받게 됩니다. 결국 코흐 박사님의 이 발표는 오랜 시간 일련의 연구들로 이어졌습니다. 사람 결핵균에 소가 감염될 가능성이 낮다는 그의 주장은 이제 어느 정도 확립되었습니다. 또한 이 두 결핵균은 성장 방법부터가 다르다는 것을 알게 되었으며 이 외에도 많은 차이점들을 알 수 있었습니다. 따라서 비록 분명한 해답은 아닐지라도 소의 결핵이 인간에게 전염될 가능성이나 그 빈도 등에 대한 의문들을 해결할 가능성이 보다 높아졌습니다. 소에게 나타나는 결핵균의 종류가 실제로 사람에게서도 발견되었으며, 1901년의 연구 결과보다 더 신빙성 있는 결과들을 많이 얻음으로 인해 이 문제는 계속 관심을 끌 수 있었습니다. 하지만 소에 결핵이 나타나지 않은 지역 또는 소의 결핵이 사람에게 감염되지 않은 지역에서도 결핵이 발생하는 경우가 많았습니다. 이러한 사실은 사람 사이에서 일어나는 전염이 결핵의 발병에 가장 중요하다는 코흐 박사님의 주장에 힘을 실어 주었습니다.

학문적으로 주목받지 못하는 새로운 분야를 앞서서 이해할 수 있는 연구자는 흔치 않습니다. 로버트 코흐 박사님처럼 훌륭한 연구 업적을 성취한 연구자도 흔치 않습니다. 인류에 대해 매우 중요하고 많은 발견이 이와 같이 한 개인으로부터 비롯되는 것 또한 매우 드문 일입니다.

왕립 카롤린스카 연구소의 노벨위원회는 최근까지도 열정적으로 수행하고 있는 그의 가장 중요한 연구 분야인 결핵 연구에 올해의 노벨상을 수여함으로써 이에 대한 존경을 표현하고자 합니다.

로베르트 코흐 박사님.

왕립 카롤린스카 연구소 노벨위원회는 박사님께 결핵에 관한 연구 업적을 높이 평가하여 올해의 노벨 의학상을 수여하게 되었음을 알려드립니다. 그리고 위원회를 대표하여 박사님께 존경을 표합니다.

결핵에 관한 근본적이면서 선구자적인 발견이 한 사람에 의해 이렇게 많이 이루어진 적은 없었습니다. 박사님의 선구자적인 연구는 결핵과 관련된 세균학을 발전시켰으며 박사님의 이름은 의학 연대기에 영원히 기록될 것입니다.

카롤린스카 연구소 소장 K. A. H. 뫼르너

신경계의 구조에 관한 연구

1906

카밀로 골지 | 이탈리아　　**산티아고 라몬 이 카할** | 스페인

:: 카밀로 골지 Camillo Golgi (1843~1926)

이탈리아의 내과의사이자 세포학자. 1865년에 파비아 대학교를 졸업한 후, 파비아에 있는 산 마테오 병원에서 근무하였다. 1872년부터 1875년까지 아비아테그라소에 있는 불치환자 수용소에서 내과의사로 일하였으며, 이후 파비아 대학교 조직학 조교수 및 시에나 대학교 해부학 교수를 지낸 뒤, 1881년에 파비아 대학교 병리학 교수가 되었다. 신경조직을 염색하는 은염색법을 개발하여 중추신경계의 구조를 밝혔으며, 근대적인 신경계 연구 방식을 개척하였다.

:: 산티아고 라몬 이 카할 Santiago Ramon y Cajal (1852~1934)

스페인의 조직학자. 1873년에 사라고사 대학교에서 의사 자격을 취득 하였으며, 1875년에 해부학 교실 조교가 되었다. 1877년에 마드리드 대학교에서 의학 박사학위를 취득한 뒤 1883년에 발렌시아 대학교 기술해부학 교수가 되어 1892년까지 재직하였다. 1892년부터 1922년까지는 바르셀로나 대학교 조직학 및 병리해부학 교수로 재직하였다. 1920년에는 마드리드에 그의 이름을 딴 연구소가 세워졌으며, 골지의 연구 방법을 사용하여 신경계 연구 방법을 확립하였다.

전하, 그리고 신사 숙녀 여러분.

올해의 노벨 생리·의학상 수상자는 해부학 분야에서 신경계 분석에 탁월한 업적을 이룬 파비아 대학교의 카밀로 골지 교수님과 마드리드 대학교의 라몬 이 카할 교수님입니다.

지금 이 자리에서 이 두 분의 연구에 대해 자세히 설명할 수는 없습니다. 그들의 연구는 모든 살아 있는 생명체들의 가장 섬세하면서도 중요한 유기적인 구조체, 즉 신경계를 다루고 있으며, 그들이 수행하고 개척한 이 연구 분야는 상당히 중요한 의미를 갖습니다.

우리가 어떤 느낌을 받으면 이 느낌은 감각기관을 자극하고 감각기관은 이를 중추신경으로 전달합니다. 또한 다양한 활동을 통해 어떤 환경을 접하게 될 때, 신경계는 우리 신체를 바깥 세상과 연결하는 역할도 합니다. 따라서 이 유기적 구조체, 즉 신경계는 가장 상위 형태의 활동인 지적 활동의 기초이자 도구라고 할 수 있습니다. 신경계의 각 부분들은 서로 구조적으로 얽혀 있으며, 어떤 부분은 매우 복잡한 구조인 반면 어떤 부분은 다소 덜 복잡한 구조로 이루어져 있기도 합니다.

예를 들어 전화선과 같은 전달자 역할을 하는 말초신경은 그 구조나 형태가 비교적 단순하지만, 뇌와 척수를 포함하는 중추신경계는 매우 복잡한 구조입니다.

중추신경계는 중심 기관에서 퍼져 나온 수많은 섬유들에 의해서, 그리고 그 기관에서 시작되는 신경 통로를 따라 신체의 각 부분들과 연결됩니다. 이 신경섬유들은 각각 특정한 기능을 수행하는데 이를 몇 개의 그룹으로 나누기도 합니다. 어떤 것들은 근육을 수축시키는 물리적 충격들을 전달하고, 또 다른 것들은 신경계에 자극을 전달하여 소화 작용을 조절합니다. 또한 감각기관이 받아들인 외부 자극이나 신체 내부 기관에서 일어난 변화들을 중추신경계에 전달하기도 합니다. 중추신경계 하나만을 놓고 생각해 보아도 여러 기능의 신경섬유들의 정확한 경로를 발견하는 것, 또 이들을 각각 분리하여 연구하는 것은 매우 어려운 일입니다. 더구나 중추신경계 자체의 역할을 연구하는 것은 더욱더 어렵습니다. 신경섬유들은 전체 시스템에 퍼져 있기 때문에 신체 각 부위의 신경섬유들은 또 다른 부위로 연결되는 중추신경계의 신경섬유들과 뒤섞여 있습니다. 게다가 중추기관 내부에서 어떤 신경다발은 길게, 그리고 어떤 것들은 짧게 형성되어 있기도 합니다.

신경계가 얼마나 복잡한지를 설명하기 위해 한 가지 예를 들겠습니다. 손발의 피부 중 일부분에 외부물질에 의한 상처가 생겨 그 말단신경이 자극을 받는다고 생각해 봅시다. 자극은 그 말단신경이 속한 주신경을 따라 퍼져나가고 척수의 후각에서 후근신경을 통해 척수로 전해집니다. 만약 의식적으로 느끼는 감각이 아니라면 자극은 전달되지 않고 차단되어야 하지만 반사작용으로 자극은 그대로 전달됩니다. 이는 근육의 활동을 조절하는 척수의 전각에 세포로 자극을 전달하는 통로가 존재함을 의미합니다. 그 결과, 주변 환경에 알맞은 반응을 보이게 되며 이로 인해 운동신경세포의 활성을 조정하는 어떤 기전이 존재한다는 것을 알 수 있습니다.

이와 같은 비교적 간단한 예에서조차 우리는 복잡한 기전의 존재를 알 수 있습니다. 만약 자극의 전달이 계속 인식된다면 보다 복잡한 일들이 일어나게 됩니다. 인식된 자극은 복잡한 신경관을 거쳐 뇌 표면, 즉 대뇌피질에 도달합니다. 왜냐하면 모든 인간의 의식은 이 부분에서 관장하기 때문입니다. 이곳으로 자극이 전달되는 과정은 독립적으로 일어나야 합니다. 만약 그렇지 않고 피부의 다른 부분에 상응하는 또 다른 경로가 포함된다면 상처를 입은 위치가 잘못 인식될 수도 있기 때문입니다.

이런 과정을 거쳐서 고통이 인식되고 나면 자극부위는 한정되고 중추신경계 내부에서 또 다른 일련의 활동들이 차례로 일어납니다. 또한 이 고통스러운 느낌은 다양한 경험에서 비롯하며 뇌의 여러 부분에 저장되어 있는 기억과 연결됩니다. 이 과정은 대뇌의 여러 다른 부분들 사이에 연결구조가 존재한다는 것을 암시합니다. 이러한 자극들은 마침내 대뇌피질의 어떤 세포를 자극하고 이로 인해 자발적이고 의식적인 근육활동이 이루어지는 것입니다. 다시 말해 세포들이 환경에 알맞은 근육 반응을 일으키게 되는 것입니다.

간단하게 살펴본 이와 같은 전달경로는, 신경계가 제대로 기능하기 위해서는 매우 복잡한 기전이 작용해야 한다는 것을 알 수 있습니다. 이 기전을 연구하기 위해 우리는 비교해부학적 방법, 신경계 발생에 관한 연구 방법들, 생리학적 실험 방법 등 다양한 방법을 이용하여 왔습니다.

그러나 직접적인 해부학적 관찰은 불가능하다고 생각했습니다. 혈관 등과는 달리 신경계에는 세포, 미세섬유 구조, 신경 구성 요소, 그리고 여러 곳에 존재하는 여러 형태의 세포들과 섬유들을 구성하는 지지체 등이 모두 포함됩니다.

이런 신경계 경로의 한 단계, 또는 중심점이라고 생각되는 신경세포들은 중추신경계의 회백질에 존재합니다. 그러나 실질적인 신경세포와 단순히 지지체를 구성하는 신경세포들을 구분하는 것은 다소 어렵습니다. 많은 신경세포들은 세포돌기로 뻗어나가 신경섬유를 생성한다고 알려져 있습니다. 불행히도 이 과정의 기나긴 경로를 살피는 것은 실질적으로는 불가능합니다. 비교적 매우 빠르게 세포돌기로 뻗어나간 경우에도 직접적인 관찰보다는 추측만이 가능할 뿐입니다.

따라서 신경섬유에 대한 우리들의 지식은 불완전합니다. 중추신경계의 백색질 신경섬유들은 말초신경섬유들과 비슷하게 보입니다. 이러한 신경섬유들이 얼마나 연장되어 연결되는지, 중추신경계의 또 다른 곳과 연결되어 있는지 등은 알 수 없습니다. 그렇다면 이들 섬유들이 계속해서 가지를 뻗어나가 다른 신경섬유들과 연결되는 것일까요? 우리는 이러한 것들에 대해 알고 싶어합니다. 특히 신경섬유와 신경세포가 어떻게 연관되는지는 거의 알지 못합니다. 중추신경계는 거미줄같이 복잡하고, 작은 세포들은 세포돌기로 둘러싸여 있기 때문에 조직표본을 개개의 구성 요소로 분리할 수가 없습니다. 다시 말해 기존의 염색법으로는 단일 신경세포와 그 돌기를 구분할 수 없습니다.

이런 상황에서 골지 박사님이 개발한 은염색법은 신경해부학의 기초를 보완할 수 있는 유용한 도구입니다. 이 방법을 이용하여 골지 박사님은 중추신경계의 구조를 상세하게 밝힐 수 있었으며 이로 인해 본질적인 핵심들이 밝혀지기 시작했습니다.

그의 연구가 주목받고 또 그 중요성이 인정되기까지는 수 년의 시간이 필요했습니다. 그리고 마침내 많은 과학자들은 골지 박사님의 연구방법을 사용하기 시작했습니다. 이로 인해 신경계를 분석하여 과학 발전에 큰 공로를 세운 우수한 과학자들이 많이 나오게 되었습니다.

이들 중에서 라몬 이 카할 박사님은 활발한 연구로 이 분야의 기반을 성공적으로 마련하였습니다. 그리고 가장 핵심적인 사항들을 밝혀냈습니다. 따라서 그 누구보다도 최근에 이 분야의 발전에 크게 기여한 인물이 되었습니다.

이 자리에서 우리가 간단히 살펴본 업적의 수많은 결과들은 골지 박사님과 라몬 이 카할 박사님이 근대 신경학을 대표하는 분들임을 분명히 말해 주고 있습니다. 그들의 업적을 기리기 위해 카롤린스카 연구소는 이 두 분을 올해의 노벨 생리·의학상 수상자로 결정하였습니다.

골지 교수님.

왕립 카롤린스카 연구소는 근대적인 신경계 연구의 개척자로서 노벨 의학상을 수상하게 된 당신의 뛰어난 능력에 찬사를 보냅니다. 해부학의 역사에 당신의 이름과 업적은 길이 남겨질 것입니다.

존경하는 라몬 이 카할 교수님.

당신은 수많은 연구업적으로 현재의 신경계 연구 방법을 확립하였습니다. 뿐만 아니라 신경해부학 분야의 발전을 위한 확고한 초석을 마련해 주었습니다.

왕립 카롤린스카 연구소는 이처럼 훌륭한 연구를 수행해 온 당신에게 노벨상을 수여하게 된 것을 대단히 기쁘게 생각합니다.

왕립 카롤린스카 연구소 소장 K. A. H. 뫼르너

질병 발생과 관련한 원생생물의 역할에 관한 연구

1907

알퐁스 라베랑 | 프랑스

:: **샤를 루이 알퐁스 라베랑 Charles-Louis Alphonse Laveran (1845~1922)**

프랑스의 의사 · 병리학자 · 기생충학자. 파리 대학교에서 공부하였으며, 스트라스부르 대학교에서 의학을 공부하여 1867년에 졸업한 후 육군 군의관으로 활동하였다. 1874년에 육군 군의학교 교관이 되었으며, 1884년에 교수가 되었다. 1897년에 제대한 후 파리에 있는 파스퇴르 연구소에서 연구하였으며, 1907년에 동 연구소에 열대병 연구실을 세웠고, 1908년에는 희귀병리학학회를 세웠다.

왕립 카롤린스카 연구소 노벨 생리 · 의학상 위원회는 질병 유발인자로서 원생생물의 중요성을 밝힌 연구 업적을 높이 평가하여 알퐁스 라베랑 박사님을 올해의 노벨 생리 · 의학상 수상자로 선정하였습니다.

그는 최근에 빠르게 발전한 원생생물학의 창시자일 뿐만 아니라 이 분야의 실험과 연구를 꾸준히 수행하였으며 최근까지도 탁월한 발견들을 이루어 내고 있습니다.

원생생물을 질병의 원인으로 지적한 라베랑 박사님의 연구 가치를 적절하게 평가하려면 그의 초창기 연구가 이루어졌던 1880년의 상황을 기억할 필요가 있습니다. 감염성 질환의 원인에 관한 연구는 그 당시 세균학 분야에서 빠르게 발전하고 있었습니다. 파스퇴르 박사님의 '세균이론' 으로 발효 과정의 수수께끼를 해결했으며, 감염 질환과의 관련성도 이해할 수 있었습니다. 1880년대 무렵까지 발견된 병리학적인 세균으로는 탄저균, 재귀열 등이 있으며 결핵, 비저병(말의 전염병), 폐렴, 장티푸스, 디프테리아, 파상풍, 아시아 콜레라, 외상 열병 같은 다른 세균들은 1880년부터 1890년까지 하나씩 발견되었습니다. 그리고 이 모든 균들은 식물계의 마지막 분류인 세균에 속하는 것으로 알려졌습니다.

그 결과 말라리아와 같은 습지열의 원인을 그에 해당하는 미생물에서 찾는 것은 당연한 일이 되었습니다. 실제로 몇몇 저명한 세균학자들은 자신들이 그런 미생물을 추적하고 있다고 믿었습니다. 그리고 우리는 폰틴마쉬의 습지에서 말라리아균을 찾아낸 클레프스 박사님과 토마시 크루델리 박사님을 기억하고 있습니다.

1879년 라베랑 박사님은 알제의 본Bone 육군병원에서 말라리아로 고통 받는 사람의 혈액에서 발견된 검은 입자에 관해 연구하게 되었습니다. 1850년에 멜라닌이라 불리는 이 입자가 발견된 이후, 이것이 단지 말라리아 환자에게서만 발견되는 것인지, 또는 다른 질병에서도 발견되는 것인지 알아보기 위한 여러 방법들이 논의되었습니다. 라베랑 박사님은 먼저 말라리아의 진단에 매우 중요한 이 문제의 해결 방법을 연구했습니다. 이 연구 과정에서 그는 그동안 찾고 있었던 입자를 찾았을 뿐만 아니라, 기생충이 관련된 것으로 추정되는 지금까지 전혀 알려지지 않은 개체를 찾아냈습니다.

그의 초창기 연구는 신선한 혈액으로 어떤 화학 반응이나 염색 과정

없이 진행되었습니다. 원시적인 검사 방법을 사용하였음에도 불구하고 매우 다양한 외형을 가진 이들 새로운 개체의 중요한 형태들을 구분하여 훌륭하게 설명하였습니다. 1882년, 그는 잠시 이탈리아의 위험한 습지에서 연구를 수행하기도 했습니다. 거기에서도 말라리아 환자로부터 동일한 개체를 발견함으로써 말라리아 기생충을 찾아 낼 가능성은 훨씬 높아졌습니다. 1884년에는 마침내 이 기생충에 관한 첫 번째 업적으로서 『말라리아 열병의 특징』이라는 책을 출판하였습니다. 그는 여기에 480명의 말라리아 환자를 조사한 연구 결과를 기록하였습니다.

이 업적은 습지열병에 대한 꾸준한 연구가 이루어질 수 있는 발판이 되었습니다. 라베랑 박사님은 이 기생충이 적혈구에서 성장하면서 적혈구를 파괴한다는 것을 보여 주었습니다. 파괴되는 과정에서 혈구 안의 적색 색소는 검은색의 멜라닌 입자로 변하였습니다. 그는 다양한 이 기생충의 중요한 형태에 대해 설명하였고, 성장하고 있는 여러 형태의 기생충에 대해서도 설명하였습니다. 처음 연구에서 라베랑 박사님은 이 기생충이 환자의 몸 밖에서 존재하는 것에 관해 생각했습니다. 그리고 결국 그는 습지의 물, 토양, 공기 등에서 기생충을 찾기 위해 노력했습니다. 하지만 아무 결과도 얻지 못했습니다. 결과는 비록 부정적이었지만 이 연구는 또 다른 연구들을 계속 이끌어내는 역할을 했습니다. 그리고 라베랑 박사님이 1884년에 출판한 책도 이 연구의 결과이며, 이것은 1894년 부다페스트 위생학회 등에서 계속 주장되었습니다. 즉 습지열병의 기생충이 모기의 몸 안에서 제1기 성장을 한 다음, 모기가 사람을 물게 되면 사람에게 감염된다는 것입니다. 이와 같은 그의 주장은 앞에서 언급했던 부정적인 실험 결과와 사상충의 전염 방법을 근거로 하고 있습니다. 맨슨 박사에 의하면 이 필라리아 사상충은 모기에서 유래된 것이라고 합니다. 라베랑 박사님은 알제에서 파리로 되돌아가면서 말라리아에 관한 연구를 중단했습니다. 하지만 그는 이미 이 분야에서 제기되었던 문제들을 명백하게 해결하였습니다.

라베랑 박사님이 발견한 새로운 기생충은 세균은 아니었습니다. 비록 그것을 정확하게 분류하는 것은 불가능했지만, 다른 미생물과 유사한 점들이 있었기 때문에 이것을 원생동물과 같은 군에 넣었습니다. 우리는 염색으로 미리 처리하지 않은 혈액에서 말라리아 기생충의 존재를 확인하는 것이 매우 어려운 일임을 알고 있습니다. 지금은 일반적으로 염색법을 사용하지만 라베랑 박사님이 이 작은 기생충을 보다 쉽게 관찰하는 방법을 발견할 당시만 해도 염색법에 대해 전혀 알지 못했습니다. 따라서 우리는 라베랑 박사님의 통찰력과 예리한 관찰력에 감사해야 합니다. 그는 동시에 세균학으로 인해 본래의 연구를 그르치는 일이 결코 없었으며 습지열병을 연구하는 연구자들의 반대에 좌절하지도 않았습니다.

라베랑 박사님의 이론은 차츰 정비되어 마침내 1889년에는 빛을 발하게 되었습니다.

라베랑 박사님이 습지를 떠나야만 했을 때, 만약 그가 계속해서 해결하지 못한 문제, 즉 기생충의 성장 주기와 그 존재에만 집착했다면 그는 필요한 지원을 받지 못했을 것이라는 것을 알고 있었습니다. 따라서 그는 동물, 특히 조류의 기생충에 관한 연구를 통해 간접적으로 이런 문제들을 연구하기 시작했습니다. 이 기생충은 최근에 발견되었다는 점만 제외하면 말라리아 기생충과 매우 유사합니다. 이 연구가 이루어지는 동안 라베랑 박사님이 관찰한 수많은 것들을 이 자리에서 모두 언급할 수는 없습니다. 이에 관심 있는 각 영역의 전문가들에 의해 이런 발견들은 계속 연구될 것입니다.

항상 그렇듯이 주목할 만한 새로운 발견은 언제나 많은 연구자들을 불러 모읍니다. 습지에서 위험을 무릅쓰고, 라베랑 박사님의 연구를 계속 진행했던 많은 연구자들 중에는 라베랑 박사님의 이론적인 연구 이전에 그 목표를 달성한 사람도 있었습니다. 1897년, 미국의 매컬럼 박사는 이러한 기생충의 유성생식 원리를 규명하였고, 1898년에 로널드 로스(1902년 노벨상 수상) 박사는 가설에서 출발한 모기 이론이 사실임을 입증하였습니다. 1898년 5월에 인도에서 로스 박사가 보낸 조직표본을 라베랑 박사님이 받았다면 얼마나 흥미로웠을까요. 그리고 로스 박사가 실제로 연구한 것은 모기에 존재하던 말라리아 기생충이었다는 것을 라베랑 박사님이 알았다면 얼마나 기뻐했을까요.

라베랑 박사님의 말라리아에 관한 발견은 다른 감염성 질환도 원생생물에 의해 비슷한 방법으로 유발될 수 있다는 가설을 부각시키는 역할도 했습니다. 열대 지역에서, 또는 다른 여러 지역에서 오랫동안 사람과 동물들이 걸린 질병들은 여러 면에서 말라리아와 유사했습니다. 하지만 이 질병들은 혈액의 부족, 혈액농도 감소, 열 등과 같이 말라리아와 유사한 증상들을 갖고 있음에도 불구하고 말라리아의 치료약인 퀴닌에 전혀 효과가 없었으며 습지병과 같은 군에 속하는 기생충도 발견되지 않았습니다. 1890년부터 이들 질병을 일으키는 모든 종류의 기생충이 설명되었습니다. 라베랑 박사님의 연구를 근거로 원생동물이 질병의 매개체일 것이라고 일단 예측하고 나면 얼마 지나지 않아 그 원생동물이 발견되었습니다.

원생생물과 관련된 질병 가운데에서 가장 잘 알려진 것은 트리파노소마병입니다. 이에 속하는 수많은 질병들이 알려져 있지만 여기에서는 나가나Nagana(체체 파리에 의한 치명적인 가축병), 수라Surra, 카데라Caderas sickness, 그리고 아프리카 적도의 갈지크트Galziekte of Equatorial Africa(남아프리카의 담즙병)등에 대해서만 언급하고자 합니다. 이 병들은 아프리카, 아시아, 남미의 대부분 지역을 황폐화시켰으며, 영양과 사슴 등과 같은 덩치가 큰 사냥감을 비롯하여 말, 낙타, 당나귀 등의 소과 동물들을 공격하였습니다. 때로는 동물들이 모두 폐사하기도 했습니다. 이는 모두 트리파노소마라고 불리는 나선모양의 작은 기생충이 원인이었으며, 여러 종류의 파리가 동물을 쏘는 과정에서 전염되었습니다. 그러나 사람에게 이 질병은 영양이나 성적 교섭의 관점에서 중요할 수도 있습니다. 하지만 모든 트리파노소마 가운데 의학적으로 가장 중요한 것은 '수면병'으로 알려진 전염병이었습니다. 수면병의 트리파노소마는 수년 동안 잠비아 강을 항해한 유럽 선박의 선장인 포드에 의해 1901년에 발견되었습니다. 하지만 포드는 기생충에 대해 자세히 검토했던 것 같지는 않습니다.

그 후에 이와 동일한 연구가 더턴 박사님에 의해 수행되었습니다. 그의 질병과 기생충에 대한 보고서의 후속 연구를 수행하기 위한 탐험대가 런던과 리버풀에서 출발하였습니다. 이 탐험대는 이 질병에 관련된 첫 번째 문제를 풀어 냈습니다. 이 질병에 관해 할 말은 매우 많습니다. 하지만 불행하게도 여기에서 이것들을 길게 논할 수는 없을 것 같습니다. 그 대신, 이 문제를 해결하는 데 라베랑 박사님이 어떤 역할을 했는지에 대해서만 간단히 살펴보겠습니다.

라베랑 박사님은 강압적인 주변의 분위기 때문에 말라리아에 관한 연구를 멈추어야만 했을 때에도 이 문제를 끝까지 소홀히 하지 않았습니다. 말라리아 기생충을 발견한 사람은 라베랑 박사님이었지만, 이를 생물학적으로 철저하게 연구한 사람은 골지 박사와 로스 박사를 비롯한 다른 연구자들이었습니다. 하지만 트리파노소마에 관한 한 그 반대였습니다. 즉 기생충은 수많은 장소에서 위험을 무릅쓰고 연구하는 여러 연구자들에 의해 발견되었지만, 기생충에 관한 형태학, 생물학, 병리학적인 연구를 수행하고 이에 대한 이해를 도운 사람은 라베랑 박사님이었습니다. 그는 저절로 병에 걸린 큰 동물을 비롯해 인위적으로 감염된 많은 실험 동물을 파리에 있는 실험실로 가지고 와서 연구했습니다. 하지만 그는 이에 만족하지 않고 쥐, 조류, 어류 및 파충류의 트리파노소마를 연구하면서 그 범위를 더욱 넓혀 갔습니다. 그리고 이러한 연구는 동시에 트리파노소마증의 정확한 병인을 찾을 수 있다는 희망을 우리에게 안겨 주었습니다. 라베랑 박사님은 약 30가지의 트리파노소마를 연구하였고, 우리가 알고 있는 어떤 연구자보다도 새로운 종을 많이 발견하였습니다. 게다가 트리파노소마의 새로운 속屬인 트리파노플라스미아도 발견하였습니다.

라베랑 박사님은 다른 연구자와 함께 연구한 수많은 논문과 해설을 통해 자신이 발견한 것들을 발표하였습니다. 그후 1904년에는 이들을 하나로 모아 「트리파노소마와 트리파노플라스미아」라는 위대한 업적을 남겼습니다. 이 논문은 지금까지도 매우 특별한 의미가 있습니다.

1906년에도 그는 니제르 북부의 소, 낙타, 말 등에게 유행하던 므보리, 소우마, 발리 같은 악성질병을 일으키는 기생충에 관한 연구결과를 발표하였습니다.

그의 모든 서적과 연구 그리고 수많은 발견들을 몇 마디의 말로 압축하는 것은 도저히 불가능합니다. 그의 수많은 연구와 업적들 속에서 우리는 기생충, 형태학, 감염이론, 기생충의 번식, 면역실험 등을 연구하기 위한 기술적인 발명들 또한 찾아볼 수 있습니다. 이러한 업적들은 라베랑 박사님에게 원생생물 병리학의 창조자로서 선도적인 권한을 유지할 수 있게 해주었습니다.

왕립 카롤린스카 연구소는 과학의 선구자로서 지칠 줄 모르는 인류애를 베푼 그에게 올해의 노벨상을 수여하게 되어 매우 기쁘게 생각합니다.

왕립 카롤린스카 연구소 교수위원회 G. 순베리

면역에 관한 연구

1908

일리야 메치니코프 | 러시아

파울 에를리히 | 독일

:: 일리야 일리치 메치니코프 Ilya Ilich Mechnikov (1845~1916)

러시아의 동물학자이자 미생물학자. 하리코프 대학교 및 나폴리 대학교에서 각각 동물학과 발생학을 공부하였다. 1870년에 오데사 대학교 동물학 및 비교해부학 교수로 임용되어 1882년까지 재직하였다. 1888년부터 파리에 있는 파스퇴르 연구소에서 연구하였다. 미생물이 유기체 내의 세포에 의해 파괴된다는 포식 이론을 발표하는 등 면역 관련 연구에 기여하였다.

:: 파울 에를리히 Paul Ehrlich (1854~1915)

독일의 의학자. 브레슬라우 대학교, 슈트라스부르크 대학교, 프라이부르크 대학교, 라이프치히 대학교에서 공부하였으며, 1878년에 의학 박사학위를 취득하고 같은 해 베를린 대학교 병원에 교수로 임용 되었다. 1890년에 전염성질병 연구소에 들어가 1905년에는 R. 코흐의 조교를 지내면서 디프테리아의 혈청 요법을 완성하였다. 베를린에 있는 혈청 연구소(1896년), 프랑크푸르트암마인에 있는 국립실험치료 연구소(1899년)의 소장으로도 활동하였다.

전하, 그리고 신사 숙녀 여러분.

얼마 전 우리는 이 자리에서 의학 분야의 발전에 대해 간단히 살펴보았습니다. 그리고 오늘날의 의학이 질병 예방을 위해 노력하고 있다는 점을 강조하였습니다. 질병 예방을 위해서는 병원균을 발견하고 파괴하여 병원균의 공격을 막아낼 수 있는 신체의 힘을 길러야 합니다. 우리는 감염성 질병을 앓은 유기체가 동일한 질병에 대해 방어력을 갖게 된다는 사실을 알게 되었습니다. 이것을 일컬어 유기체가 그 질병에 대한 면역력이 생겼다고 말합니다. 그러나 실질적으로 일어나는 면역반응을 현실적으로 관찰할 수는 없습니다. 뿐만 아니라 유기체로 하여금 질병에 대한 위험 부담 없이 그 병원균에 노출되어 그에 대한 저항력을 가지게 할 수 있는 능력도 없습니다. 따라서 백 년 전에 에드워드 제너 박사가 상상할 수도 없을 만큼 강한 파괴력을 가진 천연두를 예방할 수 있는 우두 백신을 개발한 것은 의약품의 역사에 획기적인 사건이 아닐 수 없었습니다.

제너 박사의 이러한 발견은 현실적으로도 매우 중요한 의미가 있었습니다. 하지만 여기에서부터 다른 질병에 대한 면역 연구나 일반적인 면역학적 통찰을 이끌어 내지는 못했습니다. 면역학 연구가 성공적인 과학적 발전으로 거듭나기 위해서는 무언가 필수불가결한 것이 부족했습니다. 면역 문제를 실질적이고 과학적인 방법으로 연구하기 위해 가장 중요한 것은 병의 근원을 밝히는 것이었습니다. 현재와 같은 면역학의 탁월한 발전은 제너 박사가 우두 백신을 발견한 데서 비롯되었습니다. 그 이후로도 약 75년간 파스퇴르 박사, 코흐 박사 등의 획기적인 연구들이 계속되었습니다.

유기체를 공격하여 그 안으로 침투한 후 스스로 자생하며 자라남으로써 병을 유발하는 미생물을 물리치는 과정을 처음으로 실험한 연구자는 바로 메치니코프 박사님이었습니다. 처음에는 주로 물벼룩처럼 하등동물인 수중동물의 감염에 관해 연구하였습니다. 그리고 뒤이어 그 감염 원리를 밝혀냄으로써 이 같은 연구들은 집중적인 관심을 받기 시작했습니다. 이 연구들로 면역 현상을 이해할 수 있게 되었고 포유동물, 그리고 인간에 대한 연구로 이어갈 수 있었습니다. 그리고 마침내 메치니코프 박사님은 포식 이론을 발표하게 됩니다.

이 이론에 의하면, 유기체 내 세포는 미생물을 파괴합니다. 인간이나 동물의 몸속에 존재하는 이 세포들은 침투한 병원균을 잡아서 파괴하고 무해하게 만듭니다.

포식 이론을 탄생시킨 의미 있는 연구들을 여기서 모두 말씀드릴 수는 없습니다. 그러나 포식 이론에 관한 연구는 어떤 한 세포에 관한 특이적 연구라는 점, 그리고 면역현상에서 세포의 중요성을 강조한 첫 번째 연구라는 점에서 매우 중요한 의미를 갖습니다. 지금 당장은 면역학의 다른 면들이 더욱 중요하게 여겨질 수도 있습니다. 하지만 면역에서 세포의 중요성을 언급한 수많은 연구들의 가치는 앞으로도 오랫동안 높이 평가받을 것입니다. 면역학도 생물학의 다른 분야와 마찬가지로 유기체의 생명활동 중에서 세포의 활동을 가장 중요하게 생각하기 때문입니다.

최근의 면역학 연구는 메치니코프 박사님의 연구를 더욱 돋보이게 합니다. 면역에 관한 현대 연구의 시작으로서, 특히 초기 면역 연구에 공헌한 메치니코프 박사님의 업적을 기리기 위해 카롤린스카 연구소는 박사님께 올해 노벨상의 영광을 드립니다.

다른 생물학적 과정과 마찬가지로 복잡한 면역현상에 대해서도 다양한 연구가 가능합니다. 최근에도 여러 면역학 연구들이 성공적으로 수행되었는데 이에 관해 간단하게 살펴보고자 합니다.

질병에 대한 방어에는 두 가지 형태가 있습니다. 하나는 미생물을 직접 파괴할 수 있는 능력이며 또 다른 하나는 이들 미생물이 더 이상 자라지 못하도록 방해하는 능력입니다. 이와 같은 것들을 세균 파괴 면역이라고 합니다. 그러나 이 외에도 세균이 생성하는 물질이 작용하는 또 다른 종류의 방어가 있습니다. 세균은 유기체 안에서 어떤 독성물질을 생성하고 이 물질은 유기체의 체액을 따라 퍼져 나가며 면역반응을 일으킵니다. 그 예로 항디프테리아 혈청에 의한 면역반응이 가장 많이 알려져 있습니다. 이 혈청주사를 통해 유기체 내로 주입된 물질은 디프테리아 독에 대한 항독소로서 작용합니다. 세균이 생성하는 독소는 오로지 항독소를 생성하도록 유도하는 역할만을 하며 이로 인해 유기체가 생성하는 항독소를 일컬어 우리는 항체가 형성되었다고 이야기합니다. 이와 같은 면역반응이 일어나면 생성된 항체들은 유기체의 체액에 존재하면서 질병을 유발하는 병원균 자체에 대한 방어능력을 수행하게 되며 매우 중요한 의미를 갖습니다.

이제 우리에게는 또 다른 질문들이 생깁니다. 항체는 왜 모든 외부 물질이 아닌 어떤 특정 물질에 대해서만 생기는 것일까요? 그리고 항체는 어디에서 생기는 것일까요? 또 어떤 과정으로 형성되는 것일까요? 이들 항체의 성질과 구조는 어떠할까요? 이 항체들은 병원균이나 독소에 대해 어떻게 작용하는 것일까요? 이 외에도 우리는 면역이론의 실질적인 응용과 발전에 관해 수많은 의문점을 갖고 있으며 면역이론과 일반적인 생리작용의 상호관계는 또 하나의 커다란 관심사입니다.

지난 15년간 이런 문제들을 집중적으로 다룬 훌륭한 연구들이 많이 수행되었고, 수많은 연구자들은 이러한 문제들을 과학적으로 밝혀냈습니다. 여기에서 이 수많은 업적들을 일일이 언급할 수도 없으며 개개인의 업적을 세세히 나열할 수도 없습니다.

이미 다른 생물학적 업적으로도 유명한 파울 에를리히 박사님은 면역학에 관해서도 헌신적으로 연구하였으며 중요한 과학적 진보를 이끌어냈습니다. 왕립 카롤린스카 연구소는 박사님이 이룬 면역학에서의 연구 업적을 기리기 위해 올해 노벨상의 영광을 드립니다.

따라서 올해의 노벨상 수상자는 면역학 이론에서 많은 업적을 세운 일리야 메치니코프 박사님과 파울 에를리히 박사님 두 분입니다.

왕립 카롤린스카 연구소장 K. A. H. 뫼르너

갑상선의 생리학·병리학적 연구 및 외과 수술에 관한 연구

에밀 코허 | 스위스

:: **에밀 테오도르 코허 Emil Theodor Kocher (1841~1917)**

스위스의 외과의사. 1865년에 베른 대학교를 졸업한 후, 베를린 대학교, 런던 대학교, 파리 대학교 등에서 공부하였다. 1872년에 베른 대학교 외과학 교수로 임용되어 1911년까지 재직하였다. 5,000회에 걸쳐 갑상선 절제술을 시술하였으며, 갑상선 완전 적출의 문제점을 밝히고 갑상선종의 발병 원인에 대해 연구하는 등 갑상선에 대한 광범위하고 심도 있는 병리학적 연구를 수행하였다.

전하, 그리고 신사 숙녀 여러분.

올해 노벨 생리·의학상 수상자는 갑상선에 관한 생리학, 병리학 및 외과 수술 연구로 저명한 외과 의사인 베른 대학교의 테오도르 코허 교수님으로 결정되었습니다. 갑상선은 생물 유기체의 한 부분으로서 지난 수십 년 동안 그 중요성이 분명하게 밝혀졌습니다. 1870년대 말까지만 해도 이 갑상선의 기능에 대해서는 전혀 알지 못했으며 이는 생리학 교재에도 언급되어 있었습니다. 심지어 성인에게서도 실제로 갑상선의 생리적 중요성에 대해서도 의문을 가질 정도였습니다. 하지만 갑상선에 병리학적 변화가 생길 수 있다는 것은 경험적으로 알고 있는 사실이었습니다. 예를 들어, 갑상선이 병리학적으로 비대해지는 경우에 이웃하는 부분, 특히 기도에 압력이 가해지면 이는 매우 심각한 상황을 초래합니다.

그러므로 이 갑상선의 가치를 과소평가하는 것은 옳지 않습니다. 이미 약 백 년 전에 애스틀리 쿠퍼 박사님은 갑상선을 제거한 동물에서 장애를 발견하였습니다. 이것에 대해 베른 대학교의 쉬프 박사는 더 자세하게 설명하였습니다. 그는 갑상선을 제거한 동물이 죽는 것을 자주 관찰하였으며 이로 인해 생물 유기체에서 갑상선이 매우 중요한 역할을 할 것이라고 생각했습니다. 그러나 그는 이 갑상선의 기능에 대해 더 이상은 알아내지 못했습니다. 불행히도 이와 같은 관찰은 주목받지 못한 채 더 발전하지 못했습니다. 갑상선의 중요성에 관한 의문은 사람에게서 비슷한 결과가 관찰되고 나서야 비로소 해답을 얻을 수 있었습니다. 이는 한 외과 의사의 관찰에서 비롯되었습니다.

갑상선의 병리학적 비대로 일어나는 장애는 심각한 상황을 초래하는 경우가 많기 때문에 이와 같은 고통을 줄이기 위해 사람들은 이미 수 년 동안 위험과 어려움을 무릅쓰고 갑상선 적출 수술을 받아 왔습니다. 소독법을 도입하기 전까지는 환자들이 수술로 죽는 경우가 종종 있었습니다. 하지만 소독법을 도입한 후에는 그 위험이 어느 정도 해소되었고, 그 결과 갑상선 전체를 적출하는 수술도 상당히 증가하였습니다. 수술 그 자체는 개선되었고 회복도 순조로웠지만 그 결과는 그다지 만족스럽지 않았습니다. 갑상선 적출 수술 후에 전반적으로 건강상의 커다란 장애가 빈번하게 관찰되었기 때문입니다. 이에 대해 보다 세심하게 연구한 결과 우리는 'cachexia strumipriva' (갑상선 제거 또는 기능저하로 인한 영양부족 현상—옮긴이)이라는 새로운 증상을 정의할 수 있었습니다. 이 증상은 근육 쇠약, 사지와 안면의 부종, 지능 감소, 쇠약에 의한 사망 등으로 나타났습니다. 이와 같은 연구 결과에 대한 관심으로 인해 갑상선의 중요성에 대한 적극적이면서 생산적인 연구들이 수많은 연구소에서 이루어졌습니다. 이로 인해 비록 완전하지는 않지만 갑상선에 관한 생리학적 이해가 가능해졌습니다.

지금은 갑상선이 인체에서 매우 중요한 기관이라는 것과 실험동물에게서 갑상선을 전부 제거하면 반드시 며칠 또는 몇 주 후에 사망한다는 것을 알고 있습니다. 이 선腺은 성인의 일반적인 영양에 매우 중요하고, 특히 성장기의 인체에는 더욱 중요합니다. 따라서 갑상선이 기능을 잃게 되면 영양 상태에 심각한 장애를 초래하게 되어 대사작용이 현저하게 저하됩니다. 이로 인해 결국 성장이 멈추게 되고, 피부와 피하조직에는 점액성 침투가 생기며, 내부 장기가 퇴화되고, 신경계와 근육 기능에도 심각한 장애가 생기게 됩니다. 이 선은 인체의 여러 부분에 미치는 분비를 정교하게 조절합니다. 이것이 바로 내부의 '분비'입니다. 후에 이 내분비 과정의 중요성은 더욱 부각되었습니다. 갑상선뿐만 아니라, 부신이나 췌장과 같은 다른 선들도 각각 특징적인 분비를 조절함으로써 유기생물체 내의 어떤 과정에 특정 역할을 하는데 이와 같은 분비 과정은 배출에 의한 것이 아니라 확산에 의한 것이며, 이는 매우 중요한 의미를 갖습니다.

갑상선 생리학에 관한 이해는 병리학에 대한 이해를 높여 주었습니다. 그리고 이를 통해 그동안 원인을 알지 못했던 병적인 상황을 알 수 있을 것이라는 희망을 갖게 되었습니다. 내분비선의 병리학적인 변화는 갑상선의 기능을 억제 또는 감소시킵니다. 이런 현상들은 여러 병적인 상황들, 그중에서도 크레틴병(선천적으로 갑상선 호르몬이 부족해 생기는 병—옮긴이)과 점액수종(갑상선 기능이상으로 인한 호르몬 부족—옮긴이)에 대해 설명해 주었습니다. 이와 더불어 사람들은 갑상선 기능 증가, 또는 비정상적 기능으로 인한 바제도병(갑상선 기능항진증—옮긴이)에 대해서도 알 수 있기를 기대하고 있습니다.

과거 25년 동안 의학에 도움이 된 중요한 발전은, 한 외과 의사의 관찰에서 비롯되었습니다. 1882년 9월, 제네바의 레베르딘 교수는 대중 앞에서 처음으로 발표를 하였습니다. 이때 베른에 있던 그의 동료인 코허 교수님은 같은 주제에 관심을 갖게 되었고 1883년 4월 이에 대해 포괄적인 설명을 하였습니다. 이것은 갑상선에 관한 또 다른 중요한 분야의 발전과 외과 수술의 발전에 중요한 기반이 되었습니다. 코허 교수님의 발표로 갑상선을 완전히 적출하는 것이 얼마나 잘못된 것인지 명백히 밝혀졌습니다. 수술을 하더라도 기능할 수 있는 갑상선의 일부는 반드시 남겨야 합니다. 외과 수술에 관한 이 중요한 원리는 앞으로도 항상 지켜질 것입니다. 갑상선 외과 수술에서 코허 교수님은 언제나 앞서 나갔습니다. 지금 여기에서 그가 이루어 낸 수술 방법의 발전과, 여러 환자에 대한 다양하고 적절한 수술 방법의 연구는 언급하지 않겠습니다. 그가 성공시킨 갑상선종 수술로 건강을 되찾은 환자들이 수천 명에 이른다는 것만으로도 그의 업적은 충분히 설명됩니다. 이와 비슷한 결과를 통해 간접적으로나마 그에게 빚진 사람 또한 셀 수 없이 많습니다. 갑상선종 수술이 치명적인 결과를 낳거나 이차적인 질병을 유발하는 경우는 이제 매우 드뭅니다.

그러나 코허 교수님이 갑상선종의 치료만을 연구한 것은 아니었습니다. 그는 어떤 지역에 한정되어 나타나는 갑상선종의 발병 원인에 대해서도 연구하였으며 갑상선 기능 장애와 관련된 크레틴병도 연구하였습니다.

이미 지적한 바와 같이 갑상선에는 일반적인 갑상선종 외에도 다른 질병이 나타날 수 있습니다. 코허 교수님은 이에 관해서도 헌신적으로 연구하였으며 성공적인 결과를 얻었습니다. 그 결과 각각의 경우에 알맞은 치료 방법을 알게 되었습니다. 또한 코허 교수님의 연구를 바탕으로 갑상선에 대한 보다 광범위하고 심도 있는 병리학적 연구가 이루어졌습니다.

이 자리에서 간단히 설명하긴 했지만 코허 교수님의 연구는 고통받는 많은 사람들에게 도움을 주었습니다. 의과학에 매우 중요한 그의 선구적인 업적은 영원히 기억될 것입니다.

왕립 카롤린스카 연구소는 그의 업적에 대한 존경의 표시로 올해의 노벨 생리·의학상을 코허 교수님께 수여합니다.

왕립 카롤린스카 연구소 소장 K. A. H. 뫼르너

세포화학의 발전에 관한 공로

1910

알브레히트 코셀 | 독일

:: 알브레히트 코셀 Albrecht Kossel (1853~1927)

독일의 생리화학자. 로스토크 대학교 및 슈트라스부르크 대학교에서 공부하였다. 1878년에 의학 박사학위를 취득한 후 슈트라스부르크 대학교 및 베를린에 있는 생리학 연구소에서 연구하였다. 마르크부르크 대학교 교수를 거쳐 1901년에 하이델베르크 대학교 생리학 교수가 되었고, 1923년에는 같은 대학교 단백질 연구소 소장이 되었다. 세포 내 단백질 화합물에 대해 연구함으로써 세포화학 분야의 발전에 기여하였다.

전하, 그리고 신사 숙녀 여러분.

이미 알고 계신 것처럼 올해의 노벨 생리·의학상 수상자는 하이델베르크 대학교의 생리학 교수인 알브레히트 코셀 박사님입니다.

시상식에 앞서 그의 과학적 업적과 그 업적의 생물학적 의의를 간단히 설명하고자 합니다. 백여 년 전의 베르셀리우스 박사의 학설부터 이야기를 시작하겠습니다. 그는 카롤린스카 연구소가 생기기 전, 스톡홀름에 있었던 외과학교실의 조교수였습니다. 그의 강의는 그 당시 동물화학이라고 불리던 화학 분야에 신선한 충격과 새로운 방향을 제시하였으며 이것이 바로 지금의 생리화학입니다. 그는 화학 연구와 해부학적인 관찰, 그리고 생명 현상에 관한 연구를 가능한 한 가깝게 연결시키고자 노력했습니다. 즉 실험실에서 얻은 화학 지식을 바탕으로 살아있는 신체에 대한 화학적인 궁금증을 풀려고 노력했습니다. 가능하다면 생명과 그 생명을 지속하기 위한 구성 요소들의 상호관계를 밝히고 그 결과적인 현상들을 증명하고자 했습니다.

베르셀리우스 박사의 영향을 받아 오늘날 생리화학은 그와 비슷한 연구 목표를 갖고 있습니다. 코셀 교수님이 25년 동안 열정을 쏟은 연구 목적 또한 이와 비슷합니다. 현재 화학 분야의 연구가 실질적인 생명 현상들과는 다소 거리가 있는 것이 사실입니다. 이것은 정신적인 활동 세계와 관련되어 나타나는 실제 생활이 차이가 있다는 것과 비슷합니다.

영양 · 성장 · 대사 그리고 기관이나 체액들의 화학 조성 등과 같은 연구 주제는 화학자들이 보다 쉽게 접근할 수 있는 것들이기 때문에 오랫동안 연구되어 왔습니다.

주제를 바라보는 시각에 따라 화학자들은 다양한 연구 방법을 선택하게 됩니다. 수십 년간 진행되어 온 대사에 관한 연구를 예로 들겠습니다. 이 연구들은 여러 다른 조건에서 유기체에 필요한 영양성분의 양과 종류를 확정해 주었습니다. 그리고 유기체가 배출하는 최종 대사산물들도 확인하였습니다. 이와 같이 유기체가 섭취하고 만들어 내는 것들을 연구함으로써 우리는 유기체의 전체 조직에 대해 알 수 있으며 이를 조절하는 내부 인자들에 대한 정보도 얻게 됩니다.

서로 다른 기관들의 구성과 기능 등을 밝히기 위해 실험을 이용한 보다 직접적인 연구가 이루어지고 있는데, 이 과정에서 해부학자, 조직학자, 실험생리학자, 그리고 화학자들은 알려지지 않은 생명의 비밀을 알아내기 위해 힘을 합해 노력합니다. 그중 화학자들은 신체 각 부분의 화학구조를 파악하고 거기에서 일어나는 화학반응들을 규명하는 역할을 합니다.

살아있는 유기체에 대한 연구는 이제 점점 더 가장 작은 형태학적 독립체인 세포 쪽으로 옮겨 가고 있습니다. 이들 세포는 어느 정도 독립적으로 살아가며 이 안에서는 실제로 생명 현상이 일어나고 있습니다. 때문에 세포는 생물학적으로 특별한 관심의 대상이 되며 충분히 주목받을 만한 가치가 있습니다.

코셀 교수님은 이 분야에 헌신적으로 연구하였으며, 이로 인해 올해 노벨상을 받게 되었습니다.

유기체를 구성하는 세포들은 그들이 속한 기관에 따라 특별한 특징이 있지만 한편으로는 일반적인 특징도 함께 갖고 있습니다. 세포 내 유기물질들이 주로 단백질체에 속한다는 것은 이미 알려져 있는 사실이며 이를 쉽게 증명할 수 있는 경우도 있지만 그렇지 않은 경우도 있습니다. 일반적인 단백질 화학의 발달은 세포 내 단백질체와 이들의 결합에 관해 많은 것을 알려 주었습니다. 이것이 세포화학으로 발전하였으며 세포질의 생명 현상과 그 기능에 대한 연구가 이루어지는 계기가 되었습니다.

이와 같은 연구에 중요한 기여를 하신 분이 바로 코셀 교수님입니다. 여기에서 그의 연구를 자세하게 설명할 수는 없지만 그 중요성은 언급하지 않을 수 없습니다. 지난 몇십 년 동안의 연구 과정에서 생물학적으로 중요한 단백질의 세부 구조가 밝혀졌으며 여기에 단백질 분해산물에 관한 연구는 많은 도움이 되었습니다. 우리는 여기에서 단백질이 서로 다른 원자들로 이루어진 복합체라는 것을 알게 되었습니다. 이들은 크게 모노아미노산과 기본 분해산물로 나누어집니다. 모노아미노산을 연구한 많은 학자들 가운데 에밀 피셔 박사는 뛰어난 분석과 합성에 관한 연구로 1902년에 노벨 화학상을 수상하였습니다. 기본 분해산물에 대한 연구 또한 이에 못지않게 중요하며 이에 관한 코셀 교수님의 연구는 큰 신뢰를 얻을 수 있었습니다.

최근 스웨덴으로 돌아온 드레셀 박사와 그의 제자들은 분해산물에 관해 처음으로 밝혔습니다. 그러나 그 이후 코셀 교수님은 새로운 분해산물들을 발견하였고 이는 우리에게 보다 폭넓은 지식을 제공하였습니다. 그는 특히 스스로 고안한 새로운 방법을 이용하여 다른 단백질의 분해산물일 수도 있는 어떤 한 단백질과 그 분해산물의 정량적 관계에 대해서 연구하였습니다.

특히 집중적으로 연구한 단백질 중에 하나가 물고기 정자에서 얻을 수 있는 프로타민입니다. 코셀 교수님은 이들이 다양한 원자 그룹을 포함하지 않는 비교적 간단한 구조라는 것을 알게 되었습니다. 프로타민은 대부분의 다른 단백질보다 구성이 단순하며 단백질의 기본 분해산물들로 이루어져 있었습니다. 실제로 코셀 교수님은 자신이 고안한 실험 방법을 이용하여 프로타민을 구성하는 구조체의 정량적 관계를 밝혀냈습니다. 하지만 이보다 더 복잡한 다른 단백질에 관해서는 아직 더 연구해야 합니다. 가장 간단한 단백질체인 프로타민에 대한 연구는 단백질체의 구조를 설명하였다는 점에서 매우 중요합니다. 실제로 프로타민은 변형된 세포의 생성물이며 일반적인 단백질로부터 형성되기 때문에 세포, 그리고 그 생존에 대해 많은 관심을 받고 있습니다. 코셀 교수님이 처음 관찰한 또 하나의 단백질 그룹은 히스톤으로 이루어져 있는 물질입니다.

이들은 가장 간단한 프로타민과 복잡한 단백질의 중간 단계에 존재하는 물질입니다. 이들은 세포의 구성 요소로서 매우 중요하며 코셀 교수님은 이에 대해 자세히 연구하였습니다.

코셀 교수님은 세포 내 단백질 화합물에 대해 광범위하고 중요한 연구들을 수행해 왔습니다. 우리가 이미 알고 있는 것처럼 단백질은 매우 복잡한 구조입니다. 그리고 세포 내에서 단백질들이 핵산이라는 물질과 다양하게 결합한다는 사실은 그 관계를 더욱 복잡하게 만듭니다. 이들은 또한 구조적으로도 단순하지 않습니다. 이들은 인산의 형태로 인을 함유하고 있으며 푸린기, 피리미딘기, 당 또는 이와 관련된 형태들도 포함하고 있습니다. 코셀 교수님은 연구의 많은 부분을 이들을 밝히는 데 투자했습니다. 많은 시간을 할애하지 않고서는 자세한 것을 설명할 수 없었기 때문입니다. 우리는 세포 내 핵산과 주변 단백질의 관계로부터 핵산의 생물학적 중요성에 주목해야 합니다. 나아가 이 학문적인 발전이 코셀 교수님과 그의 제자들에 의해 이루어졌다는 점도 강조되어야 합니다.

세포화학이라는 생물학적으로 중요한 분야에 기여한 코셀 교수님의 귀중한 연구를 미약하나마 간단하게 요약해 봤습니다. 왕립 카롤린스카 연구소는 이와 같은 연구 업적을 인정하여 올해 노벨 생리·의학상을 코셀 교수님께 수여하기로 결정하였습니다.

존경하는 코셀 교수님.

생리화학은 베르셀리우스 박사님으로부터 시작되었습니다. 그는 처음으로 현재의 연구 방향을 제시하고 길을 닦았지만 더 이상의 발전은 계속 늦어지고 있었습니다. 하지만 여러 나라에서 이에 대해 계속 연구하였고, 특히 독일에서는 폰 리비히 박사, 퀴네 박사, 호페 세이러 박사 같은 여러 과학자들에 의해 활발한 연구가 이어졌습니다. 베르셀리우스 박사님의 말처럼 모든 과학자들은 "생명의 기초가 되는 상호관계를 파악하기 위해 실험실의 경험을 바탕으로 살아 있는 유기체를 화학적으로 연구하고자" 노력하였습니다.

그들은 신체의 가장 기본적 구성 요소인 세포를 화학적으로 연구하였습니다. 그리고 세포의 개념으로부터 생물학을 크게 발전시켰습니다. 베르셀리우스 박사님이 계셨다면 아마도 이와 같은 연구 업적에 매우 감사했을 것입니다.

왕립 카롤린스카 연구소는 코셀 교수님께 노벨 생리·의학상을 수여함으로써 그 공로를 기리고자 합니다.

왕립 카롤린스카 연구소 소장 K. A. H. 뫼르너

눈의 굴절광학에 관한 연구

1911

알바르 굴스트란드 | 스웨덴

:: **알바르 굴스트란드Alvar Gullstrand (1862~1930)**

스웨덴의 안과의사. 웁살라 대학교와 스톡홀름 대학교에서 공부하였으며, 1890년에 의학 박사학위를 취득하였다. 1894년에 웁살라 대학교 최초의 안과학 교수가 되어 1913년까지 재직하였다. 1914년에 물리학 및 생리광학 교수가 되었고, 1927년부터는 명예교수로 활동하였다. 눈의 시각적 영상형성을 설명하고 이와 관련된 일반적인 법칙을 완성하였으며, 렌즈의 굴절력에 영향을 미치는 곡률의 변화에 관하여 규명하는 등 눈의 굴절광학 분야에서 선구적인 연구를 수행하였다.

전하, 그리고 신사 숙녀 여러분.

올해의 노벨 생리·의학상 수상자는 눈의 굴절광학에 관해 연구한 웁살라 대학교의 알바르 굴스트란드 교수님으로 결정되었습니다. 시각계에 관한 연구와 시각계를 통해 얻은 영상에 관한 이야기는 매우 먼 과거로 거슬러 올라가야 합니다. 우리는 이러한 문제를 연구하고 해결책을 제시하기 위하여 노력한 저명한 물리학자와 수학자를 많이 알고 있습니다. 따라서 이에 대한 이론적인 연구는 이미 완성되어 더 이상 추가될 것이 없다고 일찍부터 믿고 있었으며, 아직도 어떤 지역에서는 그렇게 믿고 있습니다. 이러한 믿음은 시각계를 규명한 기술이 지난 수십 년 동안 중요한 발전을 이루었다는 사실로 어느 정도 설명될 수 있습니다. 그러나 시각적 영상의 형성에 관한 이론은 불완전한 면도 있었고 틀린 부분도 있었습니다.

사람이 만든 광학 기구를 보면 굴절시키는 매체는 균일하며 일반적으로 규칙적이면서 일정한 형태가 굴절면에 나타납니다. 따라서 이렇게 얻은 영상을 설명하는 것 자체가 쉽지 않습니다. 만약 우리가 지금 눈에 대해 생각해 본다면 매우 복잡한 구조의 시각계와 굴절 조건에 직면하게 됩니다. 이는 일차적으로 눈에 있는 렌즈 때문이며 이 렌즈의 굴절력이 층에 따라 다르게 나타나기 때문입니다. 또한 보는 거리에 따라 렌즈의 모양과 굴절 능력도 달라지기 때문입니다.

신체의 눈이 광학기계로서 작동한다는 것은 감각기관으로서의 필요조건이기 때문에, 정상적인 혹은 비정상적인 눈에 대해 시각적 영상의 형성과 광굴절의 이론적 문제점을 밝히는 것은 매우 중요합니다. 망막에서 만들어진 영상의 선명도는 시력을 결정하는 요인이기도 합니다.

그러므로 눈에서 형성되는 광학적 영상에 관한 연구는 안과학뿐만 아니라 생리학적으로도 매우 중요하며 많은 과학자들이 이 연구에 동참하고 있습니다. 굴스트란드 박사님 이전에 이 분야에 많은 기여를 한 과학자로 너무나도 유명한 헤르만 헬름홀츠 박사를 꼽을 수 있습니다. 헬름홀츠 박사의 선구적인 연구는 눈에서의 굴절과 영상 형성에 관한 연구에 희망을 주었으며, 헬름홀츠 박사를 제외하고는 그 누구도 굴스트란드 박사님이 이룬 혁명과도 같은 과학적 업적을 이룰 수 없을 것입니다.

이 연구의 범위와 성격에 관해 자세하게 설명할 수는 없습니다. 예비 실험의 진행과 그 결과로부터 얻은 실질적인 응용에 대해서는 이야기하지 않겠습니다.

하지만 이 연구의 중요성과 그 발전에 관해서는 간단하게 살펴보겠습니다. 이것은 약 20년 전으로 거슬러 올라갑니다. 안과 의사였던 굴스트란드 박사님은 빛의 굴절과 눈에서 형성된 시각적 영상과 관련하여 몇 가지 의문점을 해결하려고 노력했습니다. 하지만 얼마 지나지 않아 그는 시각적인 영상 형성에 관한 일반적인 법칙을 구체화하려면 아직도 많은 것을 연구해야 한다는 사실을 깨달았습니다. 연구의 궁극적인 목적을 이루기 위해서는 그는 먼저 이 문제를 완전히 해결해야 했습니다. 그리고 그는 그 임무를 완성하였습니다. 그는 시각적 영상 형성의 이론을 변형하여 기본 방정식을 완성하였으며 이 방정식으로부터 전혀 알려지지 않았던 시각 영상 형성에 관한 법칙을 유도하였습니다.

이로써 그는 눈에 관한 연구를 지속할 수 있는 출발점에 서게 되었습니다. 이 문제에 관한 몇 가지 사항은 아직도 해결되지 않은 채로 남아 있습니다. 특히 렌즈에서 일어나는 굴절은 해결되지 않는 어려운 문제였습니다. 즉 빛이 층에 따라 다른 굴절률을 갖는 매질을 통과하는 경로를 설명하기란 쉽지 않았습니다. 게다가 여러 각도로 놓인 물체의 영상을 뚜렷하게 만들기 위해서 렌즈 형태를 조절하거나 렌즈의 굴절력에 영향을 미치는 곡률의 변화를 조절하는 법칙에 대해서는 알고 있는 것이 거의 없었습니다. 눈 조리개의 중요성에 대해, 그리고 그 밖의 여러 세세한 사항들에 대해서 완전하게 알지 못했으며 그 해석 또한 정확하지 않았습니다.

굴스트란드 박사님은 위에서 언급했던 문제들을 모두 해결하였습니다. 그는 눈의 시각적 영상 형성을 설명하였습니다. 그리고 이를 포함한 시각적 영상 형성의 일반적인 법칙을 완성하였습니다.

굴스트란드 교수님의 주요 업적을 간단히 요약해 보았습니다. 왕립 카롤린스카 연구소는 노벨상을 수여함으로써 눈의 굴절광학에 관한 굴스트란드 교수님의 선구자적인 공로에 대한 존경을 표하고자 합니다.

굴스트란드 교수님.

왕립 카롤린스카 연구소를 대표하여 축하와 존경을 전해드립니다. 교수님의 공로에 대해 우리는 오래전부터 감사의 마음을 갖고 있었습니다. 20년 전에 교수님의 논문이 발표되었을 때, 우리는 이미 교수님을 인정하였습니다. 그리고 우리 연구소에서 연구하는 교수님을 지켜보는 것 또한 우리에게는 큰 기쁨이었습니다. 교수님은 아직 이 나라에 머물고 있지만 교수님의 연구 활동은 어느 곳에서든 가능했습니다. 교수님의 과학적 업적은 스웨덴 의과학 역사에 영광의 이름으로 영원히 남을 것입니다.

교수님께 공식적으로 감사를 전하는 것은 이번이 처음은 아닙니다. 스웨덴 의학학회는 이에 관해 이미 감사를 표했으며 왕립 카롤린스카 연구소는 교수님이 자신의 업적과 관련된 분야의 수장에 임명되었을 때 감사의 마음을 전달할 수 있었습니다. 오늘 본 위원회는 과학에 공헌한 동료에게 이 세상의 최고 영예를 안겨 주게 된 것을 매우 자랑스럽게 생각합니다.

교수님의 연구 업적에 대한 존경과 함께 우리들의 따뜻한 애정을 전해드립니다.

왕립 카롤린스카 연구소 소장 K. A. H. 뫼르너

혈관 봉합술 및 기관 이식에 관한 업적

1912

알렉시스 카렐 | 프랑스

:: **알렉시스 카렐 Alexis Carrel (1873~1944)**

프랑스의 외과의사이자 사회학자, 생물학자. 리옹 대학교 의학부에서 공부하여 1900년에 박사학위를 취득하였으며, 리옹 병원에서 근무하면서 동 대학교에서 해부학을 강의하였다. 1904년에 미국으로 건너가 시카고 대학교 생리학과에서 연구하였으며, 1906년에는 뉴욕에 있는 록펠러 의학연구소에서 연구하였으며 1912년에 정회원이 되었다. 혈관 봉합술 및 장기 이식술을 개발하여 수술 후 출혈과 혈전증 및 이차 협착 등을 방지하는 등 의학의 발전에 공헌하였다.

전하, 그리고 신사 숙녀 여러분.

왕립 카롤린스카 연구소는 뉴욕 록펠러 연구소의 알렉시스 카렐 박사님의 혈관 봉합술과 기관 이식에 관한 연구 업적을 인정하여 그를 올해의 노벨 생리·의학상 수상자로 결정하였습니다.

팔다리가 움직이기 위해서는 이들을 구성하는 세포들이 혈액을 통해 영양을 공급받아야 합니다. 만일 다리의 아래 부분에 밴드를 감은 채로 있게 된다면 인접한 부분의 다리와 발은 괴사합니다. 사타구니 동맥에서는 혈액이 뭉치거나, 혈관이 수축하게 되는 등 혈액순환 장애가 생기고, 이로 인해 피부색이 변하고 온도가 떨어지며 결국에는 다리 아래 부분이 괴사하는 것입니다. 만약 칼 혹은 총상으로 동맥이 잘리게 되면 지혈용 압박대로 출혈을 막을 수는 있습니다. 하지만 지혈이 된다 해도 다리가 괴사할 가능성은 여전히 남아 있습니다. 따라서 우리는 혈액순환을 방해하지 않으면서 혈관 벽의 상처를 치료할 수 있는 방법, 그리고 잘린 혈관의 혈액순환을 회복하기 위해 상처의 양 끝을 다시 잇는 방법을 오랫동안 연구해 왔습니다.

봉합술과 더불어 흡수성 금속이나 금, 은 등으로 만들어진 뼈 모양의 관을 이용하는 방법 등도 바로 이런 치료방법의 예가 될 것입니다. 뼈 모양의 관을 손상된 혈관에 삽입하기도 하고, 손상된 혈관을 이 관 속으로 삽입하기도 하였지만 이런 방법들은 불확실하고 일관성 없는 결과들을 보여 주었습니다. 그 외의 다른 방법들도 불확실하기는 마찬가지였습니다. 하지만 리옹 대학교의 알렉시 카렐 박사님은 10년~12년 전에 하였던 연구를 통해 혈관을 다시 잇는 새로운 방법을 개발했습니다. 그는 매우 가느다란 바늘에 섬세한 실크 실을 꿰어 혈관의 끝과 끝을 연결하였으며 특히 똑같은 간격의 세 바늘땀만으로 혈관 연결 부위의 둥근 단면을 삼각형으로 만드는 방법을 이용하였습니다.

이 방법은 수술 후에 나타나는 출혈과 색전증(혈관이 폐색되는 증상)을 막는 데에 매우 효과적이었습니다. 그러나 무엇보다도 가장 큰 장점은 봉합한 부분에 어떠한 협착도 일어나지 않았다는 것이었습니다. 카렐 박사님은 1902년 《리옹 의학Lyon Medical》에 실린 자신의 첫 번째 논문에서 봉합술을 이용한 혈관 손상 치유방법에 대해, 그리고 같은 동물 또는 서로 다른 동물끼리 갑상선이나 신장과 같은 장기를 성공적으로 이식하는 방법에 대해 설명하였습니다. 시카고 대학교와 뉴욕의 록펠러 연구소에서 연구하는 동안, 그는 여러 부분에 적용 가능한 봉합술과 이식법을 계속 연구하였고 마침내 그 기술을 완성하였습니다. 이 혈관 봉합술은 큰 혈관뿐만 아니라 성냥보다도 얇은 미세혈관에도 적용할 수 있었으며, 동맥을 같은 길이의 정맥으로 대치하는 것도 가능했습니다. 그리고 다른 혈관으로부터 떼어낸 조각이나 경화성 막의 일부 조각 또는 혈관의 일부분으로, 심지어 고무관으로도 혈관 벽의 구멍을 막을 수 있었습니다. 그 처치 결과는 몇 달 혹은 몇 년 뒤에도 매우 만족스러웠습니다. 뿐만 아니라 척추 앞의 대동맥을 다른 혈관의 일부분으로 대치하는 데에도 성공하였고 이 수술을 받은 동물은 2년, 3년, 그리고 4년까지도 건강하게 살아남았습니다.

이와 더불어 카렐 박사님은 기관 조각들의 사용 및 보존에 관해서도 실험하였습니다. 그는 냉장고나 생리식염수, 로크 용액 등으로 보관 방법을 달리해 보았습니다. 그 결과 얼음 위에서 바셀린에 보관한 조각들이 가장 완벽하게 몇 달 동안 보존되는 것을 확인하였습니다. 반면에 끓이거나 포르말린-글리세린 용액에 넣는 등 다른 방법으로 멸균한 혈관 조각들은 사용이 불가능했습니다.

카렐 박사님은 자신의 봉합술을 직접 시술하며 발전시켰습니다. 그리고 이를 통해 절개한 기관, 또는 다른 동물로부터 이식받은 기관의 혈액순환을 복구할 수 있었습니다. 신체의 정맥과 동맥은 이식받은 기관의 정맥과 동맥으로 각각 연결되었습니다. 이로써 혈액은 이식된 장기를 통해 정상적으로 순환하게 되며 혈액순환이 다시 시작됨으로써 세포들은 이전의 기능을 회복할 수 있었습니다.

이와 같은 혈액순환의 복구 없이는 한 사람에게서 다른 사람에게로 조직의 일부만을 이식할 수 있을 뿐이었습니다. 이식된 세포들은 혈액순환이 제대로 이루어지지 않으면 결국 빠르게 파괴되어 사라졌습니다. 그러나 카렐 박사님의 봉합술을 이용하면 한 동물로부터 다른 동물로 갑상선의 절반, 비장, 난소, 한쪽 신장, 심지어 양쪽 신장을 모두 이식할 수 있었습니다.

또한 한 번 잘라냈다가 다시 제자리로 되돌려 놓은 기관들도 여전히 각각의 기능을 제대로 수행할 수 있었습니다. 실제로 절제한 개의 신장을 흐르는 물에 씻어 다시 제자리에 돌려놓는 실험에서 총 14마리 중 9마리가 수술 후에도 오랫동안 살아 남아 있었습니다. 양쪽 신장을 모두 제거했다가 하나만 다시 연결한 개도 살아 남았습니다. 이 개는 결국 2년 반 만에 죽었지만 그 원인은 이식과는 전혀 무관한 문제였습니다. 이식한 신장은 이 개가 죽을 때까지도 분명히 정상적으로 기능하고 있었습니다.

카렐 박사님은 같은 방법으로 한 동물의 발을 다른 동물의 발로 바꿔 놓는 실험도 했습니다. 이때도 이식한 발은 전체 몸에 적응하여 정상적으로 움직이고 있었습니다. 카렐 박사님과 그의 제자들은 이러한 실험을 비롯해서 여러 중요한 실험들을 반복적으로 수행하였습니다.

하지만 이와 같은 동물실험이 어떻게 인간을 대상으로 한 시술에도 응용될 수 있었을까요?

혈관의 부분적인 상해에 대해서는 많은 외과 의사들이 카렐 박사님의 기술을 이미 습득하고 있었습니다. 일부 의사들은 혈관의 상처 입은 부분을 동일인의 정맥으로 대치시키는 시술에 성공하기도 했습니다. 뿐만 아니라 이 방법은 수혈에도 이용되었습니다. 건강한 기증자의 손목 부분의 동맥을 자르고 환자의 팔 또는 다리 정맥에 그 끝을 연결하는 것입니다. 그러면 기증자의 혈류가 이어진 혈관을 통해 환자에게로 직접 연결될 수 있었습니다. 이 방법은 수많은 사람들의 목숨을 구했습니다.

나아가 카렐 박사님은 팔다리 중 어느 한 곳에서 순환을 반전시켜 혈류를 다시 정상적으로 흐르게 할 수 있다는 것도 증명하였습니다. 예를 들면 동맥경화증으로 다리 동맥의 혈액순환에 장애가 생긴 경우, 이 방법을 이용하여 혈액순환의 반전을 시도함으로써 상당수 사례에서 다리의 괴사를 막아 냈으며 심지어 치료도 가능했습니다.

카렐 박사님은 이처럼 하나의 동물에서 다른 동물로 기관 혹은 수족을 성공적으로 이식하였습니다. 하지만 이와 같은 시술이 사람을 대상으로 행해진 사례는 아직 없습니다. 그 이유는 먼저 외과 의사가 사용할 수 있는 건강한 신장, 비장, 수족이 없기 때문입니다. 또 다른 이유는 동물실험을 통해 이식된 기관이 새로운 환경에서 퇴화되면서 얼마 후에는 그 기능을 멈추는 경우가 관찰되고 있기 때문입니다. 또한 건강한 사람에게서 기증받는 기관이나 수족을 환자가 필요로 할 때까지 잘 보존하는 방법도 알지 못했기 때문입니다.

이 시대 수많은 의약 분야 연구자들은 우리 인간을 괴롭히는 질병이나 상처 치료법을 알아내기 위해 동물실험을 계속하고 있고 그들 사이에서 카렐 박사님은 점점 더 큰 명성을 얻고 있습니다. 그는 병들고 상처 입은 조직을 보호하는 방법을 새롭게 고안하였습니다. 그리고 살아있는 새로운 조직을 이식하는 방법도 개발하였습니다. 결과는 매우 훌륭했습니다. 따라서 왕립 카롤린스카 연구소는 장기 기증자들의 숭고한 의지에 부합하기 위해 의약 분야의 최고 영예인 노벨상을 카렐 박사님께 수여하고자 합니다.

카렐 박사님.

왕립 카롤린스카 연구소는 혈관 봉합술과 장기이식술을 개발한 연구 업적을 인정하여 당신을 올해의 노벨 생리·의학상 수상자로 결정하였습니다.

박사님은 정말 훌륭한 일을 해냈습니다. 혈관의 상처를 봉합하는 새로운 기술을 고안하였고 이 기술 덕분에 혈액 흐름을 회복할 수 있었습니다. 수술 후 출혈과 혈전증 그리고 이차적인 협착도 막을 수 있게 되었습니다. 또한 환자의 제거된 신체 일부를 신체의 다른 부분으로 또는 다른 사람의 것으로 대치하는 것도 가능해졌습니다. 박사님은 잘린 혈관을 보존하는 방법도 연구하였습니다. 그 덕분에 갑상선, 난소, 비장, 신장, 심지어 양쪽 신장의 이식이 가능해졌습니다. 그리고 이식된 기관들은 살아 움직이며 그 기능을 제대로 할 수 있었습니다. 뿐만 아니라 수족 전체를 이식하는 일 또한 가능해졌습니다. 박사님은 가장 대담하면서도 어려운 시술을 성공하였습니다. 이로 인해 인간을 대상으로 한 외과적 시술이 증가되었고 이와 관련한 동물실험은 더욱 중요해졌습니다.

그렇다면 그 성공의 비결은 과연 무엇이었을까요?

첫째는 스스로 확실한 목표를 정하고 가능한 모든 방법을 이용하여 쉴 새 없이 연구하였다는 것입니다. 둘째는 당신의 안정적이고 섬세한 손놀림입니다. 이 때문에 정확한 실험이 가능했습니다. 또한 이 복잡한 시술을 위해 사용된 모든 방법들은 매우 간결하고 적절했습니다. 마지막으로 당신의 조국인 프랑스로부터 물려받은 인간 그 자체의 가치에 대한 지혜와 미국에서 얻은 대담하고도 확고한 에너지가 오늘의 성공을 뒷받침해 주었습니다. 앞에서 말한 모든 놀라운 성과들은 이 지혜와 에너지가 결합되어 나타난 결과입니다.

왕립 카롤린스카 연구소와 전체 의학계를 대표해서 박사님께 축하와 찬사를 보내드립니다.

왕립 카롤린스카 연구소 노벨 생리·의학위원회 J. 애커만

과민증에 관한 연구

1913

샤를 리셰 | 프랑스

:: 샤를 리셰 Charles Richet (1850~1935)

프랑스의 생리학자. 파리 대학교에서 의학을 공부하였으며, 1869년에 의학 박사학위를, 1878년에 과학 박사학위를 취득하였으며, 1887년에 생리학 교수가 되어 1927년까지 재직하였다. 1898년에 의학 아카데미 회원이 되었으며, 1914년에는 과학 아카데미 회원이 되었다. 독소가 내성을 유발하는 면역 반응과 상반되는 과민 현상을 발견하였으며, 과민증과 연관된 단백질 식품에 대해서도 연구함으로써 현대 생리학의 발전에 기여하였다.

전하, 그리고 신사 숙녀 여러분.

1913년도 노벨 생리·의학상 수상자는 과민증에 관한 연구를 수행한 파리 대학교 의학부 생리학과의 샤를 리셰 교수님입니다.

감염된 후에 면역력이 생긴다는 것, 즉 같은 종류의 감염이 일어난 경우에 그 감수성이 줄어들거나 없어진다는 것은 오랫동안 잘 알려져 있었습니다. 인위적으로 면역력을 확보하는 방법은 제너 박사가 발견한 천연두 백신으로 알게 되었습니다. 1880년 무렵 파스퇴르 박사가 살아 있는 감염원에 대한 예방 접종을 최초로 수행한 이후, 인위적인 면역에 관한 연구는 꾸준히 발전해 왔습니다. 이와 관련하여 이제는 디프테리아 독소나 뱀 독소를 포함하여 세균, 식물 및 동물 기원의 단백질들이 모두 쓰이고 있습니다. 이 경우에 면역은 다음과 같은 일반적인 원리를 따릅니다. 첫째, 약화시킨 바이러스나 독소를 접종할 때는 먼저 무해한 용량을 주입한 다음, 면역 효과가 나타날 때까지 더 강한 바이러스를 접종하거나 독소의 용량을 증가시킵니다. 이 때문에 바이러스나 독소의 2차 접종에서는 전반적으로 감수성이 감소됩니다. 미생물 바이러스로 접종할 때는 단 한 번의 처치만으로도 면역력을 충분히 높일 수 있는 경우가 많습니다. 하지만 독소는 여러 번 반복 투여되어야 하며 그 용량도 증가하게 됩니다.

의학적 용도에 적합한 여러 가지 혈청을 발견할 목적으로 시행된 수많은 면역 유도 과정 중에는 때론 일반적인 법칙과 달리 감수성이 증가되는 경우도 있습니다. 항결핵 혈청을 발견한 로베르트 코흐 박사가 만든 투베르쿨린은 이미 결핵에 걸린 환자에게 주사하였을 때가 정상인보다 훨씬 더 강한 효과를 나타냈습니다. 폰 베링 박사님은 디프테리아 혈청을 얻기 위해 이 독소에 민감하지 않은 말을 격리시켰습니다. 그리고 강한 용량의 디프테리아 독소를 주사하였는데 아무런 증상도 없이 새로 주사한 독소로 인해 갑자기 말이 죽어 버리는 일이 있었습니다. 이 새로운 독소는 이미 투여된 것보다 강했습니다. 그리고 같은 우리에 있던 다른 말에게서는 아주 쉽게 내성을 유발시켰습니다. 리셰 교수님은 공동 연구자인 헤리코트 박사와 함께 뱀장어의 혈청이 개에게 독성을 나타낸다는 것을 발견하였으며 이 혈청은 첫 번째보다는 두 번째 및 세 번째 주사했을 때 더 격렬한 반응을 나타낸다는 것을 확인하였습니다.

하지만 민감성이 감소하지 않고 오히려 증가하는 이와 같은 경우들은 우연히 일어나는 예외 조항으로 간주되었습니다. 이것은 두 가지로 설명할 수 있습니다. 코흐 박사님과 리셰 교수님에 의하면 처음 주사할 때 독소는 이미 몸 안에 흡수되어 있던 독소에 추가되어 더 높은 효과가 나타난 것이라고 했습니다. 이에 대해 베링 박사님은 역설적으로 과민반응을 일으키는 물질이 종종 있기 때문이라고 설명했습니다. 그리고 이것은 반복 투여과정을 통해 독소가 과다하게 투여된 것과 같다고 했습니다.

리셰 교수님은 이러한 독소의 과민성에 주목했습니다. 그리고 마침내 포티에르 박사님과 공동 연구를 통해 1912년에 이 주제에 관한 첫 번째 성과를 발표하였습니다. 그후 1년 동안의 연구를 모아 『과민성, 1912』이라는 논문집을 단독으로 출간함으로써 자신의 발견을 확인하고 발전시켰습니다.

그는 또한 동물과 식물에서 유래한 몇 가지 단백질 독소를 실험하였습니다. 독소 중의 하나를 실험동물의 피부에 무해하도록 낮은 용량으로 주사하고, 동일한 용량의 주사를 2～3주 간격으로 반복했습니다. 가끔은 두 번째 용량에서 매우 격렬한 독성이 나타나는 경우도 있었습니다. 이런 독성은 수 분 내에 동물을 죽이기도 했지만 빠른 속도로 완전히 회복되는 경우도 있었으며, 이때 독성은 일시적인 현상일 뿐이었습니다.

쇼크와 비슷한 이 격렬한 반응은 첫 번째 주사 용량으로 일어난 독성에 추가적으로 가해진 두 번째 주사 용량 때문이었습니다. 이것을 증명하는 것은 아주 간단했습니다. 두 용량을 동시에 주거나, 아주 짧은 간격 또는 4～5일 정도의 간격으로만 주면, 독성효과는 나타나지 않습니다. 투여된 독소가 유기체에 과민성을 일으키기까지는 잠복기가 필요한 것이 분명했습니다. 리셰 교수님이 발견한 과민성은 베링 박사님이 디프테리아에 면역된 말에서 관찰한 산발적인 경우와는 달랐습니다. 리셰 교수님이 발견한 과민성은 결코 우연한 현상이 아니었습니다. 이것은 면역에 의해 감수성이 감소되는 것처럼 일정한 규칙에 따라 일어나는 반응이었습니다. 그는 이것을 예방(프로필렉시스)의 반대 개념인 '과민증(아나필렉시스)' 라고 명명하였습니다.

과민증은 몇 가지 점에서 면역현상과 유사합니다. 두 가지 모두 이전에 투여한 용량에만 적용된다는 특징이 있습니다. 그리고 모두 잠복기가 있습니다. 두 가지 모두 어느 순간 일정하게 나타나는 반응이며 상당 기간 유기체의 특징으로 남아 있는 반응입니다.

각종 전염병에 혈청치료법을 일반적으로 사용하기 바로 전인 1888년에, 리셰 교수님은 면역된 동물의 혈청을 다른 동물에게 두 번 주사함으로써 전달될 수 있음을 증명하였습니다. 이를 수동면역이라고 합니다. 다음 단계는 이와 같은 수동면역이 과민증에도 응용될 수 있는지 알아보는 것이었습니다. 그리고 그는 실제로 과민증이 이 반응을 일으킨 동물의 혈청을 통해 한 동물에서 다른 동물로 전달되는 것을 증명하였습니다. 이 사실을 근거로 과민증으로 의심되는 질병을 확인할 수 있었습니다. 과민증은 병리학 발전에 매우 중요한 영향을 주었습니다.

과민성 중독의 특징 중 하나는 독소의 종류나 동물에 상관없이 그 증상이 과민증과 동일하다는 것입니다. 저혈압, 상위 뇌기능의 마비, 호흡곤란, 저온현상 등과 같은 일반적인 증상들이 언제나 관찰되었습니다. 심각한 과민성 쇼크를 이겨내고 생존한 환자는 감수성이 감소되어 면역성이 생깁니다. 이와 관련한 광범위한 연구는 아직 끝나지 않았습니다.

리셰 교수님은 생리학 연구자로서 과민현상을 발견하였습니다. 생명현상의 새로운 원리를 알게 됨으로써 유기체의 생명 자체를 보다 잘 이해할 수 있다고 하면, 생물학에 공헌한 리셰 교수님의 업적은 충분히 최고의 인정을 받을 만합니다.

과민증은 이미 의학 실습에도 활용됩니다. 과민증을 일으키기 위해 사용할 수 있는 물질은 매우 많습니다. 이 물질들은 환자에게 매우 이질적인 단백질이며 겉보기에는 무해한 듯 보이는 단백질(개체에 대해 이질적인 단백질)입니다. 예를 들면 혈액 중 색소물질, 우유, 계란의 흰자, 어류 단백질, 굴, 암세포, 식물성 단백질(고초열을 유발하는 꽃가루 등), 미생물 추출물 등이 있습니다.

과민증을 근거로, 단백질 식품에 대한 개개인의 특이 체질 또는 개체적인 반응에 관한 일련의 연구들이 시작되었습니다. 리셰 교수님은 주로 육류를 대상으로 연구하였습니다. 하지만 이에 관한 연구는 아직 초기 상태이며 어떤 발표를 할 수 있는 단계가 아닙니다. 그러나 리셰 교수님은 이 반응을 최초로 발견하였으며, 이를 분명하게 증명하고 설명하였습니다. 이것은 현재 의학과학, 생리학 및 병리학의 가장 중요한 발견 중 하나입니다.

리셰 교수님.

인류문명의 여러 분야를 포함하는 수많은 연구를 통해 우리는 교수님의 '성실함' 을 보았습니다. 교수님은 부지런한 연구로 의학 분야에서 명성을 얻었습니다. 교수님은 의과학에 헌신하였고 이 분야에 새로운 지식과 아이디어를 가득 채워 주었습니다. 그중에 무엇보다도 뛰어난 업적은 과민증의 발견입니다.

뛰어난 의학 전문가들이 내성을 유발하는 독소를 이용한 면역반응에 관해 이미 수많은 실험을 하고 있던 중에, 교수님은 이와 상반되는 반응이 있다는 것을 발견하였습니다. 교수님은 스스로 이 외로운 연구를 계속하여 면역현상처럼 규칙적으로 일어나는 반응을 증명하였습니다. 이제 우리는 특이적 프로필렉시스만을 고려하지 않습니다. 교수님 덕분에 우리는 특이적 과민반응(아나필렉시스)에 대해 알게 되었습니다.

교수님 이후로 비슷한 현상을 관찰한 사람들의 업적을 과소평가하는 것은 아닙니다. 다만 새롭게 발견된 과민증이라는 생물학적인 반응의 근거를 확립하고, 이를 분명하게 증명한 영예를 교수님에게 드리는 것입니다. 교수님은 의과학에 수많은 연구 분야를 개척하였습니다. 왕립 카롤린스카 연구소는 의학 및 생리학 분야에서 가장 중요한 발견을 한 교수님에게 우리의 형제인 알프레드 노벨 박사님이 제정한 상을 수여함으로써 그 업적에 보답하고자 합니다.

교수님의 헌신적인 업적이 마침내 결실을 이루고 성공할 것이라는 우리 모두의 소망과 함께 연구소와 저의 따뜻한 축하를 드립니다.

왕립 카롤린스카 연구소 노벨 생리·의학위원회 부위원장 G. 순베리

전정기관의 생리·병리학에 관한 업적

1914

로베르트 바라니 | 오스트리아

:: 로베르트 바라니 Robert Bárány (1876~1936)

오스트리아의 이과학자耳科學者. 1900년에 빈 대학교 의학부를 졸업한 후, 독일에서 공부하였다. 1903년에 빈으로 돌아와 구센바우어 교수에게 지도받았으며, 1903년에 폴리처 교수의 연구원으로 일하였다. 노벨상 수상 이후 스웨덴으로 이주하여 1917년부터 웁살라 대학교 교수로 재직하였다. 전정신경에 의해 자극받는 부분인 내이內耳에 관한 연구를 통하여 바라니 징후를 발견함으로써 현대 의학의 발전에 기여하였다.

로베르트 바라니 박사님은 전정신경이 자극하는 부분 즉, 내이 內耳라는 전정기관에 관한 연구를 헌신적으로 수행하였습니다.

내이에 관해서는 19세기 초부터 많은 연구가 있었습니다. 플로렌스 박사는 내이의 반원형 관이 자극받음으로써 반복적인 눈의 운동이 나타나는 안진증을 증명하였고 퍼킨제 박사는 회전에 의해 나타나는 현기증을 관찰하였습니다. 또한 메니에르는 내이의 질병으로 인한 어지럼증을 처음으로 증명하였습니다. 이후에도 많은 생리학자들, 특히 브로이어 박사와 에발트 박사는 내이에 관한 생리학적 연구를 수행하였으며 이를 통해 우리는 많은 것을 알게 되었습니다. 그러나 이비 과학자들은 이런 연구들의 중요성을 인지하지 못하였으며 이 연구들을 이과학의 분야로 받아들이지도 않은 채 그저 병리현상만을 관찰하였습니다. 하지만 1905년 5월 바라니 박사님이 오스트리아 이과학회에 온도안진에 관한 연구 결과를 발표한 이후로 10년 동안 이과학은 눈부시게 발전하였습니다. 바라니 박사님의 연구는 이러한 발전의 기초적 발판이 된 동시에 그 발전의 중심이 되었습니다. 그리고 많은 다른 연구자들 특히 빈의 젊은 이과학자들(알렉산더 박사, 노이만 박사, 루틴 박사 등)에게 많은 영향을 주었습니다.

이 연구의 시작은 매우 간단해 보였습니다. 오랫동안 이과학자들은 환자의 귀에 주사를 놓으면 현기증이 일어난다는 것을 알고 있었습니다. 몇몇 의사들은 안진증이 나타나는 것도 알고 있었습니다. 그렇지만 어떤 기관에서 이런 현상이 나타나며 또 사라지는지는 알지 못했습니다. 이 질문에 관해 바라니 박사님은 체계적인 연구를 하였습니다. 그는 귀에 주사를 놓는 것이 어떤 형태의 안진증을 일으키는지 밝혀냈습니다. 그리고 우연한 기회에 이러한 형태의 안진증과 현기증이 서로 관련 있다는 것을 발견하였습니다. 어느 날, 그가 환자의 귀에 주사를 놓자 환자는 차가운 주사액으로 인한 강한 현기증을 호소했습니다. 그후 바라니 박사님은 따뜻한 주사액을 사용했지만 환자는 다시 현기증을 호소하였고, 그는 환자에게서 현기증과 함께 나타나는 안진증을 관찰하였습니다. 그러나 안진증으로 인해 운동하는 눈의 방향은 주사액의 온도에 따라 정반대로 나타났습니다. 여기에서 그는 이런 증상의 결정적인 요인이 주사액의 온도라는 것을 깨닫게 되었습니다. 이것이 바로 온도반응입니다. 반원형의 기관에서 일어나는 이 현상은 온도에 따라 내림프액의 흐름이 달라지면서 일어나게 됩니다. 즉 내림프액이 차가울 때는 비중이 커지면서 가라앉고, 따뜻할 때는 비중이 작아지면서 올라가기 때문입니다.

우리는 이 간단한 설명으로 이전까지의 일련의 가설들을 배제할 수 있게 되었습니다. 이 반응에서 가장 중요한 것은 내이 미로의 온도와 그 순간 머리의 위치입니다. 처음에 이과학자들은 온도반응을 이용해 전정기관의 흥분성을 조사하였으며 이 방법은 모든 경우에 사용할 만큼 실용적이었습니다. 이때 양성 반응은 관이 흥분하긴 했지만 파괴되지 않은 상태를 의미합니다. 하지만 음성 반응은 관의 파괴를 의미하며 이를 쉽게 구분할 수는 있지만 가끔은 예외적인 경우도 있습니다. 이 간단한 조사 방법을 바탕으로 우리는 미로에 관한 질병, 특히 염증성 질병을 이해하고 치료할 수 있게 되었습니다. 이러한 병증이 있는 그룹의 사망률은 30에서 최고 50퍼센트에 달했지만 내이 미로의 온도반응과 이를 바탕으로 한 외과적 시술은 사망률을 최소한으로 낮춰 주는 효과가 있었습니다.

바라니 박사님은 또 다른 전정반응을 체계적으로 연구하여 이전까지 생각했던 것과는 다른 회전 이후 전정현상을 설명하였습니다. 뿐만 아니라 이 회전반응의 임상적·생리학적 중요성도 확립하였습니다. 그는 생리학자인 에발트 박사의 '압착공기해머'를 임상적으로 적용한 누공검사 방법을 활용하였으며 전기반응의 중요성도 일깨워 주었습니다.

또한 그는 전정기관 증후군에 포함되지 않았던 주관적이고 객관적인 현상들도 연구하여 체계적으로 정리하였습니다. 그중에 주로 관심을 가진 것은 전정반응운동에 관한 것이었습니다. 그는 이미 알려져 있던 전정기관의 평형장애가 일정한 방법으로 일어나며 안구의 반복적인 운동과 연관되어 있다는 것을 밝혔습니다. 그러므로 안구운동은 자세의 변화와 같은 수평면에서 일어나지만 그 방향은 반대가 되는 것입니다. 이로써 전정기관의 불균형 현상이 두위 변화에 따라 달라진다는 흥미로우면서도 임상적으로 매우 중요한 사실을 알게 되었습니다. 이러한 불균형 현상은 중심근육기관에 의해 일어나며 수의근육에서도 이와 비슷한 현상이 나타나는 것을 볼 수 있습니다. 우리는 적절한 실험으로 각각의 팔다리 또는 그 일부가 안구 운동으로 같은 평면상에서 반대 방향으로 흐트러지는 현상을 관찰할 수 있습니다. 전에는 잘 알지 못했던 이 현상에 관한 바라니 박사님의 이른바 지시검사는 귀, 그리고 신경 전문가들의 필수적인 검사방법이 되었습니다.

또한 바라니 박사님은 소뇌의 기능에 대한 새로운 연구를 진행하였습니다. 그는 소뇌의 외피가 지속적으로 수의근육을 자극하며 이로 인해 일반 근육이 항상 긴장하게 된다고 생각했습니다. 이러한 지속적인 긴장은 이미 언급했던 것처럼 전정기관을 규칙적으로 자극할 수 있습니다. 만약 어떤 사람이 바라니 박사님의 지시검사를 받고 있다고 생각해 봅시다. 이 사람에게 아래로 뻗고 있던 팔을 적당한 위치에 고정시킨 원판을 향해 수직으로 올리도록 합니다. 이 행동을 반복시키면, 일반적으로는 눈을 뜨든지 감든지 언제나 거의 같은 위치에 손을 뻗을 수 있습니다. 하지만 찬물 혹은 따뜻한 물을 귀에 넣으면 전정기관이 자극을 받아 손을 같은 곳으로 뻗을 수 없게 되고 이 작용은 안구 운동 방향과 같은 평면상에서 반대방향으로 나타납니다. 이 반응에 대한 개인차를 고려한다 해도 동일한 결과가 얻어집니다. 만약 팔을 양 옆으로 움직여 본다 해도 혹은 다리, 팔뚝, 무릎 아래, 몸통, 머리 등 다양한 대상에 대해 검사해 봐도 결과는 모두 같습니다. 바라니 박사님은 이 반응 또한 훌륭하게 설명하였습니다. 걸어가고 있는 말을 두 개의 고삐로 조정한다고 상상해 봅시다. 이때 어느 한쪽의 힘이 강하거나 약하다면 말은 치우치는 힘에 이끌리게 됩니다. 바라니 박사님의 지시검사는 이 말의 소뇌피질은 긴장을 유발하는 반면에 대뇌피질은 실제 작용하는 힘을 나타낸다는 것을 보여줍니다. 이때 긴장을 담당하는 센터는 시상축을 향하는 내향적인 경우와 이와 멀어지는 외향적인 경우로 나눠집니다. 팔이 수평면을 향할 때는 위쪽을 향하는 긴장 센터와 아래로 향하는 긴장 센터의 영향을 받게 됩니다. 따라서 몸의 각 관절에 대해 소뇌 외피에는 4개의 긴장을 담당하는 센터가 존재하며 4가지 가능한 운동방향이 존재합니다.

바라니 박사님은 소뇌 외피가 손상을 받은 경우에 대해서도 연구하였습니다. 그는 보다 자세한 연구를 위해 긴장 센터들을 동결시킴으로써 일시적인 마비를 일으키는 트렌델렌버그 방법을 적절하게 이용하였습니다. 마침내 그는 긴장 센터들의 위치와 존재를 확인하였고 국소적인 소뇌 진단방법을 새롭게 창안하였습니다. 이러한 연구는 그 자체가 매우 어려운 연구이기 때문에 문제점에 대한 해답을 얻기까지 많은 시간이 필요합니다. 제기되었던 많은 문제점들은 이미 확인되었습니다. 하지만 알지 못하는 부분 또한 아직 많이 남아 있습니다.

전쟁이 일어난 후, 바라니 박사님의 연구는 오늘 노벨상을 수상하는 연구 범주에서 다소 벗어나게 되었지만 어느 정도 이 내용들을 포함하고 있습니다. 폴란드의 프셰미실에 있을 때, 그는 감염된 두개골의 상처를 치료하는 치료법에 대해 의사로서 불만이 있었습니다. 탄환이 머리를 관통하는 과정에서 남은 오염된 피부 조각이나 옷 조각으로 감염이 일어나게 되고 그로 인해 환자는 얼마 지나지 않아 죽는 것이 일반적이었습니다. 바라니 박사님은 상처를 열어 놓은 상태로 치료하는 그 당시의 치료법이 이 감염의 직접 원인이라고 생각했습니다. 따라서 그는 상처를 깨끗이 소독한 뒤, 일차적으로 상처를 봉합하여 외부로부터의 감염을 차단하는 방법을 시도하였습니다. 이 치료술은 바라니 박사님도 모르는 사이에 독일로 퍼져 나갔습니다. 프랑스에서는 주목할 만한 결과들을 얻었습니다.

그가 전쟁 중에 러시아의 포로수용소에 수감되어 있다가 돌아왔을 때, 그는 이 새로운 방법을 고향인 오스트리아의 외과 의사들에게 소개하였지만 외면당했습니다. 그러나 다른 나라의 경험 사례들이 하나씩 알려지면서 오스트리아 외과 의사들도 스스로 이 방법을 시험해 보기 시작했습니다. 그리하여 바라니 박사님의 위대한 연구가 완성되고 발표되었을 때에는 더 이상의 반대 의견은 존재하지 않았습니다. 또 하나의 위대한 업적이 그의 연구 업적에 추가된 것입니다.

바라니 박사님은 오랫동안 전쟁 포로로 수감되어 있었고, 그동안에는 학문적인 보조, 연구 시설 같은 과학적인 지원을 전혀 받지 못했습니다. 따라서 그는 연구를 지속할 수 없었으며 그의 호기심은 단지 해부학적인 설명에 의존할 뿐이었습니다. 이것은 그의 후속 연구에도 많은 영향을 주었으며 그 첫 번째 결과는 이미 발표된 바 있습니다.

웁살라 대학교의 외과학 교실의 수장으로서 바라니 박사님은 학교도 설립했습니다. 그는 멀리 여러 곳에서 온 학생들에게 일시적이나마 약간의 보조를 해주고 있습니다. 그리고 이 학생들은 이미 수많은 중요한 연구들을 수행하고 있습니다.

왕립 카롤린스카 연구소 교수위원회 G. 홀름그렌

- 1914년의 노벨 생리·의학상은 1915년 10월 29일에 발표되었다.

면역에 관한 연구

1919

쥘 보르데 | 벨기에

:: **쥘 장 바티스트 뱅상 보르데 Jules Jean Baptiste Vincent Bordet (1870~1961)**

벨기에의 세균학자이자 면역학자. 1892년에 브뤼셀 대학교에서 의학 박사학위를 취득하였다. 1894년부터 1901년까지 파리에 있는 파스퇴르 연구소에서 연구하였으며, 1901년에 브뤼셀로 돌아가 파스퇴르 연구소를 세우고 소장이 되었다. 1907년에 브뤼셀 대학교 세균학 교수로 임용되었으며, 1935년에 명예교수가 되었다. 면역 유도 물질이 특정 항체의 도움으로 알렉신 또는 보체를 고정한다고 주장하였으며, 그의 연구를 바탕으로 하여 매독 진단법인 바세르만 반응이 개발되었다.

전하, 그리고 신사 숙녀 여러분.

왕립 카롤린스카 연구소 노벨 생리·의학상 위원회는 면역에 관한 연구 업적을 세우신 브뤼셀의 파스퇴르 연구소 소장이며, 브뤼셀 대학교 교수인 쥘 보르데 박사님께 1919년 노벨 생리·의학상을 수여하기로 결정하였습니다.

질병을 앓고 나면 그 병에 대한 저항성이 커지며, 그 질병에 다시 걸리지 않게 된다는 것은 고대 이래로 잘 알려져 있는 사실입니다. 이런 경험적 사실은 일찍부터 알려져 있었으며, 전염병이 유행하는 경우에 환자들을 돌보고 사체를 처리하는 것과 같은 전염의 위험이 있는 일은 이미 이 병을 앓은 사람들이 맡는 것이 좋다는 것도 알고 있었습니다. 사람들은 질병에 대한 감수성을 없애기 위해서 의도적으로 질병을 앓는 방법을 고안해 보기도 했습니다. 그러나 이와 같은 시도가 항상 성공하는 것은 아니었습니다. 이와 같은 질병에 대한 무감수성을 '면역'이라고 하며, 이것은 조세의 면제를 의미하는 immunitas라는 라틴어에서 유래된 말입니다.

그러나 면역의 성격에 대해서는 명확히 아는 것이 없었으며, 이를 실험적으로 연구하는 방법도 없었습니다. 무엇보다 알려져 있는 병원성 물질이 없었기 때문에, 인위적으로 면역을 유도할 수 있는 방법이 없었습니다. 병원성 미생물의 발견은 이러한 문제점을 해결해 주었습니다. 하지만 면역의 실험적 연구 방법을 처음 제시한 사람은 파스퇴르 박사님이었습니다. 그의 실험은 가금류(닭) 콜레라에 대한 것이었습니다. 파스퇴르는 병원력을 약화시킨 닭 콜레라균을 배양하고 이 균을 닭에게 주입하였습니다. 그 결과 닭은 아프기는 했지만, 죽지는 않았습니다. 박테리아의 공격을 이겨낸 닭은 닭 콜레라 세균에 감염됨으로써 방어력(면역성)을 획득했다는 것을 알 수 있었습니다. 그 이후 많은 과학자들이 여러 면역 방법을 개발하였습니다. 그들은 매우 열정적으로 면역에 관해 연구하였으며, 또한 면역에 관한 의학적 성과들은 매우 중요한 의미를 갖고 있었습니다. 왕립 카롤린스카 연구소가 결정한 첫 노벨상 수상자들 또한 면역에 관한 연구자들이었습니다.

사실 베링 박사님은 디프테리아나 파상풍에 대한 면역은 동물의 몸 안에서 그 질병의 병원균이 만든 무해한(중화된) 독소에 의해 형성된다고 주장하였습니다. 이러한 이유로 이 물체를 항독소라고 하였고, 이렇게 형성된 면역을 항독소 면역이라 하였습니다. 또한 베링 박사님은 이 항독소가 다른 동물에 투여되어도 독소 작용을 예방하고 억제하는 효과를 그대로 유지하는 것을 발견하였습니다. 실제로 사람에게 매우 위협적인 질병인 디프테리아를 예방하고 치료하는 데 항디프테리아 혈청이 이용되었으며, 면역된 말에서 얻은 이 혈청은 디프테리아 항독소를 풍부하게 갖고 있었습니다.

면역된 동물의 체액은 항독성 성질을 나타내지 않은 반면에 그 혈청은 문제의 감염에 매우 강력한 효과를 보이는 경우도 있었습니다. 이와 같은 현상은 파이퍼 박사가 설명하였습니다. 그는 콜레라균으로 면역시킨 기니피그의 복강에 있는 콜레라 비브리오균이 운동성을 상실하고, 변화하여 결국 사라지게 되는 것을 관찰하였습니다. 정상적으로 면역되지 않은 기니피그의 복강으로 콜레라 비브리오균의 면역혈청을 주입하였을 때도 똑같은 현상이 나타났습니다. 하지만 면역혈청이 존재하지 않는 경우에는 비브리오균이 성장하여 숙주동물을 죽게 했습니다.

다른 한편으로는 면역혈청이 콜레라 비브리오균이 만든 어떤 독소에도 전혀 효과를 나타내지 않는 것을 관찰할 수 있었습니다. 그러므로 이때 형성된 면역은 디프테리아나 파상풍에서 얻은 면역과는 전혀 다르다는 것을 알 수 있습니다. 콜레라균의 감염에서 저항성의 강도는 면역된 동물이 콜레라 비브리오균을 죽이고 억제하는 능력을 획득하였는가에 따라 달라집니다. 이러한 이유로 이와 같은 종류의 면역을 '용균면역'이라 하며, 부르며, 이 항체를 용균항체로 명명하였습니다. 파이퍼 박사는 동물의 몸 외부에서는 이 항체의 멸균효과를 전혀 관찰할 수 없었습니다. 하지만 이 항체는 동물의 몸 안으로 들어가면 강한 효과를 나타냈습니다. 따라서 그는 이 항체가 동물의 몸 안으로 들어가면서 어떤 능동적인 매개체로 변화하는 것이라고 생각했습니다.

이 현상을 설명한 사람이 바로 보르데 박사입니다. 그는 콜레라균의 신선한 면역혈청이 시험관 안에서도 살균 작용을 할 수 있다는 것을 최초로 증명하였습니다. 하지만 보존제를 처리하거나 또는 섭씨 56도에서 짧은 시간 동안 가열하면 항체의 작용은 사라집니다. 그러나 정상적인 동물로부터 얻은 가열하지 않은 신선한 혈청을 소량만 첨가해도 항체의 작용은 회복되었습니다. 보르데 박사님은 항체가 비브리오균을 살균 과정, 즉 박테리아가 분해되는 용균과정은 두 물체의 상호작용으로 일어난다고 했습니다. 이 중 하나는 면역된 동물의 혈청에 존재하는 면역항체로 이 물질은 박테리아를 분해할 수 있는 열에 안정한 물질입니다.

또 다른 하나는 정상적인 동물에 이미 존재하는 물질입니다. 이것은 열에 안정하지도, 보존되지도 않으며 면역 과정에서 증가하지도 않는 물질이었습니다. 보르데 박사님은 이 두 번째 물체가 정상적인 혈청에 존재하는 용균물질과 동일하다고 판단했습니다. 부흐너 박사님은 이 물질을 '알렉신'이라고 명명하였습니다. 일반적으로는 이 물질을 보체 complement라고 부릅니다. 그러므로 면역혈청에 의한 용균 과정은 면역 과정에서 형성된 어떤 물질(용균성 항체)과 정상적인 혈청에는 존재하는, 하지만 면역의 영향을 받지 않는 물질(알렉신 또는 보체)과의 상호작용으로 이루어진다는 것을 알 수 있습니다.

처음에는 동물을 면역화하고 그 과정을 연구하기 위해서 박테리아 세균을 동물 질병의 자연적 치료 방법으로 사용하였습니다. 여러 종류의 이종세포를 유기체로 도입한 결과를 최초로 시험한 사람도 보르데 박사님이었습니다. 그는 기니피그에 토끼의 혈액을 주사하였습니다. 이와 같은 경우 알렉신이나 보체의 존재 아래 기니피그의 항체가 형성되었고 이것이 토끼의 적혈구를 파괴하였습니다. 하지만 이 항체는 다른 동물의 적혈구는 파괴하지 않았습니다. 이 발표가 있은 후 여러 곳에서 이와 비슷한 결과가 잇달아 나오기 시작했습니다.

콜레라 비브리오균을 주입한 후에 항체가 형성되는 것처럼 동물에게 적혈구를 주입하면 특이적 항체가 형성된다는 보르데 박사님의 발견은 매우 중요한 의미를 갖습니다. 특히 이런 반응이 일반적인 생물학적 현상이었기 때문에 더욱 중요했습니다. 뿐만 아니라 그 후에도 실험동물에 이질적인 수많은 세포들을 이용하여 비슷한 결과들을 얻었습니다. 이 발견으로부터 보르데 박사님은 면역과 관련된 또 다른 연구 업적을 이룰 수 있었으며, 그 결과 이 발견은 보다 근본적인 가치를 인정받게 되었습니다. 하지만 항체의 성질을 연구하기 위한 박테리아 세균의 사용은 많은 결점이 있습니다.

박테리아 세균은 매우 빠르게 번식하는 생물체입니다. 따라서 살아있는 박테리아 세균을 사용하는 모든 실험에서 주입된 실험물질, 즉 박테리아가 항상 일정하게 유지되는지는 아무도 장담할 수 없었습니다. 때문에 이 실험은 항상 위험을 안고 있었으며 그 양을 측정하기 위해서는 또 다른 많은 작업이 필요했습니다. 하지만 적혈구로 하는 실험에서는 이러한 결점은 없었습니다. 실험이 오래 지속된다고 해도 적혈구의 양은 항상 일정하게 남아 있었습니다. 게다가 적혈구에 있는 붉은색 색소는 이런 연구에 매우 편리한 시약이 되었습니다. 용혈성 항체의 작용은 이 색소와 직접 비례하기 때문에 파괴된 적혈구로부터 주변으로 녹아든 이 색소의 양을 비색방법으로 쉽게 측정할 수 있었고 이로써 이 항체의 작용을 추정할 수 있었습니다. 따라서 우리는 용혈성 혈청의 작용으로 박테리아에 의한 질병과 이에 대한 면역반응을 알게 되었습니다. 측정된 성질이 박테리아나 그 혈청에 똑같이 모두 해당되는지 알기 위한 시도는 이후에나 가능한 일이었습니다.

보르데 박사님의 수많은 업적 중에서, 매우 중요한 의미를 갖는 한 가지만 말씀드리겠습니다. 1900년에 그는 면역 유도에 사용된 물질이 특이 항체의 도움을 받아 알렉신 또는 보체를 고정한다고 주장하였습니다. 이때, 세 가지 물질이 적절한 비율로 존재하게 되면 보체는 이 혼합액에서 완전히 사라진다고 하였습니다. 이듬해에 그는 장구 박사와 함께 모든 면역화 과정에서는 보체를 흡수할 수 있는 특이 항체가 형성된다는 것을 증명하였습니다. 질병에 걸리면 병원균에 아주 특이적인 항체가 나타납니다. 그러므로 알려져 있는 미생물을 이용한 보체 고정은 이 질병의 실질적인 특징을 결정하는 데 이용될 수 있습니다. 실제로 바서만 박사와 부룩 박사는 보체 고정을 기반으로 매독 진단을 위한 특별한 반응을 찾는 실험을 시작하였고, 이 실험은 아주 성공적이었습니다. 이 바서만 시험법은 다른 보체 고정화 반응과는 다소 다른 부분도 있지만 이 반응이 보체 고정화 반응이라는 것과 보르데 박사님의 발견을 근거로 한다는 것은 사실입니다. 이것은 인류에게 가장 무서운 질병 중의 하나인 매독과 맞설 수 있는 새로운 무기가 되어 주었습니다. 이로써 보르데 박사님의 발견은 인류를 위한 가장 유용한 발견으로 평가받게 되었습니다.

노벨 생리·의학상 수상자인 보르데 교수님은 현재 미국에서의 강의 때문에 참석하지 못하셨습니다. 따라서 벨기에의 장관님께서 대신 수상하실 것입니다. 그리고 장관님께 이 상과 더불어 왕립 카롤린스카 연구소의 축하와 존경을 교수님께 전해 주시기를 부탁드립니다.

왕립 카롤린스카 연구소 교수위원회 A. 페터슨

- 1919년 노벨 생리·의학상은 1920년 10월 28일에 발표되었다.

모세혈관의 운동조절 메커니즘에 관한 연구

1920

아우구스트 크로그 | 덴마크

:: **샤크 아우구스트 스틴베리 크로그Schack August Steenberg Krogh (1874~1949)**

덴마크의 생리학자. 코펜하겐 대학교에서 동물학을 공부하였으며, 1897년부터 의학 · 생리학 연구실에서 크리스티안 보어의 지도 아래 일하였다. 1908년에 코펜하겐 대학교 동물생리학 교수가 되어 1945년까지 재직하였다. 다양한 실험을 통하여 모세혈관이 다양한 밀도로 존재할 수 있는 효율적인 구조를 갖고 있다는 점을 비롯하여 혈류를 조절하는 모세혈관 메커니즘 등을 규명함으로써 현대 생리학 발전에 기여하였다.

전하, 그리고 신사 숙녀 여러분.

우리는 생리학 분야에서 최초로 정량적 접근을 시도한 사람으로 하비 박사를 꼽습니다. 그는 혈액순환에 관한 자신의 이론을 기초로 정량적 계산을 시도하였습니다. 하비 박사는 1628년의 논문에서 심장의 혈액 방출 및 심장 박동수와 신체 내 전체 혈액량을 비교하였습니다. 그리고 신체로 공급되어 언제든 이용 가능한 혈액은 1분도 채 안 되는 짧은 시간에 심장을 통과한다는 것을 확인하였습니다. 예로부터 심장이 온몸의 각 부분으로 보낸 혈액은 소화되고 이와 동시에 장에서 음식이 소화되면서 다시 새롭게 혈액이 생겨나는 것이라고 생각하였습니다. 하지만 심장에서 방출되는 혈액의 양을 유지할 만큼 충분한 혈액이 새로 만들어진다는 것은 터무니없는 주장이었습니다. 하비 박사가 계산으로 이를 입증함으로써 혈액은 순환하는 것이라는 생각이 점차 설득력을 갖게 되었습니다. 심장이 동맥을 통해 신체의 여러 부분으로 보낸 혈액은 정맥으로 이동하여 다시 심장으로 돌아오게 된다는 것은 분명한 사실입니다. 그렇지만 하비 박사님은 동맥과 정맥 사이의 연결에 관해서는 알지 못했습니다. 그는 이를 실험하기 위한 기술적인 문제점을 해결하지 못했습니다.

1661년, 하비 박사가 사망하고 4년이 흐른 뒤, 말피기 박사는 마침내 혈액순환의 최종 연결 고리를 발견하였습니다. 그는 180배 확대 현미경을 이용하여 동맥에서 정맥으로 흐르는 미세한 혈관을 관찰하였습니다. 이 미세한 관이 바로 모세혈관입니다. 이 혈관은 밀리미터의 1000분의 1에 해당하는 지름을 가지고 있으며 그 네트워크 형태와 밀집 정도는 조직에 따라 다양하게 나타납니다.

그리고 혈액은 이 네트워크를 따라 이동하면서 생명기능을 유지하게 합니다. 혈액은 매우 얇은 모세관의 벽을 가로질러서 주변 조직에서 사용될 물질을 내보내며 조직에서 형성되는 물질들을 흡수합니다. 이런 방식으로 생명기능을 유지하는 데 필요한 물질을 온몸으로 수송합니다.

여기서 물질 수송에 관련되는 숫자들을 약간 인용해 보겠습니다. 휴식을 취하는 사람은 1분에 300cm^{3}의 산소를 폐에서 조직으로 보내고 동시에 조직으로부터 250cm^{3}의 이산화탄소를 폐로 보냅니다. 힘든 근육운동을 하는 동안에는 이 양이 10배로 증가합니다. 이와 같이 증가된 수치는 운동을 하는 동안 혈액을 이용하여 다양한 신체 내 저장소로부터 필요한 물질을 재충전한다는 것을 의미합니다. 우리 몸에 저장되어 있는 혈액의 부피는 4리터 정도입니다. 항상 유지되는 일정한 부피의 총 혈액량은 크게 중요하지 않습니다. 하지만 혈액의 흐름, 즉 1분 동안 회로의 단면을 빠져나가는 혈액의 분당 부피는 매우 중요합니다. 심장에서 나오는 대동맥의 단면이나 온몸에 퍼져 있는 모세혈관을 따라 흐르는 혈액의 분당 부피, 또는 유효한 혈액 부피는 휴식 중에는 약 3리터 정도이지만 일하는 중에는 30리터까지 그 수치가 올라가게 됩니다.

이와 같이 모세관 벽을 통한 물질 수송의 조절은 모세혈관의 혈액순환 조절 메커니즘과 관련하여 많은 관심을 불러일으켰습니다. 이 분야의 연구에 크게 기여한 분이 바로 코펜하겐 대학교의 아우구스트 크로그 교수님입니다. 왕립 카롤린스카 연구소는 그의 연구가 갖는 중요한 의미를 인정하고 이에 보답하고자 교수님께 올해의 노벨 생리·의학상을 수여합니다.

크로그 교수님이 세계 과학계에 처음으로 자신의 존재를 알린 것은 10년도 채 되지 않았습니다. 이때 그는 폐의 가스 교환에 관한 연구를 하였습니다. 이 연구는 폐의 가스 교환이 확산에 의한 것인지 아니면 분비에 의한 것인지를 밝히는 것이었습니다. 크로그 교수님의 스승인 덴마크의 과학자 크리스티안 보어 박사는 호흡에 관한 화학적 연구로 유명하였으며 그 덕분에 크로그 교수님의 이 질문은 특별한 관심의 대상이 되었습니다.

폐는 수많은 폐포들로 구성되며 이 폐포들은 모세혈관으로 뒤엉켜 있는 벽으로 되어 있습니다. 그리고 폐포의 공기와 모세혈관의 혈액 사이에는 밀리미터의 1000분의 1정도 두께인 벽이 존재합니다. 혈액과 폐의 공기는 이 벽을 가로질러 산소와 이산화탄소를 서로 교환합니다. 일반적으로 이 가스 교환을 설명할 때 기체 분자가 모세관 벽으로 들어간다거나 녹아든다고 표현하며 압력 차이로 이동하게 된다고 표현합니다. 이와 같은 물리적 현상을 우리는 확산이라고 합니다. 이런 가정에 따르면 폐포의 모세관 벽은 매우 수동적이라고 할 수 있습니다. 하지만 이 모세혈관은 살아있는 유기체의 일부이며 분비선의 모세혈관에 비유될 만한 특별한 기능이 있습니다.

따라서 우리는 물리학적인 단순한 설명과 생기론(활력론)이라는 다소 모호한 개념 사이에서 어떤 것을 선택할 것인가라는 문제에 직면하게 됩니다. 이에 관해 크로그 교수님은 확산이론을 발표하였습니다. 이에 대한 수준 높은 실험적 비평은 오히려 그의 공로를 더욱 두드러지게 해주었습니다. 여기서는 혈액 내 가스 압력 측정법에 관해서만 언급하고자 합니다.

그는 선배들이 했던 것처럼 혈류와 평형을 이루도록 만들어진 가스 용기를 이용하여 내부의 가스 성분을 분석하였습니다. 그러나 이전까지의 대부분의 실험에서 사용된 용기는 실제로는 혈류와 평형을 이룰 수 없는 너무 큰 것이었습니다. 이에 크로그 교수님은 공기 방울만큼 작은 가스 용기를 사용하여 보다 현실적인 모델을 만들었습니다. 이전까지의 모델에 의하면 폐에서 가스가 분비된다고 추측하여 동맥혈은 산소를 흡수하고 그 압력은 폐 내부의 공기압력보다 높아진다고 생각하였습니다. 하지만 크로그 교수님처럼 크기를 줄인 가스 용기를 실험에 사용하면 이러한 압력의 차이는 더 이상 존재하지 않게 됩니다.

이런 현상들은 계속해서 논쟁의 대상이 되었고 이를 새롭게 연구하려는 방법들이 시도되었습니다. 그렇지만 상황은 크게 달라지지 않았습니다. 크로그 교수님은 계속해서 실험상의 오류를 지적하였고 이 문제점을 해결하는 과정에서 크로그 교수님의 확산이론은 실험적으로 증명될 수 있었습니다. 마침내 크로그 교수님은 매우 정밀한 방법으로 폐포의 벽을 가로질러 확산되는 가스의 양을 측정하였고 이 값은 실제로 일어나는 가스 교환과 정확하게 일치하였습니다. 이후로 분비이론은 막을 내렸습니다. 하지만 아직까지도 아리스토텔레스의 생기론을 현대 생리학에 적용할 수 있는 가능성을 이야기하며 크로그 교수님의 확산이론을 반대하는 과학자들도 있습니다.

하지만 오늘 크로그 교수님이 노벨상을 수상하는 것은 이 연구 때문이 아닙니다. 우리는 어떤 관계나 그 영향에 대해 잘 알지 못해 논쟁이 한창인 문제를 해결하는 것을 발견이라고 하지는 않습니다. 앞에서 살펴본 크로그 교수님의 연구는 조직에서 필요한 산소요구량을 공급하는 과정을 밝히는 연구의 서론이라고 할 수 있습니다. 저는 지금까지 신체 내에서 일어나는 가스 수송의 특징을 설명하였습니다. 심장은 유동적으로, 그리고 필요에 따라 분당 부피를 조절할 수 있는 능력이 있으며 혈관같이 비교적 작은 공간 안에서도 짧은 시간 안에 매우 많은 양의 가스 수송이 가능합니다. 크로그 박사님의 논문은 이러한 사실들을 수치적으로도 증명하였습니다.

최근에 그는 내호흡에 관해서, 특히 모세혈관에서 조직으로 산소가 수송되는 메커니즘을 집중적으로 연구하고 있습니다. 그 영역은 이미 소수 연구자들이 연구한 분야이지만 그의 실험만큼은 새로운 관점들로 가득 차있었습니다. 현재 우리는 모세혈관과 주변 조직 사이의 가스 교환을 확산이론으로 설명합니다. 하지만 이 확산 과정을 조절하는 물리적 인자들을 측정할 수 있는 방법은 알지 못합니다.

현재 우리는 동맥으로 전달되는 혈액의 산소분압과 정맥으로 흘러나가는 혈액의 산소분압은 측정할 수 있습니다. 모세혈관의 산소분압을 알고 있으며 동맥이 전달하는 가용 산소의 공급량도 계산할 수 있습니다. 확산의 정도는 혈액과 주변 조직의 압력 차이에 따라 달라집니다. 그렇다면 모세혈관 외부 조직의 산소분압, 즉 혈관과 조직 사이의 압력이란 과연 무엇일까요? 이를 직접 관찰하려는 시도는 많은 기술적인 문제들로 어려움을 겪고 있었습니다. 그러던 중 크로그 교수님은 이 문제를 수학적 방법으로 설명하였습니다. 이 독창적인 방법은 여러 유기 조직들, 특히 근육에서의 가스 확산을 계산하는 데에 도움을 주었습니다.

근육의 모세혈관 분포는 매우 간단하고 규칙적이어서 계산에 별다른 어려움이 없었습니다. 이로 인해 그는 모세혈관과 관련된 모든 조직 사이에서 산소분압의 차이를 계산하는 방법을 정립하였습니다. 이 방법을 이용하여 힘든 일을 하는 근육 조직의 산소분압이 모세혈관의 산소압보다 작다는 것을 알게 되었습니다. 크로그 교수님의 이와 같은 연구 결과는 매우 놀라운 것이었습니다. 산소의 소비가 많아지는 운동 중에도 근육의 산소압은 모세혈관보다 낮게 유지되어야 하므로 휴식 상태의 근육은 최소한의 압력만을 가져야 합니다. 하지만 근육조직은 물질을 빠르게 소비하기 위해 높은 산소압이 필요합니다. 크로그 교수님은 이것도 명확하게 설명했습니다.

혈액으로 가득 차있는 모세혈관 사이의 거리가 산소 소비에 따라 조절된다면, 다시 말해서 근육조직이 가장 활발할 때에만 모든 모세혈관이 혈액으로 가득 차게 되어 산소 공급이 늘어난다고 생각하면 모든 문제를 해결할 수 있었습니다. 이에 크로그 교수님은 근육이 휴식 상태에 있는 어느 한 순간에는 일정 수의 혈관에 의해서만 혈액이 이동한다고 생각했습니다. 그리고 만약 혈액의 흐름이 커지면, 즉 분당 부피가 증가하게 되면 혈액을 이동시키는 혈관의 수도 크게 증가한다고 생각했습니다. 이 가정은 매우 그럴듯했습니다. 만약 혈액을 운반하는 모세혈관의 수가 고정되어 있다면 분당 부피의 증가는 혈류 속도를 증가시킬 것입니다. 하지만 빨라진 혈류 속도로 인해 충분한 확산은 일어나지 못할 것입니다. 즉 순환과정에서 혈액과 모세관 벽의 접촉 시간이 감소되어 확산이 일어날 수 있는 시간이 부족하게 됩니다. 하지만 혈액을 운반하는 모세혈관의 수가 증가한다면 확산 작용이 일어날 수 있는 표면이 증가하므로 심장으로부터 제공되는 혈류의 분당 부피 증가가 실질적인 확산의 증가로 나타나게 되는 것입니다.

그러나 이 가설은 아직 충분히 검증되지 못했습니다. 크로그 교수님은 말피기 박사님이 수행했던 단 한 번의 실험에 의존하고 있었습니다. 그 실험은 현미경을 이용하여 다양한 기관들의 혈류를 관찰하는 것이었는데 특히 개구리의 혀는 이 실험을 위한 가장 좋은 모델이었습니다. 크로그 교수님은 이전까지 관찰하지 못했던 모세혈관들을 현미경으로 관찰하는 데 성공했습니다. 여러 자극에 따라 혈액이 어떻게 이동하는지, 또 어떻게 수축하는지, 그리고 그 현상은 어떻게 사라지는지 관찰하였습니다.

가느다란 바늘을 이용하여 어느 한 부분을 물리적으로 흥분시키면 곧바로 주변 모세혈관들이 열립니다. 휴식 상태의 근육에서 모세혈관은 흩어져 있고 그 간격도 상당히 크게 벌어져 있습니다. 그러나 자극받은 근육의 모세혈관은 밀집되어 있으며 이는 해부학자들의 표본에서도 쉽게 관찰되는 현상이었습니다. 근육이 휴식 상태로 돌아오면 모세혈관의 밀집현상 또한 사라집니다. 크로그 교수님은 이런 방법으로 자신의 가설을 검증했습니다. 조직의 모세혈관은 여러 생리학적 상태에 따라 매우 다양한 밀도로 존재할 수 있는 효율적인 구조입니다. 따라서 해부학자들의 표본은 어느 특별한 한 순간에 해당한다고 볼 수 있습니다.

크로그 교수님은 일련의 다양한 실험 결과를 통해 수입동맥의 혈압상승으로는 모세혈관이 열리지 않는다는 것도 알게 되었습니다. 따라서 이 현상은 근육의 안정적인 긴장 상태를 유발하고 근육은 주기적으로 긴장과 완화를 반복합니다. 모세혈관의 부피는 일반적인 생각과 달리 수입동맥의 혈압에 의존하지 않습니다. 한 모세혈관의 부피를 결정할 때는 동시에 팽창하고 수축하는 주변 모세혈관들이 필요합니다. 모세혈관 벽은 수축성이 있습니다. 다시 말해 한 모세혈관 벽은 주변 모세혈관들에 의한 다양한 내부 압력에 견딜 수 있도록 되어 있습니다.

혈관운동 시스템에도 이와 비슷한 기전이 알려져 있습니다. 이 기전은 약 75년간의 수많은 연구 결과로 밝혀졌습니다. 헨레 박사는 혈관의 평활근을 발견하였고, 클로드 베르나드 박사는 혈관의 수축과 확장에 관여하는 신경을 발견하였습니다. 루드비히 박사는 혈류와 관련된 신경 구조의 영향을 설명하였습니다. 이 혈관운동 시스템의 기전을 동맥운동이라고 합니다. 이는 중간 크기의 동맥과 세동맥의 원형 근육에 의해 혈관이 운동하고 있기 때문에 붙여진 이름입니다.

크로그 박사님도 이와 같은 기전을 관찰하였을 뿐 아니라 혈류를 조절하는 또 다른 기전인 모세혈관 운동 메커니즘도 연구하였습니다. 해부학적으로도 구분되는 이들 두 기전은 신경계와 관련하여 아드레날린, 우레탄, 코카인 같은 독성물질에 대한 반응성도 서로 다릅니다. 그러나 가장 큰 차이점을 꼽는다면 생리학적으로 다른 역할을 한다는 것입니다. 동맥운동 메커니즘에는 심장으로부터 신체의 다양한 기관으로 공급되는 분당 부피가 관여되어 있습니다. 반면에 모세혈관의 운동은 이들 기관에서 혈액과 조직을 분리하는 표면을 조절합니다. 다시 말해 조직에 공급되는 모든 물질들이 교차되는 표면을 모세혈관이 조절하는 것입니다.

여기에 또 하나 흥미로운 질문을 하게 됩니다. 말피기 박사님이 모세혈관에서 혈액의 흐름을 관찰한 이후로 그 긴 시간이 흐르도록 수축성을 관찰한 사람이 아무도 없었을까 하는 점입니다. 실제로 몇 명의 과학자들이 자극에 따라 변화되는 모세혈관을 관찰한 적이 있었습니다. 하지만 아무도 그것이 기존의 혈관운동 조절 메커니즘과 구별되는 새로운 메커니즘이라고 생각하지 못했습니다. 이 새로운 기전은 혈액이 순환하고 있다는 결론을 이끌어 내는 획기적인 것이었습니다.

하비 박사 이전의 많은 의사들은 몇 세기에 걸쳐 출혈 직전에 지혈대를 사용하면 심장에서 먼 지혈대 쪽 정맥이 부풀어 오르는 것을 관찰하였지만 왜 그런 현상이 일어나는지는 알지 못했습니다. 아무도 이 현상이 심장에서부터 정맥의 피가 흘러나온다는 가설에 상반된다는 것을 인식하지 못했던 것입니다. 혈액순환의 발견에 영향을 준 세살피니 박사는 잠자는 동안 정맥의 피가 심장으로 흘러간다고 생각했습니다. 스웨덴의 역사학자인 헤데니우스가 혈액순환을 묘사하긴 했지만 하비 박사에 비해 정량적인 분석에서 부족했습니다. 이들은 모두 하비 박사에게 영예를 돌리려고 했던 것 같습니다. 이렇게 생각해 보면 모세혈관의 수축이라는 단순한 관찰로 크로그 박사님이 밝힌 것과 같은 메커니즘을 제안하기에는 무언가 불충분했으며 이 때문에 혈액을 따라 수송되는 물질에 대한 정량적인 접근이 필요했습니다.

크로그 교수님.

당신의 발견은 생리학 분야에서 중요한 의미를 갖습니다. 왕립 카롤린스카 연구소는 당신의 연구 업적에 대해 공식적인 감사를 전할 수 있게 된 것을 영광과 기쁨으로 생각합니다. 이제 전하께서 노벨상을 수여하시겠습니다. 앞으로 나와 주시기 바랍니다.

왕립 카롤린스카 연구소 노벨 생리·의학위원회 위원장 J. E. 요한슨

근육 내 열생산 에 관한 연구 | 힐
산소 소비와 젖산대사의 고정관계 연구 | 마이어호프

아치볼드 힐 | 영국 **오토 마이어호프** | 독일

:: 아치볼드 비비안 힐 Archibald Vivian Hill (1886~1977)

영국의 생리학자이자 생물물리학자. 케임브리지 대학교 트리니티 칼리지에서 공부하였으며, 1914년부터 물리화학을 강의하였으며, 1920년에 맨체스터 대학교 생리학 교수로 임용되어 1923년까지 재직하였다. 런던 대학교 유니버시티 칼리지를 거쳐 1926년부터 1951년가지 왕립학회 풀러턴좌 연구교수로 재직하였다. 정밀한 열전기적 방법으로 근육의 열생산과 시간의 관계를 분석함으로써 공동 수상자 오토 마이어호프의 연구를 보완하였다.

:: 오토 프리츠 마이어호프 Otto Fritz Meyerhof (1884~1951)

독일의 생화학자. 베를린 대학교, 프라이부르크 대학교, 슈트라스부르크 대학교, 하이델베르크 대학교에서 의학 및 생리학을 공부하였다. 1918년에 킬 대학교 조교수로 임용되어 1924년까지 강의하였으며, 1929년부터 10년간 카이저-빌헬름 의학연구소 생리학부 부장으로 활동하였다. 1940년에 미국으로 이주하여 펜실베이니아 대학교 생리화학 교수로 재직하였다. 화학적 방법으로 근육에서 일어나는 산소소비와 탄수화물과 젖산의 전환을 연구함으로써 공동 수상자 아치볼드 힐의 연구를 보완하였다.

전하, 그리고 신사 숙녀 여러분.

생리학의 목적은 잘 알려진 물리적, 화학적인 현상들을 생명 현상들 속에서 밝혀내는 것입니다. 따라서 생리학은 다음과 같은 질문들, 즉 수축하는 근육, 분비가 일어나는 샘, 자극을 전달하는 신경에서 어떤 현상이 일어나는지에 대한 해답을 주어야 합니다. 이전에는 이런 과정들의 존재 자체를 '생명의 영기'에 의한 현상이라고만 설명하였습니다. 따라서 만약 죽은 지 얼마 되지 않은 동물에게서 근육 경련이 나타나면 이는 생명의 영기가 분노하였기 때문이라고 표현하였습니다. 우리는 어느 한 기관이 활성화되었다가 다시 안정되는 과정을 표현하기 위해서 아직도 이와 같은 표현방식을 사용하기도 합니다. 그러나 우리는 살아 있는 기관이나 근육신경을 하나의 기전으로 바라보는 관점을 오랫동안 배워 왔습니다. 그러므로 이제는 근육기계라는 표현도 전혀 어색하지 않게 되었습니다.

운동기전을 보다 명확하게 하기 위해서 단순화된 모델을 제시하는 것은 이제 일반적인 일이 되었습니다. 이를 위해 우리는 모식도 혹은 가공된 모델을 사용하기도 하며 이는 비용면에서도 매우 저렴했습니다. 근육기전에 대한 첫 번째 모델은 기본적으로 증기 엔진과 닮아 있습니다. 그러나 이런 엔진에 적용하기 위해서는 100도 이상의 온도를 견딜 수 있는 신경섬유 물질이 존재한다는 것을 전제로 해야 했습니다. 하지만 근육운동은 실제로 20~30퍼센트 정도의 효율성이 있으며 이런 값은 엔진의 부분적인 온도 상승이 크게 일어나지 않고서는 얻을 수 없는 값입니다. 따라서 근육기계는 열을 기계적 일로 전환시키고 서로 다른 온도를 균등화함으로써 작용하는 열기관의 형태라고 할 수 없습니다. 열기관이 아니라면 삼투압, 표면장력, 전위차 등이 작용할 수 있을 것입니다. 따라서 근육기계의 모델로서 '자발적으로' 일어나는, 그리고 전위차를 유발하는 어떤 화학적 과정이 필요했습니다. 이와 같은 모델에서 재료가 부족한 경우는 없습니다. 다만 선택의 어려움만이 있을 뿐입니다. 이보다는 낡은 열기관 모델에서 탈피한다는 것 자체가 매우 어려웠습니다. 더 이상 열의 발생, 또는 연소과정에 묶여 근육 활동을 인식하는 생리학자가 되어서는 안 됩니다. 이제는 더 이상 근육을 열기관으로 간주할 수 없습니다. 그렇다면 근육의 운동현상을 어떻게 설명할 수 있을까요?

이 문제의 성공적인 해법을 제시한 영국 런던 대학교의 아치볼드 힐 교수님과 독일 킬 대학교의 오토 마이어호프 교수님이 바로 올해 1922년도 노벨 생리·의학상의 공동 수상자입니다. 이 두 분은 각자 독립적으로 여러 모델을 이용하여 광범위한 연구를 수행하였습니다. 힐 교수님은 매우 정밀한 열전기적 방법으로 근육의 열생산과 시간의 관계를 분석하였습니다. 마이어호프 교수님은 화학적 방법으로 근육에서 일어나는 산소소비와 탄수화물과 젖산의 전환을 연구하였습니다. 이와 같은 연구에서 두 분은 모두 고전적인 근육표본인 살아 움직이는 개구리의 근육을 실험에 사용하였습니다.

이 개구리 근육 표본은 일반적으로 몇 시간 내지는 며칠 동안 살아 있습니다. 적절한 자극을 주면 단기간의 수축 또는 긴장상태를 유발하게 되고 0.1에서 0.2초 동안 경련을 일으킵니다. 반복적인 자극이 가해지면 근육은 이전 것과 동일한 새로운 경련을 일으킵니다. 이와 같은 경련의 반복은 증기 엔진의 피스톤과 같은 반복운동의 효과를 나타내게 됩니다. 근육의 경련은 근육 구성 요소들의 순환과정으로 자연스럽게 표현될 수 있었습니다. 열의 생성과 연관된 순환과정에 대해서는 잘 알려져 있습니다. 근육표본에서 생성되는 열의 양은 매우 적어 사용 단위의 백만분의 일 단위로 측정되며 검류계에 열전기적인 방법으로 기록됩니다. 연구자들은 근육 경련에서 열의 발생과 기계적인 과정을 모두 관찰할 수 있는 기술을 가지고 있었습니다. 그들은 이 기술을 이용하여 근육의 운동과정을 꿰뚫어 보기 위해 노력하였습니다. 스웨덴의 블릭스 박사는 경련이 일어나는 동안 근육의 수축을 방해하는 모든 작용이 열생성을 증가시킨다고 하였습니다. 즉 근육 구성 요소들의 수축으로 그 표면이 감소되는 현상을 저해하는 모든 것이 열생성을 증가시킨다는 것입니다. 따라서 이에 관한 연구는 구성 요소들의 표면에서 일어나는 현상에 국한되었고, 표면장력의 변화로 인해 구성 요소들의 표면이 반원의 형태에서 구의 형태로 변화되는 경향을 관찰할 수 있었습니다. 근육은 가해진 무게에 알맞은 장력을 형성하고 외부적인 일을 행하게 됩니다. 그러므로 우리는 근육을 주로 화학적 에너지를 장력 에너지로 전환시키는 기계로 간주할 수 있습니다.

힐 교수님은 1910년 브릭스 박사가 고안한 열검류계를 사용하여 이와 관련된 첫 번째 실험을 수행하였습니다. 여기에서 그는 측정값이 발생한 총 열량에 따라 달라질 뿐 아니라 열이 발생하는 데 걸린 시간의 영향을 받는다는 것에 주목하였습니다. 따라서 그는 '초기' 생성열과 '지연되어' 나타나는 생성열을 구분하였습니다. 그 뒤를 잇는 후속 연구들은 다양한 근육운동에서의 열생성을 추적할 수 있는 연구방법을 개발하는 원동력이 되었습니다. 이 기술이 완성된 것은 1920년이지만 세계대전이 발발하기 전인 1913년에 이미 이와 관련된 연구결과가 있었습니다.

힐 교수님 이전의 연구자들은 근육수축과 열생성이 분리할 수 없는 하나의 현상이라고 생각했지만 힐 교수님은 이 현상을 경련과 같은 기계적 과정과 그 이후의 과정으로 나누었습니다. 그리고 긴장과 이완을 반복하는 경련 중에는 산소와 무관하게 열이 생성되는 반면에 지연되어 생성되는 열은 산소 공급에 의존한다는 사실을 알게 되었습니다. 으레 근육수축과 동시에 일어난다고 생각되던 연소과정은 실제로 근육수축 후에도 일어나지 않았습니다. 우리가 지금 언급하고 있는 실험들(동일한 크기의 일들)에서 실제 경련하고 있는 근육은 일정량의 열에너지를 생성하였고 이는 외부 일을 수행할 수 있을 만한 양이었습니다.

힐 교수님의 연구는 기존의 근육작용에 대비되는 일종의 혁명과도 같은 새로운 개념을 제시하였습니다. 실제로 근육작용은 긴장과 수축이라는 두 단계의 과정으로 이루어져 있다고 생각하는 것이 일반적이었으며 이런 개념은 이 작용을 기계적 과정으로 간주한다는 것을 의미합니다. 그러나 힐 교수님의 발견으로 우리는 화학적 과정이 일어나는 단계에서 진정한 일이 행해진다는 사실을 새롭게 받아들여야 했습니다. 이 과정은 산소 공급과는 무관하게 일어나지만 전체적인 기계적 과정에 잘 부합되었고 일을 한 이후로는 회복을 위한 산화단계가 나타났습니다. 이전의 생리학자들이 주로 실질적인 근육경련에 관심을 가지고 있었다면 지금은 휴식상태, 특히 사용된 후 지쳐 버린 근육에 초점을 맞추어 연구가 진행되고 있습니다. 근육작용에 대한 화학적인 고찰들이 보다 주목받게 된 것입니다.

근육에서 일어나는 화학적 과정 중에 젖산의 생성에 대해서는 잘 알려져 있습니다. 이것은 이미 뒤 부아 레몽 박사가 1859년에 언급하였습니다. 그는 분리된 근육이 시체가 굳은 후에도 반복적인 자극으로 산성화되는 현상을 발견하였으며 이것은 젖산이 원인이라고 추측하였습니다. 이러한 그의 주장은 사냥해서 잡은 죽은 사슴에서 많은 양의 젖산을 발견한 베르셀리우스 박사의 논문을 근거로 하고 있었습니다. 그 이후부터 젖산은 사후경직과 근육피로 등과 관련해서 매우 중요하게 다루어졌습니다. 힐 교수님이 연구를 시작하기 몇 해 전에도 플레처 박사와 홉킨스 박사는 분리된 근육에서 젖산이 생성되고 변환되는 것을 연구하였습니다. 그들은 이 과정이 근육에 공급되는 산소에 의존하고 있다고 생각하였습니다. 일부 연구자들은 근육에서 생성된 젖산의 일부는 연소되어 사라지며 나머지는 젖산의 모체로 다시 전환된다고 주장하였습니다. 근육에서 관찰되는 젖산의 작용을 '대사과정의 산물', '피로물질', '사후경직의 원인' 등의 말로도 완벽하게 표현할 수 없었습니다. 힐 교수님은 이런 이유로 젖산을 활동하고 있는 근육기계의 일부분으로 포함시켜야 한다고 생각했습니다.

플레처 박사와 홉킨스 박사가 밝힌 근육의 젖산 생성과정은 산소 공급과 무관하게 일어난다는 점에서 힐 교수님이 제기한 근육활동에서의 열생성과 공통점을 갖습니다. 브릭스 박사님은 근육이 근육 구조성분의 표면을 따라 갑자기 생성되는 어떤 미지 물질에 의해 경련한다고 하였습니다. 만약 그 미지 물질이 근육이라는 글리코겐 저장소에서 직접 생산되거나 혹은 중간 단계 물질로 생성되는 젖산이라면 우리는 이 문제에 대한 지난 수십 년의 연구들을 가장 잘 조합할 수 있는 훌륭한 모델을 갖게 되는 것입니다. 힐 교수님은 지연되어 나타나는 열생성에 관해, 그리고 플레처 박사님은 젖산의 생성에 관해 연구하였습니다. 이 과정들은 모두 산소가 공급되면서 회복단계로 들어가게 됩니다. 따라서 근육이 지속적으로 움직이려면 약간의 젖산은 제거되어야만 합니다.

힐 교수님은 연소되는 젖산과 회복단계에서 글리코겐으로 전환되는 젖산을 수치적으로 계산하여 플레처 박사와 홉킨스 박사의 가정을 뒷받침했습니다. 이 가정의 정당성이 인정됨으로써 이 모델은 에너지적인 관점에서도 쉽게 받아들여지게 되었습니다. 그러나 플레처 박사와 홉킨스 박사의 분석과 논의에 대한 반대 의견도 생겼습니다. 플레처 박사와 홉킨스 박사가 젖산을 매우 유용한 내부 물질이라고 생각했던 것과 달리 이에 반대하는 사람들은 근육이 활동하는 동안에 형성된 젖산은 단지 회복 단계에서 완전히 소모되는 물질일 뿐이라고 주장했습니다. 그리고 이러한 주장은 젖산이 모두 연소된다는 것을 전제로 하고 있었습니다.

이러한 반대 의견들을 잠식시키는 데 기여한 사람이 마이어호프 박사님입니다. 1918년 그는 조직의 호흡과 관련하여 살아 움직이는 근육에서 일어나는 일들을 집중적으로 연구했습니다. 마이어호프 박사님은 플레처 박사와 홉킨스 박사에 대한 반대 의견과 근육에서 생성되는 젖산의 최대값에 대한 해석과 관련된 반론들에도 귀를 기울였습니다. 하지만 이런 반론들이 실질적으로 힐 교수님의 계산에 영향을 준 것은 아닙니다. 여기에서 가장 중요한 것은 지친 근육의 회복단계에서 이루어지는 젖산대사가 산소소비와 평형 관계에 있다는 것입니다. 이는 산소가 소비되는 양이 동시에 일어나는 젖산대사의 3분의 1 내지 4분의 1 정도밖에 되지 않기 때문입니다. 그러므로 젖산의 대부분이 연소가 아닌 다른 방법으로 소멸된다는 것이 분명해졌습니다. 열생성과 산소소비에 관해서도 마찬가지 결론을 얻었습니다. 열생성을 계산해 보면 자발적으로 나타나는 산소소비 값에 비해 매우 부족하다는 것을 알 수 있습니다. 따라서 근육에서 일어나는 젖산의 연소과정에 무언가 다른 흡열과정이 관련되어 있으며 연소과정에서 생기는 열의 일부가 여기에 사용된다는 결론에 도달하게 됩니다.

마이어호프 박사님은 휴식하거나 운동하고 있는 근육 또는 지친 근육의 회복 단계에서 젖산과 탄수화물 사이에 위와 같은 평형 관계가 성립한다는 것을 발견하였습니다. 탄수화물 즉 글리코겐이 손실된 만큼 젖산이 근육에 저장되는 것입니다. 반대로 젖산이 손실될 때는 그 손실된 젖산의 전체 양과 산소소비에 의해 산화된 양 사이의 차이만큼 근육의 글리코겐 양이 증가하는 것입니다.

따라서 우리는 근육과 관련하여 세 가지 과정을 고려해야 합니다. 첫째는 탄수화물로부터 젖산이 생성되는 과정이며, 둘째는 젖산이 탄산과 물로 연소되는 과정, 셋째는 젖산이 탄수화물로 전환되는 과정입니다. 하지만 이 세 가지 과정이 손상된 근육에서만 관찰되는 것은 아니었습니다. 마이어호프 박사님은 세밀한 근육 조각을 적절한 액체 속에 담가 수분을 유지하도록 하면서 이 과정들을 관찰하였습니다. 이 표본은 기존의 근육 표본 제조 시간보다 10배 내지 29배 정도 빠른 속도로 제조되었습니다. 액체 속에 담긴 근육 조각은 수소이온농도, 인지질 등과 같은 다른 인자들의 영향을 연구하는 데 이용되었습니다. 특히 얼마나 다양한 과정들이 서로 연관되어 있는지, 그리고 얼마나 밀접한 연관성을 갖고 있는지 등에 대한 연구에도 이용되었습니다. 가장 흥미로운 것은 탄수화물로부터 젖산이 생성되는 동시에 젖산이 연소된다는 것입니다. 또한 젖산의 연소과정에서 4개의 젖산 분자 중 하나는 산화되고 나머지 3분자는 탄수화물을 형성하게 되므로 젖산의 연소는 탄수화물의 생성과도 관련되어 있습니다. 하지만 탄수화물이 언제나 이런 전환과정에서 생성되는 것은 아닙니다. 마이어호프 박사님은 이 과정을 가장 이상적인 방법으로 정확히 설명하였으며 화학방정식으로도 표현하였습니다. 그리고 이 방정식은 엠덴 박사가 발견한 글리코겐과 젖산의 연결고리인 젖산원에도 적용될 수 있었습니다.

앞에서 이야기한 이 화학과정들은 근육 모델과도 잘 맞아떨어져야 합니다. 우리는 에너지와 관련된 반응과정을 다음과 같이 설명합니다. 기계적인 과정(외부 일)을 일으키는 근육의 변화는 어느 정도 젖산이 필요합니다. 그리고 이것은 근육에 저장되어 있는 글리코겐으로부터 생성되며 젖산이 작용될 때, 4분의 1은 탄산과 물로 연소되고 나머지는 다시 글리코겐으로 저장됩니다. 근육기계 효율의 상한선은 이와 같은 관점에서 계산될 때 50퍼센트 정도가 될 것입니다.

젖산의 연소에는 산소가 필요합니다. 그러나 근육 표본은 산소 공급이 중단되어도 움직일 수 있습니다. 경련마다 생성된 젖산은 근육 사이로 골고루 퍼져 스며들게 됩니다. 그리고 포화상태가 되면 자극은 더 이상의 젖산을 생성하지 않습니다. 우리는 이를 근육이 지쳤다거나 젖산으로 오염되었다고 이야기합니다. 실제로 우리 몸에서는 혈액이 근육으로 주입되기 때문에 잘려진 근육표본보다 많은 양의 산소 공급이 이루어지고 있습니다. 더구나 혈액은 알칼리를 함유하고 있게 때문에 혈액 그 자체가 근육운동으로 생성된 젖산이 반응할 수 있는 공간으로 작용하게 되고 근육은 일하는 틈틈이 이곳에서 젖산을 제거합니다. 따라서 일하는 시간보다 더 오랫동안 여러 곳에서 젖산의 연소가 일어나게 됩니다. 그리고 이것은 오늘날의 스포츠와 같은 막대한 양의 근육운동을 설명해 줍니다. 사실 스포츠 경기에서는 심장이 최대로 운동능력을 발휘한다 해도 근육의 젖산 생성에 맞먹는 양의 산소를 공급할 수 없습니다. 따라서 혈액과 몸 조직 전체에 연소되지 못한 젖산이 축적됩니다. 이것이 바로 젖산에 오염된 상태입니다.

힐 교수님, 그리고 마이어호프 교수님.

두 분은 근육생명 현상과 관련된 각자의 빛나는 연구 업적들로 서로를 보완해 주었습니다. 오늘 이 두 연구가 동시에 상을 수여받게 되어 매우 기쁘게 생각합니다. 이 두 분의 상호보완적인 연구는, 위대한 교양적 진보에 있어서 분열된 인류의 국가적 투쟁은 아무 의미가 없다는 알프레드 노벨 박사님의 의지를 잘 드러내고 있습니다. 많은 어려움과 역경에도 불구하고 알프레드 노벨 박사님이 이 상을 설립한 뜻을 정확하게 인식하고 있는 독일 과학자는 보완적 연구를 수행하였고 이로 인해 오늘과 같은 동시 수상이 이루어지게 되었습니다. 여러분들도 이를 기쁘게 생각하실 것이라고 확신합니다.

왕립 카롤린스카 연구소의 진심어린 축하를 두 분께 전하면서 1922년도 노벨 생리·의학상의 수상자로 두 분을 소개하게 됨을 영광으로 생각합니다.

왕립 카롤린스카 연구소 노벨 생리·의학위원회 위원장 J. E. 요한슨

– 1922년 노벨 생리·의학상은 1923년 10월 25일에 발표되었다.

인슐린의 발견

1923

프레더릭 밴팅 | 캐나다

존 매클라우드 | 영국

:: 프레더릭 그랜트 밴팅 Frederick Grant Banting (1891~1941)

캐나다의 내과의사. 1916년에 토론토 대학교를 졸업한 후, 1917년부터 1919년 제1차 세계대전 기간 동안 군의관으로 복무하였다. 1920년부터 웨스턴온타리오 대학교에서 강의하였으며, 1921년부터 1922년까지 토론토 대학교에서 약리학을 강의하는 동안 공동 수상자인 J. J. R. 매클라우드의 연구소에서 매클라우드, 베스트와 함께 인슐린을 발견하였다. 1922년에 의학 박사학위를 취득하였고, 1923년 밴팅 앤드 베스트 연구소를 창립하였다. 1934년에 기사 작위를 받았다.

:: 존 제임스 리처드 매클라우드 John James Richard Macleod (1876~1935)

영국의 생리학자. 1898년에 애버딘 대학교를 졸업한 후 1년간 라이프치히 대학교 생리학 연구소에 연구원으로 있었다. 1902년에 런던 병원 의학교에서 생화학을 강의하였으며, 1903년에 클리브랜드에 있는 웨스턴리저브 대학교의 교수로 임용되었다. 1918년에 토론토 대학교 생리학 교수가 되어 재직 중 밴팅 및 베스트와 함께 연구하여 인슐린을 발견하였다. 1928년에 애버딘 대학교의 교수가 되었다. 인슐린의 발견을 통하여 당뇨혼수 증상의 회복에 도움을 주었다.

전하, 그리고 신사 숙녀 여러분.

왕립 카롤린스카 연구소 교수위원회는 인슐린을 발견한 밴팅 박사님과 매클라우드 교수님에게 1923년도 노벨 생리·의학상을 수여하기로 결정하였습니다.

셀수스 박사와 아레테우스 박사는 1세기경 자신들의 저서에서 다뇨, 심한 갈증, 심각한 체중소실 등이 주요 증상인 질병을 묘사하였는데, 이것이 바로 오늘날의 '당뇨병' 입니다. 이처럼 이 질병에 대해서는 오래전부터 알고 있었지만, 17세기가 되어서야 비로소 영국의 토머스 윌리스 박사에 의해 환자의 소변에 당과 같은 물질이 포함되어 있다는 중요한 사실을 알게 되었습니다. 그리고 다시 100년이 지나서야 영국의 돕슨 박사는 소변에서 문제의 당이 어떤 종류인지를 알아내었습니다. 이 발견으로 인해 설명할 수 없던 질병을 올바르게 연구할 수 있게 되었지만 실질적인 진보가 이루어지기까지는 꽤 오랜 시간이 걸렸습니다. 그 당시에는 이 당을 해당 유기체에 이질적인 물질이며 질병상태에서만 생성된다고 생각했습니다.

1827년에 타이드만 박사와 그멜린 박사는 정상적인 조건에서 녹말성 식품은 소장에서 당으로 바뀌고, 이것이 혈액으로 흡수된다는 중요한 사실을 관찰함으로써 이 연구는 한 단계 발전할 수 있었습니다. 그러나 정말 획기적인 사건은 1857년에 프랑스의 위대한 생리학자 베르나르 박사의 발견이었습니다. 베르나르 박사는 간은 전분 같은 물질, 즉 글리코겐을 저장하는 기관이며, 살아 있는 동안 이 기관으로부터 당이 일정하게 생성된다는 것을 밝혔습니다. 즉 간에서 혈액으로 당이 분비된다는 것이었습니다.

당의 생성에 영향을 미치는 조건에 관한 연구와 관련하여, 베르나르 박사는 실험을 통해 신경계의 어떤 병소에서 혈중 당성분이 증가되는 것과 이 당이 소변으로 배출된다는 것을 관찰할 수 있었습니다. 이것은 일시적이기는 했지만 소변에서 당을 검출하여 당뇨를 확인한 최초의 실험이었습니다. 결과적으로 베르나르 박사의 이 발견은 당뇨병의 성질과 원인에 대한 일련의 실험들이 시작되는 계기가 되었습니다.

이보다 앞서 병리학자들은 심각한 당뇨병으로 사망한 환자의 부검에서 췌장이 병들어 있는 것을 관찰한 적이 있었습니다. 베르나르 박사는 이 점에 주목하였지만 당뇨를 인위적으로 유도하는 데에는 실패했습니다. 그는 췌장에서 소장으로 이어지는 분비관을 막아도 보고 응고성 물질을 췌장에 주사해 보기도 했습니다. 수술로 췌장 전체를 제거하는 것은 기술적으로 불가능하다고 생각했습니다.

그러므로 1889년에 독일의 두 과학자 폰 메링 박사와 민코프스키 박사가 개에서 췌장을 떼어내는 수술에 성공하였을 때, 이는 커다란 관심을 불러일으켰습니다. 수술한 동물은 소변으로 당을 분비하였을 뿐만 아니라 본질적으로 사람에게 나타나는 급성 당뇨병 증세와 아주 비슷한 증세를 나타냈습니다. 어느 정도까지는 혈중 당의 함량이 정상치 이상으로 증가하는 것, 그리고 질병으로 인한 독성으로 사망에 이를 수밖에 없는 것도 비슷했습니다. 만약 췌장의 일부가 남아 있다거나, 췌장의 아주 작은 부분이라도 피부 밑에 꿰매어 놓는다면 당뇨는 발생하지 않았을 것입니다.

따라서 췌장을 완전히 제거한 뒤 체내 당을 조절하는 기능이 상실되는 것은 췌장액이 소장으로 이동하지 못하기 때문이 아니라 이 기관의 어떤 기능에 문제가 생겼기 때문이라는 것이 명백하게 밝혀졌습니다.

1880년의 연구들 중에 프랑스의 브라운-시커드 박사의 연구는 어떤 것보다도 많은 관심을 받았습니다. 그는 분비기관과 유사하지만 관이 없는 장기의 생명유지 기능에 대해 연구하였습니다. 이와 같은 장기들은 혈액과 유효한 화학 물질을 포함한 조직액을 통해 그 효과를 나타냅니다. 우리는 이 유효물질을 호르몬이라고 부릅니다. 이 분비선 자체는 관이 없기 때문에 내분비선 또는 내부적으로 분비하는 기관이라고 부릅니다. 췌장은 분비선으로, 관을 통해 분비물을 소장으로 흘리는 방식으로 소화과정에서 중요한 기능을 하게 됩니다. 그러나 랑게르한스 박사가 오래전인 1869년에 보여주었듯이, 췌장은 관으로 직접 연결되지 않는 해부학적인 구조를 가지고 있습니다. 따라서 이것을 일컬어 '랑게르한스의 세포섬'이라고 부르기도 했습니다. 그리고 1890년 초기에 라게세는 당의 소화에 중요한 내부적인 분비가 이 세포섬에서 만들어진다고 추정하였습니다.

폰 메링 박사와 민코프스키 박사가 췌장이 당을 조절하고 있으며 당뇨의 발병에 이 기관이 중요하다는 것을 발견한 이후로, 여러 나라에서 많은 연구자들이 췌장에서 당뇨 치료약을 개발하기 위해 노력하였습니다. 당뇨는 췌장이 호르몬을 생산하지 못하거나 혹은 그 양이 충분하지 않기 때문에 생기는 질병입니다. 따라서 병든 췌장에 호르몬을 주입함으로써 병을 호전시킬 수 있다는 생각은 너무나 당연한 것이었습니다. 실제로 비슷한 내분비 기능을 가진 갑상선의 경우에는 이와 비슷한 것이 잘 알려져 있습니다.

이 연구 과정 중에 많은 실패도 있었지만, 추출물을 만드는 데 성공한 경우도 있었습니다. 이렇게 만든 추출물을 사람 또는 개의 혈액에 주입하자 혈당이 증가하는 것을 막을 수 있었으며 당이 소변으로 배출되는 증상도 사라지고 체중 증가도 볼 수 있었습니다. 이와 같은 것들을 연구했던 사람들 중에 특별히 주엘저 박사에 대해 언급하고자 합니다. 그는 1908년에 믿을 수 없을 만큼 효과적인 추출물을 만들었지만 유해한 결과를 보여 치료에 널리 사용되지 못했습니다. 그 외에도 포쉬바크, 스콧, 멀린, 클라이너, 폴레스크 등을 비롯한 많은 연구자들이 있었습니다.

런던의 온타리오에 있는 웨스턴 대학교 생리학과의 젊은 조교수인 밴팅 박사님은 이를 더욱 발전시키기 위해 아주 중요한 생각을 하게 되었습니다. 그는 효과적인 추출물을 만드는 데 실패한 이유는 이 물질이 췌장 내 분비세포가 생성하는 단백질 분해효소인 트립신이 이 물질에 반대 작용을 하거나 이 물질을 파괴하기 때문이라고 생각했습니다. 따라서 만약 관을 묶어 분비세포를 파괴하고, 남아 있는 일부 선이 원래의 기능을 해준다면 성공할 가능성이 있다고 생각했습니다.

관을 묶음으로써 위축되는 것은 세포가 아니라 샘이라는 것은 이미 슐즈 박사와 소보레프 박사가 관찰하였습니다. 밴팅 박사님은 이 생각을 토론토의 매클라우드 교수님을 비롯한 몇몇 동료 연구자와 공유하였습니다. 그중에 베스트 박사와 콜립 박사는 1921년 5월, 매클라우드 교수님의 지도를 받으며 그의 실험실에서 일을 시작하였습니다. 당뇨병이 있는 개를 대상으로 한 첫 번째 실험은 성공적이었습니다. 샤플레리 샤퍼경이 인슐린이라고 명명한 이 효과적인 추출물 제조 방법은 콜립 박사님이 개량하였습니다. 그 후에 혈당, 호흡지수, 간의 글리코겐 형성 능력 등에 관한 이 물질의 효과가 입증되었습니다.

그리고 매클라우드 교수님의 지도 아래 수행한 동물실험을 통해 과용량으로 투여된 인슐린은 과도한 혈당 저하를 초래할 위험이 있다는 것도 알게 되었습니다. 또한 알칼리 용액에서 트립신이 이 호르몬을 파괴한다는 것이 밝혀진 후, 심각한 당뇨를 앓고 있는 14세의 어린 환자에게 인슐린이 처음 주사되었으며 이 처치는 1922년 1월 23일에서 다음 날까지 실행되었습니다. 그 결과 환자의 혈당은 정상 수준으로 떨어졌고, 소변으로 배설되는 당의 양도 최소한으로 줄었습니다. 하지만 지방대사의 장애로 당뇨병과 같은 질병에서 종종 대량으로 생성되는 유해한 물질 때문에 산성증이 확인되기도 했습니다. 이후로 이 새로운 치료법은 기술적으로도 별다른 어려움이 없었기 때문에 여러 나라에서 실질적으로 사용되어 좋은 결과들을 얻었습니다.

인슐린이 당뇨병을 치료할 수 있는 것은 아닙니다. 당의 소화에 필요한 호르몬을 만드는 우리 몸 안의 세포가 파괴되는 것이 당뇨의 명백한 원인이기 때문입니다. 하지만 인슐린은 심각한 상태의 환자를 회복시킬 수 있는 가능성을 보여 주었습니다. 엄격히 제한된 식이요법에도 불구하고 치명적인 독성상태에서 끊임없이 위협받고 있는 사람들에게 건강을 회복할 수 있는 희망을 안겨 주었습니다. 독성상태가 심각해 당뇨 혼수상태가 온 경우에도 인슐린의 효과는 매우 좋았습니다. 인슐린이 발견되기 전까지 당뇨 혼수상태의 환자를 도울 수 있는 방법은 아무것도 없었으며 속수무책으로 환자의 사망을 지켜볼 수밖에 없었습니다.

언젠가는 인슐린과 같은 물질을 췌장선에서 만들어 낼 수 있는 날이 올 것이며 이를 위한 많은 연구들이 이미 진행되고 있습니다. 그리고 몇몇 연구자는 목표에 거의 근접해 있습니다. 따라서 좋은 환경이 탁월한 성과를 낳는 것이라고 말할 수도 있습니다. 그렇다고 하더라도, '하늘은 스스로 돕는 자를 돕는다' 는 파스퇴르 박사님의 말을 우리는 기억해야 합니다.

왕립 카롤린스카 연구소는 밴팅 박사님과 매클라우드 박사님의 연구 업적이 이론적으로나 실질적으로 매우 중요한 가치가 있다고 생각했습니다. 따라서 노벨상의 영광을 두 분께 드리고자 합니다. 밴팅 박사님과 매클라우드 박사님은 오늘 여기에 참석하지 못했지만 영국 총리께서 이 상을 대신 받으실 것입니다. 상과 더불어 왕립 카롤린스카 연구소의 축하의 말씀도 함께 전해 주시길 바랍니다.

왕립 카롤린스카 연구소 노벨 생리·의학위원회 J. 스제키스트

심전도 메커니즘을 발견한 공로

1924

빌렘 에인트호벤 | 네덜란드

:: **빌렘 에인트호벤 Willem Einthoven (1860~1927)**

네덜란드의 생리학자. 1878년 위트레흐트 대학교에 입학하여 의학을 전공했으며 1885년에 돈데르스의 지도 아래 박사학위를 취득하였다. 1886년에 레이덴 주립대학교 생리학과 교수로 임용되었다. 네덜란드 왕립과학원 회원으로도 활동하였다. 1903년에 가동코일형 검류계를 기초로 하여 단선검류계를 만들어 심장 근육의 수축으로 인하여 발생하는 전위차를 측정하고 분석함으로써 심전도곡선의 세부사항을 설명하고, 심전도 메커니즘을 규명하였다.

1924년 10월 23일 왕립 카롤린스카 연구소는 심전도 메커니즘을 규명한 네덜란드 라이덴 대학교의 생리학 교수 빌렘 에인트호벤 교수님을 올해의 노벨 생리·의학상 수상자로 선정하였습니다.

에이트호벤 교수님은 단선검류계를 고안하여 몸의 표면에서 심장박동에 의한 전위의 변동, 즉 심전도를 측정하였습니다. 심장박동은 마치 열기관의 피스톤과 같이 움직이며 계속해서 순환하는 과정입니다. 이보다 앞서 심근에서도 비슷한 순환과정이 관찰된 적이 있습니다. 현재 우리는 이 과정을 근육작용이라고 표현하며 신경작용, 또는 선腺작용이라고 부르기도 합니다. 이 과정들을 통해 화학적 에너지가 열에너지 혹은 다른 형태의 에너지로 전환된다고 알려져 있습니다. 또한 전위차, 즉 활동전류가 나타나는데 대개 이 전위차는 매우 약하기 때문에 개개인의 생명에는 아무런 영향을 주지 않습니다. 그러나 실험기술적인 측면에서 이와 같은 전위차를 이용하게 되면 그 기능을 주파수로 기록할 수 있으며, 각 기관들 사이에 이 전위차가 전달된다는 사실은 매우 중요합니다.

여기에서 전위차는 밀리볼트 단위로 100분의 1초마다 측정됩니다. 1903년 에인트호벤 교수님은 단선검류계를 만들어 이 전위차를 정확하게 측정할 수 있는 자동 측정장치를 개발하였습니다. 이 장치의 개발은 잘 알려져 있는 Deprez-d'Arsonval의 가동코일형 검류계를 기초로 이루어졌습니다. 에인트호벤 박사님은 이 검류계의 움직이는 코일과 거울을 은을 입힌 가느다란 선으로 교체하였습니다. 그리고 이 선을 자석의 양 극 사이에 설치했습니다. 이와 동시에 투영을 위한 광학조명계 사이에도 이 선을 설치했습니다. 이런 방법으로 움직이는 부분의 질량이 감소되었고 이로 인해 짧은 조정시간과 높은 감도를 갖는 단선검류계가 만들어졌습니다.

그는 이 기계의 실용성을 다양하게 시험하였습니다. 1906년에는 단선검류계의 측정 곡선이 선의 질량 또는 장력에 따라 어떻게 달라지는지 분석하였습니다. 또한 전자기적 방법이나 공기 저항 등을 이용하여 각도가 감소되는 정도에 따른 측정 곡선의 변화를 자세하게 분석하였습니다. 마침내 에인트호벤 박사님은 1909년에 이 기계에 대한 첫 논문을 발표하였습니다. 그후 단선검류계에 대한 관심은 매우 빠르게 퍼져나갔고 에인트호벤 박사님이 고안한 이 장치의 설계도를 바탕으로 몇몇 유명한 기계회사에서 다양한 형태의 단선검류계를 만들었습니다.

에인트호벤 박사님은 최근에 진공상태의 자석 양 극 사이에 초현미경 사이즈의 선을 설치하여 기존의 생리현상 한계를 뛰어넘는 주파수 전위 변동을 측정하는 데에도 성공하였습니다. 이전에도 그는 광학시스템에서 사용되는 선을 이용하여 초당 10,000개 이상의 주파수를 갖는 음파를 기록한 적이 있었습니다.

단선검류계를 만드는 것은 순전히 물리적인 문제였습니다. 많은 생리학자와 물리학자들은 활동전류를 기록함으로써 살아 있는 생명체의 어떤 현상을 분석할 수 있다는 가능성 때문에 이 기계에 관심을 보이기 시작했습니다. 이로 인해 에인트호벤 박사님은 단선검류계를 생리학적 측면에서도 다양하게 사용하기 시작했습니다. 실제로 망막전류(1908년, 1909년), 미주신경(1908년, 1909년), 그리고 교감신경사슬(1923년), 정신전류반사(1921년), 가스켈 효과(1916년), 근긴장(1918년) 등에 있어서 활동전류를 자신의 단선검류계로 설명하였습니다. 그는 또한 근육의 활동전류가 단순한 기계적 현상을 동반하고 있음을 입증하였으며(1921년) 이는 활동전류의 개념에 매우 중요한 사실이었습니다.

왕립 카롤린스카 연구소는 에인트호벤 박사님의 여러 업적 중에서 심장생리학과 관련된 업적을 인정하여 올해의 노벨상을 수여하기로 하였습니다. 에인트호벤 박사님이 심장의 활동전류에 관심을 갖기 시작한 것은 1891년이었습니다. 그 당시는 버든-샌더슨(1879년) 박사와 아우구스투스 월러(1887년, 1889년) 박사의 연구를 통해 심장의 활동전류에 대한 관심이 높아졌을 때였습니다.

이 두 과학자들은 리프만 모세관 전위계를 사용하였습니다. 이 기계는 전위차를 기록할 수는 있었지만 그 조절 시간이 너무 길었습니다. 따라서 이 측정 곡선은 심장이 박동하는 동안의 심근의 실질적인 전위차를 직접적으로 반영하지 못했습니다. 이에 1894년, 에인트호벤 박사님은 이 기계를 수정하여 더욱 간단한 방법을 개발하였습니다. 그리고 1895년에 모세관 전위계를 사용하여 실제 심전도를 측정하였습니다. 여기에서 그는 P, Q, R, S, T 라는 용어를 사용하여 세부적인 것들을 표시하였으며 이 용어들은 현재도 사용하고 있습니다. 그러나 이 방법은 사람의 심전도를 재현하지는 못했습니다. 따라서 에인트호벤 박사님은 사람의 심장이 박동하는 동안 시간에 따른 전위차를 직접 표현해 줄 수 있는 기구가 필요하다는 것을 깨달았습니다. 이런 이유로 1903년에 고안된 단선검류계를 이용하여 그는 모세관 전위계에 의한 심전도와 정확하게 일치하는 심장 활동전류 곡선을 측정하는 데 성공하였습니다. 비록 본질적으로는 서로 다르다 해도 이 두 방법의 기록이 일치함으로써 심장박동을 수반하는 전위차를 실제 시간의 흐름에 따라 증명하였다는 것은 의심할 여지가 없습니다. 따라서 우리는 에인트호벤 박사님을 실질적인 심전도의 창안자라고 부르게 되었습니다.

이 발견의 첫 번째 성과는 개개인이 특징적인 자신만의 심전도를 갖는다는 것을 밝힌 것이었습니다. 하지만 핵심적인 부분에서는 개개인의 심전도 또한 일반적 형태를 따르고 있었습니다. 1906년 「원격심전도」라는 논문에서 에인트호벤 박사님은 매우 중요한 임상적 사실들을 발표하였습니다. 그것은 여러 형태의 심장병이 각각 특징적인 심전도를 나타낸다는 것이었습니다. 그는 승모판막 기능부족으로 우심실이 비대한 환자, 대동맥 기능부족으로 좌심실이 비대한 환자, 승모판막협착증으로 좌심방이 비대한 환자, 심근변성이 있는 환자들의 심전도를 예로 보여 주었습니다. 또한 다양한 강도로 심장차단이 일어나는 경우, 주기외수축의 경우, 그리고 오늘날 '심장성 운동실조'라 불리는 경우, 또한 두 가지 형태의 비정형 심장수축에 해당되는 심전도도 보여 주었습니다. 뒤이어 1908년에 발표한 「심전도에 관한 더 많은 것」이라는 논문에서 그는 또 다른 경우의 심전도에 관해 이야기하였습니다. 에인트호벤 박사님의 심전도를 이용한 임상 연구에 대한 관심은 1906년에 제안한 연구 계획서에도 분명하게 드러나 있습니다. 여기에서 그는 이른바 원격심전도를 확립하고자 했습니다. 병원에 누워 있는 환자의 심전도를 수 킬로미터 떨어진 생리학 실험실의 단선검류계를 이용하여 측정하고자 했던 것입니다. 현재는 거의 모든 큰 병원에서 단선검류계를 사용하기 때문에 원격심전도는 단지 역사적인 의미만 있습니다.

심전도를 이용한 새로운 연구 방법은 임상의학에서 필요한 많은 것들을 충족시켜 줄 수 있었습니다. 이전에는 부정맥을 치료할 때마다 정맥과 동맥의 맥박 곡선과 심장도를 기억하고 해석해야 했으며, 이것은 매우 어려운 일이었습니다. 더구나 몇 시간 전에 얻은 것과 일치하는 기계적 심장도를 얻기 위해서는 아무리 숙련된 실험자일지라도 운이 따라 주어야 했습니다. 하지만 단선검류계는 한 번 설치하고 조정해 놓으면 이상적으로 작동하였고 오류가 일어나는 일은 거의 없었습니다.

그렇다면 그 당시 심전도는 어떤 의미가 있었을까요? 에인트호벤 박사님은 자신의 1895년도 연구에서 심전도를 완전히 해석하려는 노력을 당분간 포기할 수밖에 없다고 말하였습니다. 1912년 상반기까지 발표된 관련 문헌들을 보아도 저자들은 모두 심장도 해석의 불확실성을 강조하고 있습니다. 따라서 1895년에 수행한 에인트호벤 박사님의 연구는 수년 동안 불확실한 채로 남아 있을 어떤 발견을 기록한 것에 지나지 않았습니다.

그렇지만 1908년에 이르러 마침내 에인트호벤 박사님은 심전도의 해석에 성공하였으며 이를 논문으로 발표하였습니다. 그는 수축과정(음극)이 심근계에 파동으로 전달된다는 사실에서부터 출발하였습니다. 일반적으로 폐쇄회로의 형태로 심장에 연결되는 단선검류계는 심장이 안정되어 있거나 심장 판막의 점들이 모두 같은 음의 값을 갖고 있는 경우 아무런 변화를 보이지 않습니다. 언뜻 보기에는 수축이 시작될 때와 끝날 때에 편향성이 나타날 것이라고 생각하게 됩니다. 이는 근육의 모든 요소들이 동시에 활성화되거나 안정되는 것이 아니라는 것을 전제로 합니다. 만약 수축작용이 검류계에 연결된 지점에 대칭으로 전달된다면 이 또한 편향성을 일으키지 못합니다. 그러므로 이와 같은 경우에는 심장박동에 대한 첫 자극이 나타내는 심전도와 심장 내 전도계에 의한 심전도를 측정해야 합니다.

정상적인 심장박동은 1890년대 중반부터 연구되기 시작했습니다. 이때부터 히스다발에 대한 것들이 알려졌으며 1906년에 타와라 박사는 심실 내부 전도계를 자세히 기술하였습니다. 에인트호벤 박사님은 P파는 심방의 심근계에 자극이 전달되면서 생긴다고 하였습니다. 또한 히스-타와라 시스템의 자극파에 해당하는 음극파는 너무 약해서 검류계로 측정되지 않는다고 했습니다. 한편 QRS파는 두 심실의 근육계에 자극이 전달되면서 나타나며 이 자극은 전극에 비대칭적으로 전달되어 심장 근육계에 나무처럼 퍼져 있는 푸르키네 섬유로 전달된다고 하였습니다. 그리고 심실 벽에서 수축이 최대가 되었을 때 곡선은 다시 원래의 위치로 돌아오게 되며 수축이 멈추게 되는 순간 T파가 생겨난다고 하였습니다.

에인트호벤 박사님의 개념만 유일하게 논리적으로 증명되었기 때문에 이와 관련된 다른 연구자들의 해석들은 고려할 필요도 없었습니다. P파가 심방 수축에 해당한다는 사실을 기초로 하여 그는 개를 대상으로 한 미주신경 자극에 대해 실험하였습니다. P파에 관한 해석은 심장 자극 전도장애가 있는 환자의 심전도 관찰에서도 중요한 기반이 되었습니다. T파와 관련된 사항들은 이전의 버든-샌더슨의 연구에서도 흔적을 찾아볼 수 있지만 QRS파에 관하여 전도계의 중요성을 인식한 사람은 에인트호벤 박사님이 처음이었습니다.

한편 월러 박사는 1887년에 이미 모세관 전도계로 측정되는 편향성이 그 측정 방법에 따라 달라진다는 것을 관찰하였습니다. 즉, 유도lead를 양손으로부터 취했는지 혹은 손이나 발 하나씩으로부터 취했는지에 따라서 편향성에 영향을 주었다는 것이었습니다. 이를 기반으로 심장의 활동전류와 관련된 신체의 전위분포에 대한 개요가 확립되었고 후에 교과서에까지 채택되었습니다. 이 개요는 또한 심장 축에 대해 전극을 어떻게 적용하는가에 따라 달라지는 편향의 정도, 즉 심전도 곡선의 피크를 설명하기 위해 주로 이용되었습니다. 그러나 에인트호벤 박사님은 심전도 곡선의 피크가 편향의 양을 나타낸다고 하였습니다. 그리고 유도를 정하는 방법을 바꿀 때 전체 심전도에 변화가 생기는 것에 주목하였습니다.(1908) 어느 극파 하나가 강조된다면 다른 것들은 억제될 수도 있습니다. 다른 유도로부터 얻어지는 같은 극파가 항상 같은 단계의 심장 주기를 의미하지는 않습니다. 그러므로 에인트호벤 박사님은 유도를 정하는 방법의 중요성을 강조하였습니다. 그리고 1908년, 이와 관련하여 표준화된 유도 I, II, III를 발표하였습니다. 그리고 이는 현재도 사용하고 있습니다.

1913년에 에인트호벤 박사님은 순간적인 전위차의 방향과 절대량이 세 가지 유도에서 동시에 측정되는 편향으로부터 계산된다는 논문을 발표하였습니다. 발생된 전위차의 방향은 월러 박사님의 개요에서 말하는 전기축을 의미하며 일부 저자들은 에인트호벤 박사님의 명칭 대신 전기축이라는 용어를 사용하기도 합니다. 월러 박사님은 이 축이 심장의 해부학적 축과 일치하도록 하였습니다. 이는 그 당시 심장근육이 자극파를 평행으로 전달하는 섬유로 이루어져 있다는 인식이 일반적이었기 때문입니다.

사실 에인트호벤 박사님의 실험에서 발생된 전위변화(전기축)는 심장주기가 돌아가는 동안 순간마다 그 방향을 바꿉니다. 하지만 심장주기 중에 나타나는 전기축의 회전은 심장근육을 통한 자극파의 표현일 뿐 그 이상은 아닙니다. 이는 세 개의 유도에 의한 심전도 곡선을 보면 분명히 알 수 있습니다. 1906년과 1908년의 논문에서 에인트호벤 박사님은 부정형 심실 수축의 시작이 일반적인 형태와 다르다는 것을 설명하였습니다. 이것은 심전도 곡선의 모양을 근거로 하고 있으며 세 가지 유도에 의한 심전도 곡선의 조합을 통해 부정형 심실 수축의 시작점을 결정할 수 있다고 하였습니다. 발생한 전위차의 방향을 계산하는 방법은 매우 정밀합니다. 따라서 이 방법은 눈으로 심전도 곡선을 분석하는 것이 불충분한 경우에 사용하였습니다.

그 계산은 매우 간단합니다. 다만 어려운 점은 세 개의 유도로부터 얻은 심전도 곡선의 조합에서 적합한 단계를 정하는 것입니다. 그 단계를 정하면 에인트호벤 박사님이 지적한 바와 같이 심전도 곡선을 이용할 수 있습니다. 그렇지만 무엇보다도 가장 안전한 방법은 세 개의 유도로부터 동시에, 아니면 최소한 두 개 유도로부터 동시에 심전도를 기록하는 것입니다. 에인트호벤 박사님은 두 개의 검류계가 차례대로 그 기록을 같은 지면상에 전달하도록 하는 기구를 고안하였습니다. 그리고 그의 정밀한 도안을 따라 칼 차이스 사가 이 기계를 만들었습니다.

이와 같이 에인트호벤 박사님은 각각의 심전도 곡선을 발견함과 동시에 심전도 기계를 발명하였습니다. 에인트호벤이 수행한 연구의 중요성을 인지하고 그의 생각을 따른 첫 번째 사람이 바로 토머스 루이스 경입니다. 그는 1916년에 우심실과 좌심실의 심전도 기록의 대수학 합계를 계산하고 심전도곡선의 QRS파를 정밀하게 증명함으로써 에인트호벤 박사님의 해석을 증명하였습니다. 1921년에는 자극파의 회전운동에 대해 검증하였으며 이는 생성된 전위차의 방향과 한정된 크기를 계산해 낸 에인트호벤 박사님의 결과가 갖는 실질적인 중요성을 다시 한 번 입증하였습니다. 토머스 루이스 경의 이와 같은 학문적 검증은 에인트호벤 박사님의 심전도 기계가 갖는 의미를 충분히 입증하고 있습니다.

에인트호벤 박사님은 최초로 심전도 곡선의 세부사항들을 설명하였으며 1906년에는 각종 심장병의 특징적인 심전도를 설명하였습니다. 이후로 광범위한 문헌들이 수년 동안 이 분야에 축적되어 왔습니다. 지금도 이 분야의 모든 연구자들은 심전도의 기초적인 메커니즘을 밝히려고 노력하고 있습니다. 그렇다면 과연 지금까지 이 메커니즘의 어떤 면이 밝혀진 것인가라는 의문이 생깁니다. 건강한 심장근육으로 만들어진 모델을 상상해 봅시다. 심장박동 조건이 균일하게 갖추어진 배지에 놓여 있는 이 모델은 유도를 통해 단선검류계와 연결되어 있습니다. 이제 우리는 일반적인 심전도를 얻기 위해서는 어떤 것을 더 첨가해야 하는가라고 스스로에게 질문하게 됩니다. 첫째는 자극전달을 위한 전도계가 있어야 한다는 것이며, 둘째는 그 속도가 심장근육의 전도계보다도 몇 배나 빨라야 한다는 것입니다. 에인트호벤 박사님은 처음으로 전도계의 중요성을 지적하였습니다. 그리고 전도계의 속도가 중요하다는 것을 밝힌 사람은 루이스 경이었습니다.

심전도의 특징을 결정하는 메커니즘에 의해 심장박동 중의 기계적 특징이 결정됩니다. 이와 관련하여 우리는 이 기계적 움직임 속에 개개의 심장 구성 요소들에 대한 연속적인 자극 과정이 포함될 뿐 아니라 각 심방과 심실 사이의 벽들이 잘 조절되는 조건들이 포함된다는 것을 기억해야 합니다. 이러한 기계적인 효과에 조화가 깨어진다면 심장판막의 기능부전이 발생함으로써 치명적인 결과가 생길 수 있기 때문입니다. 에인트호벤 박사님이 발견한 중요한 메커니즘을 통해 이제 우리는 이것을 쉽게 알 수 있게 된 것입니다.

왕립 카롤린스카 연구소 노벨 생리·의학위원회 위원장 J. E. 요한슨

- 1924년 수상 연설은 에인트호벤 박사의 사정으로 인하여 취소되었다.

스파이롭테라 암을 발견한 공로

1926

요하네스 피비게르 | 덴마크

:: **요하네스 안드레아스 그리브 피비게르 Johannes Andreas Grib Fibiger (1867~1928)**

덴마크의 생리학자. 1883년에 코펜하겐 대학교를 졸업하고 1890년에 의사 자격을 취득하였다. 1891년부터 1894년까지 같은 학교 세균학과 C. J. 살로몬센 교수의 조교로 지내면서 R. 코흐와 E. 베링의 지도 아래 세균학을 연구하였으며, 1895년에 박사학위를 취득하였다. 1900년에 코펜하겐 대학교 병리학 · 해부학 교수 및 병리학 · 해부학 연구소 소장이 되었다. 1913년 실험적으로 암을 일으키는 데 성공함으로써 암이 외부 자극에 의해 유발될 수 있음을 밝히는 등 암에 관한 선구적 연구를 수행하였다.

전하, 그리고 신사 숙녀 여러분.

암만큼 무서운 공포를 가져다 주는 질병은 많지 않습니다. 암은 긴 고통과 괴로움의 질병이며 불치의 고통을 주는 질병입니다. 따라서 이 질병의 성질을 파악하기 위해 노력해야 하는 것은 당연하지만 그 성질을 발견하기까지는 멀고도 어려운 길을 헤쳐가야 합니다. 사실 암은 연구자들에게 언제나 분명치 않은, 그리고 해결되지 않는 문제입니다. 암의 원인을 오랫동안 연구해 온 거의 모든 연구자들은 언제나 좌절할 수밖에 없었습니다. 이런 상황에서 암의 병인을 밝히는 데 성공한 첫 연구자가 바로 피비게르 박사님이었습니다. 뿐만 아니라 그는 우리 스스로 만족해 왔던 가설을 보다 정확하고 명백한 이론으로 확립하였습니다.

오랫동안 우리는 암의 원인으로 기계적, 열적, 화학적 자극들, 그리고 방사능 등을 생각하여 왔습니다. 이런 추측을 바탕으로 직업적인 영향으로 암이 발병한다는 사실에 힘이 실어졌습니다. 예를 들어 방사선 학자들, 굴뚝 청소부들, 화학 약품을 생산하는 노동자들에게 발생한 암들이 방사선 또는 화학적 자극으로 발병된 암의 실례라고 믿었습니다. 그러나 이런 자극들을 인위적으로 가한 동물에게는 전혀 암이 발생하지 않았습니다.

몇몇 다른 사람들은 암과 관련된 미생물의 역할을 연구하였습니다. 이러한 연구는 종양성 동물유행병의 발병에서 비롯되었습니다. 그러나 발병 원인으로 '암 병원균'을 연구하는 과정에서도, 암을 발병시키기 위한 실험들은 모두 아무런 결실을 얻지 못했습니다. 암은 기생충과 같은 기생동물에 의해서도 발병되었습니다. 여러 자극으로 암의 발병을 유도했던 노력들이 수포로 돌아갔던 것처럼 균에 의한 암의 발병에 대해서도 아무것도 알아내지 못했습니다. 벌레가 암을 유발한다는 것을 실험적으로 증명하는 것 역시 불가능했습니다. 더구나 이 논제를 계속 지지하던 권위자들은 몽상가로 간주되기까지 했습니다. 실험으로 가설의 명확성을 증명하지 못했기 때문에 암의 원인에 대해서 그저 질문만 할 뿐이었습니다. 그러던 중 1913년, 피비게르 박사님은 마침내 암을 발병시키는 실험에 성공하였습니다.

그가 겪은 고된 연구 과정에 대해 많은 관심이 쏟아졌습니다. 1907년에 수행했던 연구 활동은 그의 이름을 널리 알리는 계기가 되었습니다. 그는 자신이 근무하던 도르파트의 연구소에서 암에 걸린 세 마리의 쥐를 발견하였습니다. 암은 쥐의 위에서 발견되었으며 이 암은 그때까지 알려지지 않았던 새로운 것이었습니다. 그는 이 새로운 암의 중심에 스파이롭테라과에 속하는 기생충이 존재하고 있음을 기록하였습니다.

하지만 피비게르 박사님은 암의 생성과 기생충 사이에 존재하는 연관성을 입증하지 못했습니다. 발병한 쥐의 종양 조직은 기생충과 그 알을 포함하고 있었으며 그는 건강한 쥐에게 이것을 먹여 암을 유발시키고자 했습니다. 그렇지만 이 실험도 실패로 돌아갔습니다. 그 후 피비게르 박사님은 다른 기생충과 마찬가지로 이 기생충도 다른 동물에 기생함으로써 알에서 성충으로 자랄 것이라고 생각하고 1,000마리나 되는 쥐를 사용하여 1907년에 발견한 암을 다시 발병시키기 위해 노력했지만 모두 실패했습니다. 그러던 중에 피비게르 박사님은 우연히 코펜하겐의 설탕 정제공장에서 그가 찾고 있는 암이 발병한 상당수의 쥐를 발견하였습니다. 이 쥐들의 암에는 1907년에 발견한 것과 같은 기생충들이 있었습니다. 그 당시 공장은 바퀴벌레가 들끓었고 결국 피비게르는 이 기생충이 바퀴벌레를 숙주로 이용하고 있음을 알게 되었습니다. 바퀴벌레가 쥐의 배설물을 먹음으로써 기생충의 알은 바퀴벌레로 옮겨가고 이 알들은 바퀴벌레를 통해 영양을 섭취해서 유충이 됩니다. 그리고 선모충처럼 곤충의 근육에 존재하다가 쥐들이 이 바퀴벌레를 먹음으로써 유충이 쥐의 위로 옮겨가게 되고, 거기에서 다시 선충으로 자라는 것이라고 생각했습니다.

피비게르 박사님의 생각대로 건강한 쥐에게 스파이롭테라 유충이 있는 바퀴벌레를 먹임으로써 수많은 쥐의 위에서 암이 발병되었습니다. 이로써 그는 정상세포를 암적인 세포로 변화시키는 실험에 처음으로 성공하였습니다. 이 실험은 암이 언제나 기생충에 의해 생기는 것이 아니라 외부 자극으로도 유발될 수 있다는 분명한 사실을 알려주었습니다. 이것만으로도 이 발견은 중요한 의미가 있습니다.

그러나 피비게르 박사님의 발견에는 또 다른 큰 의미가 있습니다. 실험으로 암을 발병시켜 매우 중요하고 필수적인 방법을 암 연구에 적용할 수 있게 된 것입니다. 그리고 이런 방법이 적용되면서 암에 관해 알려지지 않은 많은 것들을 명확하게 밝힐 수 있게 되었습니다. 피비게르 박사님의 발견으로 암 연구는 크게 발전하였습니다. 여러 면에서 암 연구가 침체기에 접어들어갈 때, 피비게르 박사님의 발견은 암 연구에 새로운 활기를 불어넣어 주었습니다. 우리는 그의 발견을 기반으로 암의 본질에 관해 계속 연구할 수 있게 되었고 가치 있는 결과들을 얻을 것이라고 기대하고 있습니다.

따라서 우리는 피비게르 박사님을 어렵게만 여겨 왔던 암 연구의 개척자로 기억할 것입니다. 피비게르 박사님의 연구를 비평한 수많은 사람들 중에 암 전문가인 영국의 아키발드 레이취 박사는 이렇게 말했습니다. "피비게르 박사님은 우리 세대의 실험 의학에 큰 공을 세웠습니다. 그는 앞으로 계속 성장해 나갈 중요한 진실의 틀을 마련하였습니다." 그리고 이 연구 업적으로 피비게르 박사님은 오늘 1926년 노벨 생리 · 의학상을 수상하게 되었습니다.

존경하는 요하네스 피비게르 박사님.

당신은 암의 원인을 연구하기 위하여 수년 동안 갈고닦은 기술들을 유감없이 발휘하였습니다. 예리한 관찰, 성실하고 꾸준한 연구를 통해 확신이 없던 하나의 가설을 믿을 수 있는 사실로 확립해 주었습니다. 그리고 이로 인해 우리는 암에 관한 중요한 사실들을 많이 알게 되었습니다. 이와 동시에 암 연구에서 지금까지 풀리지 않던 문제들의 해결책도 제시하였습니다. 아직까지 별로 연구되지 않던 이 분야에 활력을 불어넣었으며 새로운 연구자들을 자극하여 암 연구를 지속할 수 있게 했습니다. 이제 우리는 암을 완전히 이해하고 그 문제를 해결할 수 있는 날을 기대하고 있습니다. 만약 그날이 온다면 우리는 그동안의 험난했던 연구 과정을 돌아보면서 당신의 이름을 가장 먼저 떠올릴 것입니다. 그리고 개척자이자 선구자로서 당신을 영원히 기억할 것입니다.

이에 카롤린스카 연구소는 1926년 노벨 생리 · 의학상 수상자로 당신을 선정하였습니다. 연구소를 대표하여 따뜻한 축하 인사를 전해드리며 전하께서 상을 수여하는 이 자리에 당신을 모시게 된 것을 영광으로 생각합니다.

왕립 카롤린스카 연구소 학장 W. 베른스테트

- 1926년 노벨 생리 · 의학상은 1927년 10월 27일에 발표되었다.

마비성 치매의 치료에서 말라리아 접종법의 가치에 관한 연구

1927

바그너 야우레크 | 오스트리아

:: **율리우스 바그너 야우레크 Julius Wagner-Jauregg (1857~1940)**

오스트리아의 정신의학자이자 신경학자. 1880년에 빈 대학교에서 의학 박사학위를 취득하였으며, 1883년부터 1887년까지 같은 학교 정신과에서 연구하였다. 1889년에 그라츠 대학교 신경정신과 교수가 되었으며, 1893년에 빈 대학교 정신신경과 외래 교수 및 과장이 되었다. 1902년부터 1911년까지는 종합병원 정신과에서 일하였으며, 이후 다시 빈 대학교로 돌아왔다. 말라리아 열성 감염균을 주입함으로써 치명적인 백치증과 마비를 일으키는 정신질환인 마비성 치매를 치료할 수 있음을 발견하였다.

전하, 그리고 신사 숙녀 여러분.

피비게르 박사님은 특수한 질병의 원인을 연구한 공로로 이론의학 분야에서 노벨상의 영광을 안았습니다. 오늘 노벨상을 수상하는 바그너 야우레크 박사님은 실질적인 의학 분야, 더 정확하게 말하면 질병을 치료하는 방법에 대해 연구하였습니다. 바그너 야우레크 박사님이 연구한 치료법의 대상이 된 질병은 전신마비와 매독에 걸렸던 경험을 갖고 있는 환자에게 치명적인 백치증과 마비를 일으키는 정신질환이었습니다. 이 질병은 매우 심각한 질병이며 흔치 않은 질병이기도 합니다.

바그너 야우레크 박사님의 연구가 있기까지 전신마비를 치료하거나 이를 호전시킬 수 있는 방법은 전혀 없었습니다. 마비 치료의 어려움, 그리고 심해지면 수년 내에 죽게 된다는 사실은 마비 진단의 기준이기도 했습니다. 이 질병 퇴치에 성공한 사람은 인류에게 가장 위대한 혜택을 줄 것이라는 것은 너무나도 분명했습니다. 이와 같은 연구 성과를 거둔 사람이 바로 바그너 야우레크 박사님이며, 이로 인해 그는 오늘 1927년 노벨 생리·의학상을 받게 되었습니다.

바그너 야우레크 박사님은 이 무시무시한 질병을 앓고 있는 환자들을 치료하기 위하여 무엇을 어떻게 시작했을까요? "악은 악으로 갚는다"는 속담은 그가 시도한 마비 치료를 표현할 수 있는 적절한 속담인 것 같습니다. 그가 시도한 방법은 정신병 환자에게 또 다른 질병인 말라리아를 접종하는 것이었습니다.

히포크라테스 이후로 오랫동안, 정신병 환자들이 열이 나면 병이 치료되거나 혹은 치료에 도움이 된다고 알려져 왔습니다. 따라서 바그너 야우레크 박사님은 환자를 발열성 질병에 감염시켜 만성 정신병 환자를 치료하는 유효한 방법을 개발하려고 하였습니다.

40년 전, 빈 대학교의 젊은 강사로 재직하던 바그너 야우레크 박사님은 전문 학술지에서 이와 같은 자신의 생각을 주장하였습니다. 하지만 그 당시 이 제안에 관심을 갖는 사람은 아무도 없었으며 스스로도 오랫동안 그 생각을 현실화하지 못하고 있었습니다. 그러던 중 1917년, 처음으로 그의 생각을 실현할 기회가 왔습니다. 이때 그는 마비로 고생하고 있는 환자 9명에게 말라리아에 감염된 환자의 혈액을 주입하였습니다.

결과는 바그너 야우레크 박사님의 기대를 저버리지 않았습니다. 감염 환자의 혈액을 받은 사람들은 말라리아에 걸렸고, 그들의 정신병 증세는 호전되었습니다. 9명 중 3명은 실제로 완치되었습니다. 감염 질병으로 말라리아를 선택한 것은 정말 행운이었습니다. 여기에 사용된 말라리아 종류(삼일열)는, 올바르게 다루기만 한다면, 키니네로 언제든 치료할 수 있는 비교적 무해한 질병이었습니다. 이와 같은 상황에서 이 방법이 적절하게 적용되어야만 한다거나 실질적인 응용이 최상의 효과를 보여 줄 것이라는 등의 말은 더 이상 필요하지 않았습니다.

바그너 야우레크 박사님의 성공적인 실험은 전 세계에서 임상에서 이루어졌습니다. 그의 조국뿐만 아니라, 유럽을 비롯한 그 밖의 여러 나라에서 임상병원이나 보호시설에 있는 수천 명의 불행한 사람들이 지난 2~3년 동안 치료 혜택을 받았습니다. 이와 관련된 여러 보고서는 모두 그와 같은 현저한 결과를 기존의 전신마비의 치료에서는 전혀 찾아 볼 수 없다는 것에 동의하고 있습니다. 바그너 야우레크 박사님 이전에, 환자들 중 약 1퍼센트가 회복되는 것을 관찰한 적도 있지만 그것이 치료의 효과인지, 아니면 자발적으로 사라진 것인지에 대해서는 아직도 의문으로 남아 있습니다.

바그너 야우레크 박사님의 말라리아 치료법으로도 실질적으로 완치되는 경우는 평균 약 30퍼센트 정도에 지나지 않았으며, 최고일 때가 약 50퍼센트 정도였습니다. 이전까지는 이 환자들의 여생은 친척이나 사회적 부담으로 남을 뿐 아무 가치가 없다고 생각되었지만 이들 마비 환자의 3분의 1정도는 말라리아를 이용한 치료법으로 정상적인 생활을 회복할 수 있었습니다.

“정상적인 상태가 얼마나 오랫동안 지속될 수 있습니까?”라는 질문에 확실하게 답할 수는 없지만 이에 관한 통계는 아주 희망적입니다. 바그너 야우레크 박사님의 최근 보고서에는 가장 긴 시간 동안 예후를 지켜본 환자에 대한 기록을 볼 수 있습니다. 한 해에 수천 명 이상의 말라리아 환자를 치료하였던 바그너 야우레크 박사님은 전체 환자 중에서 치료 후 적어도 2년이 지난 약 400명의 환자들만을 대상으로 이 통계를 냈습니다. 그 환자들은 2~10년이라는 긴 시간 동안 관찰되었지만 그는 약 30퍼센트〔그들 중에는 1917년(10년 전)에 이미 회복된 3명의 환자도 포함되어 있다〕의 사람들이 꾸준히 좋은 건강 상태를 유지하고 있는 것을 확인할 수 있었습니다. 앞에서 언급한 완치된 1퍼센트의 환자는 두세 달 동안만 건강상태를 유지하였기 때문에 이 통계는 매우 중요한 의미가 있습니다.

바그너 야우레크 박사님은 이제까지 어떤 치료법으로도 불가능하다고 생각되던 무시무시한 질병을 효과적으로 치료하는 방법을 우리에게 알려 주었습니다.

게다가 일반적으로 마비가 나타나는 연령대는 32~45세 사이였습니다. 따라서 그들은 대부분 부양할 가족이 있는 인생의 황금기에 있는 남자들이었습니다. 또한 이들이 대체로 미성년자의 아버지임을 고려한다면, 이 질병이 가족 전체에 얼마나 큰 고통을 주는지 이해할 수 있습니다. 때문에 바그너 야우레크 박사님 이룬 업적의 의미와 가치는 너무나도 분명합니다. 이것은 인류의 가장 위대한 발견가나 은인들 중의 한 사람에게 상을 주고자 했던 알프레드 노벨 박사님의 의지에도 부합하는 것입니다.

존경하는 율리우스 바그너 야우레크 박사님.

젊은 의사로서 당신은 만성적인 정신병 환자에게 열성 감염균을 주입함으로써 그들을 치료할 수 있다고 생각하였습니다. 그리고 오랜 기다림 후에 당신은 이 생각을 실현하였습니다. 치료 할 수 없다고 여겼던 무시무시한 질병으로 고생하고 있는 사람들에게 말라리아를 주입하였습니다. 치료받지 않았다면 잃어버릴 수밖에 없었던 환자들의 귀중한 생활을 당신은 돌려주었습니다. 당신의 위대한 연구 생애는 인류에게 축복을 안겨준 지식과, 환자들과 그의 가족들이 드리는 감사의 마음으로 보상받을 수 있었습니다.

또한 과학계에서 얻은 직업적인 명성 또한 무시할 수 없습니다. 왕립 카롤린스카 연구소는 앞에서 언급한 당신의 연구 업적을 높이 평가하여 노벨상 수여라는 최고의 영예를 당신에게 드리고자 합니다. 연구소를 비롯한 수천 명의 축복과 감사를 전해드립니다.

이제 앞으로 나오시기 바랍니다. 전하께서 시상하시겠습니다.

왕립 카롤린스카 연구소 학장 W. 베른스테트

티푸스 연구

1928

샤를 니콜 | 프랑스

:: **샤를 쥘 앙리 니콜** **Charles-Jules-Henri Nicolle (1866~1936)**

프랑스의 세균학자. 루앙에 있는 의학교에서 공부하였으며, 파리 대학교에서 의학을 공부하고 파스퇴르 연구소의 메치니코프와 W. 루의 지도를 받았다. 1893년에 의학 박사학위를 취득하였으며, 루앙 의학교 교수로 재직하였다. 1896년에 루앙 의학교 미생물학 연구소장이 되었으며, 1903년에 튀니스에 있는 파스퇴르 연구소 소장이 되어 1936년까지 활동하였다. 기생충이 티푸스를 전염시킨다는 것을 밝혀냄으로써 티푸스 치료를 가능하게 하였으며 예방의학의 발전에도 기여하였다.

전하, 그리고 신사 숙녀 여러분.

오늘 1928년 노벨 생리·의학상 수상자는 튀니스에 위치한 파스퇴르 연구소 소장인 샤를 니콜 박사님입니다. 왕립 카롤린스카 연구소는 예방의학 분야에서 티푸스를 정복한 이 위대한 연구자에게 찬사를 보냅니다.

티푸스는 급성 전염병으로서 홍역과 매우 비슷한 방법으로 전염되고 면역반응을 일으킵니다. 그리고 심각한 경우 환자는 의식을 잃거나 혼수상태에 빠지게 됩니다. 이 병은 발진이 일어나기 때문에 발진성 티푸스라고도 불려 왔습니다. 그러나 이것은 장열, 즉 장티푸스와는 완전히 다른 질병입니다. 아이들에게 발병하는 유행성 티푸스는 비교적 양성이지만 어른들의 경우 사망률이 50~60퍼센트에 이르기도 합니다.

티푸스는 역학적으로 여러 특징이 있습니다. 하지만 과거의 내과 의사들은 이러한 특징을 이해할 수 없었습니다. 사실상 의사들은 많은 사람들을 희생시키는 이 질병으로부터 스스로를 보호하는 것조차 불가능했습니다.

일반적으로 티푸스는 홍역이나 감기와 유사한 방식으로 전염된다고 생각했습니다. 즉 직접적인 접촉, 먼지 또는 호흡기를 통해(비말감염) 전염된다는 것입니다. 그러던 중 1880년에서 1890년경에 벌레에 의한 감염경로가 알려졌습니다. 이때부터 많은 사람들은 기생충을 티푸스의 전염 원인으로 생각하기 시작했습니다. 하지만 이 가설은 별다른 주목을 받지 못했고, 사람들은 여전히 이 병의 실제 감염경로도, 그리고 퇴치하는 방법도 알 수 없었습니다.

티푸스의 또 다른 특징은 심각한 재난과 함께 발병한다는 것이었습니다. 이렇게 한번 발병한 티푸스는 갑자기 악화되어 심각하게 유행하는 것이 일반적이었습니다. 대부분 이 병의 희생자는 전쟁 또는 가뭄으로 고통받는 사람들이었으며 때로는 그 사망자 수가 수십만에 이르렀습니다. 이와 같은 특징 때문에 사람들은 이 질병을 캠프 티푸스, 가뭄 티푸스, 감옥 티푸스 등으로 부르기도 합니다. 어떤 작가의 말처럼 티푸스의 역사는 인류 불행의 역사였습니다.

이 질병은 태초부터 있었던 것으로 기록이 남아 있습니다. 기원전 430년경에 그리스의 아티카 지역, 그 중에서도 특히 아테네를 황폐화시켰던

병도 티푸스였고, 투키디데스의 펠레폰네소스 전쟁 중에 발병했던 질병도 유행성 티푸스였습니다. 사학자들의 기록을 보면 이 질병이 세계 1차 대전 중에 발병한 전염병과 세세한 부분까지도 일치합니다. 세계 1차 대전 후에도 곧바로 전염병이 발생하였고 유럽의 30년 전쟁이 끝났을 때에도 중부 유럽에서 티푸스가 발병하였습니다. 그후 나폴레옹 전쟁 때도 티푸스가 다시 발병하여 철수하던 나폴레옹의 대규모 군대는 러시아에서 많은 희생자를 내었으며 시민들 역시 많이 희생되었습니다. 그 후에도 크림 전쟁, 러시아 쿠르크 전쟁 역시 전염병으로 많은 희생자를 냈습니다.

19세기 말부터 1914년까지는 문명의 발달과 더불어 평화와 번영을 누리던 시절이었습니다. 이때, 티푸스 발생 범위는 유럽의 어느 외딴 곳이나 비유럽 국가에 제한되어 있는 듯 보였고 사람들은 옛날부터 이 지역에만 티푸스가 존재했던 것처럼 느끼게 되었습니다.

이 시기에 비유럽 국가들 중 북아프리카에서는 수 세기 동안 겪어 온 이 질병을 국가적 재앙으로 생각했습니다. 샤를 니콜 박사님은 튀니스에 있는 파스퇴르 연구소 소장이 되자마자 이들 나라의 티푸스 발병과 관련된 실질적인 문제점을 과학적으로 연구하기 시작했습니다. 그는 환자들의 집에서 그들의 침대와 더러운 옷들을 검사했고 이와 함께 병원 내부에서도 엄격한 조사를 실시하였습니다. 이런 작업이 진행되는 와중에 함께 일하던 동료 두 사람이 희생되기도 했습니다. 마침내 니콜 박사님은 이전의 연구자들이 놓쳤던 사실들을 발견했습니다.

티푸스 환자가 병원 대기실에 들어서는 순간, 그리고 환자의 옷을 받는 순간에도 감염은 진행되고 있으며 그들이 깨끗이 씻은 후에 병원 환자복을 입고 나서야 완전히 무해한 상태가 될 수 있다는 사실을 깨닫게 된 것입니다. 즉 병원 환자복을 입는 순간, 환자들은 누군가를 감염시킬 지도 모를 위험에서 완전히 벗어나게 되고 비로소 일반 병실로 들어갈 수 있게 되는 것입니다. 따라서 니콜 박사님은 이런 현상이 환자와 다른 사람들 사이에서 병원체를 전염시키는 어떤 요인과 관련 있을 것이라고 생각했습니다. 그리고 전염을 일으키는 요인은 환자가 씻고 옷을 갈아입음으로써 제거될 수 있다고 생각했습니다. 따라서 환자의 몸이나 옷에 살고 있는 몸니, 즉 기생충이 그 전염 요인이라는 결론을 내리게 되었습니다. 이 단순한 관찰은 결국 니콜 박사님의 핵심적인 업적이 되었습니다.

그후 니콜 박사님은 동물을 대상으로 후속 실험을 하였습니다. 이전에 몇몇 연구자들이 환자의 혈액을 주사하여 건강한 사람에게 티푸스를 접종시킨 예는 있었습니다. 그러나 동물 접종 실험에 성공한 적은 없었습니다. 니콜 박사님도 몇 번의 실패를 거듭한 끝에 1909년 초 마침내 침팬지에게 티푸스를 접종시키는 데 성공하였습니다. 이 침팬지로부터 다시 혈액주사를 통해 보다 하층 동물인 원숭이에게 티푸스를 접종시키는 데에도 성공했습니다. 1909년 9월에는 티푸스에 감염된 원숭이를 물었던 몸니가 건강한 동물을 물기만 하면 감염을 일으킨다는 사실도 알게 되었습니다. 따라서 전염체로서의 몸니의 역할이 실험적으로 증명된 것입니다.

그 후로 이 무서운 질병의 비밀이 차례로 밝혀지기 시작했습니다. 그 첫 번째가 몸니에 의한 전염 조건이 밝혀진 것입니다. 티푸스 환자의 혈액은 열이 나기 몇 시간 전부터 회복하는 날까지도 감염의 가능성이 있었습니다. 따라서 이 병이 진행되는 동안에, 심지어 병이 겉으로 드러나기 전에도, 그리고 열이 다 가라앉은 후에도 몸니는 환자로부터 병원성 물질을 옮길 수 있는 것입니다.

하지만 이런 벌레들이 모두 전염성이 있는 것은 아닙니다. 병원성 물질이 벌레의 몸속에서 증식될 때까지는 약 1주일이 걸리며 이 기간이 지나야 비로소 전염성을 띠게 됩니다. 그리고 벌레에 물려야만 전염되는 것도 아닙니다. 감염된 벌레의 배설물, 그리고 오염된 옷이나 피부로도 충분히 전염될 수 있었습니다. 스스로 피부를 긁는 것만으로도 감염되어 발병할 수 있습니다. 이런 형태의 전염 역시 직접 벌레에 물리는 것만큼이나 중요한 감염 경로였습니다.

니콜 박사님은 얼마 지나지 않아 티푸스 균은 유전되지 않는다는 중요한 사실을 알게 되었습니다. 즉 벌레의 전염성은 균에 감염된 성충이 죽으면 저절로 사라지게 된다는 것입니다. 이 사실은 질병 퇴치에 매우 중요한 근거가 되었습니다.

니콜 박사님과 그의 동료들은 연구 초기 단계에서 한 번 이 병을 앓고 난 원숭이가 병에 대한 저항성이 생긴다는 것도 발견하였습니다. 이는 티푸스 예방 연구에 많은 도움을 주었습니다. 그들은 회복기 환자의 혈청으로 예방접종을 실시하여 혈청이 가진 질병 예방 및 치료 효과를 연구하였고 결과는 성공적이었습니다.

또한 니콜 박사님은 기니피그를 대상으로 한 티푸스 접종에도 성공하였습니다. 이 성공으로 티푸스에 관한 연구는 다시 크게 발전할 수 있었습니다. 인공적으로 바이러스를 배양하는 것이 불가능하기 때문에 이에 대한 형태학적 · 생태학적 지식은 아직까지도 매우 제한적입니다. 하지만 한 동물에서 다른 동물로의 성공적인 접종은 티푸스 균을 실험실에서 무제한 유지할 수 있도록 함으로써 새로운 연구의 가능성을 열어 주었습니다.

기니피그에서 티푸스를 연구하던 중에 니콜 박사님은 감염된 동물이 뚜렷한 증상을 나타내지 않아도 전염성은 있다는 사실을 알게 되었습니다. 비록 미열조차 없다고 해도 그 동물은 감염 가능성이 있었습니다. 하지만 이런 형태의 질병은 아직까지 알려진 바가 없었습니다. 니콜 박사님은 이런 형태의 티푸스를 '불현성' 티푸스라고 명명하였습니다. 그리고 이것이 잠복성 전염병의 기본적 형태라고 생각하였습니다. 니콜 박사님은 이전까지의 연구와 전혀 다른 새로운 방향으로 연구를 진행하였습니다. 이 새로운 개념은 이 전염병의 직접적인 치료에 아주 중요한 것이었습니다.

몸니에 의한 티푸스 전염 경로 연구는 실제적으로 매우 중요했습니다. 전염 경로에 관한 연구 결과는 이 무서운 질병의 합리적인 치료를 가능하게 했습니다. 실제로 니콜 박사님과 동료들이 옛날부터 겨울마다 이 질병에 시달려 왔던 튀니스 지역에서 이 질병을 완전히 퇴치하는 데 2년밖에 걸리지 않았습니다.

하지만 1910년 그 당시에 어느 누가 니콜 박사님의 연구가 이렇게 광범위하게 이용될 것이라고 상상할 수 있었겠습니까?

제 1차 세계대전이 발발한 후, 러시아와 세르비아의 많은 포로들이 독일과 오스트리아의 포로수용소에 수용되었습니다. 그리고 얼마 지나지 않아 티푸스가 발병하였습니다. 그때까지도 유럽의 의사들은 이 병에 대해 아무 관심이 없었습니다. 일반적으로 알고 있던 전염병 예방책은 아무 소용이 없었습니다. 티푸스는 사람에게서 사람에게로, 그리고 가정에서 가정으로 나이에 상관없이, 또한 역학적 법칙과도 무관하게 빠른 속도로 전염되었습니다. 군인들은 이 엄청난 병마의 위협을 받았으며, 전쟁으로 황폐화된 동부 쪽의 일반 시민들에게도 같은 형태로 전염병이 퍼져나갔습니다. 발칸 반도는 매우 상황이 안 좋았던 반면 핀란드에서 메소포타미아까지의 지역은 무사했습니다.

니콜 박사님의 연구는 여기서 다시 한 번 빛을 발하게 됩니다. 제1차 세계대전은 니콜 박사님의 연구를 광범위하게 임상적으로 실험할 수 있는 기회가 되었습니다. 황폐화된 세르비아 마을을 통해 티푸스가 얼마나 위협적인지를 깨닫게 되었으며, 전쟁 주변 지역에서는 니콜 박사님의 위생측정 방법으로 티푸스 발병이 확인되었습니다. 이 모든 것은 전적으로 그의 연구 덕분이었습니다. 우리는 전쟁으로 인한 또 다른 전염병인 스페인 독감을 기억하고 있습니다. 이 독감은 본래 티푸스보다 덜 심각한 병이었음에도 그 피해가 매우 컸습니다. 그러므로 우리가 만약 티푸스를 퇴치하는 방법을 알지 못했다면 무슨 일이 일어났을지 상상할 수조차 없습니다.

이 질병의 특징은 지금도 달라진 것이 없습니다. 그리고 우리가 아직 이 질병에 대한 효과적인 치료약이 없다는 것 또한 분명한 사실입니다. 그럼에도 불구하고 우리는 이제 티푸스는 단지 전염병으로만 생각하게 되었습니다. 앞으로도 이 병으로 인한 더 이상의 피해는 생각하지 않아도 될 것입니다. 샤를 니콜 박사님의 연구 업적으로 이 병은 완전히 정복되었으며 전 인류는 그에게 감사하지 않을 수 없습니다.

오늘 이 자리에 니콜 박사님이 참석하지 못하셔서 많은 아쉬움이 남습니다. 그를 대신해서 수상하는 프랑스 대사님께서 상과 증서를 박사님께 전달해 주실 것입니다. 더불어 왕립 카롤린스카 연구소의 진심어린 축하와 존경을 함께 전달해 주시기 바랍니다.

왕립 카롤린스카 연구소 교수위원회 F. 헨쉔

항신경염성 비타민과 성장촉진 비타민의 발견

1929

크리스티안 에이크만 | 네덜란드 **프레더릭 홉킨스** | 영국

:: 크리스티안 에이크만 Christiaan Eijkman (1858~1930)

네덜란드의 의사이자 병리학자. 암스테르담 대학교 육군 군의학교에서 의학을 공부하여 1883년에 박사학위를 취득한 후 자바에서 의료 담당 사무관으로 재직하였다. 1886년에 자카르타에서 각기병에 걸린 닭들이 먹은 음식을 조사하던 중 항신경염성 비타민을 발견하여 각기병을 비롯하여 여러 결핍성 질환을 연구하는 데 기여하였다. 1898년부터 1928년까지 위트레흐트 대학교에서 공중보건학 및 법의학 교수로 재직하였다.

:: 프레더릭 가울랜드 홉킨스 Frederick Gowland Hopkins (1861~1947)

영국의 생화학자. 1890년에 런던 대학교를 졸업하고 1894년에 런던에 있는 가이스 병원에서 의사 자격을 취득하였다. 1914년에 케임브리지 대학교 교수가 되어 1943년까지 재직하였으며, 1925년에 기사 작위를 받았다. 1931년에 왕립학술원의 원장이 되었다. 우유를 이용한 성장 촉진과 관련된 실험을 통하여 정상적인 대사와 성장, 생명 유지를 위해 필요한 물질이 비타민임을 밝혀냈다.

전하, 그리고 신사 숙녀 여러분.

문명의 결과물이 단지 유익하지만은 않다는 것이 특히 의학 기술의 역사에 잘 나타나 있습니다. 문명이 발달하면서 적지 않은 질병이 나타났는데 어느 정도는 문명이 그 원인을 제공했다고 생각됩니다. 그 예로 1,300년 전 중국의 고대 문명에서 널리 유행했던 각기병을 들 수 있습니다. 하지만 현대에 와서 질병에 대한 관심이 높아진 시기는 17세기 말에서 18세기 초 사이입니다. 그 후 전 세계에서 심각한 여러 질병이 나타났습니다. 특히 동아시아와 동남아시아에서는 매우 빈번하게 질병이 발생하였고 이는 매우 심각한 골칫거리가 되었습니다. 1871년과 1879년에 도쿄에서 전염병이 널리 퍼졌고, 이것이 훗날 러일전쟁 동안 일본군의 6분의 1에게 전염되었다고 알려졌습니다.

각기병은 심장과 혈관에 나타나는 증상, 특히 피로감과 부종 이외에 감각 장애와 근육 위축을 동반하는 마비 증상을 보이는 병입니다. 결정적인 병소는 이 질병을 설명해 줄 수 있는 말초신경에서 관찰되었습니다. 치사율은 1~2퍼센트부터 80퍼센트까지 매우 다양하게 나타났습니다.

음식물과 각기병이 관련있다는 것은 여러 곳에서 확인되었습니다. 품질이 나쁜 쌀 또는 단백질이나 지방이 부족한 식품 등이 각기병의 원인일 것이라는 보고에서 이를 알 수 있습니다.

네덜란드령 동인도가 질병으로 심각하게 황폐화되자 네덜란드 정부는 질병을 연구하는 특별위원을 현장으로 보냈습니다. 그 당시만 해도 세균학이 전성기에 있었기 때문에 질병의 원인을 세균으로 생각하는 것은 아주 당연한 일이었습니다. 이에 관한 연구는 특별위원의 보좌인으로 자바에서 일하던 네덜란드인 의사 에이크만 박사님에 의해 계속되었습니다.

과학이 발달하는 과정에서 종종 그렇듯이 이 연구에서도 우연한 관찰을 통해 매우 중요한 사실을 알게 되었습니다. 에이크만 박사님은 실험용 닭에서 특이한 질병을 관찰하였습니다. 이 닭들의 상체에 마비 현상이 나타났으며 걷는 모습도 매우 불규칙했습니다. 홰에도 잘 앉지 못했으며, 결국 그 옆에서 죽은 채로 발견되었습니다. 이것은 특별한 치료 없이는 치명적인 질병이었습니다.

성공의 비밀은 기회를 준비하는 누군가에게 다가오는 것이라는 말이 있습니다. 두말 할 것 없이 에이크만 박사님도 만반의 준비를 하고 있었습니다. 각기병에 관심이 있던 그는 이 병이 닭에게서 관찰된 병과 유사하다는 것을 금방 알아챘습니다. 또한 수많은 신경에 나타난 변화는 각기병과 매우 유사했습니다. 닭에게 발병된 각기병과 유사한 이 질병은 다발성 신경염이었습니다. 그러나 불행히도 에이크만 박사님은 이 질병의 원인이 미생물이라고 생각했습니다.

다른 한편으로, 그는 관찰된 닭의 상태가 변화된 닭 모이와 관련이 있다는 것을 알게 되었습니다. 병들기 전 그 닭은 일반적으로 생쌀이 아니라 찐 도정미를 먹었습니다. 닭의 다발성 신경염이 이른바 '도정'이라는 작업으로 외피를 제거한 쌀을 먹어서 생긴 것이라는 사실은 실험을 통해서도 증명되었습니다.

에이크만 박사님은 닭이 사고sago(야자나무의 녹말)와 타피오카tapioca(카사바의 뿌리에서 채취한 식용녹말)와 같은 전분이 풍부한 음식을 많이 먹었을 때에도 같은 질병에 걸리는 것을 발견하였습니다. 그는 또한 도정 가공으로 제거되는 쌀겨를 첨가해서 사료로 주면 질병이 호전되는 것도 증명하였습니다. 그리고 쌀겨에 존재하는 이 보호성분이 물이나 알코올에 녹는다는 것도 발견하였습니다.

에이크만 박사님은 보르더만 박사님에게 네덜란드령 동인도의 교도소에 수감되어 있는 죄수들을 대상으로 사람의 각기병도 그들이 먹는 쌀의 종류와 관련이 있는지를 조사하도록 했습니다(거기에서는 죄수의 음식이 거주자의 여러 습관에 따라서 여러 방식으로 준비되었습니다). 그 결과 도정미를 먹는 교도소는 도정되지 않은 쌀을 먹는 교도소보다 각기병의 발병률이 300배나 높은 것으로 나타났습니다.

에이크만 박사님은 이 결과를 설명하기 위해 연구를 계속했습니다. 그는 단백질이나 소금이 부족한 것은 질병의 원인이 될 수 없다는 것을 알고 있었지만 쌀겨의 보호 성분은 특정 단백질이나 염과 관련되어 있을지도 모른다고 생각했습니다. 당시 상황에서는 닭의 다발성 신경염이나 각기병이 어떤 독소 때문에 일어나는 것이라고 추측하기 쉬웠습니다. 관련된 독소를 찾으려던 시도는 헛된 일이 되고 말았지만, 에이크만 박사님은 이 가설을 실험해 보았습니다.

그의 추측대로 독소가 형성되기는 했지만 쌀겨의 보호성분은 그 독성을 중화시키는 것으로 나타났습니다. 자바에 있던 에이크만의 후계자 그리인스 박사는 우리가 건강을 유지하기 위해서는 이 의문의 물질, 즉 보호성분이 신체 내에서 직접 사용되어야 하며 일상적으로 접하는 식품에는 이전에 알려진 성분 외에 다른 어떤 성분이 포함되어야만 한다는 것을 명확하게 규명하였습니다. 풍크 박사는 이 물질을 '비타민'으로 명명하였고, 이후로 다발성 신경염을 예방하는 특별한 물질을 일컬어 항신경염성 비타민이라고 부르고 있습니다.

에이크만 박사님의 발견으로 사람들은 각기병에 대한 즉각적이고 결정적인 치료 효과를 기대했을지도 모릅니다. 아마도 이 질병이 완전히 퇴치되는 것까지도 기대했을 것입니다. 그러나 이 발견은 그런 효과가 있는 것은 아니었습니다. 에이크만 박사님과 그리인스 박사가 일하던 네덜란드령 동인도에서조차도 그 결과는 결코 특별하지 않았습니다. 이는 거주자들은 도정미보다 맛이 없는 비도정미 먹기를 꺼렸기 때문이며, 조류의 다발성 신경염이 사람의 각기병과 다르다는 의견과 에이크만 박사님의 연구에 대한 부적절한 평가가 있었기 때문이었습니다. 하지만 여러 연구자들이 스스로를 대상으로 혹은 동물을 대상으로 수많은 실험을 해 본 결과, 쌀겨에서 발견된 비타민의 부족이 각기병 발병에 결정적인 역할을 한다는 것이 명확해졌습니다. 에이크만 박사님의 관찰을 근거로 여러 장소에서 실험이 진행되었고, 특히 영국령 인도에서 수행한 실험은 매우 성공적이었습니다. 뿐만 아니라 이런 경험들은 사람들로 하여금 에이크만 박사님의 견해에 수긍하게 해주었습니다. 현재 진행 중인 각기병에 대한 성공적인 연구들 또한 에이크만 박사님의 연구 결과입니다.

에이크만 박사님은 다발성 신경염에 걸린 닭들이 먹은 음식의 성질을 분석함으로써 문제를 해결하는 단서를 잡을 수 있었습니다. 일반적으로 분석과 합성은 상호보완적인 관계입니다. 이와 같은 접근 방법은 실제로 비타민에 관한 정보를 아는 데 매우 중요하였습니다.

약 50년 전의 수많은 실험에서, 완전한 음식물은 단백질, 탄수화물, 지방 등의 기본 성분 이외의 어떤 특정 성분을 함유해야 한다는 가정을 뒷받침하고 있음에도 불구하고, 오늘날까지도 우리는 이에 대해 확실히 알지 못합니다. 앞에서 우리는 이 분야의 발전에 한 부분을 살펴보았습니다. 연구자들은 위에 언급한 성분들이 순수한 형태로 포함된 음식의 가치를 시험하기 위해 또 다른 많은 실험들을 하였습니다. 하지만 이런 음식들로 어린 동물을 사육하기에는 다소 어려운 점이 있었습니다. 이와 같은 음식은 매우 단조롭고, 또한 지나치게 순수한 형태의 성분들에는 식욕을 돋우는 어떤 물질을 제거해야만 했기 때문입니다. 하지만 또 다른 지역에서는 순수한 성분만으로도 어린 동물을 성공적으로 사육할 수 있었습니다.

홉킨스 박사님은 이에 관한 해법을 찾으려는 사람들과 함께 연구하였습니다. 그는 비슷한 분야의 연구자들에 비해 매우 폭넓은 경험을 갖고 있었으며, 이것이 그의 장점이었습니다. 그는 어떤 단백질이 순수한 형태로 발현되는 것에 관해 많은 연구를 하였습니다. 그 결과 그는 단백질의 한 구성 성분인 트립토판이라는 아미노산을 발견하였습니다. 1906년에 그는 생쥐에게 여러 단백질을 먹인 후에 몸무게를 정기적으로 측정하여 이 음식의 가치를 시험해 보았습니다. 그 결과 동물은 필수 아미노산(체내에서 합성되지 않는 아미노산, 음식으로 섭취하지 않으면 체내 필요량을 충족시킬 수 없다—옮긴이)인 트립토판을 합성하지 못하는 것으로 나타났습니다. 홉킨스 박사님이 이용한 이 간단한 실험방법은 나중에 아주 중요한 역할을 하게 됩니다.

계속된 실험에서 홉킨스 박사님은 어린 쥐에게 필요한 염뿐만 아니라, 잘 정제된 형태의 지방(돼지 기름), 전분, 카세인(우유에 많이 들어있는 단백질) 등을 혼합한 기본 음식들만을 제공하였습니다. 얼마 후에 이 동물의 성장이 정지된 것을 관찰하였으며, 이로 인해 기본 음식들만으로는 성장이 불가능하다는 것을 알게 되었습니다. 홉킨스 박사님은 또 다른 여러 실험을 통해 매일 2~3밀리리터의 우유만 첨가해도 성장이 가능하다는 사실을 발견하였습니다.

이 우유의 양은 전체 음식이 내는 에너지의 1~2퍼센트 정도에 해당되는 무시해도 좋을 만큼 아주 적은 양이었습니다. 상품으로 팔고 있는 카세인은 불완전하게 정제된 상태이기 때문에 소량의 활성성분이 남아 있습니다. 따라서 이를 다른 기본 음식들과 함께 주게 되면 다소 지연되기는 하지만 성장이 가능하다는 것도 알게 되었습니다. 이로써 이전까지 많은 논쟁을 일으킨 결과들에 대한 설명도 어느 정도 가능해졌습니다.

홉킨스 박사님은 우유 없이도 충분한 음식 섭취가 가능하지만 우유의 성장 촉진 효과가 있어야만 섭취된 음식들이 체내에서 충분히 활용될 수 있다고 했습니다. 이 효과는 이미 알려진 우유의 성분들과는 아무런 관계가 없었습니다. 이런 효과는 식물의 녹색 부분이나 효모에서도 발견되었습니다.

일찍이 홉킨스 박사님은 1906년에 자신의 주요 연구 결과를 아주 간단한 형태로 발표하였으며, 1909년에는 같은 주제로 강의했습니다. 그 후 3년이 지난 뒤에 그는 비로소 자신의 모든 연구를 출판하였습니다. 그 당시 스텝 박사도 그와 같은 방향의 연구를 수행하고 있었지만, 그 근거가 된 개념은 달랐습니다. 따라서 홉킨스 박사님의 업적은 초기 비타민 연구에 많은 자극을 주었습니다.

미국에서는 성장에 필요한 비타민에는 적어도 두 종류가 있다고 밝혀졌습니다. 즉 비타민에는 수용성 비타민과 지용성 비타민이 있습니다. 후자가 항신경염 비타민과 동일한 것인지에 대해서는 아직 정확히 알지 못합니다. 한때 세균이 질병의 원인으로 많이 연구되면서 중요한 새 연구 영역이 개척되었던 것처럼, 비타민의 발견으로 의학에 새로운 길을 열었으며 수많은 불치의 병들을 좀 더 이해할 수 있게 되었습니다. 에이크만 박사님의 영향을 받아, 홀스트 박사와 프로리히 박사는 괴혈병의 특성을 밝혀냈습니다. 그리고 홉킨스 박사님의 학생인 멜런비는 구루병이 어떤 물질의 부족으로 생긴다는 사실과 이와 비슷한 원인으로 생기는 질병들에 대해서 밝혀냈습니다. 그리고 에이크만 박사님이 밝힌 각기병과 비슷한 원리로 발생하는 펠라그라(니코틴산이 모자라서 일어나는 병)도 발견하였습니다.

이와 동시에, 비타민의 영향을 받는 생리학적인 과정의 성질에 관한 연구가 많이 이루어졌습니다.

따라서 올해 노벨상의 수상 주제인 '비타민의 발견'을 통해 우리는 매우 의미 있는 발전이 이루어졌음을 알 수 있습니다. 하지만 앞으로 우리는 어렴풋하게만 알고 있는 중요한 것들에 대해서 많은 연구를 해야 할 것입니다.

비보르그 대사님, 그리고 프레더릭 홉킨스 박사님.

에이크만 박사님이 식품에서 항신경염의 원리를 찾은 이래로 수년이 지난 지금, 다소 늦어지기는 했지만 그 업적의 중요한 가치를 이제 알게 되었습니다. 더구나 이 발견은 각기병을 이해하고 싸워 이기기 위해서뿐만 아니라 이를 계기로 다른 여러 결핍성 질환에 대해서 연구하고, 그 조절 방법을 알게 되었다는 점에서 더욱 널리 인정받고 있습니다.

홉킨스 박사님은 정상적인 대사와 성장을 위해 필요한 물질이 비타민이라는 것을 알려 주었습니다. 따라서 우리는 생명 유지에 중요한 비타민에 대해 더 많은 중요한 것들을 알아낼 수 있었습니다.

올해 노벨 생리·의학상의 수상 주제인 항신경염 비타민과 성장촉진 비타민의 발견은 그야말로 비타민이라는 연구 분야가 발전할 수 있는 초석이 되었습니다. 이 분야는 지금도 크게 발전하고 있으며, 앞으로도 더 많은 열매를 맺을 것으로 기대합니다.

왕립 카롤린스카 연구소를 대표하여 수상자들에게 따뜻한 축하를 보내며, 대사님께서도 오늘의 수상자이신 박사님께 축하를 전해 주시기 바랍니다. 이 연설을 하게 된 것과 더불어 전하께 노벨 생리·의학상의 시상을 부탁드리게 된 것을 매우 영광스럽게 생각합니다.

왕립 카롤린스카 연구소 교수위원회 G. 릴제스트란트

인간의 혈액형 발견

카를 란트슈타이너 | 미국

:: 카를 란트슈타이너 Karl Landsteiner (1868~1943)

오스트리아 태생 미국의 면역학자이자 병리학자. 빈 대학교에서 의학을 공부하여 1891년에 졸업한 후, 취리히 대학교와 뷔르츠부르크 대학교, 뮌헨 대학교에서 화학을 공부하였다. 1898년부터 1908년까지 빈 대학교 병리해부학과 조교로 활동하면서 사람들의 혈청에 차이가 있음을 발견하였다. 1911년에는 병리해부학 교수로 임용되었다. 1923년부터 20년간 뉴욕에 있는 록펠러 의학연구소 교수로 활동하였다. 혈액형을 발견함으로써 치료 목적의 안전한 수혈을 가능하게 하였으며, 친자 확인 등의 문제에도 도움을 주었다.

전하, 그리고 신사 숙녀 여러분.

지금으로부터 30년 전인 1900년에 란트슈타이너 박사님은 혈청학을 연구하다가 한 사람의 혈청이 다른 사람의 혈청에 가해지면 적혈구가 뭉쳐서 크거나 작은 덩어리를 이루는 것을 발견하였습니다. 이 발견이 계기가 되어 그는 사람의 혈액형을 발견하게 되었습니다. 그리고 뒤이어 1901년에는 사람의 혈액형을 각각의 응집력에 따라 세 형태로 나눌 수 있다고 발표하였습니다. 이 응집력은 다시 두 가지의 특이적인 혈액 세포구조에 의해 보다 자세하게 정의되었습니다. 이 두 가지 혈액 세포구조는 한 사람 안에서 각각 독립적으로 존재하기도 하고 동시에 함께 존재하기도 했습니다. 1년 뒤, 1902년에는 폰 드카스텔로 박사와 스털리 박사가 또 다른 혈액형을 하나를 추가로 밝혀냈습니다. 이로써 사람의 혈액형은 전부 네 가지가 있음을 알게 되었습니다.

란트슈타이너 박사님의 혈액형 연구를 검증하는 것은 어렵지 않았습니다. 하지만 그 중요성을 깨닫는 데는 오랜 시간이 걸렸습니다. 란트슈타이너 박사님의 연구가 처음 주목받게 된 이유는 1910년에 발표된 폰 둥게른 박사와 허츠펠트 박사의 혈액형의 유전에 관한 연구 때문이었습니다. 그 후 혈액형은 많은 문명 국가에서 중요한 연구 주제가 되었고 규모는 해마다 증가하였습니다. 이와 관련하여 발표되는 논문마다 불필요한 설명을 반복하지 않기 위해 4가지 혈액형과 이들의 구조에 대한 간단한 표기가 만들어졌습니다.

혈액 응집 성질이 다른 두 개의 혈액세포 구조를 각각 A와 B라고 표기하고 각각 '혈액형 A', '혈액형 B' 라고 명명하였습니다. 이 두 구조가 한 사람 안에 동시에 존재하는 경우는 AB라고 표기하였습니다. 4번째 혈액세포구조는 O라고 표기하였는데 이는 다른 혈액형의 어떤 특징도 갖지 않은 사람들의 혈액형을 의미합니다. 란트슈타이너 박사님은 일반적으로 한 사람의 혈액에서 적혈구가 응집하는 일은 없다고 했습니다. 그리고 다른 사람의 혈액이라고 해도 같은 혈액형이라면 응집은 일어나지 않는다고 하였습니다. 즉 A구조의 적혈구를 갖는 사람의 혈청은 같은 A구조는 응집시키지 않지만 B구조의 적혈구는 응집시킬 것입니다. 반대로 B구조의 적혈구를 갖는 사람의 혈청은 같은 B구조는 응집시키지 않지만 A구조는 응집시킬 것입니다. A와 B 구조를 모두 갖고 있는 AB구조인 경우에는 A, B, AB 구조 모두 응집시키지 않습니다. O형에 속하는 사람들의 혈청은 A, B, AB 구조의 적혈구를 모두 응집시킵니다. 그러나 O구조의 적혈구는 일반적인 사람 혈청에는 전혀 응집하지 않는 특징이 있습니다. 이것이 란트슈타이너 박사님이 밝힌 인간의 혈액형에 관한 기본 원리입니다.

혈액형의 발견이 갖는 과학적인 의미가 얼마나 중요한 것인지 알려지면서 폰 둥게른 박사와 허츠펠트 박사는 최초로 혈액형의 유전에 관한 연구를 시작했습니다. 이와 더불어 여러 나라에서, 그리고 서로 다른 사람들 혹은 다른 인종 사이에서 각 혈액형의 상대적인 발생 빈도를 조사하였습니다. 각 혈액형은 멘델의 법칙에 따라 유전됩니다. A, B, AB형은 우성이고 O형은 열성입니다. 그리고 부모가 A, B 또는 AB형을 갖고 있지 않다면 그 자녀들이 이 혈액형을 가질 가능성은 전혀 없습니다. 반면에 열성인 O형은 부모가 어떤 혈액형을 가지고 있어도 생길 수 있습니다. 만약 양쪽 부모가 모두 O형이면 자녀들은 누구도 A, B, AB형이 될 수 없으며 오로지 O형만 있을 수 있습니다. 만약 부모 중 한 사람이 AB형이고 다른 한 사람이 O형이라면 멘델의 분리의 법칙에 따라 AB는 분리되어 각각의 자녀에게 나누어져 나타나게 됩니다. 만약 아이가 A구조 (A 또는 AB)를 갖고 있다면 적어도 부모 중 한 사람은 A구조를 갖고 있어야 합니다. 즉 부모 중 한 사람이 A형이나 AB형이어야 한다는 것입니다. 만약 자녀가 AB형이면 부모 중 한 사람이 A형이고 한 사람은 B형이든지 한 사람이 AB형이고 다른 한 사람이 A형 또는 B형이어야 합니다. 그것도 아니라면 둘 다 AB형이어야 합니다. 부계 성립과 관련한 문제에 혈액형을 적용할 수 있는 이유는 이와 같이 혈액형이 유전되는 원리에 근거한 것입니다.

조사한 나라에서 4가지 혈액형 모두가 발견되었습니다. 개인마다 고유의 혈액형이 존재한다는 사실은 인간에게 공통된 생리적 특징이 분명합니다. 그러나 4가지 혈액형의 분포율은 지역이나 인종에 따라 다양하게 나타났습니다. 예를 들어 유럽 주민들에게는 A형이 많이 나타납니다. 그중에서도 북유럽과 서유럽이 남동쪽보다 A형이 많습니다. 개개인의 혈액형이 인종에 따라 다양하게 나타나는 것은 체질적인 차이가 있음을 의미합니다.

란트슈타이너 박사님은 혈액형을 발견한 뒤, 인종의 순수성을 결정하는 새로운 연구를 시작하였습니다. 만약 주민 중에 외국인이 섞여 있는 경우, 이 사람이 수 세기 동안 고향을 떠나 살아 왔다고 하더라고 혈액형을 이용하면 그 인종의 특징을 파악할 수 있다는 것입니다. 유전학적으로도 혈액형의 발견은 또 다른 유전 현상의 연구 방법에도 중요한 영향을 주었습니다. 다른 한편으로는 적혈구뿐 아니라 다른 신체 세포들, 특히 배아세포가 혈액형에 따라 어떻게 분화되는지에 관한 연구를 촉진하기도 했습니다.

그러나 다른 무엇보다도 혈액형의 발견은 부계 확립, 혈액 동정, 수혈 치료 등과 관련한 실용적인 분야에서 많은 발전을 이루어 냈습니다.

이미 수혈은 17세기에 하나의 치료법으로 자리를 잡았으며 사람들 사이에서 대규모로 시행되고 있었습니다. 그러나 수혈의 심각한 위험 요소로 가끔 환자가 죽는 일도 있었습니다. 때문에 란트슈타이너 박사님이 혈액형을 발견하기까지 치료 목적의 수혈은 거의 포기 상태였습니다. 하지만 혈액형을 발견함으로써 치료 목적으로 사용하던 수혈 과정의 위험요소들을 설명할 수 있게 되었으며, 따라서 그런 상황들을 피해갈 수 있게 되었습니다. 실제로 수혈하는 사람은 환자와 동일한 혈액형을 가진 사람들이어야 했습니다. 란트슈타이너 박사님의 공로로 치료 목적의 수혈이 다시 시작되었고 이로 인해 많은 생명을 살릴 수 있었습니다.

1901년에 란트슈타이너 박사님은 혈액형의 발견을 보고하면서 혈액형 반응을 이용하여 혈액 샘플이나 혈흔의 주인을 찾는 방법도 함께 설명하였습니다. 그러나 실질적으로 혈액 샘플의 혈액형을 조사하여 그 주인을 증명하는 것은 사실상 불가능했습니다. 단지 어떤 특정 인물이 주인이 될 수 없다는 것은 증명할 수 있었습니다. 실제로 A형의 사람에게서 혈흔을 얻었다고 한다면 적어도 B형인 사람은 그 혈흔의 주인이 될 수 없다는 것을 알 수 있습니다. 그러나 A형이라는 사실로부터 혈액의 주인을 찾는 것은 불가능합니다.

법적인 목적으로 친자를 확인하는 것도 이를 증명할 수 있는 명확한 방법이 없었기 때문에 매우 어려웠습니다. 그러므로 법률가들은 어떤 가능성만을 가지고 판단할 수밖에 없었습니다. 따라서 부계에 혼란이 생긴 경우, 이를 증명하기 위한 혈액형 조사 방법은 그 가능성만으로도 많은 관심을 불러일으켰습니다. 또한 친자 확인에서도 혈액형은 비록 증거로서는 불충분하지만 의미 있는 발전을 이루었습니다. 실제로 혈액형만으로는 부계를 명확히 밝힐 수 없습니다. 그러나 가능성을 배제할 수는 있습니다. 만약 의문의 아이가 O형이라면 혈액형은 증거로서 적합하지 않게 됩니다. 아이는 열성의 혈액형을 갖고 있기 때문에 이 경우 부모는 4가지 혈액형 중에 어느 것도 가질 수 있습니다. 따라서 이 경우에는 혈액형만으로 부모를 결론지을 수 없습니다. 하지만 아이가 A, B, AB형과 같은 우성의 혈액형을 가지고 있고, 어머니의 혈액형이 아이와 다르다면 이는 증거로서 효력을 갖게 됩니다. A형인 아이의 어머니가 A 그룹의 구조를 갖고 있지 않다면 그 구조는 아버지로부터 유전된 것이 분명하기 때문입니다. 따라서 그 의문의 아이와 다른 혈액형을 가진 남자가 아버지일 가능성이 배제되는 것입니다.

란트슈타이너 박사님이 혈액형을 발견하면서 새로운 연구들이 시작되었습니다. 그리고 실질적으로도 중요한 발전이 이루어졌습니다. 하지만 이 발견의 중요성은 최근에 더욱 강조되었습니다. 따라서 왕립 카롤린스카 연구소는 혈액형을 밝힌 카를 란트슈타이너 교수님께 1930년 노벨 생리·의학상을 수여하기로 결정하였습니다.

카를 란트슈타이너 교수님.

혈액형에 관한 당신의 연구가 의학 분야에서 갖는 의미는 매우 중요합니다. 이에 찬사를 보내며 노벨 생리·의학상을 수여하는 이 자리에 교수님을 모시고자 합니다.

왕립 카롤린스카 연구소 노벨 생리·의학위원회 위원장 G. 헤드렌

호흡효소의 성질과 작용 방식의 발견

오토 바르부르크 | 독일

1931

:: **오토 하인리히 바르부르크 Otto Heinrich Warburg (1883~1970)**

독일의 생화학자. 베를린 대학교의 유기화학자 E. 피셔의 지도 아래 생화학을 공부하였고, 물리학자인 아버지로부터 물리학과 광화학을 배워 함께 광합성을 연구하기도 하였다. 1906년에 화학으로 박사학위를 취득하였으며, 1911년에 하이델베르크 대학교에서 의학 박사학위를 취득하였다. 1913년에 베를린에 있는 카이저 빌헬름 생물학 연구소(이후 막스 플랑크 생물학 연구소)에 들어갔으며, 1931년에는 세포생리학 소장이 되었다. 1944년에도 노벨상 수상자로 선정되었으나 유태인이라는 이유로 나치 정권에 의해 수상이 저지되었다. 세포 내에서 일어나는 연소 반응을 규명하여 세포호흡이라고 명명하였다.

전하, 그리고 신사 숙녀 여러분.

오늘 노벨 생리·의학상을 수상하는 연구 주제는 세포내 호흡(연소)에 관한 것입니다. 이것은 가장 근본적이며 중요한 과정으로서 산소가 세포에 직접 공급되거나 세포 내에 저장되면서 더 간단한 성분으로 분해되는 과정을 말합니다. 그리고 세포는 이 과정을 통해 여러 생명 현상에 중요한 에너지를 즉시 이용할 수 있는 형태로 제공받게 됩니다.

유명한 사람들의 이름과 그들의 연구가 중요한 과정에 관련되어 있겠지만, 자연적인 철학적 사고에 대한 정확한 측정이 요구되기 전까지 이것은 단지 추상적인 상상의 분야였습니다. 많은 석학들이 일생을 바친 연구들은 오토 바르부르크 박사님에 의해서 마무리되었습니다. 1670년, 존 메이오 박사는 유기물질이 연소될 때 어떤 발화성 기체 입자가 공기 및 유기물질에 존재한다는 생각을 했습니다. 그리고 호흡은 이 입자를 생체 내로 가져오는 중요한 기능을 하고 있으며, 이로 인해 생체 내에서 연소가 가능할 것이라고 추측하였습니다.

메이오 박사의 발화성 기체입자는 산소가 틀림없었지만, 그때까지 산소는 발견되지 않았습니다. 약 30년 후에 탄생한 플로지스톤 이론이 전 세계의 과학계로 전염병처럼 퍼져나갔고, 이로 인해 메이오 박사가 방향을 제대로 잡았던 연소에 관한 연구가 잘못된 방향으로 빗나가고 말았습니다. 그리하여 연소 기전을 이해하려는 연구는 매우 어리석게 여겨졌습니다. 이것이 다시 제대로 된 방향으로 돌아오기까지는 1세기 이상의 시간이 걸렸습니다. 마침내 프리스틀리 박사와 셸레 박사가 산소를 발견하여 분리하였고, 라부아지에 박사가 연소의 실질적인 과정들을 밝혀냄으로써 연소에 대한 연구는 다시 제대로 된 방향을 찾을 수 있었습니다. 따라서 사람들은 오토 바르부르크 박사님의 연구에 대해서도 호의적일 수 있었습니다.

대기 중에서 산소에 의한 음식물의 연소가 고온에서만 일어나는 것처럼, 살아 있는 세포에서 연소가 일어날 때에도 불활성 상태의 산소 또는 음식물을 활성화시켜 서로 반응할 수 있도록 하는 어떤 변화가 일어나야 합니다. 신체 내에서 이들 물질을 활성화시키는 기전을 설명하기는 불가능했기 때문에, 바르부르크 박사님은 세포 내 연소에서도 제1동력원으로 작용하는 미지 물질의 성질을 연구하기로 결심하였습니다. 자연은 우리가 상상하는 것보다 덜 자연스럽고 간접적인 방법을 사용하는 경우가 종종 있는데, 이 경우가 바로 그렇습니다. 바르부르크 박사님이 말하는 이른바 촉매 또는 호흡성 효소 같은 활성물질을 일반적인 화학적 방법으로 분리하는 것은 어렵습니다. 이런 물질은 세포 무게의 백만분의 1보다 가볍고 세포에 단단하게 붙어 있으며 게다가 분리하는 과정에서 쉽게 파괴될 수도 있기 때문입니다. 그래서 간접적인 방법을 사용해야만 했습니다. 이것은 현대의 연구에서도 마찬가지입니다.

데이비와 베르셀리우스 시대 이래로, 연소를 포함한 여러 가지 반응을 시작하거나 가속할 수 있는 많은 금속들이 알려져 왔습니다. 일찍이 바르부르크 박사님은 상상의 가능성에서 출발하여 세포 내에서 일어나는 연소 반응은 어떤 금속 화합물, 즉 금속 촉매에 의해 시작된다고 가정하였습니다. 숨어 있는 자연의 비밀을 추적하는 과정에서 그는 살아 있는 세포의 연소를 정확하게 측정함으로써 이에 관한 분명한 증거를 얻었습니다. 그리고 이것을 세포 호흡이라고 명명하였습니다. 여러 조건에서 정량적으로 측정된 연소 과정의 편차는 호흡 효소의 성질을 연구하는 데 도움이 되었습니다. 이 금속 화합물이 철과 결합하는 성향은 이 자체가 철 화합물이라는 것을 뜻하며 그 효과가 철에 의해 나타난다는 것을 의미합니다. 광효과로 세포 연소를 억제하는 일산화탄소의 양과 혈액 색소와 관련된 물질의 일산화탄소 양이 일치하는 것을 확인함으로써 호흡 효소가 철을 포함한 적색의 색소이며 혈액 색소와 밀접하게 관련되어 있다는 사실이 수학적으로도 정확하게 증명되었습니다. 이로써 살아 있는 세포에서 효과적으로 촉매 역할을 하는 어떤 효소에 관해 처음으로 설명할 수 있게 되었으며, 이것은 생명 유지에 필요한 작용에 관한 연구에 도움을 주었기에 매우 중요합니다.

바르부르크 교수님.

교수님의 연구는 시작부터 매우 중요한 문제에 초점을 맞추어 왔습니다. 교수님은 대담한 생각과 정확한 측정 기술로, 그리고 예리한 지성과 보기 드문 완벽함으로 생물학에서 가장 중요한 몇 가지 물질을 연구하였으며 성공적인 결과를 이루어 냈습니다.

교수님의 또 다른 중요한 발견 중 한 가지를 더 언급하고자 합니다.

의학계는 암과 종양에 관한 교수님의 실험에 많이 의존합니다. 이 실험은 이미 종양의 성장을 제한하거나 파괴할 수 있는 방법을 적어도 하나는 알려줄 수 있을 만큼 충분히 앞서 있다고 생각합니다.

왕립 카롤린스카 연구소가 호흡 효소의 성질과 효과에 대한 연구 업적에 올해 노벨 생리·의학상을 수여하기로 결정함으로써 존 메이오(영국) 박사와 라부아지에(프랑스) 박사로 이어지는 위대한 연구 업적의 고리에 오토 바르부르크(독일) 박사님의 업적이 하나 더 추가될 수 있게 되었습니다. 왕립 카롤린스카 연구소를 대표하여, 전하께서 시상하시는 이 자리에 교수님을 모시고자 합니다.

왕립 카롤린스카 연구소 노벨 생리·의학위원회 E. 하마르스텐

뉴런의 기능 발견

1932

찰스 셰링턴 | 영국

에드거 에이드리언 | 영국

:: 찰스 스콧 셰링턴 Charles Scott Sherrington (1857~1952)

영국의 생리학자. 세인트 토마스 의학학교 및 케임브리지 대학교에서 의학과 생리학을 공부하였으며, 베를린 대학교, 리버풀 대학교, 옥스퍼드 대학교 등에서 연구하였다. 1895년부터 리버풀 대학교에서 교수로 재직하였으며, 1913년에 옥스퍼드 대학교 교수가 되었다. 1893년에는 왕립학회 회원이 되었으며, 1922년에 기사 작위를 받았다. 생물에서 반사 현상의 원인을 밝히고 신경세포들의 복합적인 작용에 관하여 규명하였다.

:: 에드거 더글러스 에이드리언 Edgar Douglas Adrian (1889~1977)

영국의 전기생리학자. 케임브리지 대학교 트리니티 칼리지에서 생리학을 공부하였으며, 제1차 세계대전 중에는 병원에서 근무하였다. 1915년에 의학 박사학위를 취득하였다. 1929년에 왕립학회 교수로 선출되었으며, 1937년에 케임브리지 대학교 생리학 교수로 임용되어 1951년까지 재직하였다. 1951년 트리니티 칼리지 학장이 되었고, 1968년에는 케임브리지 대학교 총장이 되었다. 감각기관과 중추기관의 연결 관계에 관하여 연구함으로써 신경 원리와 감각기관의 적응성을 규명하는 데에 기여하였다.

전하, 그리고 신사 숙녀 여러분.

신경계는 생리학과 의학의 범주 안에서 많은 주목을 받고 있습니다. 신경계는 신체 각 부분들로 메시지를 빠르게 전달하는 역할을 하는 정신세계의 물질적 기초입니다. 우리는 이 신경계를 전화선이나 통신계에 자주 비유합니다. 이때 뇌와 척수를 수없이 많은 조합을 관장하는 거대한 본부에 비유한다면, 신경은 그 케이블에 해당합니다. 신경계라는 복잡한 기계 장치의 구조와 그 특징을 명확하게 파악하는 것은 매우 어렵습니다. 그러나 노벨상을 수상한 골지 박사와 카할 박사는 신경계가 수없이 많은 뉴런(신경세포)으로 구성된다고 하였습니다. 이들 각각의 뉴런은 단일세포로서 긴 돌기나 전달자로 변형되어 그들의 임무를 수행합니다. 이들 중 일부는 길이가 미터 혹은 그보다 긴 선의 일부가 되어 신경 케이블에 연결되고, 나머지는 척수와 뇌에서 전달자의 역할을 합니다. 구심신경세포 또는 감각신경세포들은 신체 표면이나 내부 기관에서 본부로 메시지를 전달하며, 원심신경세포 또는 운동신경세포는 본부의 명령을 근육과 샘으로 전달합니다. 이와 같이 본부의 특정 신경세포들은 메시지를 전달하는 방향에 따라 크게 두 종류로 나누어집니다.

외부 자극에 무의식적으로 나타나는 근육 수축 반응은 신경계의 작용과 밀접하게 연관되어 있습니다. 잘 알려진 예로, 커다란 소음에 무의식적으로 눈을 깜박이는 현상이 있습니다. 이 현상을 '반사'라고 하는데, 이 현상을 통해 외부적으로 나타나는 어떤 행동을 관찰하게 됩니다. 의식적인 또는 무의식적인 우리들의 움직임에 대해, 그리고 신체 내의 수많은 과정들에 대해, 심지어 다양한 형태의 정신적인 활동에도 반사는 매우 중요한 역할을 합니다. 이와 같은 현상들은 구심신경세포, 사이신경세포, 원심신경세포 등이 함께 작용하여 일어나게 됩니다.

찰스 셰링턴 박사님은 반사 현상의 규명에 많은 공헌을 하였습니다. 정량적인 방법을 사용한 정확한 실험으로 수많은 반사 현상을 연구하였습니다. 또한 생명체에게 반사를 일으키는 원인을 밝히고 신경세포들의 복합적인 작용에 대한 일반적인 법칙들을 확립하기 위하여 각각의 신경세포를 연구하였습니다. 휴식 상태의 근육은 죽음과 동시에 완전히 이완되는 반면, 건강한 사람의 살아 있는 기관에서 근육의 휴식은 그저 외관상의 휴식일 뿐입니다. 살아 있는 사람은 잠자는 것과 같은 휴식 상태에서도 무시할 수 없는 하중을 계속 받게 된다면(예를 들어 서 있는 자세), 근육은 다양한 강도의 긴장 상태에 놓이기 때문입니다. 이것은 주로 셰링턴 박사님이 밝힌 반사 작용으로 설명할 수 있습니다. 근육에 긴장이 가해질 때마다 일종의 수송기관 또는 감각기관 같은 내부 조직은 영향을 받습니다. 그리고 이 신호는 척수로 전달되어 알맞은 강도의 장력이 근육에 전달되도록 합니다. 따라서 근육은 이러한 상황에 적응하면서 신체와 그 구성 요소들이 조건에 알맞은 상태를 유지하도록 하는 한편, 언제라도 다시 반응할 수 있도록 준비하는 것입니다.

일반적으로 반사 운동이 일어날 때는 수많은 근육이 다양한 강도로 수축합니다. 그러나 셰링턴 박사님은 이와 같은 수축이 대개는 이완 또는 수축 억제 작용을 동반한다는 것을 발견했습니다. 예를 들어 구부리는 동작을 보면 신근의 긴장과 이완이 동시에 나타나는 것을 볼 수 있습니다. 게다가 분리되어 있는 근육마다 수많은 신경섬유가 연결되어 있기 때문에 아무리 간단한 반사 작용도 신경의 중심부에서 다루어야 하는 복잡한 문제가 될 수밖에 없습니다. 이처럼 신경의 중심부는 동시 다발적으로 또는 연속적으로 수천 개의 메시지를 받고 해독합니다. 그리고 메시지들을 연결하여 적절하고 정확한 움직임을 만들어 냅니다. 걷거나 뛰는 것 같은 보다 복합적인 움직임은 다양한 반사 작용이 정밀한 기구의 톱니바퀴처럼 맞물려 돌아가면서 복잡한 상호작용을 일으킵니다. 반사와 관련된 이 모든 것을 밝힌 사람이 바로 셰링턴 박사님입니다.

그는 다양한 자극이 신경세포를 충분히 자극하거나 긴장시키면 이것이 운동신경세포로부터 근육섬유로 전달된다고 했습니다. 우리는 종종 자극을 받아들이는 감각이 다르다면 그 자극의 결과도 달라진다고 생각합니다. 그러나 동일한 외부 자극이라 해도 신경세포의 종류가 달라지면 그 결과는 다르게 나타날 수 있습니다. 뿐만 아니라 다양한 조건이라면 같은 신경세포에도 상반되는 결과가 생길 수 있습니다. 따라서 가장 중요한 것은 신경세포가 모이는 곳, 즉 중추기관의 상태입니다. 다시 말해 중추기관이 얼마나 피로한 상태인지, 또는 감수성이 증가되어 있는 특별한 경우인지가 중요하다는 것입니다.

신경세포는 동시에, 그리고 빠르게 계속해서 가해지는 다양한 자극들을 합하고 모으는 능력이 있습니다. 다양한 자극을 서로 저해하거나 활성화시키는 힘은 전체적으로 또는 부분적으로 균형을 유지하고 있지만 어느 한 힘이 우세해지는 순간, 그 힘의 영향이 나타나게 됩니다. 반사 과정에서 이 상반되는 두 가지 힘은 모두 필요하며 서로 자연스럽게 협력해야 합니다. 많은 경우에 이 두 가지 힘이 주기적인 반사 작용이 일어나듯 교대로 주도적인 작용을 하기도 합니다.

셰링턴 박사님의 중요한 업적에 대한 설명은 이 정도로 만족해야 할 것 같습니다. 그의 연구와 발견은 신경계의 생리학적 연구에 큰 영향을 주었습니다. 그가 마련한 견고한 연구기반 위에 수많은 연구가 계속 이루어졌습니다. 특히 체위를 추측하고 유지하는 방법에 대한 매그너스 박사와 클레인 박사의 연구는 높이 평가됩니다. 그러나 셰링턴 박사님의 연구는 병리학적으로 응용되는 과정에서 호된 시련을 겪어야 했습니다. 이는 신경계 안에서 일어나는 복잡한 반응을 이해하기 위한 시도와 연구들이 그 중요성에도 불구하고 아직 초보 단계에 머물고 있음을 의미합니다.

셰링턴 박사님은 주로 반사 현상을 연구한 반면, 그의 동료이자 친구인 에드거 에이드리언 박사님은 중추기관에서 일어나는 다양한 자극들의 조합을 연구하였습니다. 그는 감각기관이 자극을 받아들이고 그것이 중추기관으로 연결되는 과정을 설명하였습니다. 휴식 상태와 달리 운동 상태에서는 기관의 활동이 음전기를 띠는 전기적인 변화를 동반한다는 사실은 이미 잘 알려져 있었습니다. 에이드리언 박사님은 이 사실에 주목하였습니다.

감각기관과 관련된 이와 같은 사실은 1866년, 스웨덴의 프리티오프 홀름그렌 박사님이 이미 증명하였습니다. 신경에는 이른바 활동전류가 흐르고 있다는 것입니다. 따라서 마치 전화선으로 대화하듯이 활동전류가 들어오고 나가는 메시지 또는 전파를 전달하는 역할을 하는 것입니다. 하지만 이것은 매우 약한 전류였습니다. 현미경이 개발되면서 형태의 관찰이 가능해졌던 것처럼 현대 기술의 진보는 활동전류의 기능에 관한 새로운 연구를 가능하게 해주었습니다. 에이드리언 박사님은 라디오 증폭기를 사용하여 이 약한 전류를 천 배 정도 증폭시켜 정확하게 재생하였습니다. 그는 이 방법을 이용하여 일반적인 상황에서 발생하는 활동전류의 측정을 시도했습니다. 실제로 근육이 수축할 때 발생하는 전류에 의한 불규칙한 신호를 관찰할 수 있었지만 그것을 해석하는 것은 매우 어려웠습니다.

자극은 각 신경섬유로부터 동시에 발생하지 않으며 이 자극들은 서로를 완전히 무효화하거나 더욱 증폭시킬 수 있습니다. 이러한 상황은 전화로 여러 전선을 통해 동시에 들리는 대화에 비유할 수 있습니다. 동시에 들리는 대화를 구분하는 것은 당연히 어렵습니다. 따라서 하나의 대화, 즉 하나의 신호에 해당하는 자극을 구분해야 했습니다. 에이드리언 박사님과 동료들은 자신들의 훌륭한 기술을 바탕으로 마침내 구심성, 그리고 원심성 신경세포에 대한 신호를 구분하는 데 성공함으로써 보다 중요한 연구 결과를 얻을 수 있는 기술적 발판을 완성하였습니다. 또한 에이드리언 박사님은 근육의 감각기관에서 발생하는 충격전파는 자극의 종류나 강도에 전혀 영향을 받지 않는다는 것을 발견하였습니다. 이것은 단일신경섬유가 전체적인 전파 발생을 결정한다는 자신의 이전의 연구 결과와 일치하는 것이었습니다.

눈의 망막에 닿는 빛, 피부에 닿는 빛 또는 상처의 고통을 일으키는 인자, 그 모든 것은 특정 감각기관을 거쳐 같은 종류의 신경섬유에서 발생한 전파가 나타내는 현상들입니다. 그중에서도 가장 강한 외부 자극, 즉 보다 강렬한 빛 또는 보다 강한 압력은 신경의 특징에 알맞은 가장 빠른 전파 흐름을 일으킵니다. 결국 이 모든 과정에는 언제나 하나의 신경세포가 관여하고 있습니다. 근육과 신경에 전달되는 명령도 비슷한 특징이 있습니다. 그러므로 같은 신호를 받는다 해도 그 신호를 받는 중추기관에 따라 나타나는 결과는 달라집니다. 중추기관의 신호를 내보내는 부분은 신호에 따라 서로 다르게 구성되어 있을 것입니다. 만약 외부 자극이 변하지 않는다면 전파의 빠르기는 점차 감소하지만 그 감소되는 속도는 경우에 따라 다르게 나타날 것입니다. 따라서 감각기관은 각자 다양한 주변 환경에 적응할 수 있는 능력이 있으며, 그 능력의 한도 내에서 변화에 반응합니다. 이러한 환경 접촉은 다양한 감각기관의 생리학적 역할, 그리고 외부 자극과 우리의 감각이 연결된다는 점에서 매우 중요합니다.

에이드리언 박사님의 연구 덕분에 우리는 신경 원리와 감각기관의 적응성을 파악할 수 있는 통찰력을 갖게 되었습니다. 그리고 연구가 부족했던 이 분야에 새로운 연구 가능성을 제시함으로써 연구가 더욱 활성화되었습니다.

셰링턴 박사님과 에이드리언 박사님은 앞에서 설명한 것과 같이 신경세포의 기능에 관해 각자 다른 면을 연구하였지만 이 두 분의 연구는 신경계의 어떤 한 현상을 완벽하게 이해하는 데 크게 기여하였습니다. 이 연구로 신경계의 연구는 한 단계 큰 발전을 이루었습니다. 그리고 보다 명확한 통찰을 위한 끊임없는 노력의 중요한 출발점이 되었습니다.

찰스 셰링턴 경과 에이드리언 교수님.

26년 전에는 골지 박사와 카할 박사가 신경계 구조에 관한 현대적 개념을 정립한 공로로 노벨 생리·의학상을 수상하였습니다. 그리고 이제 두 분은 이 신경계의 기능을 밝혔습니다.

찰스 박사님 연구의 유명한 연구들 중 일부는 이미 고전이 되기도 했지만 아직도 연구는 계속되며 뛰어난 결과들을 이끌어내고 있습니다. 그리고 이 연구들을 통해 신경계의 통합적 기능을 밝히는 데 누구보다도 크게 기여하였습니다. 이 분야에서 이룩한 수많은 발견들은 과학 발전에 많은 영향을 주었으며 앞으로도 그럴 것입니다.

에이드리언 교수님.

당신은 신경 전파의 특징과 감각에 관한 물리적인 기초를 연구하였습니다. 그리고 이 연구들을 통해 너무나도 중요한 신경생리학 연구에 새로운 희망의 길을 열어 주었습니다.

카롤린스카 연구소는 신경세포의 기능에 관한 두 분의 업적을 기리기 위해 올해의 노벨 생리·의학상을 두 분께 공동으로 수여하기로 결정하였습니다.

생리학 연구에서 이루어 낸 두 분의 자랑스러운 업적은 위대한 영국의 위상을 높이 떨쳤습니다. 두 분께 연구소를 대표하여 진심 어린 축하를 보내드립니다. 또한 전하께 상을 받는 이 자리에 두 분을 모시게 됨을 영광으로 생각합니다.

왕립 카롤린스카 연구소 교수위원회 G. 릴제스트란트

유전 현상에서 염색체의 역할 규명

1933

토머스 헌트 모건 | 미국

:: **토머스 헌트 모건Thomas Hunt Morgan (1866~1945)**

미국의 동물학자이자 유전학자. 켄터키 주립대학교에서 공부하였으며, 1890년에 존스홉킨스 대학교에서 박사학위를 취득하였다. 1891년에 브린모어 칼리지의 생물학 부교수가 되어 1904년까지 재직하였으며, 1904년에 컬럼비아 대학교 실험 동물학 교수가 되었다. 1928년부터는 캘리포니아 공과대학 윌리엄켈크호프 연구소 소장으로 재직하였다. 초파리를 이용하여 멘델의 통계적 연구 방법과 현미경적 방법을 결합하여 연구함으로써 유전자로서의 염색체의 기능을 발견하였다.

전하, 그리고 신사 숙녀 여러분.

인류가 존재하는 한, 우리는 부모를 닮은 아이들, 닮거나 혹은 닮지 않은 형제나 자매, 어떤 인종 또는 가족에게 나타나는 특징적인 성질 등을 관찰하게 됩니다. 우리는 일찍이 이러한 환경에 대해 자세히 알고 싶어 했으며, 이 때문에 명상적인 근거를 바탕으로 유전에 관한 원시적인 이론이 만들어졌습니다. 이러한 특징은 우리 시대의 유전 이론에도 이어졌으며, 유전 조건이 과학적으로 분석되지 않았기 때문에 수정 과정은 여전히 밝혀지지 않는 비밀로 남아 있었습니다.

고대 그리스 의학이나 과학에서는 이 문제에 많은 관심을 가졌습니다. 의학의 아버지 히포크라테스의 시대에서도 원시적인 유전 이론을 찾아볼 수 있습니다. 히포크라테스는 유전적인 성질은 어떤 식으로든 부모로부터 새로운 개인으로 전달된다고 했습니다. 또 다른 그리스 시대 과학자도 부모에게서 자식으로 어떤 성질이 전달된다는 같은 생각을 했으며, 이는 고대의 생물학자 아리스토텔레스에 의해 수정되었습니다.

그 후 이와 같은 이른바 전달 이론이 상당히 지배적이었습니다. 이 이론과 경쟁할 수 있는 유일한 유전 이론을 찾는다면 고대 교회의 아버지인 아우구스티누스의 이른바 전성설performation을 들 수 있습니다. 이것은 여성이 처음으로 창조되면서 모든 후손은 이 여성으로부터 형성된다는 이론이었습니다. 전성설은 수정을 거쳐 18세기 생물학을 지배하는 대표적 이론이 되었습니다. 그럼에도 불구하고, 전달이론 또한 그 명맥을 유지해 왔습니다. 이 이론을 대표하는 가장 최근의 과학자로 다윈 박사를 꼽을 수 있습니다. 그는 신체의 여러 장기로부터 일종의 추출이라는 과정을 통해 부모의 개인적인 성질이 자식에게 전달되는 것이 유전이라고 생각했던 것 같습니다. 그러나 과거 생물학에 깊은 뿌리가 있으면서 여전히 일반적인 개념으로 받아들여지는 이것은 근본적으로 잘못입니다. 현대의 유전 연구들이 이를 증명하고 있습니다.

유전 연구가 과학적으로 이루어진 것은 최근의 일이며 그 역사가 아직 70년도 채 되지 않았습니다. 이런 연구는 아우구스티누스의 수사인 부륀의 그레고어 멘델에게서 시작되었습니다. 1866년에 출판한 식물 사이의 교배에 관한 그의 실험 결과는 전체 과학의 근본이 되는 매우 중요한 것이었습니다. 같은 해, 켄터키 태생의 한 남자가 멘델의 후계자로서 이른바 고차원적 멘델리즘이라 불리는 유전 연구를 하게 되었는데, 그가 바로 올해의 노벨 생리·의학상 수상자인 토머스 모건 박사님입니다.

멘델의 관찰은 매우 중요한 의미가 있습니다. 비록 이것이 당대에는 전혀 평가받지 못했지만, 그것은 유전에 관한 낡은 이론을 완전히 뒤집는 획기적인 것이었습니다. 멘델의 발견은 보통 두 가지 유전법칙 또는 유전의 우성법칙으로 설명됩니다. 그의 첫째 법칙, 즉 분리법칙은 만일 어떤 성질에 대한 두 가지 다른 유전적 소인이나 유전인자가 결합되어 있는 경우 이 유전자는 다음 세대에 분리된다는 것을 의미합니다. 크기에 관한 유전자를 예로 들어 보겠습니다. 항상 키가 큰 인종이 항상 키가 작은 인종과 교배된다면, 다음 세대는 모두 중간 정도의 크기를 보이게 됩니다. 만약 키가 큰 인자가 우성이라면 전부 큰 키를 가지게 될 것입니다. 그러나 다음 세대에는 유전자가 분리되기 때문에, 개인의 키는 비율적으로 여러 모습을 나타나게 됩니다. 즉 그 다음 4명의 후손에서 한 명은 키가 크고, 두 명은 중간이고, 한 명은 키가 작습니다.

멘델의 두 번째 법칙은 자유 결합의 법칙입니다. 이것은 새로운 세대가 태어날 때, 여러 유전인자가 서로 독립적으로 새로운 조합을 형성할 수 있다는 것입니다. 예를 들면, 키가 큰 빨간색 식물이 키가 작은 흰색 꽃과 교배하면, 흰색과 적색 인자가 독립적으로 키가 크고 작은 인자에 유전됩니다. 그리하여 두 번째 세대는 키 큰 적색 꽃과 키 작은 흰색 꽃 이외에도 키 작은 적색 꽃과 키 큰 흰색 꽃이 필 것입니다.

멘델의 또 다른 업적은 세대에 걸쳐 외형적으로 나타나는 특별한 성질을 정확하게 기록했다는 것입니다. 이런 방법으로 그는 비교적 간단하고 정기적으로 되풀이되는 수적인 비율을 발견하였고, 이것은 유전 과정을 이해하는 데 중요한 역할을 하였습니다. 이로써 우리 시대의 실험 유전학은 많은 세포로 이루어진 유기체 전체에, 즉 이끼류와 꽃식물, 곤충류, 연체동물, 게, 양서류, 조류 및 포유류 등에 이러한 멘델의 법칙이 일반적으로 응용될 수 있다는 것을 증명하였습니다.

그러나 멘델의 법칙은 그 시대 이전에 이루어졌던 다른 위대한 많은 발견들이 그랬던 것처럼, 별다른 주목을 받지 못했습니다. 이것은 이해되지 않는 이야기였으며 사람들은 이것을 잊어버렸습니다. 1884년 멘델이 죽은 후로는 아무도 이것을 언급하지 않았습니다. 때문에 다윈은 멘델에 대해 아무것도 알지 못했습니다. 만약 그가 알고 있었다면 그는 자신의 연구를 위해 멘델의 업적을 이용했을지도 모릅니다. 이렇게 사장되었던 멘델의 업적에 대한 재발견은 1900년에 와서야 이루어집니다.

그러나 그 무렵 상황은 멘델의 이론이 처음 발표되었던 때와 매우 달랐습니다. 일반적인 생리학적 의견에도 많은 변화가 있었을 뿐 아니라, 무엇보다도, 세포와 세포핵에 대한 지식이 엄청나게 발전하였습니다. 생식의 기전은 1875년에 헤르트비히 박사가 발견하였고, 1880년에 바이스만 박사는 생식세포의 핵이 유전적인 성질을 전달하는 역할을 한다고 주장했습니다. 간접적인 유사분열에서 나타나는 이상한 실 모양의 외관을 한 유색 구조, 즉 염색체는 이미 1873년에 슈나이더 박사가 발견했습니다. 그 후 수십 년 안에 우리는 수정 과정과 세포분열의 여러 단계에서 왜 염색체가 분리되고, 섞이고 결합되는지를 이해하게 되었습니다.

마침내 멘델의 법칙은 그 가치를 제대로 인정받았습니다. 하지만 새로운 개체가 발생할 때 유전 인자가 정확히 분배되기 위해서는 멘델의 법칙에 가려진 비교적 간단한 또 다른 기전이 있어야 했습니다. 이러한 기전은 수정 전후의 생식세포에서 염색체의 일정 부위에서 발견되었습니다. 1903년에 서턴 박사, 1904년에 보베리 박사가 처음으로 염색체가 유전물질을 전달하는 수단이라는 의견을 발표하였습니다. 그리고 세포를 연구하는 학생들은 이 의견을 전폭적으로 받아들였습니다. 유기적인 생명체의 단일성과 연속성을 이 발견으로 확인할 수 있었는데, 이것은 다윈의 진화론보다 현실적이며 가능성 있는 주장이었습니다.

금세기 첫 10년 동안에 염색체 이론은 더 이상 발전하지 못한 채 여기에 머물러 있었습니다. 그러던 중 1910년, 미국의 동물학자 토머스 헌트 모건 박사님이 이 연구를 시작하였습니다. 그는 이 연구를 통해 유전자로서의 염색체 기능을 발견하는 위대한 업적을 이루었으며 이를 인정받아 1933년 노벨 생리·의학상 수상자로 선정되었습니다. 모건 박사님의 이와 같은 성공적인 연구는 멘델의 통계적 연구 방법과 현미경적 방법을 결합함으로써 가능했습니다. 그는 항상 세포와 염색체에서 다음과 같은 질문의 해답을 찾고자 노력했습니다. 그렇다면 세포와 염색체에서 현미경으로 관찰되는 과정 중에 어떤 과정이 이종교배에서 나타나는 현상일까요? 그는 항상 이 질문의 해답을 찾고자 노력했습니다.

모건 박사님의 연구가 성공한 또 다른 이유는 실험 대상을 잘 선택했기 때문이었습니다. 모건 박사님이 선택한 초파리는 지금까지 알려진 어떤 실험 대상보다도 우수한 것으로 증명되었습니다. 이 동물은 실험실에서 기르기가 쉬웠고, 실험도 잘 견뎌냈습니다. 일 년 내내 번식하는 이 초파리는 새로운 세대가 태어나기까지는 약 12일이 걸리며 1년에 약 30세대까지 번식이 가능했습니다. 암컷은 보통 약 1,000여 개의 알을 낳으며, 암컷과 수컷을 구별하기도 쉬웠습니다. 게다가 이 동물의 염색체의 수는 단 4개뿐이었습니다. 이 운 좋은 선택으로 모건 박사님은 식물 또는 보다 적합성이 낮은 동물을 대상으로 연구한 다른 유전 과학자들을 앞지를 수 있었습니다.

또한 모건 박사님처럼 그의 생각을 열정적으로 실행에 옮길 유능한 학생과 공동 연구자를 모을 수 있는 사람도 없었습니다. 이것은 그의 이론이 대단히 빠르게 발전하였다는 것을 의미하기도 합니다. 스터트반트, 멀러, 브리지스를 비롯한 그의 많은 학생들이 그와 함께 명성을 얻었으며, 그의 성공에 실질적으로 기여하였습니다. 우리는 이들을 모건학파라고 부릅니다. 때문에 우리는 종종 모건의 업적과 그의 동료의 업적을 구별하기가 쉽지 않습니다. 하지만 모건이 천재적인 지도자임을 의심하는 사람은 아무도 없습니다.

멘델의 법칙을 두 가지로 요약할 수 있듯이, 모건리즘 또한 법칙이나 규칙으로 표현할 수 있습니다. 모건학파에서 말하는 4개의 규칙은 조합의 규칙, 조합군의 수를 제한하는 규칙, 교차 규칙 및 염색체 위에 유전자가 선형으로 배열되는 규칙입니다. 이 규칙들은 멘델의 유전법칙을 완성하는 데 매우 중요합니다. 또한 이 규칙들은 서로 복잡하게 연결되어 밀접한 관계를 유지함으로써 생물학적인 조화를 이루고 있습니다.

어떤 유전적 배열은 다소 강하게 결합되어 있다는 모건 박사님의 결합 법칙은 새로운 유전물질이 형성될 때 유전자가 자유롭게 결합할 수 있다는 멘델의 제2법칙을 제한하는 것이 사실입니다. 이것은 조합군의 수에 대한 제한 규칙을 따르며 염색체의 수에 대응하여 나타납니다. 한편, 교차 또는 유전자 교환이라고 부르는 현상은 조합 법칙을 제한합니다. 염색체 사이에 실제로 부분적인 교환이 일어난다는 이 교차이론은 많은 저항을 불러왔습니다. 그러나 최근 몇 년 동안 현미경으로 직접 관찰한 결과들은 이를 확실하게 뒷받침합니다. 또한 유전적 인자가 염색체에 선형으로 배열한다는 이론도 처음에는 그저 기상천외한 추측으로만 생각되었습니다. 모건 박사님은 유전염색체 지도에서 유전인자가 목걸이의 구슬처럼 염색체에 배열되어 있음을 밝혔지만 사람들은 모두 회의적이었습니다. 모건 박사님의 이와 같은 놀라운 연구결과의 대부분이 염색체를 직접 조사한 것이 아니라 초파리 교배의 통계적인 분석으로 얻은 것이기 때문이었습니다. 그러나 결국 그의 연구결과가 옳다는 것이 입증되었고 현재 유전과학자들도 염색체 내 유전인자의 위치에 대한 이론이 추상적인 사고가 아닌 사실임을 인정하고 있습니다.

모건학파의 결과는 대담하고 매혹적이며, 다른 생물학적 발견의 대부분을 능가하는 위대한 것이었습니다. 10년 전까지만 해도 누가 이런 방식으로 유전의 문제점을 꿰뚫어 볼 수 있을 것이며 동물과 식물 사이에 교차되는 결과 뒤에 놓인 이와 같은 작용기전을 찾을 수 있을 것이라고 생각했겠습니까? 염색체는 1마이크로미터 단위로 측정될 만큼 작기 때문에 그 안에 위치한 수백 개의 유전인자들은 극소의 입자라고 상상할 수밖에 없었습니다. 그런데 모건 박사님이 이 유전인자들의 위치를 통계적 방법으로 알아낸 것입니다. 독일의 한 과학자는 이를 육안으로 볼 수 없었던 천체를 망원경으로 발견한 것에 비유하면서, 모건 박사님의 발견은 이전에 관찰된 적이 없는 새로운 것을 의미하기 때문에 이를 훨씬 능가한다고 평가하였습니다.

모건 박사님의 연구는 주로 초파리를 대상으로 하기 때문에, '인류에 가장 큰 공헌을 하고 의학이나 생리학 분야에서 가장 중요한 발견을 한 사람에게 수여되는' 노벨 생리·의학상이 그에게 수여되는 것을 이상하게 생각하는 사람도 있을지 모릅니다. 하지만 이후에 이루어진 하등 및 고등 동식물에 대한 수많은 연구 결과로 모건의 규칙이 수많은 세포로 구성된 모든 유기체에 하나의 법칙으로 적용될 수 있다는 사실이 밝혀졌습니다.

그뿐만 아니라, 비교생물학을 통해 우리는 사람과 다른 생물이 근본적으로 일치한다는 것을 오래전부터 알고 있었습니다. 그러므로 우리는 유전 같은 세포의 기본적인 기능이 유사하다는 것 또한 당연하게 생각합니다. 즉 자연은 종을 보존하기 위해 사람과 같은 방법을 사용하고 있으므로, 멘델의 법칙이나 모건의 규칙이 사람에게 적용되는 것 또한 당연한 것입니다.

이미 모건 박사님의 연구 결과는 인간의 유전 연구에 많이 이용되고 있습니다. 그의 도움이 없었다면 인류에 관한 현재의 유전학과 우생학도 존재하지 않았을 것입니다. 우생학은 아직도 미래의 주요 목표입니다. 멘델 박사님과 모건 박사님의 발견은 인류의 유전질병을 연구하고 이해하는 데 가장 근본적이며 중요합니다. 그리고 건강이나 질병에 관련된 유전인자의 역할은 의학계에도 밝은 전망을 주고 있습니다. 질병에 대한 전반적인 이해와 예방의학, 질병의 치료를 위해서도 유전 연구는 매우 중요합니다.

슈타인하트 대사님.

왕립 카롤린스카 연구소는 모건 교수님이 오늘 여기에 개인 사정으로 참석할 수 없게 된 것을 안타깝게 생각합니다. 미국을 대표하는 대사님께 모건 교수님을 대신하여 노벨상을 수상해 주시기를 부탁드립니다. 그리고 이 상과 함께 우리 연구소의 축하 메시지를 함께 전해 주시기 바랍니다.

왕립 카롤린스카 연구소 노벨 생리·의학위원회 F. 헨첸

간을 이용한 빈혈 치료법 발견

1934

조지 휘플 | 미국

조지 마이넛 | 미국

윌리엄 머피 | 미국

:: 조지 호이트 휘플 George Hoyt Whipple (1878~1976)

미국의 병리학자. 1900년에 예일 대학교를 졸업한 후, 존스홉킨스 대학교에서 의학을 공부하여 1905년에 박사학위를 취득하였다. 1907년부터 1908년까지 파나마에 있는 앤콘 병원에 근무하였으며, 이후 존스홉킨스 대학교에서 병리학 조교, 강사 및 조교수로 활동하여 1914년 부교수가 되었다. 1921년에는 로체스터 대학교 의학부 병리학 교수가 되었다. 음식이 혈액의 재생 과정에서 나타나는 효과를 연구하여 공동 수상자들의 연구에 영향을 주었다.

:: 조지 리처드 마이넛 George Richards Minot (1885~1950)

미국의 의사. 하버드 대학교에서 의학을 공부하여 1912년에 박사학위를 취득한 후, 매사추세츠 종합병원 및 존스홉킨스 병원 등에서 일하였다. 1922년에 하버드 대학교 콜린스 헌팅턴 기념병원 과장이 되었으며, 1928년에 의학 교수 및 손다이크 기념연구소 소장이 되었다. 공동 수상자인 윌리엄 머피와 함께 조혈 과정을 규명하고 새로운 간의 기능을 발견하였으며, 간 식이요법을 개발하였다.

:: 윌리엄 패리 머피 William Parry Murphy (1892~1987)

미국의 의사. 1914년에 오리건 대학교를 졸업한 후, 오리건 대학교 의과대학 및 하버드 대학교 의과대학에서 의학을 공부하여 1922년에 의학 박사학위를 취득하였다. 1923년부터 보스턴에 있는 피터 벤트 브리검 병원에서 일하였으며, 1924년부터는 하버드 대학교에서 조교 및 강사 등으로 활동하였다. 1958년에 하버드 대학교 명예 강사Emeritus Lecturer가 되었다.

전하, 그리고 신사 숙녀 여러분.

왕립 카롤린스카 연구소는 간을 이용한 빈혈 치료법을 발견한 보스턴 하버드 의대의 조지 마이넛 교수님, 같은 대학의 윌리엄 머피 박사님, 그리고 뉴욕 로체스터 의대의 조지 휘플 교수님, 이 세 분의 미국인 연구자들을 올해의 노벨 생리 · 의학상 수상자로 결정하였습니다.

실제로 혈액량 측정은 매우 어려운 일입니다. 때문에 의사들은 빈혈과 빈혈성 질병에는 혈액 조성에 무언가 이상이 있을 것으로 생각하고 있습니다. 이러한 것들은 혈액 부피당 적혈구 수의 감소, 헤모글로빈, 즉 붉은 색소의 농도 감소로 쉽게 확인할 수 있으며 이로 인해 혈액의 색깔 또한 흐려지는 것을 볼 수 있습니다. 한마디로 말해 혈액이 묽어진다고 할 수 있습니다.

세 명의 수상자 중에서 처음으로 이 연구를 시작한 사람은 휘플 박사님이었습니다. 1920년에 그는 출혈로 인한 빈혈을 대상으로 음식이 혈액의 재건과 재생에 어떤 영향을 주는지 연구하기 시작하였습니다. 사실상 빈혈은 출혈로 일어납니다. 혈액량이 감소하면 조직으로부터 물이 유입되어 혈액이 희석되고, 이로 인해 혈액 부피당 적혈구와 헤모글로빈 수가 감소하게 되며 빈혈이 생기는 것입니다. 이와 관련하여 휘플 박사님은 다양한 음식물이 혈액의 재생 과정에서 어떤 효과를 나타내는지 연구하였습니다. 충분한 음식의 섭취가 혈액을 정상 농도로 회복시킬 수 있다는 것은 이미 알려져 있었습니다. 그러나 음식의 양, 열량적 가치, 품목에 따라 그 역할이 각기 다르다는 것은 전혀 알지 못했습니다. 휘플 박사님은 개를 대상으로 일정량의 혈액을 제거한 후, 다양한 음식을 제공하였습니다. 그리고 이 방법으로 혈액을 더 활발하게 재생하는 음식들을 발견하였습니다. 더 정확히 말하면 적혈구를 활발하게 생성하도록 골수를 자극하는 음식들을 발견한 것입니다. 제일 먼저 간을 주고, 그 다음 신장, 고기, 그리고 살구 같은 식물성 음식들을 차례로 주면서 혈액 재생을 강하게 자극하는 정도를 측정하였습니다. 휘플 박사님의 이 실험 방법은 처음 시도되었지만 매우 계획적이고 정확하게 실행되었습니다. 그렇기 때문에 그 결과 또한 절대적인 신뢰를 얻을 수 있었습니다. 마이넛 박사님과 머피 박사님은 이 연구에 영향을 받았습니다. 그들은 휘플 박사님의 연구에서 음식이 출혈성 빈혈에 좋은 효과를 보이는 것을 보고 이 방법이 악성빈혈에도 좋은 결과를 보여 줄 것으로 기대하였습니다.

마이넛 박사님과 머피 박사님의 연구를 자세히 설명하기에 앞서 악성빈혈에 대해 잠시 살펴보겠습니다. 그 이름에서부터 알 수 있듯이 이 병은 매우 치명적이어서 한번 걸리면 거의 예외 없이 몇 년 안에, 혹은 몇 달 안에 사망에 이르는 병이었습니다. 그러나 아직도 그 원인은 알려지지 않았습니다. 이 병은 주로 중년에 많이 나타나는데 안색이 나빠지고 피로를 느끼면서 결국 의사를 찾게 됩니다. 이들의 적혈구 수는 단위부피당 100만 또는 60~80만 정도이며 이는 단위부피당 500만 정도인 정상보다 매우 낮은 수치입니다. 이런 환자들은 적혈구 수치가 낮은 만큼 혈액 색깔도 매우 희미합니다. 게다가 현미경상으로도 적혈구의 모양 자체가 정상과 많이 다르다는 것을 알 수 있습니다. 정상 혈구는 크기나 형태가 매우 고르게 나타나지만 악성빈혈은 매우 다양한 모양의 혈구가 관찰되며 그 크기도 고르지 않습니다. 이것은 질병으로 혈구의 모양이나 크기가 흐트러졌거나 덜 성숙되었다는 것을 의미합니다. 또한 덜 성숙된 혈구는 골수로부터 공급되는 혈액의 조성성분이 만족스럽지 못했음을 뜻합니다. 이 병은 또한 주기적으로 나타나는 특징이 있어 혈액 조성이 정상 상태와 심각한 빈혈 상태를 번갈아 나타냅니다. 병 자체가 나아졌다가도 나빠지는 등 변화가 심해서 환자에게 행해지는 처치 또한 실질적으로 어떤 것이 효과가 있는지 구분하기가 매우 어렵습니다.

마이넛 박사님과 머피 박사님의 실험 이전에는 비소 처방이 세계적으로 널리 사용되었습니다. 그리고 심각한 경우에는 일반적으로 비장 제거 수술이 행해졌습니다. 그 외에도 다른 사람의 혈액을 환자에게 수혈하기도 했지만 이 방법은 위급한 상황에서만 사용할 수 있었습니다. 따라서 마이넛 박사님과 머피 박사님의 음식을 이용한 악성빈혈 치료법은 기존의 방법과는 동떨어진 매우 낯선 개념이었으며, 실제로도 이를 이해하는 사람은 아무도 없었습니다. 교과서에도 이와 같은 식이요법은 거의 찾아볼 수 없었습니다. 다만 몇 가지 좋은 참고가 될 만한 것이 있었다면 악성빈혈 환자의 치료가 아닌 간호를 위해서 음식이 필요하다는 사실이었습니다. 그러나 보편적인 규칙에도 예외는 있듯이 이 생각은 실제로 실행되었습니다.

빈혈 치료를 위한 음식의 역할에 관한 마이넛 박사님과 머피 박사님의 첫 번째 연구는 1926년으로 거슬러 올라갑니다. 이때 발표된 19페이지 분량의 짧은 논문의 제목은 「특별한 식품으로 악성빈혈을 치료하는 방법」이었습니다. 여기에서는 간 식이요법이라는 말은 사용되지 않았지만 이 특별한 식이요법은 간, 신장, 고기, 채소 등으로 짜여 있었으며, 휘플 식이요법의 영향을 받아 특히 많은 양의 고기와 채소가 포함되었고 수많은 보고서에서 그 결과를 볼 수 있었습니다. 이 식이요법은 휘플 박사님의 연구 결과에 따라 조혈을 강하게 촉진하고 골수의 적혈구 형성 기능을 강화시키는 간을 위주로 구성되어 있었습니다. 따라서 마이넛 박사님과 머피 박사님이 나중에 발표한 논문에서는 「간을 위주로 한 식이요법」이라는 명칭을 볼 수 있습니다. 이들의 식이요법에서 간은 점점 더 강조되었습니다. 하지만 이 방법을 실질적으로 적용하기에는 어려웠습니다.

간 식이요법의 뚜렷한 효과를 얻기 위해서는 환자가 매일 300~600그램 정도의 간을 반드시 섭취해야 했습니다. 따라서 매일 500그램의 생간 혹은 요리된 간이 필요했습니다. 악성빈혈에 대한 간 식이요법의 효능을 확신할 수 없던 상황에서 그렇게 많은 양의 간을 매일 공급한다는 것은 터무니없다고 생각되었습니다. 이런 어려움들 때문에 실제로도 그 결과는 성공적이지 못했습니다. 악성빈혈은 출혈성 빈혈과 근본적으로 다르기 때문에 그 치료 방법 또한 별개라는 것이 일반적인 의견이었습니다. 따라서 출혈성 빈혈에 효과가 있는 식이요법을 악성빈혈에 적용하는 것 자체가 무리라고 생각했습니다. 그러므로 터무니없이 많은 양의 간을 필요로 하는 이 방법을 실험하기 위해서는 선견지명의 능력, 특별한 열정, 그리고 모든 환경을 이해하는 능력이 필요했습니다.

마이넛 박사님과 머피 박사님은 환자들로 하여금 마음이 내키지 않더라도 이 식이요법을 받아들이도록 설득했습니다. 만약 그들이 다수의 반대 의견에 굴복했다면 오늘의 발견은 이루어지지 않았을 것입니다. 미국의 많은 병원에서 이 식이요법을 시험한 결과는 매우 놀라웠습니다. 빈혈은 빠르게 회복되었고 조혈 작용도 촉진되었습니다. 환자들은 다른 어떤 치료보다 정상으로 완벽하게 회복되었습니다. 게다가 한번 정상으로 회복된 환자는 그 상태를 계속 유지하였습니다. 하지만 다른 치료를 받은 대부분의 환자는 병이 개선되었다가도 다시 악화되었습니다. 즉 식이요법으로 회복한 환자들에게는 이 질병의 특징인 주기적인 퇴보 현상이 나타나지 않았습니다. 미국에서 이와 같은 결과의 보고서들은 빠르게 늘어났고, 그 결과 이 식이요법은 곧 대중화되었습니다. 그 후 악성빈혈 환자의 치료법으로서 간 식이요법이 전 세계적으로 시험되었고, 결과는 모두 같았습니다. 마이넛 박사님과 머피 박사님의 치료법이 시험된 모든 곳에서 그 효능은 성공적으로 입증되었습니다.

간 식이요법의 성공적인 치료법은 악성빈혈에 대해 지금까지 믿어 왔던 이론을 뒤집어 놓았습니다. 사실 이전까지는 악성빈혈을 일으키는 가장 중요한 요인은 유기체에 존재하는 어떤 독성 성분이라고 생각해 왔습니다. 이와 관련해서 여러 의견들이 분분했지만 골수에 영향을 주는 유독 성분으로 인해 병들거나 완전치 못한 미성숙 적혈구가 생성된다는 사실에는 모두 일치된 의견을 보였습니다. 간 식이요법으로 빈혈 치료의 가능성을 확인함으로써 과학자들은 그때까지 알고 있던 빈혈에 관한 이론이 틀렸을지도 모른다는 의구심을 품었습니다. 그리고 이제 우리는 그 결론에 도달했습니다. 독성 물질 때문에 빈혈이 생기는 것은 아니었습니다. 빈혈 환자들은 적혈구를 충분하게 생성하는 필수 성분이 결핍되어 있었고, 이 성분이 간에 들어 있었던 것입니다. 따라서 간을 음식으로 섭취하였을 때 환자는 결핍된 성분을 보충하여 정상 상태로 회복될 수 있었습니다. 이로써 우리는 간의 새로운 기능을 알게 되었습니다.

이와 같은 변화에 대한 의학계의 반응도 흥미로웠습니다. 당시 의학계에는 유사의학 또는 종교의학을 대표하는 사람들이 많이 있었습니다. 그들은 의학이 종교적이며 철학적인 체계를 갖추었다고 생각하며 이에 관한 것은 어떠한 변화나 수정도 허용하지 않았습니다. 하지만 이제 이런 사람들은 백여 년 전에나 존재했을 법한 사람들이 되었습니다. 유사의학이나 종교의학 같은 것들은 이제 더 이상 이 시대에 어울릴 수 없게 된 것입니다. 다른 자연과학과 마찬가지로 의학도 사실 그 자체를 이야기하는 학문이 되었습니다. 그리고 이러한 사실을 바탕으로 의학 이론들이 정립되고 있습니다. 중요한 사실들이 새롭게 입증될 때 우리는 마치 지구에 폭탄이 떨어진 것과도 같은 충격을 받습니다. 그리고 이 새로운 사실을 받아들이지 못하는 낡은 이론은 폭발하여 사라지고 새로운 지식을 받아들인 이론이 그 자리를 대신해 확고하게 성립합니다. 지금 우리가 이야기하는 빈혈 연구가 바로 그 실례입니다.

수상자들의 뛰어난 연구를 보다 확실하게 입증할 수 있는 이야기를 하나 더 하겠습니다. 일반적으로 간은 담즙을 분비하며 분비된 담즙은 장으로 흘러들어갑니다. 그리고 이 담즙은 소화를 돕는 아주 중요한 역할을 합니다. 간의 이러한 기능을 외분비라고 하는데 여기서 외분비는 생성물이 체표로 이동하는 것을 뜻하는 말입니다. 하지만 간은 이와 다른 내분비의 기능도 있습니다. 내분비에 관한 의미 있는 발견들 중 최초의 발견은 1855년에 프랑스의 위대한 생리학자 클로드 베르나르 박사가 당을 생성하는 간의 기능을 발견한 것입니다. 즉 인체에서 당대사가 일어날 때 간이 중요한 역할을 한다는 것입니다. 간은 인체가 정상적인 기능을 하기 위해 필요한 당을 채워주는 역할을 합니다. 클로드 베르나르 박사는 이 과정을 프랑스어로 'une sécrétion interne' 라고 명명하였고 이 말이 바로 지금 우리가 사용하는 '내분비' 입니다. 그 이후 이것은 이론으로 정립되어 널리 확산되었습니다. 그 결과 오늘날 우리는 샘을 갖고 있는 기관은 외분비뿐 아니라 내분비 기능도 있음을 잘 알고 있습니다. 이와 같은 내분비 작용으로 생성된 물질은 혈액으로 전달되며 혈관을 따라 멀리 떨어져 있는 기관까지 이동하여 그 효과를 나타냅니다. 이는 신체 내에서 생명과 관련되는 매우 중요한 현상입니다.

영국의 생리학자들은 내분비에서 생성되는 물질을 호르몬이라고 불렀습니다. 현재 우리는 알고 있는 호르몬은 상당히 많습니다. 최근에 존덱 교수가 발견한 성기능 조절 호르몬 외에도 우리에게 친숙한 호르몬으로 인슐린이라는 췌장 호르몬이 있으며, 이것은 당뇨병 치료에 사용합니다. 당뇨병은 췌장에서 인슐린이 생성되지 않아 생기는 질병입니다. 이때 다른 동물의 췌장에서 생성시킨 인슐린을 주사하면 당뇨 증상이 사라집니다. 이와 같이 충분히 그 기능을 하지 못하는 장기를 가진 환자에게 장기 일부분 또는 장기 추출물을 주입하는 방법을 사용하는데 우리는 이를 장기요법이라고 부릅니다. 또한 필요한 물질을 외부에서 공급받아 대용하거나 대치하기 때문에 대용요법, 대치요법이라고도 합니다. 이 치료법을 새로운 방법이라고 생각하는 사람들도 많이 있지만 사실은 기존의 연구에서 비롯된 것입니다. 1889년, 프랑스 생리학자 브라운 세카르 박사는 당시로서는 매우 놀랄 만한 새로운 연구를 수행하였습니다. 남성의 생식기에서 얻은 정액을 신체에 주입하여 그 효과를 살펴보는 실험을 한 것입니다. 그는 정액을 자신에게 주입하였고 이로 인해 정신적·신체적으로 젊어지는 효과를 볼 수 있었습니다. 이것은 회춘 문제를 과학적으로 해결한 첫 번째 성과였습니다. 이 실험이 장기요법의 기초가 되었고, 오늘날 많은 관심의 대상인 회춘을 위한 처치법의 선구자적인 역할을 하였습니다.

이처럼 과거 자료에는 우리의 관심을 끌 만한 새롭고 경이로운 방법들이 많이 있습니다. 장기요법과 관련해서는 세카르 박사의 연구 외에도 고대 이집트인들 또한 장기요법을 사용했다는 기록이 있습니다. 수천 년 전 고대 이집트인들의 생활을 기록한 '파피루스 에베르스'에는 이것에 관한 수많은 증거들이 나옵니다. 그러나 이 요법에 대해 자세히 알 수 없었기 때문에 그 결과를 확신할 수 없었고, 시험할 수도 없었습니다. 하지만 이제 우리는 많은 것을 알게 되었습니다.

오늘의 노벨상 수상자들은 지금껏 알려지지 않았던 간의 내분비 기능을 새롭게 밝혀냈습니다. 다시 말해, 간에서 생성된 중요한 물질이 골수의 정상적인 조혈 작용을 촉진하고 있음을 발견한 것입니다.

악성빈혈에 대한 간 식이요법은 이제 막 시작 단계이지만 무한한 가능성을 갖고 있습니다. 다만 치료를 위해 간이 너무 많이 필요하다는 점 때문에 환자들이 이 방법에 호의적이지 못하다는 단점이 있습니다. 이를 받아들여 혈액 조성이 정상으로 회복된다고 해도 그 상태를 유지하기 위해서는 의무적으로 계속 간을 섭취해야 했습니다. 하지만 점차 시간이 지나면서 치료 기술이 발달하였고, 활성물질을 간에서 추출하는 데에도 성공했습니다. 그리고 활성물질의 농축도 가능해졌습니다. 최근에는 활성물질을 아주 작은 부피로 농축하는 기술이 개발되면서 1그램 미만으로 이 물질을 주입하고서 2주 동안 정상 상태의 혈액을 유지할 수 있게 되었습니다. 이로써 2주일에 1번만 주사를 맞으면 환자들은 건강한 혈액 상태를 유지할 수 있게 되었습니다. 이렇게 적은 양으로도 충분한 효과를 내기 때문에 이 물질을 호르몬과 연관시키기도 합니다. 매우 적은 양으로 큰 효과를 내는 것이 호르몬의 전형적인 특징이기 때문입니다. 그렇다면 간에 존재하는 이 물질이 악성빈혈을 치료하기 위해 만들어지는 호르몬일까요? 이것을 호르몬이라고 불러야 하는지, 비타민 또는 다른 이름으로 불러야 하는지 아직은 알지 못합니다. 여기에서 이에 대해 토론하려는 것은 아닙니다. 또한 위에서 명명한 다양한 개념들, 즉 호르몬, 비타민 같은 물질들 사이에 어떤 본질적인 차이점이 있는 것 같지는 않습니다.

앞에서 마이넛 박사님과 머피 박사님 이전에도 음식으로 악성빈혈을 치료하려는 시도가 있었다는 것을 이야기했습니다. 20세기 초반에 사망한 바프빈게 박사는 스톡홀름의 사바츠베리 병원의 내과 과장으로 있으면서 실제로 음식을 이용해 악성빈혈을 치료하려고 했습니다. 그는 매우 뛰어난 임상의로서 혈액 질병에 많은 관심이 있었습니다. 그는 악성빈혈 환자는 식사 때마다 많은 양의 고기를 먹는 것이 다른 어떤 치료법이나 복용약보다도 중요하다고 강조하였습니다. 뿐만 아니라 그는 동료들에게 이 방법을 시도할 것을 권유했습니다. 따라서 그의 동료들 또한 환자들이 가능한 한 고기를 많이 섭취하도록 했습니다.

하지만 이 처치법이 오늘의 노벨상 수상자들에게 어떤 영향을 준 것일까요? 휘플 박사님의 연구를 보면 그 답을 알 수 있습니다. 그는 간과 신장 다음으로 고기를 식이요법에 사용하였습니다. 이것은 골수에 의한 조혈 작용을 자극하는 데 매우 큰 영향을 주었습니다. 바프빈게 박사는 예리한 임상적 시각으로 고기에 무언가 특별한 물질이 있음을 알고 식이요법에서 고기를 가장 우선시했던 것입니다. 이것은 정말 흥미로운 일이었습니다.

그러면 이 새로운 치료법의 의미는 무엇일까요? 우선 이 치료법은 악성빈혈에 시달리던 환자들을 죽음에서 벗어날 수 있게 하였습니다. 환자 개개인에게 이것은 매우 중요한 의미입니다. 사회적으로도 이 치료법의 발견은 이 질병의 심각성만큼이나 매우 큰 영향력을 갖습니다. 사실 빈혈은 미국에서 매우 흔한 질병입니다. 실제로도 마이넛 박사님과 머피 박사님이 이 치료법을 적용했던 1926년 전까지 매년 6,000명 정도가 악성빈혈로 사망하였습니다. 대충 계산해 보아도 이 치료법이 대중적으로 적용되기 시작한 후로 미국에서만 15,000~20,000명 정도가 빈혈로 인한 죽음에서 벗어날 수 있었습니다. 스톡홀름에 있는 세라피머 병원에서 치료한 악성빈혈 건수는 조사 당시에만도 450여 건에 달했으며, 최근 조사로는 스웨덴에서만 현재 악성빈혈을 앓고 있는 사람이 3,000명이나 됩니다. 따라서 매년 이 새로운 치료법으로 생명을 건지는 사람들의 수가 상당수에 이를 것이라는 것은 너무나도 분명합니다.

그런데 이 치료법이 의학적으로 계속 발전하면서 한 가지 반대 의견이 생겼습니다. 사회적인 입장에서 생각할 때, 이 질병은 강자가 살아남고 약자가 제거되는 자연의 원리라는 것입니다. 즉 이 치료법으로 자연의 원리가 깨진다고 생각한 것입니다. 따라서 반대의 입장에 있는 사람들은 이 치료법의 우수성에도 불구하고 그 중요성을 무시하면서 질병에 강한 자만이 생존함으로써 우수한 인류가 살아남고 발전할 수 있다고 주장했습니다. 하지만 이것은 이 치료법이 스스로 치료할 수 있는 능력을 잃은 사람들의 생명을 구할 수 있다는 사실을 전혀 고려하지 않는 주장이었습니다.

이와 같은 논리는 특히 전염병과 관련해서 많이 거론됩니다. 이 논리라면 폐결핵이 유행할 때 희생되는 사람들은 열등한 사람들이며 그들은 열등하기 때문에 질병에 더 민감한 것일 뿐이라는 것입니다. 그리고 희생자 개개인보다는 공동체를 먼저 생각해야 하기 때문에 보다 강한 공동체를 이루기 위해 이런 전염병이 퍼지는 것은 당연하다는 것이었습니다.

하지만 이런 생각은 진정으로 중요한 것이 무엇인지 제대로 인식하지 못한 것입니다. 감염성 질병에 희생되는 사람들은 열등한 하층민만은 아니었습니다. 단지 그들은 특정 바이러스나 유해 요소에 대한 저항력이 약할 뿐이었습니다. 또 다른 질병에 대해서는 오히려 이들이 더욱 강한 저항력을 가질 수도 있습니다.

감염성 질병에 대한 저항력은 일반적인 체력으로 가늠할 수 없습니다. 그리고 정신적인 것과 신체적인 것 어느 것도 질병에 대한 저항력을 결정하는 요인이 될 수는 없습니다. 감염성 질병에 대한 저항력이 약한 사람들도 다른 질병에는 강한 저항력을 가질 수 있습니다. 우리들은 1918년에서 1919년 사이에 유행했던 독감을 기억합니다. 그 당시 다른 계층에 비해 젊고 건강한 사람들이 많이 희생되었습니다. 활력 있고 집안이나 체력도 좋은 지성적인 젊은 유망주들이 사망한 반면 힘없고 가난한 사회에서 별로 주목받지 못하는 사람들은 살아남았습니다. 이 사실은 매우 중요합니다. 질병을 잘 이겨낸 힘없는 사람들은 그 후에도 여전히 사회적으로 약자일 수밖에 없었던 것입니다. 이로써 의학적으로 질병을 치료한다는 것은 인류 건강에 도움을 주는 것이며 이는 결국 사회적인 이득을 가져온다는 것을 깨닫게 되었습니다. 악성빈혈도 마찬가지입니다. 아주 특별한 경우를 제외하면, 이 질병을 앓는 사람들은 인간으로서 절대 열등하지 않습니다. 그들의 질병은 간을 먹으면 치료할 수 있고, 이들은 어떤 면에서도 열등할 이유가 전혀 없습니다. 그러므로 간 식이요법은 악성빈혈 환자들을 죽음에서 구했을 뿐 아니라 그들로 하여금 사회의 이득이 되는 유용한 활동을 할 수 있게 해주었습니다.

결론적으로, 우리는 오늘 수상자들의 연구 업적을 통해 여러 음식의 조혈 촉진 및 활성에 대해 새롭게 알게 되었습니다. 무엇보다도 가장 중요한 것은 간의 새로운 내분비 기능을 알게 되었다는 것입니다. 또한 우리는 악성빈혈뿐 아니라 다른 질병에 대한 새로운 치료법도 알게 되었습니다. 그리고 이 치료법은 앞으로도 해마다 수천 명의 사람들을 살릴 것입니다. 그러므로 이들은 수상자로서 노벨상의 이상적인 기준을 충분히 만족시켰습니다. 노벨상은 인류에게 가장 큰 이득을 준 사람에게 수여되며 이들이 바로 그 일을 해냈기 때문입니다.

마이넛 교수님, 머피 박사님, 그리고 휘플 교수님.

지금까지 간단하게나마 세 분의 연구가 얼마나 중요하고 위대한지를 설명하였습니다. 당신들은 조혈 과정을 규명하였고 새로운 간의 기능을 발견하였습니다. 그리고 빈혈, 특히 치명적인 악성빈혈의 새로운 치료법을 개발하였습니다. 간 식이요법이라는 새로운 치료법은 이미 천여 명의 생명을 구했고, 앞으로도 셀 수 없이 많은 사람들을 죽음에서 구할 것입니다.

노벨상은 인류에 가장 큰 공헌을 한 사람에게 수여하는 상입니다. 왕립 카롤린스카 연구소는 그 설립 의지에 맞추어 노벨 생리·의학상을 이 세 분에게 수여하고자 합니다. 인류에 커다란 공헌을 하신 몇 안 되는 사람들 중에 바로 이 세 분이 있습니다.

이제 세 분의 가치를 더욱 빛내줄 노벨상을 전하께서 수여해 주시겠습니다. 앞으로 나와 주시기 바랍니다.

왕립 카롤린스카 연구소 교수위원회 I. 홀름그렌

배 발생에서의 형성체 효과 발견

1935

한스 슈페만 | 독일

:: **한스 슈페만 Hans Spemann (1869~1941)**

독일의 발생학자. 하이델베르크 대학교와 뮌헨 대학교, 뷔르츠부르크 대학교 등에서 동물학, 식물학, 물리학 등을 공부하였다. 1894년부터 1908년까지 뷔르츠부르크 대학교 동물학연구소에서 일했고, 1908년에 로스토크 대학교의 동물학 및 비교해부학 교수로 임용되었다. 1914년부터 1919년까지 베를린에 있는 카이저빌헬름 생물학연구소에서 연구원으로 재직한 후, 브라이스가우에 있는 프라이부르크 대학교 동물학 교수가 되어 1935년까지 재직하였다. 세포 덩어리가 이전에 형성된 장기의 흔적의 영향을 받아 발생이 결정된다는 점을 규명하였다.

전하, 그리고 신사 숙녀 여러분.

올해 노벨상 수상자는 한스 슈페만 교수님입니다. 생리학의 대표적인 연구 분야인 발생역학에서는 처음 받는 노벨상입니다.

발생역학은 발생 과정의 중추적 인과관계를 확립하는 학문입니다. 1880년대 말 빌헬름 루 박사가 처음으로 이 분야를 확립하였습니다. 루 박사와 드리슈 박사를 비롯한 많은 사람이 재미있는 사실들을 밝혀 많은 것을 알려 주었지만, 전체 생물학을 포함하는 법칙과 관계들을 밝혀내고 현재의 과학으로 발전시킨 사람은 바로 슈페만 박사님과 그의 학생들, 그리고 동료들이었습니다.

슈페만 박사님은 마이크로 외과 의사라고 불릴 만큼 기술이 뛰어났습니다. 그는 주로 끝을 뾰족하게 잡아 늘인 유리 막대, 미세한 피펫으로 사용될 수 있는 유리관, 또는 어린이 머리털 크기의 고리와 같은 단순한 기구들을 사용하였습니다. 그리고 그의 실험 재료는 도롱뇽과 개구리의 알이었습니다. 이런 종류의 알은 1~1.5밀리미터 크기의 매우 작은 공 모양의 살아 있는 세포들입니다. 이것은 수정 후에 연속적으로 분할하면서 작은 세포로 구성된 속이 빈 작은 구 모양으로 발달합니다. 이 구는 계속해서 마치 부풀어 오른 고무공을 손으로 꽉 쥐듯이 안으로 말려들어가며 함입됩니다. 그 후 이 구의 벽은 계속 자라 이중벽으로 되고, 구멍은 작아져 갈라진 작은 틈처럼 보이게 됩니다. 그리고 구의 두 벽 사이에서는 또 하나의 층이 형성됩니다. 이렇게 자란 세 종류의 층을 바깥쪽에서부터 각각 외배엽, 중배엽, 그리고 내배엽이라고 부릅니다. 두 겹의 벽 사이의 구멍은 원구라고 합니다. 이후로 원구 앞에는 외배엽으로부터 뇌와 척수의 기원이 나타납니다. 초기에 뇌 아래쪽에서는 내배엽을 향해 외배엽이 함입되며 이것이 나중에 입을 형성하게 됩니다. 중배엽은 골격〔처음에는 등의 껍질, 그 다음에는 척색(몸에 일차적으로 생기는 긴 뼈, 척추동물의 이 구조는 척추로 대치된다—옮긴이)〕과 근육을 형성할 것입니다. 그리고 내배엽은 소화기관을 형성합니다.

이러한 발생을 조절하는 여러 힘과 이들의 인과관계에 대해 많은 의견들이 있었습니다. 슈페만 박사님의 연구도 이와 같은 관점에서 시작되었습니다. 그는 색깔이 다른 여러 종의 동물 알을 실험에 사용하였으며, 간단한 기구를 사용하여 여러 발달 단계에 있는 조직의 작은 조각을 이식해 보았습니다. 예를 들어, 정상적이라면 배의 표피가 되었을 세포 덩어리를 척수가 발달하는 장소에 이식하면 이것이 신경조직으로 자라나는 것이었습니다. 이것으로 그는 세포의 발생 과정은 미리 정해져 있지 않음을 알게 되었고 이식하면 변화가 가능함을 알 수 있었습니다. 즉 이식된 곳의 새로운 환경에 따라 세포 덩어리의 발생이 조정된다는 것입니다. 그 후 슈페만 박사님이 한 배아에서 원구의 앞부분을 다른 배아의 복부 쪽에 이식하여 보았는데 이 부분에서 새로운 뇌와 척수가 형성되는 것을 관찰하였습니다. 이때 형성된 뇌와 척수는 이식된 세포 물질로부터 발생한 것이 아니라, 발생 과정에 있던 배 표피가 원구에 의해 변형되어 발생한 것이었습니다. 이 결과로부터 슈페만 박사님은 원구가 주변 환경에 영향을 주어 형성 과정에 변화가 생긴다는 것을 알게 되었습니다.

배 표피로 이식되어 새로운 척수로 발달된 세포 덩어리는 정상적이라면 척색이 될 수 있는 세포였습니다. 후속 실험들은 척색이 척수의 초기 형태로 발달되는 것과 머리 부분의 중배엽이 초기 형태의 뇌로 발달된다는 것을 확인해 주었습니다. 이와 가까운 곳에서 눈의 망막을 구성하는 이른바 시각세포가 발생하며, 이들은 머리의 외배엽으로 접근하여 눈의 수정체로 발달합니다. 이 외에도, 초기 형태의 장, 즉 식도의 앞쪽 끝부분은 그 안에서 입과 치아의 초기 형태를 형성합니다. 따라서 이제 우리는 세포 덩어리가 이전에 형성된 장기의 흔적으로부터 영향을 받아 그들의 발생이 결정된다는 것을 알게 되었습니다. 그러므로 세포 덩어리는 처한 환경에 따라 형성체의 역할을 하는 것이라고 생각됩니다.

우리는 이제 발달(발생)의 법칙이 어떻게 작용하는지 이해하기 시작했습니다. 왜 원시적 형태의 머리가 배아의 전방 끝부분에서 발생하는지, 왜 뇌가 항상 머리 부분에서 발생하는지, 그 외 다른 부분에서는 왜 발생하지 않는지 알 수 있게 되었습니다.

정상적인 발달 과정의 주요 원리를 분명하게 이해하면, 비정상적인 발달 과정도 이해할 수 있으며 기형이 형성되는 과정도 알 수 있을 것으로 기대합니다. 슈페만 박사님은 이미 '내장 역위'가 일어난 개체를 만드는 데 성공하였습니다. 즉 장기의 좌우가 정상적인 개체와 반대로 나타나는 특이한 기형 상태를 만드는 데 성공한 것입니다. 이러한 경우는 사람에게서도 발견됩니다. 이들은 오른쪽에 심장이 있으며, 위가 오른쪽에 위치하고, 충수와 간의 대부분이 왼쪽에 있었습니다. 우리는 모두 슈페만 박사님의 연구로 의사들이 종양으로 알고 있는 이 이상하고 치명적인 구조의 발달 과정을 보다 잘 이해할 수 있기를 바랍니다. 사실 이와 같은 것들은 조직 내에서 정상적인 발달 과정에 혼란이 생긴 결과라고 생각됩니다.

이와 같은 우리의 희망은 아직 실현되지 못했지만, 슈페만 박사님이 밝힌 발생 과정의 조건은 매우 중요한 의미가 있습니다. 자연으로부터 새로운 개체의 기원 및 발달과 관련하여 그 비밀을 밝혀내는 과정에는 수많은 어려움이 있습니다. 슈페만 박사님은 이 높은 벽을 깨고, 많은 귀중한 것들을 알려 주었습니다. 그리고 그가 나이가 들자 그를 추종하는 많은 제자들이 연구를 계속 진행하였습니다. 슈페만 박사님의 이런 업적을 기리기 위해 왕립 카롤린스카 연구소는 그에게 노벨 생리·의학상을 수여하기로 결정하였습니다.

존경하는 슈페만 박사님.

당신은 테어도어 보베리 박사의 학생이자, 한때 아우구스트 바이스만 교수가 맡던 의장직을 맡고 있습니다. 이 두 가지 사실만으로도 당신은 모든 생물학자에게 감사와 찬사를 받기에 충분합니다. 그러나 한편으로는 위대한 전통을 전수해야 할 책임이 있으며 당신은 이 자랑스러운 과학적인 전통을 성공적으로 잘 이어가고 있습니다. 당신은 또한 새로운 방법으로 바이스만 교수와 보베리 박사가 중단했던 연구를 다시 진행하여 생물학에 새로운 길을 열었습니다.

아우구스트 바이스만 교수님은 멘델의 관찰에 대해서는 잘 몰랐지만, 유전의 매개자인 세포핵의 중요성을 알고 있었습니다. 보베리 박사는 오스카 헤르트비히 박사와 함께 수정 현상에 대한 새로운 지식의 기반을 마련하였습니다. 그리고 슈페만 박사님은 수정란의 초기 발달을 조절하는 비밀을 발견하였습니다. 당신은 또한 많은 과학자를 양성하였으며 이들은 앞으로 과학 발전에 더 많이 기여할 것입니다. 이와 같은 업적으로 박사님은 조국의 수많은 위대한 인물 중에서 최고의 위치에 올라설 수 있었습니다.

박사님의 위대한 업적에 대한 감사의 표시로, 왕립 카롤린스카 연구소 교수위원회는 박사님께 올해의 노벨 생리·의학상을 수여하기로 결정하였습니다. 이제 나오셔서 전하께서 수여하시는 상을 받으시기 바랍니다.

왕립 카롤린스카 연구소 교수위원회 G. 해그퀴스트

신경 충격의 화학적 전달기전 발견

1936

헨리 데일 | 영국

오토 뢰비 | 미국

:: 헨리 핼릿 데일 Henry Hallett Dale (1875~1968)

영국의 생리학자. 케임브리지 대학교에서 의학을 공부하여 1909년에 의학 박사학위를 취득하였다. 1914년에 런던에 있는 국립 의학연구소 생화학 및 약리학 과장이 되었으며, 1928년부터 1942년까지 소장으로 재직하였다. 1932년에 기사 작위를 받았으며, 1940년부터 1945년까지는 왕립학술원 원장으로 있었다. 신경자극의 화학적 전이과정을 발견함으로써 생명체에 작용하는 여러 물질의 효과를 이해하는 데에 기여하였다.

:: 오토 뢰비 Otto Loewi (1873~1961)

독일 태생 미국의 의사 겸 약리학자. 스트라스부르 대학교에서 의학을 공부하여 1896년에 박사학위를 취득하였다. 이후 연구 과정을 거쳐 1898년 마르크부르크안데어란 대학교 조교수가 되었다. 1904년에 빈 대학교 약리학 교수가 되었으며, 1909년에 그라츠 대학교 약리학 교수로 임용되었다. 1940년에 미국으로 이주하여 뉴욕 대학교 의과대학 연구교수가 되었다. 최초로 화학적 전이과정을 증명하고 관련 물질의 성질을 규명함으로써 약학을 비롯하여 생리학과 의학에도 영향을 끼쳤다.

전하, 그리고 신사 숙녀 여러분.

로마의 역사에 관한 리비우스의 두 번째 저서에는 다음과 같은 이야기가 있습니다. 원로원은 파업 중인 평민들과 협상하기 위해 메네니우스 아그리파를 보냅니다. 그리고 메네니우스 아그리파는 그들에게 신체 내 여러 기관들이 위에 맞서고자 반발했던 우화를 이야기하였다고 합니다. 이 이야기를 통해 그는 나라가 잘 되기 위해서는 평민들의 협력이 절대적으로 필요하다는 것을 강조하였습니다. '각 부분들의 합의적인 협력'은 생리학의 주된 연구 목표이기도 합니다. 각 부분들은 체액, 즉 혈액의 흐름을 통해 상호 협력 관계를 유지합니다. 이들은 외부에서 공급되는 물질을 필요한 곳으로 보내며 폐기물을 제거합니다. 내분비에 관한 최근의 많은 연구들을 통해 어느 한 기관에서 생성된 호르몬이 다른 곳으로 이동하고 분배되는 과정에서 혈액이나 체액의 흐름이 중요하다는 것을 알게 되었습니다.

체액성 협력, 즉 화학적인 성질의 협력은 전체적으로 비교적 천천히 이루어지며 때로는 매우 오랜 시간이 걸릴 수도 있습니다. 신경계는 이 화학적 협력 작용을 메시지로 빠르게 전환해서 행동으로 표현되도록 합니다. 신경계는 골격근의 움직임과 같은 의지적인 활동뿐 아니라 신체 내부기관들의 움직임 같은 무의식적인 활동에도 영향을 줍니다. 육체의 운동이나 정신의 흥분으로 증가되는 심장박동, 빛에 의한 동공 수축, 그리고 섭취된 음식에 따른 위장의 움직임 등은 의지와 상관없이 신경계의 영향을 받는 움직임의 좋은 예입니다. 이와 같이 무의식적인 움직임을 주관하는 신경계를 자율신경계라고 하며 이 신경계는 자체적으로 조절됩니다. 자율신경계는 두 부분으로 나누어지며, 이들은 모두 똑같이 중요하지만 서로 상반되는 역할을 합니다. 심장을 예로 들면 교감신경계는 심장박동을 증가시키는 반면 부교감신경계는 심장박동을 늦추는 역할을 함으로써 서로 상반되는 작용을 보여 주고 있습니다.

운동을 하거나 위험한 상황이 되면 자율신경계의 교감신경은 심장의 활동을 증가시킵니다. 따라서 심장은 더욱 많은 피를 내보내고 근육은 방어 태세를 갖추며 여분의 에너지를 공급받습니다. 그러나 이와 동시에 다른 곳, 예를 들어 창자와 같은 기관은 순간적으로 활동이 정지됩니다. 즉 부교감계가 각 기관의 부분적인 상황에 따라 다르게 작용하는 것입니다.

일반적으로 신경에서 발생하는 충격전파는 근육이나 샘에 직접 작용하여 그 활성을 변화시킨다고 알려져 있었습니다. 그렇지만 1904년에 엘리엇 박사는 좀 다른 주장을 하였습니다. 교감신경계와 관련되어 있는 부신피질이 생성하는 아드레날린이라는 물질은 교감신경계의 활성 증가로 인한 생성 물질과 매우 비슷했습니다. 따라서 엘리엇은 충격 전파가 교감신경에 전달되고 신경말단에서 아드레날린이 분비되며, 이 물질이 자극을 전달하는 역할을 한다고 추측하였습니다. 10년 후 데일 박사는 부교감신경이 자극되는 것과 비슷한 효과를 나타내는 아세틸콜린이라는 물질에 대한 연구 결과를 발표하였습니다. 하지만 그 당시에는 신체 내에서 아세틸콜린을 발견하지 못했기 때문에 과연 이것이 충격전파를 전달하는 물질인가에 대해 제대로 토론할 수 없었습니다.

이전에도 어떤 물질이 생성되면 신경자극이 유발된다는 생각은 있었습니다. 하지만 이와 같은 막연한 생각을 탄탄한 경험을 바탕으로 확실하게 증명한 사람이 바로 뢰비 박사님입니다. 그는 개구리나 두꺼비에서 신경줄기를 포함한 심장을 최초로 분리하여 실험하였습니다. 이때 분리된 심실에 적당한 영양성분 수액을 연결하여 영양이 공급되도록 했습니다. 그는 이 심장의 신경줄기에 전기 자극을 주면, 상황에 따라 교감 또는 부교감 신경계의 영향을 받게 되고 결국 심장박동과 그 강도가 변화하는 것을 관찰할 수 있었습니다. 그리고 뢰비 박사님은 심장으로 주입된 영양성분 수액이 또 다른 심장으로 옮겨 가도록 연결하여 보았습니다. 그러자 첫 번째 심장에서 신경자극에 의해 나타났던 것과 동일한 변화가 두 번째 심장에서도 나타나는 것을 보았습니다. 매우 간단하지만 독창적인 이 실험은 신경자극에 의해 생성·분비된 물질이 어떤 변화를 유발한다는 것을 보여 주고 있습니다. 오늘날 신경자극이 화학적인 과정에 의해 기관으로 전달된다는 것은 명백한 사실입니다.

이제는 그 신경자극을 전달하는 물질의 성질에 관심을 가지게 되었습니다. 두 종류의 신경자극에 여러 물질들이 포함된다는 사실이 얼마 지나지 않아 밝혀졌습니다. 하지만 그 분비량이 믿을 수 없을 만큼 적다는 것 때문에 이 연구는 희망이 없어 보였습니다. 화학적 분석만으로는 아무것도 할 수 없었습니다. 따라서 뢰비 박사님은 조건에 따라 달라지는 유기체의 신경물질을 이용하여 모델을 분석하였습니다. 그리고 이 방법을 이용하여 교감 물질은 자극에 의해 활성이 변화될 뿐만 아니라 산화 또는 방사선 등으로 파괴될 수도 있다는 점을 증명하였습니다. 이 교감 물질이 바로 아드레날린입니다. 부교감 물질은 혈액이나 조직에서 빠르게 분해되는 특징 때문에 연구하기가 훨씬 어렵습니다. 부교감 물질이 빠르게 분해된다는 것은 부교감신경이 교감신경에 비해 부분적으로 작용한다는 것을 뜻합니다. 이러한 문제점은 뢰비 박사님과 나브라틸 박사님이 부교감 물질의 분해를 저해할 수 있는 피조스티그민이라는 식물성 염기를 발견함으로써 해소되었습니다. 그리고 뢰비 박사님은 이 물질의 성질을 규명하였고 이것이 아세틸콜린이라는 것을 증명하였습니다.

뢰비 박사님의 연구는 재검증을 통해 공식적으로 인정받았습니다. 그리고 수많은 연구자들은 교감 물질과 부교감 물질의 분비가 심장의 신경계에만 국한된 것이 아니라는 것을 증명하였습니다. 캐논 박사를 비롯한 많은 과학자들은 폭넓은 실험을 통해 다른 교감계가 자극을 받는 경우에도 아드레날린이나 유사 물질이 생성된다는 것을 발견하였습니다. 또한 뢰비 박사님의 동료인 엥겔하르트 박사는 빛의 자극으로 동공이 수축할 때, 눈의 전방에 아세틸콜린이 존재한다는 것을 입증하였습니다. 데일 박사님과 동료들은 다른 기관에서도 이와 유사한 현상들을 관찰하였습니다. 그리고 데일 박사님과 더들리 박사는 이 물질을 신체에서 직접 분리하는 데 성공하였습니다. 이로써 아세틸콜린의 신체 내 생리적인 역할이 보다 명확하게 밝혀졌습니다.

최근에 데일 박사님과 동료들은 신경자극이 화학적으로 전이되는 것과 관련하여 중요한 두 가지 사항을 관찰하였습니다. 데일 박사님은 아세틸콜린이 신경절 또는 자율신경계의 신경절에 미치는 효과와 그 변화를 관찰하였습니다. 따라서 그는 아세틸콜린이 실제로 신경세포 사이에서 자극을 전달하는 역할을 할 수 있는지 궁금했습니다. 러시아의 키브자코프 박사, 펠트베르그 박사, 그리고 개덤 박사는 연결 신경에 자극이 전달된 후, 신경절에 존재하는 아세틸콜린을 발견하였습니다. 이 실험 방법은 매우 정밀하여 1분에 아세틸콜린 십만 분의 일 밀리그램이 생성된다는 사실도 밝힐 수 있었습니다. 그러나 전달자로서의 아세틸콜린의 역할은 자율신경계 내로 한정되어 있었습니다. 데일 박사님과 학생들은 운동신경세포의 어떤 한 부분에 근육수축이 발생할 때에도 아세틸콜린이 중요한 역할을 하고 있음을 증명하였습니다. 이와 같은 연구들을 통해 우리는 충격전파의 전이에 여러 물질들이 관련되어 있으며, 극히 적은 양의 아세틸콜린이 근육 수축을 일으키게 된다는 사실을 알게 되었습니다.

신경자극의 화학적 전이 과정의 발견은 실로 혁명적인 사건이었습니다. 이 발견으로 우리는 생명체에 작용하는 여러 물질의 효과를 이해할 수 있게 되었습니다. 아드레날린과 아세틸콜린의 효과, 그리고 이와 관련된 교감신경계와 부교감신경계에 관해서 지금까지 알지 못했던 연관성을 발견하였습니다. 그리고 비슷한 효과를 가진 여러 물질들도 알게 되었습니다. 이제 우리는 이외의 여러 물질들을 바라보는 시각이 달라진 것을 느낄 수 있습니다. 따라서 아트로핀과 피조스티그민 같은 물질을 새롭게 인식할 수 있었습니다. 이와 같은 변화는 신경계의 생리 현상을 해석하는 데 매우 중요합니다. 뿐만 아니라 화학적 전이 과정에서 자극들이 서로를 강하게 활성화시키거나 혹은 서로를 저해하는 현상에 대해서도 훨씬 잘 이해할 수 있게 되었습니다. 하지만 지금까지 알려지지 않았던 현상들에 대한 이해를 높이고, 이를 명확하게 규명했다는 사실만으로 이 연구 업적을 높이 평가하는 것은 아닙니다. 이 연구는 새로운 문제들을 제기하였고 새로운 연구들을 이끌어 냈습니다. 따라서 현재 여러 실험실에서는 기존의 신경자극 전이와 관련된 새로운 생각들을 실험하는 연구가 활발히 진행중입니다.

헨리 데일 경, 그리고 오토 뢰비 교수님.

왕립 카롤린스카 연구소는 신경자극의 화학적 전이 과정에 관한 두 분의 연구 업적을 인정하여 두 분을 올해의 노벨 생리·의학상 공동 수상자로 선정하였습니다. 뢰비 교수님은 최초로 화학적인 전이 과정을 증명하였고 관련 물질의 성질을 규명하였습니다. 이 연구의 기본이 된 헨리 경의 연구는 뢰비 교수님과 동료들에 의해 보완됐습니다. 그리고 후속 연구들로 이 새로운 개념은 확산되었고, 세계의 많은 연구팀을 자극하였습니다. 이로 인해 과학이 매우 국제적인 학문이라는 것도 다시 한 번 입증되었습니다. 이 연구는 약학뿐만 아니라 생리학과 의학에 많은 영향을 끼쳤습니다.

연구소를 대표하여 두 분께 진심 어린 축하를 보내드립니다. 그리고 두 분이 앞으로도 오랫동안 이 새로운 영역의 연구에 더욱 정진하시기를 바랍니다. 이제 전하께서 노벨 생리·의학상을 수여하시겠습니다.

왕립 카롤린스카 연구소 교수위원회 G. 릴제스트란트

생물학적 연소 과정에 관한 연구

1937

얼베르트 센트죄르지 | 미국

:: **얼베르트 폰 센트죄르지 너지러폴트 Albert von Szent-Györgyi Nagyrapolt (1893~1986)**

헝가리 태생 미국의 생화학자. 부다페스트 대학교에서 의학을 공부하여 1917년에 박사학위를 취득하였다. 프라하 대학교 및 케임브리지 대학교, 미네소타주 로체스터에 있는 마요 재단에서 연구하였으며, 1931년에 헝가리 세게드 대학교 교수가 되어 1945년까지 재직하였다. 1947년에 미국으로 이주하여 매사추세츠 주의 우즈 홀에 있는 근육연구소 소장이 되었다.

전하, 그리고 숙녀 신사 여러분.

왕립 카롤린스카 연구소 교수위원회는, 알프레드 노벨 박사님의 유언에 따라 올해의 노벨 생리·의학상을 생물학적 연소 과정, 특히 비타민 C와 푸마르산의 촉매 작용을 밝힌 얼베르트 센트죄르지 교수님께 수여하기로 결정하였습니다. 생물학적 산화 작용기전에 관한 그의 연구는 오토 바르부르크 박사, 하인리히 빌란트 박사, 그리고 그의 후계자들이 성공적으로 이룬 이 분야의 연구 업적들을 뛰어넘는 위대한 것이었습니다.

그리고 교수님은 이 반응에 작용하는 새로운 촉매제도 밝혔습니다.

일반적으로 알려져 있는 연소 반응은 살아 있는 세포에 에너지를 제공하며, 이 에너지는 세포가 새로운 물질을 합성하기 위해 사용하거나 혹은 저장되며 세포의 기능적 구조를 만들기 위해 사용됩니다. 따라서 살아 있는 유기체의 물질 합성은 촉매에 의해 일어나는 연소 반응에 달려 있다고 할 수 있으며 촉매 시스템은 살아 있는 유기체의 합성 반응을 일으키는 조건이라고 할 수 있습니다. 따라서 유기적 생명의 기원에 대해 알지 못하는 동안 동물 유기체에 앞서 다른 촉매계가 형성될 수밖에 없었습니다.

우선은 세게드 대학교에서 이루어진 오늘의 새로운 업적에 관해서만 이야기하고자 합니다. 하지만 이 부분은 무엇보다 중요하며 여기에 모든 과정이 압축되어 있습니다. 여기에 포함된 세 가지 업적은 모두 대담한 직관력과 기술로 이루어졌습니다. 다른 두 사람을 비롯한 그들의 후계자들이 이룬 업적과 밀접하게 연관되어 있는 센트죄르지 교수님의 위대한 업적으로 우리는 처음으로 세 가지 촉매 시스템이 상호작용하면서 일어나는 대사 과정의 산화 반응에 대해 분명히 알 수 있었습니다.

소수의 공동 연구자를 제외하면 항상 홀로 연구하던 바르부르크 박사는 이 분야의 선구자였으며, 그렇기 때문에 가장 많은 어려움을 극복해야만 했습니다. 그 당시에는 그의 발견에 더 이상 의문을 제기하는 사람이 아무도 없었습니다. 하지만 그가 1931년 노벨상을 받으면서부터 대다수의 사람들이 그를 과소평가하던 상황은 달라졌습니다. 그는 적혈구가 가진 비활성 산소가 촉매에 의해 붉은 색소가 많이 있는 곳, 일명 '적색계' 로 흡수되는 것을 증명하였습니다. 이 적색계는 적혈구 색소와 관련되어 있으며, 대부분의 적혈구 색소에는 활성 성분인 철과 특수 단백질이 들어 있습니다. 이러한 체계에서 산소는 여러 단계를 거치면서 철과 결합합니다. 대부분의 촉매제는 촉매계로부터 흘러나오는 활성산소의 흐름에 따라 빠른 속도로 철과 결합하고, 반응할 수 있는 배위형태로 전환됩니다. 사람들은 이 활성산소가 직접 산화된다고 생각하였습니다. 하지만 실제로는 그렇지 않습니다. 활성산소 원자는 수소 원자를 만납니다. 하지만 이에 관한 것은 센트죄르지 교수님의 또 다른 업적입니다. 1933년 센트죄르지 교수님이 비밀을 여는 열쇠와 같은 어떤 실험을 수행하기 전까지, 잠자던 세포가 활성산소와 극적으로 만나면서 생명을 얻게 된다는 것을 전혀 알지 못했습니다.

이제 잠시 산소 이야기를 접어두고, 빌란트 박사님이 수행한 그다지 중요하지 않아 보이던 실험에 대해 살펴보고자 합니다. 이 실험은 그에게 산화 작용의 광범위한 내용을 밝힐 수 있는 영감을 주었습니다. 많은 연구자들이 곧 빌란트 박사님의 의견에 매료되었습니다. 산화 반응은 산소 활성화에 따라 달라지는 것처럼 보였으며 대다수 사람들의 의견도 같았습니다. 이것은 센트죄르지 교수님이나 바르부르크 박사님도 전혀 고려하지 않았던 것이었습니다.

빌란트 박사님은 팔라듐이 유기화합물로부터 수소를 흡수하는 것을 관찰하였습니다. 이것은 바로 유기화합물이 부분적으로 연소되었다는 것, 즉 산화되었다는 것을 의미합니다. 광범위한 무금속 촉매 시스템이 여러 연구자들의 공동 연구로 밝혀지면서 이로 인해 대사물질로부터 수소가 제거되는 것이 금속 촉매제와 동일한 효과를 나타낸다는 것을 알게 되었습니다. 이 촉매를 일반적으로 탈수소 효소dehyrogenase(수소원자 제거제, 수소원자 흡수제, 또는 수소원자 수송제)라고 합니다. 이 촉매에 의해 활성화된 수소원자가 직접 비활성 산소분자와 반응할 수 있을 것이라는 생각은 쉽게 받아들여졌습니다. 그리고 이 과정에서 과산화수소가 중간 생성물로 생각되었습니다. 하지만 이것은 산화의 주된 경로가 아닙니다. 이와 달리 수소는 먼저 '적색계' 로부터 활성산소가 흘러들어오는 곳에서 센트죄르지 촉매 시스템을 만나게 됩니다. 이 또한 센트죄르지 교수님의 또 하나의 위대한 업적입니다.

1925년부터 그는 수많은 수소 흡수제를 연구하였습니다. 이전부터 그는 수소 흡수제가 산화과정의 촉매 시스템을 구성하는 한 요소라고 생각했습니다. (다른 한편으로는 이것이 발효과정의 보조적인 촉매제라고 생각되기도 했습니다.) 비타민 C에 관한 연구를 마무리하면서 그는 스스로 'Flave' 라 이름 붙인 황색 물질에 대해서도 연구하였습니다. 그리고 그는 이 물질을 분리하여 후에 수소 제거제로 작용하는 촉매제에 포함시켰습니다. 그러나 1934년까지 연쇄 산화 반응에서 수소원자를 수송할 수 있는 물질은 비타민 C, 그리고 프레더릭 가울랜드 홉킨스 박사와 그 외 여러 사람들에 의해 정의된 유황 물질뿐이었습니다. 촉매제로서의 이들의 가치는 수소원자를 수송하는 속도, 수소원자의 활성화 정도에 따라 결정되었습니다.

한편 후고 테오렐 박사는 1934년에 바르부르크 박사의 실험실에서 아주 빠른 속도로 수소 원자를 수송하는 '황색효소' 라 불리는 물질을 최초로 분리하였습니다. 그는 이 물질이 비타민 B_2의 인산 이스터이며 특정 단백질에 연결되어 있다는 것도 보여 주었습니다. 1935년에는 바르부르크 박사와 크리스티안 박사가 두 가지 서로 다른 탈수소효소 활성기의 성질을 무색이고 금속을 포함하지 않는 탈수소효소(조효소)로 규명하였습니다. 이에 관한 연구는 수많은 연구자들을 오랫동안 좌절시켜 왔습니다. 이렇게 규명된 두 가지 효소 중의 하나가 바로 센트죄르지 교수님이 연쇄 산화 반응에 작용한다고 한 촉매입니다.

센트죄르지 박사님의 연속적이고도 위대한 발견들은 1933년에 시작되었습니다. 이 연구들은 매우 빠르고 정밀하게 세게드에서 수행되었습니다. 아스코르브산을 분리하고 비타민 C라고 명명하였지만, 박사님은 본질적인 것들을 연구하기 위해 이 업적들을 다른 연구자들에게 전하면서 그들로 하여금 더 많은 발전을 이루도록 했습니다. 그리고 그는 많은 어려움이 존재함에도 불구하고 연소 반응의 연구에 자신의 열정을 다 바쳤습니다. 많은 연구자들은 근육계에서 이른바 식물산을 연구하였고, 이들이 조직 내에서 격렬한 산화 반응을 일으킨다는 것을 발견하였습니다. 그러나 그것이 어떻게 일어나는지, 즉 그들이 스스로 쉽게 연소되는 것인지에 관한 설명은 센트죄르지 교수님의 직관적인 견해와는 잘 맞지 않았습니다. 따라서 그와 동료들은 훨씬 더 믿을 수 있는 분석 방법과 한결같은 실험으로 이를 설명함으로써 식물산은 연소로 소비되지 않는, 보통의 영양 성분과는 다른 물질이며 양적인 변화 없이도 연소를 유지하도록 도와주는 촉매효소의 활성기임을 증명하였습니다.

이 과정은 오디세우스의 모험적인 여행보다도 훨씬 더 복잡하고 빠른 수소원자의 여행을 포함합니다. 수소원자는 아마도 센트죄르지 교수님과 바르부르크 박사님의 조효소와 테오렐의 황색효소의 상호 협동으로 대사되는 물질로부터 유리되어, 식물산과 만나 센트죄르지 시스템으로 들어갑니다. 이 산은 차례대로 옥살아세트산, 말산, 푸마르산 및 숙신산으로 전달되고, 그 다음 활성수소원자의 형태로 '적색계'로부터 흘러나온 활성산소를 만나 물과 자유에너지를 생성하게 됩니다(앞에서 극적인 만남이라고 표현했던 일종의 잠잠한 폭발물과도 같은 반응). 식물산은 특정 단백질과 협동하여 촉매효소로 작용하며, 황색효소는 아마도 어떤 방식으로 센트죄르지 시스템의 중간 단계에 영향을 줄 것입니다.

따라서 철 원소에 의한 산소원자의 활성화와 비금속 황색 물질과 보조제에 의해 영양소로부터 유리된 수소원자의 전달은 센트죄르지 교수님이 발견한 중간 단계에서 하나로 결합되었습니다. 테오렐 박사님은 '적색계'의 사이토크롬 기와 황색효소의 상호작용은 곧바로 진행된다고 하였습니다. 결점도 수없이 많긴 하겠지만, 연쇄 산화 반응을 본질적으로 흔들 만한 것은 아닙니다. 그러나 이것에서 파생된 수많은 효과는 이미 밝혀지기 시작하였습니다.

적어도 두 종류의 비타민, C와 B_2 혹은 B_1과 P가 연쇄 산화 반응에 함께 작용하여 촉매 역할을 하고 있으며 이로 인해 유기체 내에서 비타민이 어떤 역할을 하는지 알게 되었다는 것은 매우 중요합니다. 우리는 가까운 미래에 유기체에서 구리와 비타민 C가 산화 작용에서 중요한 역할을 한다는 것을 식물에 있는 산화효소, 산화되거나 환원될 수 있는 물질(센트죄르지의 프라보놀, 즉 비타민 P) 등을 통해 알게 될 것입니다. 이런 물질들은 비타민, 과산화수소, 단백질 또는 이들의 일부와 분자 내에 있는 활성 유황 또는 반응을 활성화시키는 유황과 함께 잘 조화되어 있는 하나의 시스템을 형성합니다. 이는 모든 것의 근원이라는 고대 연금술의 유황이 르네상스 시대를 맞는 것과 같았습니다.

얼베르트 센트죄르지 교수님.

저는 오늘 왕립 카롤린스카 연구소를 대표하여 교수님의 연구에 대한 최고의 존경과 감사를 표시하는 영광을 위임받았습니다.

교수님은 생물학적 산화 반응의 가장 중요한 본질을 연구하려는 굳은 목표에서 결코 벗어난 적이 없었습니다. 교수님은 이 어려운 생화학적 연구를 시작하면서 곧 수소 제거 역할을 하는 촉매의 중요한 연결고리로서 조효소의 기능과 위치를 설명하였습니다. 비타민 C에 관한 중요한 연구 업적으로도 교수님의 생각은 멈추지 않았습니다. 이제 교수님의 연구를 면밀하게 살펴보면서 교수님이 아스코르빈산에 관한 재미있는 발견과 실현될 가능성이 적은 또 다른 대담한 계획을 차별화하고 있음을 알 수 있습니다. 초기 단계에 산소원자의 활성화 기전과 함께 수소원자의 활성화 기전을 연구해야 했습니다. 교수님은 직관으로 성공의 가능성이 더 큰 쪽을 결정하였습니다. 그리고 마침내 성공하였습니다. 1933년에 첫 발표가 있었으며, 그때부터 세게드에서 이루어 낸 교수님과 공동 연구자들의 업적은 정말 놀라웠습니다. 교수님의 연구 결과는 정말 새롭고 중요한 것이었습니다. 당신은 전도 유망한 열정적인 연구로 알프레드 노벨 박사님의 마음을 그대로 담은 발견자이자 이상주의자입니다.

센트죄르지 교수님. 이제 앞으로 나오셔서 전하로부터 이 상을 수여 받으시길 바랍니다.

왕립 카롤린스카 연구소 교수위원회 E. 하마르스텐

동* 과 대동맥의 호흡 조절 메커니즘에 관한 연구

1938

코르네유 하이만스 | 벨기에

:: **코르네유 장 프랑수아 하이만스** **Corneille-Jean-François Heymans (1892~1968)**

벨기에의 생리학자. 겐트 대학교에서 의학을 공부하여 1920년에 박사학위를 취득한 후, 콜레주 드 프랑스, 빈 대학교, 런던 대학교 등에서 연구하였다. 1922년에 겐트 대학교 약력학 강사가 되었으며, 1930년에 부친의 뒤를 이어 약리학 교수 및 약력학 치료연구소 소장이 되었다. 1945년부터 1962년까지 유럽을 비롯하여 북아메리카, 남아메리카, 아프리카, 아시아 등지의 여러 대학교를 다니며 강연을 하였다. 마취시킨 개를 이용한 실험을 통하여 경동맥소체, 대동맥소체의 역할을 밝혔으며, 호흡의 화학적 조절에 대해서도 규명하였다.

100년 넘게 척추동물의 호흡은 연수에서 조절한다고 알려져 있습니다. 연수에서 비롯하는 다양한 강도의 신경자극은 척수와 운동신경을 따라 이동하여 호흡근에 도달합니다. 그리고 이 근육들은 호흡 운동을 시작합니다. 연설 또는 노래와 같은 호흡 운동이 의도적인 운동이라는 것

* 洞, sinus(빈 공간을 의미하는 말로서 일반적으로 뇌나 간 내의 정맥혈이 흐르는 확장된 혈관, 혹은 머리뼈 내의 공기로 채워진 빈 공간을 의미한다—옮긴이)

은 쉽게 알 수 있습니다. 그러나 다양한 무의식적인 작용으로도 호흡 운동은 영향을 받습니다. 예를 들면 찬물에 목욕할 때 우리는 호흡이 잠시 멈춰지거나 호흡하기 힘들어지는 현상을 겪게 됩니다. 이와 비슷하게 갑자기 폐에서 공기가 빠져나가면 숨을 내쉬지 못하고 들이쉬는 작용이 증가하게 됩니다. 헤링 박사와 브로이어 박사는 바로 이와 같은 반사작용이 호흡에 어떤 영향을 미치는지를 연구하였습니다. 중앙으로 집중되어 있는 신경을 따라 어떤 정보가 호흡기관에 전달되면 호흡 작용은 반응을 합니다. 호흡은 또한 혈액 속에 포함된 화학적 구성 요소에도 영향을 받습니다. 혈액 내의 이산화탄소가 증가하거나 산소 압력이 낮아지면 환기, 즉 폐로 들어오는 공기의 양이 증가합니다. 이와 같은 방법으로 호흡은 신체의 다양한 요구에 맞추어 변화하며 대사작용을 조절합니다. 이처럼 하이만스 박사님의 연구 이전에도 우리는 혈액이 호흡기관에 직접적인 영향을 준다는 생각을 하고 있었습니다.

1927년 하이만스 박사님은 아버지이자 스승인 고故 하이만스 교수님과 함께 열 번째 뇌신경인 미주신경이 전달하는 호흡반사를 연구하였습니다. 이 연구에는 1912년에 고故 하이만스 교수님이 드 소머 박사와 함께 개발한 기술이 사용되었습니다. 그것은 개의 몸과 머리를 분리하여 몸은 인공호흡으로, 그리고 분리된 머리는 다른 개의 혈액으로 각각 생존하도록 하는 기술이었습니다. 이 개의 몸과 머리를 연결하는 것은 단지 두 개의 미주신경(대동맥활로부터 연결되는 감압신경 또는 대동맥신경)뿐이었으며, 이것으로 머리와 몸이 어떻게 연결되어 있는지 연구할 수 있었습니다.

하이만스 부자父子는 폐의 공기가 줄면 머리에서부터 들이쉬는 호흡을 명령하는 반면에, 폐가 팽창하여 숨을 내쉴 때는 머리에 의한 호흡운동이 정지된다는 것을 후두와 비익(콧망울, 코의 날개 같은 부분을 형성하는 연골성 돌기)의 움직임으로 확인하였습니다. 이 실험들은 헤링 박사와 브로이어 박사가 주장한 호흡반사가 실제로 존재한다는 결정적인 증거가 되었습니다. 이는 또한 몸에 공급하던 인공호흡을 중단하면 산소가 적어지고 이산화탄소가 증가하여 머리에 의한 호흡운동이 증가하게 됨을 증명하였습니다. 반면에 신선한 공기를 과다 호흡하게 되면 신체로부터 이산화탄소가 많이 배출되며 산소 압력이 높아져 머리는 호흡 운동을 멈추게 됩니다. 그러나 연결된 미주신경을 절단하면 이러한 효과는 모두 사라집니다. 이로써 미주신경과 나란히 존재하는 감압신경이 주변의 화학적 자극을 전달한다는 것을 입증할 수 있었습니다. 따라서 만약 폐가 고농도의 이산화탄소와 저농도의 산소가 혼합된 기체를 과다 호흡하면 가스 교환이 증가한다고 해도 폐의 이산화탄소 장력은 계속 증가하며 산소 압력은 낮아지게 됩니다. 즉 머리의 호흡 운동이 계속 증가하는 것입니다. 따라서 과다 호흡은 감압신경의 말단에 작용하는 화학적인 자극으로 일어나는 것이며, 기계적인 현상으로는 설명할 수 없습니다. 이들은 매우 섬세하고도 기술적인 방법으로 독창적인 분석을 하였습니다. 그리고 이를 통해 우리는 화학적 자극으로 인한 반사 현상이 심장 그 자체에서, 그리고 심장과 가장 가까운 대동맥에서 일어난다는 것을 알게 되었습니다. 또한 하이만스 박사님은 호흡이 신체 내 혈압 상승으로도 저해될 수 있음을 실험적으로 보여 주었습니다.

이 연구 결과는 그 자체로도 매우 중요하지만 일반적인 경동맥과의 접점에 있는 내경동맥의 경동맥동이 감압신경에서 뻗어 나온 대동맥과 유사한 기능을 갖고 있다는 헤링 박사의 연구에 비추어 더욱 많은 관심을 받게 되었습니다. 경동맥동의 이러한 기능은 내경동맥의 압력을 상승시키고 공동空洞 벽의 수많은 신경말단을 자극하며 아홉 번째 뇌신경인 혀인두신경의 반사를 일으킵니다. 그리고 이것은 미주신경과 혈관운동 신경에 전달되어 혈관을 확장시키고 심장박동을 감소시켜 내경동맥의 상승된 압력, 즉 고혈압을 어느 정도 완화하는 역할을 합니다. 이와 같은 감압신경과 경동맥동에 의한 조절 체계를 혈압제어장치라고 합니다.

그 밖에도 하이만스 박사님은 동료들과 함께 심장박동과 혈압에 대한 동洞의 반사 작용을 재반사시킴으로써 그 메커니즘을 매우 정밀하게 연구하였습니다. 그리고 감압신경이 조절하는 반사 작용에 뒤이어 미주신경가지, 길항근 흥분신경 등에 의한 심장박동 조절도 규명하였습니다. 미주신경가지에 긴장이 증가되면 심장박동이 지연되었으며, 길항근 흥분신경의 활성 감소에 의해서도 심장박동이 감소되었습니다. 그는 더 나아가서 동洞의 압력이 커지거나 작아질 때, 여러 혈관들이 어떻게 혈압을 조정하는지도 규명하였습니다. 그리고 경동맥동에서 일어나는 반사가 부신수질에 영향을 주어 혈액 내로 분비되는 아드레날린의 양을 조절할 것이라고 주장하였습니다.

동洞에서 일어나는 호흡반사에 관해서도 체계적인 연구가 수행되었습니다. 이와 관련해서는 이미 중요한 사실들이 많이 알려져 있습니다. 그 중, 솔만 박사와 브라운 박사의 연구를 예로 들 수 있습니다. 그들은 일반적인 경동맥의 긴장에서부터 호흡반사가 일어나는 것을 관찰하였습니다. 헤링 박사님과 하이만스 박사님을 비롯한 여러 사람들은 동洞의 압력 감소는 호흡을 자극하는 반면에 경동맥의 압력 증가는 호흡을 저해할 수 있음을 지적하였습니다. 1930년에 이르러서 하이만스 박사와 부카에르트 박사는 아주 미세한 압력 변화가 호흡에 중대한 영향을 미칠 수 있다는 것, 그리고 이것이 반사 메커니즘에서 비롯된다는 것을 알게 되었습니다.

이후로는 화학 자극에 대한 동洞의 민감성을 밝히기 위해 노력하였습니다. 하이만스 박사는 처음에는 부카에르트 박사, 다우트레반데 박사와 함께(1930~1931년) 그리고 그 후에는 폰 오일러 박사와 함께 여러 논문을 발표하였습니다. 이 논문들에서 화학적 자극이 혈압과 호흡을 조절하는 중요한 역할을 한다는 확실한 증거를 제시하였습니다. 그는 실험에서 다양한 비율로 이산화탄소와 산소가 혼합된 혈액과 다양한 수소이온농도를 포함하는 혈액을 동洞에 주입하였습니다. 또한 다양한 비율의 기체 혼합물을 흡입한 다른 개의 혈액을 수혈받기도 했습니다. 이로써 혈액에서 필요한 화학적 변화를 유도하였고, 이 실험들은 이산화탄소의 증가 또는 산소의 감소가 동洞에 영향을 주어 호흡을 증가시킨다는 사실을 입증하였습니다. 동洞과 연수를 연결하는 신경섬유를 절단하면 산소 함량이 낮은 공기를 호흡한다 해도 호흡은 전혀 증가하지 않았습니다. 따라서 동洞의 반사가 호흡 조절에 절대적인 역할을 하고 있음을 알 수 있습니다. 비슷한 실험을 통해 이산화탄소는 호흡중추에 대해서는 직접적으로, 동洞에 대해서는 간접적으로 호흡을 자극한다는 것도 알게 되었습니다.

이로써 하이만스 박사님은 네 가지 형태의 반사가 동洞에서 일어난다는 이론을 이끌어 냈습니다. 한편으로는 순환 즉 혈압과 심박, 그리고 호흡이 동洞의 압력에 따라 변화된다는 것, 그리고 또 다른 한편으로는 이 두 형태의 생리학적 기능이 혈액의 화학적 조성에 따라 변화될 수 있다고 주장하였습니다. 하이만스 박사님은 여기서 멈추지 않고 더욱 많은 노력을 기울였습니다. 18세기 말 이후부터 우리는 경동맥소체 또는 경동맥체라고 하는 동洞의 흥미로운 구조를 알고 있습니다. 사람의 경우에 이것은 겨우 수 밀리미터의 작은 크기입니다. 이 소체는 내경동맥과 근처의 세포들로부터 나오는 매우 가는 혈관들로 뒤얽힌 작은 덩어리입니다. 이것은 또한 부신수질과 비슷한 내분비샘의 일종으로 여겨졌습니다. 그러나 1927년에 드 카스트로 박사는 해부학적 관점에서 이것이 부신수질과 비슷한 점이 전혀 없다는 것을 밝혀냈습니다. 그는 이 소체가 혈액의 조성 변화에 따라 반응하는 기관이라고 추측하였습니다. 그리고 이 소체를 일컬어 특별한 화학 수용체를 가진 내부 미각기관이라고 설명하였습니다.

1931년에 이르러 부카에르트 박사, 다우트레반데 박사, 그리고 하이만스 박사는 가상의 화학 수용체가 혈액 조성의 변화로 인한 호흡반사를 주관하는지를 연구하기 시작했습니다. 그들은 동洞의 일부에 장애를 일으킴으로써 압력변화에 의한 반사를 저지하였습니다. 하지만 혈액조성 변화에 따른 호흡반사는 여전히 계속 일어나고 있었습니다. 화학조성에 의한 호흡반사 조절과 관련하여 이 소체가 어떤 역할을 할 것이라는 하이만스 박사님의 생각이 틀림없는 사실로 증명된 것입니다. 최근에는 감압신경(대동맥소체)에 존재하는 화학 수용체가 경동맥소체의 화학 수용체와 유사한 구조(코모르, 1939년)를 가지고 있다는 것이 밝혀졌습니다. 그러나 감압신경 메커니즘은 산소 함량이 매우 낮은 경우의 호흡반사에만 국한되어 있었기 때문에 경동맥소체에 의한 경로가 더욱 중요한 것으로 생각됩니다. 그러나 호흡과 관련한 조절 메커니즘에는 이들 전체 시스템 작용이 훨씬 중요함이 밝혀졌습니다.

현재는 증폭 기술을 이용하여 신체 내 전위의 작은 변화를 기록하는 일이 가능하며 전파가 전달되는 동안 신경섬유들의 활동 전위도 측정할 수 있습니다. 혀인두신경의 작은 신경가지에서도 이런 형태의 활동전위가 측정되었습니다.(브롱크, 1931년) 1933년에 하이만스 박사님과 리즈란트 박사는 활동전위의 두 종류를 밝히고 동洞의 혈압에 의한 활동전위가 소체의 화학적 자극에 의한 활동전위보다 중요하다고 주장했습니다. 따라서 우리는 이것을 기초로 하여 다양한 조건에서 이 두 형태의 전위에 관한 연구를 계속할 것입니다.

하이만스 박사님은 지금까지 전혀 알려지지 않았던 경동맥소체, 대동맥소체의 역할을 밝혔을 뿐 아니라 호흡 조절에 관한 지식을 크게 넓혔습니다. 그가 호흡을 자극하기 위해 사용한 다양한 방법들은 서로 다른 메커니즘을 가지고 있습니다. 로벨린 · 니코틴 · 시안화물 · 황화물 등의 약품은 소체에 작용하고, 다른 경우에는(예를 들어 카르디아졸) 중추를 자극하는 메커니즘을 갖고 있었습니다. 그리고 또 다른 경우에는(예를 들어 콜아민) 중추와 말초에 모두 작용하는 것도 있었습니다. 이제 우리는 호흡의 화학적 조절에 관해 많은 것을 알게 되었으며, 우리는 이 지식들을 많은 질병에 적용할 수 있을 것입니다.

왕립 카롤린스카 연구소 교수위원회 G. 릴제스트란트

- 1938년 노벨상 시상식은 1940년 1월 16일에 벨기에의 겐트에서 거행되었다.

프론토실의 항균 효과 발견

1939

게르하르트 도마크 | 독일

:: 게르하르트 요하네스 파울 도마크 Gerhard Johannes Paul Domagk (1895~1964)

독일의 세균학자이자 병리학자. 킬 대학교에서 의학을 공부한 후, 그라이프스발트 대학교와 뮌스터 대학교에서 병리해부학을 강의하였다. 1927년에 우페르탈-엘베르펠트에 있는 파르벤인더스트리 연구소에서 연구 활동을 했으며, 1932년에 최초의 설파제제이자 의학사에서 가장 위대한 치료제 중의 하나로 감염성 질병 치료에 탁월한 프론토실의 항균효과를 발견함으로써 수백만 명의 목숨을 구하는 것과 같은 효과를 낳았다. 나치 정권의 강압으로 수상을 거부하였으며 1947년에 상을 받았다.

약물이나 화학 물질로 염증을 치료하는 실험은 아주 일찍부터 알려져 왔지만, 대부분 효과가 없거나 무의미한 결과만이 나타났습니다. 그러나 이와 같은 상황에서도 화학요법 치료제는 사용 초기에 어느 정도 성공적인 결과를 보여 주기도 하였습니다. 비록 지금은 효과가 더 좋은 약물이 많이 있지만, 수은은 고대부터 사용된 활성이 매우 큰 화학요법 치료제였습니다. 오랫동안 사용된 또 다른 치료제인 기나피는 17세기 유럽에서 말라리아 치료제로 사용되었습니다. 하지만 화학요법으로 치료하는 염증은 대부분 미미한 결과만을 낳았습니다.

화학요법에서 가장 중요한 발전은 지난 수십 년 사이에 이루어졌습니다. 특히 비소제제에 대해 연구한 결과, 매독 병원체와 트리파노소마에 의한 감염(열병, 매독, 아프리카 수면병)에 대해 성공적인 결과를 얻었습니다. 그리고 이 실험 결과는 화학요법 치료제 개발을 활성화하는 강력한 자극제가 되었습니다. 금속염은 또한 특이한 형태의 염증 치료에 효과가 있었습니다. 예를 들면, 열대성 질병에 대한 효과가 좋은 안티몬 염, 말라리아에 효과가 있는 바이엘 제제인 '플라스모친'과 '티브린', 열대성 수면병에 효과가 있는 '게르마닌(바이엘 205)' 등이 있습니다. 게다가 비스무트 염이 매독 치료에 매우 효과적이었으며 수은보다 더 많이 사용되고 있습니다.

원생동물이나 매독 병원체가 일으킨 질병은 화학 물질로 치료가 가능하다는 것이 증명된 반면에, 구균이나 박테리아 같은 세균 감염성 질병에 대한 화학요법의 효과는 그다지 성공적이지 못했습니다. 이와 같은 세균에 대한 화학요법의 이론적 근거를 얻기 위해 효과도 없는 화학적 수단을 계속 사용할 수는 없었으며, 결과적으로 감염성 질병 치료에는 혈청 치료법이 가장 효과적이라고 생각하게 되었습니다.

최근 금gold 제제를 이용한 실험들을 계기로 화학요법이 크게 발전하였습니다. 연쇄상 구균에 의한 감염이나 류머티스 감염 등이 이 염에 어느 정도 반응하는 것으로 알려졌습니다. 하지만 결과가 일정하지 않으며 강한 효과를 위해 용량을 증가시키면 심각한 독성을 나타내는 경우가 많았습니다.

과거 20~30년 동안에 독성이 적고 보다 효과적인 금 제제를 만들기 위해 여러 제약회사에서 수많은 연구를 수행하였습니다. 이들 제약회사 중에는 엘버펠트(지금의 부퍼탈)에 위치한 이게파르벤처럼 큰 회사도 있었습니다. 여기에서는 연쇄상 구균에 의한 감염 치료제를 개발 중이었고, 금 제제에 관한 연구는 이런 연구의 한 부분이었습니다. 이 연구를 수행한 이게파르벤 실험실의 책임자로서 게르하르트 도마크 교수님은 동물실험과 관련한 연구를 계획하고 지시하였습니다. 화학자인 미에츠시 박사와 클라레르 박사는 도마크 교수님과 긴밀한 공동 연구를 수행하며 여러 화학적 제제를 제공하였습니다. 이렇게 제공된 제제 중에서 술폰아미드 화합물이 선택되었습니다. 이 화합물은 회르레인 박사와 동료들이 이전에도 합성한 적이 있는 색소 물질이었습니다. 그러나 이 화합물의 치료 효과에 대해서는 연구된 적이 없었습니다.

도마크 교수님과 동료들은 그 외에도 4-술폰아미드-2′, 4′-디아미노벤젠 하이드로클로라이드라는 염제제의 효과에 대해서도 연구하였습니다. 그들은 이 제제를 프론토실이라 불렀습니다. 프론토실이라는 이름으로 발표된 첫 번째 실험은 1932년 12월 20일에 시작되었습니다. 혈액독소로 고통받던 환자로부터 용혈성 연쇄상 구균을 얻고 프론토실에 의해 죽는 균의 수는 생쥐를 대상으로 이미 측정해 놓았습니다. 그리고 물질에 반응하는 수보다 10배 정도 많은 양의 동일한 세균을 생쥐에게 투여하였습니다. 대략 30분 후, 세균을 투여한 생쥐 중 절반에게 일정량의 프론토실을 투여하였습니다.

1932년 12월 24일, 대조군의 모든 생쥐는 죽고, 프론토실이 투여된 생쥐는 모두 건강하게 생존하였습니다. 이를 기초로 화학요법은 생각지도 못했던 발전을 하게 됩니다.

비상한 관심을 불러일으켰던 이 실험과 뒤이어 계속된 실험의 결과는

1935년 2월이 되어서야 출판되었고, 이를 통해 프론토실이라는 물질의 효과는 전 세계에 널리 알려졌습니다.

독일 다음으로 가장 먼저 프론토실을 실험한 나라는 프랑스였습니다.(레바디티) 그 후 프랑스의 트레포에 박사와 니티 박사, 미국의 롱 박사와 마샬 박사를 비롯한 여러 연구자들, 그리고 영국의 콜리부룩 박사와 케니 박사 등은 프론토실의 작용기전에 대해 폭넓은 연구를 수행하였습니다. 그 결과 프론토실의 유용한 효과가 술폰아미드 성분 때문이라는 것을 발견하게 되었습니다.

처음부터 프론토실은 연쇄상 구균의 감염에 유효한 것으로 알려졌습니다. 하지만 도마크 교수님은 첫 번째 논문에서 이미 이 제제가 포도상 구균 감염에도 약간의 치료 효과가 있으며, 특정 형태의 폐렴에도 효과가 있다고 보고하였습니다.

일찍이 술폰아미드 제제는 단독(얕은 연조직염, 베타용혈사슬알균에 의한 접촉전염성의 피부 및 피하 조직의 병—옮긴이)에 대해서도 매우 효과적이라는 것이 알려졌으며, 후속 연구들을 통해 이런 효과가 확실하게 증명되었습니다. 따라서 지금은 단독丹毒 치료에 아무런 문제가 없습니다.

비록 단독丹毒에서처럼 신속하고 확실하게는 아닐지라도, 술폰아미드 제제를 이용하면 연쇄상 구균의 감염을 치료할 수 있습니다. 연쇄상 구균 감염으로 흉강에 생기는 화농이나 수막염은 여전히 심각한 질병이지만, 이 질병도 과거보다는 훨씬 줄어들었습니다. 이 제제는 산욕열이나 몇몇 다른 연쇄상 구균의 감염에도 응용됩니다. 지금까지는 치료할 수 없었던 것으로 생각한 심내막염을 동반한 만성 전신성 패혈증도 술폰아미드 제제에 반응하는 경우가 있었습니다.

게다가 임질이나 전염성 뇌막염처럼 연쇄상 구균과 무관한 감염성 질병에 대해서도 좋은 결과를 얻었으며, 이미 언급한 것처럼 포도상구균의 감염에도 효과가 있었습니다.

여러 구균 감염에 대하여 매우 효과적인 이 제제는 바실루스에 의한 감염, 즉 감기 등에도 좋은 효과를 보였습니다. 이제 술폰아미드는 대장균에 의한 요로 감염에 가장 잘 알려진 치료제가 되었습니다. 이와 같은 술폰아미드기를 포함한 제제는 여기에서 열거하지 않은 다른 세균성 감염뿐만 아니라, 파상열에 대해서도 약간의 효과를 보이고 있습니다.

프론토실의 발견으로 감염성 질환 치료에 전혀 생각지 못했던 새로운 길을 열었습니다. 또 다른 질병에 대해서도 새로운 치료법이 발견되기를 기대하면서 술폰아미드 제제를 병용하는 요법이 세계 도처에서 실행되고 있습니다. 그리고 이 실험들은 예상보다 아주 빠르게 성공적인 결과들을 낳았습니다.

이게파르벤은 최근 새로운 술폰아미드 제제인 울리론을 보고하였습니다. 또한 영국의 다겐함에 있는 메이앤드베이커 화학회사는 1938년, 피리딘 화합물과 술폰아미드를 합성한 물질이 폐렴에 효과가 있다는 중요한 보고서를 발표하였으며, 이는 곧 사실로 증명되었습니다. M&B 693이라는 이름으로 판매된 이 제제는 현재 술파피리딘으로 불리고 있습니다. 술파피리딘은 지금까지 나온 프론토실 유도체 중에서 가장 주목할 만한 것이라는 평가입니다.

여러 나라의 연구자들은 새로운 술폰아미드 제제를 만들려는 노력과 더불어, 이들 제제의 작용 방식과 부작용에 대한 이론적인 연구에 매우 바쁜 날들을 보내고 있습니다. 도마크 교수님도 역시 이 문제에 대해 자세히 연구하였습니다. 이외에도 이와 관련된 연구가 프랑스, 영국, 미국, 스웨덴을 비롯한 여러 나라에서 진행 중입니다.

도마크 교수님과 공동 연구자들의 연구가 있었기에 화학요법은 5년이라는 짧은 기간에 전례없이 크게 발전할 수 있었습니다. 과거의 치명적인 질병도 이제는 효과적인 치료가 가능해졌습니다. 그리고 전 세계에서 술폰아미드 제제의 훌륭한 치료 효과를 확인하고 있습니다. 프론토실과 그 유도체가 수백만 명의 목숨을 구한 것입니다. 과거에는 화학요법에 관한 실험 결과가 우리에게 실망만을 안겨주었지만, 이제는 이에 대해 매우 비관적이던 사람들조차도 그 결과를 기대할 만큼 전망이 밝아졌습니다. 술폰아미드 제제가 우리에게 알려준 새로운 화학요법은 이제 더 이상 상상이 아닙니다.

1939년 게르하르트 도마크 교수님이 노벨 생리·의학상을 수상하면서 그의 획기적인 발견은 더욱 빛을 발하게 되었습니다.

게르하르트 도마크 교수님은 프론토실의 항균 효과를 발견한 공로로 오늘 1939년 노벨 생리·의학상을 받습니다. 프론토실은 최초의 술파제제이며, 이것은 의학사상 가장 위대한 치료제 중의 하나입니다. 도마크 교수님은 그 당시에 정치적인 이유로 이 상을 받을 수 없었습니다. 때문에 그는 1947년에서야 메달과 증서를 받게 되었습니다.(독일 정부에서 수상을 거부함에 따라 8년 후인 1947년에 증서와 메달을 받았다. 수상 연설은 1947년 12월 12일에 이루어졌다—옮긴이)

도마크 교수님.

교수님의 노벨상 수여가 결정된 뒤 지난 8년 동안 술폰아미드가 감염성 질병 치료에 신기원을 이룩했음이 더욱 분명히 밝혀졌습니다. 파울 에를리히 박사가 꿈꾸던 것들, 그리고 살바르산을 사용함으로써 현실화되었던 그 모든 업적들은 교수님의 연구를 통해 보다 널리 인정받는 사실이 되었습니다. 그리고 미래에는 감염성 질환을 화합물로 퇴치할 것이라고 믿습니다.

왕립 카롤린스카 연구소를 대표하여 따뜻한 축하를 보내드리며, 이제 전하께서 메달과 상장을 수여하실 것입니다.

왕립 카롤린스카 연구소 교수위원회 N. 스바츠

비타민 K의 발견과 그 화학적 성질에 관한 연구

1943

헨리크 담 | 덴마크

에드워드 도이지 | 미국

:: 헨리크 카를 페테르 담 Henrik Carl Peter Dam (1895~1976)

덴마크의 생화학자. 코펜하겐 공과대학에서 화학을 공부하였으며 1920년에 졸업한 뒤, 농업 및 수의과대학에서 화학을 강의하였다. 1923년에는 같은 학교 생리학 연구실에서 생화학을 강의하였으며, 1929년에 부교수로 임용되어 1940년까지 재직하였다. 1940년부터 미국 및 캐나다에서 강연하였으며, 1945년에는 록펠러 의학 연구소 연구원이 되었으며, 1946년에 코펜하겐 공과대학으로 돌아가 교수로 재직하였다.

:: 에드워드 애들버트 도이지 Edward Adelbert Doisy (1893~1986)

미국의 생리학자. 일리노이 대학교를 졸업하고 1920년에 하버드 대학교에서 박사학위를 취득하였다. 1919년부터 1923년까지 세인트루이스에 있는 워싱턴 대학교 의과대학에서 강사 및 부교수로서 강의한 후, 1923년에 생화학 정교수가 되어 1965년까지 재직하였다. 이후 명예교수를 지냈다. 비타민 K의 화학구조를 분석하고 실험실에서 비타민 K를 합성하는 데에 성공하였다.

올해의 노벨 생리·의학상의 연구 주제는 이론적으로나 실용적으로 모두 중요한 혈액 응고와 관련되어 있습니다. 비타민 K를 발견한 덴마크의 헨리크 담 박사님과 함께 비타민 K를 정제하고 화학구조를 결정하여 합성에 성공한 미국의 도이지 박사님이 바로 이 상의 주인공입니다.

1929년 코펜하겐 대학교의 생화학 연구소에서 지방 섭취가 부족한 병아리를 연구하던 담 박사님은 얼마 후에 이 병아리의 체내 여러 곳에서 출혈을 관찰하였습니다. 또한 그 병아리들 중 하나의 혈액 시료가 정상보다 느린 속도로 응고되는 것을 발견하였습니다. 미국의 로데릭 박사, 홀스트 박사, 할부룩 박사 등도 1931년과 1933년에 이와 비슷한 관찰을 하였습니다. 비타민 C 결핍증인 괴혈병에 대해 의문을 갖게 된 담 박사님은 계속 연구하여 비타민 C, 혹은 콜레스테롤 같은 다른 어떤 비타민도 실험동물의 출혈을 막지 못한다는 것을 알게 되었습니다.

음식에 삼나무 씨앗(삼나무, 다른 말로 대마나무의 씨)을 첨가하면 출혈을 예방할 수 있다는 사실이, 1934년에 숀헤이더 박사와 담 박사님의 공동 연구로 밝혀졌습니다. 따라서 삼나무 씨앗에는 출혈을 예방하는 미지 물질이 함유되어 있다는 결론을 내리게 되었습니다. 담 박사님은 혈액 응고에 필요한 것으로 알려진 이 물질을 응고 비타민 또는 비타민 K라고 명명했습니다. 게다가 담 박사님은 이 비타민 K가 양배추, 토마토, 간장 및 자주개자리alfalfa(콩과의 다년생 쌍떡잎식물)의 씨와 같은 식물에 존재할 뿐만 아니라, 동물의 여러 장기 특히 간에서도 존재한다는 것을 발견하였습니다. 담 박사님은 미국 과학자 알름키스트 박사와 거의 같은 시기에 이 식물의 비누화되지 않은 지방 분획에 활성이 있다는 것을 알아냈습니다. 또한 1938년에 알름키스트 박사는 소장에 있는 세균도 비타민 K를 생성한다는 사실을 밝혔습니다. 따라서 유기체가 필요한 비타민은 음식으로부터 섭취하거나 소장에서 생성되어 충족되고 있다는 것을 알게 되었습니다.

상처에 흐르는 혈액이 응고되기 위해서는 수많은 과정이 필요합니다. 혈액은 응고되면서 피브린이라는 가느다란 그물 모양의 침전물을 만듭니다. 이 물질은 트롬빈 효소에 의해 혈액 안에 있는 피브리노겐이라는 단백질로부터 만들어집니다. 그리고 트롬빈 효소는 간에서 형성되는 프로트롬빈으로부터 만들어집니다. 비타민 K는 바로 이 프로트롬빈의 형성에 꼭 필요한 물질입니다. 비타민 K가 부족하게 되면 프로트롬빈도 부족하게 되고, 따라서 트롬빈 또한 부족하게 됩니다. 결과적으로, 피브리노겐은 혈액 응고에 필요한 피브린을 형성할 수 없게 됩니다.

덴마크와 미국을 포함한 여러 나라의 연구자들, 그리고 담 박사님은 계속적인 연구 활동으로 폭넓은 연구를 하였습니다. 그 결과 비타민 K의 부족으로 인한 프로트롬빈의 결핍은 보통 신생아에게 질병을 유발하지만, 성인의 간과 소장에도 질병을 일으킨다는 사실을 알게 되었습니다. 따라서 이런 결핍 증상에 비타민 K를 공급하면 호전되었습니다.

이 연구와 동시에 비타민 K의 성질을 확인하기 위한 다양한 노력이 시도되었습니다. 1938년에 담 박사님은 삼나무 씨앗으로부터 높은 함량의 비타민 K를 함유한 기름을 정제하는 데 성공하였습니다. 그 후에 박사님은 1937년도 노벨 화학상을 수상한 유명한 비타민 화학자, 카러 박사님이 주도하는 스위스 연구진과 공동으로 연구를 진행하였습니다. 미국에서도 여러 선도적인 생화학 실험실에서 비타민 K의 수수께끼를 해결하기 위한 연구가 경쟁적으로 진행되었습니다.

이미 세계적으로 유명한 세인트루이스의 에드워드 도이지 박사님은 비타민 K의 성질을 최초로 밝힌 공로로 1943년 노벨상의 공동 수상자가 되었습니다. 1939년 그는 동료들과 함께 삼나무 씨앗에서 비타민 K_1을, 그리고 어류에서 비타민 K_2를 순수한 결정형태로 분리하는 데 성공하였습니다. 같은 해에 도이지 박사님은 또 다른 동료와 함께, 비타민 K의 화학구조를 분석하여 나프토퀴논의 유도체임을 밝혔으며, 자연에 존재하는 것과 동일한 비타민 K를 실험실에서 성공적으로 합성하였습니다. 거의 동시에 미국의 한 연구자도 이 물질 합성에 성공하였으며 이로 인해 비타민 K는 의학적으로 더욱 많이 이용할 수 있었습니다.

사실 이 비타민은 사람의 출혈성 질환 치료에 매우 중요합니다. 간과 담낭관에 문제가 생겨 황달을 일으키는 질병은 프로트롬빈의 부족으로 인한 심각한 출혈이 나타나며, 이런 증상은 비타민 K로 치료할 수 있었습니다. 이와 같은 효과적인 치료법은 질병의 위협으로부터 벗어나는 데에도 크게 기여하였습니다. 또한 비타민 K의 부족으로 출혈 경향을 보이는 만성 장질환에서도 비타민 K는 좋은 치료 효과를 보였습니다.

하지만 이 비타민은 무엇보다도 신생아의 출혈 억제에 효과적이었습니다. 생명을 위협하는 출혈은 낮은 연령대에서 자주 나타납니다. 이와 같은 증상의 대부분은 비타민 K가 부족하기 때문이며, 이 비타민을 보충함으로써 치료할 수 있었습니다. 더욱이 출산 전에 산모에게 처치하거나 혹은 출산 즉시 신생아에게 처치함으로써 출혈을 예방할 수 있었습니다. 신생아 출혈은 상당수가 비타민 K의 부족으로 인한 것이었지만 때로는 무관한 경우도 있었으며, 이 경우에는 비타민을 보충해도 치료할 수 없었습니다. 하지만 그때도 비타민 K는 생명을 구하는 데 많은 도움이 되었습니다. 비타민 K의 발견으로 종종 발생하는 이 질병 치료에 급격한 변화가 일어난 것입니다.

비타민 K의 성질과 합성 방법을 규명한 이 연구 업적은 이론과 응용,

모든 면에서 의학적으로 매우 중요합니다. 우리는 혈액의 응고와 관련된 복잡한 과정을 이해할 수 있게 되었으며, 성인과 신생아 모두에서 관찰되던 애매모호한 출혈성 질환의 원인을 밝힐 수 있었습니다. 마침내 우리는 이러한 질병의 치료와 출혈 예방을 위한 중요한 치료법을 알 수 있게 되었습니다.

왕립 카롤린스카 연구소는 비타민 K에 관련된 빛나는 연구 업적에 올해의 노벨상을 수여하게 되어 매우 기쁩니다. 더욱이 이 연구는 인류에게 커다란 이익을 가져다 주는 발견을 기리고자 하는 노벨 박사님의 뜻과도 잘 어울립니다.

왕립 카롤린스카 연구소 교수위원회 A. 리첸스타인

– 이 수상 연설은 방송으로 전달되었다. 1943년 노벨 생리·의학상은 1944년 11월 9일에 발표되었다.

단일 신경섬유의 기능 발견

1944

조지프 얼랜저 | 미국

허버트 개서 | 미국

:: 조지프 얼랜저 Joseph Erlanger (1874~1965)

미국의 생리학자. 캘리포니아 대학교에서 화학을 공부한 후, 존스홉킨스 대학교에서 의학을 공부하여 1899년에 박사학위를 취득하였다. 1900년에 존스홉킨스 대학교 의과대학 생리학 조교수가 되었고, 1906년에 위스콘신 대학교 교수가 되었다. 1910년에 워싱턴 대학교 의과대학 생리학 교수가 되어 1946년까지 재직하였으며, 재직 중 공동 수상자인 허버트 개서를 지도하고 함께 연구하였다. 일정한 전기전류의 영향 하에 신경세포의 변화를 연구하여 감각신경과 운동신경의 차이를 밝혀냈다.

:: 허버트 스펜서 개서 Herbert Spencer Gasser (1888~1963)

미국의 생리학자. 위스콘신 대학교에서 공동 수상자인 조지프 얼랜저의 지도 아래 생리학을 공부하였다. 이후 존스홉킨스 대학교에서 의학을 공부하여 1915년에 박사학위를 취득하였다. 1921년 세인트루이스에 있는 워싱턴 대학교의 생리학 교수가 되어 조지프 얼랜저와 공동으로 연구하였다. 1931년에 뉴욕에 있는 코넬 대학교 생리학 교수가 되었으며, 1935년부터 1953년까지 록펠러 의학 연구소 소장으로 활동하였다. 조지프 얼랜저의 연구에서 더 나아가 신경섬유들이 각각의 임무를 수행한다는 점을 밝혀냈다.

신경생리학 발전에 가장 중요한 전기생리학적 발견으로 세 가지를 꼽을 수 있습니다. 첫 번째는 알프레드 노벨 박사님이 이 기금을 남기기 한참 전인 19세기 중반, 뒤 부아 레몽 박사님이 신경전파가 신경을 따라 전달되는 음성의 전파라는 것을 밝힌 것과 헬름홀츠 박사가 처음으로 신경줄기의 평균 전파 전달 속도를 측정한 것이었습니다. 두 번째는 1932년에 노벨상을 수상한 에이드리언 박사님의 연구입니다. 그는 이 연구에서 감각기관과 신경세포가 신경전파를 내보낸다는 사실을 밝혔습니다. 각각의 신경섬유에서 신경전파는 일정한 크기로 나타나지만 더 강한 자극을 받는 경우에 그 주파수는 증가합니다. 이때 신경세포들은 연속적으로 발사되는 기관총의 화염과도 같은 주파수로 의사소통합니다. 이 메커니즘에 대한 이와 같은 묘사는 물리적으로는 부적절하지만 매우 정확한 설명입니다. 실제로도 전파를 증폭시켜 확성기로 들으면 마치 기관총 소리같이 들립니다. 마지막으로 세 번째 획기적인 발견은 바로 오늘의 수상자인 얼랜저 박사님과 개서 박사님의 연구입니다.

1907년 스웨덴 생리학자인 구스타프 괴슬린 박사는 전기 케이블 전도에 대해 톰슨 공식을 근거로 두꺼운 신경섬유의 전도 속도가 얇은 신경섬유보다 빠르다는 가설을 세웠습니다. 이 가설은 각 신경섬유의 직경이 0.001밀리미터에서부터 0.020밀리미터 이상인 것까지 다양하다는 사실을 생리학적으로 해석해 주었습니다. 1913년 이후 라피크 박사님과 그의 동료들은 이와 관련된 보다 나은 증거들을 논문으로 제시하였습니다. 모든 면에서 가치를 인정받은 이 연구들에 뒤이어 얼랜저 박사님과 개서 박사님은 이 가설을 확실하게 증명하였습니다. 완벽한 기술로 발전하기 위해, 그리고 명확한 결론을 얻기 위해 실험은 매우 중요합니다. 신경섬유는 표면상으로는 간단한 케이블 같지만 실제로는 고도로 분화되어 있습니다. 신경세포가 모여 이루어진 신경섬유는 뇌나 척수 같은 상위 기관과 연결되어 생리학적으로 매우 중요한 역할을 합니다. 때문에 신경섬유에 관한 얼랜저 박사님과 개서 박사님의 연구는 이런 점에서 더욱 중요하게 평가받고 있습니다.

얼랜저 박사님과 개서 박사님은 신경섬유들을 전파 전도 속도에 따라 세 유형으로 나누었는데, 첫 번째인 A 그룹을 다시 세분화하였습니다. 포유동물의 신경섬유는 가장 두꺼운 A 신경섬유로서 초속 5~100미터로 전파를 전달합니다. 가장 얇은 C 신경섬유는 초속 2미터 이하입니다. 이 두 그룹 사이에 초속 3~14미터인 B 신경섬유가 있습니다. 이 전파 속도에 따라 신경섬유들의 수많은 성질들이 달라집니다. 예를 들면 전파가 지속되는 정도, 그 발생 비율, 크기, 전파 전달 후에 나타나는 비흥분 상태, 즉 아무 반응 없는 상태로 지속되는 정도, 흥분의 한계치, 신경에 가해지는 압력에 대한 출력 감도, 그리고 질식에 대한 출력 감도 등이 달라집니다. 하지만 전파 전도와 관련되는 일련의 성질들이 모두 유사한 방법으로 변화하는 것은 아닙니다. 이 외에도 얼랜저 박사님과 개서 박사님은 고도로 분화된 이 세 유형의 섬유들이 척수로 들고 나는 섬유, 즉 감각신경 뿌리와 운동신경 뿌리에 어떻게 분포하는지를 살펴보았습니다. 고통은 대부분 매우 얇고 전도 속도가 느린 섬유에 의해 인지되며, 근육감각과 접촉은 빠른 섬유에 인지됩니다. 신체 근육의 움직임도 전도 속도가 빠른 섬유에 의해서 나타납니다.

뇌와 척수에 전파가 도달되는 속도는 신경세포들의 협력과 관련하여 매우 중요합니다. 전파의 도달에는 0.001~0.005초의 시간 차이가 메시지의 전달을 결정하기 때문입니다. 현재 진행되는 실험도 이와 같은 문제들을 다루고 있습니다.

얼랜저 박사님과 개서 박사님은 자신들의 기술을 이용하여 전파가 도달되는 신경단면이 흥분하는 정도를 측정하였습니다. 하나 혹은 여러 개의 자극이 도달하면 흥분의 감도가 떨어지고 전위 또한 둔감한 변화를 보였습니다. 개서 박사님은 이에 대해 더욱 자세히 연구하였습니다. 신경단면의 흥분 정도가 변하면서 연달아 발생하는 전파는 증가하거나 감소합니다. 이전에도 후전위에 대해서는 알고 있었지만 개서 박사님과 동료들은 후전위 자체의 독립적인 특징을 밝히고 이것이 세 형태의 신경섬유에서 다르게 작용한다는 것을 보여 주었습니다. 따라서 고도로 분화된 신경섬유들이 각각 개별적인 임무를 수행하고 있다는 것을 다시 한 번 확인할 수 있었습니다. 이것은 중추신경계의 생리학적 연구에 매우 중요한 것이었습니다. 이와 관련하여 가장 두드러진 특징은 흥분과 저해 사이의 관계가 둔감한 전위차와 밀접하게 연관되어 있다는 것입니다. 한편 얼랜저 박사님과 그의 동료들은 일정한 전기전류의 영향 아래 신경세포의 흥분 정도가 어떻게 변화하는지 분석하였습니다. 이들의 가장 중요한 업적 중의 하나는 감각신경이 여러 면에서 운동신경과 다르다는 사실을 밝힌 것입니다. 실제로 감각신경은 흥분의 한계치도 낮고, 전류 발생에 대한 저항도 운동신경보다 낮습니다. 신경섬유들의 분화에 관한 이와 같은 새로운 개념은 매우 광범위한 결과를 이끌어 냈습니다.

오늘 얼랜저 박사님과 개서 박사님은 고도로 분화된 단일 신경섬유의 성질에 대한 연구 업적을 인정받아 1944년 노벨 생리·의학상을 수상하게 되었습니다. 이들의 연구는 팔라스 아테나(왼손에는 창, 오른손에는 승리의 신 니케를 들고 있는 그리스 지혜의 여신—옮긴이)의 탄생에 비유될 수 있습니다. 이들은 결과를 얻고 이를 수정하며, 더욱 탄탄하게 다듬는 과정을 보여 주었습니다. 첫 번째 결과에서 얻은 핵심적인 요점으로 결국에는 새로운 발견들을 연이어 쏟아냈습니다. 여기에서부터 신경생리학이라는 새로운 학문이 탄생하였습니다. 그들은 또한 이러한 결과들을 숙련된 기술로 탄탄하게 잘 다듬어 종합하였고 이를 바탕으로 우리는 미래의 모든 신경계 구조를 중추신경과 말초신경계의 생리학적 틀 안에서 세울 수 있게 되었습니다.

왕립 카롤린스카 연구소 노벨연구소 신경생리분과 위원장 R. 그라니트

– 이 수상 연설은 1944년 12월 10일에 방송으로 전달되었다.

감염성 질환에 대한 페니실린의 효과에 관한 연구

1945

알렉산더 플레밍 | 영국

언스트 보리스 체인 | 영국

하워드 플로리 | 오스트레일리아

:: 알렉산더 플레밍 Alexander Fleming (1881~1955)

영국의 세균학자. 1906년에 런던 대학교의 세인트메리 병원 의학교를 졸업한 후 A. 라이트의 연구실에서 연구하였다. 제1차 세계대전 기간 동안 왕립 군사의무단에서 헌신적으로 봉사하는 한편 연구를 계속했다. 1928년에 세인트메리병원 의학교 교수로 임용되어 1948년까지 재직하였으며, 이후 세균학 명예교수를 지냈다. 페니실린을 발견하여 공동 수상자들의 연구에 영향을 주었다.

:: 언스트 보리스 체인 Ernst Boris Chain (1906~1979)

독일 태생 영국의 생화학자. 베를린의 프리드리히빌헬름 대학교에서 화학을 공부하였으며 1930년에 졸업한 후 3년 간 베를린에 있는 샤리테 병원 병리학 연구소에서 연구하였다. 1933년에 나치 정권을 피해 영국으로 이주하여 케임브리지 대학교에서 연구하였으며, 1935년에 옥스퍼드 대학교에서 공동 수상자인 하워드 W. 플로리와 함께 페니실린을 연구하였다. 1961년부터는 런던 대학교 임피리얼 칼리지에서 교수로 재직하였으며, 1969년에 기사 작위를 받았다.

:: 하워드 월터 플로리 Howard Walter Florey (1898~1968)

오스트레일리아의 병리학자. 애들레이드 대학교와 옥스퍼드 대학교에서 의학을 공부하였으며, 1927년에 케임브리지 대학교에서 박사학위를 취득하였으며, 케임브리지 대학교와 셰필드 대학교에서 강의 및 연구 활동을 이어나가다 1935년에 옥스퍼드 대학교 병리학 교수가 되어 1962년까지 재직하였다. 재직 중 공동 수상자인 언스트 B. 체인과 함께 페니실린을 연구하였다. 1944년에 기사 작위를 받았다.

전하, 그리고 신사 숙녀 여러분.

질병의 치료와 예방이라는 의학의 목표에 도달하기 위한 여러 시도가 있었습니다. 그 결과 여러 질병의 성질에 대해 훨씬 많은 지식을 얻을 수 있었으며, 그 결과 더욱 새롭고 치료율이 높은 의술이 실용화되었습니다. 내분비 기관 활성 장애에 맞서 싸워 이길 수 있었던 것은 이 질병의 성질에 대한 지식 증가와 직접 관계가 있습니다. 루이 파스퇴르 박사와 로베르트 코흐 박사의 연구에서 우리는 감염 질환의 성질을 파악할 수 있었으며, 세균 같은 미생물과 질병의 연관성에 대해서도 알게 되었습니다. 이러한 지식의 확장으로 여러 질병의 예방과 치료에 획기적인 진전을 이룰 수 있었습니다. 과거에 질병들은 인류에게 내린 저주와도 같았습니다. 그래서 병에 걸린 모든 사람들이 죽어가면서 한꺼번에 넓은 지역이 황폐화되었습니다. 그러나 이제 우리는 지금까지의 치료법에서 전혀 볼 수 없었던 어떤 가능성을 접하게 되었습니다. 잇달아 빠른 속도로 여러 형태의 백신과 혈청 치료법이 개발되면서 44년 전 이 분야에 처음 노벨상이 수여되었습니다.

침입자, 즉 세균에 대항하기 위해서 사람이나 동물은 몸 안에 방어 물질을 생성하고 또 충분한 양을 만들어 냅니다. 하지만 이런 능력이 고등

동물(곰팡이에 비해 상대적으로 고등한 동물을 의미한다—옮긴이)에만 해당되는 것은 아닙니다. 주베르(1877) 박사와 공동으로, 파스퇴르 박사는 몸 밖에서 배양시킨 탄저균이 대기로부터 받아들인 세균에 의해 파괴되는 것을 관찰하였습니다. 이 발견은 감염성 질환 치료에 매우 희망적이었습니다. 하지만 여러 종류의 미생물들 사이에 일어나는 생존을 위한 경쟁을 이용하여 어떤 이익을 얻기까지는 20년 이상의 시간이 흘러갔습니다. 1899년 엠메리히 박사와 로에브 박사가 이에 관해 실험했지만 크게 주목할 만한 결과는 얻지 못했습니다. 그 후 그라티아 박사와 다스 박사를 비롯한 여러 사람들도 노력했지만 결과는 마찬가지였습니다. 파스퇴르 박사의 생각을 실현할 수 있는 사람이 그해의 노벨 생리·의학상을 예약해 놓은 것이나 다름없었습니다.

페니실린을 발견한 플레밍 교수의 연구는 이제 거의 고전이 되었습니다. 1928년, 그는 포도상구균의 화농성 세균을 실험하는 과정에서 배양접시를 우연히 오염시킨 곰팡이 주위에서 세균 콜로니가 모두 죽어 사라지는 것을 보고 여기에 주목하였습니다. 플레밍 교수님은 일찍이 세균의 성장을 막는 여러 물질에 대해 연구하였으며, 그중에서도 눈물이나 타액에 존재하는 이른바 라이소자임이라는 물질에 관심이 있었습니다. 그는 세균을 억제하는 새로운 물질을 주시하고 있었으며 최근 발견들로 매우 고무되어 있었습니다. 그는 이 곰팡이를 배양한 후 배지에 옮겼고, 그 표면을 따라 녹색의 펠트 같은 형태로 곰팡이가 자랐습니다. 1주일 후 이것을 여과하였을 때, 이 배지에서 세균 성장을 강하게 억제하는 효과가 나타났으며, 500~800배로 희석했을 때에도 포도상구균의 성장을 완전히 억제할 수 있었습니다. 즉 곰팡이가 이 활성 물질을 배지로 분비했음을 알 수 있었습니다. 이 곰팡이는 페니실리움 속, 또는 솔속곰팡이에 속하는 것이었으며, 그는 처음에는 배지를, 그리고 나중에는 그 활성물질 자체를 '페니실린'이라고 명명하였습니다. 대부분의 페니실리움은 이 물질을 전혀 생성하지 않습니다. 플레밍 교수님의 배양접시를 오염시켰던 것은 페니실리움 노타텀으로 밝혀졌습니다.

1911년 가을, 스톡홀름 대학교에서 박사학위를 받은 리처드 웨슬링 박사는 자신의 논문에서 과학은 다분히 국제적인 성격을 띠고 있으며, 더욱 중요해지는 부분은 더 많은 발전이 이루어진다고 이야기했습니다. 페니실린은 여러 종류의 세균에 효과적이었습니다. 특히 일반적인 화농, 폐렴, 뇌막염, 디프테리아, 파상풍, 괴저균과 같은 세균에 매우 효과적이었습니다. 감기, 대장균, 장티프스 및 결핵균과 같은 종류의 세균은 일반적으로 사용되는 페니실린의 양으로는 성장이 억제되지 않았기 때문에, 플레밍 교수님은 혼합되어 있는 전체 세균로부터 페니실린에 효과가 없는 세균을 분리할 수도 있었습니다. 게다가 일반적으로는 쉽게 파괴된다고 알려져 있는 백혈구가 페니실린에는 아무런 영향을 받지 않았습니다. 또한 페니실린을 생쥐에 투여했을 때도 아무런 해가 없었습니다. 이런 점에서 페니실린은 지금까지 발견된 세균에 대한 독성을 갖는 미생물의 생성물들과는 전혀 달랐습니다. 또한, 이 물질은 고등한 동물들의 세포에 대해서도 동일한 독성을 나타냈습니다. 이것은 페니실린을 치료제로 이용할 수 있는 가능성이 높다는 것을 의미합니다. 실제로 플레밍 박사님은 감염된 상처에서 페니실린의 효과를 확인하였습니다.

플레밍 박사님이 이를 발견하고 3년이 지난 뒤, 영국의 화학자 클러터벅 박사, 러벌 박사, 그리고 라이스트릭 박사는 순수한 페니실린을 얻기 위해 노력했지만 실패하였습니다. 그들은 이것이 정제 과정 중에 항세균 효과를 쉽게 잃어버릴 만큼 민감한 물질이라는 것을 알게 되었고, 이는 곧 다른 부분에서도 확인되었습니다.

옥스퍼드 대학교의 병리학 연구소에서 페니실린을 연구하기 전까지 페니실린은 세균학자의 관심의 대상일 뿐, 실질적인 중요성은 전혀 밝혀지지 않은 미지의 물질일 뿐이었습니다. 이때부터 이른바 기초 연구가 다시 시작되었습니다. 감염성 질병에 대한 인체의 자발적인 방어력에 관심이 있던 하워드 플로리 교수님은 동료들과 함께 라이소자임에 관해 연구하고 있었습니다. 화학자인 언스트 보리스 체인 박사님은 이 연구의 마지막 단계에 참여하였고, 1938년에 두 연구자는 미생물이 생성하는 또 다른 항박테리아 물질에 관해 공동 연구를 하였습니다. 그리고 이와 관련하여 처음으로 선택한 물질이 페니실린이었습니다. 순수한 형태의 페니실린을 제조하는 것은 매우 어려웠지만, 다른 한편으로는 이 물질의 강력한 효과로 높은 성공 확률을 확신할 수 있었습니다. 체인 박사님과 플로리 교수님이 이 연구를 계획하기는 했지만, 이 두 사람은 이미 많은 일을 진행하고 있었기 때문에 수많은 공동 연구자들이 이 연구를 함께 했습니다. 특히 아브라함, 플레처, 가드너, 히틀리, 제닝스, 오르-이윙, 샌더스, 그리고 여성 연구자인 플로리 등의 박사들이 열정적으로 참가했습니다. 그중 히틀리 박사는 실험실에서 제조한 페니실린 용액을 기준으로 페니실린을 함유한 용액의 항균 효과를 상대적으로 측정하는 방법을 고안했습니다. 이때 기준이 되는 페니실린 용액 1밀리리터의 활성을 1옥스퍼드 단위라고 합니다.

그 후 페니실린 정제 실험을 하였습니다. 곰팡이는 용기 안에서 알맞은 영양 배지를 주면서 배양하였고, 이때 공급되는 공기도 솜털을 통과시켜 여과하였습니다. 그리고 약 1주일 후, 페니실린의 함량이 최고에 달했을 때 추출을 시도하였습니다. 이때 페니실린은 유기용매에 더 잘

용해되는 산 acid의 형태로 유리되지만, 알칼리에서 염을 형성하고 나면 물에 쉽게 용해될 수 있는 것으로 관찰되었습니다. 그러므로 배양액에서 이를 추출하기 위해서는 산성화시킨 에테르나 아밀 아세테이트를 사용해야 했습니다. 또한 페니실린은 수용액에서 쉽게 파괴되므로 유기용매가 증발하지 않도록 낮은 온도에서 추출해야 했습니다. 그리고 페니실린의 산도를 거의 중화시킨 후에야 수용액으로 회수할 수 있었습니다. 이런 과정들을 통해 많은 불순물은 제거되었고, 용액을 낮은 온도에서 증발시켜 안정한 분말 형태의 물질을 얻을 수 있었습니다. 이렇게 정제한 물질의 활성은 밀리그램당 40~50옥스퍼드 단위 정도였으며, 이것을 100만 분의 1로 희석시켰을 때 포도상구균의 성장이 억제되는 것을 관찰하였습니다. 이것은 이 물질이 상당히 농축된 활성 물질임을 의미합니다. 따라서 그들은 순수한 페니실린을 얻는 데 성공했다고 생각했습니다. 다른 많은 연구자들 또한 이와 비슷한 방법으로 강한 생물학적 활성을 가진 순수한 물질을 얻을 수 있다고 생각했습니다. 그러나 현대의 생화학 실험으로 이 물질은 결코 순수한 물질이 아니었음을 깨닫게 되었습니다. 실제로 여기에 포함된 페니실린의 양은 매우 적었습니다. 현재 제조되는 순수한 페니실린의 결정 1밀리그램은 약 1,650옥스퍼드 단위의 활성을 갖고 있습니다. 페니실린의 형태 또한 매우 다양하며 이들은 아마도 서로 다른 효과를 가지고 있는 것으로 생각됩니다. 최근 들어 페니실린의 화학 성분이 규명되었으며, 체인 박사님과 에이브러햄 박사가 이 연구에 많이 기여하였습니다.

옥스퍼드 대학교의 연구소는 페니실린에 약간의 독성이 있다는 것, 그리고 피가 나거나 고름이 흘러도 그 효과가 약화되는 것은 아니라는 플레밍 박사님의 관찰을 확인할 수 있었습니다. 이 물질은 소화액에서 쉽게 파괴되었고, 근육이나 피부로 주사하면 몸 안으로 빨리 흡수되고, 또 신장에서 신속하게 배설되었습니다. 따라서 이 물질이 아픈 사람과 동물에게서 효과를 나타내기 위해서는, 파괴되지 않도록 주의해서 투여하거나 반복적으로 주사해야만 했습니다. 최근의 몇몇 연구에서 경구 제제를 투여함으로써 이 어려움을 극복할 수 있을 것이라는 결과가 나오고 있습니다. 페니실린에 매우 민감한 화농성 세균 또는 가스괴저 세균을 높은 용량으로 생쥐에 주입하였을 때, 이 제제로 페니실린을 투여 받은 동물의 약 90퍼센트 이상이 회복된 반면, 투여하지 않은 대조 동물은 모두 죽었습니다.

동물실험은 현대 의학에서 매우 중요합니다. 독성이 적으면서 유익한 효과가 나타난다는 것을 동물실험에서 확인하지 않은 채 건강한 사람 혹은 아픈 사람에게 약물을 쓰는 모험을 감행하는 것은 분명히 치명적인 결과를 가져옵니다. 그러나 아무리 동물실험 결과가 분명하다고 할지라도 사람에 대해서는 실망스러운 결과가 나타날 수 있습니다. 이 페니실린 제제를 투여받은 사람이 초기에 발열로 고생하는 현상 등이 바로 이와 같은 경우에 해당합니다. 다행히도 이것은 불순물 때문으로 밝혀졌으며, 보다 순도가 높은 제제를 사용함으로써 이와 같은 불쾌한 증상은 사라지게 되었습니다.

1941년 8월 환자에게 페니실린을 처음 사용해 본 결과가 발표되었지만, 불충분한 약물 공급으로 몇몇 환자는 치료가 중단되었습니다. 그러나 플로리 박사님은 이 새로운 물질에 미국의 수많은 연구자들의 관심을 집중시키는 데 성공하였습니다. 그 결과 수많은 연구자들이 협동하여 집중적으로 연구함으로써 앞에서 언급했던 순수한 결정을 빠른 시간 안에 얻을 수 있었습니다. 이제 많은 양의 페니실린을 제조할 수 있습니다. 그리고 모든 분야에 대한 수많은 시험이 수행되었습니다. 그 결과 실질적인 치료에도 어느 정도 사용이 가능해졌습니다.

현대 의학적인 모든 노력에도 불구하고 죽음에 직면한 환자들, 또는 오랫동안 질병에 시달리는 환자들이 페니실린으로 기적적으로 회복하는 경우가 종종 있습니다. 이를 경험한 의사들은 페니실린의 효과를 당연히 인정했지만, 그렇지 않은 다른 사람들은 그 경과를 판단하는 데 어려움이 많았습니다. "경험은 사람을 현혹시키고, 판단은 어렵다"라는 히포크라테스의 유명한 격언이 있습니다. 따라서 치료제를 시험할 때는 많은 양을 시험해야 하며, 시험 대상 물질의 처치를 제외하면 모두 동일한 조건에서 비교되어야 합니다. 현재는 이와 같은 방식으로 조사한 보고서가 많이 있습니다. 페니실린은 전신패혈증, 뇌막염증, 괴저병, 폐렴, 매독, 임질 등을 비롯한 감염성 질환에 매우 효과적으로 알려져 있습니다.

최신 술파제에도 효과가 없는 환자들이 페니실린으로 치료되는 경우가 종종 있다는 점은 특히 중요합니다. 물론 얼마나 적당한 방법으로 충분한 양이 투여되는지가 중요합니다. 한편 결핵, 티푸스열, 소아마비 및 그 외의 여러 감염성 질환에는 페니실린이 아무 효과가 없다는 것도 확인되었습니다. 결과적으로 페니실린은 일반적 치료제가 아닙니다. 단지 어떤 특정 질병에 대해 좋은 효과를 나타낼 뿐입니다. 경우에 따라서는 페니실린의 경험을 바탕으로 새로운 치료제를 만드는 것이 가능할 수도 있습니다.

페니실린이 치료제로서 가치가 있는지 확인하기 위해 걸린 4년은 매우 짧은 시간입니다. 하지만 그동안 얻은 경험은 수십 년이 걸려야 얻어질 만한 많은 양이었습니다. 따라서 페니실린을 발견하고 여러 질병에 대한 치료제로서의 가치를 확인한 이 업적은 의학과학에서 너무나도 중요합니다.

플레밍 교수님, 체인 박사님, 그리고 플로리 교수님.

페니실린에 대해 모르는 사람은 이제 없습니다. 이 연구는 위대한 공통 목표를 향해 서로 협동하는 여러 과학적 방법을 보여 주는 훌륭한 본보기이기도 합니다. 또한 기초 연구의 근본적인 중요성을 다시 한 번 보여 주었습니다. 이 업적은 단순한 학문 연구에서 우연히 관찰된 한 현상에서 시작되었습니다. 이를 기초로 현재 가장 잘 알려져 있는 효과적인 치료법이 완성되었습니다. 이를 위해 현대 생화학, 세균학 및 임상연구 분야의 도움도 필요했습니다. 이와 같은 여러 분야의 도움과 엄청난 과학적인 열정, 아이디어, 그리고 이에 대한 확고한 믿음으로 수많은 어려움을 극복할 수 있었습니다. 역사상 가장 큰 재난을 겪고 있는 이때, 페니실린은 인간의 재능이 생명을 구하고 질병을 치료할 수도 있음을 증명하였습니다.

왕립 카롤린스카 연구소를 대표하여 저는 현대 의학에 가장 귀중한 공헌을 하신 세 분에게 따뜻한 축하를 전해드립니다. 이제 전하께서 1945년 노벨 생리 · 의학상을 수여하시겠습니다.

왕립 카롤린스카 연구소 교수위원회 G. 릴제스트란트

엑스선에 의한 돌연변이 발생의 발견

1946

허먼 멀러 | 미국

:: **허먼 조지프 멀러 Hermann Joseph Muller (1890~1967)**

미국의 유전학자. 컬럼비아 대학교 및 코넬 대학교에서 공부하였으며, 1912년에 1933년 노벨 생리·의학상 수상자이기도한 토머스 모건의 동물학 실험실에 들어가 연구하였다. 1916년에 박사학위를 취득한 뒤 컬럼비아 대학교를 거쳐 1920년에 텍사스 대학교 부교수로 임용되었으며, 1925년 정교수가 되었다. 1931년에 국립과학원 회원이 되었다. 1934년부터 1937년까지 소련에서 강의하였으며, 이후 영국 에든버러 대학교 등을 거쳐 1945년에 미국 인디애나 대학교 교수가 되었다. 엑스선을 통하여 유전자 복사 메커니즘과 돌연변이 과정을 발전시켜 유전학 및 여타 과학 분야의 발전에 기여하였다.

전하, 그리고 신사 숙녀 여러분.

아이들은 부모를 닮습니다. 부모의 두드러진 특징과 자세는 한 세대에서 다른 세대로 전달됩니다. 즉 세대 간에 전해 내려오는 특징은 인류의 역사가 시작된 후 내내 관심의 대상이었으며 호기심을 자극해 왔습니다. 이러한 세대 간 전달 현상을 설명하기 위해 여러 방법이 시도되었지만 우리는 주로 경험적·실험적인 방법으로 유전 이론을 발전시켜 왔습니다. 유전학은 이제 갓 정립된 활발한 학문입니다. 유전학에서 올해 1946년은 그레고어 멘델이 부모로부터 유전되는 특징에 대한 첫 번째 연구를 발표한 지 정확하게 80년이 되는 기념적인 해입니다. 멘델의 연구는 현대 유전학 연구의 시초가 되었지만 1866년 당시는 더 이상의 학문적 발달이 이루어지지 못했습니다. 멘델의 연구가 그 중요성을 인정받은 것은 20세기로 넘어온 이후였기 때문입니다.

그 사이에 생물과학에서는 많은 일들이 일어났습니다. 모든 생명체는 세포라는 비슷한 구조로 이루어져 있다는 개념이 정립되었고 식물과 동물 모두에서 세포의 일반적 구조 및 주요 특징들이 밝혀졌습니다. 특히, 세포분열의 복잡한 과정이 밝혀졌는데 모든 핵분열마다 세포핵에 존재하는 염색체가 정밀하게 이분되어 딸세포에게 전달된다는 것을 알게 되었습니다. 나아가서 부모로부터 각각 물려받은 두 개의 세포가 수정란 세포로 융합하는 수정 과정도 명료하게 규명되었습니다. 이 융합 과정을 거치면서 수정란은 부모의 성질을 물려받아 또 다른 성질을 갖는 완전한 유기체로 발달하는 것입니다.

수정란 세포는 세대 간에 전달되는 특징을 어떤 방식으로든 표현하며, 그것이 당장 표현되지 않는다 해도 새로운 유기체는 탄생과 함께 그 성질을 결정하는 어떤 인자들을 함유합니다. 이것을 유전인자 또는 유전자라고 부르는데 우리는 아직도 유전자에 관해 알지 못하는 것이 많습니다. 이 유전자는 유기체, 즉 사람의 발달을 유도하고 결정합니다. 예를 들어 한 동물의 종種을 구분짓는 특징은 매우 많으며 유전자의 수 또한 매우 많습니다. 그럼에도 불구하고 이 수많은 특징과 유전자는 작은 세포 안에 모두 존재합니다.

염색체는 유전자를 가지고 세포분열시 재배열되어 딸세포로 정확하게 이분됩니다. 그리고 딸세포는 성숙하면서 모체와 닮아 갑니다. 하지만 처음에 이 주장은 모호한 가설에 불과했으며 유전자는 실험적으로 연구될 수 있는 유형적인 것이라기보다는 철학적인 것으로 생각되었습니다.

그러나 1910년 모건 박사, 멀러 박사, 브릿지 박사, 그리고 스터티번트 박사는 모건 박사의 주도로 유전학의 새로운 기초가 될 연구를 시작하였습니다. 그리고 모건 박사는 이 연구로 1933년 노벨상을 수상하였습니다.

이들의 연구로 유전자는 점차 실현되어 갔습니다. 모호하던 유전자 개념은 사라졌고 이제 유전자는 여러 실험 결과 연구 가능한 하나의 작은 세포 소기관으로 인식되었습니다. 그리고 이 소기관은 거대한 단백질 분자 같으면서도, 멀러 박사님의 말처럼 가장 단순한 형태의 바이러스를 닮아 있다고도 생각되었습니다.

유전자 개념은 생물학의 여러 기초적인 문제를 근본적으로 해결하였습니다. 여러 식물과 여러 종種의 동물들은 서로 다른 특징이 있습니다. 이런 특징들을 종합하면 각각의 종들을 구분할 수 있는 특징을 알 수 있습니다. 이런 특징은 유전자들의 협력 또는 조절 현상으로 나타나는 것입니다. 그러므로 어떤 식물이나 동물이 갖는 본질적인 종의 특징은 그 생명체가 나타내는 것이라기보다 유전자 구조로 결정된다는 말이 훨씬 설득력이 있습니다. 생명체가 번식하기 위해서는 일차적으로 각각의 부모로부터 한쪽씩 물려받은 유전 물질이 증가해야 합니다. 하지만 현대 진화론은 하등한 유기체에서 고등한 유기체로의 진화 과정을 통한 유전자 집단의 진보적인 변화를 포함합니다. 이것은 단순히 종의 수를 늘리기 위한 유전자 복사와는 또 다른 것입니다.

유전자 구조와 유전자 복사를 인위적으로 조작할 수 있는 가능성을 연구하거나 이 같은 인위적인 조작에 의한 유기체의 변화를 연구하는 것은 매우 흥미롭습니다. 멀러 박사님은 모건 박사의 연구진에 남아 수년 동안 이 연구에 몰두했습니다. 하지만 겉으로 보기에 무척 매력적인 이 연구는 매우 어려웠습니다.

20세기로 넘어오면서 우리는 유전체에 생긴 자발적인 변화가 그 생명체의 특징을 변화시킨다는 사실을 잘 알게 되었습니다. 이제 우리는 이와 같은 유전체의 변화로 여러 형태의 변화가 유발되며, 그중에는 유전자 장애를 일으키는 경우도 있다는 것도 알게 되었습니다. 하지만 이런 유전자 장애는 매우 드물게 나타납니다. 모건 박사가 소개한 초파리는 한 세대가 짧기 때문에 실험하기가 매우 용이했습니다. 그렇지만 수천 마리의 파리를 조사해도 돌연변이는 좀처럼 관찰되지 않았습니다. 멀러 박사님은 돌연변이 발생 빈도를 높이기 위해 많은 노력을 하였습니다. 그리고 마침내 매우 정확한 실험 방법을 개발하여 돌연변이의 발생 빈도를 정확하게 측정하는 데 성공하였습니다. 수년 동안 그는 여러 물질을 사용하여 돌연변이 발생을 연구한 결과, 엑스선을 조사하였을 때 수많은 돌연변이가 생긴다는 것을 발견하였고 이 연구로 박사님은 오늘 노벨상을 수상하게 되었습니다. 실제로 방사선을 조사한 파리의 새끼들은 거의 100퍼센트 돌연변이가 일어났습니다. 이것은 인위적인 조작으로 유전자가 변화될 수 있다는 것을 증명한 첫 연구 결과였습니다.

이 발견이 1927년에 논문으로 발표되면서 엄청난 파장을 불러일으켰습니다. 그리고 수많은 연구들이 다양한 방법으로 빠르게 진행되었습니다. 많은 연구자들이 방사선의 작용 메커니즘을 연구하였으며 멀러 박사님은 이 연구들을 주도해 나갔습니다. 이온화 방사선으로서 매우 단순화된 엑스선을 조사한다는 것은 폭발적인 에너지를 가진 아주 작은 물질을 유기체와 접촉시켜 그 에너지를 폭발시키는 것과 같습니다. 유기체에 조사된 작은 물질이 일으키는 폭발, 그 자체만으로도 세포 구조는 조각나고 배열은 흐트러지게 됩니다. 만약 이와 같은 폭발이 유전자와 가까운 곳에서 일어난다면 똑같은 현상이 일어나 유전자에 변형이 생기게 될 것입니다.

방사선으로 돌연변이가 생기는 것을 확인한 멀러 박사님의 연구는 유전학과 일반 생물학에 매우 중요한 것이었습니다.

실험유전학에서 가장 중요한 수단이 바로 유전자의 변형입니다. 자발적인 돌연변이를 응용한 모든 실험은 모건 박사의 가르침을 기반으로 합니다. 그리고 멀러 박사님은 드물게 나타나는 돌연변이 현상을 모든 실험실에서 간단하게 재현할 수 있는 방법을 발견하였고 이로 인해 유전학 연구는 매우 활발해졌습니다. 방사선 조사의 효과는 보편적으로 동일하기 때문에 간단한 바이러스나 박테리아는 물론, 가장 발달한 식물이나 포유동물에 이르기까지 모든 유기체 내에서 방사선에 의한 돌연변이를 관찰할 수 있습니다. 이와 같은 기술의 발전으로 유전학은 지난 20년 동안 놀랍고도 급격한 변화를 겪었습니다.

멀러 박사님은 유전자 복사 메커니즘과 돌연변이 과정을 새롭게 발견하였고 이는 다른 과학 분야에도 많은 영향을 주었습니다. 뿐만 아니라 멀러 박사님은 이 분야에서 끊임없이 연구를 진행하고 발전시켜 왔습니다.

돌연변이 발생 메커니즘이 많이 알려지기 시작하면서 이론유전학 외에도 수많은 연구가 활성화되었습니다. 그리고 우리는 이론적으로나 실질적으로 매우 중요한 결과들을 얻었습니다. 예를 들면 진화론, 물질 대사 연구, 의학과 관련된 여러 분야들, 특히 우생학과 일반적인 질병 이론

등입니다.

멀러 박사님의 영향을 받은 다양한 분야들은 모두 현대 생물학의 중요한 초석이 되었습니다. 그리고 멘델 박사님, 모건 박사님, 그리고 멀러 박사님, 이 세 분은 앞으로도 현대 유전학의 창시자로서 주목받게 될 것입니다.

멀러 박사님은 노벨상을 받는 이 연구에 그치지 않고 유전학의 발전을 위해 더욱 활발한 연구를 수행하고 있습니다. 적어도 30년 동안 그는 과학적인 연구뿐 아니라 이 분야의 열정적인 토론에서 항상 맨 앞자리에 있을 것입니다. 그리고 이와 같은 박사님의 활동은 앞으로 유전학 발전을 더욱 촉진할 수 있는 자극제가 될 것입니다. 알프레드 노벨 박사님은 가장 활동이 왕성한 연구자에게 노벨상이 수여되기를 원했습니다. 따라서 그 어느 때보다도 활동적이며 최고의 창조력을 발휘하고 있는 멀러 박사님은 노벨상을 수상할 자격이 충분합니다.

허먼 멀러 박사님.

과학 발전에 대한 당신의 공로를 인정하여 왕립 카롤린스카 연구소는 올해의 노벨 생리·의학상 수상자로 박사님을 선정하였습니다. 연구소를 대표해서 당신의 빛나는 업적에 대한 동료들의 따뜻한 축하를 전해드립니다. 이제 전하께서 시상하시겠습니다.

왕립 카롤린스카 연구소 교수위원회 T. 캐스펄슨

글리코겐의 촉매 전환 과정에 관한 연구 | 코리 부부
당대사 과정에서의 뇌하수체 호르몬의 역할 연구 | 우사이

1947

칼 코리 | 미국

거티 코리 | 미국

베르나르도 우사이 | 아르헨티나

:: 칼 퍼디낸드 코리 Carl Ferdinand Cori (1896~1984)

체코 태생 미국의 생화학자. 1914년에 프라하 대학교 의학부에 입학하여 부인과 함께 면역학을 연구하고 1920년에 함께 박사학위를 취득하였다. 1922년에 미국으로 이주하였으며, 1931년에 세인트루이스에 있는 워싱턴 대학교 약리학 교수로 임용되었으며, 1942년에는 생화학 교수가 되었다. 부인과 함께 포도당과 글리코겐의 상호작용을 규명하였다.

:: 거티 테리사 코리 Gerty Theresa Cori (1896~1957)

체코 태생 미국의 생화학자. 1914년에 프라하 대학교 의학부에 입학하여 남편과 함께 면역학을 연구하고 1920년에 함께 박사학위를 취득하였다. 1922년 미국으로 이주하였으며, 1931년부터 1943년까지 세인트루이스에 있는 워싱턴 대학교 약리학 연구원을 지낸 후, 1947년에 생화학 교수가 되었다. 남편 칼 코리와 함께 포도당과 글리코겐의 상호작용을 규명하였다.

:: **베르나르도 알베르토 우사이 Bernardo Alberto Houssay (1887~1971)**

아르헨티나의 생리학자. 열네 살 때 부에노스아이레스 대학교 약학대학에 입학하여 공부하였으며, 1904년에 졸업한 후 의학을 공부하여 1911년에 박사학위를 취득하였다. 1910년에 이미 부에노스아이레스 대학교 생리학 교수가 되었으며, 1919년에는 대학교 부설 생리학 연구소장이 되었다. 1944년에 부에노스아이레스에 생물학 및 실험의학 연구소를 설립하였다. 뇌하수체의 주된 기능이 대사과정 조절에 있음을 밝혀냈다.

전하, 그리고 신사 숙녀 여러분.

왕립 카롤린스카 연구소는 노벨 생리·의학상의 절반은 '글리코겐 촉매 전환 과정의 발견' 에 관한 공로로 칼 코리 교수님과 거티 코리 박사님께, 나머지 절반은 '당대사에서 뇌하수체 전엽 호르몬의 부분적인 역할'을 밝힌 베르나르도 우사이 교수님께 수여하기로 결정하였습니다.

이들의 업적은 모두 체내에서 일어나는 당의 대사에 관한 것인데 이 연구 내용은 매우 중요합니다. 이들은 포도당과 글리코겐 사이의 효소 반응을 규명하였고, 이 반응들이 어떻게 생리학적으로 조절되는지를 보여 주었습니다. 비정상적인 당대사는 이미 알려져 있는 것처럼 일반적인 증상의 당뇨병을 일으킬 수 있습니다. 이 경우 대부분은 1923년에 노벨상을 수상한 밴팅 박사와 매클라우드 박사님이 발견한 인슐린으로 치료가 가능하다는 것은 이미 잘 알려진 사실입니다. 하지만 이 발견이 복잡한 당대사를 규명했다고 믿는 것은 중대한 실수였는지도 모릅니다. 인슐린이 혈당을 감소시킨다는 사실은 오랫동안 알려져 왔지만, 그 작용 기전에 대해서는 최근까지도 알려진 것이 없었습니다.

당대사는 생명 활동을 위해 에너지를 공급합니다. 적절한 양의 당이 연소되지 않으면, 최소한의 근육 운동도 할 수 없습니다. 따라서 이 대사 과정을 규명하는 것이 얼마나 중요하고 긴급한 일인지 우리는 쉽게 알 수 있습니다. 올해 노벨상을 수상하는 연구 주제는 바로 이런 불확실한 지식에 불을 밝혀 주었습니다.

90여 년 전, 위대한 프랑스 생리학자 클로드 베르나르 박사는 간이나 근육에 있는 전분과 같은 물질을 발견하고 이를 글리코겐의 다른 이름으로 '설탕 제조기' 라고 명명하였습니다. 모든 글리코겐 분자는 수많은 포도당 분자로 되어 있으며, 필요할 때까지 덩어리로 저장되어 있습니다. 그러다가 필요한 때가 되면, 글리코겐은 다시 포도당으로 분해되는데, 분해된 포도당을 과학적인 용어로는 글루코오스라고 합니다. 이와 같은 방식으로 글루코오스는 필요할 때마다 불규칙적으로 공급되지만 혈중 글루코오스 함량은 매우 일정하게 유지될 수 있습니다. 포도당과 글리코겐의 상호작용이 어떻게 일어나는지를 밝힌 사람이 바로 코리 박사님 부부입니다. 1920년대, 로빈슨 박사와 엠브덴 박사는 살아 있는 효모나 근육의 세포 또는 그 조직에서 당이 인산과 결합하는 경우를 관찰하였습니다. 그들은 더욱 자세하게 이를 분석하였고, 그 결과 6개의 탄소사슬로 이루어진 설탕 분자에서 6번째 탄소에 인산이 결합되어 있음을 알게 되었습니다.

1932년부터 1936년까지 수행된 수많은 기초 연구들을 바탕으로 코리 교수님 부부는 근육을 갈아 물로 씻어내도 여전히 세척된 근육으로부터 인산을 유리시킬 수 있으며, 이는 인산이 설탕에 결합되어 있기 때문이라는 것을 보여 주었습니다. 그러나 이러한 세척 과정에 어떤 변화가 일어났고, 이때 얻어지는 당인산은 독자적인 성질을 나타냈습니다. 곧이어 코리 박사님 부부는 이른바 코리 에스테르라고 부르는 이 새로운 화합물의 구조를 결정함으로써 인산이 설탕의 여섯 번째 탄소가 아닌 첫 번째 탄소원자에 결합되어 있음을 증명하였습니다. 보통의 사람들은 아마도 이러한 자세한 것은 사소한 일을 따지는 전문가들이나 관심을 가질 일이라고 생각할지도 모릅니다. 그러나 겨자씨를 적절한 토양에 심지 않으면 겨자 나무로 자랄 수 없듯이, 코리 부부와 동료들이 수행한 연구는 겉보기에 보잘것없는 것에서부터 출발했지만 오랫동안 숙련된 연구를 거듭한 끝에 그동안 알지 못했던 글루코오스와 인산, 그리고 글리코겐의 상호관계에 대해 보다 많은 것을 밝혀냈습니다. 물로 세척하는 과정에서 어떤 효소, 즉 특별한 촉매 효과를 가진 단백질이 제거되기 때문에 코리 에스테르는 세척된 근육에서만 발견될 수 있었습니다. 즉 설탕 분자의 1번 탄소에서 6번 탄소로 인산을 이동시키는 효소가 세척 과정에서 제거되기 때문입니다.

코리 박사님 부부와 그린 박사가 분리한 효소, 포스포릴라아제는 이 과정에서 매우 중요한 역할을 합니다. 이 효소는 실제로 여러 조직에 많이 존재하며, 근육과 간 또는 효모에서도 만들어집니다. 인산이 존재할 때 이 인산 분해효소를 글리코겐에 작용시키면, 전체 글리코겐 분자가 분해됨과 동시에 인산과 결합한 글루코오스 분자가 생깁니다. 이 물질이 바로 코리 에스테르입니다. 이 과정은 역방향으로도 진행이 가능하여 코리 에스테르에서 글리코겐이 형성될 수 있습니다. 이와 같은 반응의 방향을 결정하는 것은 성분의 상대적인 양입니다. 글리코겐이 합성되기 위해서는 존재하는 글리코겐 양이 적어야 합니다. 만약 극단적인 조건에서, 모든 글리코겐이 분해되었다면, 그것은 글리코겐을 형성하는 능력을 상실했다는 것을 의미합니다. 그러나 이런 상황은 코리 박사님 부부가 발견한 방어 기전에 의해 방지될 수 있습니다. 글리코겐이 얼마 남지 않게 되면, 효소가 조정을 합니다. 즉 글리코겐을 분해시키는 인산 분해효소의 활성을 저해하여 마지막 남은 글리코겐의 양을 보존하도록 해주는 것입니다. 자연의 능력은 정말 놀랍습니다.

화학자에게 합성은 어떤 물질이 어떻게 생성되었는지를 분명히 밝혀주는 결정적인 증거입니다. 코리 박사님 부부는 그들이 순수한 형태로 제조하고 그 작용 기전을 밝힌 여러 효소를 이용하여 시험관에서 글리코겐을 합성하는 데 성공하는 놀라운 업적을 이루었습니다. 다양한 글루코오스 분자의 6개 탄소가 매우 복잡하게 결합되어 있다고 생각되었기 때문에 이 합성 과정은 유기화학적인 방법만으로는 불가능했습니다. 코리 박사님의 효소는 일정한 결합 방법을 촉진하였기 때문에 이와 같은 합성이 가능했습니다. 그럼에도 불구하고 매우 많은 어려움들이 있었습니다. 처음 분리된 인산 분해효소는 전분과 유사한 가지 없는 화합물만을 형성하였기 때문에 또 다른 효소를 이용하여 비로소 글리코겐의 특징적인 가지가 달린 사슬을 얻는 데 성공하였습니다.

혈액과 조직에는 유리된 글루코오스가 존재합니다. 대사 과정에서의 화학적 변화는 항상 인산이 결합함으로써 시작되는데, 인산은 보통 ATP라고 부르는 질소를 함유하고 있는 인산 화합물로부터 공급됩니다. 이 반응을 촉진하는 효소를 헥소키나아제라고 합니다. 2년 전에 프라이스 박사, 콜로위크 박사, 그리고 슬레인 박사 등과 함께 코리 박사님 부부는 이 헥소키나아제 반응은 인슐린이 촉진하며, 뇌하수체 전엽에서 추출된 호르몬이 억제한다고 발표하였습니다. 이것은 과학계에 커다란 반향을 불러일으켰습니다. 바로 올해 이 실험의 검증이 끝나고 확정되었습니다. 이 발견은 매우 중요합니다. 우리는 분비기관인 뇌하수체선, 갑상선, 부갑상선, 부신선, 췌장선, 성선 및 많은 선腺들이, 생명 기능에 결정적인 영향을 미친다는 것을 오래전부터 알고 있었습니다. 그러나 코리 연구소에서 호르몬이 헥소키나아제를 저해한다는 발견을 보고하기까지는 '그것이 어떻게 작용하는가?' 에 대해서는 전혀 알 수 없었습니다. 이러한 발견은 생리학의 새로운 분야를 화학과 연결시켰습니다. 따라서 가까운 미래에 화학적 방식으로 신비한 '생명력' 에 대해 더 많이 알 수 있을 것으로 기대됩니다.

최근 코리 박사님의 성과는 노벨상을 함께 수상하는 베르나르도 우사이 교수님의 연구와 관련이 있습니다. 우사이 교수님은 당의 대사 과정에서 뇌하수체가 미치는 영향을 연구하였습니다. 뇌하수체 전엽은 뇌의 아랫부분에 있는 작은 분비기관으로, 몸 전체에서 가장 잘 보호된 부분에 뼈가 움푹 패어 있는 형태로 존재합니다. 가장 잘 보호되어 있을 만큼 중요한 부위이지만 그 크기는 별로 크지 않습니다. 사람의 것은 콩과 비슷하며, 개의 것은 완두콩 크기, 두꺼비는 무씨 정도의 크기를 갖고 있을 뿐입니다.

사람들은 때때로 카테시우스의 말을 인용하여 영혼은 송과선(뇌의 중앙선부위의 등 쪽에 존재하는 내분비기관—옮긴이) 안에 놓여 있다고 농담처럼 말하기도 합니다. 현재 이것은 어떤 다른 기관들보다 많은 일을 하지만, 만약 이것이 송과선과 매우 비슷한 듯 보이며 송과선 바로 앞에 위치하고 있는 뇌하수체였다면 카테시우스는 좀 더 진실에 가까이 갈 수 있었을 것입니다. 왜냐하면 뇌하수체는 매우 작은 크기에 비해 수많은 생명 기능을 담당하며, 다른 내분비 기관들을 지휘하기 때문입니다. 뇌하수체는 호르몬을 이용하여 갑상선, 성선 및 부신피질의 조절과 유즙의 형성을 조절합니다. 즉 우리 몸의 성장을 전체적으로 조절하는 것입니다. 우사이 교수님은 이 호르몬이 당의 대사에서도 두드러진 역할을 한다는 것을 실험으로 증명하였습니다.

인슐린이 발견되면서 우사이 교수님은 뇌하수체에 관심을 갖게 되었습니다. 1880년대 초반 프랑스의 위대한 연구자인 피에르 마리 박사는 소변으로 배출되는 당이 증가하는 것이 선단비대증의 일반적인 증상임을 발견하였습니다. 이것은 뇌하수체의 기능 장애가 원인이며, 이로 인해 뇌하수체의 기능과 당대사의 관련을 추측하게 되었습니다.

우사이 교수님은 아르헨티나에 많은 여러 종류의 두꺼비와 개를 대상으로 실험하였습니다. 그는 뇌하수체 또는 전엽만 제거하였습니다. 특히 개는 수술이 실패하면 죽기 때문에 고도의 기술이 필요했습니다. 우사이 교수님은 수술한 동물이 비정상적으로 인슐린에 민감하여 정상적인 동물에서 유해하지 않은 용량임에도 불구하고 혈당 결핍 증상을 일으키며 죽는다는 것을 알았습니다. 이때 간에서의 글리코겐 함량 또한 비정상적으로 낮았습니다. 이런 증상이 사람에게 나타나는 것을 시몬드 질환(뇌하수체 전엽 기능 저하증)이라고 합니다. 개와 두꺼비에서 얻은 결과는 모든 다른 종류의 척수동물에서도 관찰되었습니다. 따라서 우사이 교수님이 보편적인 생물학적 작용 기전을 발견하였음을 알 수 있습니다.

그는 수술한 동물에게 두꺼비의 뇌하수체 전엽을 매일 이식하면 인슐린으로 인해 나타나는 위험한 증상을 억제할 수 있다는 매우 중요한 발견을 하였습니다.

따라서 뇌하수체 전엽의 호르몬이 인슐린에 길항 작용을 한다는 것이 분명해졌으며, 더욱 많은 실험으로 검증되었습니다. 다비도프 박사와 쿠싱 박사는 이미 1927년에 췌장의 일부를 제거한 개에게 당뇨병 증상이 생겼을 때, 뇌하수체의 일부분을 제거하면 그 증상이 경감한다는 사실을 발견하였습니다. 그러나 이렇게 발병한 당뇨병의 대부분은 자발적으로 회복될 수 있었기 때문에 이 실험이 결정적인 근거가 될 수는 없었습니다. 우사이 교수님과 비아소티 박사는 보다 근본적인 방법을 사용하여 이를 설명하고자 했습니다. 그들은 처음에는 뇌하수체 전체를 제거하고, 뒤이어 췌장을 제거했습니다. 췌장 수술 후 3일 동안 소변에서 당은 검출되지 않았으며, 췌장만을 제거한 동물도 마찬가지였습니다.

1931년에, 뇌하수체의 성장호르몬에 관한 연구를 진행하던 중에 미국의 이반스 박사와 그의 동료들은 뇌하수체의 추출 혼합물을 동물에게 주사하면 당뇨병이 생기는 것을 발견하였습니다. 이와 동시에 이반스 박사, 우사이 교수님, 그리고 동료 연구자들은 각자 개별적인 연구에서 비슷한 결과를 얻었습니다. 뇌하수체 전엽의 추출물을 주사한 후, 수개월까지도 당뇨병이 지속되었으며, 이것은 췌장에서 인슐린을 생산하는 세포가 손상되었기 때문이었습니다.

뇌하수체에 있는 활성인자는 매우 민감하기 때문에, 모든 제제는 낮은 온도에서 제조되었습니다. 따라서 조심성이 없는 많은 연구자들은 처음에는 우사이 교수님의 결과를 제대로 확인할 수 없는 경우가 있었습니다. 코리 박사님 부부 또한 뇌하수체 추출물을 제조하면서 같은 어려움을 겪었습니다. 즉 이들은 모두 비슷한 활성 물질을 다루고 있었음을 의미합니다.

과학적인 연구의 중요한 결과는 수년 동안에 이루어진 것입니다. 실패를 거듭하며 밤낮으로 끊임없이 노력한 그들의 연구 과정을 간단한 설명만으로 결코 알 수는 없습니다. 연구자에게 근면과 인내는 필수적인 정신적 도구입니다. 하지만 적어도 생물학적인 문제는 모든 가능한 방법을 철저하게 체계적으로 다루는 것이 불가능하기 때문에 근면과 인내만으로 선구자적인 업적을 이룰 수는 없습니다. 하지만 가능성은 매우 많습니다. 미로와 같은 좁은 길을 따라 새로운 목표에 도달하기 위해서는 직관적 통찰력이 반드시 필요합니다.

오늘 노벨 생리·의학상을 수상하는 수상자들은 자연과학의 위대한 연구자가 갖추어야 할 이 모든 자질, 즉 끈질긴 근면성, 훌륭한 기술, 명인 같은 통찰력을 모두 갖추고 있습니다. 그들은 이전까지 전혀 생각지 못한 호르몬과 효소의 연관성을 밝힘으로써 이 분야의 연구에 밝은 전망을 가져다주었습니다. 의사는 질병을 예방하고 치료하며, 경감시키기 위해 신체 기능을 잘 알고 있어야 합니다. 올해의 수상자들은 새로운 연구 분야를 개척하였습니다. 그리고 이 분야의 연구를 통해 그들은 "오늘의 생리학이 내일의 의학이다"라는 어니스트 스탈링 박사님의 말이 진실임을 증명할 것입니다.

칼 코리 교수님과 거티 코리 박사님.

지난 수십 년 동안 과학계는 글리코겐과 글루코오스 대사에 관한 두 분 업적의 뒤를 이어 연구를 계속하고 있습니다. 90년 전 클로드 베르나르 박사님이 글리코겐의 대사 과정을 밝힌 이래, 인체에 중요한 이 성분이 형성되고 분해되는 과정에 대해서는 전혀 알지 못하고 있었습니다. 두 분은 글루코오스와 글리코겐 사이의 가역적인 반응과 이에 관련된 지극히 복잡한 효소의 작용 기전을 밝히는 장대한 업적을 이루었습니다. 시험관에서의 글리코겐 합성이 현대 생화학 역사상 가장 훌륭한 업적 중의 하나임은 이제 의심할 여지가 없습니다. 또한 호르몬을 조절하는 헥소키나아제의 발견은 호르몬과 효소의 상호 협력 관계에 대한 새로운 개념을 제시하였습니다.

왕립 카롤린스카 연구소를 대표하여 생화학과 생리학 분야에서 두 분이 빛나는 업적을 이루어 낸 것에 대해 따뜻한 축하의 말씀을 전해드립니다.

우사이 교수님.

위대한 인류 박애주의자인 알프레드 노벨 박사님은 생리학에 많은 관심이 있었습니다. 19세기에 이루어진 훌륭한 과학적 발전을 증명해 주는 몇 가지 업적들은 그에게 크나큰 기쁨을 안겨 주었습니다. 생리학의 발전 과정에서 우사이 교수님은 매우 활발한 활동을 하였습니다. 그의 두드러진 업적이 오늘 당신에게 이 노벨상의 영광을 안겨 주었습니다.

뇌하수체는 작은 선이지만 대부분의 중요한 기능을 조절할 만큼 중요합니다. 교수님이 연구 분석한 여러 기능 중에서 이 선의 가장 주된 기능은 대사 과정의 조절이었습니다.

왕립 카롤린스카 연구소를 대표하여 오늘 노벨상을 받으시는 세 분께 축하를 전해드립니다. 오늘의 수상으로 세 분의 이름은 생리학의 연대기에 조각되어 길이 남을 것입니다.

칼 코리 교수님, 거티 코리 박사님, 우사이 교수님. 이제 전하께서 세 분에 대한 시상을 하시겠습니다.

왕립 카롤린스카 연구소 노벨연구소 생화학분과 위원장 H. 테오렐

DDT의 효과 발견

1948

파울 뮐러 | 스위스

:: 파울 헤르만 뮐러 Paul Hermann Müller (1899~1965)

스위스의 화학자. 1925년에 바젤 대학교에서 박사학위를 취득하였으며, 이후 바젤에 있는 가이기 사의 연구소에 들어가 1965년까지 화학연구원으로 근무하였다. 1935년에 DDT의 강한 접촉성 살충작용을 발견함으로써, 살충제 연구에 기여하였다. 이후 DDT는 잔류 독성 및 생태계 파괴가 문제가 되어 다른 살충제로 대체되었다.

전하, 그리고 신사 숙녀 여러분.

디클로로-디페닐-트리클로로메틸메탄DDT이 살충 효과를 갖고 있다는 발견은 오래되지는 않았지만 매우 뚜렷한 역사를 갖고 있습니다. 이를 의학적 관점에서 본다면 지난 세계대전 중에 티푸스 퇴치를 위해 노력했던 것과도 밀접하게 연관됩니다. 정확한 의학적 배경을 알아보기 위해서 이 질병에 관해 몇 가지만 살펴보겠습니다.

티푸스는 항상 전쟁이나 재해가 있고 난 뒤에 발병하였습니다. 때문에 이 질병을 '티푸스 굶주림', '전쟁 티푸스' 또는 '기아 티푸스'라는 이름으로 부르기도 했습니다. 유럽의 30년 전쟁 중에도 티푸스는 빠르게 퍼져 나갔으며, 러시아에서 퇴각하던 나폴레옹 대군도 이에 희생되었습니다. 그리고 제 1차 세계대전 중에 티푸스는 다시 발병하였고 많은 사람들이 희생되었습니다. 그 기간에 러시아에서만 1억 명 이상의 발병자가 생겼고 사망률도 매우 높았습니다. 유명한 프랑스 태생의 니콜 박사는 1909년에 이 질병의 전염이 전적으로 몸에 기생하는 이가 원인이라는 사실을 밝혔습니다. 이 발견으로 그는 노벨상을 수상했고 티푸스의 효과적인 조절을 가능하게 했습니다. 하지만 이 질병을 옮기는 운반체인 많은 양의 이를 없애는 방법은 미처 알지 못했습니다.

제2차 세계대전이 끝나갈 무렵, 갑자기 티푸스가 다시 발병하였습니다. 전 세계의 연구자들은 이를 제거하는 효과적인 방법을 발견하기 위해 혼신의 힘을 다했지만 결과는 매우 비관적이었습니다. 이 상황에서 우리에게 너무나도 필요했던 해결책이 나타났습니다. 전혀 예상치 못했던 DDT의 발견이 이 문제에 대한 실질적인 해결책이었던 것입니다.

파울 뢰우거 박사와 마틴 박사가 이끌던 스위스 연구팀은 1933년부터 직물 기생충에 대한 경구용 독소 성분을 연구하고 있었습니다. 이 연구를 통해 무색 염료와 비슷한 울섬유의 방충제인 '미틴' 을 개발하였습니다. 이와 동시에 다음과 같은 화합물의 나방에 대한 경구 독성도 밝혀졌습니다.

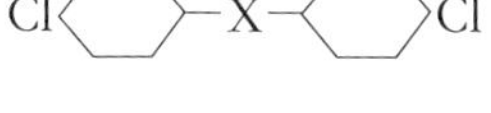

Cl–⬡–X–⬡–Cl X= S, SO, SO_2, O, etc.

파울 뮐러 박사님은 식물을 보호할 수 있는 살충제를 찾기 위해 노력하고 있었습니다. 그리고 그는 마침내 이러한 목적에 가장 적합한 접촉성 살충제를 찾았습니다.

그는 피트-그래디 챔버라는 동물실험 기구에서 해충을 대상으로 수천 개 유기 합성 물질의 효과를 실험하였습니다. 영국의 채터웨이 박사와 뮤어 박사가 발표한 논문은 뮐러 박사님에게 많은 영향을 주었습니다. 따라서 그는 CCl3 그룹을 조합하면서 효과를 시험하였고 마침내 디클로로-디페닐-트리클로로메틸메탄DDT이 콜로라도감자잎벌레, 파리, 그리고 다른 많은 해충들에 접촉성 살충 효과가 있음을 알아냈습니다. 그는 이 물질이 오랫동안 효과를 지속할 수 있다는 점과 액체, 유화액, 그리고 분말 같은 다양한 형태로 동시에 개발 가능하다는 점도 밝혀냈습니다.

뮐러 박사님은 실험실이 아닌 자연 조건에서도 이 물질이 파리, 콜로라도감자잎벌레, 모기에 대해 안정적인 접촉 효과를 나타내는 것을 확인하였습니다.

그뿐 아니라 DDT의 강력한 접촉 활성으로 우리는 또 다른 희망을 갖게 되었습니다. 이 물질이 이, 모기, 벼룩같이 피를 빨아먹고 병을 옮기는 벌레들, 즉 경구용 독소에 효과가 없는 벌레들에게도 효과적일 것이라고 생각한 것입니다. 계속되는 실험에서 DDT의 살충 농도가 인간에게는 무해한 반면, 해충에 대해서는 아주 적은 양으로도 큰 효과를 나타내는 것을 알 수 있었습니다. 거기다가 이 물질은 가격도 저렴하고 제조 방법 또한 쉬운 매우 안정한 물질이었습니다. 때문에 DDT를 뿌린 표면은 몇 달 동안이나 살충 효과가 지속되었습니다.

DDT의 작용은 이 짧은 일화를 통해 간단히 설명할 수 있습니다. 1945년, DDT가 아직은 널리 사용되지 않았던 그때, 독일에서 만난 영국인 소령의 이야기입니다. 그는 파리떼로 인해 전염병이 돌기 시작하자 창유리에 DDT를 뿌렸습니다. 그 후 창턱에는 파리들이 죽어 쌓이기 시작했습니다. 그러나 다음 날 아침, 청소하러 들어온 독일 군인은 창문을 깨끗하게 청소했습니다. 이 사실을 알게 된 그 소령은 "나의 DDT여 안녕"이라고 말하며 울먹였습니다. 하지만 청소를 깨끗이 했음에도 불구하고 창유리에는 파리에 대해 치명적인 효과를 보여주는 DDT의 효과가 아직 남아 있었습니다. 이로 인해 그는 DDT의 지속적인 효과를 누릴 수 있었다고 합니다. 이 짧은 이야기는 DDT의 우수한 지속성을 단적으로 보여 주고 있습니다. 그리고 DDT가 아주 적은 양으로도 큰 효과를 나타낸다는 것을 증명하고 있습니다.

도멘요즈 박사와 비스만 박사를 비롯한 다수의 스위스 연구자들은 이제 이 물질에 대해 한층 더 깊이 있는 연구를 하고 있습니다. 특히 무서 박사는 직접적인 티푸스 예방법을 개발하고자 노력하였습니다. 1942년 9월 18일, 무서 박사는 스위스 제1육군단 내과 의사들을 상대로 DDT를 이용한 티푸스 예방 가능성에 대해 강연하면서 그 중요성을 강조하였습니다.

그 당시, 서쪽 연합군은 의학적으로 심각한 문제에 직면해 있었습니다. 티푸스, 말라리아, 샌드플라이 열 등과 같은 해충으로 전염되는 일련의 질병으로 엄청나게 많은 사람들이 희생되었고 더 이상 전쟁을 할 수 없는 지경에 이르게 되었습니다. 이에 DDT의 중요성을 인지하고 있던 스위스는 비밀리에 소량의 DDT를 미국으로 보냈고 1942년 12월에 올란도(플로리다)에 있는 미국 곤충연구회는 이에 대한 수많은 시험을 한 결과, 스위스의 결과들을 검증할 수 있었습니다. 전쟁 상황이 매우 급박했기 때문에 빠른 대처 방안이 필요했습니다. 따라서 실험으로 그 적용 방법을 결정하는 동시에 DDT를 대량으로 제조하기 시작했습니다. 특히 미군의 주치의인 폭스 장군은 적극적으로 이 일을 진행시켰습니다.

1943년 10월, 티푸스는 나폴리에서도 크게 발병하였지만 기존의 구제 방안은 모두 효과가 없었습니다. 따라서 폭스 장군은 오래된 방법을 완전히 배제하고 전격적으로 DDT만 사용하기 시작했습니다. 그 결과 1944년에만 130만 명이 치료를 받았고, 티푸스는 3주 만에 완전히 퇴치되었습니다. 겨울에 티푸스 발생을 통제할 수 있었던 것은 이번이 처음이었습니다. 이로써 DDT는 대성공을 거두게 됩니다.

그 이후로 DDT는 부대 야영지에서 나오는 배설물이나 죄수들 및 추방당한 사람들의 배설물에 대량으로 뿌려졌습니다. 이 물질이 이미 수십만 명의 건강과 생명을 지켜 주고 있다는 사실은 의심할 여지가 없습니다. 현재로서 티푸스 예방을 위한 가장 뛰어난 구제책은 DDT를 사용하는 것뿐입니다.

DDT는 해충으로 전염되는 그 밖의 다른 질병들에 대해서도 효과가 있었습니다. 일반적으로 말라리아는 몇몇 모기 종류가 전염시키는 것으로 알려져 있습니다. 따라서 이 말라리아를 예방하기 위해서는 유충뿐 아니라 성충의 모기를 제거하는 것이 가장 중요합니다. 록펠러 재단의 미시롤리 박사는 고대 폰티네 습지, 사르디니아, 그리스 등지에서 DDT의 효과를 시험해 보는 대규모 실험을 진행하였습니다. 실험은 간단했지만 결과는 매우 훌륭했습니다. DDT의 효과로 이 지역의 말라리아 발병률은 크게 감소되었습니다. 특정 지역 주민의 80~85퍼센트가 말라리아 환자였던 그리스에서는 말라리아 발병률이 5퍼센트로 떨어졌고, 고대 폰티네 습지에서는 말라리아가 완전히 퇴치되었습니다.

말라리아는 해마다 3억 명의 사람들이 걸리고 최소한 300만 명이 사망하는 전염병이었습니다. 하지만 이제 우리는 DDT라는 훌륭한 말라리아 치료제를 갖게 되었습니다. 그 외에도 해충으로 전염되는 많은 질병들, 예를 들어 페스트나 쥐에 의한 티푸스, 그리고 황열병 등에 대해서도 DDT는 유의미한 결과들을 보여 주었습니다.

기후가 온화한 지역에서는 해충이 옮기는 치명적인 전염병이 거의 나타나지 않습니다. 그러나 해충과 비슷하면서 흔히 볼 수 있는 집파리는 분명 위험한 중간 매개체입니다. 집파리에 의한 소아마비의 전염 가능성을 증명하는 일련의 실험들이 진행되는 동안 파라장티푸스, 이질과 같이 장에서 발생하는 질병도 실제로 파리가 전염시키는 것을 확인할 수 있었습니다.

일반적으로 집파리는 DDT로 박멸할 수 있습니다. 그러나 불행히도 요즘 들어 DDT에 대해 상당한 내성을 갖는 파리들이 관찰됩니다. 이와 같은 내성종에 대한 연구는 스웨덴의 아르네스라는 곳에서 시작되었습니다. 따라서 이 내성종을 아르네스 파리라고도 부릅니다. 이에 관해서는 아직도 연구가 진행 중이며, 이 내성종이 반응한다고 생각되는 물질들이 다소 발견되었습니다.

DDT 이야기는 어떤 중요한 발견으로부터 밝혀지는 과학의 경이로움을 증명하고 있습니다. 파리와 콜로라도감자잎벌레를 대상으로 실험하던 한 과학자가 세계에서 가장 심각한 질병에 대한 유효 물질을 발견하게 된 것입니다. 많은 사람들은 그가 운이 좋았다고 했고, 그 스스로도 그렇게 생각하였습니다. 실제로 적당한 운이 작용하지 않고서는 어떠한 것도 발견할 수 없을 것입니다. 그러나 그 결과는 단순히 운만은 아니었습니다. DDT의 발견은 부지런하고 꾸준한 노력으로 이루어질 수 있었습니다. 처음에는 보잘것없어 보이는 새로운 것의 의미를 이해하고 해석하며 평가할 수 있는 능력을 가진 그는 진정한 과학자입니다.

파울 뮐러 박사님.

저는 당신의 역사적인 DDT 개발을 간단하게나마 설명하였습니다. 박사님이 디클로로-디페닐-트리클로로메틸메탄의 강한 접촉성 살충작용을 발견한 것은 의학 분야에서 매우 중요합니다. 이는 해충이 옮기는 많은 질병에 대해 이전의 방법과는 완전히 다른 새로운 예방법을 알려 주었습니다. 그리고 나아가 전 세계적으로 새로운 살충제 연구를 촉진하는 역할을 하였습니다.

카롤린스카 연구소의 따뜻한 축하를 전해드리며 이제 황태자께서 당신에게 노벨상을 수여하실 것입니다.

왕립 카롤린스카 연구소 교수위원회 G. 피셔

중뇌의 기능 발견 | 헤스
정신병 치료에 있어 백질 절제술의 가치에 관한 연구 | 모니즈

1949

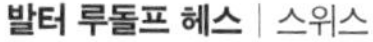

발터 루돌프 헤스 | 스위스　　**앙토니우 에가스 모니즈** | 포르투갈

:: 발터 루돌프 헤스 Walter Rudolf Hess (1881~1973)

스위스의 생리학자. 1906년에 취리히 대학교에서 의학 박사학위를 취득한 후, 안과의사로 일하다가 1912년에 본 대학교의 생리학 교실 연구원이 되었다. 1917년에 취리히 대학교 생리학 연구소 소장이 되어 1951년까지 활동하였다. 중뇌의 기능을 발견함으로써 인체 기능을 조절하는 뇌의 부위들을 규명하는 데에 기여하였다.

:: 앙토니우 카에타누 데 아브레우 프레이레 에가스 모니즈 Antonio Caetano de Abreu Freire Egas Moniz (1874~1955)

포르투갈의 신경학자. 코임브라 대학교에서 의학을 공부하였으며, 프랑스 보르도와 파리에서 신경학을 공부하였다. 1902년에 코임브라 대학교 신경학 교수가 되었으며, 1911년에 리스본 대학교 신경학 교수가 되어 평생 재직하였다. 국회의원, 외무장관 등의 정치 활동도 하였다. 전두엽 백질절제술을 통해 습관적 통증을 치료할 수 있게 하였다.

전하, 그리고 신사 숙녀 여러분.

왕립 카롤린스카 연구소는 신경생리학의 임상적인 응용 및 신경학에 있어서 중요한 두 가지 발견에 대해 올해의 노벨상을 수여하기로 결정하였습니다. 이 두 발견은 모두 뇌의 기능과 위치 사이의 연관성에 대해 이야기하고 있습니다.

호흡, 혈액순환 조절, 소화기관의 분비 및 운동 기능 등과 같은 생명 기능, 그리고 이미 잘 알려진 유사한 기능은 모두 연수에서 담당합니다. 얼마 동안은 이들의 기능을 비롯한 1차 반사운동 센터가 중뇌, 즉 회백질에서 통합되며, 이것은 많은 자율신경기능을 조절하는 뇌하수체에 바로 인접한 대뇌피질의 반구 밑에 위치한다고 생각되어 왔습니다. 이 민감한 부위는 경미한 수술적 외상으로도 온도 조절, 혈압 같은 생명 기능에 이상을 줄 수 있었으므로, 이 부위 혹은 가까이에 생긴 종양을 외과수술로 제거하는 것은 매우 큰 위험 부담이 되었습니다.

자율신경계의 상위 기관으로서 중뇌의 기능은 오래전부터 알려져 있었지만, 그 기능을 자세히 밝히고 이해할 수 있게 된 것은 발터 헤스 박사님 덕분입니다. 그는 세련되고 정확한 기법을 사용하여 자극을 주거나, 매우 작은 부분을 파괴할 수 있었으며, 그로 인해 어떤 기능이 소실되었을 때, 혹은 자극을 주었을 때 나타나는 효과를 연구할 수 있었습니다. 이 실험을 위해 그는 고양이를 마취시키고, 연구할 뇌 부위에 가는 금속선을 삽입하였습니다. 이 금속은 끝부분만을 제외하고는 전기적으로 절연되어 있었습니다. 동물의 의식이 마취에서 완전히 회복되었을 때, 금속선을 통해 약한 전류를 바늘 끝이 위치한 중뇌 부위도 흘려 보냈습니다. 바늘 끝의 위치에 따라 다양한 효과가 나타났으며, 그 각각의 효과는 언제나 자극이 가해진 일정 부위에 관련되어 있었습니다. 중뇌 부분에 전기적 자극을 가하면 자발적인 자율기능을 재현하는 것이 가능했습니다.

정해진 한 부분을 자극하면 이 동물은 몸을 뒤틀거나 잠에 빠졌으며, 이것은 자연적인 수면과 비슷하여 깨우는 것도 어렵지 않았습니다. 또 다른 부위에 대한 자극은 고양이가 개의 위협을 받을 때 정상적으로 일어날 수 있는 방어적 반응을 나타냈습니다. 등의 털은 뻣뻣하게 서고, 꼬리를 흔들었으며, 침을 흘렸습니다. 계속 자극을 주니 공격으로 이어졌습니다. 또 다른 위치의 자극은 장이나 방광에서 배설을 일으키며, 그리고 특이한 자세를 보였습니다. 혈액순환이나 호흡에 영향을 주는 부위도 있었습니다.

자극을 가한 모든 실험에서 복잡한 반응이 일어났습니다. 그 반응은 소장에서의 배설, 타액 분비, 동공 변화 등과 같은 자율신경계의 특징적인 반응에 국한되지 않았으며, 피하거나 공격하는 특정 자세 같은 자율기능에 필요하고 적합한 골격근의 반응도 함께 나타나는 것이 일반적이었습니다. 따라서 개개의 기능에 적합한 골격근의 반응과 이것을 통합시키는 자율기능의 상위 센터가 중뇌에 존재한다는 것이 분명해졌습니다. 이 독창적인 방법을 통해 실험을 중단하고 정확한 해부학적 위치를 정하는 것이 가능했습니다. 따라서 복잡한 자율기능의 해부학적인 층을 지도로 완성할 수 있게 되었습니다. 이 연구를 통해 헤스 박사님은 뇌에서 각 인체 기능을 조절하는 부위가 어디에 위치하는지에 대한 많은 질문을 해결하였습니다.

앙토니우 에가스 모니즈 박사님의 전두엽 백질 절제술로 인해서는 뇌에서 심적 기능을 담당하는 부위에 대한 관심이 높아졌습니다. 전엽이 지적인 활동, 특히 감정에 매우 중요하다는 것은 오랫동안 알려져 있었습니다. 총상이나 뇌종양으로 전엽이 파괴되면 개인의 성격, 특히 감정적인 부분에 어떤 전형적인 변화가 나타나며, 때로는 판단력과 사회적 적응성 등과 같은 고도로 통합된 지적 기능에도 영향을 줍니다. 미국의 생리학자인 플턴 박사와 그의 동료는 유인원류 원숭이를 대상으로 한 실험에서 전엽을 제거하면 신경증을 실험적으로 사라지게 할 수 있다는 사실을 발견하였습니다. 또한 전엽이 제거된 동물은 신경증이 유발될 수 없다는 사실도 발견하였습니다.

모니즈 박사님은 감정적인 긴장을 수반하는 정신병적인 상태가 전엽을 파괴하거나 전엽과 뇌의 다른 부분의 연결을 파괴함으로써 좋아질 수도 있을 것이라는 생각을 하게 되었습니다. 이 생각을 바탕으로 모니즈 박사님은 전엽과 뇌의 나머지 부분의 연결을 방해하기 위한 수술 방법을 고안하였습니다. 이와 같은 연결은 백질을 통하여 이루어지므로, 이 수술법을 일컬어 전엽 또는 전두엽 백질 절제술이라고 불렀습니다. 그는 곧 정서적인 긴장이 과해져서 병적인 상태가 되었을 때, 이런 수술이 매우 효과적임을 알게 되었습니다. 주로 공포나 불안을 수반하는 우울증, 강박관념에 의한 노이로제, 피해망상, 그리고 가장 중요하면서도 흔한 정신질환인 정신분열증 등이 이에 속했습니다.

정신분열적 행동양상과 감정 상태는 분노나 불안을 유발하며, 음식물을 거부하고, 공격적인 성향을 보이기도 합니다. 이런 질병들의 특징은 환자가 극히 주관적인 고통에 시달리며 매우 병약하다는 것입니다. 특히 심각한 정신분열증상을 보이는 환자들은 종종 주변 사람들을 위험에 빠뜨리기도 합니다. 실패한 다른 치료 방법들과 이 질병의 높은 재발성을 고려할 때, 정신분열증 치료에 모니즈 박사님의 발견이 얼마나 중요한 의미를 갖는지 쉽게 이해할 수 있습니다. 기대했던 것처럼, 모니즈 박사님의 방법은 우울증, 강박관념에 의한 노이로제 등에 최고의 효과를 보여 주었습니다. 수술을 받은 대부분의 환자들이 질병에서 회복되었고 다시 일을 할 수 있게 되었습니다. 매우 오랫동안 인성 파괴가 진행된 정신분열증 환자에 대한 전망은 그리 좋지 않았습니다. 하지만 소수의 환자들은 완전히 회복되어 다시 일을 할 수 있는 경우도 있었습니다. 비록 치료 효과는 미약했지만 수술 후에 보다 '조용한' 병동으로 옮기는 환자도 있었습니다. 이는 간호 문제가 훨씬 수월해졌음을 의미합니다.

따라서 전두엽 백질 절제술을 통해 신체적으로 습관화된 매우 심각한 통증을 성공적으로 치료할 수 있다는 매우 흥미로운 사실을 알게 되었습니다. 이 수술은 통증을 전달하는 신경관과는 접촉하지 않습니다. 즉 환자가 통증을 느끼는 능력에는 아무 영향을 받지 않기 때문에, 이 효과는 통증의 정신적 경험에 기인하고 있음을 분명히 알 수 있습니다. 통증에 기인한 분노나 불안, 그리고 통증을 수반하는 감정의 긴장이 사라지는 것을 볼 수 있었습니다. 환자들은 통증을 느끼고는 있었지만 이에 무관심할 수 있었습니다. 따라서 통증을 제거하기 위해 백질 절제술을 받은 정신적으로 건강한 사람을 관찰함으로써 이 수술이 정상적인 정신 기능에 어떤 영향을 주는지 알 수 있었습니다. 대뇌의 전엽이 손상되었을 때 나타나는 인성의 변화가 이중맹검(치료를 하는 사람이나 실험 대상자 모두 누가 어떤 치료를 받는지를 알지 못하게 하는 방법—옮긴이)으로 백질 절제술을 시행한 경우에도 동일하게 나타났습니다. 이 증상이 병으로 인해 심약한 사람에게 나타날 때는 큰 문제가 되지 않지만 그렇지 않은 경우에는 이에 대한 자세한 분석이 필요합니다. 이 수술 방법 또한 한계가 있습니다. 하지만 이것으로 고통받던 수많은 사람들과 환자들이 회복되고 사회적으로 재활할 수 있었습니다. 따라서 전두엽 백질 절제술이야말로 정신과 치료에 가장 중요한 업적입니다.

헤스 교수님.

왕립 카롤린스카 연구소를 대표하여 교수님에게 따뜻한 축하를 전해 드립니다. 이제 앞으로 나오셔서 황태자께 메달과 증서를 받으시기 바랍니다.

또한, 왕립 카롤린스카 연구소는 모니즈 교수님께서 개인 사정상 노벨상을 받는 이 자리에 불참하시게 된 것을 매우 유감스럽게 생각합니다. 포르투갈 공사께서 대신 상을 받으실 것입니다.

패트리시오 대사님. 모니즈 교수님을 대신하여 황태자께서 수여하시는 노벨 생리·의학상을 받으시기 바랍니다.

왕립 카롤린스카 연구소 교수위원회 H. 올리버크로나

부신피질 호르몬에 관한 연구

1950

에드워드 켄들 | 미국

타데우시 라이히슈타인 | 스위스

필립 헨치 | 미국

:: 에드워드 캘빈 켄들 Edward Calvin Kendall (1886~1972)

미국의 화학자. 컬럼비아 대학교에서 화학을 공부하여 1910년에 박사학위를 취득하였다. 이후 파크 데이비스 사의 화학 연구원, 뉴욕 새인트루가 병원 연구원, 메이오 병원 생화학 부장 등을 거쳐 1921년에 미네소타 대학교 생리화학 주임이 되어 1951년까지 재직하였다. 이후 프린스턴 대학교 화학 객원교수로 지냈다. 피질 호르몬을 분리하고 규명하는 데에 기여하였으며, 피질 호르몬의 작용이 화학적 구조에 따라 달라진다는 사실을 증명하였다.

:: 타데우시 라이히슈타인 Tadeus Reichstein (1897~1996)

폴란드 태생 스위스의 화학자. 1914년에 스위스로 이주하였으며, 1922년에 취리히 연방 공과대학에서 슈타우딩거의 지도 아래 박사학위를 취득한 뒤 1929년부터 유기화학 및 생리화학을 강의하였다. 1938년에 바젤 대학교 약리화학 교수 및 약리학 연구소 소장이 되었으며 1946년에는 유기화학 부장이 되었다. 부산피질로부터 4가지 활성호르몬을 분리하는 데에 성공함으로써 합성을 통한 신약 개발에도 기여하였다.

:: 필립 쇼월터 헨치 Philip Showalter Hench (1896~1965)

미국의 의사. 라파예트 대학교에서 공부한 후, 1917년 육군 군단에 들어가 의학을 공부하여 1920년에 피츠버그 대학교에서 박사학위를 취득하였다. 1923년에 메이오 재단의 연구원이 되었으며, 강사와 조교수, 부교수를 거쳐, 1947년에 정교수가 되었다. 류머티즘 관절염의 치료에 부신피질 호르몬이 도움이 될 수 있음을 밝혀냄으로써, 부신피질 호르몬의 치료제로서의 가능성을 밝혔다.

전하, 그리고 신사 숙녀 여러분.

1563년 이탈리아의 해부학자 에우스타키 박사는 사람의 신장 상극上極에서 두 개의 선腺 모양의 기관을 발견하였습니다. 이것은 현재 부신으로 알려져 있습니다. 그 후 얼마 지나지 않아서 그는 부신의 중심강이 액으로 채워져 있다는 사실도 알게 되었습니다. 하지만 오랫동안 이 기관의 기능은 밝혀지지 않았고 실험 방법에도 한계가 있었습니다. 따라서 지난 3세기 동안 이에 관해 어떤 결론도 명확하게 얻을 수 없었습니다. 1716년에는 '부신에서 중요한 것이 무엇인가?' 라는 연구가 보르도 과학아카데미의 수상작으로 발표된 적이 있습니다. 그러나 제출된 논문들은 과학적인 비평이라 할 수 없는 상상의 묘사일 뿐이었습니다. 따라서 제출된 것들 중 어느 것도 심사위원의 눈에 들지 못했습니다. 후에 유명한 철학자인 몽테스키외는 이렇게 말했습니다. "우리의 노력으로 이룰 수 없었던 것들을 언젠가는 이룰 수 있는 기회가 올 것입니다."

1854년에 독일의 해부학자 쾰리커 박사는 부신의 기능을 아직은 잘 알지 못하지만 특정 부분에서는 분명 큰 발전이 이루어졌다고 주장하였습니다. 이러한 주장의 근거로 부신이 여러 동물군에서 발견되었다는 점(실제로도 척추동물 전체에서 발견됩니다), 그리고 더 자세한 구조가 밝혀진 점 등을 예로 들었습니다. 부신은 상당히 단단한 피질로 이루어져 있는 외피와 부드러운 수질로 이루어진 내부로 크게 나누어집니다. 이들은 또한 비교적 분해되기 쉬우며 여기에서 생성되는 분비액에 대해서는 일찍부터 연구되었습니다. 쾰리커 박사님은 부신피질을 관이 없는 선腺으로 분류하였고 지금은 이것을 내분비 기관이라고 부릅니다. 그리고 부신피질이 수질의 신경계와 연결되어 있다고 추측하고 있습니다.

그리고 몽테스키외가 이야기했던 바로 그 기회가 드디어 찾아왔습니다. 영국의 의사인 토머스 애디슨 박사는 우연히 어떤 희귀병을 접하게 되었습니다. 이 병은 빈혈과 같이 매우 치명적이었고 소화기관을 약화시켜 장애를 일으키는 병이었습니다. 또한 심장 활동도 약해지며 피부에서는 특이한 색소 침착이 관찰되었습니다. 그리고 이런 증세를 보이는 사람들 대부분이 부신이 손상되어 있음을 알게 되었습니다. 애디슨 박사는 스스로 이 연구가 비록 '미약한 첫걸음'에 불과하지만 '생리학자와 해부학자가 기꺼이 주목하게 될' 연구라고 평가하였습니다. 1855년에 이 논문이 발표되었고 이 논문은 내분비에 대한, 특히 부신의 역할에 관한 지식의 기반이 되었습니다.

이후로 동물을 대상으로 더욱 포괄적인 실험들이 이루어졌습니다. 이 실험들은 부신이 제거된 상태에서는 일명 애디슨병이라 불리는 위와 같은 증상들이 나타나게 되며 훨씬 빨리 죽음을 맞이하게 된다는 것을 보여 주었습니다.

다음으로 연구자들은 부신의 주요 활성 물질을 얻기 위해 노력하였습니다. 1894년, 올리버 박사와 쉐퍼 박사는 부신의 추출물을 연구하던 중 이 물질의 매우 중요한 효능을 밝혀냈습니다. 그리고 채 몇 년이 지나지 않아 아드레날린을 분리하였습니다. 뿐만 아니라 이 물질의 구조를 규명함으로써 이를 인공적으로도 생산할 수 있게 되었습니다. 게다가 이 물질은 심장과 혈관, 그리고 장과 같은 내부기관의 교감신경계를 활성화시키는 것과 같은 효과를 나타내고 있었습니다. 따라서 쾰리커 박사에 의해 알려졌던 것과는 달리 부신피질이 아닌 부신수질이 아드레날린을 생성함으로써 신경계와 연관되어 있음이 증명되었습니다. 그러나 아드레날린을 이용하여 부신 제거로 나타나는 여러 증상을 막으려던 시도들은 모두 실패했습니다. 따라서 비엘 박사님을 비롯한 여러 사람들은 생명현상에 중요한 것은 부신수질이 아닌 부신피질임을 알게 되었습니다. 결국 이 두 부분은 신체 내에서 서로 다른 기능을 하고 있었던 것입니다. 그러므로 부신의 수질과 피질은 완전히 독립적인 기관임이 분명합니다. 하지만 우리는 이들을 결합된 하나의 기관으로 간주하는 경우가 많습니다.

1920년대 말부터 1930년대 초에 미국 연구진들은 부신에서 보다 순수한 형태의 추출물을 분리하였습니다. 그리고 이 물질을 이용하여 부신을 제거한 동물의 수명을 연장시켰고 애디슨병으로 고생하는 환자들의 상태를 호전시켰다는 연구 결과를 발표하였습니다. 사람들은 오랜 기간 주로 수용성 활성인자, 즉 코르틴으로 불리는 물질을 찾는 데 많은 노력을 기울여 왔습니다. 하지만 그 결과는 들쑥날쑥했고 확신할 수 있는 것은 아무것도 없었습니다. 알코올이나 에테르, 벤젠 같은 유기용매에도 활성 물질이 포함되어 있다는 사실로부터 스윙글 박사와 피프너 박사는 마침내 코르틴을 분리하는 방법을 알게 되었습니다. 그리고 부신을 제거한 실험동물의 수명을 몇 달 동안 연장해 줄 수 있는 물질을 찾는 데 성공했습니다. 이제 우리는 좀 더 순수한 형태의 코르틴도 분리할 수 있으며, 그 성질도 알게 되었습니다.

코르틴의 분리는 많은 연구자들이 함께 노력해야 하는 아주 어려운 일이었습니다. 빈터슈타이너 박사와 피프너 박사, 로체스터 메이오 병원의 에드워드 켄들 박사, 바젤의 다데우시 라이히슈타인 박사를 비롯한 그들의 동료들은 이 부분에 많은 공을 세웠습니다. 1934년에 켄들 박사님과 그의 연구진은 처음으로 피질의 추출물에서 코르틴을 결정형태로 분리하는 데 성공하였습니다. 뿐만 아니라 이 물질에 탄소, 수소, 산소가 포함되어 있다는 것을 밝혔고, 그 실험식도 규명하였습니다. 그러나 이것은 단지 시작에 불과했습니다. 그때까지는 코르틴이 단일물질이라고 생각했지만 계속되는 실험을 통해 코르틴은 단일물질이 아니라 혼합물임을 알게 되었습니다. 실제로 켄들 박사님과 동료들이 분리하고 연구한 물질도 서로 관련 있는 혼합물이었습니다.

몇 년 뒤, 그들은 이 혼합물에서 20개 물질의 구조를 확인하였습니다. 그리고 지금까지 이 혼합물에서 분리된 물질은 모두 30여 개 정도입니다. 이들은 피질에서 주로 혼합물의 형태로 그것도 아주 소량으로 존재하기 때문에 각 구성 물질들을 분리하는 것은 매우 어려운 일이었습니다. 이 중에서 적어도 6개 물질은 부신이 제거된 동물에 대해 효과를 나타냈습니다. 3개는 라이히슈타인 박사님이 밝혔고 켄들 박사님이 4번째 물질의 기능을 밝히기 위해 노력하였지만 4번째도 역시 라이히슈타인 박사님이 그 기능을 밝혔습니다. 그리고 이 물질은 담즙산에서 반 합성 상태로 분리되면서 더욱 용이하게 활용되었으며 애디슨 병이나 그 외 부신 기능 저하로 인한 질병에도 효과적이었습니다. 그 후에도 라이히슈타인 박사님은 부신피질에서 한 가지 물질을 더 찾아냈습니다. 6번째 피질 활성성분은 현재 가장 잘 알려져 있는 화합물 E입니다. 지금은 이 물질을 코르티손 또는 코르톤이라고 부릅니다. 서로 다른 4개의 연구진에서 모두 이 물질을 분리하는 데 성공하였고 그중에는 켄들 박사님과 라이히슈타인 박사님의 연구진도 포함되어 있었습니다. 나머지 비활성 물질들은 아마도 아직 활성 물질이 되기 전 초기 단계이거나 또는 활성 형태에서 전환된 형태일 것으로 생각됩니다.

이와 같이 코르틴의 구성 성분들이 하나씩 분리되면서 이와 동시에 이들의 화학 구조도 규명되기 시작하였습니다. 라이히슈타인 박사님은 이 중 한 가지 성분을 전환시켜 화학 구조상 남성호르몬과 유사한 물질을 만들어 규명하였습니다. 이 연구 결과는 부신피질이 실제로 성적인 특징과 연관되어 있다는 수많은 연구와 함께 큰 관심을 불러 모았습니다. 임신중에 피질이 확대된다는 사실과 피질암에 의해 초기 성기능 발달이 비정상적으로 변화되어 성 발달이 제대로 이루어지지 않는다는 사실은 여러 연구에서 이미 알려져 있었습니다. 모든 코르틴 성분들은 서로 밀접하게 관련되어 있었기 때문에 라이히슈타인 박사님의 이 발견은 코르틴 성분들이 모두 성호르몬과 같은 스테로이드 그룹에 속한다는 것을 의미하기도 합니다. 강심제로 사용되는 디기탈리스 잎과 스트로판투스 열매의 활성 성분처럼 비타민 D와 담즙산도 역시 스테로이드와 밀접하게 연관되어 있습니다.

규명된 6개 활성 피질호르몬의 가장 두드러지는 구조적 특징은 스테로이드 골격의 이중결합입니다. 만약 이 이중결합을 잃게 되면 활성도 잃게 됩니다. 하지만 이 물질들은 화학적으로는 서로 거의 차이가 없습니다. 이들은 똑같이 21개 탄소원자들로 구성되어 있고 다만 분자 내 산소원자 수에서만 3개, 4개 혹은 5개로 차이가 납니다. 켄들 박사님과 라이히슈타인 박사님은 이 산소원자들의 위치를 처음으로 밝혀냈습니다. 이와 같이 이들의 화학구조가 규명되자 이 물질들의 합성도 가능해졌습니다. 즉 담즙산 또는 스트로판투스 열매 성분을 보다 쉽게 얻을 수 있게 된 것입니다. 이와 같은 합성 기술은 부신에서 얻을 수 있는 활성호르몬의 양이 십만 분의 일 정도밖에 되지 않기 때문에 더욱 중요합니다.

애디슨병에 대해서는 이전부터 알고 있던 증상 외에 더 많은 증상들이 밝혀지고 있습니다. 그리고 동물에게서 부신을 제거했을 때 나타나는 변화들도 차츰 증명되고 있습니다. 부신이 없으면 일단 대사작용과 신장의 기능이 저하됩니다. 가장 두드러진 대사 저하 작용은 당으로 전환되는 단백질을 감소시켜 근육이나 간에 당이 글리코겐 형태로 저장되는 것을 방해합니다. 게다가 혈액 내의 당 함량도 감소하고 이로 인해 연소 과정이 전반적으로 감소하며 따라서 근육 운동이 충분히 일어나지 못하게 됩니다. 또한 신체 온도를 내립니다.

신장과 관련해서는 증가하는 양에 따라 배설되는 양이 증가되는 식염과 달리 질소 노폐물과 칼륨염이 걸러지지 않고 신체 내에 머무르는 현상이 두드러지게 나타납니다. 즉 염류와 분비액의 균형이 깨지는 것입니다. 부신의 내분비 기능 감소로 인한 여러 결핍 현상들이 밝혀지면서 여러 피질 호르몬에 대해서도 의문이 생겼습니다. 이와 관련하여 켄들 박사님과 그의 제자들은, 피질 호르몬의 무시할 수 있을 만큼 작은 구조상의 차이가 실질적으로는 큰 효과를 나타낸다는 것을 증명하였습니다. 따라서 구조적으로 거의 동일한 물질이라도 어떤 것은 당 대사에 영향을 주고, 또 다른 것은 염류와 분비액의 평형에 관여함을 알 수 있었습니다.

이와 관련하여 화합물 E를 예로 들어보겠습니다. 피프너 박사와 빈터슈타이너 박사는 부신이 제거된 동물의 수명을 화합물 E가 연장시키지 못한다고 하였습니다. 하지만 잉글 박사, 켄들 박사님은 동료들과 함께 이 물질이 근육 운동에 대해 매우 강한 자극 효과가 있음을 관찰하였습니다. 따라서 피질 호르몬이 구조적으로는 유사하더라도 그 효과는 매우 다르게 나타날 수 있다는 것을 알게 되었습니다.

한편, 미국에서 환자들에게 피질 호르몬을 직접 시험하기 위한 대규모 실험이 진행되었습니다. 이 실험은 군사적인 목적으로 피질 호르몬 중 일부를 인공적으로 합성, 생산하는 것이었습니다. 이와 관련하여 가장 많은 관심을 받은 물질은 라이히슈타인 박사님과 켄들 박사님이 밝혀낸 화합물 E였습니다. 하지만 이 화합물을 합성하는 여러 단계에서 많은 어려움을 겪게 되자 켄들 박사님과 동료들은 합성 단계들을 연결시켜 나가는 방법을 연구하였습니다. 이 일과 관련하여 사렛 박사님의 공로 또한 돋보였습니다.

최근에는 만성 류머티스 관절염에 대한 이들 활성 물질의 효능을 검증하기 시작하였습니다. 류머티스 관절염에 대한 이들의 효과는 결코 우연히 발견된 것이 아닙니다. 지난 20년 동안, 메이오 병원의 필립 헨치 박사님은 만성적인 관절염이 임신이나 황달이 있는 경우에 개선되는 사실에 대해 연구하였습니다. 그는 이 물질들과 관절염의 연관성에도 어떤 공통 인자가 있을 것으로 생각하였습니다. 그리고 관절염 증상이 일반적으로 알고 있듯이 감염이 아니라 신체 내 대사 과정의 변화로 나타나는 것이라고 생각했습니다.

황달의 경우에는 담즙산이 신체 내에 머무르고, 임신의 경우에는 임신기간 동안 성호르몬의 분비가 증가됩니다. 헨치 박사님은 담즙산과 코르틴 성분의 관계로 미루어 볼 때, 황달 증상이 부신의 기능장애와 관련이 있을 것이라고 생각하였습니다. 셀리에 박사님도 역시 이와 비슷한 생각을 하였습니다. 헨치 박사님은 켄들 박사님과 함께 코르틴을 이용하여 만성 류머티스 관절염을 치료하기 시작했지만 결과는 생각과 달리 성공적이지 못했습니다. 그들은 어떤 연관성만을 추측하여 코르틴을 치료에 적용하였을 때 아무런 성과가 없었기 때문에 코르티손에 대해서도 확신이 없었습니다. 하지만 1949년 4월, 헨치 박사님, 켄들 박사님, 슬로쿰 박사님, 그리고 폴리 박사님은 만성 류머티스에 대한 코르티손의 극적인 효과들을 논문으로 발표합니다. 코르티손은 관절염을 빠르게 개선하여 고통은 사라지고 관절의 압통도 개선되었습니다. 뿐만 아니라 움직임도 훨씬 부드러워졌습니다. 따라서 움직임이 힘들었던 환자들도 코르티손을 처방받은 후 자유롭게 걸을 수 있게 되었으며 전반적으로 상태가 호전되는 것이 관찰되었습니다. 또 다른 호르몬인 ACTH(부신피질 자극호르몬)도 비슷한 결과를 보여 주었습니다. 이 호르몬은 뇌하수체 전엽에 존재하며 부신을 자극하여 활성을 증가시킵니다. 그러나 한 가지 단점은 병을 지속적으로 호전시키려면 이와 같은 치료제를 계속 사용해야만 하는 것이었습니다. 치료제의 지속적인 사용은 종종 내분비 교란을 일으키게 되어 얼굴에 살이 찌거나, 머리가 자라거나 또는 신경병 증상이 나타나는 심각한 부작용을 나타냈습니다. 그럼에도 불구하고 코르티손은 급성 류머티스 열, 또는 화상과 같은 질병에까지 적용되고 있습니다.

메이오 의과대학의 실험 결과는 세계 곳곳에서 그 신빙성이 입증되었습니다. 비록 코르티손이나 ACTH가 앞으로 류머티스 관절염 치료제로서 어떤 역할을 할지 판단하기는 시기상조일지 모르지만 우리는 헨치 박사님과 그의 동료들에 의해 이 병의 특징을 알게 되었고 피질호르몬의 역할도 구체적으로 알게 되었습니다. 사회적으로 가장 중요하면서 가장 치료하기 어려운 질병의 치료 가능성을 보게 된 것입니다.

어떤 발견의 가치는 실용적인 결과뿐 아니라 새로운 연구 흐름을 제시하였다는 사실만으로도 충분히 증명됩니다. 최근 수십 년 동안의 피질 호르몬에 대한 연구는 이미 광범위한 분야에서 예상치 못했던, 그리고 중요하고 새로운 결과들을 이끌어 냈습니다. 이로써 이 연구의 가치는 분명히 입증되었습니다.

헨치 박사님, 켄들 교수님, 그리고 라이히슈타인 교수님.

카롤린스카 연구소는 부신피질 호르몬의 구조와 그 생물학적 효과를 발견한 여러분의 연구 업적을 기리기 위해 올해의 노벨 생리·의학상을 세 분께 공동으로 수여하기로 결정하였습니다.

당신들의 연구는 각기 다른 나라의 과학자들 사이에 이루어진 협력의 결과일 뿐 아니라 생리학, 생화학, 그리고 의학 등 각 분야를 대표하는 분들이 밀접하게 협력한 결과라는 점에서 좋은 본보기가 되었습니다.

에드워드 켄들 교수님.

교수님과 당신의 동료들은 피질호르몬의 분리와 규명에 큰 공헌을 하였습니다. 이로 인해 이 물질들 중 일부는 인공적인 생산이 가능해졌습니다. 뿐만 아니라 이 물질의 생물학적 작용은 화학적인 구조에 따라 달라진다는 사실을 증명하였습니다. 교수님의 연구로 이 분야에 관한 많은 지식들이 새롭게 정립되었고 실질적인 응용도 이루어졌습니다.

타데우시 라이히슈타인 교수님.

교수님은 동료들과 함께 부신피질에서 네 가지 활성호르몬을 처음으로 분리하였습니다. 이 네 가지 중 하나는 이미 합성에 성공하였으며 이 물질이 스테로이드 성질을 갖는 호르몬이라는 것도 증명되었습니다. 또한, 이들의 구조와 성질에 관해 더욱 자세한 사항들을 증명할 수 있었습니다. 이로 인해 지루한 과정의 합성을 더욱 용이하게 하였으며 새로운 약품도 만들 수 있었습니다. 이와 같은 교수님의 연구는 이 분야의 중요한 기반이 되었습니다.

필립 헨치 박사님.

임신과 황달이 류머티스 관절염에 유익하다는 당신의 빛나는 연구로부터 '최근 수 년 동안' 유명한 연구들이 이루어졌습니다. 이 연구에서부터 출발하여 류머티스 관절염처럼 부신피질 호르몬으로 호전되는 질병들이 계속 알려지고 있습니다. 따라서 부신피질 호르몬은 이제 새로운 치료제로서 그 가능성을 인정받게 되었습니다. 또한 질병의 본질과 부신피질의 역할에 대한 보다 깊은 통찰력도 얻게 되었습니다.

여러분. 모두 알고 계신 것처럼 알프레드 노벨 박사님은 건강한 신체와 병약한 신체, 그리고 실질적인 치료 방법 등에 관한 연구에 많은 관심이 있었습니다. 올해 노벨상을 수상하는 세 분의 연구는 노벨 박사님이 관심을 가졌던 이 두 가지 측면과 서로 친밀하게 연결되어 있습니다.

카롤린스카 연구소를 대표해서 세 분께 진심어린 축하를 보내드립니다. 그리고 세 분 모두 뛰어난 성과를 거둔 이 연구를 계속 성공적으로 진행하시기 바랍니다. 오늘 1950년도 노벨상을 수여하는 이 자리에 세 분을 소개하게 된 것을 영광으로 생각합니다. 이제 전하께서 시상하시겠습니다.

왕립 카롤린스카 연구소 교수위원회 G. 릴제스트란트

황열병에 관한 연구

1951

맥스 타일러 | 남아프리카공화국

:: 맥스 타일러 Max Theiler (1899~1972)

남아프리카공화국의 미생물학자. 로데스 대학교에서 공부하였으며, 1918년에 케이프타운 의학교를 졸업한 후 영국으로 가서 세인트 토마스 병원 의학교 및 런던 위생학 · 열대의학 학교에서 공부하였다. 1922년에 졸업한 후, 미국 하버드 대학교에서 1930년까지 연구하였다. 1930년 뉴욕에 있는 록펠러 재단 연구원이 되어 1964년까지 활동하였다. 역학적 연구를 통하여 황열병이 남아메리카와 아프리카 숲속의 원숭이에게 매우 흔한 질병이며, 특정 종의 모기를 통하여 인간에게 전염된다는 사실을 밝히는 등 황열병과 관련된 포괄적인 성과를 이룩하였다.

폐하, 그리고 신사 숙녀 여러분.

열대 또는 아열대 국가에서 하늘의 응징이라고 생각하는 많은 질병들 중에 황열병이 있습니다. 우리는 황열병이 언제 처음 나타났는지 알지 못합니다. 처음 황열병이라고 확신할 수 있었던 것은 1648년 멕시코에서 발병되었을 때이며, 미국으로 흑인 노예를 싣고 온 선박을 통해 서

아프리카로부터 유입된 것이라고 생각되었습니다. 만약 이 추측이 맞다면, 우리가 영화 제목으로만 알고 있던 〈서양으로 가는 유령〉보다도 훨씬 더 위험한 유령이 실제로 나타난 것이라고 할 수 있으며, 이는 비슷한 시기에 동양으로 퍼져 나간 매독에 비교될 만큼 위험한 질병입니다.

17세기부터 19세기에 이르기까지, 이 질병은 주로 캐리비언 해변을 따라 퍼져나갔으며, 대서양 해변을 따라 계속 번져 나가 마침내 남아메리카와 아프리카 대륙의 넓은 영역으로까지 전염되어 갔습니다.

황열병의 역사 속에는 극적인 수많은 사건들과 함께 하며 이 사건들은 정치·경제적으로도 많은 영향을 주었습니다. 그것의 한 예가 아이티 공화국의 운명에 관한 것입니다. 이 서인도 제국의 원주민은 그 당시 흑인 노예들을 데려온 백인들의 학대로 그 숫자가 감소하고 있었습니다. 반면에 노예 인구는 빠르게 증가하였고, 그러던 중 노예들은 폭동을 일으켜 백인 주인들을 마구 살해하였습니다. 나폴레옹은 흑인들을 제압하기 위해 25,000명의 군대를 파견하였고, 이 흑인들은 결국 군인들에게 쫓겨 정글로 도망갔습니다. 2~3주 후에 되돌아 온 군인들은 3,000명뿐이었고, 나머지는 모두 황열병으로 죽었습니다. 이로 인해 오늘날까지도 아이티 공화국 인구의 약 90퍼센트가 흑인입니다. 또 다른 예로 파나마의 지협을 가로지르는 운하 건설에 실패한 사건을 들 수 있습니다. 이는 여기에 동원되었던 프랑스인 드 레셉스의 노동자들은 모두 황열병과 말라리아에 걸려 죽었기 때문입니다.

황열병의 성질과 그 전파 경로에 대해서 정확히 밝혀진 것은 없었습니다. 18세기 초 발병 지역에서 모기가 많이 발견되었고, 쿠바 아바나의 내과 의사인 칼로스 핀레니 박사가 1881년에 이 질병은 모기가 전염시킨다는 논문을 발표하였지만 이 주장은 별다른 관심을 끌지 못하였습니다. 1898년 스페인-미국 전쟁이 발발하였을 때, 쿠바에 주둔하던 미국 군대는 황열병으로 많은 어려움을 겪게 되었습니다. 이 때문에 미국 당국은 1900년에 외과 의사인 월터 리드 박사를 황열병 연구 장교에 임명하였습니다. 그는 황열병을 일으키는 세균을 찾는 데에는 실패하였지만, 이전에 황열병 환자의 혈액을 빤 모기에 물린 사람이 이 병에 전염되었다는 사실을 발견하였습니다. 이 특별한 모기는 *Aedes aegypti* 종으로 밝혀졌으며, 이 모기는 사람의 거주지 주변에 물웅덩이나 고인 물에서 번식하고 있었습니다. 이 발견으로 모기가 없는 환경으로 환자를 격리하여 이 질병에 대처하였습니다. 이 간단한 방법은 곧 엄청난 결과로 이어졌습니다. 그 결과 중의 하나가 파나마 운하 지역에서 황열병이 완전히 사라진 것이었습니다.

리드 장교는 황열병의 전염원이 바이러스이며 세균과 많이 다르다는 것도 발견하였습니다. 바로 얼마 전에 이 바이러스가 구제역을 일으킨다는 것이 밝혀졌지만, 사람에게도 질병을 일으킬 수 있다는 것이 밝혀진 것은 이것이 처음이었습니다. 이제 우리는 위험한 질병의 수많은 원인이 바이러스임을 알고 있습니다.

우리는 최초로 황열병 문제를 전체적으로 해결한 사람이 리드 장교라고 생각했지만 아직도 해결할 문제점이 많이 남아 있었습니다. 1911년 초, 남아메리카의 내과팀은 주거지에서뿐만 아니라 오염되지 않은 정글에서 일할 때에도 황열병에 감염될 수 있다는 것을 알게 되었습니다. 몇 년 후, '정글 열병'으로 알려진 이 질병이 야생 원숭이에게서도 발견됨으로써 동물에서 사람으로의 전염 가능성이 제기되기 시작했습니다. 그러나 이에 대한 결정적인 증거를 얻기까지는 오랜 시간이 걸렸습니다. 이를 위해 많은 대가를 치러야 했으며, 이 연구의 대부분은 록펠러 재단의 국제건강관리부가 주도하였습니다. 그 과정에서 국제건강관리부의 의학담당 부서에서 6명이나 되는 인원이 목숨을 잃을 정도로 황열병은 치명적이었습니다.

1927년, 정글 열병의 수수께끼는 연구자들이 원숭이에게 이 질병을 전염시키는 데 성공하면서 풀리기 시작했습니다. 뒤이어 진행된 많은 실험을 통해 이 이론이 합리적이며 정확하다는 것도 증명되었습니다. 실험에 사용된 원숭이는 값도 비싸고 다루기도 어려웠기 때문에, 1930년 맥스 타일러 박사님은 황열병을 흰 생쥐에 전염시킴으로써 이 문제를 해결하였습니다. 이듬해에 타일러 박사님은 황열병을 앓고 있는 사람이나 원숭이의 혈청을 생쥐에게 주입하면 이 질병에 대한 방어력이 생기는 것을 발견하였습니다. 이로 인해 원숭이나 인간에서 황열병의 발생을 확인할 수 있는 방법을 알아냈습니다.

이 방법은 정글 열병에 관한 역학 연구, 그리고 이 질병과 고전적인 황열병과의 관계를 밝히는 데 매우 중요하게 활용되었습니다. 우리는 이제 황열병이 남아메리카와 아프리카 숲 속의 원숭이에게 매우 흔하게 나타나는 질병이며, 몇 종의 모기가 인간에게 전염시킨다는 것을 알게 되었습니다. 면역되지 않은 사람이 모기*Aedes aegypti*에 노출될 때 감염된 사람은 황열병 전염의 원인이 될 수 있습니다. 원숭이와 이러한 종의 모기는 주로 정글의 나무 위에 서식하며, 이들을 근절시킬 수는 없기 때문에 정글 열병은 우리에게 영원히 위협적인 존재로 남아 있습니다. 이는 특히 남아메리카에서 쉽게 관찰됩니다.

다행히 타일러 박사님의 발견은 이보다 더 많은 것을 우리에게 가르쳐 주었습니다. 감염원이 어떤 생쥐에서 다른 생쥐로 전염되면 아주 약해져서 원숭이는 발병의 위험 없이 이 감염원을 접종받을 수 있습니다.

그리고 이로 인해 원숭이는 질병에 대한 면역력이 생깁니다. 1932년 록펠러 그룹과 프랑스의 셀라드 박사와 라이그레트 박사는 이를 사람에게 접종하였고 면역력을 얻는 데 성공하였습니다. 그러나 이 생쥐 백신이 가진 위험성을 완전히 배제하기 위해 타일러 박사님과 그의 동료 로이드 박사, 스미드 박사, 그리고 리키 박사는 이보다 덜 위험한 백신을 만들었습니다. 수많은 어려움을 극복하고 그들은 특별한 기술로 이 목적을 달성하였습니다. 사람에게 해가 없는 이 세균의 변종을 17D라고 합니다. 하지만 생쥐의 바이러스는 천연두처럼 피부에 문지르면 접종되는 반면에, 17D는 피하주사로 접종해야 했습니다. 이러한 이유로 생쥐 바이러스가 대규모로 접종하기에 훨씬 적당하였습니다. 실제로 프랑스는 아프리카 식민지에서 이 기술을 이용하여 3,000만 명의 총인구 중 2,000만 명에게 접종하였습니다. 세계보건기구는 황열병이 존재하는 나라를 여행하는 승객들은 두 가지 백신 모두를 맞아야 한다고 규정하고 있습니다.

인구밀도가 높은 나라의 심각한 문제점인 황열병을 효과적으로 방어하는 것은 열대 지방의 발전을 위한 중요한 조건입니다. 이 때문에 맥스 타일러 박사님의 발견은 실질적으로도 매우 중요합니다. 무해하면서도 면역력이 있는 변종 감염원의 접종에 대해서는 이미 150년 이상을 연구해 왔기 때문에 타일러 박사님이 완전히 새로운 것을 발견한 것은 아닙니다. 제너 박사는 천연두의 자연적인 변종 바이러스인 우두 바이러스를 사용하였고, 파스퇴르 박사는 광견병 바이러스를 동물에게 반복적으로 처리하여 유사 변종을 만들었습니다. 지금까지 이러한 방법으로 질병을 치료하려던 시도가 성공한 예는 얼마 없습니다. 하지만 타일러 박사님의 발견은 우리에게 속수무책이던 다른 수많은 바이러스 질병을 치료할 수 있는 희망적인 방법을 알려 주었습니다. 따라서 막스 타일러 박사님은 노벨상을 받을 만한 자격이 충분합니다.

타일러 박사님.

40여 년 동안, 록펠러 재단의 국제건강관리부는 황열병을 연구하며 매우 포괄적인 결실을 얻을 수 있었습니다. 이에 기여한 사람들은 많습니다. 하지만 질병역학을 이해하고 이를 효과적으로 예방할 수 있도록 박사님은 그 누구보다도 많은 기여를 하였습니다.

왕립 카롤린스카 연구소는 박사님의 연구 업적과 그 실용적인 가치를 인정하여 올해의 노벨상을 박사님께 수여하기로 결정하였습니다.

이제 앞으로 나오셔서 전하께서 수여하시는 이 상을 받으시기 바랍니다.

왕립 카롤린스카 연구소 노벨 생리·의학위원회 위원장 H. 버그스트랜드

스트렙토마이신 발견

1952

셀먼 왁스먼 | 미국

:: **셀먼 에이브러햄 왁스먼 Selman Abraham Waksman (1888~1973)**

우크라이나 태생 미국의 생화학자. 1910년에 미국으로 이주한 뒤 1911년에 러트거스 칼리지에 입학하여 농학을 배워, 1916년에 석사학위를 취득하였다. 1918년 버클리에 있는 캘리포니아 대학교에서 생화학 박사학위를 취득한 후, 리트거스 칼리지에서 토양미생물학을 강의하였다. 1925년에 부교수가 되었으며 1930년에 정교수가 되었다. 1940년에는 신설된 미생물학과 교수 및 학과장이 되었다. 결핵을 비롯하여 광범위한 항생 작용을 지닌 스트렙토마이신을 발견함으로써 의학계에 공헌하였다.

전하, 그리고 신사 숙녀 여러분.

1882년 로베르트 코흐 박사님이 결핵균을 발견한 후 우리는 이 균에 대한 효과적인 치료제 개발에 노력하였습니다. 그리고 8년 뒤, 코흐 박사님은 결핵균의 배양액에서 결핵에 대한 유효 물질을 분리하는 데 성공하였습니다. 이 물질이 바로 투베르쿨린입니다. 전 세계의 내과 의사들은 코흐 박사님의 이 발견에 대해 매우 낙관적이었습니다. 그러나 다른 연구자들은 그의 발견을 재현하지 못했고 이로 인해 이와 같은 낙관적인 생각들은 곧 사라졌습니다. 그리고 투베르쿨린은 많은 양을 사용하면 오히려 위험하다는 연구 결과도 있었습니다.

뒤이어 나온 결핵 치료제들도 모두 이와 비슷했습니다. 짧은 기간 동안 주목받았던 사노크라이신, 미국에서 전쟁 중에 사용되어 큰 관심을 받았던 황화물, 프로민, 프로미졸, 그리고 디아존 등이 바로 그런 물질들이었습니다. 따라서 새로운 결핵치료제인 '스트렙토마이신'이 1943년에 미국에서 생산되었을 때에도 내과 의사들은 당연히 회의적일 수밖에 없었습니다. 이 물질이 발견되고 거의 10년이 지나서야 비로소 스트렙토마이신은 효과적인 결핵 치료제로서 세계적으로 인정받았습니다. 드디어 첫 번째 결핵 치료제가 발견된 것입니다.

플레밍 교수가 우연히 발견한 페니실린과는 대조적으로 스트렙토마이신은 대규모 연구진이 오랫동안 체계적이고 주도면밀하게 연구한 끝에 분리한 물질이었습니다. 이 연구진을 만들고 이끌어 간 사람이 바로 왁스먼 박사님이었습니다. 박사님은 뉴저지 뉴브런즈윅에 있는 러트거스 대학교 농학과에 재직하고 있던 미생물학자로 수년 동안 토양미생물에 대해 연구하였습니다. 박사님은 미생물들이 생존하기 위해 상호의존적으로, 또는 서로 대립하면서 경쟁하는 과정을 활발하게 연구하였습니다. 1939년에 왁스먼 박사님은 다양한 토양미생물에서 서로를 파괴하기 위해 생성하는 물질에 주목하였습니다. 그는 이 물질의 성질을 연구하였으며 이 연구는 플로리 박사와 체인 박사의 페니실린 재발견보다 한 해 앞서 시작되었습니다. 그는 4반세기 동안이나 아무도 주목하지 않았던 방선균에 집중했습니다. 왁스먼 박사님은 1915년에 이미 그의 조수와 함께 액티노마이세스 그리세우스라는 방선균주를 토양에서 분리하였습니다. 이 이름은 1943년에 스트렙토미세스 그리세우스로 바뀌어 세계적으로 널리 알려지게 되었습니다. 스트렙토마이신은 바로 이 균주에서 생성되는 물질입니다. 왁스먼 박사님은 스트렙토미세스 균이 생존에 부적합한 토양 조건에서도 살아남을 만큼 다른 미생물에 비해 생존력이 매우 강하다는 것을 밝혀냈습니다. 바로 이 생존력이 스트렙토미세스를 연구한 이유였습니다.

결핵균이 토양에서 빠른 속도로 파괴되는 것에 대해서는 이미 오래전부터 알려져 있었습니다. 미국결핵협회는 1932년 왁스먼 박사님에게 이를 조사해 달라고 부탁하였습니다. 그리고 박사님은 연구 과정에서 결핵균과 대립하는 어떤 미생물이 존재하며 이 미생물이 결핵균을 파괴하는 것이라고 생각하였습니다. 그 당시에는 사용되지 않았던 '항생'이라는 새로운 단어를 만들어 낸 사람도 바로 왁스먼 박사님이었습니다. 따라서 박사님이 사용한 항생 물질이라는 말은 어떤 미생물에 항생 작용을 하는, 또 다른 미생물에 의한 생성물을 의미합니다.

1940년, 왁스먼 박사님과 그의 동료들은 '액티노마이신'이라는 첫 번째 항생 물질을 분리하는 데 성공하였습니다. 그러나 이 물질은 독성이 강해 사용이 어려웠습니다. 이후 1942년에 '스트렙토스리신'이라는 또 다른 항생 물질을 발견하고 이에 관해 연구하였습니다. 이 물질은 결핵균뿐만 아니라 여러 세균에 대해 높은 활성을 나타냈습니다. 왁스먼 박사님과 그의 동료들은 스트렙토스리신에 관해 연구하면서 항생 물질의 효과를 시험하는 일련의 방법도 개발하였습니다. 그리고 이 방법은 1943년에 스트렙토마이신 분리에 유용하게 사용되었습니다.

왁스먼 박사님의 연구진은 스트렙토스리신을 발견함으로써 큰 용기를 얻었습니다. 그리고 페니실린 발견을 계기로 더욱 자극을 받아 항생

물질을 생성하는 미생물을 계속 연구하였습니다. 그들은 스트렙토마이신이 발견되기 이전까지 적어도 10,000여 개의 토양미생물의 항생 작용을 연구하였습니다. 왁스먼 박사님이 이 모든 연구를 총괄하였으며 젊은 조수들이 세부적인 연구를 맡아 진행하였습니다. 이들 중에 알베르트 샤츠라는 연구원이 있었습니다. 그는 이전에도 잠시 왁스먼 박사님과 일했던 경험이 있었습니다. 1943년 6월에 왁스먼 박사님의 연구팀에 다시 합류한 그는 액티노마이세스에서 새로운 종을 분리하는 일을 맡았습니다. 그리고 몇 달 후, 그는 액티노마이세스에서 두 가지 종을 분리해 냈습니다. 이것은 1915년에 왁스먼 박사님이 발견한 스트렙토미세스 그리세우스와 동일한 것이었지만 이전에 발견되었던 종과는 달리 항생 물질을 생성하고 있었습니다. 왁스먼 박사님은 이 생성 물질을 '스트렙토마이신'이라고 명명하였습니다. 그는 샤츠, 부기와 함께 스트렙토마이신의 항생 효과를 연구하였고 그 결과, 이 물질이 결핵균을 포함한 몇몇 세균에 대해 효과가 있다는 것을 알게 되었습니다. 이와 같은 스트렙토마이신의 항생 작용에 관한 기초 연구는 이보다 앞서 진행되었던 스트렙토스리신 연구 경험을 바탕으로 비교적 빨리 완성될 수 있었습니다.

스트렙토마이신의 결핵에 대한 효과에 대해서 메이오 병원의 내과 의사인 펠트만 박사님과 힌쇼 박사님도 계속 연구하였습니다. 이들은 황화합물을 치료제로 사용해 본 경험이 있었기 때문에 이와 관련된 믿을 만한 연구 기술을 갖추고 있었습니다. 펠트만 박사님과 힌쇼 박사님은 우선 결핵균에 감염된 기니피그를 대상으로 스트렙토마이신을 시험해 보았습니다. 이 실험 결과를 근거로 그들은 스트렙토마이신의 임상시험을 결정하였습니다. 임상시험의 대상은 회복이 불가능하다고 판단되는 환자들이었습니다. 그중에서 가장 심각한 결핵수막염, 좁쌀 결핵의 경우스트렙토마이신은 눈으로도 확인할 수 있을 만큼 놀라운 치료 효과를 보여 주었습니다. 이 실험으로 그들은 스트렙토마이신에 대한 자신감을 얻었습니다. 따라서 그들은 발병한 지 얼마 되지 않은 양성의 결핵에 대해서도 과감하게 스트렙토마이신을 사용하였고 이때도 질병이 상당히 호전되는 것을 관찰할 수 있었습니다.

임상시험이 진행되는 동안에도 왁스먼 박사님과 그의 동료들은 자신들의 연구를 계속 진행하였습니다. 그리고 그들은 항생 물질의 생성 능력이 서로 다른 여러 스트렙토미세스 그리세우스 종들을 발견하였습니다. 하지만 지금까지 분리된 스트렙토미세스 그리세우스의 여러 종들 중에서 단 네 가지만이 스트렙토마이신을 대량 생산하는 데 적합한 것으로 나타났습니다. 스트렙토미세스 그리세우스는 여러 배양액에서 자랄 수 있었지만 스트렙토마이신의 생성은 특정 조건에서만 가능했던 것입니다. 이에 왁스먼 박사님과 그의 동료들은 스트렙토마이신의 화학 구조식을 밝히고자 노력하였습니다. 폴커스 박사와 빈터슈타이너 박사는 이 부분에서 큰 공을 세웠으며, 이로 인해 스트렙토마이신을 순수한 형태로 분리할 수 있었습니다.

스트렙토마이신은 주로 정균 작용, 즉 세균의 성장을 억제하는 동시에 용균 작용, 즉 결핵균을 파괴하는 것으로 알려져 있습니다. 하지만 이 중요한 항생 작용의 기전에 대해서는 아직 밝혀진 것이 없습니다.

그렇지만 스트렙토마이신은 오랫동안 전 세계적으로 진행된 광범위한 시험을 거쳐서 오늘에 이르렀습니다. 그리고 이제는 이 물질이 치료제로서 어떤 가치가 있는가에 대해 올바른 판단을 내릴 수 있게 되었습니다. 좁쌀결핵과 결핵수막염에 대한 스트렙토마이신의 효과는 정말 놀라운 것이었습니다. 약간의 예외를 제외한 대부분의 좁쌀결핵과 거의 모든 결핵수막염은 아주 치명적인 질병이었습니다. 그러나 이제 스트렙토마이신 덕에 훨씬 좋아진 예후를 관찰할 수 있게 되었습니다. 결핵수막염은 스트렙토마이신을 처방하면 즉시 극적인 효과가 나타납니다. 의식이 없고 고열에 시달리던 환자가 약을 처방받으면 빠르게 상태가 호전되지만 이와 같은 심각한 상태에 대한 최종적인 결과는 그리 만족스럽지 못했습니다. 이 경우 스트렙토마이신을 일찍 처방받으면 받을수록 회복의 가능성은 훨씬 높아지게 됩니다. 따라서 스트렙트마이신을 처방한 효과는 결핵을 진단받는 시기에 따라 달라졌습니다. 여러 연구 결과를 보면 보다 양호한 질병상태에서는 75퍼센트가 회복되는 반면, 심각한 경우에는 20퍼센트만이 회복되는 것으로 나타나 있습니다. 결핵수막염에 비하면 좁쌀결핵에 대한 스트렙토마이신 효과는 훨씬 좋습니다. 최근의 연구 결과는 이 질병의 80퍼센트 정도가 뚜렷한 치료 효과를 보인 것으로 나타나 있습니다.

초기 폐결핵은 스트렙토마이신을 투여하면 치료 확률이 매우 높은 것으로 알려져 있습니다. 수술이 필요한 폐결핵에도 스트렙토마이신은 매우 효과적인 보조제입니다. 이 경우, 이전에는 수술이 불가능했던 환자도 스트렙토마이신을 처방함으로써 수술에 알맞은 상태로 호전되는 것을 관찰할 수 있습니다. 이외에도 비뇨생식관, 뼈, 관절 등의 결핵에 대해서도 스트렙토마이신은 상당한 효과를 보여 주었습니다. 수술 전이나 후에 스트렙토마이신을 이용한 화학요법은 매우 성공적이었습니다.

하지만 스트렙토마이신이 전혀 무해한 것은 아니었습니다. 따라서 이 항생 작용에 대한 많은 경험을 바탕으로 부작용을 최소화하는 방법을 고안하게 되었습니다. 이미 보고된 전정신경과 청각신경에 대한 부작용은 더욱 정제된 스트렙토마이신을 보다 적은 양으로, 보다 짧은 기간에 사용함으로써 대폭 줄거나 사라졌습니다. 현재는 이와 같은 부작용 때문에 스트렙토마이신이 금지되는 일은 없습니다.

또 다른 문제점은 스트렙토마이신에 내성을 갖는 세균이 발달한다는 것입니다. 이것은 매우 중요한 문제이기 때문에 많은 나라에서 스트렙토마이신에 대한 내성을 갖는 세균의 출현을 막기 위한 여러 방법을 연구하고 있습니다. 스웨덴의 생화학자인 레흐만 박사의 연구를 예로 들어보겠습니다. 그는 파스PAS라는 화학요법 치료제를 다른 결핵 치료제와 병용하였고, 이로 인해 스트렙토마이신에 대한 내성이 생기는 것을 지연시킬 수 있었습니다.

지금까지 결핵 치료제로서 스트렙토마이신의 효과에 대해 살펴보았습니다. 그리고 이 스트렙토마이신의 활성이 오늘 노벨상의 주인을 결정하였습니다. 하지만 스트렙토마이신은 결핵뿐 아니라 훨씬 광범위한 항생작용을 하는 물질이며 수많은 병원성 세균에 대해 활성을 나타내고 있습니다. 때로는 페니실린에 효과가 없는 몇몇 세균에 대해서 활성을 보이기도 합니다. 따라서 인간의 감염성 질병에 대한 스트렙토마이신의 가치는 오늘 언급한 결핵에 대한 가치 그 이상입니다.

왁스먼 박사님과 동료들은 스트렙토마이신을 발견하여 의학계에 크게 공헌하였습니다. 비록 스트렙토마이신이 완벽한 결핵 치료제는 아니지만 이 발견으로 우리는 크게 한 걸음 내딛을 수 있었습니다. 무엇보다도 이 물질의 분리를 통해 앞으로의 연구 가능성을 자신할 수 있게 되었습니다. 그리고 결핵을 완전히 뿌리 뽑을 수 있는 치료제의 개발이 가까운 미래에 성취될 수 있다는 희망도 갖게 되었습니다.

셀먼 왁스먼 교수님.

카롤린스카 연구소는 독창적이고도 체계적인 연구로 결핵균에 대한 최초의 항생물질인 스트렙토마이신을 발견한 당신의 공로를 인정하고 그 업적을 기리기 위해 올해의 노벨 생리·의학상을 수여하고자 합니다. 당신은 생리학자도 내과 의사도 아니지만 의약 분야의 발전에 가장 중요한 공을 세웠습니다. 스트렙토마이신은 이미 수천 명의 목숨을 살렸고 내과 의사의 입장에서도 당신은 모든 사람들의 은인입니다.

왕립 카롤린스카 연구소를 대표해서 당신의 업적과 오늘의 수상에 대해 진심 어린 축하를 보내드립니다. 이제 앞으로 나오시기 바랍니다. 전하께서 박사님께 상을 수여하시겠습니다.

왕립 카롤린스카 연구소 교수위원회 A. 월그렌

시트르산 회로 발견과 조효소에 관한 연구

1953

한스 크레브스 | 영국 **프리츠 리프만** | 미국

:: **한스 아돌프 크레브스 Hans Adolf Krebs (1900~1981)**

독일 태생 영국의 생화학자. 1918년부터 1923년까지 괴팅겐 대학교 및 프라이부르크 대학교에서 의학을 공부하였으며, 1925년에 함부르크 대학교에서 박사학위를 취득한 후, 카이저 빌헬름 연구소에서 일하였다. 1933년에 나치 정권을 피해 영국으로 이주하여 1935년까지 케임브리지 대학교에서 연구하였으며, 이후 1954년까지 요크셔에 있는 셰필드 대학교에서 연구하였다. 1954년부터 1967년까지 옥스퍼드 대학교 교수를 지냈으며, 1958년에 기사 작위를 받았다. 고립되어 있는 반응들로부터 세포 내 산화 과정의 본질적인 경로를 이끌어 내었다.

:: **프리츠 알베르트 리프만 Fritz Albert Lipmann (1899~1986)**

독일 태생 미국의 생화학자. 쾨니히스베르크 대학교, 베를린 대학교, 뮌헨 대학교에서 의학을 공부하여 1924년에 베를린 대학교에서 박사학위를 취득한 후, 쾨니히스베르크 대학교에서 화학을 공부하고 카이저 빌헬름 연구소에서 근무하여 1926년에 박사학위를 취득하였다. 1939년 미국으로 이주하였으며, 1949년에 하버드 대학교 의과대학 생화학 교수가 되어 1957년까지 재직하였으며, 이후 록펠러 연구소에서 일하였다. 아세틸 인산에 관한 발견을 통하여 생화학 분야의 발전에 기여하였다.

전하, 그리고 신사 숙녀 여러분.

왕립 카롤린스카 연구소는 올해의 노벨 생리·의학상을 한스 크레브스 교수님과 프리츠 리프만 교수님에게 수여하였습니다. 이는 살아 있는 세포 기능에 대한 연구에 확고하고 중요한 기여를 한 그들의 공로에 대한 감사의 표시입니다. 세포는 매우 복잡한 분자들에 의해 조절됩니다. 이 분자들 중에는 가장 큰 금속인 우라늄 그룹의 몇천 배가 되는 것도 있습니다. 특히 거대 분자인 단백질에 대해서 알지 못하면 세포에 관한 많은 미스터리를 해결할 수 없습니다. 여기에 관여하는 활성 단백질을 우리는 효소라고 부르며, 이 효소를 돕는 또 다른 특별한 작은 화합물을 조효소라고 부릅니다.

올해 노벨상을 수상하는 연구는 세포 대사에 관련된 본질적인 과정에 관한 것입니다. 살아 있는 세포는 음식물(단백질, 지방, 탄수화물)의 주요 성분을 작은 분자들로 구성된 화합물로 변형시킵니다. 동시에 세포는 자신의 구성 요소를 분해하여 유기체 내에 활기를 불어 넣는 에너지를 축적합니다. 즉 음식과 세포 성분 모두로부터의 분해 산물은 세포에 작용하는 구성 요소들을 쌓아 올리는 건축자재(벽돌)와 같습니다. 이러한 건축에 필요한 에너지는 적당량의 물질이 탄산과 물로 변화되는 과정에서 발생합니다. 이 과정들이 동시에 매우 복잡한 방식으로 일어날 수 있는 것은 바로 세포 내 작은 공간이 우주와도 같은 광범위한 구조적 특징을 갖기 때문입니다.

한스 크레브스 박사님 이전에도 이에 관한 많은 것들이 알려져 있었지만, 세부적이고 부분적인 과정에만 국한되어 있었습니다. 이 고립된 여러 반응들이 서로 어떻게 연관이 있는지는 알지 못했으며, 전반적인 반응기전에 대해 논리적으로 설명할 수도 없었습니다.

이러한 개개의 반응이 서로 연결되어 순환되고 있음을 발견한 사람이 바로 크레브스 박사님입니다. 그는 생성된 에너지가 세포 내에서 어떤 과정으로 어떻게 사용되는지, 그 근본 원리를 분명하게 밝혔습니다. 이 에너지는 2개 탄소로 이루어진 화합물(2-탄소 화합물)이 탄산과 물로 산화되면서 유리됩니다. 이 2-탄소 화합물은 음식으로부터 유도되며, 크레브스 회로로 들어갑니다. 이 화합물의 성질과 편입 기전은 프리츠 리프만 박사님이 발견하였습니다. 하지만 그 당시에는 아직 알지 못했기 때문에, 잠시 동안은 이 발견에 대해 이야기하지 않겠습니다. 처음에 크레브스 박사님의 주장은 많은 사람들에게 비난받았습니다. 그러나 그는 얼마 지나지 않아 자신을 비난하던 사람들로부터 지지를 얻어낼 수 있었습니다. 크레브스 박사님은 2-탄소 화합물이 4개 탄소 원자를 가진 물질에 첨가되었을 때 6-탄소 화합물이 생성된다고 생각했습니다. 이렇게 2-탄소 화합물이 결합되고 나면 이 화합물은 탄산, 물 및 에너지로 분해됩니다. 그 후 4-탄소 화합물은 다시 다른 2-탄소 화합물과 반응하기 위해 유리되며, 산화 사이클에서 새로운 순환 주기를 시작합니다. 이 사이클이 시작할 때 생성되는 6-탄소 화합물이 바로 3개의 탄산기를 함유하고 있는 시트르산입니다. 따라서 이 사이클을 TCA(tricarboxylic acid) 회로라고 부릅니다.

크레브스 회로는 에너지를 생성하는 분해 과정과 에너지를 사용하는 합성 과정이 동시에 일어납니다. 그리고 이 두 종류의 세포 반응은 균형을 유지하고 있습니다. 이와 같은 크레브스 회로의 가역성은 몇몇 다른 과학자들, 특히 미국의 베르크만 박사님과 우드 박사님, 현재 뉴욕에서 일하고 있는 스페인 이민자 오초아 박사님이 증명하였습니다.

크레브스 박사님은 고립되어 있는 반응들로부터 세포 내 산화 과정의 본질적인 경로를 이끌어 내는 데 성공하였습니다. 박사님은 분명하고 사실적인 직관력으로 처음부터 예리하게 문제를 파악하였기 때문에 처음에 품었던 생각들 중에서 수정해야 할 것이 별로 없었습니다.

이론적으로는 과정이 계속 진행되기 위해서는 필수적인 구성 요소들이 항상 유지되어야 하므로 외부로부터 화합물이 크레브스 회로로 도입되어야만 했습니다. 리프만 박사님의 2-탄소 화합물에 의해 이 중요한 편입이 일어나게 됩니다. 이 화합물이 초산과 매우 밀접하게 관련 있다는 생각이 일반적이었습니다. 세포의 대사 과정에서는 많은 양의 초산이 생성된다고 알려져 있으며 이 산은 2개의 탄소를 포함하기 때문에, 크레브스 회로의 작용기전에 잘 맞을 수 있다고 생각한 것입니다. 2-탄소 화합물이 초산이라는 것은 거의 확실해 보였지만, 활성을 나타내는 형태에 대해서는 알 수 없었습니다. 리프만 박사님은 몇 년 동안 초산과 인산으로부터 생성된 아세틸 인산이 그 활성 형태일 것이라고 주장하였지만 동료들은 이에 대해 점점 의문을 갖게 되었습니다. 대부분의 생화학자들이 이 화합물은 크레브스 회로의 작용기전에 잘 맞지 않는다며 이를 포기하려고 했을 때, 리프만 박사님은 조효소 A의 발견을 발표하였습니다. 이로 인해 모든 것은 마치 자물쇠의 마지막 톱니가 제자리로 들어가듯이 완전하게 맞아 들어갈 수 있었습니다.

작은 분자로 이루어진 조효소 A가 효소-단백질과 결합할 때, 초산과 결합하게 됩니다. 초산은 정상적으로는 반응성이 거의 없지만, 이렇게 결합함으로써 4-탄소 화합물과 결합하여 시트르산을 생성하는 2-탄소 화합물이 됩니다. 이로 인해 세포에서 에너지를 전달하기 위한 새로운 방법이 증명된 것입니다.

리프만 박사님은 아세틸 인산이 어떤 세균에서 활성을 나타내는 2-

탄소 화합물로 이용되는 것을 보고 최근 다시 아세틸 인산에 대해 연구하였습니다. 이 발견으로 그는 또 다른 중요한 논문을 발표할 수 있었습니다.

효소 단백질에 결합된 조효소 A에 의해 초산 이외의 다른 산도 활성화될 수 있다는 것이 알려지면서 리프만 박사님의 발견이 더욱 넓은 영향력을 갖는다는 것이 분명히 밝혀졌습니다.

이 조효소 중의 몇몇은 비타민에 속합니다. 실제로 리프만 박사님의 조효소는 비타민 B군과 관련되어 있으며, 비타민 B_1과 B_2는 조효소만큼의 활성이 있습니다. 스웨덴의 생화학자 후고 테오렐 박사는 황색의 비타민 B_2를 사용하여 비타민이 특정 단백질에 결합될 때 활성효소가 만들어진다는 것을 증명하였습니다.

크레브스 박사님.

혼란스럽고 단편적이며 직관적으로 알려진 연소의 주요 효소 과정을 밝힌 박사님의 직관력과 숙련된 기술에 대해 보답할 수 있게 된 것을 카롤린스카 연구소의 위원들은 매우 기쁘게 생각합니다. 이것은 박사님이 영원히 지속될 기초를 세웠다는 것, 그리고 이를 기반으로 위대한 발전이 이루어진 것에 대해 우리 모두 동의한다는 것을 나타내는 상입니다.

카롤린스카 연구소의 위원회를 대표하여 전하께서 시상하시는 이 자리에 박사님을 모시고자 합니다.

리프만 박사님.

박사님은 전사와 같습니다. 박사님에 반대하는 자들을 비롯해 모든 사람들은 박사님이 오직 하나, 사적인 것과는 전혀 관계없는 생화학적 과정의 복잡성을 밝히기 위해 싸워 왔다는 것을 알고 있습니다.

어떤 것을 이해하고 명확하게 밝히고자 하는 박사님의 소망은 보다 광범위하고 분명한 발견으로 보답받았습니다.

조효소 A의 발견은 생화학 분야에서 그 중요성을 바로 인정받았습니다. 새로운 활성인자들이 무서운 속도로 정제되고 확인되는 가운데에서도 박사님은 시종일관 지도자의 역할을 하고 있습니다.

박사님은 광범위한 반응을 분명하게 설명함으로써 이에 관한 혼란을 잠재운 동시에 세포 내에서 에너지를 전달하는 새로운 길을 찾아내었습니다.

이제 전하께서 시상하시는 이 자리에 박사님을 모시겠습니다.

왕립 카롤린스카 연구소 교수위원회 E. 하마르스텐

소아마비 바이러스 배양 방법 발견

1954

존 엔더스 | 미국

토머스 웰러 | 미국

프레더릭 로빈스 | 미국

:: 존 프랭클린 엔더스 John Franklin Enders (1897~1985)

미국의 바이러스학자이자 미생물학자. 하버드 대학교에서 영문학을 공부하다가 세균학을 공부하여 1930년에 박사학위를 취득한 후, 1935년에 조교수로 임용되었으며 1942년 의과대학 부교수가 되었다. 제2차 세계대전 중 전염병에 대한 민간 고문으로 활동하였다. 1946년에 보스턴에 있는 아동 의학센터에 앤더스 전염병 연구실을 설립하여 공동 수상자들과 함께 소아마비를 연구하였다.

:: 토머스 허클 웰러 Thomas Huckle Weller (1915~2008)

미국의 내과의사이자 바이러스학자. 1940년에 하버드 대학교에서 의학 박사학위를 취득하였으며, 보스턴에 있는 아동 병원에서 의학 실습을 하였다. 1942년에 육군 군의관이 되어 1946년까지 복무한 후, 1949년부터 1955년까지 보스턴에 있는 아동의학센터 앤더슨 전염병 연구소 소장이 되어 공동 수상자들과 함께 소아마비를 연구하였다. 1954년에 하버드 대학교 열대공중보건 교수가 되었다.

:: **프레데릭 채프먼 로빈스Frederick Chapman Robbins (1916~2003)**

미국의 소아과 의사이자 바이러스 학자. 미주리 대학교에서 공부하였으며, 1940년에 하버드 대학교 의과대학를 졸업한 뒤 보스턴에 있는 아동병원에서 실습하였다. 제2차 세계대전 당시 군의관으로 복무하였으며, 1948년에 보스턴에 있는 아동의학센터 앤더슨전염병 연구소에 들어가 공동 수상자들과 함께 소아마비를 연구하였다. 1952년 클리브랜드에 있는 케이스웨스턴리저브 대학교에서 소아과 교수가 되었다.

전하, 그리고 신사 숙녀 여러분.

1870년 로베르트 코흐 박사님이 세균을 배양하는 원리를 정립한 이후 세균학자들은 세균에 의한 질병을 체계적으로 연구할 수 있었으며 순수 배양으로 원인 물질도 분리하였습니다. 그 결과 우리는 세균에 대해 더욱 많은 것들을 알 수 있었습니다. 세균의 감염 경로를 추적할 수 있었고, 세균을 옮기는 운반체, 그리고 감염을 일으킬 수 있는 또 다른 원인도 찾을 수 있었습니다. 즉 세균이 일으키는 감염성 질병에 대해 더욱 합리적으로 대처할 수 있게 된 것입니다. 이 뿐만 아니라 결국 세균을 배양하는 기술을 이용하여 술파제, 페니실린, 스트렙토마이신 같은 놀라운 약품들도 만들게 되었습니다.

이로 인해 75년에 걸친 세균과의 전쟁은 성공적이었습니다. 하지만 페스트, 콜레라, 장티푸스, 디프테리아, 그리고 패혈증 같은 질병들이 완전히 박멸된 것은 아닙니다. 그리고 결핵은 아직도 연구가 한창입니다. 하지만 인류에게 이 질병들은 이제 더 이상 위협적이 아닙니다. 이는 20세기에 들어서면서 세균성 감염에 의한 치사율이 90퍼센트 이상 감소되었다는 인구 통계만 봐도 분명히 알 수 있습니다.

하지만 바이러스 질병은 상황이 전혀 다릅니다. 사실 바이러스 질병도 발전은 분명 있었습니다. 바이러스에 대한 항체를 이용하여 천연두 바이러스 백신을 개발함으로써 이 질병을 예방할 수 있게 되었습니다. 그리고 황열병 바이러스를 운반하는 모기를 제어함으로써 발병을 저지할 수 있었으며 황열병 바이러스를 발견한 타일러 박사님은 1951년에 노벨상을 수상하였습니다. 뿐만 아니라 전염성 티푸스는 DDT를 사용하여 제어할 수 있게 되었고 이 또한 노벨상을 수상함으로써 그 가치를 인정받았습니다. 그리고 항생제 개발로 티푸스 치료도 가능해졌습니다. 그러나 아직도 많은 바이러스성 질병은 증가 추세입니다. 그중에서도 소아마비가 특히 눈에 띄게 늘어나고 있습니다. 소아마비는 20세기로 전환되던 시점에는 특별히 알려지지 않았던 질병이었지만 그 이후, 급성 감염으로 인한 죽음의 5분의 1이 소아마비가 원인입니다. 유행성 황달 또한 이와 비슷한 추세로 증가하고 있으며 이는 특히 세계대전 중에 심각한 문제로 대두되었습니다. 이 외에도 증가 추세에 있는 바이러스성 질병은 많습니다.

세균학자들이 관련 질병 치료에 성공하는 반면 바이러스 학자들이 실패하는 이유는 간단합니다. 세균과 달리 바이러스는 배양이 매우 어렵기 때문입니다. 바이러스는 세균이나 다른 미생물과 달리 인공적으로 번식할 수 없습니다. 때문에 이는 시험관에서는 활성이 없는 화학 물질에 불과합니다. 오로지 살아 있는 세포 안에 존재할 때만 비로소 세포를 파괴하고 수백 개의 새로운 바이러스를 만들 수 있는 힘을 발휘하는데, 이런 과정은 단 몇 분 안에도 일어날 수 있을 만큼 강력합니다.

처음에 바이러스 학자들은 동물실험에 전적으로 의존하였습니다. 따라서 그들은 시험 물질을 동물에게 접종한 후 특정 질병이 발생하기만을 기다렸습니다. 바이러스 자체를 연구할 수 있는 방법이 없었기 때문에 감염된 동물을 관찰하고 거기에서부터 바이러스에 대한 정보를 역으로 추론하는 데 만족할 수밖에 없었던 것입니다. 이와 같은 간접적인 방법은 많은 시간과 노력, 그리고 비용이 필요했습니다. 하지만 무엇보다 어려웠던 것은 그것을 해석하는 것이었습니다. 이런 상황에서 바이러스 전염병을 억제할 수 있는 방법을 찾아내는 것은 매우 힘든 일이었습니다. 나아가 오직 사람만을 공격하는 바이러스 같은 경우에는 실험동물은 아무런 의미가 없었습니다. 그런 경우에는 지원자만을 대상으로 실험하기도 했지만 이 또한 매우 현명하지 못한 방법이었습니다.

그러던 중, 1949년에 한 논문이 발표되었습니다. 보스턴의 한 연구진이 매우 조심스럽게 작성한 이 짧은 논문은 놀라운 내용을 담고 있었습니다. 어린이 병원 연구소장인 존 엔더스 박사님과 그의 동료인 토머스 웰러 박사님, 그리고 프레더릭 로빈스 박사님은 이 논문에서 사람의 조직을 시험관에서 배양함으로써 소아마비 바이러스를 성공적으로 배양하였다고 보고하였습니다. 이 발표는 바이러스 연구에 새로운 시대를 맞이하는 계기가 되었습니다.

20세기 초반에 우리는 이미 생명체로부터 분리된 동물 조직을 계속 성장시키는 기술에 대해서는 잘 알고 있었습니다. 후생동물은 실제로 다른 세포에 공생하여 살아가는 세균보다는 좀 더 분화된 미생물이라고 할 수 있지만 이 세포는 적당한 배양 매체가 제공되지 않는다면 결코 살아갈 수 없습니다. 따라서 넓은 의미로 보면 조직 배양의 원리는 세균 배양에 적용된 원리와 같다고 볼 수 있습니다. 봉합 기술을 창조한 프랑스계 미국인 카렐 박사가 연구 과정에서 겪었던 가장 큰 어려움은 빠르게 증식하여 조직을 파괴하는 미생물로부터 조직을 보호하는 것이었습니다. 카렐 박사는 이를 해결하기 위해 복잡한 종교의식에 비유할 수 있는 개념을 끌어들였습니다. 즉 조직배양은 연구자가 스스로 제사장이 되어 작은 배양접시 안에 그 조직만을 위한 의식을 주도하듯 그 배양 조건을 충족시켜 주는 것이라고 생각하였습니다.

바이러스 학자들은 조직 배양이 그들의 연구에 매우 유용한 기술이라는 것을 알고는 있었습니다. 하지만 실질적인 기술적 어려움 앞에서 그들은 좌절할 수밖에 없었습니다. 그러던 중, 1925년에 파커 박사님과 나이 박사님이 조직배양으로 바이러스를 증폭시킬 수 있다는 결정적인 증거를 처음으로 제시하였습니다. 뒤이어 1928년에도 주목할 만한 연구 결과가 발표되었습니다. 이 논문을 통해 맨체스터의 메이트란츠 박사님은 세포가 잘 성장할 수 있는 것은 아니지만 짧게나마 살아서 어느 정도 활동할 수 있도록 하는 기술을 소개하였습니다. 이는 매우 단순한 기술이었지만 빠르게 증폭하는 바이러스에 알맞은 조건을 제시함으로써 실험동물에 의지하지 않고서 어느 정도 연구를 계속할 수 있는 희망을 보여 주었습니다. 그리고 마침내 이 기술을 이용한 새로운 배양 방법이 개발되었습니다. 타일러 박사님이 황열병 백신을 발견한 것도 이 기술 덕분이었습니다. 그러나 이것은 세균 배양 방법만큼 유용하지는 못했습니다. 이 방법이 실험 물질로부터 바이러스를 분리하는 데는 사용할 수 없었기 때문이었습니다.

엔더스 박사님이 조직 배양 방법에 관심을 갖게 된 것은 1940년쯤으로 거슬러 올라갑니다. 그는 메이트란츠 박사님의 배양법이 만족스럽지 못한 대용방법에 불과할 뿐, 정확한 바이러스 배양법을 알려 줄 수 없다고 확신했습니다. 때문에 그는 훨씬 복잡한 카렐의 방법으로 돌아갔습니다. 이 무렵 엔더스 박사님, 웰러 박사님을 비롯한 소수의 동료들은 그들이 함께 연구했던 우두 바이러스, 독감 바이러스, 볼거리 바이러스를 통해 유용한 경험을 하였습니다.

이로써 마침내 소아마비 바이러스에 대한 실험 기반이 마련되었습니다. 하지만 실험 전망은 그리 밝지 않았습니다. 이전까지도 많은 과학자들이 소아마비에 대해 연구했지만 특별한 성과는 없었습니다. 1936년에 사빈 박사님과 올리츠키 박사님은 메이트란츠 방법을 이용하여 닭의 배아, 쥐, 원숭이, 사람의 배아 등과 같은 다양한 조직을 배양하였고 이 과정에서 소아마비 바이러스를 배양하고자 노력했습니다. 여기에서 그들은 사람 배아의 뇌 조직에서만 소아마비 바이러스를 배양할 수 있다는 결론을 얻었습니다. 더불어 소아마비 바이러스가 향신경성 물질임을 확인시켜 주었습니다. 즉 신경세포에 의해서만 바이러스가 증폭될 수 있다는 확신을 심어 준 것입니다. 따라서 소아마비 바이러스의 배양에 대한 희망은 잠시 접어야만 했습니다. 모든 조직 중에서 신경조직은 가장 분화된 조직이며, 가장 정확한 조건이 충족되어야만 하는, 따라서 가장 배양하기 어려운 조직이기 때문입니다. 뇌 조직을 배양하는 것 외에는 달리 방법이 없어 보였기 때문에 이에 대한 체념도 쉽게 받아들여졌습니다.

그렇지만 1940년대에 와서는 바이러스의 향신경성에 대한 믿음이 흔들리기 시작했습니다. 그리고 엔더스 박사님, 웰러 박사님, 그리고 로빈스 박사님은 사빈 박사님과 올리츠키 박사님의 방법을 좀 더 개선하여 실험을 반복하였습니다. 그들은 첫 번째 실험에서 사람의 배아조직을 사용하였습니다. 그리고 뇌조직뿐 아니라 피부, 근육, 장에서 얻은 세포에서도 바이러스가 자랄 수 있다는 것을 확인하였고 이는 모든 사람들을 깜짝 놀라게 했습니다. 세포 안에서는 바이러스의 증폭과 관련된 전형적인 변화들이 나타났으며 결국 세포가 완전히 파괴되는 것도 현미경으로 쉽게 관찰할 수 있었습니다. 이것으로 여러 조직에서 바이러스 증폭이 가능하다는 것을 발견하였으며 동시에 현미경을 이용한 훨씬 용이한 결과 관찰 방법도 정립되었습니다. 뿐만 아니라 면역혈청이 바이러스 증폭을 방해한다는 사실도 알게 되었는데 이 기술은 면역 검사에 적용되었습니다. 그 후 엔더스 박사님, 웰러 박사님, 그리고 로빈스 박사님은 수술로부터 얻은 어른과 아이들의 조직을 바이러스 배양에 유용하게 사용할 수 있다는 사실을 발견하였습니다. 뼈와 연골을 제외한 모든 조직이 바이러스 배양에 적합한 것으로 생각되었습니다. 그리고 마침내 그들은 다양한 표본 조직을 배양하여 바이러스를 직접 분리하는 데에도 성공하였습니다. 이로써 바이러스 학자들도 세균학자들처럼 배양 기술을 소유할 수 있게 되었습니다.

배양 기술의 발전은 전 세계 바이러스 연구에 활기를 불어넣었습니다. 이 기술은 빠른 속도로 바이러스 연구의 새로운 기준이 되었으며, 이제 이 방법은 가장 먼저 사용되는 방법이 되었습니다. 지금까지는 주로 소아마비 연구에만 이 방법이 적용되었습니다. 그러나 그 외에도 임상의와 역학자들의 진단 방법으로서, 백신 생산의 목적으로, 그리고 순수한 이론적인 목적으로 모든 관련 분야에서 시험적으로 적용하고 있습니다. 사람 조직을 배양하는 기술은 동물실험이 불가능한 바이러스를 연구하는 데에도 이용되었습니다. 엔더스 박사님, 웰러 박사님, 로빈스 박사님은 연구 초기에 바이러스로 의심되는 여러 물질을 배양하였습니다. 다른 과학자들은 이 바이러스들을 체계적으로 연구하였고, 그 결과 우리는 이제 감기와 같은 수많은 질병의 원인을 밝힐 수 있을 것으로 생각합니다. 그 예로 웰러 박사님이 배양한 수두 바이러스와 대상포진 바이러스를 들 수 있습니다. 엔더스 박사님이 배양한 홍역 바이러스는 이전까지는 연구가 불가능했습니다. 뿐만 아니라 이 배양 기술은 수의학에도 성공적으로 적용되었습니다.

우리는 이제 바이러스성 질병과의 전쟁에서 한 단계 발전한 기술을 갖게 되었습니다. 그러나 아직은 성급하게 승리를 장담할 수 없습니다. 지금 우리가 자랑스럽게 여기는 세균학의 성과도 75년에 걸쳐 얻은 것이기 때문에, 바이러스성 질병에 대해서도 같은 수준의 성과를 얻으려면 더욱 많은 노력과 시간이 필요합니다. 그러나 엔더스 박사님, 웰러 박사님, 로빈스 박사님의 발견은 우리에게 미래에 대한 자신감을 주었습니다.

존 엔더스 박사님, 프레더릭 로빈스 박사님, 토머스 웰러 박사님.

왕립 카롤린스카 연구소는 다양한 조직을 시험관에서 배양함으로써 소아마비 바이러스의 배양 방법을 발견한 세 분의 공로를 인정하여 세 분에게 공동으로 노벨상을 수여하기로 결정하였습니다. 세 분의 연구는 실질적으로도 생명과 관련된 중요한 의학적 문제에 응용할 수 있는 것입니다. 그리고 이론에만 치중하던 바이러스 연구에 실질적인 응용 연구가 자리 잡을 수 있는 계기가 되었습니다.

이로써 바이러스 학자들은 바이러스의 분리 및 연구에 실용적인 방법을 습득하게 되었고, 그들을 괴롭히던 어려운 문제들을 극복할 수 있게 되었습니다. 그리고 비로소 세균학자들과 동등한 위치에 설 수 있게 되었습니다. 우리는 이제 미래에 대한 자신감을 얻었습니다. 다시 말해 바이러스 질병도 세균학자들의 성과만큼이나 뛰어난 성과를 정당하게 기대할 수 있게 되었습니다.

이 시대 전자공학, 핵의학, 그리고 보다 복잡해진 생화학의 발달은 의학을 단지 기술적인 학문으로 변질시키고 있습니다. 때문에 우리는 생물학의 기본 요소를 강조하지 않을 수 없습니다. 하지만 의학 문제를 다루는 세 분의 연구는 생물학적으로도 매우 중요한 의미를 갖습니다. 그리고 이러한 중요성에 비해 너무나도 간단명료한 여러분들의 연구 결과에 감탄을 금할 수 없습니다.

왕립 카롤린스카 연구소를 대표해서 세 분께 진심어린 축하를 전해드리게 됨을 영광으로 생각합니다.

엔더스 박사님, 로빈스 박사님, 웰러 박사님. 이제 전하께서 세 분께 노벨상을 시상하시겠습니다.

왕립 카롤린스카 연구소 교수위원회 S. 가드

산화효소의 작용 방식과 성질에 관한 연구

1955

악셀 후고 테오렐 | 스웨덴

:: **악셀 후고 테오도르 테오렐 Axel Hugo Teodor Theorell (1903~1982)**

스웨덴의 생화학자. 스톡홀름에 있는 왕립 카롤린스카 의과대학를 졸업한 뒤 1930년에 박사학위를 취득하였다. 1932년에 웁살라 대학교 의학 및 생리화학 부교수로 임용되었다. 1933년부터 1935년까지 록펠러 연구소 및 베를린에 있는 카이저빌헬름 연구소에서 연구하였으며, 1937년에 노벨 의학연구소에 신설된 생화학부의 부장이 되어 산화효소의 작용 방식과 성질에 대하여 연구하여 효소의 반응 속도 및 이에 영향을 주는 인자들을 규명함으로써 효소학을 비롯하여 생물학의 발전에 기여하였다.

전하, 그리고 신사 숙녀 여러분.

왕립 카롤린스카 연구소 위원회는 올해 노벨 생리·의학상을 산화효소의 작용 방식과 성질을 연구한 후고 테오렐 박사님에게 수여하기로 결정하였습니다.

이미 100여 년 전에 스웨덴의 베르셀리우스 박사님은 이 광범위한 연구 분야를 개척하고, 촉매 작용을 연구하였습니다. 그리고 지금은 효소라 불리는 이 촉매제가 생명에 중요한 반응을 일으킨다고 생각하였습니다.

물에 잘 용해되는 설탕을 예로 들겠습니다. 이것은 유기체 외부의 산소와는 반응하지 않습니다. 그러나 살아 있는 세포에서 이것은 산소와 효소에 의해 신속하게 분해되며, 동시에 더 많은 반응에 적합한 형태로 에너지를 유리시킵니다.

19세기 말, 베르셀리우스 박사가 주장한 촉매제가 발견되었습니다. 이 효소는 자발적으로 상호작용할 수 없는 반응이 느린 분자들, 즉 산소와 설탕 같은 분자들의 반응을 촉진하는 효소입니다. 이 효소는 느린 분자들을 '활성화' 시키는 역할을 합니다. 이 효소가 분자들과 접촉하는 순간, 이 분자들은 활성화되어 유리되며 새로운 화합물을 생성하는 반복적인 분자 활동으로 작용합니다. 이 효소 자체는 아무런 변화 없이 차례대로 분자들과 접촉하면서 작용합니다. 이것은 공장의 생산 라인과 흡사합니다. 이 효소는 벨트 위로 전달되는 비활성화 물질을 차례로 활성화시켜 신속한 반응의 소용돌이가 이루어지도록 하기 때문입니다. 이 반응의 소용돌이는 연속적으로 공급되는 다른 연장과 계속 만나기 때문에 결코 중단되지 않으며, 각각의 연장들은 그 역할을 유지하며 주기적인 반복 반응에 적응하게 됩니다. 그리하여 대사 물질은 특정 단위, 즉 효소에 의해 정밀하게 구성된 다용도의 기계장치에 따라 빠르게 변형됩니다.

이 모든 효소의 성질과 작용 방식을 아는 것은 매우 중요합니다. 존재하는 효소가 얼마나 되는지는 알 수 없지만 매우 많은 것은 확실합니다. 이로 인해 베르셀리우스의 직관적인 생각들은 모두 사실로 확인되었습니다. 이 분야에 우리의 지식을 넓혀 준 또 한 명의 스웨덴 과학자가 있습니다. 후고 테오렐 박사님은 처음부터 창의적인 과학 연구의 중요성을 잘 알고 있었습니다. 그는 또한 '공존 공생'이 협동 작업을 보다 풍부하게 하는 원리임을 깨달았습니다. 능력이 있다면 단순한 협조자가 아닌 스스로의 직관력을 보일 수 있는 독립적인 활성체가 되어야 합니다. 어떤 효소는 반응이 느린 물질에 생명을 주어 새로운 독립적인 효소가 만들어지도록 합니다. 테오렐 박사님의 연구는 활성효소에 관한 것이었지만 보다 복잡한 인간의 수준에서는 그 스스로가 효과적인 활성체였습니다.

그의 첫 번째 연구는, 록펠러 연구소에서 최고의 효소 연구가인 오토 바르부르크와 함께 지낸 1933년에서 1935년 사이에 이루어졌습니다. 그는 자신의 생각을 확신했고 이를 실현할 수 있는 자신만의 기술을 습득하였습니다. 오늘날 그는 황색 효소의 분해와 재결합의 발견이라는 위대한 업적을 이루었습니다. 바르부르크 박사님은 이 과학적 업적이 이루어진 후, 그를 '효소 연구의 대가'라 불렀습니다. 그 후로도 테오렐 박사님은 생명에 필요한 몇 가지 효소에 관해 명확하게 설명하였습니다. 그리고 과학의 진실을 밝히기 위해 노력을 아끼지 않고 철저하게 연구하였습니다. 연구를 논리적으로 계획하고, 기술적 방법을 지속적으로 개선한 결과, 그는 이 분야에서 뛰어난 선구자가 되었습니다.

많은 산화효소에 포함되어 있는 철 원자는 효소 기능의 핵심입니다. 그리고 산화효소의 기능과 관련된 여러 중요한 전자 수송 경로뿐만 아니라 다른 효소들과의 복잡한 연결에 대해서도 많은 것들이 밝혀졌습니다. 그는 동료들과 함께 철을 함유한 이 효소, 즉 과산화효소에 대해 연구하였습니다. 테오렐 박사님이 이 연구를 시작하기 전까지 이에 관한 우리의 지식은 단순한 추측에 지나지 않았습니다. 매우 빠른 속도로 진행되는 이 반응을 연구하기 위해서는 첨단 기술을 능숙하게 응용할 수 있는 능력이 필요했습니다. 이렇게 자세한 분석 결과로 우리는 앞으로 살아있는 유기체의 작용 기전에서 과산화효소의 역할을 완벽하게 규명할 수 있을 것입니다. 또 다른 그룹의 철을 함유하는 효소, 사이토크롬의 기능에 대해서는 지난 세기 말부터 밝혀지기 시작했으며, 여기에서도 테오렐 박사님은 예리한 분석력을 보여 주었습니다. 근육색소의 성질과 기능 또한 그의 연구를 통해 밝혀졌습니다. 그는 혈액 중의 산소가 고갈될 때 작용할 수 있도록 산소를 저장하는 곳이 근육색소임을 증명하였습니다. 이것으로 인해 '제2호흡'이 일어나게 됩니다.

테오렐 박사님이 연구한 효소의 반응 속도 및 그것에 영향을 주는 인자들, 그리고 또한 효소가 작용하는 방향을 결정하는 인자들은 매우 중요합니다. 이러한 실험들은 효소학에 가장 기본이 되는 중요한 연구입니다.

후고 테오렐 교수님.

당신은 상상력이 풍부하며 편견 없이 정확하게 비평할 수 있는 놀라운 기술을 갖고 있습니다. 이런 능력의 일부분은 모든 과학자들이 갖고 있습니다. 하지만 그 모두를 가지고 있는 사람은 극히 소수입니다. 이들 소수 중 한 사람이 바로 교수님입니다. 교수님은 당신에게 주어진 이 재능으로 생물학의 가장 중요한 부분을 연구하였습니다. 효소를 정제하고 그 특징을 규명하는 것은 생물학 연구의 진보에 꼭 필요한 선행 조건입니다. 교수님이 이 기초 분야를 크게 발전시킴으로써 우리는 베르셀리우스 박사님의 유산을 훌륭하게 이어 받아 지켜낼 수 있었습니다.

이제 전하께서 1955년도 노벨 생리·의학상을 시상하시겠습니다.

왕립 카롤린스카 연구소 교수위원회 E. 하마르스텐

심장도관술과 순환계의 병리적 현상에 관한 업적

1956

앙드레 쿠르낭 | 미국

베르너 포르스만 | 독일

디킨슨 리처즈 | 미국

:: 앙드레 프레데리크 쿠르낭 André Frédéric Cournand (1895~1988)

프랑스 태생 미국의 의사이자 생리학자. 소르본 대학교를 졸업하고 1930년에 파리 대학교에서 박사학위를 취득하였다. 1934년에 컬럼비아 대학교 강사가 되었으며 1951년에 교수가 되어 1964년까지 재직하였다. 1931년부터 뉴욕에 있는 벨뷰 병원에서 공동 수상자인 디킨스 W. 리처즈와 함께 포르스만의 심장 도관술을 더욱 발전시켰다.

:: 베르너 테오도르 오토 포르스만 Werner Theodor Otto Forssmann (1904~1979)

독일의 외과의사. 베를린 대학교에서 의학을 공부하여 1929년에 졸업한 후, 베를린에 있는 샤리테 병원과 마인츠 시립병원 등에서 실습하였으며, 드레스덴 프리드리히슈타트 시립병원에서 외과 과장으로 재직하였다. 심장도관술을 자신의 몸으로 실험하는 등 심장과 폐에 대한 생리학적 연구와 병리학적 연구의 촉진에 기여하였다. 1954년에는 라이프니츠 메달을 받기도 하였다.

:: 디킨슨 우드러프 리처즈 Dickinson Woodruff Richards (1895~1973)

미국의 생리학자. 예일 대학교에서 공부하였으며, 컬럼비아 대학교에서 생리학으로 석사학위를 취득하고, 1923년에 박사학위를 취득하였다. 1945년에 교수가 되어 1961년까지 재직하였으며, 이후 명예교수로 지냈다. 1931년부터 뉴욕에 있는 벨뷰 병원에서 공동 수상자인 디킨스 W. 리처즈와 함께 포르스만의 심장 도관술을 더욱 발전시켰다.

전하, 그리고 신사 숙녀 여러분.

윌리엄 하비 박사는 자신의 논문에서 심장은 사람의 몸에 태양과 같은 존재라고 하였습니다. 신체의 건강과 질병에 심장이 중추적인 역할을 한다는 것은 심장혈관 질환이 다른 질병보다 사망률이 높다는 사실만으로도 쉽게 알 수 있습니다. 올해 노벨 생리·의학상도 바로 이 심장과 관련한 새로운 연구 업적을 높이 평가하여 결정되었습니다.

심장이 그 임무를 수행할 때 필요한 두 가지 결정적인 요소가 있습니다. 한 가지는 심장을 이루는 심방 또는 심실의 압력 조건이고, 나머지 하나는 오른쪽 심장에서 폐혈관을 통해 왼쪽 심장으로 가는 혈액의 양입니다. 그리고 이 혈액은 신체의 모든 부분을 두루 거쳐서 다시 오른쪽 심방으로 돌아오게 됩니다. 우리는 오랜 기간 동물실험을 통해 이 두 가지 요소에 관한 정확한 자료들을 모아 왔습니다. 도관에 적절한 기록계를 연결하여 도관의 압력을 측정하였습니다. 분당 부피, 즉 1분 동안 흐르는 혈액량은 폐로 들어가는 산소량, 그리고 폐에서 나가는 혈액과 오른쪽 심방을 통해 다시 폐로 들어오는 혈액 내 산소 함량의 차이를 측정하여 결정하였습니다.

하지만 이 방법은 사람에게만큼은 부분적으로만 적용할 수 있었습니다. 말초동맥의 압력, 즉 일반적으로 이야기하는 혈압만 기록할 수 있었습니다. 이 값들은 좌심실과 우심방의 상태를 일부 반영하고 있었지만 이 값이 오른쪽 심장의 기능과 관련된 우실내압을 반영하지는 못했습니다. 이와 비슷하게 동맥혈로부터 산소 함량을 측정은 가능한 반면, 신체 산소 함량의 전체 평균값을 계산할 수 있는 심장 오른쪽 정맥혈의 산소 함량 측정은 불가능했습니다. 따라서 사람에게만큼은 간접적인 방법에 의존할 수밖에 없었습니다. 이 방법으로 얻은 결과들도 소중했지만 뒤이어 개발된 더욱 개선된 방법들은 기존 결과들의 가치를 다소 희석시키기도 했습니다. 또한 이 방법들이 실험 대상 또는 환자들의 적극적인 협조가 필요한 일이었기 때문에 어려움을 겪는 경우도 있었고, 때로는 전혀 실행할 수 없는 경우도 있었습니다.

다소 늦은 감이 있었지만 1928년에 사람을 대상으로 하는 연구가 모두 금지되었습니다. 이런 상황에도 불구하고 그 이듬해에 에베레스발데의 내과병원에 근무하던 베르너 포르스만 박사님은 놀랍게도 스스로를 대상으로 대담한 실험을 수행하였습니다. 이 실험은 좁은 도관을 팔꿈치 정맥에서부터 오른쪽 심방까지 연결하는 것이었습니다. 이때 그 도관의 연결 거리는 약 700센티미터에 달했습니다. 이 실험 덕분에 이 분야는 주목할 만한 발전을 이루었습니다. 잘 알려져 있던 동물실험 방법을 사람에게도 적용할 수 있다는 것을 증명한 것입니다.

포르스만 박사님의 연구는 동물실험에서 재현이 어렵거나 불가능했던 순환계의 질병 연구에 도움을 주었습니다. 또한 포르스만 박사님은 자신에게 조영제를 주입한 후, 폐혈관과 우측 심장에 대한 뢴트겐 검사를 실시하기도 하였습니다. 이것은 이 실험 방법이 스스로에게 실험할 만한 가치가 있다는 굳은 신념 없이는 불가능한 일이었습니다. 만약 나중에 이 실험이 실패하였다면 그 결과는 더욱 비참해질 것이 분명했기 때문입니다. 이 방법은 프라하와 리스본에서 받아들여졌습니다. 하지만 필요한 지원을 충분히 받을 수는 없었습니다. 오히려 가혹한 비평들만이 쏟아졌고 그로 인해 연구에 대한 열정마저도 모두 잃어버려 더 이상 연구를 계속할 수 없었습니다. 이러한 비평은 대부분 입증되지 않은 막연한 추측을 근거로 하였습니다. 이런 근거 없는 추측에 의해 충분히 가치 있는 의견이 빛을 보지 못한 채 사장되는 경우가 많습니다. 포르스만 박사님의 실험 역시 그의 훌륭한 뜻을 이해하지 못하는 주위 환경 때문에 더 이상 발전할 수 없었습니다.

그 후 뉴욕에서 포르스만 박사님의 논문은 다시 주목받게 됩니다. 앙드레 쿠르낭 박사님과 디킨슨 리처즈 박사님은 동료들과 함께 서로 다른 병리학적 조건에 따른 순환을 연구하고 있었습니다. 그들은 연구 과정에서 현재 사용하는 방법의 한계를 절실히 느꼈습니다. 따라서 심장의 오른쪽 상황을 직접 분석할 수 있는 바람직한 방법에 다시 주목할 수밖에 없었던 것입니다. 그러나 그들이 1941년에 사람의 심장도관술에 관한 논문을 발표하기까지 수년간의 준비와 많은 망설임이 있었습니다. 하지만 이 논문이 발표됨으로써 심장도관술은 미약하나마 발전할 수 있었습니다. 그리고 가장 중요한 것은 유명한 병원의 유능한 연구팀이 이 방법을 승인했다는 것이었습니다. 이로써 심장도관술의 임상 적용이 성공적으로 시작되었습니다.

과학적인 진보는 때로는 숙련된 기술자에 의한 새로운 응용 기술의 개발로 급속하게 이루어지기도 하지만 심장도관술의 발전은 그 속도가 빠르지 않았습니다.

제2차 세계대전 당시 부상에서 발생하는 2차적인 질병의 피해가 매우 심각했습니다. 이는 대부분 혈액순환이 문제가 되어 발생하였는데 심각한 상해의 경우는 몇 시간 안에도 그 증상이 나타났습니다. 쿠르낭 박사님과 리처즈 박사님을 비롯한 연구자들은 혈액순환이 되지 않는 원인은 다양하지만 가장 중요한 문제는 결과적으로 심장으로 돌아오는 혈액량이 감소하여 혈액의 분당 부피 또한 심각하게 감소하는 것이라고 생각했습니다. 이것은 혈액 부족으로 생긴 결과일 수도 있지만 혈관 벽 평활근의 수축이 불충분해서 나타날 수도 있었습니다. 그런데 심장도관술을 이용하여 수혈하면 이 문제를 개선할 수 있었습니다.

심장도관술을 적용한 또 다른 사례는 후천성 심장병이었습니다. 이 병은 휴식 중에도, 그리고 운동 중에도 혈액의 분당 부피와 압력에 이상이 생기는 것으로, 그 진행 정도에 따라 증상도 각기 다릅니다. 쿠르낭 박사님과 리처즈 박사님은 심장이 오른쪽에 미치는 영향을 관찰하였고, 심장 근육과 판막의 변화에 따라 상호 역할을 평가할 수 있는 기반도 마련하였습니다. 한편 선천성 심장병은 복잡한 심장질환 중에서는 다소 덜 중요한 편에 속하는 병이었지만 자주 관찰되는 병이었습니다. 선천성 심장병의 경우 일반적으로 심장에서 나오는 대혈관의 수축과 이완에 문제가 생기거나, 이들 사이의 소통이 원활하게 이루어지지지 못하거나, 또는 심실이나 심방 사이 막의 이상 등으로 인해 비정상적으로 발달합니다. 이와 관련해서 앞에서 언급한 첨단 기술을 이용할 수 있었습니다. 심장 내의 심방이나 심실 그리고 대혈관에서 혈액 샘플을 얻고 여러 곳에서 압력을 측정하며, 세밀한 뢴트겐 검사를 하는 등 더욱 정확한 진단이 가능해진 것입니다. 따라서 체순환과 폐순환의 분당 부피를 각각 측정할 수 있게 되었고, 이로 인해 심장 왼쪽과 오른쪽 사이에서 짧게 순환되는 혈액량도 측정이 가능해졌습니다. 뿐만 아니라 이 연구들로 인해 심장수술 기술 또한 크게 발전하였습니다.

호흡과 순환의 공통 목적은 세포 안에서 생명을 유지하기 위해 가스를 교환하는 것입니다. 따라서 호흡과 순환이 긴밀한 관계를 유지하는 것은 너무나도 당연합니다. 그렇기 때문에 혈류의 흐름이 감소하면 호흡은 증가하고 호흡기관에 문제가 생기면 심장이 영향을 받게 됩니다. 실제로 직업적 원인으로 생기는 규폐증이나 폐기종 같은 만성 폐질환에서 우심실 비대 혹은 우심실 부전이 나타나는 것을 관찰할 수 있습니다.

쿠르낭 박사님, 리처즈 박사님, 그리고 두 분의 연구진은 약한 운동을 할 때 심지어 휴식하고 있을 때에도 폐에서 일어나는 변화로 인해 우심실에서 필요로 하는 만큼 폐동맥의 압력이 높아진다는 것을 밝혔습니다. 당신들은 또한 이와 같은 혼란을 야기하는 다양한 인자들에 대해서도 더욱 자세하게 연구하였습니다. 당신들의 연구 주제는 주로 혈관의 횡단면 감소, 동맥혈의 불충분한 호흡으로 인한 산소포화도 감소, 산소를 혈액으로 보내는 막의 기능장애 등과 관련되었습니다.

여기서는 간단하게 언급했지만 이 결과들은 대단히 광범위하며 고도로 숙련된 수많은 연구자들이 협력한 결과였습니다. 하지만 쿠르낭 박사님과 리처즈 박사님은 언제나 개척자로서, 그리고 선구자로서 모든 연구를 주도해 나갔습니다. 게다가 뉴욕 대학교에서 일궈낸 뛰어난 성과는 세계적으로 다른 연구 분야의 밑거름이 되었으며 셀 수 없을 만큼 많은 연구를 성공적으로 이끌었습니다.

쿠르낭 교수님, 포르스만 교수님, 리처즈 교수님.

카롤린스카 연구소는 심장도관술과 순환계의 병리학적 변화에 관한 세 분의 연구 업적을 높이 평가하여 올해의 노벨 생리·의학상을 수여하기로 결정하였습니다. 세 분의 연구는 각자 다른 시기에 다른 곳에서 이루어졌지만 모두 심장병을 이해하기 위한 것이었습니다. 그리고 이 연구들은 새로운 연구 방법의 시작과 발전을 의미합니다.

포르스만 교수님.

당신은 젊은 의사로서 스스로에게 심장도관술을 시행하는 용기가 있었습니다. 그 결과, 새로운 연구 방법이 탄생하였습니다. 이것은 심장과 폐에 대한 생리학적·병리학적 연구 환경을 만들어 주었습니다. 그뿐만 아니라 다른 기관에 대한 연구도 촉진하였습니다. 한때 당신의 조상이 머물렀던 바로 이 나라에서 당신을 환영할 수 있게 되어 더욱 기쁘게 생각합니다.

쿠르낭 교수님, 그리고 리처즈 교수님.

심장도관술의 실용적인 가치는 전적으로 두 분을 비롯한 여러 동료들이 증명하였습니다. 이 기술은 기존 방법과 함께 병을 진단하고 치료하는 중요한 기술을 발전시켰으며 이 부분은 아직도 발전을 거듭하고 있습니다. 그리고 미래에도 많은 성과를 얻을 수 있을 것으로 기대됩니다. 또한 두 분의 활발한 연구가 앞으로도 계속되기를 희망합니다.

여러분. 알프레드 노벨 박사님이 노벨상의 범주에 생리·의학 분야를 포함한 것은 아마도 그가 실험의학에 특별한 관심이 있었기 때문일 것입니다. 이 세 분의 연구는 생리학적 방법을 임상에 응용할 수 있다는 가능성, 즉 실험의학의 대표적인 좋은 예입니다.

카롤린스카 연구소를 대표해서 세 분의 빛나는 업적에 진심 어린 축하를 보냅니다. 이제 전하께서 세 분께 시상을 하시겠습니다.

왕립 카롤린스카 연구소 노벨 생리·의학위원회 사무총장 G. 릴제스트란트

특정 화학요법제의 작용에 관한 연구

1957

다니엘 보베 | 이탈리아

:: **다니엘 보베** Daniel Bovet **(1907~1992)**

스위스 태생 이탈리아의 약리학자. 주네브 대학교에서 의학을 공부하였으며 1929년에 박사학위를 취득하였다. 1929년에 파리에 있는 파스퇴르 연구소에 들어가 1947년까지 연구하였다. 1937년에는 화학요법실험실 실장이 되었다. 1947년에 로마의 위생연구소 치료화학 교수로 초빙되었다. 1965년에 이탈리아 사사리 대학교 약리학 교수가 되었으며, 1971년에는 로마 대학교 정신생물학 교수가 되었다. 약물학적 방법으로 생물학적 활성아민을 차단하는 방법을 발견함으로써 신경 약물학의 발전에 기여하였을 뿐만 아니라 뇌를 연구하는 정신 약리학에도 영향을 끼쳤다.

전하, 그리고 신사 숙녀 여러분.

다니엘 보베 박사님의 연구는 1920년과 1930년 사이에 발견된 생물학적 아민과 관련이 있습니다. 신경 신호는 전기선을 따라 수신기에 전달되는 방식으로 말초기관에 도달한다고 생각하였습니다. 그러나 노벨상을 수상했던 오토 뢰비 박사와 헨리 데일 박사는 신경말단에서 방출되는 소량의 활성 물질에 의해 신경전달이 이루어진다는 것을 증명하였습니다. 울프 폰 오일러 박사가 최근에 스톡홀름에서 발표한 노르아드레날린과 아세틸콜린, 아드레날린 등이 바로 이런 형태의 신경전달물질입니다. 또 다른 아민으로 알레르기 반응에서 대량으로 생성되는 히스타민이 있습니다. 이 히스타민이 생성되는 위치에 따라 건초열, 습진, 천식 같은 잘 알려진 알레르기 증상들이 나타나게 됩니다.

화학적 전달물질로서 아민의 생리학적 역할을 발견한 것은 새로운 연구의 장을 여는 계기가 되었습니다. 또한 약물학자와 화학자는 생물학적 아민의 작용을 재현하거나 억제하는 물질을 만들 수 있다는 희망을 갖게 되었습니다. 이렇게 만들어 낸 물질들은 실험적으로 생리 현상들을 억제하였을 뿐만 아니라, 임상에서도 질병의 병리학적인 과정을 방해하였습니다. 다니엘 보베 박사님은 위에서 언급한 아민을 약물로 차단하는 문제를 집중적으로 연구하였으며, 마침내 아민의 효과를 억제하는 물질을 만드는 데 성공하였습니다.

1937년 초기에 보베 박사님은 슈타우프 박사님과 함께 동물에게 치명적인 과민성 쇼크를 예방할 수 있는 최초의 항히스타민제인 싸이목시디에틸아민을 만들었습니다. 사실 이 첫 번째 히스타민 길항제는 매우 독성이 강하여 임상에서 사용할 수 없었습니다. 하지만 오늘날 전 세계에서 알레르기 증상에 대처하기 위해 사용하는 모든 항히스타민제는 이 물질에서부터 유도되었습니다.

현재 우리가 알고 있는 한 자연에 존재하는 항히스타민제는 없습니다. 하지만 신경전달물질을 막을 수 있는 물질은 존재합니다. 16세기에 베네치아 여인들은 벨라도나 로션으로 그들의 눈을 화장하면 한층 매력적으로 보인다는 것을 알았습니다. 동공을 확장하는 특징을 보이는 벨라도나 알칼로이드, 즉 아트로핀은 홍채 근육조직의 신경말단에서 방출된 아세틸콜린의 효과를 차단함으로써 동공을 마비시킵니다. 같은 시대에 남아메리카 인디언은 식물성 제제인 쿠라레를 발견하고 이를 사냥에 이용하였습니다. 쿠라레는 화살 끝에 사용하기에 적합한 독이었습니다. 이것은 아트로핀과 동일한 방법으로 운동신경과 근육섬유 사이의 전달물질을 차단함으로써 사냥 동물을 마비시킵니다. 하지만 쿠라레는 경구로 투여하면 전혀 효과가 없습니다. 교감섬유의 신경말단에서 방출되는 두 가지 아민, 즉 아드레날린이나 노르아드레날린의 효과를 억제하는 물질 또한 자연에 존재합니다. 이런 물질을 교감신경 차단 물질이라 하며, 그 중 가장 중요한 것이 맥각ergot(호밀과 같은 화본과 식물의 이삭에 기생하는 맥각균의 균핵菌核—옮긴이)에서 찾아낸 알칼로이드입니다.

쿠라레와 맥각 알칼로이드는 화학 구조가 매우 복잡해서 합성에 적합하지 않습니다. 예측할 수 없는 특성과 독성 때문에 이 물질들은 실험에만 조금 사용되었을 뿐 임상에서는 거의 사용하지 않습니다.

여러 해 동안 보베 박사님과 그의 동료들은 쿠라레와 맥각 알칼로이드와 비슷한 방법으로 화학 구조와 생물학적 효과와의 관계를 동물을 대상으로 연구하였습니다. 그들은 화학적 구조를 체계적으로 변화시키고 단순화함으로써 새로운 생물학적 시험 방법들을 고안하였고, 수많은 새로운 합성 화합물들을 만들었으며, 이렇게 만든 간단한 화합물이 천연물질보다 훨씬 더 유용하고 부작용도 없다는 것을 입증하였습니다.

근육을 마비시킬 수 있는 화합물의 출현에 실용의학 분야에서도 관심을 보이면서 현대적 외과 수술도 발전하였습니다. 또한 더욱 복잡한 수술 절차를 실행하는 것도 가능해졌습니다. 이와 같은 복잡한 형태의 수술은 완전한 근육이완이 필요한 경우가 종종 있습니다. 따라서 마취가

깊고 오래 지속된다면 수술 그 자체보다도 마취로 인한 위험이 훨씬 커집니다.

오늘날 우리가 사용하는 일반적인 근육이완제는 모두 보베 박사님의 연구에서 비롯되었습니다. 이제 우리는 가벼운 마취제를 사용할 수 있으며, 환자에 대한 위험성도 낮아졌습니다. 교감신경 차단제가 일반적인 의학에 적용된 예는 아직 없습니다. 이 화합물들에 걸려 있는 희망이 이루어질 것인지, 그리고 고혈압이나 신경 통제가 감소되어야 하는 혈관 상태에 대한 치료제로서의 이 화합물들의 가치는 앞으로 밝혀질 것입니다.

신경약물학에서 보베 박사님 실험 연구의 중요 성과와는 별개로, 그의 관찰은 빠르게 성장하고 있는 약물학의 한 분야인 정신약리학의 발전에 매우 고무적인 영향을 끼쳤습니다. 뇌의 신경다발에서 신경자극을 전달하는 생물학적 아민은 신경섬유와 말초기관을 연결하는 화학 약제와 같습니다. 이는 곧 뇌 영역에 영향을 미치는 약물 개발이 가능하다는 것을 의미합니다. 실제로 우리에게는 벌써 이런 형태의 화합물이 많이 있습니다. 리세르그산은 맥각 알칼로이드의 활성 성분 중의 하나입니다. 이와 밀접한 관계에 있는 화합물, 즉 리세르그산 디에틸아마이드 LSD(lysergic acid diethylamide)가 한 스위스 화학자에 의해 정신적인 활동에 매우 극적인 효과를 나타낸다는 것이 우연히 밝혀졌습니다. 이 화합물 1밀리그램만으로도 시각적 · 청각적 인식에 심한 변형이 생기거나 급성정신병 혹은 다른 정신질환과 유사한 정신 상태를 나타내게 됩니다. 소량의 단순한 화합물로 인류의 영혼인 정신세계를 변화시킬 수 있다는 것은 매혹적이지만 매우 두려운 일입니다. 하지만 이를 통해 우리는 앞으로 현재 인류의 가장 무서운 재앙 중 하나인 정신병을 치료할 수 있는 효과적인 해결책에 대한 희망도 가질 수 있습니다.

보베 교수님.

왕립 카롤린스카 연구소는 약물학적 방법으로 생물학적 활성아민을 차단하는 방법을 발견한 교수님의 공로를 인정하여 교수님을 올해의 노벨 생리·의학상 수상자로 선정하였습니다. 현재 교수님의 실험실에서 진행 중인 정신약리학 분야에서의 연구도 성공하길 기원하며 오늘의 수상을 축하드립니다.

이제 전하께서 시상하시겠습니다.

왕립 카롤린스카 연구소 교수위원회 B. 우브네스

특정 화학반응을 조절하는 유전자 기능 연구 | 비들, 테이텀
세균의 유전물질 구조 및 유전자 재조합 연구 | 레더버그

조지 비들 | 미국 **에드워드 테이텀** | 미국 **조슈아 레더버그** | 미국

:: 조지 웰스 비들 George Wells Beadle (1903~1989)

미국의 유전학자. 1931년에 코넬 대학교에서 유전학 박사학위를 취득하였다. 1937년에 스탠퍼드 대학교 생물학 교수가 되었으며, 공동 수상자인 에드워드 L. 테이텀과 함께 붉은 빵 곰팡이 실험을 통하여 유전자가 효소 및 여타 단백질의 합성을 결정한다는 사실을 발견하였다. 1946년부터 1960년까지 캘리포니아 공과대학 교수로 있었고, 1961년부터 1968년까지는 시카고 대학교 총장을 역임했다.

:: 에드워드 로리 테이텀 Edward Lawrie Tatum (1909~1975)

미국의 생화학자. 시카고 대학교에서 공부하였으며, 1934년에 위스콘신 대학교에서 생화학으로 박사학위를 취득하였다. 1937년부터 1941년까지 스탠퍼드 대학교에서 연구원으로 일하면서 공동 수상자인 조지 비들과 함께 붉은 빵 곰팡이 실험을 통하여 유전자가 효소 및 여타 단백질의 합성을 결정한다는 사실을 발견하였다. 예일 대학교 조교수를 지냈으며, 1957년에 록펠러 의학연구소 교수가 되었다.

:: **조슈아 레더버그Joshua Lederberg (1925~2008)**

미국의 유전학자. 컬럼비아 대학교에서 동물학을 공부하였고, 예일 대학교에서 공동 수상자인 에드워드 L. 테이텀의 지도를 받았으며, 1948년에 미생물학으로 박사학위를 취득하였다. 서로 다른 세균 종으로부터 새로운 조합의 유전인자를 갖는 자손이 생길 수 있는 가능성을 발견하였다. 1947년에 위스콘신 대학교 조교수가 되었으며, 1954년에 정교수로 승진하였다. 1959년에 스탠퍼드 대학교 교수가 되었으며, 1978년에는 록펠러 대학교 총장이 되었다.

전하, 그리고 신사 숙녀 여러분.

과거 20년 동안의 과학 발전 역사에서 가장 두드러진 특징은 생물학의 빠른 발전입니다. 그리고 이제 그 발전 속도는 더욱 빨라지고 있습니다. 이 분야와 관련한 광범위하고 복잡한 물질들에 대한 연구는 대부분 전문가의 몫입니다. 즉 실험실에서 수행하는 기본적인 연구는 우리 일상 생활과는 분명히 거리가 있습니다. 그러나 우리는 이 기초적인 연구 결과를 일상 생활에서 중요한 의학적 치료와 진단에 적용하고 발전시키기 위해 노력하고 있습니다.

유전학과 관련하여 역대 노벨상을 받은 연구 중에 엑스선으로 생명체의 유전물질에 변화를 준 멀러 박사의 연구가 있습니다. 그는 작은 초파리를 이용하여 유전물질을 자세하게 분석하고, 기초 원리를 정립한 공로를 인정받아 노벨상을 받았습니다. 우리는 지금 원자력 시대를 살고 있습니다. 그의 연구를 바탕으로 우리는 이제 고에너지 방사선이 사람에게 유전적인 위험 요소가 된다는 것, 그리고 이것이 우리 생명과 직접 관련되므로 중요하다는 사실을 알게 되었습니다.

실험유전학은 매우 빠르게 발전하는 현대 생물학의 한 분야입니다.

실험유전학의 방법과 연구 관점, 그리고 관련 분야들은 오늘날 의학에서 없어서는 안 될 중요한 주제가 되었습니다. 따라서 실험유전학과 세포 연구의 중요성은 점점 더 커지고 있습니다. 이제 우리는 유전 요소에 대해, 그리고 세포의 생명과 기능을 조절하는 세포 내 구조에 대해, 궁극적으로는 생명체의 발생을 규명하기 위해 연구합니다. 그 결과 생물학의 기본 과정에 대해 눈뜨기 시작했습니다. 그리고 이 분야의 발전이 다른 분야에도 영향을 줄 것이라는 것은 너무나도 당연합니다.

오늘 세 분의 수상자는 모두 유전학과 유전자 기능에 관한 기초적인 연구를 수행하였습니다. 난자와 정자의 특정 물질, 즉 유전자에 의한 세대 간 유전형질의 전달은 이미 오래전부터 알려져 있었습니다. 수정란에서 발생하는 생명체는 유전자를 통해 부모의 특징을 물려받습니다. 그리고 수정란의 유전자에 의해, 즉 부모의 유전자가 결합함으로써 새로운 생명체는 또 다른 고유한 특징을 나타내게 됩니다.

대개 생명체를 구성하는 모든 세포들은 그 종의 특징을 나타내는 유전자 세트가 있습니다. 정규 세포분열에서 유전자는 둘로 나누어지고 두 개의 딸세포에 똑같이 나뉘어 분포합니다. 그리고 수정될 때, 부모의 서로 다른 유전물질은 난자와 정자의 융합 과정에서 결합하며, 이와 같은 유성생식의 결과 양쪽 부모의 유전자는 모두 자식에게 전달됩니다. 하지만 각기 다른 조합으로 결합함으로써 같은 부모일지라도 서로 다른 유전적 특징을 갖는 개개인을 탄생시킵니다. 실제로 전체 동물과 식물 세계에서 생식 과정의 생물학적 가치는 바로 여기에 있다고 할 수 있습니다. 다시 말해 유전적 특징을 재조합하는 과정 없이는 동물이나 식물 모두 생존을 위한 싸움에서 살아남을 수 없는 것입니다.

세대 간 유전자 전달로 나타나는 특징은 매우 다양합니다. 이와 같은 복잡한 다양성이 유전자의 구조나 기능적인 문제에 실험적으로 접근하는 것을 어렵게 만드는 원인이었습니다. 즉 실험으로 유전적 배경을 추적하는 것은 불가능했습니다.

하지만 비들 박사님과 테이텀 박사님은 이러한 상황을 급격하게 변화시켰습니다. 그들은 매우 대담하고 예리하게 실험 대상을 선택하였으며 이는 유전자를 화학적으로 연구할 수 있게 해주었습니다. 그리고 여러 상황들로부터 식물과 동물의 유전 메커니즘이 매우 유사하다는 것을 깨달았습니다. 비들 박사님과 테이텀 박사님은 *Neurospora crassa*라는 간단한 구조의 붉은빵곰팡이를 실험 대상으로 선택하였습니다. 붉은빵곰팡이는 여러 면에서 기존 유전학의 실험 대상보다 연구하기가 훨씬 쉬웠습니다. 이 미생물은 당이나 염 중에서 한 가지 성장인자만을 포함하는 비교적 간단한 배지에서도 성장이 가능했고 필요한 물질도 충분히 만들어 냈습니다.

비들 박사님과 테이텀 박사님은 다른 실험 대상과 마찬가지로 이 곰팡이에 엑스선을 조사하여 돌연변이체를 대규모로 만들었습니다. 그리고 이들의 생성 물질들을 분석하여 이에 대한 기준을 마련하였습니다. 이로써 그들은 각 세포에서 연속적으로 일어나는 여러 화학 반응에서 단계별 생성 물질을 증명하는 데 성공하였습니다. 그리고 또한 유전자가 생성 물질의 합성 과정에서 어느 특정 단계를 조절함으로써 전체적인 합성 과정을 조절한다는 것도 증명하였습니다. 뿐만 아니라 이런 조절 작용은 특정 효소에 유전자가 작용하여 일어난다는 것도 알게 되었습니다. 만약 유전자가 방사선 조사로 손상된다면 연쇄적인 화학반응은 중단되며 세포는 불완전하게 되어 더 이상의 생존이 불가능할 수도 있습니다. 아무리 간단한 물질을 생성하는 과정이라고 해도 여러 단계의 합성 과정을 거치기 때문에 결과적으로 관여되는 유전자 수 또한 많다는 것을 알 수 있습니다. 이런 사실은 유전자의 기능이 믿을 수 없을 만큼 복잡한 이유를 간단하게 설명해 줍니다. 그러므로 유전자의 조절 작용 발견으로 우리는 유전자의 기능을 연구할 수 있는 최선의 방법을 알게 되었으며, 이 방법은 현대 유전학의 근간을 이루고 있습니다. 그러나 이 방법의 중요성만큼은 유전학에 국한되지 않으며 다른 분야에서도 그 중요성이 입증되었습니다.

특히 살아 있는 생명체 안에서 일어나는 화학적 합성 과정을 자세히 연구할 수 있도록 한 것은 매우 높은 평가를 받고 있습니다. 붉은빵곰팡이는 엑스선 조사로 유전자 기능이 손상되어 변화된 물질들을 빠르게 생성합니다. 이 물질들을 정상 상태와 비교하면 우리는 물질이 생성되기 위해 어떤 합성 과정들이 일어났는지를 자세하게 분석할 수 있습니다. 이와 같은 비들 박사님과 테이텀 박사님의 기술은 세포 내 대사 작용을 연구하는 중요한 기술적 방법을 제공하였습니다. 그리고 우리는 이미 이 기술을 이용해 의학, 생물학 등 다양한 분야에서 중요한 결과들을 얻고 있습니다.

붉은빵곰팡이를 이용한 연구가 성공함으로써 단순한 생명체를 이용한 기본 대사 과정 연구에 큰 도움이 되었습니다. 붉은빵곰팡이보다 원시적인 생명체인 세균을 대상으로 한 유전 메커니즘에 대해서는 아직 밝혀진 것이 별로 없습니다. 많은 사람들은 원시생명체인 세균이 고등생명체와 비교될 수 있는가에 대해서도 아직 확신하지 못하고 있습니다. 그러던 중 테이텀 박사님의 연구진 소속인 레더버그 박사님은 서로 다른 세균 종으로부터 새로운 조합의 유전인자를 갖는 자손이 생길 수 있는 가능성을 발견하였습니다. 이것은 고등생명체의 수정 작용에 상응하는 것이지만 하등생물에게는 수정이라는 말보다 '유전자 재조합' 이라는 말이 더 적합합니다. 이 발견으로 레더버그 박사님은 동료들과 함께 세균유전학을 탄생시켰고 이 분야는 최근 활발하게 연구 중입니다. 그는 또한 세균의 유전 메커니즘이 고등생물의 유전 메커니즘과 맞먹는다는 것도 증명하였습니다. 세균은 단순한 구조와 빠른 성장 능력이 있기 때문에 이를 이용한 심도 있는 유전 메커니즘 연구가 가능하다는 장점이 있었습니다. 그러므로 세균유전학에서 레더버그 박사님의 위상은 매우 중요합니다. 그가 밝혀낸 것 중에 특히 중요한 사실은 세균에서 수정 작용은 단순히 형질을 재조합하는 것에 그치지 않는다는 것입니다. 약간의 유전물질을 세균에 주입하게 되면 주입된 유전물질은 그 세균의 유전물질로 바뀌어 유전자의 구성 자체가 변하게 됩니다. 그리고 우리는 이를 '형질전환' 이라고 부릅니다. 이로써 생명체의 유전자가 조작될 수 있으며 새로운 유전자를 생명체에 주입하는 것이 가능하다는 것이 실험적으로 처음 증명되었습니다. 형질전환에 관한 연구는 지금도 여러 나라에서 한창 진행 중입니다.

세포 기능 및 성장 연구는 형질전환 과정과 일련의 현상들을 규명함으로써 기술적으로도 크게 발전하였습니다. 또한 정상적인 고등생물뿐만 아니라 질병을 앓고 있는 고등생물의 기능 연구에도 매우 중요한 역할을 할 것으로 기대하고 있습니다. 이와 관련하여 이미 박테리오파지 감염 및 바이러스 감염 메커니즘에 대해 많은 것들을 알게 되었습니다. 또한 세포 성장과 관련된 문제점을 심도 있게 연구할 수 있게 되었습니다. 유전물질의 구성과 기능의 발견은 암 연구에도 많은 영향을 미칠 것으로 생각됩니다. 이 모든 것은 바로 올해의 노벨 생리·의학상 수상자인 세 분의 연구 성과 덕분입니다.

비들 박사님, 그리고 테이텀 박사님.

두 분은 서로 협력하고 보완하면서 생명 현상을 이해할 수 있는 중요한 기반을 마련하였습니다.

레더버그 박사님.

박사님은 처음에는 오늘의 공동 수상자들을 돕는 위치에 있었지만 그 후로 지금까지 독립적인 활발한 연구를 통해 유전물질의 구조에 관한 연구를 크게 발전시켰습니다.

카롤린스카 연구소는 과학발전에 크게 공헌한 이 세 분의 업적을 인정하여 올해 노벨 생리·의학상을 세 분께 수여하기로 결정하였습니다. 연구소를 대표해서 세 분의 빛나는 업적에 대해 진심 어린 축하를 전해 드립니다. 그리고 이 자리에 세 분을 모시게 된 것을 영광으로 생각합니다. 이제 전하께서 시상하시겠습니다.

왕립 카롤린스카 연구소 교수위원회 T. 캐스퍼슨

DNA와 RNA의 생물학적 합성 기전에 관한 연구

1959

세베로 오초아 | 미국

아서 콘버그 | 미국

:: 세베로 오초아Severo Ochoa (1905~1993)

스페인 태생 미국의 생화학자. 마드리드 대학교에서 의학을 공부하여 1929년에 박사학위를 취득한 후, 하이델베르크에 있는 카이저빌헬름 의학연구소에서 연구하였다. 옥스퍼드 대학교와 뉴욕 대학교에서 연구 활동을 한 후, 1945년에 뉴욕 대학교 생화학과 부교수가 되었다. 1946년에는 약리학 교수가 되었으며 1954년에 생화학 교수가 되었다. 리보 핵산에 관한 연구를 통하여 리보뉴클레오티드로부터 리보 핵산의 합성에 성공하였다.

:: 아서 콘버그Arthur Kornberg (1918~2007)

미국의 생화학자이자 의사. 1941년에 로체스터 대학교에서 의학 박사학위를 취득하였다. 1946년에는 뉴욕 대학교로 가서 공동 수상자인 세베로 오초아의 연구실에서 연구하였다. 1953년에 세인트루이스에 있는 워싱턴 대학교 미생물학 교수 및 학과장이 되어 1959년까지 재직하였다. 1959년부터 스탠퍼드 대학교 생화학과 교수로 재직하였다. DNA 중합효소를 발견함으로써 생명의 기전을 이해하는 데에 기여하였을 뿐만 아니라, 생화학, 유전학 및 암의 연구에도 기여하였다.

전하, 그리고 신사 숙녀 여러분.

덴마크에는 "생명이 지속되려면 두 사람이 있어야만 한다"라는 오래 전부터 전해오는 감상적인 노래가 있습니다. 이 노래를 지은 사람은 남자와 여자를 생각했겠지만, 이것이 기초적인 생물학적 관점과도 맞아떨어진다는 것은 아마도 알지 못했을 것입니다. '생명'이 '지속되기' 위해서는 두 가지가 필요합니다. 그 하나는 단백질이고, 또 다른 하나는 핵산입니다. 남자와 여자가 인류의 존속을 책임지는 것과 마찬가지로, 단백질과 핵산의 상호작용은 유일하게, 그리고 보편적으로 반복되는 생명의 근본적인 기전입니다. 바이러스, 세균, 식물 및 동물을 구성하는 많은 물질에서 다른 모든 것들은 변화할지 몰라도, 단백질과 핵산은 생명을 지탱하는 요소로서 항상 존재합니다. 이 두 가지에는 중요한 특징이 있습니다. 분자들은 매우 크며, 수천 개의 작은 단위들이 연결되어 마치 진주목걸이 같은 나선형의 사슬을 만듭니다. 각각의 나선형 사슬이 서로 복잡하게 꼬여 결합하고 있으며, 여기에는 단백질이나 핵산 또는 이 두 가지가 모두 포함되어 있습니다. 혼합된 이 '거대 분자'에서 생명 반응은 밀접하게 관련되어 있는 가닥들의 독특한 형태에 따라 진행됩니다.

단백질을 구성하는 기본 단위는 아미노산입니다. 이 지구상에서 자연적으로 발견되는 아미노산은 약 20개입니다. 핵산의 기본 구성 성분인 뉴클레오티드는 질소를 함유하는 염기와 당, 그리고 인산으로 구성되어 있습니다. 자연에서 실재로 발견된 중요한 뉴클레오티드는 8개입니다. 이들은 모두 인산을 포함하지만, 질소를 포함하는 염기는 다섯 종류가 있습니다. 당은 두 종류가 존재하며, 그중 하나인 '리보오스'는 다른 종류인 '디옥시리보오스'보다 산소원자를 한 개 더 포함하고 있습니다. 사실 이것은 단 하나의 원자만 다른 사소한 차이지만 그 차이의 효과는 매우 크게 나타납니다. 이로 인해 핵산은 두 가지로 나누어지며, 각각은 광범위한 기능을 하고 있습니다. 그 기능은 매우 다양하며 이것이 오늘 두 명의 수상자가 선정되는 이유이기도 합니다.

아서 콘버그 박사님이 합성한 '디옥시리보핵산'은 주로 염색체에서 유전물질로 존재합니다. 반면에 세베로 오초아 박사님이 합성한 '리보핵산'은 단백질 합성 과정을 돕는 등 다른 기능을 합니다. 이를 설명하는 데 중요한 역할을 한 사람이 스웨덴 과학자 토비언 캐스퍼슨 박사입니다. 또한 다른 연구자들도 핵산이 단백질 합성을 돕는다는 것을 증명하였습니다. 그러나 이에 관한 정확한 화학적 작용기전은 아직 알지 못합니다. 핵산과 단백질은 생명을 구성하는 두 가지 핵심 요소이며, 단백질이 핵산 합성에 필요하다는 반대의 생각은 매우 그럴듯합니다. 단백질이 효소의 형태로 생물학적 세계의 실질적인 모든 화학 반응에 참여한다는 것 또한 그럴듯합니다. 오초아 박사님과 콘버그 박사님은 시험관에서 단백질을 합성하는 효소를 만들어 이들의 근본적인 작용 기전을 규명하고자 노력하였습니다. 단백질 사슬을 구성하는 구성 단위의 순서가 결코 운으로 결정되는 것이 아니라 각각의 분자 종류에 따라, 그리고 유기체의 종에 따라 자세하게 미리 계획되어 있다는 것은 증명되었습니다. 핵산 사슬 또한 마찬가지 방법으로 계획될 가능성이 높습니다.

어린이가 성장하면 어른이 되고, 알에서 깨어난 뱀의 새끼가 성장하면 뱀이 되는 것은 구성 재료의 순서가 이미 정해져 있기 때문입니다. 이 순서에 생기는 혼란으로 인해 유전 인자가 변화하게 되고 수천 년에 걸쳐 생긴 변종이 나타나기도 합니다. 이 구성 재료를 조합할 수 있는 가능한 방법이 무한대이기 때문에 이 지구상에 나타나는 생명의 형태 또한 다양하게 존재합니다. 비교할 만한 예를 하나 들겠습니다. 28개 영문 알파벳의 여러 조합으로 우리는 알파벳으로 표현할 수 있는 언어를 모두 표기할 수 있습니다. 단백질의 구성 재료인 아미노산은 알파벳의 수와 거의 동일합니다. 단백질 분자는 100이나 1,000 또는 10,000개의 글자로 구성된 단어와 비교할 수 있습니다. 따라서 천문학적인 숫자의 조합이 가능합니다. 하지만 여기에는 또 다른 인자가 작용할 수 있습니다. 아미노산의 차이로 단백질의 변형이 생길 수 있을 뿐만 아니라 이 단백질들은 각자의 효소 활성으로 여러 대사 과정을 조절할 수 있습니다. 서로 다른 4개의 뉴클레오티드를 가지는 두 가지 형태의 핵산에서도 100~10,000개의 뉴클레오티드가 각 분자들을 구성하고 있다고 보면, 엄청난 수의 조합이 가능합니다. 따라서 각각의 구조물을 오차없이 정확하게 배열하여 핵산과 같은 복잡한 물질이 만들어지는 절차를 알아내려는 시도들이 너무 무모해 보일지도 모릅니다.

2~3년 전, 오초아 박사님과 콘버그 박사님은 이에 관한 연구를 각자 시작하였습니다. 오초아 박사님은 리보핵산을 만드는 시스템 분야에서, 콘버그 박사님은 디옥시리보핵산의 합성 분야에서 연구하였습니다. 그 분들이 연구 과정에서 직접 협력한 것은 아닙니다. 하지만 그들은 개인적인 친구로서 서로 협력하며 함께 목표에 도달할 수 있었습니다. 누구나 그렇듯이, 그들은 앞에서 언급한 소수의 연구자들이 얻은 결과들을 이용할 수 있었습니다. 1776년 스웨덴의 칼 빌헬름 셸레 박사와 토르베른 베리만 박사는 요산, 즉 최초의 푸린(핵산의 한 부분을 형성하는 질소를 포함하는 염기의 한 부류)을 발견하였습니다. 스웨덴이 화학 분야에서 이룬 이 업적은 오늘의 노벨상 공동 수상과 신기하게도 잘 맞아떨어집니다. 독일의 과학자 알브레히트 코셀 박사는 핵산이 질소를 함유한 염기로 이루어졌음을 화학적으로 분석하여 1910년에 노벨상을 받았습니다.

영국의 과학자 알렉산더 토드 박사는 핵산의 화학적 성질을 자세히 규명하여 1957년 노벨 화학상을 받았습니다. 그러나 오초아 박사님과 콘버그 박사님이 이런 업적들을 이어갈 수 있었던 것은 이 분야에서 자신들이 이룬 기존의 우수한 연구 결과들 덕분이었습니다. 오초아 박사님은 초산 박테리아, 그리고 콘버그 박사님은 대장 박테리아 배양액으로부터 얻은 순도 높은 추출물로 연구하였습니다. 오초아 박사님이 발견한 효소는 리보핵산에 포함되어 있는 것으로서 인산 잔기의 2배인 리보뉴클레오티드로부터 리보핵산을 합성할 수 있었습니다. 인산 잔기를 반으로 나누고, 뉴클레오티드를 연결하여 리보핵산을 생성하였으며, 이렇게 생성된 리보핵산은 자연적으로 생성된 핵산과 동일하다는 것이 증명되었습니다.

콘버그 박사님이 발견한 효소는 이와 유사하긴 했지만, 디옥시리보핵산을 생성하는 효소였습니다. 두 효소 모두 반응을 시작할 때에는 주형으로 작용할 소량의 핵산이 필요했습니다. 그렇지 않으면, 효소는 어떤 핵산을 만들어야 하는지 알지 못하기 때문입니다. 효소는 안내자의 역할을 하는 주형을 만나자마자, 마치 능숙한 식자공처럼, 그들이 받은 원고, 즉 주형을 복사하기 시작했습니다. 이로 인해 우리는 같은 것이 같은 것을 만들어 낸다는 생명의 고유한 원리를 깨달았습니다. 연구자들은 이미 이와 같은 기전이 관련된다는 것을 어렴풋이 알고 있었지만, 이에 관한 실질적인 실험적 증거는 매우 중요합니다. 게다가 오초아 박사님이 발견한 효소는 간단한 핵산을 합성할 수 있다는 점에서 더욱 관심을 끌었습니다.

오늘의 영광스러운 발견은 가까운 미래에 어떤 영향을 주게 될까요? 한 가지 예를 들어 보겠습니다. 미국의 코헨 박사는 일종의 세균성 바이러스인 박테리오파지 T2의 핵산이 일반적인 핵산의 염기와는 화학적으로 다소 차이가 있는 질소 함유 염기가 있음을 발견하였습니다. 만일 세균이 T2 파지에 감염되면, 박테리오파지에 의해 조금 다른 핵산이 세균에서 만들어집니다. 콘버그 박사님은 이와 같은 작용 기전을 자세히 설명하는 데 성공하였습니다. T2 파지는 마치 나쁜 침입자처럼 행동합니다. 이것은 4분 내에 세균의 핵산을 파괴하는 효소를 많이 만들어 정상적인 핵산 생산을 방해하고, T2 파지의 여러 뉴클레오티드로 T2 파지를 다시 만들어 세균을 파괴합니다.

생명의 기전을 이해하는 데 도움을 준 오초아 박사님과 콘버그 박사님의 연구 결과는 곧 생화학, 바이러스학, 유전학 및 암 연구에 중요한 발견들로 이어질 것이라고 확신합니다.

세베로 오초아 교수님, 아서 콘버그 교수님, 그리고 친애하는 친구 및 동료 여러분.

약 130년 전, 베르셀리우스 박사의 실험실에 있던 프리드리히 볼러 박사는 무기물질로부터 요소를 합성하였습니다. 이 연구는 우리가 지금 서 있는 이곳으로부터 반 마일 이내에 위치한 스톡홀름의 중심부에서 진행되었습니다. 그는 생물과 무생물 사이에 존재하는 간격을 좁히는 역할을 했습니다. 이제 두 분은 생명을 이루는 두 가지 기본 물질의 시험관 합성에 성공하였습니다.

왕립 카롤린스카 연구소를 대표하여, 두 분 교수님에게 따뜻한 축하를 전하며, 이제 전하께서 수여하시는 올해의 노벨 생리·의학상을 받으시기 바랍니다.

왕립 카롤린스카 연구소 교수위원회 H. 테오렐

후천성 면역내성을 발견한 공로

1960

프랭크 버닛 | 오스트레일리아

피터 메더워 | 영국

:: 프랭크 맥팔레인 버닛 Frank Macfarlane Burnet (1899~1985)

오스트레일리아의 의사이자 바이러스 학자. 멜버른 대학교에서 의학을 공부하여 1923년에 박사학위를 취득하였으며, 왕립 멜버른 병원의 월터 · 엘리자홀 연구소에서 연구하였다. 1926년에 런던의 리스터 예방의학연구소에서 연구한 후, 다시 월터 · 엘리자홀 연구소에서 일하였으며, 1944년에 연구소장 및 멜버른 대학교 실험의학 교수가 되어 1965년까지 재직하였다. 1951년에는 기사 작위를 받았다. 후천성 면역내성을 발견함으로써 면역학을 비롯하여 암, 유전학 연구 등의 발전에도 기여하였다.

:: 피터 브라이언 메더워 Peter Brian Medawar (1915~1987)

영국의 동물학자. 말버러 칼리지에서 공부하였으며, 옥스퍼드 대학교 마그달렌 칼리지에서 J. Z. 영의 지도 아래 동물학을 공부하였으며, 이후 병리학 연구소에서 연구하였다. 1947년에 버밍엄 대학교 교수로 임용되어 1951년까지 재직하였으며, 1951년부터 1962년까지 런던 대학교 동물학 및 비교해부학 교수를 지냈다. 1962년 런던 국립의학연구소 소장이 되었으며, 1965년에 기사 작위를 받았다.

전하, 그리고 신사 숙녀 여러분.

사람은 개체성과 관련한 여러 특징을 외부로 드러냅니다. 그리고 일상 생활에서 우리는 외관상의 특징, 즉 얼굴 생김새, 체격, 자세, 움직임, 말하는 태도 등과 같은 다소 애매한 기준으로 사람을 구분합니다. 이 모든 특징들을 우리 감각기관은 저장하고 분류하며 의식적인 지각 과정으로 구분합니다. 하지만 이 특징들을 물리적·화학적인 방법 또는 어떤 공식으로 분석할 수는 없습니다.

그러나 개개인의 특징은 분명히 존재하며 훨씬 객관적인 방법으로 이를 인식할 수도 있습니다. 가장 잘 알려진 객관적인 방법이 바로 지문입니다. 손가락 끝 피부에 있는 이 미세한 곡선은 무한한 다양성으로 사람마다 전혀 다른 형태로 나타납니다. 따라서 이것은 분명한 신원 확인의 근거입니다.

이와 비슷하게 서로 다른 개체에서 분리된 체세포의 표면에도 화학적인 특징들이 나타납니다. 어떤 것들은 종 또는 속의 특징, 어떤 것들은 그 세포가 속하는 기관의 특징을 나타냅니다. 또 다른 것들은 개체의 특징을 나타내기도 합니다. 하지만 각 세포들의 이와 같은 차이점은 매우 미세해서 화학적인 방법으로 각 개체의 세포 특징을 검출할 수는 없습니다. 다만 각각의 체세포들이 외부 물질에 대해 다르게 반응하므로 이에 따른 구분은 가능합니다.

따라서 조직을 이식할 때도 이식될 조직이 어느 개체에서 얻어진 것인가에 따라 전혀 다른 결과가 나타납니다. 동일인의 신체 한 부분에서 다른 부분으로 조직을 이식하는 것은 아무 문제가 없습니다. 이식 수술이 기술적으로 올바르게 시행되었다면 이식된 조직은 새로운 환경에 잘 적응할 것입니다. 이와 같이 조직 또는 기관 이식은 동종 번식하여 유전적으로 동일한 개체나 일란성 쌍생아 또는 동물 사이에서만 가능합니다. 만약 그렇지 않은 경우라면 결과는 매우 좋지 않습니다. 아마도 처음에는 성공한 것처럼 보일 것입니다. 회복 과정도 순조롭고 조직도 정상적으로 작용하기 시작합니다. 그러나 2주 정도 지나고 나면 이식된 조직 주변에 변화가 생기고 결국 거부 반응이 일어납니다. 같은 기증자에게서 조직을 다시 이식한다고 해도 이식된 조직에 대한 반응은 전과 똑같이 민감하게 나타납니다. 그리고 이제 그 거부 반응의 속도는 보다 빨라져 수일 내로 반응이 나타나게 됩니다.

메더워 박사님은 정상적인 조직 이식에 대해 체계적으로 연구하였습니다. 그는 이식 반응이 투베르쿨린 반응과 같은 면역 현상이라는 것을 규명하였으며 세포의 면역 반응은 개개인의 유전적 구성에 따라 다르게 나타난다고 하였습니다.

이식 반응에 대한 연구를 기반으로 1949년 버닛 박사님은 면역 성질에 대한 이론을 정립하였습니다. 이전까지는 주로 혈액에 존재하는 면역물질의 화학적 성질과 그 생성에만 관심이 집중되어 있었지만 버닛 박사님에게 면역물질은 면역이라는 넓은 개념에 속한 일부분에 불과한 것이었습니다.

모든 고등생물들은 주변에 존재하는 무수히 많은 미생물에 대항할 수 있는 힘이 있습니다. 면역 반응을 일으키는 능력은 미생물에 대응하는 가장 중요한 방어 수단이며 개개인뿐만 아니라 그 종의 생존을 결정할 만큼 중요한 것입니다. 각 조직은 개체를 보호할 책임이 있으며, 그렇기 때문에 외부 물질을 즉시 인식하고 그 유해성을 판단할 수 있어야 하는 것은 너무나도 당연합니다. 그러는 한편, 조직은 자기 자신의 물질에 대해서는 결코 반응하지 않아야 하는데 이것은 외부 물질에 대한 보호 능력 못지않게 중요합니다. 자기 자신을 구분하지 못하고 비정상적인 면역 반응이 일어나는 경우, 결과는 치명적이기 때문입니다. 다시 말해 '자신'과 외부 물질을 구분하는 면역 메커니즘이 생명체에는 반드시 존재해야 합니다. 버닛 박사님은 이것이 면역학에서 가장 중요한 문제라고 생각하였습니다.

이미 언급한 것처럼 개개인의 면역 반응은 유전으로 결정되며 발생 초기 단계에서 완성됩니다. 반면에 면역 반응을 일으키는 능력, 즉 면역성은 비교적 천천히 형성됩니다. 태아에게는 면역성이 전혀 없으며 출생 후 면역 능력을 완전히 갖기까지는 몇 주 혹은 몇 달이 필요합니다. 이를 기반으로 버닛 박사님은 자가 물질을 인식할 수 있는 능력은 유전되는 것이 아니라 태아 시기에 습득되는 것이라고 결론내렸습니다. 그는 태아 시기에 조직이 발달하면서 면역성이 습득되며 조직 발달 과정에서 자가 물질과 계속 접촉하게 되어 그 특징을 '기억'하고 인식하도록 학습된다고 생각했습니다. 그리고 만약 이 가정이 맞다면 외부 물질의 특징을 적절한 시기에 태아에게 노출하였을 때, 이것이 자가 물질로서 면역학적으로 인식될 수 있을 것이라고 생각했습니다. 따라서 버닛 박사님은 이를 실험으로 증명하고자 노력했습니다.

하지만 이 실험에 성공한 것은 버닛 박사님이 아니었습니다. 그를 대신해서 그 추측을 최초로 증명한 사람은 메더워 박사님과 동료들이었습니다. 그들은 쌍둥이 소를 대상으로 이식 실험을 하여 버닛 박사님의 이론을 뒷받침했습니다. 하지만 이식 반응이 쌍둥이라는 유전적으로 일치되는 특별한 시스템에 한정된 것일지도 모른다는 지적을 받았습니다. 따라서 그들은 쌍둥이는 아니지만 유전적으로 일치하는 많은 쥐를 대상으로 실험하였습니다. 외부 조직은 자궁 내의 생쥐 배아에 접종하였습니다. 정상적으로 분만된 어린 생쥐는 잘 자랐고, 면역적으로 성숙한 뒤 조직 이식을 시행하였습니다. 그 결과 생쥐는 자기 자신의 조직뿐만 아니라 태아 시기에 접종된 것과 동일한 조직은 거부하지 않았습니다. 하지만 접종된 조직을 제외한 생소한 외부 조직에 대해서는 심각한 거부 반응을 나타냈습니다. 이런 거부 반응은 외부 조직의 접종 여부와 관계없이 모든 생쥐에서 동일하게 나타났습니다. 따라서 이 생쥐가 특정 조직, 즉 태아 시기에 접종한 조직에 대한 '면역 내성'이 있다는 것이 입증된 것입니다.

이 연구는 이미 충분한 검증을 거쳤습니다. 그리고 이제 더욱 다양한 연구가 활발하게 진행되고 있습니다. 실험으로 내성을 만드는 기술은 생물학 연구에 매우 유용한 수단입니다. 하지만 임상에 적용하기에는 아직 부족한 점이 많습니다. 그러나 앞으로 멀지 않은 미래에 결함이 있거나 손상된 조직을 교체하는 경우, 그리고 생명 유지에 필수적이지만 결여되어 있는 조직을 대체하는 경우 같은 외과 수술에 실험으로 습득한 많은 경험들이 적용될 수 있을 것입니다. 이제 이론적으로는 이식과 관련된 모든 문제점이 해결되었습니다. 하지만 실제 기술적 어려움은 아직 극복하지 못했습니다. 그럼에도 불구하고 최근 이식 수술의 성공이 보고된 만큼 우리는 미래에 대해 더욱 자신감을 가져도 될 것입니다.

지금까지는 이와 같은 후천성 면역내성의 중요성이 주로 학술적인 연구 분야에서만 강조되어 왔습니다. 하지만 후천성 면역내성의 발견은 실험생물학에 새로운 장을 열어 주었습니다. 면역학적으로 활성 조직에 직접 연구가 가능해졌으며, 이로 인해 면역 성질의 문제점을 파악할 수 있는 조건이 형성되었습니다. 그리고 면역 반응의 혼란으로 인한 심각한 질병에 관해서도 연구할 수 있게 되었습니다.

그렇지만 버닛 박사님과 메더워 박사님의 연구가 면역학에만 영향을 준 것은 아닙니다. 그들의 연구는 암, 그리고 유전학 연구에도 중요한 기반을 형성하였으며 새로운 결과들을 이끌어 냈습니다.

맥팔레인 버닛 경, 그리고 피터 메더워 박사님.

면역성은 유해한 주위 환경에 대한 가장 중요한 방어 수단입니다. 두 분은 이에 관한 자료를 분석하고 추론하였으며 끊임없는 실험으로 연구하였습니다. 그리고 마침내 면역 능력을 발달시키고 유지하는 근본적인 법칙을 밝혀냈습니다.

카롤린스카 연구소를 대표하여 두 분의 수상을 진심으로 축하합니다. 이제 전하께서 두 분께 노벨 생리·의학상을 수여하시겠습니다.

왕립 카롤린스카 연구소 교수위원회 스벤 가드

와우(달팽이)관 자극의 물리적 전달기전에 관한 연구

1961

게오르크 폰 베케시 | 미국

:: **게오르크 폰 베케시 Georg von Bekesy (1899~1972)**

헝가리 태생 미국의 물리학자이자 생리학자. 베른 대학교에서 화학을 공부하였으며, 1926년에 부다페스트 대학교에서 박사학위를 취득한 후, 부다페스트에 있는 헝가리 우체국 연구소에서 전기통신기술을 연구하면서 청각 작용에 관심을 갖게 되었다. 1946년부터 1947년까지 스웨덴 왕립 카롤린스카 연구소에서 연구하였으며, 1947년부터 1966년까지는 하버드 대학교 정신청각연구소에서 연구하였다. 1966년에 하와이 대학교 감각학 교수가 되었다. 기본적 청각과정 등을 규명함으로써 청력학을 발달시키고, 임상적으로 응용하는 데에 기여하여 귀 질병 치료에 공헌하였다.

전하, 그리고 신사 숙녀 여러분.

베케시 박사님은, 바다에서는 수 마일까지 들리는 무중신호霧中信號(The fog signal, 안개·눈·폭우 등으로 시계가 불량한 경우나 선박 충돌 등을 예방하기 위하여 기적 또는 다이어폰 등으로 소리를 내는 신호—옮긴이)가 객실 안에서는 들리지 않는다는 사실로부터 선상에서 무적霧笛(The fog horn, 사이

렌, 다이어폰, 기적 등과 같이 압축 공기나 증기로 음향을 내서 신호하는 무중신호—옮긴이)이 어떻게 만들어지는지에 관심을 갖게 되었다고, 논문에서 밝혔습니다. 귀의 성질을 분석하는 논문의 서론에 실린 이 일화는 외부의 소리에는 높은 감도를 갖지만 정작 신체 내 가까운 곳에서 나오는 자신의 목소리에 대해서는 낮은 감도를 나타내는 귀의 기능을 설명하고 있습니다. 이와 같은 청각기관의 성질은 특히 큰 강당에서 연설할 때 연설자와 청강자 모두에게 매우 중요합니다. 그러나 여기에 언급한 성질은 베케시 박사님의 연구 주제가 된 고도로 분화된 감각기관의 여러 능력 중 하나일 뿐이었습니다.

사가The saga(북유럽의 전통문학을 통칭하는 말, 북유럽 신화—옮긴이)에 보면, 헤임달Heimdal(인간의 수호신—옮긴이)은 잔디가 자라는 소리를 들을 수 있었다고 합니다. 우리의 청각 능력이 그 정도는 아니겠지만, 우리의 귀 또한 고막에 부딪치는 공기분자들을 인식할 만큼 충분히 민감하고, 다른 한편으로는 신체에 진동을 일으킬 정도로 강한 음파의 쿵쿵거리는 소리도 견딜 수 있을 만큼 강합니다. 게다가 말하는 음성, 그리고 악기 소리나 노래 소리의 특징을 구분할 수 있을 만큼 소리를 자세하게 분석할 수 있는 능력도 있습니다.

귀에 부딪치는 소리는 고막을 진동시킵니다. 공기로 가득 찬 중이中耳 안에서 진동은 지렛대 역할을 하는 이소골耳小骨들을 거쳐 액체로 채워져 있는 내이의 달팽이관(소리의 진동을 전기적 신호로 바꾸어 대뇌에 전달하는 달팽이 모양 기관—옮긴이)으로 전달됩니다. 이 중 가장 안쪽에 있는 소골인 등골의 족판이 움직여 올라가면 중이와 마주하고 있는 내이의 안뜰창이 열립니다. 그리고 용액의 진동은 달팽이관을 세로 방향으로 분할하는 이른바 기저막으로 전달되는데, 이 막 전체에는 끝이 가늘고 털이 나 있는 기둥 모양의 감각세포가 분포합니다. 이 수용체 세포 또는 모세포에 의해 기저막의 진동에 의한 역학에너지가 신경전파를 일으키는 특별한 형태의 에너지로 전환되며, 이 신경전파의 진동수에 따라 상위 신경 센터로 전달되는 정보가 달라집니다.

베케시 박사님은 귀의 전달 체계에서 전략적으로 중요한 지점에서 일어나는 물리 현상을 연구하였습니다. 하지만 귀의 진동 시스템의 성질에 관한 연구는 베케시 박사님 이전에도 이루어졌습니다. 이 생리적인 음향학 분야에서 헬름홀츠 박사의 이론은 독보적입니다.

그러나 베케시 박사님은 부서지기 쉬워 다루기가 어려운 생물학적인 소형 시스템을 연구했다는 점에서 매우 탁월했습니다. 이 분야의 권위자들은 그가 이 목적을 위하여 개발한 정교한 기법이 가히 천재적이라고 평가합니다. 그는 미세 절단 방법을 이용하여 접근하기 어려운 해부학적 구조에 접근하였으며, 더욱 진보된 방법으로 자극을 주고, 이를 기록하였습니다. 또한 육안으로 복잡한 막 운동을 관찰하기 위해 고배율의 스트로보스코픽 현미경(진동하는 물체를 연구하는 장치)을 사용하여 백 분의 일 밀리미터 단위로 이를 측정하였습니다.

베케시 박사님은 중이에서의 소리 전달과 관련하여 고막의 진동 형태와 소골운동의 상호작용을 규명하였습니다. 내이의 역동학에 관한 그의 연구는 기술적으로나 이론적으로 이 분야에서 최고였습니다. 그의 실험 및 임상 자료는 음파의 진동수가 기저막을 따라 자극이 일어나는 위치를 결정한다는 헬름홀츠 박사님의 가설을 입증하였습니다. 이전까지는 막의 진동 형태가 갖는 물리적 특징, 이와 같은 진동이 일어나는 조건 등에 관해서 이론적으로 고찰할 뿐이었습니다. 하지만 베케시 박사님은 진동 형태의 특징을 밝히는 데 성공하였습니다. 그는 등골의 족판이 움직이면서 기저막에 복잡한 전파가 발생하고, 기저막은 달팽이관의 단단한 기저부에서 보다 유연한 첨단부로 움직인다는 것을 증명하였습니다. 전파는 처음에는 증가해 최고점에 달하지만, 그 후에는 빠르게 감소합니다. 최대 진폭의 위치는 가해지는 음파의 진동수에 따라 달라져서, 낮은 진동수는 달팽이관의 첨단부에서, 높은 진동수는 기저부에서 나타나게 됩니다. 이러한 특정의 진동 형태가 일어나는 조건은 모형을 이용한 실험에서 알 수 있습니다.

그 후 베케시 박사님은 어떻게 모세포가 자극되는지를 연구하였습니다. 그는 가느다란 바늘의 끝을 기저막에 닿도록 한 뒤, 이 바늘을 이용하여 기저막의 다른 부분에 여러 방향의 진동을 일으켰습니다. 바늘의 끝은 자극을 주는 동시에 수용체 세포로부터 전류 전위를 기록하는 전극으로 사용되었습니다. 그 결과 기저막 위에 가해진 국소적인 압력이 다양한 강도의 전단력으로 변형되어 모세포에 가해지는 것으로 밝혀졌습니다.

따라서 베케시 박사님은 달팽이관이 역학적(기계적)으로 어떤 기능을 하는지 분명하게 규명하였고, 이로 인해 우리는 진동수 분석기로서 달팽이관의 기능을 이해할 수 있게 되었습니다.

우리는 이제 이 시스템이 역학적 에너지를 물리화학적 과정으로 변환시켜 신경전파를 일으킨다는 것을 알게 되었습니다. 그리고 내이에서 일어나는 전기적 과정을 알게 되면서 더 많은 연구를 할 수 있는 기반을 마련하였습니다. 한편으로, 베케시 박사님은 이른바 휴식기의 수용체 막에 커다란 전위차가 존재한다는 것을 의미하는 와우내전위蝸牛內電位도 발견하였습니다. 또 다른 한편으로 모세포 자극 시에 일어나는 전위의 느린 존재를 나타내는 이른바 내인성 달팽이관과 모세포 자극 시 일어나는 느린 전위 이동도 발견하였습니다. 이러한 발견들은 소리를 신경 전파로 변환시키는 수용체에서의 역학적 현상과 전기적 현상을 분석하고, 그 관계를 밝히는 데 중요한 역할을 하였습니다.

베케시 박사님은 청력학을 발달시키고 이를 임상에서 응용하는 데 크게 공헌하였습니다. 그리하여 정밀한 진단법이 개발되었고 이는 귀 질병 치료에 큰 발전을 가져왔습니다.

베케시 박사님.

박사님은 우리에게 기본적인 청각 과정에 관해 많은 것을 알려 주었습니다. 이 상을 수상하게 된 교수님의 주요 업적은 내이의 역동학에 관한 것입니다. 이와 같은 업적은 결코 흔하지 않습니다. 노벨 박사님의 뜻대로, 단독으로 연구한 과학자의 훌륭한 연구 결과에 대해 이 상을 수여할 수 있게 되어 매우 기쁘게 생각합니다.

왕립 카롤린스카 연구소를 대표하여 따뜻한 축하를 전해드리며, 이제 전하께서 수여하시는 올해의 노벨 생리 · 의학상을 받으시기 바랍니다.

왕립 카롤린스카 연구소 교수위원회 C. G. 베른하트

핵산의 분자 구조 및 생체 내 기능에 관한 연구

1962

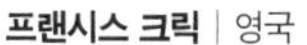
프랜시스 크릭 | 영국

제임스 왓슨 | 미국

모리스 윌킨스 | 영국

:: 프랜시스 해리 컴프턴 크릭 Francis Harry Compton Crick (1916~2004)

영국의 생물물리학자. 런던 대학교에서 물리학을 공부한 뒤 제2차 세계대전 중 영국 해군에서 연구 활동을 계속하였다. 전쟁 후에는 케임브리지 대학교 스트레인지웨이스 연구실험실에서 연구하였다. 1949년부터 케임브리지 대학교 캐번디시 연구소에서 연구하면서 공동 수상자인 제임스 왓슨과 함께 DNA의 이중 구조에 관하여 연구하였다. 1977년에 샌디에이고에 있는 솔크 생물학연구소 교수가 되었다.

:: 제임스 듀이 왓슨 James Dewey Watson (1928~)

미국의 유전학자이자 생물물리학자. 열다섯 살에 시카고 대학교에 입학하였으며, 1950년에 인디애나 대학교에서 동물학으로 박사학위를 취득하였다. 1951년부터 1953년까지 케임브리지 대학교 캐번디시 연구소에서 연구하면서 공동 수상자인 프랜시스 크릭과 함께 DNA의 이중 구조에 관하여 연구하였다. 1953년부터 1955년까지 캘리포니아 대학교 공과대학에서 연구하였으며 1956년에 하버드 대학교 조교수로 임용되었다가 1961년에 정교수로 승진하였다.

:: **모리스 휴 프레더릭 윌킨스 Maurice Hugh Frederick Wilkins (1916~2004)**

뉴질랜드 태생 영국의 생물물리학자. 1940년에 버밍엄 대학교에서 박사학위를 취득하였다. 1946년부터 런던 대학교 킹스 칼리지의 의학연구부 생물물리실에서 연구하였다. 1963년에 킹스 칼리지 분자생물학 교수가 되어 1970년까지 재직하였으며, 이후 1981년까지 생물물리학 교수로 재직하였다. 엑스선 결정학 기술을 이용하여 다양한 생물의 DNA를 연구함으로써 DNA의 분자사슬이 이중나선 형태임을 밝힘으로써 공동 수상자들의 연구에 영향을 주었다.

전하, 그리고 신사 숙녀 여러분.

이 자리는 올해 노벨 생리·의학상을 수상하는 연구의 중요성을 설명하는 자리이지만 오늘은 생물리학이나 생화학과는 다소 거리가 먼 이야기부터 시작해야 할 것 같습니다.

'우리는 초상화나 캐리커처를 보고 어떤 기준으로 섬세하다거나 훌륭하다고 판단하는 것일까요?'

캐리커처는 대상이 되는 사람의 개인적 특성을 강조하여 그리는 그림입니다. 이런 현상은 조각이나 시 또는 산문과 같은 문학작품에서도 가끔 나타납니다. 유난히 강조된 개인의 특성은 이상한 모양의 코를 만들어 내기도 하고 흐트러진 머리카락 또는 불쑥 내민 턱을 만들어 내기도 합니다. 이 때문에 우리는 자신의 특징이 정확하게 강조되는 캐리커처에 감정이 상하기 쉽습니다. 그러므로 캐리커처는 그 안에 사실적인 그림 이상의 의미를 담고 있어야만 합니다. 만약 화가가 일반적인 외모에서 개개인의 특징적인 차이를 잡아내는 데 성공한다면 그 캐리커처는 그 사람의 삶 전체를 표현할 수 있는 흥미로운 작품으로 완성될 것입니다. 따라서 화가는 일반적인 것과 개개인의 특징적인 외모를 융합해야만 좋은 작품을 만들 수 있습니다.

이와 마찬가지로 과학자가 생명체의 다양성을 이해하고 설명하기 위해서, 또는 물리적·화학적 특징들을 밝히기 위해서는, 보편성과 개체성을 잘 조합해야 합니다. 과학자에게는 모든 생명체에 보편적으로 존재하는 일반적인 성질을 구별하는 능력이 필요합니다. 예를 들어 모든 생명체는 자연환경에서 영양 성분을 추출하는 능력이 있고, 자손을 얻기 위해 번식하는 능력이 있다는 것 등을 구별해야 합니다. 다시 말해 과학자는 엄격한 규칙성을 알아볼 수 있어야 합니다. 더 나아가 과학자는 생명체 혹은 세포의 물리적·화학적 특징을 연구할 때 그 정밀한 구조와 내부 질서를 인식하고, 새롭게 전달되는 신호를 구분할 수 있어야 합니다. 그러나 같은 종이라고 해도 개체에 따른 특징을 무시할 수는 없습니다. 엄격한 질서의 틀 안에서도 개개의 특징이 존재한다는 것 또한 인정해야만 합니다.

고등생물의 유전 전달물질인 디옥시리보핵산, 즉 DNA의 3차원 분자 구조의 발견은 생명체의 보편성과 개체성을 결정하는 분자배열을 자세하게 이해할 수 있는 틀을 마련해 주었습니다. 그리고 이것은 매우 중요한 의미를 갖습니다.

디옥시리보핵산은 수많은 고분자 물질로 이루어져 있으며 이 고분자 물질은 몇 개의 단위체로 구성됩니다. 이들 단위체에는 당, 인, 그리고 질소를 함유한 염기가 포함되어 있으며, 거대한 DNA 분자 전체에서 똑같은 당과 인이 반복적으로 나타납니다. 그렇지만 염기는 단 네 종류만이 존재합니다. 왓슨 박사님, 모리스 윌킨스 박사님, 그리고 프랜시스 크릭 박사님은 이들 단위체가 서로 어떻게 3차원적으로 연결되어 있는지 그 구조를 발견하였고, 그 공로로 올해의 노벨 생리·의학상을 수상하게 되었습니다.

윌킨스 박사님은 엑스선 결정학 기술을 이용하여 다양한 생물의 디옥시리보핵산을 연구하였습니다. 이 기술은 지금까지 분자구조를 분석하는 기술 중에 가장 우수하다고 평가되는 기술입니다. 바로 이 우수한 기술을 이용하여 윌킨스 박사님은 디옥시리보핵산의 긴 분자사슬이 이중나선 형태로 배치되어 있음을 밝혔습니다. 그리고 왓슨 박사님과 크릭 박사님은 서로 얽혀 있는 두 개의 나선 안에서 유기염기들이 특별한 방법으로 짝지어져 있음을 발견하고 그 배열의 중요성을 강조하였습니다.

디옥시리보핵산은 두 개의 나선이 연결되어 하나의 긴 계단처럼 보이기도 합니다. 이 계단의 바깥쪽은 당과 인으로 구성되며 염기들이 짝을 지어 연결되면서 형성됩니다. 각각의 염기를 다르게 염색한 후에 이 디옥시리보핵산의 계단을 사람이 걸어 올라간다고 상상해 봅시다. 이 사람은 너무나도 다양한 모습에 깊은 인상을 받게 될 것입니다. 그러나 그는 얼마 지나지 않아 빨강색은 언제나 파랑색과 연결되어 있고 검은색은 언제나 하얀색과 연결되어 있음을 발견할 것입니다. 또한 계단의 오른쪽이 검은색이면 왼쪽이 하얀색이고, 오른쪽이 하얀색이면 왼쪽이 검은색이라는 것도 확인할 수 있을 것입니다. 그리고 빨강과 파랑에서도 마찬가지 현상을 관찰하게 될 것입니다. 이 사람은 거대한 디옥시리보핵산 속의 무수히 많은 계단을 올라가면서 빨강색-파랑색, 파랑색-빨강색, 그리고 검정색-하얀색, 하얀색-검정색의 배열이 끝없이 다양하게 나타나는 것을 보게 될 것입니다. 결국 그는 이 배열이 어떤 의미를 갖는지 궁금해질 것이며, 그 계단이 어떤 메시지, 즉 어떤 유전 정보를 담고 있다는 것을 깨닫게 될 것입니다.

하지만 실제로 디옥시리보핵산은 누군가가 올라갈 수 있는 계단이 아닙니다. 이것은 매우 활동적인 생물학적 물질입니다. 보통은 디옥시리보핵산에서 리보핵산이 만들어지고, 이것에 의해 아미노산이 연결되어 단백질 사슬을 형성하는 3단계의 과정으로 단백질이 합성됩니다. 결국 단백질의 아미노산 서열은 핵산의 염기서열에 의해 결정되는 것입니다. 그러므로 핵산은 어떤 단백질이 생성될지를 결정하며, 이렇게 생성된 단백질은 생명체 내에서 특정 기능을 담당합니다. 결국 다양한 단백질이 생성되고 이들은 모두 생명체의 필요에 따라 전체적인 생명 현상의 일부 기능을 담당하는 것입니다. 이와 같은 다양한 단백질들의 협력 작용으로 개개인의 특징이 결정됩니다. 즉 어떤 단백질들이 어떤 형태로 협력하는가에 따라 개개인의 특성이 달라지는 것입니다.

디옥시리보핵산에 담긴 정보는 세포가 분열할 때 그대로 전이됩니다. 이것이 생명체의 일반적인 성장 과정입니다. 또한 생식세포가 융합할 때에도 디옥시리보핵산의 정보는 전이됩니다. 이와 같은 방법으로 디옥시리보핵산의 정보는 부모를 꼭 닮은 새로운 개체의 발생을 결정하고 조절합니다.

오늘날 새롭게 밝혀진 유전 메커니즘의 결과를 실제로 확인할 수는 없습니다. 우리는 다만 질병을 극복할 수 있는, 그리고 유전과 환경의 상호작용에 대해 보다 많은 지식을 얻을 수 있다는 가능성만을 예견할 수 있을 뿐입니다. 그리고 이를 통해 생명의 본질적인 메커니즘을 좀 더 이해할 수 있을 것이라고 기대하고 있습니다. 우리가 어떤 방향으로 가든지 이제 우리는 새로운 가능성에 대한 기대를 갖게 되었습니다. 존 켄드루 박사님의 말처럼 크릭 박사님, 왓슨 박사님, 윌킨스 박사님의 연구 업적을 통해 우리는 '새로운 세계를 여는 첫 번째 섬광'을 목격한 것입니다.

프랜시스 크릭 박사님, 제임스 왓슨 박사님, 모리스 윌킨스 박사님.

세 분의 연구로 디옥시리보핵산의 분자구조가 밝혀졌고 이 물질이 유전정보를 전달한다는 것도 알게 되었습니다. 이것은 생명 유지를 위한 생물학적 현상을 이해하는 데 너무나도 중요한 것이었습니다. 실제로 세 분의 연구 결과는 생명과학을 연구하는 모든 과학자들에게 놀라움을 안겨 주었습니다. 디옥시리보핵산의 이중나선 구조가 4가지 유기염기의 특이적인 짝짓기에 의해 형성된다는 사실은 유전정보의 전이와 조절에 관한 보다 상세한 연구를 가능하게 할 것입니다.

왕립 카롤린스카 연구소를 대표하여 진심 어린 축하를 전해드리며, 이제 올해의 노벨 생리·의학상을 수상하는 이 자리에 세 분을 모시고자 합니다.

왕립 카롤린스카 연구소 교수위원회 A. 엥스트룀

신경섬유를 통한 신경충격의 화학적 전달 과정 발견

1963

존 에클스 | 오스트레일리아 **앨런 호지킨** | 영국 **앤드루 헉슬리** | 영국

:: 존 커루 에클스 John Carew Eccles (1903~1997)

오스트레일리아의 생리학자. 멜버른 대학교에서 의학을 공부하였으며, 1929년에 옥스퍼드 대학교에서 박사학위를 취득하였다. 1937년부터 1943년까지 시드니 병원의 카네마추 연구소 소장을 지냈으며, 1944년에 뉴질랜드 오타 대학교의 생리학 교수가 되어 1951년까지 재직했다. 1952년 오스트레일리아 국립대학교 생리학 교수가 되어 1966년까지 재직하였다.

:: 앨런 로이드 호지킨 Alan Lloyd Hodgkin (1914~1998)

영국의 생리학자이자 생물물리학자. 케임브리지 대학교 트리니티 칼리지에서 공부하였으며 뉴욕에서 있는 록펠러 연구소에서 연구하였다. 1939년부터 케임브지리 대학교 생리학 연구실에서 제자이자 공동 수상자인 앤드루 헉슬리와 함께 신경섬유에 대한 연구를 통하여 신경 충격 전도에 관한 이론을 전개하였다. 1952년부터 1969년까지 왕립학술원 연구교수를 지냈으며, 1971년에는 리세스터 대학교 학장이 되었다. 1972년에 기사 작위를 받았다.

:: **앤드루 필딩 헉슬리 Andrew Fielding Huxley (1917~2012)**

영국의 생리학자. 케임브리지 대학교 트리니티 칼리지에서 공부하였으며, 1939년부터 케임브지리 대학교 생리학연구실에서 공동 수상자인 앨런 호지킨과 함께 신경섬유에 대한 연구를 통하여 신경 충격 전도에 관한 이론을 전개하였다. 1960년에 런던 대학교 유니버시티 칼리지 교수가 되었으며, 1969년에는 왕립학술원 교수가 되었다. 1974년 기사작위를 받았다.

전하, 그리고 신사 숙녀 여러분.

올해의 노벨 생리·의학상을 수상하는 연구 주제는 신경세포 사이에서의 신호전달과 조절의 작용 기전에 관한 것입니다. 생리학자들은 신경세포와 신경섬유에 관해 연구할 때, 물리학자와 화학자의 방식으로 연구합니다. 신경섬유로 전달되는 충격 전파는 보통 1/1000초 동안 지속됩니다. 신경세포는 이와 같은 일련의 전파를 이용하여 서로 의사소통을 하며, 신체 내 근육과 선gland에 명령을 내립니다. 올해 노벨 수상자들의 연구 결과는 신경의 충격전파 그 자체의 성질에 관한 것이며, 이것이 신경세포에 일으키는 전기적 변화, 특히 각각 흥분과 억제라고 부르는 두 가지 근본적인 현상들에 관한 것입니다. 이 실험 방법은 전자공학에 바탕을 두고 있습니다. 전기적 과정들은 미세전극을 통해 기록되고, 약 100만 배로 증폭되었으며, 음극선관의 스크린을 통해 보여 주었습니다.

이 새로운 방법은 1939년에 시작된 호지킨 박사님과 헉슬리 박사님의 실험에서 개발되었습니다. 그들은 처음에 "신경 충격은 새로운 경로를 만들어 섬유막을 안쪽에서 바깥쪽으로 투과해 방출된다"고 하는 베른슈타인의 고전적 이론을 점검하고자 이 연구를 시작했습니다. 이런 상황에서 섬유 내 충격 전파에 해당되는 만큼의 전위차만을 측정할 수 있을 뿐이었습니다. 하지만 충격 전파는 막을 통과하기 때문에 실질적으로 이 전위차는 섬유 내부와 외부 사이에서 생기는 전위차를 의미하는 것이었습니다. 그들은 전극의 삽입이 가능한 오징어의 거대신경섬유를 사용한 실험에서 성공적인 결과를 얻었습니다. 여기에서 측정한 신경 충격은 칼륨 농도 건전지로 측정했을 때 내부 전위보다 0.33배 많은 전위차를 전달할 수 있었습니다.

제2차 세계대전 후, 호지킨 박사님과 헉슬리 박사님은 자신들이 거둔 뜻밖의 결과에 다시 주목하였습니다. 그들은 나중에 룬트 대학교에서 약물학 교수를 지낸 에르네스트 오버톤 교수가 1904년에 제의한 이론을 다시 시험해 보기로 결정하였습니다. 그의 이론은 신경 충격이 섬유 바깥쪽의 나트륨 이온과 섬유 안쪽의 칼륨 이온의 교환을 수반한다는 것이었습니다.

우리는 학교에서 물리학 시간에 전류의 강도, 저항, 전위(전압)의 관계가 옴의 법칙에 따라 정의된다는 것을 배웠습니다. 이 방정식에는 3개의 미지수가 포함되어 있는데, 3번째 값을 계산하려면 실험적으로 나머지 두 값을 알아야 합니다. 이 때문에 호지킨 박사님과 헉슬리 박사님은 오징어의 거대신경섬유에 두 개의 전극을 삽입하였습니다. 하나는 미리 정한 단계에서 전압을 고정하기 위해, 그리고 다른 하나는 활동하는 동안 생성되는 전류를 측정하기 위해 사용되었습니다. 투과성 또는 전도력, 즉 저항의 역수를 측정하기 위한 이 실험으로부터 세 번째 값인 막의 저항을 계산하게 됩니다.

다음 실험은 여러 농도의 이온을 함유한 용액에 담가 잘라낸 신경으로 수행하였습니다. 그리고 충격 활동이 있는 동안의 이온 전류는 일시적이면서 연속적으로 나타나는 투과성 변화에 의존하고 있으며 이 두 가지가 선택적으로 나타나는 것을 발견하였습니다. 즉 나트륨의 투과성에 의한 충격의 증가는 약 0.05초 후 칼륨 투과성에 의해 감소합니다. 증가 단계에서는 양전하의 나트륨 이온이 바깥쪽에서 신경으로 들어와 초과 전위를 생성하게 되고, 이로 인해 충격전파는 칼륨 건전지의 전위를 능가하게 됩니다. 감소 단계에서는 이와 반대로 칼륨 이온이 안에서 밖으로 이동합니다. 두 단계 모두 정량적으로 측정되었으며, 수식으로 표현되었습니다. 컴퓨터에 이 수식을 넣고 계산하면 이온의 이동에 의존하는 흥분 현상의 기본적인 속성을 예측할 수 있습니다.

호지킨 박사님과 헉슬리 박사님의 신경 충격(전도)에 대한 이온 이론은 근육에서의 충격 전파에도 응용할 수 있었습니다. 여기에는 임상적으로 중요한 심장 근육에서의 심전도도 포함되어 있습니다. 이것은 또한 스톡홀름에 있는 노벨 신경생리학 연구소의 베른하르트 프랑켄호이저 박사가 증명한 척추동물의 신경섬유에도 유용하다는 것이 입증되었습니다. 그야말로 이 발견은 흥분 작용을 이해하기 위한 이정표와도 같았습니다.

존 에클스 박사님의 발견은 신경 충격이 다른 신경세포에 도달하였을 때 유도되는 전기적 변화에 관한 것이었습니다. 이 실험에서 그는 1/1000밀리미터 이하로 끝이 뾰족한 미세전극을 척수에 존재하는 이른바 운동신경세포 내에 삽입하였습니다. 이 운동세포들은 직경이 0.4밀리미터에서 0.6밀리미터입니다. 신경섬유의 말단이 세포막의 화학적 작용 기전을 흥분시키거나 억제할 수 있기 때문에 이 세포들은 도달된 충격에 의해 흥분하거나 혹은 억제됩니다. 셰링턴 박사님은 접촉되는 이 끝부분을 시냅스라고 명명하였으며, 이와 같은 기전을 시냅스 작용 기전이라고 불렀습니다. 그리고 시냅스는 흥분성과 억제성 두 종류가 있습니다.

만약 도달하는 충격이 흥분성 시냅스에 연결되면 세포는 흥분하게 되고, 반대로 억제성 시냅스에 연결되면 세포의 흥분 정도가 감소합니다. 에클스 박사님은 이 흥분 또는 억제 현상이 막전위의 변화에 의해 어떻게 표현되는지 보여주었습니다.

흥분을 일으킬 만큼 강한 반응이 일어날 때, 세포가 앞에서 말한 나트륨 충격 전파를 모두 발산할 때까지 막전위는 감소합니다. 이렇게 발산된 충격 전파는 세포의 신경섬유를 따라 돌아다니며 근육을 수축시키는 등의 일을 합니다. 분명히 세포는 다른 세포에 충격을 보낼 수 있으며, 세포막에서는 그때 그때 주어지는 음극과 양극의 신호에 따라 시냅스 과정이 되풀이됩니다.

활동하는 세포가 억제성 시냅스에 도달되는 충격의 영향을 받게 되면, 막전위가 증가하여 충격을 발산하지 못하게 됩니다. 이러한 흥분과 억제는 막전위의 방향을 반전시키는 이온 전류와 일치합니다.

신경세포는 감각기관 또는 다른 신경세포로부터 기인한 수천 개의 시냅스가 있습니다. 시냅스 과정의 종합으로 흥분과 억제가 조절되며 이렇게 조절된 메시지에 따라 신경세포는 충격 전파의 암호를 해석하고 이를 표현하게 됩니다.

존 에클스 경, 호지킨 박사님, 그리고 헉슬리 박사님.

과학사의 위대한 전통을 이어가는 이 축제의 날에 우리가 느끼는 시각적·청각적 영향들, 즉 우리의 생각과 말 등은 중추신경계 내에서 이루어지는 과정들에 근거합니다. 다시 말해 전기적인 신경 충격이 시냅스로 전달되고 이에 대해 신경세포가 반응함으로써 우리는 이런 감각들을 느끼게 됩니다. 이 세 분께서 말초 및 중추 신경계에서 일어나는 전기적 현상을 규명함으로써 우리들은 신경작용을 명확하게 이해할 수 있게 되었습니다. 이것은 그 누구도 기대하지 못했던 뛰어난 업적입니다.

커다란 기쁨과 만족으로 왕립 카롤린스카 연구소를 대표하여 세 분께 축하를 드립니다.

왕립 카롤린스카 연구소 노벨 생리·의학위원회 R. 그라니트

콜레스테롤과 지방산 대사 조절 메커니즘에 관한 업적

1964

콘라트 블로흐 | 미국　　**페오도르 리넨** | 독일

:: 콘라트 에밀 블로흐 Konrad Emil Bloch (1912~2000)

독일 태생 미국의 생화학자. 뮌헨 대학교 공과대학에서 화공학을 공부한 후 미국으로 이주하여 1938년에 컬럼비아 대학교에서 생화학으로 박사학위를 취득한 뒤 동 대학교에서 강의하였다. 1946년부터 1954년까지 시카고 대학교 조교수, 부교수 및 정교수로 재직하였으며, 1954년에 하버드 대학교 생화학 교수가 되어 1982년까지 재직하였으며, 1968년에는 학과장이 되었다.

:: 페오도르 펠릭스 콘라트 리넨 Feodor Felix Konrad Lynen (1911~1979)

독일의 생화학자. 1937년에 뮌헨 대학교에서 박사학위를 취득하였으며, 1942년부터 화학을 강의하였다. 1947년에 조교수를 거쳐 1953년에 정교수가 되었다. 1954년에 막스 플랑크 세포화학연구소 소장이 되었다. 아세트산의 대사 과정을 연구하면서 활성아세트산을 분리하였으며, 나아가 콜레스테롤과 지방산이 형성되는 과정에서 아세트산의 역할을 규명하는 등 지질대사와 관련된 여러 연구에 도움을 주었다.

전하, 그리고 신사 숙녀 여러분.

노벨 재단이 설립된 이후, 생리·의학상 수상자를 선정해 온 카롤린스카 연구소는 올해 의과대학을 재편성하면서 보다 큰 규모의 의학대학으로서 선정위원회의 임무를 이어오고 있습니다. 그리고 일정에 따라 10월 15일 올해의 노벨 생리·의학상을 발표하였습니다. 콜레스테롤과 지방산의 대사 조절 메커니즘을 발견한 콘라트 블로흐 교수님과 페오도르 리넨 교수님이 바로 그 주인공입니다.

콜레스테롤은 담석을 뜻하는 말로 약 200년 전 사람의 담석에서 처음 분리되었기 때문에 붙여진 이름입니다. 하지만 최근에는 콜레스테롤과 연관된 다른 질병들도 밝혀지고 있습니다. 음식 또는 혈액에 있는 콜레스테롤 및 지방의 함량은 동맥경화증과 연관되어 있으며 이에 대해 우리는 지난 10년 동안 논쟁을 계속해 왔습니다. 아마도 많은 사람들은 이 논쟁 때문에 콜레스테롤이 우리 신체에 꼭 필요한 세포 구성 성분이며 중요한 기능을 한다는 사실을 잘 모르는 것 같습니다. 1910년부터 1920년 사이에 유기화학 분야의 가장 큰 업적 중의 하나가 바로 콜레스테롤의 화학구조를 밝힌 것입니다. 1928년, 독일의 화학자 빈다우스 박사와 빌란트 박사는 콜레스테롤과 담즙산의 구조 및 이들의 연관성을 밝힌 공로를 인정받아 노벨 화학상을 수상하였습니다. 콜레스테롤은 탄소로 이루어진 4개의 고리구조 골격을 갖고 있으며 이 같은 구조는 식물이나 동물에서 얻을 수 있는 스테롤에서도 발견됩니다. 뿐만 아니라 비타민 D의 전구체, 성호르몬, 부신피질 호르몬 등에서도 이와 같은 구조를 찾아볼 수 있습니다.

하지만 구조적으로 비슷한 이런 물질들이 형성되는 과정에 대해, 또는 서로간의 연관성에 대해서는 전혀 알려져 있지 않습니다. 올해의 수상자들이 연구를 시작하던 즈음에, 헤베시 교수는 방사성 동위원소 추적자 기술을 개발하였습니다. 그리고 이를 생명체에 적용하기 위해 노력하고 있었습니다. 수소와 탄소의 동위원소를 추적자로서 이용할 수 있게 되었을 때, 이 기술을 가장 먼저 폭넓게 사용하기 시작한 것은 컬럼비아 대학교의 연구진이었습니다. 고故 루돌프 쇼엔하이머 박사가 이 연구팀의 책임자였고 블로흐 박사님은 팀의 일원으로서 연구를 진행하는 데 핵심적인 역할을 하고 있었습니다. 이 연구를 통해 동위원소를 붙인 화합물을 이용하여 살아 있는 세포의 역동적인 상태를 연구할 수 있는 기반이 마련되었습니다.

또 한 가지 중요한 것은 콜레스테롤과 지방산이 형성되는 과정에서 아세트산의 역할을 밝힌 것이었습니다. 리넨 박사님은 빌란트 박사님의 실험실에서 아세트산의 대사 과정을 연구하다가 활성 아세트산을 분리하는 데 성공하였습니다. 이 활성 아세트산은 우리 신체 내 모든 지질의 전구체이고 수많은 대사 과정의 공통분모와도 같은 역할을 하는 중요한 물질입니다. 블로흐 박사님과 동료들은 방사성 원소를 이용하여 아세트산의 탄소원자 2개로부터 탄소원자 30개를 가진 스쿠알렌이 합성되고, 다시 고리화합물인 라노스테롤이 합성되는 과정을 추적하여 규명하였습니다. 그리고 최종적으로 이 라노스테롤은 27개의 탄소원자를 갖고 있는 콜레스테롤을 합성하게 됩니다. 스쿠알렌 합성 반응은 수많은 지질과 자연물질을 생합성하는 과정에서 흔하게 관찰되는 과정입니다. 이 과정은 블로흐 박사님과 리넨 박사님뿐 아니라 영국의 폽잭 박사와 콘퍼스 박사, 그리고 미국의 폴커스 박사 등도 많은 관심을 가지고 연구하였습니다. 이 연구와 관련하여 리넨 박사님은 두 가지 중요한 연구 결과를 얻게 됩니다. 그중 하나는 비타민의 하나인 비오틴의 작용 기전에 관한 것이고, 또 다른 하나는 사이토헤민의 구조를 밝힌 것입니다. 이 연구들 또한 세포 대사 과정을 이해하는 데 중요한 역할을 하였습니다.

블로흐 박사님은 연구 초창기에 콜레스테롤이 여성 호르몬의 일종인 담즙산의 전구체라는 것도 밝혔습니다. 이와 같은 그의 연구 업적들은 새로운 연구 분야를 탄생시켰고 다른 분야의 수많은 과학자들을 이 분야로 끌어 모았습니다. 우리는 이제 신체 내에서 스테로이드 성질을 갖는 모든 물질들이 콜레스테롤에서부터 생성된다는 것을 알게 되었습니다.

이와 같이 우리는 올해 수상자들이 수행한 생화학의 기본 연구들을 통해 콜레스테롤과 지방산이 신체 내에서 어떻게 합성되고 대사되는지 자세히 알게 되었습니다. 이 합성 과정에는 수많은 개개의 반응들이 포함되어 있습니다. 예를 들어 아세트산으로부터 콜레스테롤이 형성되는 과정을 보면 30개의 반응들이 그 안에 포함되어 있습니다. 따라서 이와 같은 복잡한 생성 과정 및 대사 과정에 혼란이 생기게 되면 대부분 심각한 질병이 발생하는데 주로 심혈관계 질병이 발생합니다. 따라서 지질대사 과정에 관한 상세한 지식은 합리적인 질병 치료에 필수적입니다.

블로흐 교수님과 리넨 교수님의 연구에서 우리는 유전 인자 등의 연구에 꼭 필요한 중요한 반응을 알게 되었습니다. 이로써 우리는 이제 질병의 특성에 맞는 합리적인 치료 방법이 후속 연구들을 통해 개발될 것으로 기대하고 있습니다.

블로흐 교수님, 리넨 교수님.

두 분은 모두 뮌헨에서 연구를 시작하였고 이 도시의 자랑거리가 되었습니다.

페오도르 리넨 교수님.

당신은 이제 아돌프 폰 바이어 박사, 한스 피셔 박사, 그리고 하인리히 빌란트 박사과 나란히 뮌헨 출신 노벨상 수상자 명단에 오르는 영광을 누리게 되었습니다.

콘라트 블로흐 교수님.

당신은 에밀 피셔 박사, 리하르트 빌슈테터 박사처럼 뮌헨에서 연구 활동을 계속하고 있습니다.

지금까지 지질학에서 이룬 두 분의 훌륭한 업적을 간단하게나마 요약해 보았습니다. 우리는 여러 대사 반응을 자세하게 밝힌 두 분을 매우 자랑스럽게 생각합니다. 두 분의 업적으로 인해 지질대사와 관련된 여러 질병 연구의 가장 중요한 기반이 마련되었습니다.

우리는 이제 가까운 미래에 이와 같은 질병들을 합리적이고 효과적으로 치료하는 방법을 개발할 수 있을 것입니다.

왕립 카롤린스카 연구소를 대표하여 두 분의 빛나는 업적을 축하하게 된 것을 영광스럽게 생각합니다. 이제 두 분은 나오셔서 전하께서 수여하시는 상을 받으시기 바랍니다.

왕립 카롤린스카 연구소 노벨 생리·의학위원회 S. 베르그스트룀

효소의 유전적 조절 작용과 세균 합성에 관한 연구

1965

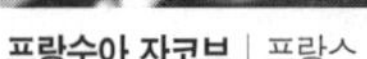
프랑수아 자코브 | 프랑스

앙드레 르보프 | 프랑스

자크 모노 | 프랑스

:: 프랑수아 자코브 Francois Jacob (1920~2013)

프랑스의 생물학자. 1947년에 파리 대학교에서 의학 박사학위를 취득하고 이어 1954년에는 과학 박사학위를 취득하였다. 1950년에 파스퇴르 연구소에서 공동 수상자인 앙드레 르보프의 지도 아래 세균 합성에 관하여 연구하였다. 1960년에 같은 연구소 세포유전학 부장이 되었으며, 1961년에 공동 수상자인 자크 모노와 함께 효소의 유전적 조절 작용에 대하여 연구하였다. 1964년 콜레주 드 프랑스 세포 유전학 교수가 되었으며, 1977년에는 과학아카데미 회원이 되었다.

:: 앙드레 미셸 르보프 Andre Michel Lwoff (1902~1994)

프랑스의 생물학자. 열아홉 살이라는 어린 나이에 파스퇴르 연구소에 들어갔다. 1927년에 의학 박사학위를 취득하고 1932년에 박사학위를 취득하였다. 1938년에 파스퇴르 연구소 미생물생리학 부장이 되었다. 1950년에는 파스퇴르 연구소에서 공동 수상자인 프랑수아 자코브와 함께 세균 합성에 관하여 연구하였다. 1959년에는 파리 대학교 교수가 되었다.

:: 자크 뤼시앵 모노Jacques Lucien Monod (1910~1976)

프랑스의 생화학자. 파리 대학교에서 공부하였으며 1941년에 박사학위를 취득하였다. 1945년에 파스퇴르 연구소에 들어간 뒤 1954년에 세포생화학 분과 과장이 되었으며, 1971년에는 연구소장이 되었다. 1961년에는 공동 수상자인 프랑수아 자코프와 함께 효소의 유전적 조절 작용에 대하여 연구하였다. 소르본 대학교와 및 콜레주 드 프랑스 교수를 지냈다.

전하, 그리고 신사 숙녀 여러분.

1965년 노벨 생리·의학상은 효소의 유전적 조절 및 세균 합성에 관한 발견의 공로로 자코브 교수님, 르보프 교수님, 그리고 모노 교수님이 공동으로 수상하게 되었습니다.

이 특별한 연구는 결코 쉽지 않은 분야입니다. 수상자의 한 분인 자코브 교수님은 전문가를 대상으로 한 강연에서 "유전적인 작용 기전을 설명하기 위해서는 부정확하다는 말과 이해할 수 없다는 말 중 하나를 선택해야 합니다"라고 했던 말을 기억합니다. 이 연설에서 저는 부정확하다는 말이 적합하도록 설명할 것입니다.

지금까지는 과학적 비밀이라는 낭만적인 이름으로 불리던 유전물질, 즉 유전자의 구조와 그 작용 기전에 대해 우리는 점점 더 명확한 해답을 찾아가고 있습니다. 무대 주변을 겉돌기만 하던 이 연구 분야가 이제 무대 중심으로 자리를 옮기게 된 것입니다. 동시에 이 근본적인 문제에 대한 공격 또한 최근 들어 강해지고 있습니다.

이전에 노벨상을 수상했던 비들, 테이텀, 크릭, 왓슨, 윌킨스, 콘버그 및 오초아 박사 등이 이 분야의 연구 기반을 마련하였으며, 오늘 수상하는 프랑스의 과학자들은 이를 이어받아 연구하였습니다. 유전자의 가장 중요한 기능 중 하나는, 세포 내에서 물질을 만들고 여러 생명 현상에 필요한 에너지를 유리시키는 모든 반응을 조절하는 화학 장치, 즉 효소의 성질과 수를 결정하는 것입니다. 따라서 각각의 특이 효소들은 모두 개별적인 유전자를 갖고 있습니다.

게다가 유전자의 화학 구조에 대해서도 알려지기 시작했습니다. 원칙적으로, 유전자는 서로 쌍을 이루는 성질이 있으며 A, C, G, T로 명명된 4가지 성분으로 구성된 기다란 이중 사슬의 모양을 하고 있습니다. 그리고 한쪽 사슬의 'A'는 다른 한쪽 체인의 'T'와, 그리고 'G'는 'C'와 짝을 짓도록 되어 있습니다. 그러나 이들의 순서나 길이는 어느 정도 조절될 수 있기 때문에 가능한 조합의 수는 실질적으로 무한합니다. 일반적으로 유전자 사슬은 수백 개에서 수천 개에 이르는 단위 성분들을 포함하고 있으며, 이런 구조는 세포가 가지고 있을 것으로 추정되는 수백만 개 이상의 유전자들의 특정 형태를 담기에 충분합니다.

이러한 유전자 모델은 두 가지 형태의 암호화된 정보를 갖고 있습니다. 유전자의 두 사슬이 길게 갈라져서 각각 새로운 짝을 만나면, 결과적으로 최초의 유전자와 동일한 두 개의 이중 사슬이 생깁니다. 따라서 이 모델은 복제하고 유전되는 유전자의 실질적인 구조와 잘 맞아떨어집니다. 이 모델에 의하면 세포가 분열할 때 각각의 딸세포는 부모 유전자의 정확한 복사본을 받습니다. 그리고 유전자는 이중 사슬 구조에 의해 유전물질에 필요한 안정성과 불변성을 보장받게 됩니다.

이 모델은 다른 방법으로도 해석할 수 있습니다. 사슬을 따라 나열된 글자들은 3개씩 묶여 암호화된 단어를 만듭니다. 4종류의 알파벳(A, T, G, C)으로 30가지 이상의 서로 다른 단어가 형성될 수 있으며, 이러한 단어들로 이루어진 유전자 서열은 효소 또는 어떤 다른 단백질에 대한 구조적인 정보를 제공합니다. 단백질 또한 20여 개의 재료로 만들진 사슬 분자입니다. 3가지 글자로 묶인 이 화학적 암호에 의해 구성 재료들이 결정됩니다. 그러므로 유전자에는 특정 단백질을 구성하는 재료의 수, 성질 및 순서에 관한 모든 정보들이 포함되어 있습니다.

이로써 유전자에는 살아 있는 세포의 기능에 필요한 모든 물질의 구조 정보가 들어 있다는 것이 분명해졌습니다. 유전 정보가 어떻게 화학적 효과를 나타내는지, 혹은 어떻게 화학적 활성으로 변형되는지는 알지 못합니다. 새로운 세포가 태어날 때 유전자들은 세포의 생명에 필요한 새로운 물질을 만들지만, 다음 세포분열이 일어날 때까지 이런 생산 과정은 잠시 휴식 상태로 들어갈 것이라고 생각됩니다. 그리고 이렇게 형성된 새로운 세포의 화학 장치들은 이 세포가 환경 변화에 적응하고 여러 형태의 자극에 적절하게 반응하는 데 필요한 기전을 조절할 것입니다.

우선 이 프랑스 연구팀은 유전자들의 구조적 정보가 어떻게 화학적으로 사용되는지를 증명하였습니다. 먼저 유전자 복제와 유사한 과정을 통해 유전 암호의 정확한 복사본, 즉 메신저라는 물질이 만들어집니다. 그 다음 메신저는 세포의 화학적인 '작업장'으로 들어가 마그네틱 테이프처럼 실패에 감깁니다. 이 실패에 단어들이 도달하면, 일종의 건설장비가 이 단어들에 상보적인 짝을 가져와서 마치 조각 그림을 맞추듯 짝을 맞추어 갑니다. 이런 방식으로 단백질 구성 성분들이 하나씩 차례로 배열되고 결합하여 적당한 구조의 단백질을 만들게 됩니다.

그러나 메신저 물질은 수명이 짧습니다. 이 테이프는 단 몇 가지 기록을 위해서만 지속될 뿐입니다. 효소들도 이와 비슷한 방식으로 고갈됩니다. 따라서 세포가 활성을 유지하기 위해서는 메신저 물질이 계속 생산되어야 합니다. 즉 유전자가 계속 활동해야 하는 것입니다.

그러나 세포는 다양한 외부 환경에 스스로 적응할 수 있는 능력이 있습니다. 따라서 세포 안에는 유전자의 활성을 조절할 수 있는 어떤 기전이 있어야만 합니다. 이 조절기전에 관한 연구는 지금까지 베일에 싸여 있던 생명 현상들을 설명할 수 있는 길을 열어 주었습니다. 이전까지 알려지지 않았던, 구조적인 유전자를 조절하는 작동유전자의 발견은 정말 획기적인 사건이었습니다.

작동유전자는 두 종류가 있습니다. 하나는 화학적인 신호를 유리하고, 이 신호는 수용체라는 또 다른 물질에 의해 인식되고, 수용체는 한 가지 이상의 구조적 유전자를 조절합니다. 신호를 받는 동안 수용체는 차단된 채로 남아 있고 구조적 유전자도 비활성 상태로 있습니다. 그러나 외부로부터 유입되거나 혹은 세포 내에서 형성된 어떤 물질은 특정한 방법으로 화학적인 신호에 영향을 주어 그 신호들이 더 이상 수용체에 영향을 미치지 못하도록 할 수 있습니다. 이렇게 차단된 상태에서 벗어나 수용체가 구조적 유전자를 활성화시키면, 메신저 물질이 만들어지고 효소를 비롯한 여러 단백질의 합성이 시작되는 것입니다.

따라서 유전 활성의 조절은 다소 부정적인 성질이 있습니다. 구조적 유전자는 억제유전자가 도달하지 않을 때에만 활동할 수 있습니다. 어떤 사람들은 화학적 회로가 텔레비전과 같은 전기적인 회로와 비슷하다고 말합니다. 복잡한 체계를 완성하기 위해 연속적으로 연결되거나 배열될 수 있다는 점에서도 이 두 회로는 비슷합니다.

단세포생물은 이와 같은 조절 회로 덕분에 필요할 때 효소를 만들고, 해가 될 것 같은 화학반응들을 중단시킬 수 있습니다. 따라서 흥분성 자극이 가해지는 정도에 따라 때로는 도망가고, 때로는 공격할 수 있습니다. 이러한 작용 기전에 의해 세포는 보다 복잡한 구조로 발달할 수도 있습니다. 바이러스의 활동이 원칙적으로 이와 같은 방법으로 조절된다는 것 또한 매우 흥미롭습니다.

박테리오파지는 방출체, 수용체 및 구조적 유전자를 갖춘 유전 조절 회로를 갖고 있습니다. 화학적 신호를 보내고 받는 동안에 바이러스는 비활성입니다. 그러나 바이러스가 세포 안으로 침투하면 바이러스는 세포의 정상적인 구성 성분처럼 행동합니다. 그리고 자신의 생존에 이롭도록 세포의 성질을 변화시킵니다. 그러다 신호가 중단되면, 바이러스는 활성화되며 빠른 속도로 자라 곧 숙주세포를 죽입니다. 이와 같은 방식으로 정상 세포에 침투한 종양 바이러스가 정상 세포를 종양세포로 변형시킨다는 견해에 대한 증거들도 꽤 있습니다.

이처럼 기술이 발달한 시대에도 우리는 자신의 과장된 의견을 주장하는 경향이 있습니다. 때문에 우리는 전자공학의 업적에 대해서는 칭찬을 아끼지 않습니다. 물론 구성 성분의 크기와 무게를 줄이기 위해, 그리고 장치의 부피를 줄이기 위한 소형화에 성공함으로써 우주과학은 빠르게 발달하였습니다. 그러나 우리는 천재적인 과학자들이 지금까지 이룬 이와 같은 업적을 훨씬 능가하는 시스템이 이미 100만 년 전에 자연에 의해 완성되었다는 사실을 명심해야 합니다. 1밀리미터의 수천 분의 1에 해당하는 살아 있는 단일 세포는 오차 없이 정확하게, 그리고 조화롭게 기능하는 수십만 개의 화학적 조절회로를 갖고 있습니다. 이보다 더 작게 시스템을 개선하는 것은 불가능합니다. 프랑스 연구팀이 개척한 이 새로운 연구 분야에는 분자생물학이라는 이름이 가장 적합할 것 같습니다.

르보프 교수님은 미생물을, 모노 교수님은 생화학을, 그리고 자코브 교수님은 세포유전학을 대표하는 분들입니다. 이들의 결정적인 발견은 이 세 분야의 경쟁과 기술적인 지식의 도움으로, 그리고 세 연구자의 친밀한 협동으로 가능했습니다. 그러나 생명의 신비로운 비밀을 기술적인 방법과 지식만으로는 풀 수 없습니다. 뛰어난 관찰능력, 논리적인 지성, 창의력, 상상력, 그리고 과학적 직관력이 필요합니다. 이 세 분은 이런 능력들을 모두 갖고 있었습니다.

아직은 이 분야의 연구 결과들을 실질적으로 응용할 수 없습니다. 하지만, 이 발견은 물속의 잔물결처럼 먼 곳으로 퍼져나가 생물학의 모든 분야에서 자극제가 되고 있습니다. 이제 우리는 이 작용 기전의 성질을 알고 있습니다. 따라서 우리는 곧 이 기전을 지배할 수 있을 것이며 의학에 응용하게 될 것입니다.

프랑수아 자코브 교수님, 앙드레 르보프 교수님, 자크 모노 교수님.

세 분이 보여 준 기술적으로 완벽한 실험과 창의적이고 논리적인 연역적 사고로 인해 우리는 그 어느 때보다도 생명 기능의 성질을 잘 이해하게 되었습니다. 활동·협동·적응·변화는 살아 있는 물질을 가장 잘 표현하는 말입니다. 이 세 분은 구조보다는 역동적인 활동과 기전을 강조하여 진정한 의미의 분자생물학의 기반을 마련하였습니다. 왕립 카롤린스카 연구소를 대표하여, 교수님들께 우리의 찬사와 축하를 전합니다. 이제 앞으로 나오셔서 전하께서 수여하시는 상을 받으시기 바랍니다.

왕립 카롤린스카 연구소 노벨 생리·의학위원회 스벤 가드

발암 바이러스의 발견 | 라우스
호르몬을 이용한 전립선암 치료법 발견 | 허긴스

1966

페이턴 라우스 | 미국

찰스 허긴스 | 미국

:: 프랜시스 페이턴 라우스 Francis Peyton Rous (1879~1970)

미국의 병리학자. 존스홉킨스 대학교에서 의학을 공부하였으며, 미시건 대학교에서 병리학을 강의하였다. 1909년부터는 록펠러 의학연구소에서 연구하여 1920년에 연구원이 되었으며, 1945년에는 명예 연구원이 되어 죽을 때까지 연구하였다. 고형암을 유발하는 바이러스를 발견하여 바이러스 발암설을 제기함으로써 암의 원인 규명에 기여하였다.

:: 찰스 브렌턴 허긴스 Charles Brenton Huggins (1901～1997)

캐나다 태생 미국의 외과의사이자 의학연구자. 1924년에 하버드 대학교 의과대학에서 박사학위를 취득한 후, 미시건 대학교에서 외과의사로 활동하였다. 1927년에 시카고 대학교 조교수가 되었으며, 1933년에 교수가 되어 1936년까지 재직하였다. 그 사이 대학교 내에 벤메이 암연구소를 설립하고 1951년부터 1969년까지 소장으로 재직했다. 호르몬 요법을 통하여 암환자들의 치료에 도움을 주었다.

전하, 그리고 신사 숙녀 여러분.

신체의 모든 세포는 모세포가 분열되어 만들어집니다. 암세포 역시 정상 세포와 거의 비슷한 방법으로 분열합니다. 그러나 1910년, 암세포가 정상적인 세포벽을 무차별적으로 침투한다는 것이 밝혀졌습니다. 그리고 최근에는 광학현미경으로는 관찰할 수 없는 아주 작은 유기체가 감염성 질병을 일으킨다는 것도 알게 되었습니다. 이 유기체는 세균도 통과할 수 없는 초미세여과지의 구멍을 통과할 수 있을 만큼 아주 작습니다. 이와 같은 이유로 우리는 이 유기체를 일컬어 여과지를 통과하는 '독성물질' 또는 바이러스라고 명명하였습니다. 하지만 그 당시에는 육안으로 식별이 불가능한 바이러스와 스스로 성장하는 암세포가 전혀 관계가 없다고 생각했습니다.

그즈음에 록펠러 재단의 연구원이었던 페이턴 라우스 박사님은 그 당시로서는 무모하다고밖에 생각할 수 없는 어떤 실험을 하고 있었습니다. 그는 자발적으로 생성된 암탉의 악성 결합조직종양, 즉 육종으로부터 세포를 제거한 여과액만을 추출하여 이것을 건강한 병아리에게 접종하였습니다. 하지만 그 결과는 매우 놀라웠습니다. 세포 없이 여과액만을 접종한 병아리에게서 같은 종류의 암이 생성되었습니다. 이 여과액 속에 존재하던 암 유발 물질이 바로 라우스 육종 바이러스 1번이며, 이 바이러스는 병아리 또는 수정란에서 연속적으로 증식하였습니다.

이 실험의 성공으로 한층 고무된 라우스 박사님은 다른 종류의 암, 즉 뼈, 연골 또는 혈관 등의 암도 세포를 제거한 여과액만으로 유발된다는 것을 확인하였습니다. 세포 없이 접종되는 여과액이 모두 정확하게 같은 종류의 암을 유발한다는 것은 정말 놀라운 일이었습니다.

라우스 박사님의 뒤를 이어 많은 연구자들이 흰쥐와 생쥐를 대상으로 비슷한 실험을 하였습니다. 하지만 그 결과는 좋지 않았습니다. 대부분의 연구자들은 라우스 박사님이 연구한 병아리의 경우가 예외적인 것이라고 결론지었습니다. 따라서 그의 실험은 포유동물의 암 생성 원인을 밝힐 수 없다고 생각하였습니다.

그러던 중 1932년, 쇼프 박사님은 솜꼬리토끼의 양성 피부암, 즉 유두종이 무세포 여과액으로 전이될 수 있음을 발견하였습니다. 라우스 박사님 또한 이 실험에 많은 관심을 보였습니다. 그리고 얼마 지나지 않아 그는 암이 원래 상당히 제한적인 조건에서 성장하고 퇴화되는 성향이 있기 때문에 어느 정도 기간이 지나면 저절로 사라진다는 것을 알게 되었습니다. 하지만 만약 이 암세포가 암을 유발하는 화학약품에 노출된다면 그 양이 소량일지라도 악성으로 전환되기에 충분하다는 사실도 발견하였습니다.

이로 인해 라우스 박사님은 정상 세포가 암세포로 변화하는 과정은 갑작스러운 것이 아니라는 생각을 갖게 되었습니다. 제우스의 머리에서 완전 무장한 채로 솟아 나왔다는 팔라스 아테나(아테나, 제우스와 메티스의 딸, 정신적 활동을 다스리는 신. 메티스와 사랑을 나눈 제우스는 두통을 느꼈고, 고통을 참지 못한 제우스의 머리를 가르자 창과 방패를 든 완전무장한 아테나가 튀어나왔다고 한다—옮긴이)처럼 어느 순간 갑자기 암세포가 생겨나는 것이 아니라는 것입니다. 즉 우리 몸을 구성하는 정상적인 세포가 제어할 수 없는 암세포가 되기까지는 몇 단계의 변화를 거쳐야만 한다고 주장했습니다. 라우스 박사님은 이와 같은 '암의 진행 과정'이 암세포가 될 잠재력을 갖고 있는 세포가 '잠복'함으로써 시작되며, 화학 물질, 바이러스 또는 호르몬 등이 이 세포의 잠재력을 자극하면 비로소 암세포로 변환된다고 생각하였습니다.

암의 진행에 관한 라우스 박사님의 주장은 곧 실험을 통해 확인되었습니다. 그러나 박사님의 바이러스 이론에 대해서는 모두 회의적이었습니다. 일반적으로 바이러스성 질병은 전염되는 특징이 있으나 암은 전염성이 없기 때문에 바이러스에 의한 암은 예외로 간주되어야 한다고 생각했습니다. 따라서 조류에 발생하는 라우스 육종은 포유동물에서는 그다지 중요하지 않다고 생각했습니다. 쇼프 박사님이 발견한 유두종이 포유동물에서 발생하기는 했지만 양성이었기 때문에 이 또한 바이러스 발암설을 뒷받침하지 못했습니다. 비트너 박사님이 1930년대에 생쥐에게서 유방암을 유발하는 바이러스를 발견하였을 때에도 사람들은 바이러스가 다른 발암 원인, 즉 유전인자나 호르몬보다 중요하지 않다고 생각했습니다.

하지만 1950년대에 들어서 상황은 급변하였고 바이러스 발암설이 현대 암 연구의 가장 중요한 분야가 되었습니다. 미생물 유전학의 발전은 바이러스라는 개념 자체에 변화를 가져왔습니다. 바이러스가 세포를 파괴하거나 세포 증식을 저해하지 않으면서 자신의 유전물질을 세포에 유발한다는 것이 밝혀진 것입니다. 즉 바이러스 성분은 세포의 유전물질에 끼어 들어 새로운 유전인자로 작용하고 일부 세포는 영구적인 변화를 겪게 된다는 것입니다. 이처럼 바이러스의 개념이 재정립되면서 우리는 바이러스가 정상적인 세포를 암세포 특유의 이상 증식을 유도한다는 사실을 이해하게 되었습니다. 그리고 때마침 포유동물에서 악성종양을 유발하는 새로운 바이러스들이 많이 발견되었습니다.

1951년 그로스 박사님은 생쥐에서 백혈병을 유발하는 바이러스를 발견하였습니다. 그리고 몇 년 후에는 두 명의 여성 과학자, 스튜어트 박사, 에디 박사와 함께 폴리오마라고 하는 아주 놀라운 바이러스를 발견하였습니다. 이 바이러스는 서로 다른 종의 포유동물에서 암을 유발하는 바이러스였습니다. 1960년부터 새롭게 발견된 발암 바이러스만 12개가 넘습니다. 더 나아가, 발암 바이러스를 시험관 안에서 정상세포에 접촉하면 얼마 지나지 않아 정상세포가 암세포로 변환되는 것도 관찰하였습니다. 이로 인해 그동안 세포벽 안에만 숨겨져 있었던 암세포로의 형질전환에 대한 직접적인 연구가 이루어지기 시작했습니다.

더불어 그동안 포유동물에게는 중요하지 않다고 여겼던 라우스 바이러스가 여러 다른 포유동물에서도 암을 유발한다는 사실도 확인되었습니다. 뿐만 아니라, 라우스 바이러스가 사람의 세포를 형질전환하는 것도 시험관 안에서 직접 확인할 수 있었습니다. 이와 관련해서는 스웨덴의 룬트 박사님과 웁살라 박사님이 많은 공헌을 하였습니다. 하지만 아직도 바이러스가 어떤 방식으로 암을 유발하는지는 명확하지 않습니다. 그러나 바이러스가 건초더미에 불을 지르고 달아나는 어린아이처럼 암이 발병한 후 흔적없이 사라지는 것은 아닙니다. 바이러스 자신의 유전물질이 세포에 남아 암세포로의 형질전환에 직접 작용하기 때문입니다.

라우스 박사님의 바이러스 발암설이 현대 암 연구에 중요하게 인식되기까지는 거의 반세기가 흘렀습니다. 반면에 찰스 허긴스 박사님의 연구 결과는 곧바로 거부감없이 받아들여졌고 실제로 암 환자에게 적용되어 이미 유익한 결과들을 얻고 있습니다. 언뜻 보면 라우스 박사님과 허긴스 박사님의 연구는 전혀 다른 것처럼 생각됩니다. 하지만 그들의 연구는 모두 공통적으로 암세포가 유기체 안에서 완전히 독립적인지, 암세포 안에 정상 세포의 기능이 일부 남아 있는지에 주목하고 있습니다. 라우스 박사님은 일부 암세포는 스스로 이상 증식 성향을 지니는 것이 아니라 외부 바이러스의 영향으로 이상 증식한다고 하였습니다. 허긴스 박사님도 신체 내에 존재하는 호르몬의 영향으로 세포들이 이상증식한다는 것을 발견하였습니다. 허긴스 박사님은 이와 관련하여 정상인 개의 전립선을 연구하는 과정에서 전립선의 기능과 성장은 남성호르몬이 자극하며 여성호르몬은 그것을 저해한다는 것을 발견하였습니다. 이로써 사람의 전립선도 개와 마찬가지로 호르몬에 반응하며 전립선 암세포도 호르몬에 대해 어느 정도는 정상세포와 동일하게 반응할 것이라는 전제 아래 전립선암에 대한 호르몬 치료를 시작하였습니다. 이를 위해 거세술을 이용하여 남성호르몬을 제거함으로써 성장을 촉진하는 자극을 줄이거나, 여성호르몬을 유도하여 성장을 저해하는 방법 등이 사용되었습니다.

많이 진행된 암환자의 절반 이상에서 호르몬 치료로 종양 크기가 뚜렷이 감소하거나 사라진 것을 확인하였습니다. 이로써 호르몬 치료의 유효성이 증명되었습니다. 이 환자들은 대부분 암세포가 주변 정상 조직으로 침투되거나 멀리 있는 기관에 전이되는 등 수술 치료가 불가능한 환자들이었습니다. 뿐만 아니라 호르몬 치료는 전이된 종양에도 효과가 있었습니다. 이 환자들이 아마도 호르몬 치료를 받지 못했다면 얼마 살지 못했을 것입니다. 이 치료법은 새로운 것이었으며, 신체 내에서 생성되는 무해한 호르몬을 사용하기 때문에 방사성 물질이나 독성이 있는 약품과 달리 부작용도 거의 없었습니다.

허긴스 박사님은 전립선암에 이어 유방암에 대해서도 호르몬 치료를 도입하였습니다. 유방암 세포는 정상세포와 달리 호르몬에 반응하지 않는 경우가 종종 있기 때문에 임상적으로는 이 치료법을 도입할 수 있는 경우가 전립선암보다는 다소 제한적이었습니다. 그렇지만 치료를 받지 않았으면 사망했을지도 모를 중증 환자들도 호르몬 치료로 증상이 많이 완화되었고 꽤 오랫동안 건강한 삶을 유지할 수 있었습니다.

페이턴 라우스 박사님은 허긴스 박사님이 발견한 호르몬 치료법의 중요성을 처음으로 일깨워 주었다고 해도 과언이 아닙니다. 그는 "이 발견은 실용적인 의미를 능가하는 중요한 것입니다. 암세포가 제어 불가능하다는 생각은 그동안의 연구를 잘못된 방향으로 틀어 놓았습니다"라고 하면서 호르몬 치료법의 중요성을 강조하였습니다.

라우스 박사님과 허긴스 박사님은 암세포의 제어 불가능한 이상 증식의 원인과 한계를 누구보다도 정확하게 지적하였습니다.

존경하는 라우스 박사님.

당신은 처음으로 고형암을 유발하는 바이러스를 발견하였고, 이로 인해 암 연구에 바이러스를 포함할 수 있었습니다. 바이러스 발암설을 통해 우리는 암의 원인을 이해하게 되었고, 정상 세포가 어떻게 암세포로 변형되는지 알 수 있었습니다. 박사님의 수많은 연구들은 암으로의 형질전환 과정을 잘 설명하고 있습니다.

존경하는 허긴스 박사님.

당신은 호르몬에 대한 정상 세포 혹은 종양세포의 반응을 동물들을 대상으로 연구하였습니다. 이는 치료가 불가능했던 진행성 암환자들에게 바로 적용되어 단 몇 년이라도 그들에게 활력이 넘치는 생활을 선사하였습니다.

라우스 박사님, 그리고 허긴스 박사님.

모두 암은 과연 제어 불가능한 것인가라는 공통 주제로 암세포의 진행 과정, 즉 악화되는 과정을 규명하는 데 두 분의 연구는 많은 기여를 하였습니다. 그리고 모든 암이 악화되기만 하는 것은 아니라는 것, 즉 제어가 가능하다는 것 또한 두 분의 연구로 증명되었습니다.

왕립 카롤린스카 연구소를 대표해서 두 분께 축하를 전하게 된 것을 매우 기쁘고 영광스럽게 생각합니다. 이제 전하께서 두 분께 상을 수여하시겠습니다.

왕립 카롤린스카 연구소 노벨 생리·의학위원회 클라인

시각의 생리학적 · 화학적 과정 발견

1967

랑나르 그라니트 | 스웨덴

핼던 하틀라인 | 미국

조지 월드 | 미국

:: 랑나르 아르투르 그라니트 Ragnar Arthur Granit (1900~1991)

핀란드 태생 스웨덴의 생리학자. 1927년에 헬싱키 대학교에서 의학 박사학위를 취득한 후, 옥스퍼드 대학교 찰스 스코트 셰링턴 연구소에서 신경 생리학을 연구하였다. 1937년에 헬싱키 대학교 생리학 교수가 되었으며, 1940년에는 스톡홀름에 있는 카롤린스카 연구소의 의학 교수가 되어 1956년까지 재직하였다. 1945년에는 노벨 연구소 신경 생리학 책임자가 되었다.

:: 핼던 케퍼 하틀라인 Haldan Keffer Hartline (1903~1983)

미국의 생리학자. 1927년에 존스홉킨스 대학교에서 박사학위를 취득한 후, 부속 국립연구심의회의 및 라이프치히 대학교와 뮌헨 대학교에서 연구하였다. 펜실베이니아 대학교와 존스홉킨스 대학교 생물물리학과 교수를 거쳐 1953년에 록펠러 대학교 신경생리학 교수가 되어 1974년까지 재직하였다. 감각의 인식과정 중 신경망에서 자료를 처리하는 기본적인 원리를 규명하였다.

:: 조지 월드 George Wald (1906～1997)

미국의 생리학자. 뉴욕 대학교에서 공부하였으며, 1932년에 컬럼비아 대학교에서 동물학으로 박사학위를 취득하였다. 1932년부터 1934년까지 베를린 국립연구회에서 연구하면서 비타민 A가 시력 유지에 중요하다는 사실을 발견하였다. 1934년부터 하버드 대학교에서 생화학을 강의하였으며, 1948년에 생물학 교수가 되었다. 베트남 전쟁, 핵 확산 등에 대한 반대 운동에도 참여하였다.

전하, 그리고 신사 숙녀 여러분.

빛, 그림자, 그리고 색깔들은 우리 주위에 존재하지 않습니다. 우리가 시각적으로 인식하는 빛은 눈의 망막에 있는 감각세포에 전자기 방사선의 일부가 작용한 결과입니다. 빛의 역할에 관한 우리의 지식, 색의 풍부함과 모양의 다양성은 궁극적으로 방사의 형태에 달려 있습니다. 즉 그 빈도가 강도에 따라 달라집니다. 빛은 파동과 입자가 조합된 에너지 덩어리입니다. 이 입자, 즉 양자가 눈의 망막에 부딪치면, 간상세포와 추상세포가 이것을 포착합니다. 가장 작은 양의 빛을 의미하는 하나의 양자는 하나의 간상세포에 반응을 일으키기에 충분합니다. 감각세포들의 흥분은 뇌에 메시지를 전달합니다. 눈과 뇌가 직접 연결되는 것은 아니기 때문에, 이 메시지는 몇 가지 감각세포들로부터의 신호를 조합하고 뇌에서 이해할 수 있는 언어로 이 메시지를 번역하는 몇 가지 중간 단계를 거쳐 전달됩니다. 일차적으로는 복잡한 신경망에 의하여 망막에 전달되는데, 이 아름다운 구조를 밝힌 신경조직학자 라몬 이 카할 박사는 1906년에 노벨상을 수상하였습니다. 이 복잡한 구조 안에서, 수많은 감각세포의 메시지들이 훨씬 적은 수의 시신경섬유들로 모아져 신호의 형태로 변형됩니다.

피카소는 "나에게 있어서 그림은 파괴의 합습입니다. 나는 어떤 주제를 그림으로 그리고, 그 다음 그것을 파괴시킵니다"라고 말했습니다. 또 그는 이와 같은 일련의 변형을 거쳐도 "잃어버리는 것은 아무것도 없습니다. 최종적인 느낌은 모든 수정에도 불구하고 그대로 존재합니다"라고 했습니다. 그러나 최종적인 단계의 재평가는 최초의 주제에서 비롯된다는 것을 누구나 잘 알고 있습니다. 이것은 시각계에서 일어나는 일을 설명해 줍니다. 바깥 세상의 영상이 카메라의 필름에 현상되는 것과 같은 방식으로 망막 위에도 외부 영상이 현상됩니다. 여러 종류의 세포가 영상의 다양한 부분과 성질에 반응하기 때문에, 광 감각세포의 압축된 모자이크에 만들어진 영상은 분해됩니다. 그러고 나면, 이 일차적인 자료들은 신경망으로 들어가게 되고, 여기에서 상당히 많은 과정이 첨가되고 삭제됩니다. 이 메시지에 담긴 특징들이 어떤 느낌을 유도하게 되고, 이때 망막 위에 투영되는 영상은 재평가됩니다. 눈이 우리에게 말하는 것을 믿을 수 없다는 말이 아닙니다. 그렇다고 외부에서 주어진 자극의 형태와 재구성된 인상이 완전히 일치하는 것도 아닙니다. 오히려 생물학적으로나 심리적으로 중요한 어떤 영상이 강조됩니다. 거기에는 매우 선명한 대조가 있어서 형태는 더욱 분명해지며, 색은 과장되고 움직임이 두드러지게 됩니다.

조지 월드 박사님과 동료들, 특히 지금은 월드 박사님의 부인이 된 루스 허버드 박사님의 연구를 통해 이제 우리는 빛이 눈의 감각세포에서 반응을 일으키는 작용 기전을 알게 되었습니다. 빛에 민감한 감각세포에 있는 시각색소는 두 조각으로 되어 있습니다. 그중 크기가 작은 발색단은 비타민 A를 함유하며, 큰 조각인 옵신의 표면 윤곽에 갈고리 모양의 퍼즐 조각처럼 결합되어 있습니다. 빛의 양자가 시각세포에 포획되면,

발색단의 모양이 달라집니다. 즉 II-cis에서 all-trans 형태로 이성질체가 형성됩니다. 모양이 곧게 펴진 발색단은 스스로 방출되고, 곧이어 시각색소가 분해됩니다. 빛이 분자구조를 변형시키며 생긴 이성질체가 시각계에서 연속적으로 반응을 일으키는 것입니다. 월드 박사님은 이후에 나타나는 모든 변화, 즉 화학적 · 생리학적 및 심리학적 변화는 하나의 빛이 일으킨 반응에 의한 '불분명한' 결과라고 했습니다. 월드 박사님은 이 반응이 전체 동물세계에 적용 가능하다는 결론을 얻었습니다. 이로써 이 발견이 갖는 의미가 얼마나 중요한지 알 수 있습니다.

우리가 색을 구별하기 위해서는 다양한 시각세포가 스펙트럼의 여러 부분에 특징적으로 반응해야 합니다. 색각의 생리학적인 기초에 관한 이론은 아이작 뉴턴 박사, 토머스 영 박사, 그리고 헤르만 폰 헬름홀츠 박사가 처음으로 주장하였습니다. 이러한 이론들은 인식(지각)력 실험에 근거합니다. 1920년대에 에이드리언 박사는 전기공학의 도움으로 신경세포의 언어를 해석하는 선구적인 업적을 세워 1932년에 노벨상을 수상하였으며, 그 결과 오늘날 이 문제에 대한 보다 직접적인 연구가 가능해졌습니다. 오늘 이 자리에서 에이드리언 경을 만나게 되어 매우 기쁘게 생각하며, 40년 전에 우리에게 ABC 기호를 이용하여 감각세포의 언어를 가르쳐 준 인그비 조터만 박사와의 공동 연구를 다시 떠올려 봅니다.

존경하는 랑나르 그라니트 박사님은 빛에 민감한 망막의 구성 요소들을 발견하여 전기생리학적 방법으로 이들의 분광민감도를 측정하였습니다. 스베치킨 박사와 함께한 그의 첫 번째 결과는 1939년에 발표되었습니다. 그리고 계속 연구하여 세 개의 특징적인 분광민감도를 갖는 여러 형태의 추상세포가 존재함을 알게 되었습니다. 그라니트 박사님의 이 중요한 발견은, 다른 방법을 사용한 미국과 영국의 연구진에 의해서, 그리고 최근에는 월드 박사님과 그의 동료들에 의하여 검증되었습니다. 여기에는 시각신경이 뇌로 전달하여 색을 인지하게 하는 신호의 형태가 3가지 추상세포에 의존한다는 사실도 포함됩니다.

케퍼 하틀라인 박사님은 다양한 강도와 시간에 따른 조명으로 감각세포에서 발생하는 충격 전파와 이 전파가 전달하는 암호들을 자세하게 분석하였으며 우리에게 이 세포들이 어떻게 빛에 대한 자극을 수용하는지를 이해시켜 주었습니다. 그는 후속 연구에서 감각세포에서 전달되는 대략의 자료를 재평가하는 기본 원리를 발견하였습니다. 그는 정밀한 기술을 사용하고 실험 대상을 신중하게 선택하여 결과들을 더욱 정확하고 정량적으로 분석하였습니다. 선택된 대상들은 주로 참게나 커다란 바다거미의 눈이었습니다. 박사님은 여기에서 눈에서 간단한 신경 연결에 의해 매개되는 것으로 보이는 측부억제(흥분하고 있는 요소에 의하여 인접하는 요소의 활동이 억제되는 현상)를 발견하였습니다. 척추동물의 망막에서 일어나는 억제 반응은 이미 1930년에 그라니트 박사님이 발견하였습니다. 인접한 시각세포 간의 상호연결을 발견한 후, 하트라인 박사님은 신경망의 억제 반응이 어떻게 감각세포의 자료들을 처리하는지 정량적으로 설명하기 위해 상상력을 동원했습니다. 박사님의 발견으로 우리는 강조된 대비를 시각적으로 보다 또렷한 형태와 움직임으로 인식하는 생리학적 기전을 이해할 수 있게 되었습니다.

그라니트 교수님, 하틀라인 교수님, 그리고 월드 교수님.

세 분의 발견은 빛을 인식하고 밝기, 색, 형태 및 움직임을 구별하는 능력의 기본이 되는, 눈에서 일어나는 예민한 과정에 대한 깊은 통찰력을 우리에게 보여 주었습니다. 그리고 이 과정이 일반적인 감각 과정을 이해하는 데 얼마나 중요한지도 증명해 주었습니다.

그라니트 교수님.

약 100년 전에, 웁살라의 저명한 생리학자인 프리시오프 홀름그렌 교수님은 빛에 대한 눈의 전기적 반응을 발견하였습니다. 교수님은 망막 과정과 색각 기전을 전기생리학적으로 분석할 수 있기를 희망하였으며, 그 희망은 세 분의 발견으로 실현되었습니다. 이를 통해 우리는 망막의 작용에 억제 반응이 중요함을 깨달았으며 망막의 구성 요소에 의한 분광학적 구별의 원리도 알게 되었습니다. 교수님은 현대의 시력생리학이 나아갈 길을 알려 주었고, 교수님의 고무적인 업적으로 이 분야는 상당한 발전을 이루었습니다.

하틀라인 교수님.

교수님의 실험실은 '약간 무질서하지만 지극히 유용한 혼란스러움' 이라는 말로 표현할 수 있습니다. 또한 '디자인의 정교함, 조작의 능숙함, 설명의 명료함' 이 특징인 교수님의 연구는 각각 감각생리학의 초석이 될 만한 논문들을 남겼습니다. 이를 통해 우리는 시각 수용체에서 신호가 암호화되는 것을 알 수 있었으며, 감각을 인식하기 위해 신경망에서 자료를 처리할 때 적용되는 가장 기본적인 원리도 알게 되었습니다. 이와 같은 지식들은 밝기, 형태 및 움직임을 인식하는 시각의 가장 기본적인 작용 기전을 이해하는 데 매우 중요합니다.

월드 교수님.

당신은 깊은 생물학적 통찰력과 위대한 생화학적 기술로 시각색소와 이들의 전구체를 확인하는 데 성공하였습니다. 그리고 색을 구별할 수 있도록 하는 추상세포의 흡수 스펙트럼을 설명할 수 있게 되는 뜻밖의 성과도 얻었습니다. 하지만 교수님의 가장 중요한 업적은 빛에 대한 눈의 1차적 분자 반응을 규명한 것이었습니다. 이 반응은 살아 있는 모든 동물의 광수용체에서 반응을 개시하는 역할을 하기 때문에 중요합니다. 이와 같은 교수님의 업적으로 이 분야는 극적인 발전을 이루었습니다.

왕립 카롤린스카 연구소는 생리학 및 화학적 시각 과정에 관한 교수님들의 발견을 기리기 위해 올해의 노벨 생리·의학상을 세 분께 공동으로 수여하기로 결정하였습니다. 연구소를 대표하여 세 분에게 우리들의 따뜻한 축하를 전합니다. 이제 전하께서 시상하시겠습니다.

왕립 카롤린스카 연구소 노벨 생리·의학위원회 G. G. 베른하르트

유전암호의 해독과 그 기능에 관한 연구

로버트 홀리 | 미국 **고빈드 코라나** | 미국 **마셜 니런버그** | 미국

:: 로버트 윌리엄 홀리 Robert William Holley (1922~1993)

미국의 생화학자. 1947년 코넬 대학교에서 유기화학으로 박사학위를 취득한 후, 1948년에 조교수가 되었으며, 1962년에 생화학 교수가 되었다. 1969년에는 캘리포니아 대학교 부교수가 되었다. 유전암호를 읽어 내어 단백질의 문자로 전환시키는 능력을 가진 '전령 DNA'를 얻어 내고 그 화학 구조를 밝히는 데에 성공하였다. 국립 과학 아카데미 회원으로도 활동하였다.

:: 하르 고빈드 코라나 Har Gobind Khorana (1922~2011)

인도 태생 미국의 생화학자. 펀자브 대학교에서 공부하였으며, 영국으로 이주하여 1948년에 리버풀 대학교에서 박사학위를 취득하였다. 1948년에 취리히 대학교에서 박사후과정을 이수하였으며, 케임브리지 대학교에서 알렉산더 토드 교수의 특별 연구원으로 지내면서 핵산을 연구하기 시작하였다. 1960년에 위스콘신 대학교 교수가 되었으며, 1971년부터는 매사추세츠 공과대학에서 교수로 재직하였다. 공동 수상자인 마셜 니런버그와 함께 모든 유전암호를 해독했다.

:: **마셜 워런 니런버그 Marshall Warren Nirenberg (1927~2010)**

미국의 생화학자. 플로리다 대학교를 졸업한 후 1952년에 동물학으로 석사학위를 취득하였으며, 1957년에 미시건 대학교에서 박사학위를 취득한 후, 메릴랜드 주에 있는 베데스다 국립보건연구소 연구원이 되었다. 1965년에는 국립 과학 메달을 받았다. 국립 과학 아카데미 회원으로도 활동하였다. 공동 수상자인 코라나와 함께 모든 유전암호를 해독했다.

전하, 그리고 신사 숙녀 여러분.

지금부터 정확히 100년 전인 1868년 가을, 스위스의 젊은 내과의사 프리드리히 미셰르 박사는 세포핵에서 새로운 화합물을 분리하고 이것을 뉴클레인으로 명명하였습니다. 그리고 우리는 현재 이것을 핵산이라고 부릅니다. 이보다 2년 앞서 체코 브루노의 그레고어 멘델이라는 수도사가 수행한 몇 가지 간단한 실험도 미셰르 박사의 연구와 밀접하게 관련되었습니다. 완두콩을 이용한 멘델의 이 실험은 유전 형질이 개개의 독립된 유전자로 포장되어 있음을 알려 주었습니다. 미셰르 박사보다 앞서 진행된 이 멘델의 실험에서 유전학은 시작되었습니다.

핵산과 유전자는 원래 분리된 개념이었습니다. 하지만 이 두 개념은 모두 생명의 암호라 불리는 유전암호 연구에 기반이 되었습니다. 이 유전암호 연구에 공헌한 홀리 박사님, 코라나 박사님, 그리고 니런버그 박사님께 올해의 노벨 생리·의학상을 공동으로 수여하게 되었습니다.

19세기는 노벨상이 제정되지 않았습니다. 하지만 상이 제정되고 난 뒤에도 핵산과 유전자의 발견에 관한 연구로 노벨상을 수상할 것이라고는 아무도 생각하지 못했습니다. 미셰르 박사의 연구 결과는 그가 사망한 1890년 이후에야 비로소 자세하게 발표되었습니다. 그리고 1866년 멘델의 연구 결과가 처음 발표되었을 당시도 이 연구는 아무 관심도 받지 못한 채 곧 잊히고 말았습니다.

이렇게 우리는 오랜 시간 유전자와 핵산의 연관성을 깨닫지 못하고 있었습니다. 25년 전에도 핵산은 소수의 과학자들만이 연구하는 침체되어 있는 학문이었습니다. 여기에 관심을 가진 소수의 과학자 중 한 사람이 카롤린스카 연구소의 아이나 함마르스텐 교수입니다. 그의 선견지명은 초창기 몇몇 스웨덴 과학자들이 수행했던 중요한 연구에 많은 영향을 주었습니다. 특히 핵산의 생물학적 중요성을 증명한 토비언 캐스퍼슨 박사는 그의 영향을 많이 받았습니다.

이렇게 핵산에 관한 연구는 점차 무르익어 갔습니다. 그러던 1944년, 미국의 과학자 에이버리 박사는 어떤 세균의 핵산을 분리하고 이를 이용하여 다른 세균에게 유전형질을 옮기는 데 성공합니다. 이로써 유전자가 핵산으로 구성되어 있다는 것이 증명되었습니다. 에이버리 박사의 발견은 주로 유전자를 대상으로 한 생화학적인 연구에 영향을 주었고 여기에서 분자생물학이라는 새로운 학문이 탄생하였습니다. 그리고 오늘날 분자생물학은 가장 활발한 연구가 이루어지는 학문이 되었습니다. 1958년 이 분야에서 노벨상을 수상한 이후, 오늘의 수상이 벌써 다섯 번째라는 것이 이를 단적으로 증명합니다.

그렇다면 유전암호는 무엇이며, 이것을 생명의 암호라고 부르는 이유는 무엇일까요. 핵산은 매우 복잡한 분자이지만 그 구조에는 어떤 규칙성이 있습니다. 핵산은 제한된 양의 작은 단위체로 이루어져 있습니다. 만약 핵산을 언어라고 한다면 작은 단위체들은 언어를 구성하는 각각의 문자라고 할 수 있습니다. 따라서 핵산이라는 언어가 유전 특징을 묘사한다고 말할 수 있습니다. 즉 우리의 눈, 그리고 우리 아이들의 눈이 파란색인지 갈색인지, 또는 우리가 건강한지 병들었는지를 표현할 수 있는 언어가 바로 핵산입니다.

우리 세포에는 또 하나의 언어가 존재합니다. 단백질을 표현하는 이 언어도 역시 단백질을 구성하는 단위체, 즉 문자로 구성되어 있습니다. 하나의 세포는 수많은 단백질이 있습니다. 이 단백질들은 정상적인 생체 활동에 필요한 모든 화학반응들을 도맡아 수행하며 각 단백질은 특정 핵산이 합성합니다. 예를 들어 갈색 눈을 가진 아이는 부모로부터 어떤 유전자를 물려받았을 것이고, 바로 그 유전자는 갈색 눈이 표현되도록 특정 단백질, 즉 어두운 색소의 형성을 지시합니다. 즉 단백질의 화학구조는 핵산의 화학구조로 결정됩니다. 이 말은 결국 핵산의 문자가 단백질의 문자를 결정한다는 것을 의미합니다. 따라서 유전암호는 하나의 문자를 다른 문자로 번역해 주는 사전과도 같다고 할 수 있습니다.

고대 이집트의 상형문자를 해독할 때, 고고학자들은 그리스와 이집트에서 쓰이던 문자를 기록해 놓은 로제타석을 이용하였습니다. 이론적으로야 우리가 유전암호를 해석할 때에도, 특정 단백질과 이에 해당되는 핵산의 화학구조를 문자와 문자를 비교하듯이 사용할 수 있었겠지만 이것은 기술적으로 불가능했습니다.

이런 상황에서 니런버그 박사님은 유전암호를 해석하는 매우 간단하면서도 독창적인 해결책을 찾아냈습니다. 그는 생화학자들에게 고고학자들을 능가하는 장점이 있다는 것을 알았습니다. 즉 생화학자들은 시험관 내에서 핵산을 주형으로 단백질을 합성할 수 있는 능력이 있었던 것입니다. 이 시스템은 하나의 번역기와도 같았습니다. 과학자들은 이 시스템에 핵산이라는 문장을 넣고 그 문장을 구성하는 문자를 단백질의 문자로 번역해 냈습니다. 니런버그 박사님은 한 개의 반복되는 글자만으로 매우 간단한 핵산을 합성하였습니다. 그리고 이 핵산으로부터 단백질 문자를 번역해 냄으로써 하나의 글자만을 가진 단백질을 생성하였습니다. 이 방법을 이용하여 니런버그 박사님은 첫 번째 유전암호를 해석하였고 세포 내에서 유전암호를 번역하는 시스템을 규명하였습니다. 그 후, 이 분야는 빠른 속도로 발전하기 시작했습니다. 니런버그 박사님은 1961년, 첫 논문을 발표한 이후 채 5년이 지나지 않아 코라나 박사님과 함께 모든 유전암호를 해독하는 성과를 거두었습니다.

최종적인 연구는 대부분 코라나 박사님이 진행하였습니다. 그는 수년 동안의 연구 끝에 모든 단위체가 정확한 자리에 위치하는 거대한 핵산을 합성할 수 있는 방법을 고안하였습니다. 코라나 박사님이 합성한 핵산은 유전암호를 모두 해독하기 위해 꼭 필요한 것들이었습니다.

그렇다면 어떤 메커니즘으로 세포 내 암호가 해석되는 걸까요? 이에 대한 연구를 성공적으로 수행한 사람은 홀리 박사님이었습니다. 그는 전령 RNA라고 불리는 특정한 형태의 핵산을 발견합니다. 이 핵산은 유전암호를 읽어 내는 능력을 갖고 있으며 그것을 단백질의 문자로 전환시킬 수도 있었습니다. 수년 동안 연구를 계속한 결과, 홀리 박사님은 순수한 전령 RNA를 얻는 데 성공하였습니다. 그리고 1965년에는 전령 RNA의 정확한 화학구조도 밝혀냈습니다. 이로써 홀리 박사님은 생화학적으로 활성 상태인 핵산의 화학구조를 완전히 밝힌 첫 번째 연구자가 되었습니다.

지난 20년 동안 분자생물학의 급격한 발전의 핵심은 바로 유전암호를 해석하고 그 기능을 정확히 밝힌 것입니다. 그리하여 우리는 이제 유전 메커니즘을 자세하게 이해하게 되었습니다. 지금까지는 기초적인 연구였지만 이제 우리는 이를 바탕으로 수많은 질병의 원인을 밝히고 이와 관련한 유전 현상과 그 역할을 이해하게 될 것입니다.

홀리 박사님, 코라나 박사님, 니런버그 박사님.

1958년도 노벨상 기념 강의에서 에드워드 테이텀 박사는 분자생물학의 미래를 예측하였습니다. 그는 적어도 자신의 강의를 듣고 있는 청중들이 살아 있는 동안 유전암호가 해독될 수 있을 것이라고 하였습니다. 그 당시 사람들은 그의 말이 그저 추측일 뿐이라고 생각했습니다. 하지만 그 예측은 적중했고 그의 기념 강의로부터 불과 3년 만에 첫 유전암호가 해독되었습니다. 그 후, 유전암호의 특성과 단백질 합성 과정에서의 역할이 밝혀지기까지는 8년 정도가 걸렸습니다. 그야말로 현대 생물학의 가장 흥미로운 장을 세 분이 함께 써내려간 것입니다.

오늘 이 자리에서 세 분께 왕립 카롤린스카 연구소를 대표하여 축하를 전하게 된 것을 기쁘게 생각합니다. 이제 전하께서 세 분에 대한 시상을 하시겠습니다.

왕립 카롤린스카 연구소 노벨 생리·의학위원회 P. 레이처드

바이러스의 복제기전과 유전적 구조 발견

1969

막스 델브뤼크 | 독일

앨프레드 허시 | 미국

살바도르 루리아 | 미국

:: 막스 델브뤼크 Max Delbrück (1906~1981)

독일 태생 미국의 생물학자. 1930년에 괴팅겐 대학교에서 물리학 박사학위를 취득한 후, 1932년부터 1937년까지 카이저 빌헬름 화학연구소에서 연구하였다. 1937년에 미국으로 이주하여 캘리포니아 대학교 공과대학에서 생물학을 연구하였으며, 1940년부터 1947년까지 밴더빌트 대학교에서 물리학을 강의하였다. 생물학적 효과를 정밀하게 측정할 수 있는 조건을 분석하고 규명하였다.

:: 앨프레드 데이 허시 Alfred Day Hershey (1908~1997)

미국의 생화학자. 1934년 미시건 주립대학교에서 박사학위를 취득한 후, 1950년까지 워싱턴 대학교 의학부에서 연구하였다. 1950년부터 1974년까지 카네기 연구소 유전학 분과에서 연구하여, 1962년에 유전학 분과장이 되었다. 미국 과학아카데미 회원으로도 활동하였다.

:: 살바도르 에드워드 루리아 Salvador Edward Luria (1912~1991)

이탈리아 태생 미국의 생물학자. 1929년에 토리노 대학교에서 의학 박사학위를 취득한 후

파리에 있는 파스퇴르 연구소에서 연구하였다. 1940년에 미국으로 이주하여 컬럼비아 대학교, 인디애나 대학교, 일리노이 대학교 등을 거쳐 1958년에 매사추세츠 공과대학 생물학 교수가 되었다. 공동 수상자들과의 연구를 통하여 현대 분자생물과학을 창시하였다.

전하, 그리고 신사 숙녀 여러분.

바이러스는 사람, 동물, 식물, 미생물 모두를 잡아먹을 수 있습니다. 박테리아도 자신만의 바이러스가 있습니다. 이를 박테리아를 잡아먹는다는 뜻인 박테리오파지라고 부릅니다. 이것들이 발견된 것은 제1차 세계대전 당시이지만, 25년 동안의 계속된 연구에도 불구하고 이에 관해 알려진 것은 별로 없었습니다. 1940년에 막스 델브뤼크 박사님이 박테리오파지에 관심을 가진 후, 살바도르 루리아 박사님과 앨프리드 허시 박사님도 역시 관심을 갖게 되었습니다. 이들의 목표는 모든 생명 현상의 가장 기본이 되는 복제를 연구하는 것이었습니다. 그들은 성공에 대한 희망을 갖고 이 문제의 연구 모델이 될 만한 박테리오파지를 발견하고자 노력했습니다.

물리학자인 델브뤼크 박사님, 내과 의사인 루리아 박사님, 그리고 생리학자인 허시 박사님, 이 세 분은 정말 유능한 분들입니다. 서로 다른 배경과 접근법으로 그들은 근본적인 문제에 대해 집중적으로 연구하기 시작했습니다. 그들은 독립적이면서도 아주 밀접한 관계를 유지하였습니다. 초기에 그들은 각자 자신의 학파를 형성하였고, 고무적인 지적 분위기는 여러 분야에 다양한 태도를 지닌 재능 있는 과학자들을 끌어 모았습니다. 그들의 지휘 아래 연구는 빠른 속도로 진행되었습니다.

박테리오파지에 관한 연구를 애매한 경험주의로부터 정확한 과학으로 변화시킨 델브뤼크 박사님에게 첫 번째의 영광을 돌리고자 합니다.

그는 생물학적 효과를 정밀하게 측정할 수 있는 조건을 분석하고 규명하였습니다. 그는 루리아 박사님과 함께 정량적인 측정 방법을 고안하고, 통계학적인 평가 기준을 확립하여 훨씬 예리한 연구가 가능하게 했습니다. 델브뤼크 박사님과 루리아 박사님은 주로 이론적인 분석에 강했던 반면, 허시 박사님은 기술적으로 매우 뛰어난 실험가였습니다. 세 사람은 이런 점에서 서로를 잘 보완해 주었습니다.

델브뤼크 박사님의 연구는 10년 이상 계속되었습니다. 그 결과 박테리오파지의 세포 주기를 자세하게 완성하였습니다. 복제 과정의 여러 단계들도 각각 명확하게 연구되었습니다. 이에 관한 최종적인 결과는 다음과 같습니다.

박테리오파지 입자는 핵산을 포함하는 핵심 물질로 구성되며 단백질 외피로 둘러싸여 있습니다. 이 외피에는 세포 내 물질과 특이적으로 반응할 수 있는 효소를 함유하며, 이 효소는 세포 표면을 부식시켜 박테리오파지 코어를 세포 내로 주입하는 역할을 합니다. 그 후 이 단백질 외피는 더 이상 감염 과정에 참여하지 않고 외부에 남아 있게 됩니다. 박테리오파지 코어의 침입으로 세포 활동은 빠르게 변합니다. 세포의 화학적인 도구는 그대로 있지만, 이를 조절하는 조절 센터는 차단됩니다. 그 대신 박테리오파지 코어가 세포 내 화학 작용이 새로운 박테리오파지 입자만을 생산하도록 명령합니다. 핵산, 단백질 같은 다양한 바이러스의 구성 요소들이 각각 만들어지고, 마지막에 '성숙한' 입자들을 형성하게 됩니다. 이 단계가 되면, 세포벽이 용해되고 새로 형성된 박테리아가 세포 밖으로 빠져나옵니다. 이러한 과정은 거의 상상할 수 없을 만큼 빠른 속도로 진행됩니다. 하나의 박테리아 입자는 10~15분 안에 수천 개 이상의 새로운 입자를 만들 수 있습니다.

새로운 핵산은 원칙적으로 반복된 복제를 통해 형성됩니다. 아주 드물게 합성 과정에서 오류가 일어나 약간 다른 구조를 가진 개체가 생기기도 합니다. 만일 새로운 개체가 전혀 기능을 할 수 없을 만큼 심각한 오류가 생긴다면, 이 또한 연속적인 복제 과정을 거치게 되며, 최종적으로 생긴 박테리오파지에는 본래의 형태와 다른 성질을 가진 입자가 많이 포함되어 있을 것입니다. 즉 돌연변이를 통해 새로운 변종이 나타나는 것입니다.

하나의 세포는 동시에 두 개 이상의 관련 바이러스 입자에 감염될 수 있습니다. 그렇게 된다면, 두 개의 단일체에 의해 부분적인 교환이 일어나는 이른바 재조합 과정이 나타납니다. 이러한 방식으로 여러 조합이 이루어지며, 이로 인해 본래 특징을 어느 정도 갖고 있는 새로운 변종이 형성됩니다. 이렇게 재조합된 성질을 분석하면 우리는 바이러스의 유전자 구조와 관련된 정보를 얻을 수 있습니다. 빠르게 복제되는 박테리오파지를 이용해 짧은 시간 내에 수많은 변종을 모으고, 전반적인 교차 실험을 수행하는 것이 가능해졌습니다. 그리고 이러한 방법으로 이들의 유전적 구조는 더욱 자세히 밝혀졌습니다.

1950년대 초기의 상황은 그랬습니다. 생물학적 현상이 분류되고 정확한 관계가 밝혀졌습니다. 이렇게 얻어진 세균의 작용 양식은 이전의 개념과는 본질적으로 달랐습니다. 무엇보다 가장 중요한 것은 바이러스와 숙주세포의 상호작용과 세포 활성의 조절 작용이 유전적으로 활성화된 외인성 구조 물질에 의해 영향을 받는다는 사실이었습니다.

이러한 발견으로 생물학의 많은 분야는 획기적으로 발전합니다. 박테리오파지의 세포 주기에서 기본 과정들을 정리하는 것은 분자 수준에서 화학 용어로 이들을 정의하기 위한 필요조건이었습니다. 처음에 박테리오파지 연구에 대한 과학계의 태도는 겸손했습니다. 이런 태도는 호기심으로서의 관심에서 비롯된 것이라 생각되었지만, 생물학에서는 그다지 좋지 않은 태도였습니다. 하지만 이 태도는 점차 변해 갔습니다. 원칙적으로는 똑같은 작용기전이 박테리오파지, 미생물, 그리고 더 복잡한 세포계의 활동도 조절한다는 것은 이제 분명한 사실입니다. 그러므로 델브뤼크 박사님, 허시 박사님, 그리고 루리아 박사님은 현대 분자생물과학의 실질적인 창시자입니다.

또한 이러한 발견은 유전학자에게 매우 중요합니다. 생명 과정의 유전 조절작용 기전을 밝히기 위해 주로 박테리오파지를 이용한 연구가 수행되었습니다.

마지막으로 중요한 것은, 박테리오파지 연구로 고등동물의 바이러스 질환을 이해하고 대처할 수 있는 통찰력이 생겼다는 것입니다. 박테리아가 발견된 지 이미 오랜 시간이 지났습니다. 그러나 얼마 전까지만 하더라도 박테리아의 생물학적·의학적 중요성만을 인식하고 있었을 뿐, 이들의 광범위한 실용성이 명백하게 밝혀진 것은 최근의 일입니다.

막스 델브뤼크 교수님, 앨프레드 허시 교수님, 살바도르 루리아 교수님.

30년 전, 교수님들은 과학 사회의 대부분의 사람들이 품고 있던 과도한 야망에 대한 연구를 계획하였습니다. 그리고 생물학의 가장 근원적인 문제인 자기복제를 연구하였습니다. 그리고 그 연구 대상을 박테리오파지로 택했다는 점은 많은 사람들을 놀라게 했습니다. 엄격한 과학적 방법과 훌륭한 실험 기술, 풍부한 상상력은 불가능을 가능하게 만들어 주었습니다. 교수님들은 차츰 박테리오파지가 모든 생물체를 대표할 수 있는 좋은 모델이라는 사실을 깨닫게 되었습니다. 오늘날 교수님들이 확립한 원리들이 일반적으로도 응용되고 있음은 명백한 사실이며, 이것으로서 교수님들의 업적이 가진 영향력을 느낄 수 있습니다. 교수님들은 바이러스 복제와 유전학에 관한 발견의 공로로 노벨 생리·의학상을 수상하게 되었습니다. 이로써 생물학 및 의과학에 기여한 교수님들의 업적은 그 중요성을 인정받게 되었습니다. 왕립 카롤린스카 연구소를 대표하여 교수님들에게 마음으로부터의 축하를 전해드립니다. 이제 전하께서 세 분에 대한 시상을 하시겠습니다.

왕립 카롤린스카 연구소 교수위원회 스벤 가드

신경종말에 존재하는 체액성 전달물질에 대한 연구

1970

버나드 카츠 | 영국

울프 폰 오일러 | 스웨덴

줄리어스 액설로드 | 미국

:: 버나드 카츠 Bernard Katz (1911~2003)

독일 태생 영국의 생리학자. 1934년에 라이프치히 대학교에서 의학 박사학위를 취득한 후, 영국으로 이주하여 1938년에 런던 대학교 유니버시티 칼리지에서 신경생리학으로 박사학위를 취득하였다. 1939년부터 1942년까지 시드니 병원에서 연구하였으며, 제2차 세계대전 기간 동안 공군으로 복무하였다. 1950년부터 유니버시티 칼리지에서 강의하였으며, 1952년에 교수가 되어 1978년까지 재직하였다. 미세종판 전위를 발견함으로써 운동신경세포와 근육종판사이에 아세틸콜린이라는 전달물질이 존재함을 증명하였다.

:: 울프 폰 오일러 Ulf von Euler (1905~1983)

스웨덴의 생리학자. 1929년에 노벨 화학상을 수상한 한스 폰 오일러켈핀의 아들이기도 하다. 스톡홀름에 있는 카롤린스카 연구소에서 의학을 공부하였다. 1930년에 박사학위를 취득하였으며, 같은 해에 약리학 교수가 되어 1971년까지 재직하였다. 1939년에 노벨 재단 이사장이 되었으며, 1953년부터 1965년까지 노벨 생리학 · 의학 위원회 위원을 지냈다.

:: 줄리어스 액설로드 Julius Axelrod (1912~2004)

미국의 생화학자이자 약리학자. 뉴욕 시립대학교 및 뉴욕 대학교에서 공부하였으며, 1955년에 조지 워싱턴 대학교에서 박사학위를 취득하였다. 공업위생 실험실 화학자, 골드워터 기념병원 연구원, 메릴랜드 주 베세즈다에 있는 국립 심장연구소 화학약리학부 연구원을 거쳐 1950년에 국립 정신건강연구소에 들어가 1955년에 임상과학 실험실의 약리학부 부장이 되었다.

전하, 그리고 신사 숙녀 여러분.

올해 노벨 생리·의학상을 수상하는 연구는 이미 노벨상을 수상했던 동일 분야의 연구에서부터 비롯하였습니다. 신경자극이 신경을 따라 신경종말까지 빠른 속도로 전달되는 전위의 변화를 의미한다는 사실은 이미 잘 알려져 있습니다. 일단 신경종말에 전달된 신경자극은 다시 새로운 자극을 일으키고 이를 신체 내 근육 또는 샘 등으로 전달합니다. 우리는 이와 같은 신경자극의 전달이 마치 전류가 전깃줄을 지나가는 것처럼 물리적으로 일어난다고 오랫동안 생각해 왔습니다. 그러나 20세기에 들어와서 헨리 데일 박사와 오토 뢰비 박사가 이 신경자극이 화학적으로 전달된다는 것을 밝혔습니다. 그들은 신경종말에서 어떤 생물학적 활성물질이 분비되면서 신경지배 구조가 전기적으로 활성화된다고 하였습니다. 이처럼 신경종말과 신경지배 구조는 기능적으로 연결되어 있습니다. 신경자극을 전달하는 화학적인 매개체가 발견되면서 우리는 여기에 보다 새로운 생각들을 하게 되었고, 신경화학, 신경생리학은 새로운 분야임에도 불구하고 빠르게 성장할 수 있었습니다. 여기서 우리는 다시 새로운 의문들을 갖게 됩니다. 이와 같이 높은 활성의 신경전달물질은 어떻게 합성되고 저장되며 분비되는 것일까요? 이들 신경전달물질은 어떻게 나타나 어떻게 작용하며, 또 어떻게 순식간에 사라질까요? 그리고 이들의 화학 작용으로 신경자극 전달 과정에서 순식간에 일어나는 일련의 반응들을 어떻게 설명할 수 있을까요? 또 어떤 물질들이 신경전달물질일까요? 오늘의 수상자들은 이 문제들의 해결에 결정적인 공헌을 하였습니다.

버나드 카츠 박사님은 특히 운동신경세포의 자극이 운동종판에 작용하여 근육운동이 유발될 때 발생하는 전기적인 반응을 연구하였습니다. 축전기와도 비슷한 근육의 구조는 신경자극으로 충전되며 이를 방전함으로써 근육을 활성화시킵니다. 카츠 박사님은 미세종판 전위를 발견함으로써 운동신경세포와 근육종판 사이에 전달물질이 존재함을 증명하였습니다. 이 물질이 바로 신경종말에서 소량 분비되는 아세틸콜린이라는 작은 입자물질입니다.

울프 폰 오일러 박사님은 특별히 교감신경계에 관심이 많아 일찍이 아드레날린성 전달물질인 노르아드레날린을 규명하였습니다. 뿐만 아니라 그는 스웨덴 출신의 고故 닐스에케 힐랍과 함께 노르아드레날린이 신경에서 합성되며 10^{-4}밀리미터의 직경을 가진 작은 입자로 저장된다는 것을 확인하였습니다. 이처럼 그는 주로 과립 형태의 신경물질에 대해 많이 연구하여 이 분야를 크게 발전시켰습니다.

줄리어스 액설로드 박사님은 주로 노르아드레날린이 신경종말에서 분비된 뒤, 소멸되는 과정을 연구하였습니다. 이 과정에서 신경전달물질의 비활성화는 효소에 의해 이루어진다는 것을 발견하고 자세히 연구하였습니다. 그 결과 신경전달물질은 메틸화반응으로 활성화되며 남아 있는 노르아드레날린은 신경종말에서 재흡수되는 것을 발견하였습니다. 따라서 신경전달물질은 대량으로 분비되어 필요한 양을 충족함으로써 효과를 나타내며, 과량의 물질은 곧바로 신경종말이라는 저장소로 다시 흡수되었습니다. 바로 이 신속하고 효과적이며 경제적인 과정이 신경자극의 지속적인 작용을 막는 역할을 합니다. 혹자는 이것이 단지 이론적인 흥미만을 강조한다고 생각할지도 모르겠습니다. 하지만 이것은 실용적으로도 폭넓게 적용되었고 의학적으로도 중요합니다. 이에 관한 실례를 들어보겠습니다.

과거 멕시코 인디언들은 버섯 독에 만취하면 초자연적인 힘에 더욱 가까워질 수 있다고 믿고 이를 종교 의식으로 삼았습니다. 또한 오늘날 젊은 사람들은 자신감을 고취한다는 허울 아래 마약에 의존하기도 합니다. 그들은 이로 인해 꿈같은 경험을 하거나 정신적인 혼란을 겪습니다. 이것은 불가사의한 능력을 발휘하고 싶은 소망이나 초자연적인 정신세계를 기원하는 것과 같은 종교적인 문제가 아닙니다. 이 현상들은 바로 이런 약물의 독성이 뇌의 신경자극 전달 과정을 혼란시킨 결과입니다.

정신적이고 심리적인 과정이 갈수록 화학적인 조작에 노출되는 경우가 많아지고 있습니다. 따라서 오늘날 정신약리학은 전보다 많은 관심을 받는 분야가 되었습니다. 이제 우리는 신경전달 과정을 많이 이해하게 되었고, 이를 근거로 신경계 질병 또는 심리적인 마음의 질병에 대한 합리적인 처방도 할 수 있게 되었습니다.

실제로도 화학적 전이과정에 대한 이해를 바탕으로 고혈압이나 파킨슨병을 치료하는 새로운 약물들을 개발하였습니다. 가까운 미래에 우리는 심리적인 질병과 정신적인 혼란을 본질적으로 이해하고 치료할 수 있을 것으로 생각합니다.

그리고 이와 같은 미래가 완성된다면 그것은 바로 오늘 노벨상을 수상하는 세 분의 연구 결과 덕분일 것입니다.

버나드 카츠 박사님, 울프 폰 오일러 박사님, 그리고 줄리어스 액설로드 박사님.

화학적 신경전달 과정에 대한 세 분의 연구는 의약 이론에 많은 도움을 주었을 뿐 아니라 말초 및 중심 기관의 신경계 질병을 이해하고 치료하는 데 매우 중요한 역할을 하였습니다. 따라서 이 세 분의 연구는 이론적인 것과 실용적인 것을 모두 강조했던 이 상의 설립자 노벨 박사님의 의지에 잘 부합합니다. 이에 카롤린스카 연구소 생리·의학 위원회는 세 분을 올해의 노벨상 수상자로 결정하였습니다. 연구소를 대표하여 세 분께 축하를 전하게 된 것을 영광으로 생각합니다. 또한 세 분의 연구가 앞으로도 성공적으로 지속되기를 기원합니다. 이제 전하께서 세 분께 상을 수여하시겠습니다.

왕립 카롤린스카 연구소 노벨 생리·의학위원회 뵈르제 우브네스

호르몬의 작용 기전 발견

1971

얼 서덜랜드 | 미국

:: **얼 윌버 서덜랜드** Earl Wilbur Sutherland **(1915~1974)**

미국의 약리학자이자 생리학자. 워시번 대학교에서 공부하였으며, 1942년에 세인트루이스에 있는 워싱턴 대학교에서 의학 박사학위를 취득하였다. 같은 학교에서 약리학과 생화학을 강의하였으며, 1952년에 생화학 부교수가 되었다. 1953년부터 1963년까지 클리블랜드에 있는 웨스턴리저브 대학교 약리학 교수로 재직한 후, 1963년부터 내슈빌에 있는 밴더빌트 대학교 생리학 교수로 재직하였다. 1973년에 마이애미 대학교 교수가 되었다. cAMP를 발견하고 2차 메신저로서의 역할을 규명함으로써 생명 과정을 조절하는 기본 원리들 중 하나를 밝혀 냈다.

전하, 그리고 신사 숙녀 여러분.

세균에 응용될 수 있는 것은 코끼리에게도 응용될 수 있습니다. 노벨상 수상자인 프랑스 자크 모노 박사의 이 자유로운 발언은 약간 과장되긴 했지만 생물학의 중요한 원리인 '근원적 생명 과정의 동일성의 원리'를 설명하고 있습니다.

하지만 세균과 코끼리가 다르다는 것은 노벨상 수상자만이 아는 이야기는 아닙니다. 코끼리는 단지 크기만 큰 것이 아닙니다. 결정적인 차이는 세균이 단세포 생물이고 생명의 모든 기능이 단 한 개의 세포 안에 있다는 사실입니다. 이와 달리 고등동물은 고도로 분화된 여러 형태의 세포들이 각각의 기능을 수행합니다. 그러면서도 통합된 단일체로서 기능합니다. 따라서 여러 장기에 존재하는 세포들은 환경의 요구 조건에 빠르게 적응하면서 서로 협조해야 합니다.

호르몬은 이와 같은 협력 시스템의 일부를 담당합니다. 세균과 코끼리 사이에 존재하는 수많은 차이 중 하나가 바로 이 호르몬의 기능입니다. 코끼리는 호르몬이 제대로 기능해야 생명을 유지할 수 있습니다. 그리고 이것은 사람도 마찬가지입니다. 하지만 세균은 호르몬 없이도 살아갈 수 있습니다.

그렇다면 호르몬은 어떤 기능을 하는 것일까요? 70년 전에 호르몬이 처음 발견된 이래로 이것은 많은 연구자들의 주요 연구 주제였습니다. 의학적으로도 호르몬의 기능은 매우 중요합니다. 많은 질병이 호르몬 때문에 생기는데 그중 하나가 당뇨병입니다. 하지만 최근까지도 호르몬의 작용 기전에 대해 전혀 알지 못하고 있었습니다. 이를 해결한 사람이 바로 얼 서덜랜드 박사님입니다.

호르몬은 부신에서 만들어지며, 혈관을 따라 여러 장기로 전달됩니다. 스트레스를 받으면 호르몬의 양은 증가하고, 개체는 새로운 환경에 적응합니다. 호르몬의 중요한 기능 중의 하나는 에너지 생산을 위하여 세포 내 글루코오스를 방출하는 것입니다. 여러 장기를 활성화하기 위한 화학적 신호로서, 그리고 메신저로서 부신에서 생성된 에피네프린은 개개인의 방어를 위해 꼭 필요한 물질입니다 서덜랜드 박사님은 간과 근육 세포에서 에피네프린이 글루코오스 형성에 미치는 효과를 연구하였습니다. 이 연구에서 그는 호르몬이 기능할 때 중간체로 사용되는 새로운 화학 물질을 발견하였습니다. 이 물질을 사이클릭 AMP(cAMP)라고 부릅니다. 서덜랜드 박사님은 에피네프린으로부터 세포로 신호를 전달하는 이 물질을 2차 메신저라고 불렀습니다. 게다가 서덜랜드 박사님은 cAMP가 세포막에서 만들어진다는 중요한 발견을 하였습니다. 이것은 에피네프린이 결코 세포로 들어가지 않는다는 것을 의미합니다. 아마도 호르몬은 우리 집 문 앞에서 초인종이 울리는 것처럼 신호를 전달한다고 생각됩니다. 이 신호 전달자가 집에 들어갈 수는 없습니다. 대신에 이것은 cAMP에게 신호를 전달함으로써 비로소 집 안으로 들어가게 됩니다.

서덜랜드 박사님은 이미 1960년 경에 cAMP가 많은 호르몬 매개 반응에서 2차 메신저의 역할을 한다는 것과 그 효과가 에피네프린에 국한된 것은 아니라는 것을 알았습니다. 하나의 화학 물질이 다양한 호르몬에 의해 여러 효과를 일으키는 과정을 상상하는 것은 매우 어려운 일이었기 때문에 과학계는 이와 같은 개념을 선뜻 받아들이려 하지 않았습니다. 그러나 이제는 서덜랜드 박사님을 비롯한 많은 과학자들이 수많은 호르몬들이 세포막에 cAMP의 형성을 유도하여 그 효과를 나타낸다는 것을 확실하게 증명하였습니다. 서덜랜드 박사님은 수많은 호르몬들의 일반적인 작용 기전, 즉 생물학의 새로운 원리를 발견하였습니다.

그러면 우리는 다양한 호르몬의 특이성을 어떻게 설명할 수 있을까요? 바로 세포막에 존재하는 각 호르몬에 특이적인 수용체가 이것을 잘 설명해 줍니다. 따라서 다양한 메신저들은 신호를 전달할 수 있는 문을 정확하게 찾아갈 수 있어야만 합니다.

cAMP는 호르몬의 기능을 연구하는 과정에서 발견되었습니다. 따라서 1965년에 서덜랜드 박사님이 호르몬을 이용하지 않는 세균에서도 cAMP가 발견되었다고 보고하였을 때 놀라지 않을 수 없었습니다. 이로 인해 cAMP가 모든 세포에서 그들이 환경에 잘 적응하도록 도와주는 중요한 조절 작용을 한다는 것을 알 수 있었습니다. cAMP가 아마도 단세포 생물의 행동을 조절하는 최초의 호르몬이지 않을까 생각됩니다. 그리고 고등동물에서 발견되는 진정한 의미의 호르몬은 진화가 일어나는 과정에서 추가된 것이라고 생각됩니다. 결국 단세포 생물과 다세포 생물도 크게 다른 것은 없으며, cAMP와 관련하여 모노 박사님의 격언을 다시 생각해 보면, 코끼리에 적용되는 것이 박테리아에도 적용된다고 역으로 말할 수 있습니다.

서덜랜드 박사님.

호르몬은 생물학과 의학에서 오래전부터 알려져 있던 물질입니다. 그러나 박사님이 cAMP를 발견하고 2차 메신저 역할을 하는 그 기능을 밝힐 때까지 우리는 호르몬의 작용 기전에 대해 알지 못했습니다. 최근에는 cAMP가 미생물에서도 중요한 조절 신호로 작용하며, 이런 작용이 호르몬의 기능에만 국한되는 것은 아니라는 것도 알게 되었습니다. cAMP의 발견은 결국 모든 생명 과정을 조절하는 기본 원리들 중 하나를 밝혀낸 것에 해당합니다. 이와 같은 공로를 인정받아 박사님은 오늘 노벨 생리·의학상을 수상하게 되었습니다. 왕립 카롤린스카 연구소를 대표하여 박사님께 따뜻한 축하를 전합니다. 이제 전하께서 시상하시겠습니다.

왕립 카롤린스카 의과대학 연구소 피터 레이차드

항체의 화학적 구조를 밝힌 업적

1972

제럴드 에들먼 | 미국

로드니 포터 | 영국

:: 제럴드 모리스 에들먼 Gerald Maurice Edelman (1929~2014)

미국의 생화학자. 1954년에 펜실베이니아 대학교에서 의학 박사학위를 취득하였으며, 파리의 의료군단에서 2년간 근무한 후 1960년에 록펠러 대학교에서 박사학위를 받고 교수로 임명되었다. 1966년 정교수가 되었으며, 1975년에는 총장을 지내기도 했다. 면역글로블린의 화학적 구조를 명확하게 규명함으로써 면역화학의 발전에 기여하였다.

:: 로드니 로버트 포터 Rodney Robert Porter (1917~1985)

영국의 생화학자. 리버풀 대학교에서 공부하였으며, 1948년에 케임브리지 대학교에서 박사학위를 취득한 후 1년간 박사후과정을 이수하였다. 1949년에 국립 의학연구소에 들어가 1960년까지 일하였으며, 1960년에 런던 대학교 세인트메리 병원의 면역학 교수가 되었다. 1967년에 옥스퍼드 대학교 생화학 교수가 되었다. 면역글로블린의 화학적 구조를 명확하게 규명함으로써 면역화학의 발전에 기여하였다.

전하, 그리고 신사 숙녀 여러분.

면역체 혹은 항체는 혈액 내에 존재하는 단백질로서 감염, 그리고 수많은 질병에 대한 방어 작용에 없어서는 안 되는 중요한 물질입니다. 이 물질의 가장 두드러진 특징은 항원이라고 부르는 외부 물질에 반응하거나 이와 결합할 수 있는 능력이 있다는 것입니다. 그리고 이런 과정들은 매우 특이적인 방법으로 이루어집니다. 혈액 내에는 대략 5만 개 이상의 서로 다른 항체들이 존재하는 것으로 알려져 있습니다. 이들 항체는 외형적으로는 매우 비슷합니다. 하지만 이들은 각각의 특성을 나타내는 매우 이질적인 부분들을 포함하는 매우 크고 복잡한 분자입니다. 따라서 이들에 대한 화학적인 연구는 오랫동안 어려울 수밖에 없었습니다.

1959년까지도 항체의 성질이나 그 작용 메커니즘에 대해서는 잘 알지 못했습니다. 하지만 에들먼 박사님과 포터 박사님은 각자의 독립적인 연구를 통해 항체의 분자구조에 대한 기초 결과들을 1959년에 발표하였습니다. 이들은 모두 거대 분자를 작게 나누는 방법을 사용하였으며 이러한 작업으로 보다 쉽게 항체를 분석할 수 있었습니다.

포터 박사님은 항체의 특이적인 반응성을 결정하는 부분을 분리하고자 노력하였습니다. 박사님이 얻으려 했던 것은 생물학적 기능의 대부분을 배제시킨 항체였습니다. 하지만 박사님은 항원 결합 부위에서 항체와 경쟁할 수 있는 조각만을 얻을 수 있었습니다. 그는 파파인이라는 단백질 분해 효소를 처리하여 항체를 세 부분으로 나누는 데 성공하였습니다. 이 중 두 개는 항원과 특이적으로 결합할 수 있는 부위로 거의 항상 동일합니다. 하지만 세 번째 부분은 다른 두 부분들과는 명백히 달랐습니다. 결합 능력은 없었지만 또 다른 생물학적 특징을 가지고 있었습니다.

에들먼 박사님은 다른 많은 단백질처럼 항체도 두 개 혹은 그 이상의 사슬구조로 이루어져 있으며 이들은 대부분 황화결합으로 연결되어 있다고 추측하였습니다. 그는 어렵지 않게 이 결합들을 끊어 사슬을 분리함으로써 자신의 추측이 틀리지 않았음을 증명하였습니다. 그 후 에들먼 박사님과 포터 박사님은 항체가 네 가지 사슬로 구성되어 있으며, 이 네 가지 사슬 중에서 동일한 한 쌍은 '가벼운' 사슬, 또 다른 동일한 한 쌍은 '무거운' 사슬이라는 것을 밝혀냈습니다.

여러 자료들을 근거로 포터 박사님은 항체의 분자모형을 만들었는데 이 모델은 매우 정확했습니다. 그의 분자모형은 항체 분자는 하나의 줄기에 두 개의 가지가 꺾인 Y자 형태를 취하고 있습니다. 각 가지에는 가벼운 사슬 하나와 무거운 사슬이 절반씩 나란히 배열되어 있습니다. 그리고 줄기는 무거운 사슬의 나머지 부분으로 이루어져 있습니다. 가지 끝의 자유로운 구조에 의해 특이적인 결합 능력이 나타나며 이 두 개의 가지는 단독으로는 활성을 나타내지 않았습니다. 포터 박사님이 항체에 파파인 처리를 했을 때 바로 이 가지 부분이 줄기에서 잘려 나왔던 것입니다.

항체의 구조에 관한 이 연구 결과는 전 세계 연구자를 자극하였고 활발한 연구 활동을 촉진하였습니다. 오늘의 수상자들은 그동안 무언가 부족하다고 느껴지던 면역화학 연구에 대한 잠재적인 요구를 충족시키는 역할을 했습니다. 면역성을 알고 난 후 20년 동안 우리는 나름대로 면역에 대한 넓고 깊은 지식을 쌓아 왔습니다. 하지만 아직까지 관련 분야의 소수 전문가들조차 이를 완전히 이해하지 못하고 있습니다. 분자생물학과 유전학을 통틀어 가장 새롭고 흥미로운 연구는 면역학에서 이루어졌습니다. 그리고 이제 우리는 질병의 원인을 파악하고 예방하는 차원에서 면역의 역할을 새롭게 이해하게 되었습니다. 더불어 진단과 치료에 면역 반응을 이용할 수 있는 가능성 또한 높아졌습니다. 따라서 올해 노벨 생리·의학상을 수상하는 두 분은 이 분야의 개척자로서 그 공로를 높이 평가받게 되었습니다.

제럴드 에들먼 박사님, 그리고 로드니 포터 박사님.

두 분이 면역 글로불린의 화학적 구조를 명확하게 규명함으로써 이로 인해 면역화학은 크게 발전하였습니다. 우리는 수문을 열어 많은 물을 마른 땅으로 흘러가게 하면 땅이 비옥해져 풍부한 수확을 거두어들일 수 있음을 알고 있습니다. 말하자면 두 분은 수문을 열었습니다. 그리고 많은 수확을 거두어들이듯이 많은 연구들이 봇물 터진 듯 이어졌습니다. 카롤린스카 연구소는 생물학 특히, 의학 분야에서 두 분이 이룩한 이와 같은 업적을 인정하여 두 분께 생리·의학상을 수여하기로 하였습니다. 두 분께 연구소를 대표하여 진심 어린 축하를 전합니다.

이제 황태자께서 두 분에 대한 시상을 하시겠습니다.

왕립 카롤린스카 의과대학 연구소 스벤 가드

동물의 행동 유형에 관한 연구

1973

카를 폰 프리슈 | 독일 **콘라트 로렌츠** | 오스트리아 **니콜라스 틴베르헨** | 영국

:: 카를 폰 프리슈 Karl von Frisch (1886~1982)

독일의 동물학자. 빈 대학교에서 공부하였으며, 1910년에 뮌헨 대학교에서 박사학위를 받았다. 1921년에 로스톡 대학교 동물학 교수 및 동물학회 회장이 되었으며, 브레슬라우 대학교를 거쳐 1925년에 뮌헨 대학교 교수가 되었다. 1946년부터 오스트리아 그라츠 대학교 교수를 지내다가 1950년에 뮌헨 대학교로 돌아갔으며, 1958년에 명예교수가 되었다. 60여 년에 걸친 연구를 통하여 '꿀벌의 언어'를 규명하였다.

:: 콘라트 차하리아스 로렌츠 Konrad Zacharias Lorenz (1903~1989)

오스트리아의 동물학자. 컬럼비아 대학교에서 의학을 공부하였으며, 1928년에 빈 대학교에서 의학 박사학위를, 1933년에 동물학 박사학위를 취득하였다. 1940년에 쾨니히스베르크에 있는 알베르투스 대학교 일반심리학과 교수가 되었다. 1961년부터 1973년까지는 막스플랑크 행동생리학 연구소 소장으로 활동하였다. 조류의 고정적인 행동 양식을 연구하여 갓 태어난 오리와 거위의 '각인' 현상을 발견하였다.

:: 니콜라스 틴베르헨 **Nikolaas Tinbergen (1907~1988)**

네덜란드 태생 영국의 동물학자이자 동물행동학자. 1932년에 레이던 대학교에서 박사학위를 취득한 후, 1949년까지 강의하였다. 1949년에 옥스퍼드 대학교 교수가 되어 1974년까지 재직하였다. 공동 수상자인 콘라트 로렌츠와 함께 비교행동학을 창설하기도 하였다. 특정한 특징이 과장됨으로써 자연적 조건보다 강한 행동을 이끌어내는 초정상 자극을 발견하는 등 행동 양식, 발달 및 자극 등에 의한 행동양식의 유도에 관한 연구에 기여하였다.

전하, 그리고 신사 숙녀 여러분.

신화, 요정 이야기, 그리고 우화 등에서 중요한 역할을 했듯, 태고 이래로 동물의 행동은 사람들을 매혹시켜 왔습니다. 그러나 사람들은 자신의 경험, 사고, 느낌, 행동 방식에 따라 동물의 행동을 이해하려고 했습니다. 이와 같은 설명은 아주 시적이겠지만, 어떤 지식을 알려 주지는 못했습니다. 근대 과학 이전의 다양한 생각들이 이 분야에서는 특히 우세했습니다. 따라서 직관은 지적 능력에 의한 증명을 능가하며 더 이상 분석될 수 없다는 생명주의자들의 주장은 최근까지도 계속되었습니다. 행동의 문제들을 과학적 방법, 체계적인 관찰, 그리고 실험으로 연구하기 전까지 실질적인 발전은 이루어지지 못했습니다. 올해의 노벨상 수상자들은 이 분야에서 선구적인 역할을 하였습니다. 그들은 자연적인 상황, 그리고 실험적인 상황에서 보이는 동물 행동에 대한 수많은 자료를 모았습니다. 생물학자로서 그들은 동물의 행동 양식을 연구했으며, 살아남기 위한 생존경쟁에서 행동 양식이 어떤 역할을 하는지에 대해서도 연구하였습니다. 따라서 행동 양식도 형태학적 특징이나 생리학적 기능과 마찬가지로 자연도태되고, 그 결과 더 우수해진다고 생각했습니다.

행동 양식이 유전적으로 형성되었다는 것은 매우 중요합니다. 이른바 고정적인 행동 양식은 이전의 어떤 경험과도 상관없이 명확하게, 그리고 중요한 자극에 자연스럽게 유도될 것입니다. 이것은 마치 기계적으로 움직이는 로봇처럼, 일단 움직이기 시작하면 더 이상 외부 환경의 영향을 받지 않습니다. 곤충·물고기·조류 등에서 구애하는 일, 보금자리를 찾는 일, 새끼 돌보기와 같은 중요한 일은 고정적인 행동 양식과 많이 관련되어 있습니다. 포유류, 특히 사람은 대뇌 반구가 발달하여 학습으로 행동을 수정하지만, 이들에게도 고정적 행동 양식은 여전히 중요합니다.

카를 폰 프리슈 박사님은 매우 복잡한 꿀벌의 행동에 대해 60년 이상 헌신적으로 연구하였습니다. 무엇보다도 중요한 것은 그가 '꿀벌의 언어'를 규명하였다는 점입니다. 꿀벌은 과즙이 들어 있는 꽃을 발견했을 때, 벌집으로 돌아가면서 특별한 춤을 춥니다. 이 춤은 벌집에 있는 벌들에게 음식이 들어 있는 꽃의 위치와 거리를 알려 줍니다. 식량을 찾아다니는 벌은 하늘에서 내리쬐는 분극화된 자외선을 분석함으로써 태양을 나침반 삼아 음식의 위치를 알아내는 능력이 있습니다. 하지만 꿀벌들은 춤추는 것, 그리고 춤의 신호를 이해하는 것을 따로 배우지 않습니다. 춤추는 것과 그것에 대한 정확한 반응은 모두 유전적으로 계획된 고정적인 행동 양식입니다.

콘라트 로렌츠 박사님은 주로 조류의 고정적인 행동 양식을 연구하였습니다. 경험이 없는 동물, 특히 배양기에서 자라고 있는 어린 조류를 대상으로 한 그의 실험은 매우 중요한 것이었습니다. 어린 조류에서 그는 이론적으로는 배우지 않는, 유전적으로 형성된 행동 양식을 관찰할 수 있었습니다. 그는 또한 어린 동물들의 경험은 미래 성장에 결정적인 역할을 한다는 것을 알아냈습니다. 갓 태어난 오리와 거위는 그들이 처음으로 본 움직이는 물체를 따르게 되며, 시간이 지나서도 이 물체만을 따르는 것을 볼 수 있습니다. 정상적이라면 이들은 그들의 어미를 따라야 겠지만, 우리는 움직이는 물체나 생물체를 이용하여 이들을 속일 수도 있습니다. 이와 같은 현상을 '각인' 이라고 부릅니다.

콘라트 로렌츠 박사님은 동물 행동을 체계적으로 관찰한 반면, 니콜라스 틴베르헨 박사님은 창의적인 실험법을 이용하여 포괄적이면서 주의 깊게 여러 가설을 시험하였습니다. 박사님은 상응하는 고정 행동 양식을 유도하는 능력과 관련하여 다양한 핵심 자극의 강도를 측정하기 위해 모형을 사용하였습니다. 또한 그는, 어떤 특징이 과장되면 자연적인 조건보다 더 강한 행동을 이끌어 내는 이른바 '초정상 자극' 이 유발된다는 것도 관찰하였습니다.

올해의 노벨상 수상자들은 주로 곤충, 물고기 및 조류를 연구하였기 때문에 이 결과가 인류생리학이나 의학에 그다지 중요하지 않을지도 모릅니다. 하지만 이들의 발견은 현재 포유류를 대상으로 진행하는 포괄적 연구의 기반이 되었습니다. 그리고 유전적인 행동 양식의 존재, 이들의 구성, 발달 및 핵심 자극에 의한 행동 양식의 유도 등에 관한 연구에 공헌하였습니다. 개인의 정상적인 발달, 특히 중요한 시기에 겪는 특정 경험들의 중요함에 관한 연구도 있었습니다. 원숭이의 행동에 관한 연구를 통해서, 아기가 어머니나 형제 또는 적당한 대체물과의 접촉 없이 고립적으로 성장할 경우, 대부분이 심각하고 지속적인 행동 장애를 나타내는 것으로 증명되었습니다. 또 다른 중요한 연구는 비정상적인 심리상태가 개인에 미치는 영향에 관한 것입니다. 이런 비정상적인 심리상태는 비정상적인 행동을 유발할 뿐만 아니라 동맥고혈압이나 심근경색 같은 심각한 신체적 질병으로 발전하기도 합니다. 한 가지 중요한 것은 개인의 정신사회적인 상황이 심각하지 않다면 생물학적 능력에서 결코 불리하지 않다는 것입니다. 이것은 모든 종에게 적용되는 사실이며, 뻔뻔한 허영심으로 스스로를 '호모 사피엔스'라고 명명한 인류도 마찬가지입니다.

카를 폰 프리슈 박사님, 콘라트 로렌츠 박사님, 니콜라스 틴베르헨 박사님.

박사님들 중의 한 분이 인용한 고대 우화에 보면, 솔로몬 왕에게는 동물의 언어를 이해하게 하는 신비한 반지가 있었다고 합니다. 동물들이 서로에게 전하는 정보를 해독하고, 그 행동의 의미를 규명하였다는 점에서 세 분은 솔로몬 왕의 계승자가 되었습니다. 실제 솔로몬 왕의 반지는 매우 복잡한 동물 행동에 담긴 일반적인 원리를 찾아낸 박사님들이 가진 것 같습니다. 하지만 우리는 박사님들이 많은 경험을 축척하고 실험을 위해 자료들을 모으고 과학적 원칙에 따라 해석하는 노력을 했다는 것을 잘 압니다. 그 자체의 가치를 떠나서, 박사님들의 발견은 사회, 의학, 심리학, 정신의학 및 정신신체의학 등에까지 광범위한 영향을 주었습니다. 따라서 세 분에게 노벨상을 수여하는 것은 알프레드 노벨 박사님의 의지에도 잘 부합되는 것이라 생각합니다. 오늘 이 자리에 콘라트 로렌츠 박사님과 니콜라스 틴베르헨 박사님이 함께하여 주신 것을 자랑스럽게 생각하며, 카를 폰 프리슈 박사님을 대신해서 참석하신 그의 아들 오토 폰 프리슈 교수님께도 감사드립니다.

왕립 카롤린스카 연구소를 대표하여 세 분 수상자에게 따뜻한 축하를 전합니다. 이제 앞으로 나오셔서 전하께서 수여하시는 상을 받으시기 바랍니다.

왕립 카롤린스카 의과대학 연구소 보드에 크론홀름

세포의 구조 및 기능에 관한 연구

1974

알베르 클로드 | 미국 **크리스티앙 드 뒤브** | 벨기에 **조지 펄라디** | 미국

:: 알베르 클로드 Albert Claude (1898~1983)

벨기에 태생 미국의 세포학자. 1928년에 리에주 대학교에서 의학 박사학위를 취득한 후, 베를린 대학교와 카이저 빌헬름 연구소에서 연구하였다. 1929년에 미국으로 이주하여 록펠러 의학 연구소에 들어가 연구하였다. 록펠러 대학교 및 브뤼셀에 있는 리브르 대학교에서 교수로 재직하였다. 1948년부터 1971년까지 쥘 보르데 연구소 소장을 지냈다. 자신의 동료들과 함께 전자 현미경의 세포 샘플을 만드는 데에 성공하였다.

:: 크리스티앙 르네 마리 조제프 드 뒤브 Christian Rene Marie Joseph de Duve (1917~2013)

벨기에의 세포학자이자 생화학자. 루뱅 가톨릭 대학교에서 의학 박사학위(1941년) 및 화학 박사학위(1946년)를 취득한 후, 1947년부터 생리화학을 강의하였다. 1951년에 정교수가 되었으며, 1962년에 뉴욕에 있는 록펠러 의학연구소의 교수가 되어 두 학교의 교수를 겸하였다. 세균 또는 노쇠한 세포를 용해시키는 구성 성분인 리소좀을 발견함으로써 질병 예방과 치료 수단의 개발에 기여하였다.

:: **조지 에밀 펄라디** George Emil Palade (1912~2008)

루마니아 태생 미국의 세포생물학자. 1940년에 부쿠레슈티 대학교 의과대학에서 의학 박사학위를 취득한 후, 1945년에 미국으로 이주하여 록펠러 의학연구소에서 연구하였다. 1958년에 같은 연구소의 교수가 되어 1973년까지 재직한 후, 1973년에 예일 대학교 교수로 임용되었다. 1990년부터는 샌디에고에 있는 캘리포니아 대학교에 재직하였다. 전자현미경을 고차원적 수준으로 발달시킴으로써 세포의 구조 및 기능 규명에 기여하였다.

전하, 그리고 신사 숙녀 여러분.

1974년도 노벨 생리·의학상은 세포의 구조와 기능, 즉 세포생리학과 관련되어 있습니다. 오늘의 수상자들은 이 분야에서 노벨상을 받는 첫 번째 연구자들입니다. 하지만 이 분야의 선구자로는 1906년도 수상자인 골지 박사와 카할 박사가 있습니다. 이들은 광학현미경으로 세포를 관찰하여 노벨상을 수상하였습니다. 광학현미경은 19세기에 마치 새로운 세상의 문을 연 것처럼 수많은 연구에 사용되었지만 여기에는 분명한 한계가 있었습니다. 세포의 구성성분들이 너무 작아 현미경으로는 관찰할 수 없었기 때문에 세포의 내부구조, 구성 성분들의 상호관계, 또는 이들의 역할에 대해서는 전혀 알 수가 없었던 것입니다. 즉 세포 내부는 마치 물건들이 질서없이 흐트러져 있는 바구니처럼 구성 성분의 기능을 전혀 알 수 없는 것이라고 여겨졌습니다.

실제로 세포는 바늘끝의 백만 분의 일 정도밖에 되지 않는 매우 작은 크기이기 때문에 세포의 기능을 담당하는 구성 성분들은 작은 세포의 백만분의 일 정도 크기밖에 되지 않을 것입니다. 따라서 이를 광학현미경으로 관찰하는 것은 절대로 불가능한 일이었습니다. 그렇다고 코끼리 세포가 생쥐 세포보다 큰 것도 아니기 때문에 연구자들이 보다 큰 실험동물을 사용한다 해도 세포 연구에는 별다른 도움이 될 수 없었습니다.

이와 같은 이유로 금세기 초반 몇십 년 동안 세포 연구는 전혀 발전하지 못했습니다. 하지만 1938년에 이르러 전자현미경이 등장하면서 세포 연구는 활력을 되찾을 수 있었습니다. 전자현미경과 광학현미경의 차이는 실로 엄청난 것이었습니다. 과거 현미경이 책의 제목만을 읽었다면 전자현미경은 책 내용을 전부 읽는 것과 같았습니다. 우리는 이제 이 도구로 세포 내 구성 성분들을 관찰할 수 있게 되었습니다. 그렇지만 그 결과는 기대에 미치지 못했습니다. 전자현미경으로 관찰할 수 있는 표본 세포가 없었기 때문입니다. 책을 읽을 수 있음에도 불구하고 책은 여전히 덮여 있었던 것입니다.

덮여 있던 이 책을 열어 처음으로 읽은 사람이 바로 알베르 클로드 박사님과 그의 동료들입니다. 1940년대 중반에 그들은 문제를 해결할 돌파구를 찾았고 전자현미경의 세포 샘플을 성공적으로 만들었습니다. 하지만 해결해야 할 기술적인 문제들은 아직도 많았습니다. 때문에 이들의 성공은 한 줄기 섬광과도 같은 시작에 불과했습니다. 이 전자현미경을 고차원 수준으로 발달시킨 사람이 바로 조지 팔라디 박사님입니다.

우리가 세포의 기능을 이해하기 위해서는 세포의 구조 및 형태와 더불어 구성 성분의 화학적인 조성도 규명해야 합니다. 하지만 전체 세포 또는 조직을 이루는 성분들은 너무나 많기 때문에 이들을 일일이 분석하는 것은 매우 어려운 일입니다. 그리고 그 크기도 너무 작아 각각의 구성 성분들을 독립적으로 연구하기도 힘듭니다. 하지만 클로드 박사님은 마침내 새로운 방법을 개발하였습니다. 그는 세포를 먼저 갈고, 원심분리하여 여러 성분 중에서 커다란 것들을 제거하였습니다. 이 방법의 개발은 매우 중요한 출발점이 되었습니다. 팔라디 박사님은 이 방법을 개선하였으며 크리스티앙 드 뒤브 박사님은 이와 관련하여 눈부신 성과를 거두었습니다.

이제 우리는 이러한 방법들을 이용하여 세포의 기능을 쉽게 알 수 있습니다. 팔라디 박사님은 세포가 성장하고 물질을 분비할 때 작용하는 구성성분들도 밝혀냈습니다. 1906년도 수상자인 카밀로 골지 박사는 골지체라는 세포 구성성분을 발견하였고 팔라디 박사님은 이 골지체의 역할을 증명하였습니다. 그리고 세포 내에서 단백질을 생성하는 리보솜도 발견하였습니다.

아주 작은 세포 내에서조차 유기물질의 생성, 폐기물의 연소와 제거는 균형있게 조절되고 있습니다. 드 뒤브 박사님은 이때 작용하는 리소좀이라는 아주 작은 구성 성분을 발견하였습니다. 이 성분은 세균 또는 노쇠한 세포 등을 삼키고 용해시켰습니다. 실제로 이 과정은 산에 의해 일어나는 것이지만 건강한 세포는 자신의 세포막으로 스스로를 산으로부터 보호하므로 전혀 해를 입지 않습니다. 그러다 세포막이 이온화 방사선 등으로 손상되면 리소좀은 세포의 자살 도구로 이용됩니다. 이와 같은 리소좀은 임상적으로도 매우 중요한 역할을 하는 것으로 밝혀졌습니다. 따라서 이에 관한 드 뒤브 박사님의 연구는 질병의 예방과 치료 수단을 개발하기 위한 중요한 기초가 되었습니다.

요약하면 오늘 1974년도 수상자들의 연구는 생물학의 기반이 되는 동시에 임상적으로도 중요한 세포의 기능을 밝혀 주었습니다. 따라서 그들은 생리학뿐 아니라 의학에서도 그 공로를 인정받았습니다.

알베르 클로드 박사님, 크리스티앙 드 뒤브 박사님, 조지 팔라디 박사님.

지난 30년 동안 세포생리학이라는 새로운 학문이 탄생되었고, 또 발전해 왔습니다. 그리고 세 분은 이 연구 분야의 기본적인 방법론을 발전시키고 세포의 기능을 규명하는 등 큰 공헌을 하였습니다. 카롤린스카 연구소를 대표하여 세 분께 따뜻한 축하를 전하며 이제 전하께서 수여하시는 상을 받으시기 바랍니다.

카롤린스카 의과대학 연구소 에릭 애드스트룀

종양 바이러스와 세포 유전물질의 상호작용 발견

1975

데이비드 볼티모어 | 미국

레나토 둘베코 | 이탈리아

하워드 테민 | 미국

:: 데이비드 볼티모어 David Baltimore (1938~)

미국의 바이러스학자. 펜실베이니아에 있는 스와스모어 대학교에서 화학을 공부하였으며, 매사추세츠 공과대학을 거쳐 1964년에 뉴욕에 있는 록펠러 대학교에서 박사학위를 취득하였다. 매사추세츠 공과대학 및 아인슈타인 의과대학에서 박사후과정을 이수하였으며, 1968년에 캘리포니아에 있는 솔크 생물학연구소에서 공동 수상자 레나토 둘베코와 함께 종양 바이러스를 연구하였다. 1972년에 매사추세츠 공과대학 교수가 되었으며, 1973년부터는 미룰 암학회 분자생물학 교수를 겸임하였다.

:: 레나토 둘베코 Renato Dulbecco (1914~2012)

이탈리아의 바이러스 학자. 1936년에 토리노 대학교에서 의학 박사학위를 취득하였으며, 1947년에 미국으로 이주하여 인디애나 대학교에서 연구하였으며, 1949년부터는 캘리포니아 대학교 공과대학에서 연구하였다. 1963년에 캘리포니아에 있는 솔크 생물학 연구소 연구원이 되어 공동 수상자 데이비드 볼티모어와 함께 종양 바이러스를 연구하였다. 1977년부터 1981년까지 캘리포니아 의과대학 교수를 지냈다.

:: **하워드 마틴 테민 Howard Martin Temin (1934~1994)**

미국의 바이러스 학자. 스워스모어 칼리지에서 생물학을 공부하였으며 1959년에 캘리포니아 대학교 공과대학에서 박사학위를 취득하였다. 1960년에 매디슨에 있는 위스콘신 대학교 조교수로 임용되어 1969년까지 부교수 및 정교수로 재직하였다. 1974년에는 미국 암학회의 바이러스성 종양학 및 세포생물학 교수가 되었다. RNA 종양 바이러스가 RNA로부터 DNA를 복제할 수 있는 특별한 단백질을 함유하고 있음을 발견함으로써 바이러스 발암설을 실험으로써 규명하였다.

전하, 그리고 신사 숙녀 여러분.

암세포는 어떻게 생기는 것일까요? 무엇으로 암세포와 정상세포를 구별할 수 있을까요? 암세포는 유기체의 정상적인 조절작용에서 벗어난 사회적 부적합자라고 할 수 있습니다. 이들의 무절제한 성장 능력은 여러 세대를 통해 유전됩니다. 바로 이것이 정상세포와 암세포의 차이입니다.

따라서 정상 세포가 암세포로 변하려면 유전물질이 변화되어야 합니다. 이런 변화는 방사선, 여러 화학약품, 또는 종양 바이러스에 의해 생길 수 있습니다. 올해의 노벨상 수상자들은 세포가 종양 바이러스에 감염될 때 어떤 일이 일어나는지를 규명하였습니다.

세포의 유전물질인 DNA는 세포의 핵 안에 있습니다. 세포는 유전물질의 화학구조에 들어 있는 종합적인 계획에 따라 만들어집니다. 계획에 따라 이를 구성하는 것은 단백질이지만 명령을 내리는 것은 DNA입니다. 핵 안에 있는 이 종합적인 계획에 따른 명령은 일종의 청사진과도 같은 RNA가 필요한 장소로 전달합니다. 따라서 세포 내 정보는 DNA에서 RNA로, RNA에서 다시 단백질로 전달됩니다.

종양세포는 이런 과정을 어떻게 방해할 수 있을까요? 모든 바이러스와 마찬가지로 종양 바이러스는 DNA 또는 RNA을 갖고 있습니다. 레나토 둘베코 박사님은 DNA를 포함한 종양 바이러스의 감염과정을 규명하였습니다. 이와 같은 경우, 감염과정에서 바이러스의 DNA가 세포 안으로 들어가게 됩니다. 둘베코 박사님은 바이러스성 DNA가 감염된 세포의 핵 안으로 들어가 세포의 DNA와 결합하는 것을 관찰하였습니다. 이렇게 결합한 바이러스 DNA에 의해 무절제하게 증식하는 유전 성질이 나타나면서 세포는 종양세포로 변형됩니다. 그리고 이 새로운 '암' DNA는 세포분열을 통해 다음 세대의 세포로 유전됩니다.

DNA 대신 RNA를 함유한 종양 바이러스에 의해서는 어떤 일이 일어날까요? 이 경우에도 암세포로의 변형은 유전물질의 변화에서 비롯되는 것이지만 그 방법은 훨씬 간접적입니다. 이미 1960년대 초에 하워드 테민 박사님은 RNA 종양 바이러스가 DNA로 복제되어 세포의 유전물질로 통합된다고 주장하였습니다. 이것은 그 당시 정설이던 DNA에서 RNA로의 정보 흐름과 반대였기 때문에 과학적으로 받아들여지기 힘들었습니다. 그러나 1970년에 하워드 테민 박사님과 데이비드 볼티모어 박사님은 각자의 연구를 통해 RNA 종양 바이러스가 RNA로부터 DNA를 복제할 수 있는 특별한 단백질을 함유하고 있다는 것을 발견하였습니다. 이 단백질은 테민 박사님이 주장했던 화학적 반응을 정확하게 실행할 수 있었습니다.

이 발견으로 암 연구는 새로운 장을 열었을 뿐 아니라, 생물학에도 광범위한 영향을 주었습니다. 1970년 이후, 데이비드 볼티모어 박사님과 다른 사람들의 연구에서 RNA 종양 바이러스가 감염된 세포에서 DNA 사본을 만듦으로써 세포의 DNA에 통합된다는 것이 명확하게 밝혀졌습니다. 이제 레나토 둘베코 박사님이 발견한 유전자 변형의 작용기전은

DNA와 RNA 종양 바이러스 모두에 적용되고 있습니다. 게다가 많은 정상적인 세포의 DNA에 RNA 종양 바이러스와 관련된 바이러스 RNA 사본이 포함되어 있다는 것도 발견하였습니다. 이러한 DAN 사본은 유전물질에 포함되어 수백만 년 동안 존속할 수도 있습니다. 아직은 이들의 기능을 분명하게 알지 못하지만, 어떤 화학 물질에 의해 RNA 바이러스로 변형될 수 있다는 것은 알고 있습니다. 즉, 세포의 유전물질의 일부가 갑자기 바이러스 입자로 다시 태어나게 되는 것입니다.

이것이 의학적으로는 어떤 의미가 있을까요? 인간의 암은 바이러스 질환일까요? 동물의 백혈병, 유방암 또는 결합조직의 암 등은 바이러스가 원인입니다. 하지만 모든 동물의 암이 바이러스 때문에 생기는 것은 아닙니다. 인간에게 발병하는 어떤 종류의 암은 바이러스와의 연관성을 증명할 결정적인 증거가 부족한 경우도 있습니다. 하지만 인간의 암이 바이러스와 무관하다고 믿을 만한 증거도 없습니다. 고양이의 백혈병은 오늘날 아주 흔한 사망 원인입니다. 이미 이 고양이 바이러스에 대한 백신을 찾기 시작했기 때문에 아마도 미래는 달라질 것입니다. 우리는 지금 종양 바이러스가 원인인 인간의 암을 확인할 수 있는 방법을 알고 있습니다. 따라서 앞으로 이 질병을 예방하는 방법도 알게 될 것입니다.

데이비드 볼티모어 교수님, 레나토 둘베코 교수님, 그리고 하워드 테민 교수님.

페이턴 라우스 박사님은 65년 전에 바이러스 발암설을 확립하였습니다. 그리고 교수님들은 바이러스가 어떻게 암을 일으키는지를 실험적으로 보여 주었습니다. 교수님들의 발견 효과는 라우스 박사님의 발암설 확립보다 영향력이 훨씬 큽니다. 이제 바이러스와 유전자 사이의 경계가 사라지고 있습니다. 수백만 년 동안 고등동물 염색체의 구성 요소였던 특이한 유전정보가 바이러스 입자로 다시 태어나는 것입니다.

카롤린스카 연구소를 대표하여 교수님들 모두에게 따뜻한 축하를 전합니다. 이제 전하께서 시상하시겠습니다.

왕립 카롤린스카 의과대학 연구소 피터 레이처드

감염성 질병의 기원과 전파에 관한 새로운 발견

1976

버룩 블럼버그 | 미국

칼턴 가이두섹 | 미국

:: 버룩 새뮤얼 블럼버그 Baruch Samuel Blumberg (1925~)

미국의 연구의. 1951년에 컬럼비아 대학교에서 의학 박사학위를 취득하였으며, 옥스퍼드 대학교에서 생화학을 공부하여 1957년에 박사학위를 취득하였다. 펜실베이니아 대학교에서 교수를 지냈으며, 1957년부터 메릴랜드에 있는 미국 국립보건원 연구원으로 활동하였다. 1964년에 필라델피아 대학교 암연구소 임상연구부문 부책임자가 되었으며, 1970년에는 동 연구소 교수가 되었다. 오스트레일리아 원주민의 혈청에서 B형 바이러스를 발견하였다.

:: 대니얼 칼턴 가이두섹 Daniel Carleton Gajdusek (1923~)

미국의 의사이자 의학연구자. 로체스터 대학교에서 공부하였으며, 1946년에 하버드 대학교에서 의학 박사학위를 취득한 후, 하버드 대학교와 컬럼비아 대학교, 캘리포니아 대학교 공과대학에서 박사후과정을 이수하였다. 1958년부터 미국 국립보건원에서 바이러스 및 신경 연구부문 책임자가 되어 활동하였다. 1974년 국립 과학아카데미 회원이 되었다. 뉴기니 원주민들에게서 나타나는 질병 '쿠루'의 감염성 특징을 규명하였다.

전하, 그리고 신사 숙녀 여러분.

우리는 일상 생활에서 감염 물질에 수시로 노출됩니다. 이 감염원 중에서 가장 작은 것이 바로 바이러스입니다. 바이러스는 그 크기가 작음에도 불구하고 수많은 형태의 전염병을 일으킬 만큼 치명적입니다. 아주 흔한 감기 바이러스는 호흡기를 통해 쉽게 들어오며 그 증상은 며칠 뒤부터 나타납니다. 그러나 우리 몸은 이와 같은 바이러스의 공격을 스스로 막을 수 있는 능력이 있으며, 보통은 며칠 뒤에 다시 건강을 회복합니다.

하지만 때때로 전염병은 이와 전혀 다른 방법으로 발병합니다. 올해의 노벨상은 이러한 전염병의 메커니즘과 관련되어 있으며, 두 분의 수상자는 특히 두 종류의 질병에 대해 연구하였습니다.

블럼버그 박사님은 1960년 초에 특이적인 혈액단백질의 유전에 관해 연구하던 중 찾으려던 물질과는 전혀 다른 새로운 단백질을 우연히 발견하였습니다. 이것은 일반적인 신체 구성 요소가 아닌 황달을 유발하는 바이러스였습니다.

1940년 이후, 바이러스가 일으키는 황달은 두 종류가 알려져 있었는데 그중 한 가지는 장에 감염되어 질병을 일으키는 것이었으며, 다른 한 가지는 수혈로 감염되는 것이었습니다. 블럼버그 박사님이 발견한 바이러스는 후자였습니다. 이 바이러스는 감염된 뒤 서너 달 뒤부터 간에 문제를 일으키는 것으로 관찰되었습니다. 일반적으로 이 증상은 몇 주 안에 수그러들었지만 바이러스 감염에 저항력이 없는 경우에는 살아가는 동안 그 증상이 지속적으로 나타났습니다. 이처럼 증상이 지속되는 경우는 1,000명 중 1명꼴로 나타나며 전 세계적으로 1억 명에 달합니다. 또한 이 질병이 있는 사람들은 바이러스를 다른 사람에게 옮길 수도 있었습니다. 하지만 블럼버그 박사님의 발견 덕분에 이제는 이 바이러스 보균자들을 구분할 수 있게 되었고, 이들의 수혈을 금지하여 전염을 막을 수 있게 되었습니다. 또 이 원인으로 유발되는 황달에 대한 새로운 예방법으로 백신이 개발되어 현재 시험 중입니다.

한편 칼턴 가이두섹 박사님은 1950년 말에 뉴기니의 고지에 사는 부족민들에게만 나타나는 쿠루라는 질병을 연구하였습니다. 이 병은 뇌에 점진적으로 손상을 일으켜 결국에는 죽는 병으로 일반적인 전염병의 증상인 열이나 염증은 전혀 나타나지 않는 특징이 있었습니다. 그럼에도 불구하고 가이두섹 박사님은 이 병이 다른 전염병과 같이 어떤 감염원이 있어 발병하는 것이라고 생각하였습니다. 그리고 이 감염원으로 침팬지도 똑같은 질병을 앓을 수 있다고 주장하였습니다. 박사님이 감염시킨 동물에서 처음 증상을 확인하기까지는 1년 반 내지 3년의 시간이 걸렸습니다. 그리고 이 연구는 쿠루병의 원인을 밝히는 데 중요한 역할을 하였습니다.

연구가 진행되는 20년 동안에도 3,000~35,000명이 이 전염병으로 목숨을 잃었습니다. 마침내 박사님은 죽은 사람의 살덩이를 나누어 먹는 뉴기니 고지 부족민들의 장례 의식 때문에 이 질병이 전염된다는 것을 발견하있습니다. 따라서 이 장례 의식은 1959년에 중단되었고, 그 뒤에 태어난 아이들에게는 더 이상 쿠루가 발병하지 않았습니다. 하지만 어른들에게는 여전히 감염원이 잔존해 있었고, 이는 질병이 사라지고 수십년이 흐른 뒤에도 쿠루의 감염원이 여전히 유기체 속에 잠복 상태로 남아 있을 수 있다는 것을 의미합니다.

왕립 카롤린스카 연구소는 식인 풍습의 위험성을 알린 가이두섹 박사님을 올해의 노벨상 수상자로 결정하였습니다. 그는 쿠루의 원인을 밝혔으며, 그의 연구는 감염원이 질병을 유발한다는 독특한 형태를 밝혔다는 점에서 매우 큰 의미를 갖습니다. 쿠루가 일반적인 전염병 증상이 없이도 전염성 물질로 감염되는 질병이라는 사실은 다른 질병도 이와 비슷한 형태로 발병할 수 있다는 것을 의미하며 이와 같은 감염 경로에 대해서도 연구자들이 주목해야 함을 강조하고 있습니다. 또한 가이두섹 박사님은 초로 치매와 같은 독특한 질병 역시 감염성 질병이라는 것을 증명하였습니다.

우리 몸의 일반적인 방어 메커니즘은 이러한 종류의 감염원으로부터 우리를 보호할 수 없습니다. 게다가 이런 바이러스들은 일반적인 바이러스보다 열이나 방사선에 대한 저항력도 강합니다. 따라서 우리는 일반적인 바이러스 치료법과는 전혀 다른 방법으로 이런 바이러스들을 치료해야 합니다. 그러나 현재 이 바이러스의 정확한 성질을 밝히는 것은 아직도 숙제로 남아 있습니다.

버룩 블럼버그 박사님, 그리고 칼턴 가이두섹 박사님.

두 분은 우리가 감염성 질병 메커니즘을 보다 새로운 관점에서 바라볼 수 있도록 해주었습니다. 그리고 감염성 질병에 대한 개념을 재정립함으로써 앞으로의 연구가 나아갈 새로운 방향을 제시하였습니다. 카롤린스카 연구소를 대표하여 두 분께 따뜻한 축하를 보냅니다. 이제 전하께서 두 분에 대한 시상을 하시겠습니다.

왕립 카롤린스카 의과대학 연구소 얼링 노르비

뇌하수체 호르몬의 발견과 면역정량 방법의 개발에 관한 연구

로제 기유맹 | 미국　**앤드루 샐리** | 미국　**로절린 앨로** | 미국

:: 로제 샤를 루이 기유맹 Roger Charles Louis Guillemin (1924~)

프랑스 태생 미국의 생리학자. 부르고뉴 대학교에서 공부하였으며, 1949년에 리옹 대학교에서 의학 박사학위를 취득한 후 캐나다로 이주해 몬트리올 대학교에서 1953년에 박사학위를 취득하였다. 1953년 휴스턴에 있는 베일러 의과대학의 교수가 되어 1970년까지 재직하였으며, 1970년부터 캘리포니아에 있는 솔크 생물학연구소에서 상임연구교수로 재직하였다. 뇌와 뇌하수체 사이의 화학 물질을 최초로 분리하고 구조를 규명하였으며 합성하였다.

:: 앤드루 빅토르 샐리 Andrew Victor Schally (1926~)

폴란드 태생 미국의 내분비학자. 1939년에 영국으로 이주하여 런던 대학교에 입학하여 화학을 공부하였다. 캐나다 몬트리올 맥길 대학교를 졸업하고 1957년에 박사학위를 취득하였다. 이후 베일러 대학교에서 연구하여 1960년에 조교수가 되었다. 1962년부터는 뉴올리언스 예비역관리국 의학센터 내분비 및 폴리펩티드 연구실장으로 활동하였다. 뇌와 뇌하수체 사이의 화학 물질을 최초로 분리하고 구조를 규명 · 합성하였다.

:: 로절린 서스먼 얠로 Rosalyn Sussman Yalow (1921~2011)

미국의 의학물리학자. 뉴욕 시립 헌터 대학교에서 공부하였으며 1954년에 일리노이 대학교에서 물리학으로 박사학위를 취득하였다. 1947년부터 1950년까지 헌터 대학교 조교수와 브롱크스 예비역관리국 병원 핵물리학 고문을 겸직하였다. 1973년에 솔로몬 버슨 연구소의 소장이 되었으며, 1979년에 뉴욕 주에 있는 예시버 대학교 아인슈타인 의과대학 교수가 되었다. 혈액 안에 존재하는 호르몬의 정량 측정에 성공하였다.

전하, 그리고 신사 숙녀 여러분.

'호르몬' 이라는 단어와 관련된 용어는 항상 환상을 자극합니다. 호르몬을 신비롭게 느끼기는 연구자나 문외한이나 똑같습니다. 그 이유는 간단합니다. 이 물질이 측정이 불가능할 만큼 매우 낮은 농도로 존재하는 것 같으면서도 강력한 작용을 하는 화학 물질이기 때문입니다. 하지만 이런 호르몬에 관한 신비로움과 믿음은 적어도 과학 연구와 의학에서는 받아들여지지 않았습니다. 적어도 호르몬과 같은 활성의 화학 물질을 확인하고, 그 생성 속도를 측정할 수 있어야만 비로소 그에 대한 환상과 신비로움을 현실로 전환시킬 수 있습니다.

올해 세 명의 노벨상 수상자는 모두 이와 같은 활동에서 두드러진 역할을 한 분들입니다. 로절린 얠로 박사님은 혈액 1밀리리터당 10^{-12}그램의 농도로 존재하는 호르몬을 측정하는 방법으로 유명합니다. 이른바 단백질 호르몬이라 불리는 수많은 호르몬들이 혈액 안에 이와 같은 낮은 농도로 존재하기 때문에 이 방법은 필수적입니다. 얠로 박사님 이전까지 호르몬은 혈액에서 정량적으로 측정될 수 없는 물질이었습니다. 따라서 이 분야의 연구는 침체될 수밖에 없었습니다.

로절린 얠로 박사님은 최근에 함께 연구한 솔로몬 버슨 박사님과 작은 단백질 호르몬인 인슐린을 사람에게 주입하면 인슐린에 대한 항체가 형성된다는 것을 우연히 발견하였습니다. 인슐린을 투여한 당뇨병 환자는 모두 투여된 인슐린에 대한 항체를 만들었습니다. 앨로 박사님과 버슨 박사님의 발견은 소량의 단백질 호르몬이 항체의 형성을 촉진할 수 없다고 믿고 있었던 당시의 흐름 때문에 이와 관련된 첫 번째 논문의 출판을 거절당했습니다. 그러나 그들은 포기하지 않았고, 2년간 광범위한 추가 연구를 진행하였습니다. 그리고 1960년에 항체 형성을 촉진하는 이 호르몬의 능력을 기본 원리로 이용하여 혈액에서 단백질 호르몬을 정량하는 방법론을 제시하였습니다. 앨로-버슨 방법으로 알려져 있는 이 방법은 매우 간단하였습니다.

시험관에 이미 알고 있는 일정량의 방사성 인슐린과 일정량의 인슐린 항체를 혼합합니다. 그러면 방사성 인슐린과 항체가 결합합니다. 여기에 다시 인슐린을 함유한 소량의 혈액을 첨가하면, 혈액에 있던 인슐린이 항체에 결합하면서 그만큼의 방사성 인슐린은 떨어져 나가게 됩니다. 혈액 시료 중의 인슐린의 농도가 높으면 높을수록, 항체로부터 떨어져 나가는 방사성 인슐린 양은 더 커집니다. 떨어져 나간 방사성 인슐린의 양은 쉽게 정량할 수 있으므로, 이로부터 혈액 시료에 존재하는 인슐린의 정확한 양을 측정할 수 있습니다.

존재하는 모든 호르몬 양을 정확하게 측정할 수 있는 앨로-버슨 방법은 호르몬의 연구에 실질적인 혁명을 일으켰습니다. 앨로 박사님의 업적으로 새로운 시대가 열린 것입니다. 박사님의 방법론은 수정을 거치면서 연구 영역을 훨씬 초월하여 생물학과 의학의 광대한 영역에까지 영향을 주었습니다. 앨로 박사님이 이 분야에 있는 수많은 연구자들의 생활까지도 변화시켰다고 할 정도였습니다.

로제 기유맹 박사님과 앤드루 섈리 박사님 또한 단백질 호르몬의 연구에 크게 기여하였습니다. 두 분이 신체와 영혼의 연결 부분에 대해 많은 것을 밝혀냈다고 해도 과언이 아닙니다.

수십 년 동안, 사람들은 육체와 정신이 하나로 되어 있기 때문에 분리될 수 없다고 주장하면서, 호모 사피엔스(생각하는 동물)를 분할한다는 것 자체가 불가능하다고 생각했습니다. 감정과 심리 현상은 신체의 기능에도 영향을 줍니다. 한 가지 예를 들어 보겠습니다. 미국의 군인들이 유럽의 전쟁터로 떠났을 때, 남아 있던 수천 명의 부인들은 월경이 멈추었습니다. 건강에는 전혀 이상이 없었지만, 정서적인 스트레스로 인체의 기능이 영향을 받은 것이 그 이유였습니다. 어떤 작용 기전으로 심리가 신체에 영향을 준 것일까요?

몸 전체에서 전달되는 정보뿐만 아니라 심리적 현상도 뇌에서 전기 충격을 일으킵니다. 이것이 신경계의 언어이며, 뇌는 '전기적으로' 말한다고 이야기합니다. 뇌는 들어오는 정보를 뇌 센터의 일정 부분에 알리고, 이들 센터는 신호를 더욱 멀리까지 전달합니다. 호르몬을 만드는 장기로 정보를 전달하는 센터는 중뇌에 있습니다. 그리고 중뇌와 호르몬 생성 기관인 뇌하수체는 섬세한 혈관으로 연결됩니다. 따라서 주변 환경의 정보가 뇌, 중뇌, 뇌하수체로 전달되면서 호르몬이 분비되고, 이 호르몬이 신체 기능을 조절합니다.

로제 기유맹 박사님과 앤드루 섈리 박사님은 1950년대 중반에 중뇌가 섬세한 혈관을 경유하여 뇌하수체로 수송되는 화학 물질을 생산한다는 사실을 밝혀냈습니다. 그리고 이 화학 물질은 주어진 시간 안에 뇌하수체에서 생성되어야 할 여러 뇌하수체 호르몬의 양을 정확하게 결정합니다. 정신에서 육체로 정보를 전달하는 중뇌의 화학 물질은 과연 무엇일까요?

기유맹 박사님과 샬리 박사님은 미국 내 서로 다른 지역에서 수많은 공동 연구자들과 함께, 이와 같은 화학 물질 중 하나를 분리하기 위해 노력하였습니다. 하지만 이들이 주목한 물질은 같은 것이었습니다. 1969년, 이들은 각각 양과 돼지의 중뇌에서 얻은 500만 조각, 즉 500킬로그램으로 시작해서, 순수한 호르몬성 물질 1밀리그램을 얻는 데 성공하였습니다. 그렇게 많은 양에서 그렇게 조금 밖에 얻을 수 없을 만큼 정말 어려운 일이었습니다.

뇌와 뇌하수체 사이를 연결하는 화학 물질을 처음으로 분리한 사람이 바로 기유맹 박사님과 섈리 박사님입니다. 당신들은 또한 이들의 구조를 규명하였으며, 합성에도 성공하였습니다.

로제 기유맹 박사님과 앤드루 섈리 박사님의 발견은 자기 자신들의 연구 분야에도 혁명을 가져왔습니다. 중뇌에서는 여러 단백질 호르몬들이 계속 분리되고 있으며, 이것은 신체와 정신 사이를 연결하는 기관으로 알려져 있습니다.

로절린 앨로 박사님, 로제 기유맹 박사님, 그리고 앤드루 섈리 박사님.

모든 과학자들은 누구나 좌절을 겪습니다. 그러나 몇몇 사람들은 자신들이 설정한 목표에 도달하고, 이전에 알지 못했던 것을 배우는 기쁨과 흥분을 즐기며, 그로 인해 학문 세계에서 영원히 지워지지 않을 불멸의 영예를 얻기도 합니다.

박사님들과 같은 업적을 이루는 사람들은 많지 않습니다. 세 분은 엄청나게 많은 일을 수행하고 이를 해결하였습니다. 세 분의 과학적 업적은 마땅히 모든 과학계 동료들의 칭찬을 받기에 충분하며, 인류의 생활 구조와 행동을 이해하고자 노력한 알프레드 노벨 박사님의 훌륭한 정신과도 일치합니다.

카롤린스카 연구소는 박사님들께 올해의 노벨 생리·의학상을 수여하게 되어 기쁘게 생각합니다. 이제 전하께서 시상하시겠습니다.

왕립 카롤린스카 의과대학 연구소 롤프 루프트

제한 효소의 발견과 그 응용에 대한 연구

1978

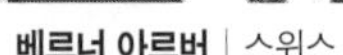

베르너 아르버 | 스위스

대니얼 네이선스 | 미국

해밀턴 스미스 | 미국

:: 베르너 아르버 Werner Arber (1929~)

스위스의 세균학자. 취리히에 있는 스위스 연방공과대학에서 화학과 물리학을 공부하였으며, 1958년에 주네브 대학교에서 박사학위를 취득하였다. 1960년부터 10년간 동 대학교에서 강의하였으며, 버클리에 있는 캘리포니아 대학교 객원교수를 거쳐, 1971년에 바젤 대학교 분자유전학 교수가 되었다. 1960년대 초 DNA를 분해시키는 제한 효소를 발견함으로써 분자유전학 분야의 발전에 기여하였다.

:: 대니얼 네이선스 Daniel Nathans (1928~1999)

미국의 미생물학자. 델라웨어 대학교에서 공부하였으며 1954년에 세인트루이스에 있는 워싱턴 대학교에서 의학 박사학위를 취득하였다. 1959년부터 1962년까지 록펠러 의학연구소에서 연구하였으며, 1962년에 볼티모어에 있는 존스홉킨스 대학교 교수가 되고 1972년에는 미생물학과 학과장이 되었다. 원숭이 바이러스의 DNA를 제한 효소를 통해 절단하여 유전자 지도를 완성함으로써 분자 유전학 및 관련 의학의 발달에 기여하였다.

:: **해밀턴 오서널 스미스 Hamilton Othanel Smith (1931~)**

미국의 미생물학자. 버클리에 있는 캘리포니아 대학교에서 공부하였으며, 1956년에 존스홉킨스 대학교에서 의학 박사학위를 취득한 후 인턴 및 레지던트 과정을 이수하였다. 1962년부터 1967년까지 미시간 대학교에서 연구하였으며, 1967년에 존스홉킨스 대학교 분자생물학 조교수로 임용되었다. 1973년부터는 미생물유전학 교수로 재직하였다. 분리 정제된 제한 효소가 실제로 외부 DNA를 잘라 내는 것을 보여 주었으며, 제한 효소가 특정 규칙에 의해 작용한다는 점을 발견하였다.

전하, 그리고 신사 숙녀 여러분.

올해 노벨 생리·의학상 수상과 관련하여 스웨덴 텔레비전은 다음과 같이 방송하였습니다. "그들의 발견은 실험실에서 사람을 복제하고, 천재를 만들며, 근로자를 대량 생산하고, 범죄자를 만들어 낼 수도 있는 가능성을 열어 주었습니다." 이 말은 이제 결코 농담이 아닙니다. 하지만 언론의 이와 같은 프랑켄슈타인적 고정관념에서는 벗어나야 합니다. 이제는 과학소설이 아니어도 이런 일이 충분히 일어날 수 있기 때문입니다.

올해 수상자들의 연구는 유전학에서 또 하나의 새로운 시대를 여는 출발점입니다. 유전학은 100여 년 전에 그레고어 멘델의 실험에서부터 시작되었습니다. 멘델은 유전자를 통해 형질이 유전된다는 것을 밝혔습니다. 또한 유전자마다 고유한 기능이 있으며 이것이 세대 간에 정확하게 전달된다는 것도 알게 되었습니다. 유전학의 두 번째 새로운 시대는 30년 전 에이버리 박사님이 DNA를 가지고 세균 간 유전형질의 전이에 성공함으로써 시작되었습니다. 그리고 유전자와 그 기능에 대한 화학적인 기초가 마련되었습니다. 우리는 여기에서 유전자는 DNA 조각이며 이 DNA는 특정 단백질을 합성할 수 있는 유전암호를 갖고 있음을 알게 되었습니다. 지난 20년 동안 분자유전학 분야에서만 6명의 노벨상 수상자가 배출되었습니다. 이것으로 분자유전학 연구가 얼마나 활발하게 이루어지고 있는지를 알 수 있습니다.

그동안 유전학의 실험 대상은 주로 세균이나 바이러스 등이었지만 그 결과를 사람과 연관짓기에는 별다른 무리가 없었습니다. 하지만 사람에게는 미생물에게서 일어나지 않는 또 다른 과정들이 있습니다. 그리고 그것은 유전자가 지시하는 수많은 생물학적 과정들에 의존합니다. 따라서 우리는 하나의 수정란에서 수많은 기관을 가진 완벽한 개체가 되기까지 유전자가 어떻게 작용하는지에 대한 의문을 갖게 됩니다. 정상적인 발생과정에 혼란이 생기면 질병이나 기형이 유발된다는 것은 알고 있지만, 과연 어떤 과정으로 세포는 특정한 기능을 갖는 하나의 기관으로 발달할 수 있는 것일까요? 1950년대부터 60년대에 걸쳐 과학자들은 이 질문에 대한 해답을 얻기 위해 부단히 노력하였습니다. 그 결과 이제 그 해결의 문 앞에 서있습니다. 그리고 바로 오늘의 수상자들이 이 문을 열어주었습니다. 이제 우리는 유전학의 세 번째 새로운 시대를 맞이하게 된 것입니다.

분자유전학 연구는 그 대상이 되는 유전자가 엄청나게 많은 정보를 가진 거대 분자이기 때문에 연구에 많은 어려움이 있었습니다. 사람의 세포 하나에 들어 있는 DNA는 세포의 발생과 기능에 관한 모든 정보를 담고 있는 한 권의 책에 비유할 수 있습니다. 이 책의 한 페이지는 하나의 단백질을 합성하는 데 필요한 모든 정보를 담고 있는 유전자가 포함되어 있습니다. 전체 책은 100만 페이지에 달하고 그 부피는 100미터나 되는 서가를 모두 차지할 만큼 큽니다. 그리고 세포 분열마다 이 책 전체가 그대로 복사됩니다. 어느 한 페이지의 한 글자라도 잘못되면 그 세포는 병이 들거나 죽게 됩니다. 이러한 오류는 화학 물질 또는 바이러스가 원인이며 암, 기형, 유전병 등으로 나타납니다. 모든 과학자는 이 책의 내용을 자세하게 읽고 싶어 합니다. 그리고 그 안에 있을 어떤 오류를 인식하여 그 영향을 최소화시키는 방법을 알고 싶어 합니다. 처음에 그들은 흥미로운 내용이 담긴 오류 없는 페이지, 즉 정상적인 유전자를 규명하기 위해 노력하였습니다. 하지만 이 과정에서 책의 모든 페이지, 즉 모든 유전자들이 서로 밀접하게 관련되어 있다는 것을 알게 되었습니다. 그렇다면 전체 내용을 손상시키지 않고서 하나의 페이지, 즉 유전자를 분리해 낼 수는 없는 것일까요?

봉인되어 있는 이 책을 열 수 있는 도구는 바로 제한 효소였습니다. 베르너 아르버 박사님이 이 효소를 처음 발견한 것은 1960년대 초였습니다. 그는 베르타니 박사와 비글 박사가 10년 전에 발견한 세균의 숙주조절수식이라는 현상을 분석하는 과정에서 이 효소를 발견하였습니다. 간단한 실험이었지만 아르버 박사님은 이 현상이 DNA 변화로 일어나며 외부 유전자로부터 숙주를 보호하기 위한 것임을 알게 되었습니다. 이때 외부 DNA가 분해되는 것을 보고 아르버 박사님은 세균이 DNA의 반복적인 구조를 인식하여 결합할 수 있는 제한 효소를 갖고 있다고 생각했습니다. 그리고 이 효소가 DNA 나선을 절단하는 것이라고 추측하였습니다. 즉 책의 각 페이지가 분리되는 것입니다.

해밀턴 스미스 박사님은 이와 같은 아르버의 가설을 증명하였습니다. 박사님은 분리 정제된 제한 효소가 실제로 외부 DNA를 잘라내는 것을 보여 주었습니다. 또한 박사님은 효소가 절단하는 부분이 어떤 화학 구조를 갖는지도 밝혀냈습니다. 그리고 제한 효소가 모종의 규칙에 따라 작용한다는 것도 발견하였습니다. 현재 알려진 제한 효소는 100여 개 정도입니다. 이 제한 효소들은 각각 다른 특정 부위를 인식하여 거대한 DNA를 절단함으로써 이 거대분자를 작은 조각으로 나누었습니다. 그리고 이 조각들을 DNA의 구조 연구와 유전학 실험에 유용하게 사용하였습니다.

제한 효소와 관련된 유전학의 발전은 대니얼 네이선스 박사님이 완성하였습니다. 처음으로 제한 효소를 유전학에 적용한 박사님의 연구는 전 세계 과학자들에게 많은 영향을 주었습니다. 그는 원숭이 바이러스의 DNA를 제한 효소를 이용하여 절단함으로써 처음으로 유전자 지도를 완성하였으며 이 방법으로 훨씬 복잡한 지도도 완성할 수 있었습니다. 오늘날 우리는 네이선스 박사님이 규명한 원숭이 바이러스 유전자의 화학식도 완벽하게 쓸 수 있습니다.

제한 효소의 활용은 고등생물 유전학에 대변혁을 일으켰고 고등생물 유전자 체제에 대한 생각을 완전히 바꾸어 놓았습니다. 고등생물 DNA에는 세균의 DNA와 달리 어떤 한 단백질을 암호화하는 구조가 연속적으로 나타나지 않습니다. 즉 고등생물 DNA는 유전암호를 가진 부분과 유전암호를 갖지 않은 부분들이 교대로 나타나는 구조였습니다. 제한 효소는 유전공학에도 사용되어 유전물질과 이식 유전자의 일부를 선택적으로 제거할 수 있게 됨으로써 고등생물의 유전자를 세균에 이식할 수 있게 되었습니다. 즉 세균이 사람의 호르몬을 생성하게 된 것입니다. 따라서 이제 우리는 세균을 이용하여 의학적으로 중요한 수많은 물질들을 합성할 수 있을 것입니다.

하지만 이런 실험들은 사람도 복제될 수도 있다는 두려움을 불러일으켰습니다. 그러나 그것은 사람의 성질이나 유전자의 성분을 제대로 이해한다면 해소되는 문제입니다. 그 외에 이와 비슷한 오해로 인해 다윈의 진화론이 왜곡되는 경우도 있었습니다. 유전학자인 도브잔스키 박사는 다음과 같이 말하였습니다. "새, 박쥐, 그리고 곤충은 수백만 년 동안의 유전적 진화를 거쳐 날 수 있게 된 반면에 사람은 유전자형을 변화시키지 않은 채 날 수 있는 기계를 만들어 냄으로써 가장 훌륭하게 하늘을 나는 방법을 터득했습니다."

아르버 박사님, 네이선스 박사님, 그리고 스미스 박사님.

세 분이 발견하신 제한 효소는 분자유전학에 마치 눈사태가 난 것처럼 많은 연구 결과들이 쏟아져 나오는 계기가 되었습니다. 그리고 우리는 제한 효소를 이용하여 유전물질의 구성을 화학적으로 분석할 수 있게 되었습니다. 특히 고등생물의 유전자에 대해서는 뜻밖에 폭넓은 연구 결과를 얻기도 했습니다. 이제 우리는 세포 분화에 관한 기본적인 문제들을 성공적으로 풀 수 있게 되었습니다. 세 분의 연구는 이런 발전에 선도적인 역할을 하였습니다. 왕립 카롤린스카 연구소를 대표하여 세 분께 따뜻한 축하를 전합니다. 이제 전하께서 수여하시는 상을 받으시기 바랍니다.

왕립 카롤린스카 의과대학 연구소 피터 레이차드

컴퓨터 단층촬영술 개발

1979

앨런 코맥 | 미국

고드프리 하운스필드 | 영국

:: 앨런 매클라우드 코맥 Allan MacLeod Cormack (1924~1998)

남아프리카 공화국 태생 미국의 물리학자. 케이프타운 대학교에서 석사학위를 취득하였고, 케임브리지 대학교와 하버드 대학교에서 연구하였으며, 1957년에 터프츠 대학교 조교수로 임용되어 1964년부터 물리학 정교수로 재직하였다. 1968년부터 1976년까지 학과장을 지낸 후 1980년 퇴직하였으며, 미국 문리아카데미 회원이 되었다. 정확한 엑스선 영상과 인체 횡단면의 양전자 사진영상 제작에 성공함으로써 진단학의 발전에 기여하였다.

:: 고드프리 뉴볼드 하운스필드 Godfrey Newbold Hounsfield (1919~2004)

영국의 전기공학자. 제2차 세계대전 당시 공군으로 복무하였으며, 런던에 있는 패러데이 하우스 전기공학 칼리지에서 전자공학과 전파탐지기를 공부하였다. 1951년에 EMI의 연구원으로 입사하였으며, 1958년에는 영국 최초의 트랜지스터 컴퓨터 EMIDEC 1100의 설계팀을 이끌기도 하였다. 컴퓨터 단층촬영(CT) 진단 기법을 개발함으로써 진단학의 발전에 기여하였다. 1981년에 기사 작위를 받았다.

전하, 그리고 신사 숙녀 여러분.

올해 노벨 생리·의학상 수상자는 의사가 아닙니다. 하지만 이분들은 의학 분야에 일대 혁명을 일으켰습니다. 그들이 발견한 이 새로운 엑스선 방법, 즉 컴퓨터 단층촬영은 의학의 우주 시대를 열었습니다. 예술에는 가끔 어렴풋하게 현실의 윤곽이 드러날 때가 있습니다. 노벨 문학상 수상자 하리 마르틴손은 우주 여행에 관해 쓴 서사시 『아니아라Aniara』에서 어느 날, 컴퓨터 가디언 미마로브mimarobe는 어떻게 "…… 미마Mima의 단계별 수학공식에 의해 …… 횡절단면을 보는지 ……", 그리고 "…… 마치 그것이 유리처럼 모든 것을 투명하게 보여 줄 수 있는지 ……" 라고 말합니다.

여기에서, 이 시인은 단 하나의 운율로 컴퓨터 단층촬영의 본질적인 특징과 요소를 말해 주고 있습니다. 엑스선 튜브와 방사선 탐색기뿐만 아니라, 이 방법은 미마, 즉 강력한 컴퓨터를 필요로 합니다. 이것은 또한 푸리에 변환 공식에 바탕을 둔 수학적 방법이 필요합니다. 그리고 이것은 믿을 수 없을 만큼 깨끗한 횡단절단, 즉 인체의 횡단면을 영상으로 보여 줍니다.

또한 이 서사시에서 미마로브는 "이 발견으로 저는 거의 미친 상태입니다"라고 말합니다. 컴퓨터 단층촬영도 마찬가지입니다. 이처럼 즉각적이며 열정적인 호평을 받은 의학적 업적은 없었기 때문입니다. 글자 그대로 이것은 세계를 압도하였습니다. 그러나 여기에는 막대한 비용이 소요되므로 건강 서비스라는 측면에서는 불리하였습니다. 실제로 미국에서는 컴퓨터 단층촬영을 일시적으로 정지하기도 했습니다.

그러면 어떻게 이 기술이 성공할 수 있었을까요? 그 배경을 이해하기 위해서는 뢴트겐 박사가 엑스선을 발견한 1895년으로 돌아가야 합니다.

뢴트겐 박사가 아내의 손을 찍은 바로 그 첫 번째의 사진은 전통적인 엑스선 기술의 가능성과 한계성을 동시에 보여 주었습니다. 그는 손의 뼈들을 볼 수 있었지만 근육, 힘줄, 혈관 및 신경과 같은 연조직의 복잡한 해부조직은 관찰할 수 없었던 것입니다.

연조직에서 밀도 차이를 구별하지 못하는 것이 전통적인 엑스선 기술의 근본적인 단점이었습니다. 보통의 엑스선 그림에서 우리가 구별할 수 있는 것은 본질적으로 뼈와 기체로 채워진 공간들입니다. 예를 들어, 허파의 구조와 심장의 형태를 구별할 수 있게 하는 것은 허파 안에 들어 있는 공기입니다.

전통적인 엑스선 기술은 컴퓨터 단층촬영과 비교해 추가적인 단점이 두 가지 더 있었습니다. 그 한 가지는 3차원 구조가 평범한 2차원의 엑스선 사진으로 보인다는 것이었습니다. 우리가 보고 있는 것은 너무나도 많은 배우들이 나오는 그림자 연극과도 같았습니다. 때문에 악역을 구별하기가 매우 힘들었습니다.

또 다른 단점은 엑스선 필름이 조직 밀도의 절대적인 변화값을 반영하지 못한다는 것이었습니다. 젊은 물리학자였던 앨런 코맥 박사님은 남아프리카공화국 케이프타운의 그루트 슈어 병원에서 암 치료를 위한 방사선 용량을 계산할때, 이와 같은 결점을 알게 되었습니다.

코맥 박사님은 몸안의 조직-밀도 분배에 대한 정확한 값을 얻는 것은 수학적 문제임을 깨닫고, 이에 대한 해답을 찾아냈습니다. 그는 모델 실험을 통해 불규칙한 형태를 가진 물체의 정확한 횡단면을 재구성할 수 있었습니다. 이것은 1963년과 1964년에 두 개의 논문으로 발표되었습니다. 이것은 비록 간단하게 계산한 횡단면에 불과했지만, 지금까지 만들어진 적이 없었던 최초의 컴퓨터 단층촬영이었습니다.

코맥 박사님은 이 방법으로 정확한 엑스선 영상과 인체 횡단면의 양전자 사진 영상을 만들었습니다. 그러나 이것을 실질적인 진단에 응용할 수 있는 장치는 만들 수 없었습니다.

코맥 박사님의 실험이 주목받지 못한 가장 큰 이유는 당시 컴퓨터가 필요한 시간 내에 필요한 만큼의 많은 계산을 수행할 수 없었기 때문이었습니다.

코맥 박사님의 예측을 실현한 사람은 고드프리 하운스필드 박사님이었습니다. 하운스필드 박사님은 컴퓨터 단층촬영 연구의 중심 인물입니다. 그는 코맥 박사님과는 완전히 독립적으로, 자신만의 컴퓨터 단층촬영 방법을 개발하였습니다. 이것이 머리를 검사하기 위해 사용하는 EMI 스캐너입니다.

1972년 봄에 발표한 첫 임상 결과에 전 세계가 소스라치게 놀랐습니다. 그때까지는 머리에 대한 보통의 엑스선 검사로 두개골 뼈는 볼 수 있었지만 뇌는 구별되지 않는 회색의 안개처럼 보였습니다. 그런데 갑자기 이 안개가 걷힌 것입니다. 이제 사람들은 회백질과 액체로 채워진 공동을 가진 뇌의 횡단면을 깨끗한 영상으로 볼 수 있습니다. 이전에는 기분 나쁘고 고통스러운 병리학적 검사법이 사용되었지만 이제 간단하면서 통증도 없이, 직접 해부해서 보는 것처럼 선명한 단면을 관찰할 수 있게 된 것입니다.

오늘날, 컴퓨터 단층촬영은 신체의 모든 장기를 점검하는 데 사용됩니다. 이 방법의 가장 큰 장점은 신경 질환을 진단할 수 있다는 것입니다. 거의 세 명 중 한 명은 중추신경계에 장애가 있거나 질병을 앓고 있습니다. 따라서 컴퓨터 단층촬영으로 수백만 환자의 정확한 진단이 가능해졌습니다.

코맥 박사님과 하운스필드 박사님은 진단학의 새로운 시대를 열었습니다. 이들의 선구적인 업적을 발판으로 한층 고무된 다른 연구자들도인체의 횡단면 영상을 얻기 위한 새로운 방법을 개발하기 위해 노력하고 있습니다. 이러한 영상에서, 우리들은 단지 구조뿐만 아니라 생리학 또는 생화학의 기능을 식별할 수 있게 될 것입니다. 즉 인체의 내부를 발견하는 새로운 항해를 준비하고 있는 것입니다.

앨런 코맥 박사님, 고드프리 하운스필드 박사님.

생리·의학상 수상자들 중에 박사님들처럼 "인류에게 가장 큰 이익을 부여해야만 한다"라는 알프레드 노벨 박사님의 의지에 부합하는 순간에 상을 받게 된 경우는 많지 않았습니다. 당신의 새롭고 천재적인 생각은 이미 임상 의학에 막대한 영향을 주었으며, 의학 연구에 새로운 길을 열어 주었습니다. 박사님들에게 카롤린스카 연구소의 따뜻한 축하를 전해 드립니다. 이제 전하께서 시상하시겠습니다.

왕립 카롤린스카 의과대학 연구소 T. 그레이츠

면역반응을 조절하는 세포표면의 유전적 구조체 발견

1980

바루 베나세라프 | 미국

장 도세 | 프랑스

조지 스넬 | 미국

:: 바루 베나세라프 Baruj Benacerraf (1920~2011)

미국의 면역학자. 컬럼비아 대학교에서 공부하였으며, 버지니아 의과대학에서 공부하여 1945년에 박사학위를 취득하였다. 컬럼비아 대학교를 거쳐 1950년부터 1956년까지 파리에 있는 브루새 병원에서 연구하였다. 이후 1956년부터 1968년까지 뉴욕 대학교 교수로 있었고, 미국 국립보건원을 거쳐 1970년에 하버드 대학교 교수가 되어 1991년까지 재직하였다. 기니피그의 다양한 면역 반응을 관찰하여 항체의 유전학적 특징을 규명하였다.

:: 장 바티스트 가브리엘 도세 Jean Baptiste Gabriel Dausset (1916~2009)

프랑스의 혈액학자이자 면역학자. 파리 대학교에서 의학을 공부하여 1945년에 졸업한 후, 1948년부터 하버드 대학교에서 연구하였다. 1958년에 파리 대학교 조교수가 되었으며, 1963년에 정교수로 승진하였다. 1977년 콜레주 드 프랑스 교수가 되었다. 수혈을 많이 받은 환자일수록 백혈구를 파괴하는 항체가 많이 생성된다는 점에 주목하여 면역 반응의 유전학적 기초를 밝혔다.

:: **조지 데이비스 스넬** **George Davis Snell (1903~1996)**

미국의 유전학자. 다트머스 대학교에서 공부하였으며, 1930년에 하버드 대학교에서 박사 학위를 취득하였다. 1931년부터 1933년까지 텍사스 대학교의 H. J. 멀러의 지도 아래 박사후과정을 이수하였다. 1935년에 발하버에 있는 잭슨연구소에 들어가 생쥐를 가지고 암과 관련된 유전적 연구를 수행하였으며, 순계실험 생쥐 생산에 최초로 성공하였다. 1969년 연구소에서 은퇴하였다.

전하, 그리고 신사 숙녀 여러분.

동양의 오래된 속담 중에 "천리 길도 한 걸음부터"라는 말이 있습니다. 오늘밤 세 분의 수상자가 이 자리에 오기까지의 긴 여정은 서로 아주 멀리 떨어진 곳에서 시작되었습니다. 세 분 중에 그 누구도 서로 같은 염색체를 연구하고 있다고는 생각하지 못했습니다. 그들이 연구했던 한 염색체의 동일 유전자 부위는 다양한 방법으로 면역 기능에 영향을 주는 것으로 알려져 있으며, 우리는 이것은 초유전자라고 부릅니다. 이 시스템은 매우 오래전부터 내려온 것으로 모든 척추동물에게서 발견됩니다. 다시 말해, 진화하는 동안에도 이 부위는 잘 보존되어 왔다는 것입니다. 종에 관계없이 항상 안정한 이 부위는 종에 따라 무한한 다양성을 보여주는 유전자의 변이성과는 정반대의 성격을 갖습니다. 사람들은 유전자 변이성에 따라 제각각의 특징을 가지며 이와 관련하여 유일한 예외는 일란성 쌍생아입니다.

그렇다면 이 여행은 어디서 시작되었을까요? 조지 스넬 박사님은 1930년대부터 암의 유전적 연구에 많은 관심이 있었습니다. 그 당시 메인의 발하버에 있는 잭슨 연구소는 형매교배를 10년 동안 유지하여 순계 실험생쥐 생산에 최초로 성공하였습니다. 이들 순계실험 생쥐들은 일란성 쌍생아처럼 거의 동일한 유전체질을 가졌습니다. 그리고 이 동물을 이용하여 암의 발생에서 유전인자가 어떤 역할을 하는지 알아보고자 했습니다. 그는 생쥐의 암세포를 다른 건강한 생쥐에게 이식하였습니다. 여기서 스넬 박사님은 이식된 암이 같은 계통의 모든 생쥐에게는 진행되지만 다른 계통의 생쥐에게서는 암이 전혀 진행되지 않는다는 사실을 발견하였습니다. 교차 실험을 통해서 동일한 우성 유전자를 가진 기증동물과 수혜동물 사이에서는 이식된 암세포가 성장한다는 사실도 확인하였습니다. 하지만 이런 동일성이 없다면 암세포는 살해림프구라는 숙주세포에 의해 제거되었습니다.

스넬 박사님은 이와 같은 반응이 암세포에만 국한되지 않고 극히 정상적인 조직을 이식하는 경우에도 동일한 유전자에 의해 조절된다는 것을 알게 되었습니다. 스넬 박사님은 이 유전자를 '조직적합항원유전자' 또는 H-유전자라고 불렀습니다. 생쥐는 최소한 80여 개의 서로 다른 H-유전자를 갖지만 이 유전자가 모두 다 똑같이 중요한 것은 아니었습니다. 이 중에서 거부 반응을 일으키는 가장 중요한 유전자를 H-2 유전자라고 합니다. 아무리 강력한 악성종양도 H-2유전자에 의한 거부반응을 피해갈 수는 없습니다.

스넬 박사님이 밝힌 H-유전자 시스템은 포유동물의 유전학과 관련하여 이식면역학과 면역유전학이라는 새로운 분야의 기초를 마련한 기념비적인 연구 성과입니다.

이후 도세 박사님이 이 분야의 연구를 시작하였을 때는 이미 생쥐와 마찬가지로 사람도 동일한 면역 시스템으로 이식된 외부 조직을 거부한다는 사실이 알려져 있었습니다. 하지만 생쥐와 달리 사람은 실험 대상이 될 수 없었으며 근교계 관계도 성립하지 않았습니다. 따라서 사람의

H-유전자를 동정하고 유전자지도를 얻기까지 앞으로도 수십 년의 시간이 더 필요할 것으로 생각되었습니다. 그런데 도세 박사님은 조금 다른 방법으로 연구를 진행했습니다. 박사님은 수혈을 많이 받은 환자들일수록 백혈구를 파괴하는 항체가 많이 생성되는 것에 주목하였습니다. 처음에는 이 현상이 환자들이 자신의 백혈구에 반응하는 자가 면역반응을 일으키기 때문이라고 생각하였습니다. 그러나 얼마 지나지 않아 증가된 항체가 환자 자신의 백혈구는 파괴하지 않으면서 혈액 기증자의 백혈구만 파괴한다는 것을 알게 되었습니다. 그리고 박사님은 이것이 우리가 알지 못하는 어떤 유전적 차이를 증명하는 것임을 깨닫게 되었습니다. 박사님은 가계 분석을 통해 모든 가족이 한 염색체 안에서, 하나의 유전시스템에 의한 변이유전자를 갖고 있음을 증명하였습니다. 이것이 생쥐의 H-2 유전자에 해당되는 HLA 유전자입니다.

여기에서 스넬 박사님의 생쥐에 관한 연구와 도세 박사님의 사람에 관한 연구는 상호 보완적인 관계를 형성하게 됩니다. 이제 우리는 MHC, 주조직 적합 복합체라는 이름을 사용하며 모든 포유동물의 MHC는 비슷한 구조라는 것도 알게 되었습니다. 하지만 그 수많은 MHC 중에서 스넬 박사님과 도세 박사님이 확인한 것은 단 두 가지뿐이었습니다. 이 두 가지 MHC 사이에 존재하는 세 번째로 중요한 부분이 바로 베나세라프 박사님의 연구에서 밝혀졌습니다.

베나세라프 박사님은 두 수상자와 마찬가지로 외관상으로는 다소 동떨어져 있는 분야에서 연구를 시작한 듯 보였습니다. 그는 기니피그를 대상으로 종에 따라 나타나는 항체 반응과 서로 다른 면역세포들의 상호작용을 연구하였습니다. 그 결과 그는 기니피그의 종에 따라 다르게 나타나는 다양한 면역 반응을 관찰하였습니다. 여기에도 MHC에 위치한 미지의 유전자 그룹이 관여되었으며 그는 이를 면역 반응성 유전자 또는 Ir 유전자라고 명명하였습니다. 그리고 이 유전자는 마치 관현악단을 지휘하듯 한정된 그룹 안에서 서로 협력하는 다양한 세포들의 기능을 조절하는 것으로 밝혀졌습니다. 즉 일부 Ir 유전자는 어떤 면역 반응을 일으키기 위해 세포들의 협력을 돕는 반면에 다른 Ir 유전자는 통제되지 않아 문제를 일으키는 반응을 억제할 수 있었습니다.

이와 같이 주조직 적합 복합체 MHC는 의학적으로, 그리고 생물학적으로도 매우 중요합니다. 이제 HLA 형태는 모든 형태의 조직, 기관이식에서 반드시 고려하는 필수 사항이 되었습니다. 도세 박사님은 '조직적합성 연구회'를 결성하여 여러 나라의 연구자들이 서로 만나 연구 결과를 비교하고 시약들을 교환하기도 하며 명명법을 일치하도록 지원하였습니다. 그 결과 수많은 연구 결과들이 보다 빠르게 실용화되었습니다. 그는 HLA형 결정 정보를 사람이 이해할 수 있는 보다 쉬운 언어로 표현한 자료들도 많이 수집하였습니다. 그 덕분에 가장 적합한 기증자와 수혜자의 조합을 쉽게 확인할 수 있었습니다.

이러한 연구 중에 얻은 뜻밖의 큰 성과는 HLA 형태와 밀접하게 관련된 질병들을 알게 된 것입니다. 여기에는 희귀 질병인 척수질병, 소아당뇨, 다발경화증, 만성피부병 등이 있습니다. 이와 같은 연관성의 원인은 아직 모르지만 그 연관성을 발견하였다는 것만으로도 MHC 부위의 중요성은 더욱 강조될 것입니다.

가장 흥미로운 것은 정상적인 유기체 안에서 MHC 시스템의 역할입니다. 이 시스템은 왜 존재할까요? 그리고 진화를 거치면서도 그 복합성이 그대로 유지된 이유는 무엇일까요? 이 시스템이 외부 조직에 대한 방어기전이라는 설명은 정확한 해답이 아닙니다. 이식기술 자체가 우리가 만들어낸 인공 조작이기 때문입니다. 따라서 우리가 보다 정확한 해답을 찾기 위해서는 생명체 내에서 서로 다른 세포가 협력할 때 MHC가 어떤 중요한 역할을 하는지, 그리고 제거되어야 하는 세포와 제거되지 않아야 할 정상 세포를 구분하는 면역계의 능력에 MHC가 얼마나 중요한지를 연구해야 합니다. 바이러스성 감염, 암으로의 형질전환, 그리고 세포의 정상적인 생리적 노화 현상 등에 대한 연구가 그 예입니다. MHC 시스템은 세포막의 변화를 감지할 수 있는 매우 민감한 감시 시스템이며 우리는 이 시스템으로 신체 내에서 변형된 세포를 제거합니다. 외부 물질의 이식을 거부하는 것은 그저 불가피한 부산물일 뿐입니다.

1950년대 초반, 조지 스넬 박사님은 그 당시 전 세계적으로 H-2 시스템을 이해하는 과학자의 수가 손가락으로 셀 수 있을 정도로 드물다고 했습니다. 순계실험 생쥐에게 나타난 거부 반응으로 시작된 이 연구는 이제 강력한 초유전자 시스템 연구로 발전하였습니다. 그리고 이제 이 시스템은 모든 면역학자와, 암 연구자들, 바이러스 학자, 그리고 발생생물학자들의 일상적인 연구에서 흔히 볼 수 있을 만큼 익숙해졌습니다. 뿐만 아니라 현대 생물학이라는 거대한 구조물에서 가장 흥미로운 부분이 되었습니다.

스넬 박사님, 도세 박사님, 그리고 베나세라프 박사님.

시작은 서로 달랐지만 세 분은 긴 여행을 거쳐 같은 곳에서 만났습니다. 바로 초유전자 부위, 주조직적합복합체라는 같은 결론에 도달함으로써 세 분은 오늘밤 이 행복한 행사에 초대되었습니다. 세포 인식, 면역 반응, 그리고 이식 거부 반응을 조절하는 생물학적인 시스템 연구는 세 분의 순계실험 생쥐를 대상으로 했던 기초 연구의 난해했던 부분을 명확하게 각인시켰습니다. 이제 우리는 이와 같은 기초적인 사실이 임상의학에 즉시 적용되는 상황을 보면서 어떤 미학적인 기쁨까지도 느끼게 됩니다.

왕립 카롤린스카 의과대학을 대표하여 세 분께 축하를 드립니다. 이제 전하께서 세 분에 대한 시상을 하시겠습니다.

왕립 카롤린스카 의과대학 연구소 게오르그 클라인

대뇌반구의 기능과 시각정보화 과정에 관한 연구

1981

로저 스페리 | 미국

데이비드 허블 | 미국

토르스텐 비셀 | 스웨덴

:: 로저 월컷 스페리 Roger Wolcott Sperry (1913~1994)

미국의 신경생물학자. 오하이오에 있는 오벌린 대학교에서 공부하였으며, 1941년에 시카고 대학교에서 동물학으로 박사학위를 취득하였다. 1942년부터 1946년까지 하버드 대학교에서 연구하였으며, 1946년부터 1952년까지 해부학 조교수를 지냈다. 1952년에는 동 대학교 생리학 부교수를 지냈으며, 1954년부터는 캘리포니아 공과대학 신경생물학과 정교수로 재직하였다.

:: 데이비드 헌터 허블 David Hunter Hubel (1926~2013)

캐나다 태생 미국의 신경생물학자. 1951년에 몬트리올에 있는 맥길 대학교에서 의학 박사 학위를 취득하였으며, 1958년부터 존스홉킨스 대학교의 신경생리학자 S. W. 쿠플러의 실험실에서 공동 수상자 비셀과 함께 시신경 세포에 대해 연구하였다. 1959년에 하버드 대학교 교수가 되었으며, 1965년에 생리학 교수, 1968년에는 신경생물학 교수가 되었다.

:: 토르스텐 닐스 비셀 Torsten Nils Wiesel (1924~)

스웨덴의 신경생물학자. 웁살라 대학교 의학부에서 신경생리학을 공부하였으며, 1955년에 존스홉킨스 대학교에서 신경생리학자 S. W. 쿠플러의 실험실에서 연구하였다. 1958년부터는 공동 수상자 허블과 함께 시신경세포에 대해 연구하였다. 1959년에 하버드 대학교로 옮겨 연구를 계속 하였다. 대뇌피질의 신경세포의 신호를 도청하여 망막 영상의 여러 성분들을 해석해 냈다.

전하, 그리고 신사 숙녀 여러분.

1649년 10월 어느 날, 프랑스의 철학자이자 수학자인 르네 데카르트는 당시 가장 위대한 뇌 연구자로서 크리스티나 여왕의 초청으로 스톡홀름에 도착하였습니다. 스스로 "바위와 얼음으로 뒤덮인 곰이 있는 땅"이라 기록했던 곳이었기 때문에, 데카르트는 스웨덴 방문을 많이 주저했던 것 같습니다. 그는 친구에게 매일 아침 5시에 자신의 지식을 탐내는 어린 여왕을 상대로 철학을 가르치는 것을 불평하는 편지를 보내기도 했습니다. 데카르트 학파를 따르는 현대의 뇌 연구자들 역시 오늘의 노벨상 수상자들과 같은 조건은 아니지만, 또 다른 고난과 가능성이 그들 앞에 놓여 있습니다.

데카르트는 철학의 도움으로, 정신 기능에 대한 해답을 찾으려 했습니다. 하지만 이후의 연구는 나름대로 적합한 방법으로 진행되었습니다. 스페리 박사님은 매우 정교한 방법으로 베일에 싸여 있던 뇌의 비밀을 풀었습니다. 지금까지 우리들이 전혀 볼 수 없던 세계를 이 방법으로 들여다볼 수 있게 되었습니다. 허블 박사님과 비셀 박사님은 눈이 뇌로 보내는 신호의 암호를 풀어 냄으로써 시각적 경험의 기초가 되는 신경전달 과정을 밝혀 주었습니다.

뇌는 구조적으로 동일한 두 개의 반구로 되어 있습니다. 이것이 우리가 두 개의 뇌를 가지고 있으며, 이 두 개의 반구가 서로 다른 임무를 띤다는 것을 의미하는 것일까요? 뇌의 반구는 수백만 개의 신경으로 연결되어 기능적으로 완전한 조화를 이루며 작동합니다. 그럼에도 불구하고 두 반구는 부분적으로 서로 다른 기능을 한다고 수백 년 동안 알려져 왔습니다. 왼쪽 반구는 언어에 특별한 기능이 있어서 오른쪽 반구보다 우수하다고 생각되어 왔습니다. 오른쪽 반구에 대해서는, 그 역할을 찾기가 어려워 일반적으로 왼쪽 반구의 '잠자는 파트너' 정도로 여겨졌습니다. 마치 두 반구는 결혼한 지 오래된 남편과 아내처럼 보였습니다.

1960년대 초기에 스페리 박사님은 두 반구의 연결이 끊어진 어떤 환자들을 연구할 기회가 있었습니다. 이 환자들의 간질병 치료를 위해 마지막으로 외과 수술을 하게 되었습니다. 그들 중의 대부분은 차도를 보였고, 발작 빈도도 줄어들었습니다. 하지만 이 수술이 환자 개성에는 아무런 영향을 주지 않는 것처럼 보였습니다. 그러나 스페리 박사님은 이 훌륭한 시험 방법으로 이 환자의 두 반구가 각각 독립된 의식·지각·사고·생각 및 기억을 가지고 있으며, 이 모든 것은 맞은편 반구의 유사한 경험과 분리되어 있음을 증명하였습니다.

스페리 박사님이 보여 준 것처럼, 왼쪽 반구는 절대적 사고, 상징적인 관계의 해석, 자세한 분석의 실행에서 오른쪽보다 우수했습니다. 즉 기록이나 계산 같은 일종의 컴퓨터와 같은 기능을 하고 있었습니다. 게다가 운동계를 조절하고 실행하는 역할을 하며, 어떤 면에서는 공격적인 기능을 하기도 했습니다. 우리의 의사소통도 이 반구에 의해 가능했습니다. 반면에 오른쪽 대뇌 반구는 말이 없고, 본질적으로 외부 세계를 접할 가능성이 적었습니다. 명사형의 간단한 단어의 의미는 이해할 수 있었지만 형용사나 동사의 의미는 파악하지 못하며, 기록도 불가능했습니다. 셀 수 있는 능력도 거의 없어, 20까지의 간단한 덧셈만 가능했으며 빼기·곱하기·나누기 능력은 부족했습니다. 이 때문에 오른쪽 반구는 왼쪽

보다 열등하다는 느낌을 갖게 됩니다. 그러나 스페리 박사님은 오히려 여러 면에서 오른쪽 반구가 왼쪽보다 분명히 우수하다는 것을 입증했습니다. 이로써 오른쪽 반구가 구체적인 사고를 하고 공간 형태, 관계 및 변형을 이해하고 처리한다는 것이 최초로 증명되었습니다. 오른쪽 반구는 복잡한 소리를 인식하고 음악을 평가하는 데에 왼쪽보다 우수합니다. 쉽게 음율(곡조의 아름다움)을 인식하고, 음과 톤을 정확하게 구별할 수 있습니다. 또한 형언하기 어려운 형태를 인식하는 능력도 왼쪽 반구보다 절대적으로 우수합니다. 우리가 아는 사람의 얼굴을 인식하고, 이전에 보았던 도시나 풍경의 지형을 인식할 수 있는 것은 바로 오른쪽 반구의 기능입니다.

50년 전에 러시아의 위대한 생리학자 파블로프 박사는 인류는 사고하는 사람과 예술가로 분류된다고 주장했습니다. 하지만 그는 틀렸습니다. 오늘날 우리는 스페리 박사님의 연구로부터 좌반구는 냉정하고 논리적으로 사고하는 반면에 우반구는 상상적이고 예술적으로 창의적인 부분임을 알게 되었습니다. 따라서 사고하는 사람은 좌반구가 지배적인 사람일 것이며, 예술가는 우반구가 지배적일 것입니다.

허블 박사님과 비셀 박사님은 1950년대 중반에 볼티모어의 신경생리학자 쿠플러 박사님 실험실의 일원이 되었습니다. 이때 쿠플러 박사님은 눈에 맺힌 상을 망막세포가 어떻게 처리하는지를 설명하는 실험과 관련된 연구를 완성하였습니다. 일 년 전에 돌아가신 쿠플러 박사님은 연구에서 시각계의 정보 처리를 계속 분석할 수 있는 방안을 가르쳐 주었습니다. 따라서 우리는 오늘 쿠플러 박사님을 기억해야 합니다.

눈이 뇌로 전달한 비밀 신호를 해석할 수 있는 열쇠는 오로지 뇌만이 갖고 있습니다. 허블 박사님과 비셀 박사님은 바로 이 암호 해독에 성공했습니다. 그들은 대뇌피질의 여러 세포층에서 신경세포의 신호를 도청했습니다. 그리하여 그들은 망막 영상의 여러 성분들, 즉 대조·직선의 형태·영상의 움직임 등을 어떻게 읽고, 피질세포는 이를 어떻게 해석하는지를 알게 되었습니다. 기둥 모양으로 배열된 이들 세포들은 각자 엄격하게 정해진 순서에 따라 신호를 분석하여 상세한 그림을 만들어 내고 있었습니다.

허블 박사님과 비셀 박사님은 이 연구에서, 망막으로부터 전달된 충격의 암호를 해석하는 피질세포의 능력이 출생과 더불어 일정 기간에 발달하는 것을 알 수 있었습니다. 이러한 발달이 일어나기 위해서는 눈의 시각적 경험이 필요합니다. 이 기간에, 단 2~3일만이라도 하나의 눈이 감기면 그림을 해석하기 위한 뇌의 능력이 정상적으로 발달할 수 없게 되어, 눈은 시력을 영원히 상실하게 됩니다. 정상적인 발달을 위해서 눈은 반드시 빛에 노출되어야 할 뿐만 아니라, 뚜렷한 영상이 망막에 맺혀야 합니다. 이는 뇌가 출생과 함께 높은 3차원적 재현성이 있다는 것을 의미합니다.

허블 박사님과 비셀 박사님은 베일에 싸인 뇌가 가진 비밀 중 하나를 풀었습니다. 그가 발견한 방법으로 뇌세포들은 눈에 들어온 정보를 해독합니다. 두 분 덕분에 우리는 이제 뇌의 언어를 이해하기 시작했습니다. 어릴 때 이미 뇌피질의 3차원적 재현성이 존재한다는 것은 시각생리학의 분야를 훨씬 뛰어넘어 뇌의 고차원적 기능 발달에 다양한 감각신호가 얼마나 중요한지를 증명하고 있습니다.

스페리 박사님, 허블 박사님, 그리고 비셀 박사님.

박사님들은 뇌 연구 역사의 가장 매혹적인 장을 완성하였습니다. 스페리 박사님은 뇌의 기능에 관해 20세기에 얻은 그 어떤 지식보다 심오한 통찰력을 우리에게 주셨습니다. 허블 박사님, 그리고 비셀 박사님. 두 분은 대뇌피질의 상징 언어를 번역해 냈습니다. 고대 이집트 상형문자의 해독이 언어학의 역사에서 가장 위대한 진보 중의 하나였던 것처럼, 시각계의 암호를 해독한 두 분의 업적은 뇌 과학의 역사에 영원히 기억될 것입니다.

세 분에게 왕립 카롤린스카 노벨위원회의 따뜻한 축하를 전합니다. 이제 전하께서 노벨상을 시상하시겠습니다.

왕립 카롤린스카 의학연구소 다비드 오토손

프로스타글란딘과 관련된 생물학적 활성물질에 대한 연구

1982

수네 베리스트룀 | 스웨덴 **벵트 사무엘손** | 스웨덴 **존 베인** | 영국

:: 수네 칼 베리스트룀 Sune Karl Bergstrom (1916~2004)

스웨덴의 생화학자. 1944년에 스톡홀름의 카롤린스카 연구소에서 생화학과 의학으로 박사 학위를 취득하였다. 런던 대학교와 컬럼비아 대학교, 바젤 대학교 등에서 연구하였으며, 1947년에 스웨덴의 룬트 대학교 생리화학 교수가 되어 1958년까지 재직하였다. 1958년에는 카롤린스카 연구소 화학 교수가 되었으며, 1975년부터는 노벨 재단 이사를, 1977년에는 세계보건기구(WHO) 의학연구협의위원회 위원장이 되었다. 프로스타글란딘을 최초로 분리하고 그 기능을 밝혀냈다.

:: 벵트 잉에마르 사무엘손 Bengt Ingemar Samuelsson (1934~)

스웨덴의 생화학자. 룬트 대학교에서 공동 수상자인 베리스트룀의 지도를 받으며 공부하였다. 스톡홀름에 있는 카롤린스카 연구소에서 생화학 박사학위(1960년) 및 의학 박사학위(1961년)를 취득하였다. 1961년부터 1962년까지 하버드 대학교 화학과에서 연구하였으며, 1961년부터 1966년까지 카롤린스카 연구소에서 조교수로 재직하였다. 스톡홀름에 있는 왕립 수의학대학 의화학 교수를 거쳐, 1973년부터는 카롤린스카 연구소 의화학 · 생리화학 교수 및 화학과 학과장으로 재직하였다.

:: 존 로버트 베인 John Robert Vane (1927~2004)

영국의 생화학자. 버밍엄 대학교에서 화학을 공부하였으며, 1953년에 옥스퍼드 대학교에서 약리학으로 박사학위를 취득하여, 1953년부터 1955년까지 예일 대학교 약리학 조교수를 지냈다. 런던 대학교 기초 의학연구소 강사를 거쳐 1961년에 동 대학교 약리학 교수가 되었으며, 1966년에는 실험약리학 교수가 되어 1973년까지 재직하였다. 1973년 베크넘에 있는 웰컴 연구소 연구개발 소장이 되었다.

전하, 그리고 신사 숙녀 여러분.

의학의 아버지 히포크라테스는 육체가 건강하기 위해서는 네 가지 체액, 즉 심장으로부터의 혈액, 두뇌로부터의 가래, 간과 비장에서 생성되는 노란색과 까만색의 담즙들이 조화를 이루어야 한다고 강조하였습니다. 다시 말해 이 네 가지 체액이 건강해야 한다는 것입니다. 또한 히포크라테스는 건강을 유지하기 위해서는 질병에 맞서 끊임없이 노력해야 한다고 하였습니다.

2,000년 전에 정의된 이 개념은 오늘날까지도 매우 설득력이 있습니다. 인체를 구성하는 복잡한 시스템은 조직뿐 아니라 개개의 세포들 사이에서 균형을 유지합니다. 그리고 우리는 조직과 세포가 상호작용하면서 매순간 활동합니다. 그러나 이 균형이 깨지면 건강은 서서히 약화됩니다. 따라서 이 균형을 유지하고, 신체 내외에 존재하는 스트레스 요인들을 제거하고 우리 몸을 건강하게 지키기 위해, 우리는 선천적으로 몇 가지 조절 시스템을 갖고 있습니다.

프로스타글란딘, 그리고 이와 관련된 활성 물질들이 바로 이 조절 시스템의 일부를 구성하고 있습니다. 50여 년 전에 울프 폰 오일러 박사님은 이 연구에 새로운 시대를 열었습니다. 그는 동물이나 인간의 정액에 포함된 어떤 물질이 혈관과 근육섬유에 영향을 준다는 사실을 발견하였습니다. 폰 오일러 박사님은 새로 발견된 이 물질을 프로스타글란딘이라고 명명하였으며, 이 호르몬과 신호 물질들의 흥미로운 세계를 밝힌 공로를 인정받아 1970년에 노벨 생리·의학상을 수상하였습니다.

수네 베리스트룀 박사님이 1950년대 후반에 프로스타글란딘을 처음으로 분리한 후, 그 구조가 밝혀지면서 프로스타글란딘 연구는 획기적으로 발전하게 됩니다. 이것은 지금까지 전혀 알려지지 않았던 생물학적 시스템이었습니다. 그리고 이 시스템은 생명 유지에 필수적인 몇 가지 생명 현상을 조절하며 신체의 불균형 현상들을 억제하였습니다. 우리 몸 대부분의 세포들은 이와 같은 기능을 하는 물질들을 최소한 한 개 이상 생성합니다. 이러한 사실로부터 우리는 이 시스템의 중요성과 더불어 보편성을 알 수 있습니다. 존 베인 박사님은 이를 방어 호르몬이라고 불렀습니다. 오늘 이 자리에서는 이 시스템의 작용기전에 관해 두 가지 예만 들겠습니다.

혈액은 혈관을 따라 끊임없이 흐르는 반면, 혈액세포는 혈액의 흐름을 막을 수 있는 혈액 덩어리를 만들려는 속성이 있습니다. 건강하고 정상적인 혈관에서는 혈액 덩어리의 생성을 막기 위해, 혈관 벽과 혈액세포에서 프로스타글란딘 시스템에 속하는 물질을 끊임없이 만들어 냅니다. 그리고 이 물질들은 혈액이 멈추지 않고 순환할 수 있도록 해줍니다. 만일 이 시스템에 이상이 생긴다면 혈액 응고를 막을 수 없습니다. 백혈구 세포는 감염에 대항하여 방어벽을 만듭니다. 그리고 염증 조직에서 해로운 침입자를 공격하며, 가능하다면 파괴시켜 버리는 중요한 역할을 합니다. 가장 최근에 벵트 사무엘손 박사님이 발견한 류코트리엔이라는 물질은 백혈구 세포를 상처 부위로 유인하고 혈관 벽에 결합시키는 중요한 기능을 하였습니다.

이 물질들은 그야말로 방어 호르몬의 역할을 톡톡히 하고 있습니다. 그러나 가장 중요한 것은 무엇이든지 적당히 조절되어야 합니다. 알레르기 반응은 프로스타글란딘과 류코트리엔이 과다하게 생성되면서 일어나게 됩니다. 이들이 과다 생성되면 모든 알레르기 증상의 원인이 됩니다. 예를 들면 천식을 앓는 사람이 예민한 반응을 일으키는 어떤 물질에 노출되면 허파에서 다량의 류코트리엔이 생성되어 천식 증세가 심해지게 됩니다.

이 시스템의 형성 과정과 기능에 대한 연구로 우리 몸이 어떻게 건강한 체액을 유지하는지를 알게 되었습니다. 뿐만 아니라 알레르기, 염증, 혈관 질환처럼 만연되어 있는 몇몇 질병의 기전도 명백하게 밝혔습니다. 그리고 이 새로운 지식은 우리에게 질병을 미리 알려 예방할 수 있도록 정확하고 효과적인 방법을 알려 주었습니다.

이제 프로스타글란딘에 관한 연구는 전 세계적으로 이루어지고 있습니다. 그럼에도 불구하고, 이 분야 연구의 선두에서 그 발전을 촉진하고 있는 연구자들이 베리스트룀 박사님, 사무엘손 박사님, 그리고 베인 박사님입니다.

앞서도 말씀드렸듯이 수네 베리스트룀 박사님은 프로스타글란딘을 최초로 분리하였습니다. 그는 단순히 한 개의 물질로서가 아닌 전체 시스템으로서 이 물질의 기능을 밝힘으로써 오늘날과 같은 발전을 이룰 수 있었습니다. 뿐만 아니라 불포화지방산이 이들 시스템의 모체가 된다는 것도 발견하였습니다. 따라서 이 지방산에 대한 집중적인 연구가 이루어졌습니다.

베리스트룀 박사님의 제자인 벵트 사무엘손 박사님은 1960년대부터 이 분야에서 활약하며 중요한 화학적 발전을 이루어 냈습니다. 그는 이 시스템에서 가장 중요한 몇 가지 물질들의 구조를 규명하였습니다. 이 복잡한 시스템에 대한 그의 설명은 누구보다도 완벽했으며 그 구성 요소들의 상관관계를 이해하는 데 많은 도움을 주었습니다.

존 베인 박사님의 업적 중에서는 프로스타시클린의 발견 또한 빼놓을 수 없습니다. 이 물질 역시 이 시스템에서 중요한 역할을 합니다. 그 외에도 아세틸살리실산이 프로스타글란딘의 생성을 억제함으로써 통증 완화 및 해열 작용을 한다는 사실도 밝혔습니다. 우리에게 이 물질은 현재 아스피린으로 더 잘 알려져 있습니다. 베인 박사님은 전 세계에서 가장 널리 사용되는 이 약품의 신체 내 작용 기전을 자세히 설명하였으며 이 내용은 프로스타글란딘 시스템의 기능이 필요한 연구자들에게는 중요한 연구 수단이 되었습니다.

오늘날 이 과학적인 업적은 전 세계 연구자들에게 많은 영감을 주고 있습니다. 따라서 프로스타글란딘 연구는 그 어느 때보다도 더욱 활발하게 진행될 것입니다. 동시에 이 업적은 기초과학 연구에 대한 지원이 사회 전체에 얼마나 커다란 기여를 하는지를 보여 주는 좋은 본보기로 기억될 것입니다.

베리스트룀 박사님, 사무엘손 박사님, 그리고 베인 박사님.

세 분이 발견한 생물학적 시스템은 정상적인 생명 현상뿐 아니라 몇 가지 질병을 나타내는 불균형 현상을 조절하는 중요한 역할을 하고 있습니다. 박사님들의 다양한 시도로 이 시스템의 구조와 생물학적 성질, 그리고 기본적인 기능 등이 밝혀졌습니다. 이것은 동시에 질병의 원인과 치료법을 연구하는 전 세계 연구자들에게 커다란 자극이 되었습니다.

왕립 카롤린스카 연구소와 노벨 위원회를 대신하여 세 분께 따뜻한 축하의 말씀을 드리게 된 것을 무한한 영광으로 생각합니다. 이제 국왕 전하로부터 노벨 생리·의학상을 받으시기 바랍니다.

왕립 카롤린스카 연구소 뱅트 페르나우

전이성 유전인자 발견

1983

바바라 매클린턱 | 미국

:: **버버라 매클린턱 Barbara McClintock (1902~1992)**

미국의 유전학자. 이타카에 있는 코넬 대학교를 졸업하고 1927년에 식물학으로 박사학위를 취득하였으며, 워싱턴 D.C. 카네기 연구소에서 일하기 전까지 수년간 학생들을 가르쳤으며, 뉴욕에 있는 콜드 스프링 하버 연구소에서 40년 이상 일했다. 1942년에 콜드 스프링 하버 연구소에 들어가 연구하였으며, 1967년부터는 동 연구소 객원 교수로 활동하였다. 염색체에서 유전자의 구조와 위치를 변화시킴으로써 유전자의 기능을 변화시킬 수 있음을 발견하였다.

전하, 그리고 신사 숙녀 여러분.

1983년도 노벨 생리·의학상은 염색체에서 유전자의 구조와 위치를 변화시켜 유전자의 기능 또한 변화시킬 수 있음을 발견한 위대한 공로를 기리고자 합니다. 옥수수 알맹이의 파란색, 갈색, 그리고 빨간색 점을 연구하는 과정에서 이루어진 이 위대한 발견 덕분에 의학적으로 중요한 지식을 얻을 수 있었습니다. 즉 병원성 감염, 아프리카의 수면병, 암세포의 염색체 변화 등과 같은 다양한 문제들의 해결책을 얻게 된 것입니다. 이러한 관련성을 설명하기 위해, 옥수수 알맹이에 나타난 여러 색깔의 점에 대한 바버라 매클린턱 박사님의 연구로 이야기를 시작합니다.

우리가 보통 슈퍼마켓에서 구입하는 옥수수는 알맹이가 노랗습니다. 하지만 그렇지 않은 야생 옥수수도 있습니다. 옥수수의 기원인 중남미에서는 알맹이가 여전히 파란색, 갈색 또는 빨간색인 원시 형태의 옥수수를 볼 수 있습니다. 색깔은 내배유 표피층의 색소에 따라 결정됩니다. 내배유는 씨를 자라게 하는 음식 저장소입니다. 알맹이 색소의 합성은 옥수수의 유전자가 조절합니다.

같은 옥수수에서 여러 색깔의 알맹이가 발견되는 경우도 있습니다. 이는 옥수수가 여러 개의 암컷 꽃으로부터 생성되기 때문입니다. 이 각각의 암컷 꽃은 수컷 꽃의 꽃가루에 의해 독립적으로 수정됩니다. 다양한 색깔의 알맹이를 가진 옥수수는 꽃가루 입자가 내배유 색소와 동일한 유전자를 가지고 있을 때 일어납니다. 이 모든 현상은 1866년에 그레고어 멘델이 밝힌 유전법칙을 근거로 설명할 수 있습니다. 그러나 때때로 균등한 색깔일 것으로 기대했던 옥수수 알맹이에 오히려 더 많은 색깔의 점이 나타나는 것은 설명할 방법이 없었습니다.

1920년대의 식물 품종개량 연구자들은 이 점이 너무나 궁금했습니다. 옥수수 알맹이의 점은 색소 합성과 관련된 유전자가 불안정하기 때문으로 생각되었습니다. 이들 유전자는 알맹이가 자라는 과정에서 돌연변이를 일으키는 것 같았습니다. 이러한 돌연변이가 몇 세대를 걸쳐서 유전되면, 이 딸세포는 다양한 색깔의 점들을 만들어 낸다는 것입니다. 이러한 생각은 잡색의 알맹이를 가진 옥수수의 염색체가 깨진 것이 발견되면서 많은 지지를 받았습니다. 옥수수에서 잡색의 문제점은 실질적으로는 그다지 중요한 문제는 아니었지만, 멘델의 유전법칙으로 설명할 수 없다는 점이 바바라 매클린턱 박사님을 사로잡았습니다.

매클린턱 박사님은 다양한 색깔을 가진 옥수수에서 염색체 변화와 교차 실험을 연구하여 이 현상을 분석하였습니다. 박사님은 9번 염색체에서 색소를 비롯한 내배유의 특징을 결정짓는 일련의 유전자를 확인할 수 있었습니다. 박사님은 9번 염색체의 작은 조각을 그 염색체 위의 어느 한곳에서 색소를 암호화하는 유전자와 가까운 곳으로 이동시켰을 때 잡종 색이 나타난다는 것을 발견하였습니다. 이것은 유전자를 비활성화시키는 효과가 있었고, 더 나아가 유전자를 끼어 넣은 위치에서 염색체가 끊어지는 것을 자주 관찰할 수 있었습니다. 매클린턱 박사님은 이런 현상이 일어나는 것은 이 유전자가 이웃하고 있는 유전자의 기능을 변화시키기 때문이라고 생각했습니다. 그리고 이러한 형태의 유전자 물질을 '조절인자'라 명명했습니다.

1948년과 1951년에 수행된 매우 진보적인 실험에서 매클린턱 박사님은 몇 종류의 다양한 조절인자의 위치를 상세하게 표시했습니다. 이러한 조절인자는 옥수수 알맹이의 색소뿐만 아니라 다른 성질에도 영향을 미쳤습니다. 또한 이 전이성 유전인자는 아마도 곤충이나 고등동물에 존재할 것이라고 생각했습니다. 하지만 이와 같은 박사님의 관찰은 거의 주목받지 못했습니다. 박사님의 발견이 처음 발표되었을 당시 DNA 분자가 그 구조 내에 유전 정보를 저장하고 있다는 사실이 발견되면서 박사님의 발견이 묻혀 버렸기 때문입니다. DNA의 구성 성분 중 하나만 달라져도 심각한 결과가 초래되는 것이 분명한 상황에서 매클린턱 박사님이 성분을 조절하기 위해 사용한 유전자가 무책임한 방식으로 건너뛸 수 있다는 것을 받아들이려는 유전학자는 아무도 없었습니다. 당시 분자유전학의 '기술적 수준'으로 '유전자를 건너뛰는' 방법을 받아들이기에는 무리였습니다. 따라서 매클린턱 박사님은 자신의 발견을 명백히 입증하기 위해서는 강력한 생화학적 방법의 발전을 기다려야만 했습니다.

1960년대 중반 전이성 유전인자가 세균에 대한 저항성으로부터 항생제에 대한 내성으로 확산되는 데 중요한 역할을 하는 것으로 밝혀졌습니다. 이러한 약물 내성의 이동은 다루기가 매우 어려운 감염을 일으키기 때문에 병원에서는 매우 심각한 문제를 일으킬 수 있었습니다. 1970년에 전이성 유전구조의 의학적 중요성이 알려졌습니다. 예를 들면, 유전자의 위치 이동은 항체 형성에서 중요한 단계입니다. 인체가 가진 제한된 수의 유전자를 사용하여 외인성 물질에 대해 다양한 항체를 어떻게 무한정 만드는지는 항상 수수께끼였습니다. 자연은 구성 재료의 원리로 이 문제를 해결하였습니다. 어떤 개체가 태어날 때, 염색체들은 항체 유전자를 위한 전이성 구성 재료를 가지고 있습니다. 여러 세포에서 다양한 방법으로 이 재료를 조합함으로써 인체는 항체와 관련된 수백만 개의 유전자를 만듭니다.

지난 몇 년 동안 전이성 유전구조는 암 연구에서 큰 관심을 끌었습니다. 어떤 형태의 암이든 발암 유전자라고 부르는 성장조절 유전자는 하나의 염색체에서 다른 곳으로 이동합니다. 조류와 생쥐의 종양 바이러스는 대부분 숙주세포로부터 얻은 발암 유전자가 있는 것으로 알려졌습니다. 만약 바이러스가 정상 세포의 염색체에 이 유전자를 잘못 도입하면 이 세포는 암세포가 됩니다.

그러므로 옥수수에서 발견한 매클린턱 박사님의 전이성 유전인자와 비슷한 것이 세균, 동물 및 인간에게도 존재하는 것을 알 수 있습니다.

매클린턱 박사님이 옥수수 알맹이의 다양한 색깔에 대해 수행한 헌신적인 연구는 멘델의 유전학을 더욱 분명히 하기 위한 것은 아니었습니다. 엄청난 인내심과 기술로, 그리고 완전히 독립적인 생각으로 연구한 매클린턱 박사님은 유전 정보가 이전에 생각했던 만큼 안정하지 않다는 것을 증명하는 아주 정교한 실험을 수행하였습니다. 그녀의 연구는 유전자가 진화과정에서 어떻게 변화하고, 전이성 유전자 구조가 염색체에서 어떻게 세포 성질을 변화시키는지 알려 주었습니다. 박사님의 연구는 복잡한 의학적인 문제들을 규명하는 데 도움이 되었습니다.

매클린턱 박사님.

오늘 이 자리에서 저는 옥수수의 전이성 유전인자에 관한 박사님의 업적을 요약하고 식물유전자에 대한 연구가 가져다 준 새로운 의학적 전망에 대해 이야기했습니다. 박사님의 업적은 과학자, 정치가 및 대학의 행정가들에게 유망하다면 즉각 실용화되지 않아도 계속 그 연구를 수행하는 것이 얼마나 중요한가를 증명하였습니다. 위대한 발견이 간단한 방법으로 만들어졌다는 것을 보여 주는 박사님의 업적은 연구비 삭감 등으로 어려운 처지에 있는 젊은 과학자들에게 용기를 북돋아 주었습니다.

왕립 카롤린스카 연구소 노벨위원회를 대표하여, 박사님에게 따뜻한 축하를 전하며, 전하께 노벨상 시상을 부탁드립니다.

카롤린스카 연구소 닐스 링게르츠

면역체계의 특이적 발달과 조절 이론, 그리고 단일클론항체 생산 원리에 대한 연구

1984

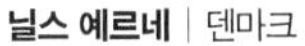

닐스 예르네 | 덴마크

게오르게스 쾰러 | 독일

체자르 밀스테인 | 아르헨티나

:: 닐스 카이 예르네 Niels Kai Jerne (1911~1994)

영국 태생 덴마크의 면역학자. 네덜란드 레이덴 대학교에서 공부하였으며 1951년에 덴마크 코펜하겐 대학교에서 의학 박사학위를 취득하였다. 이후 미국 캘리포니아 대학교 공과대학 및 피츠버그 대학교에서 연구하였으며, 1969년에 스위스 바젤 면역학연구소 소장이 되어 1980년까지 활동하였다. '자연 선택설' 을 비롯하여 세 차례에 걸쳐 면역 이론을 발표함으로써 근대 면역학의 진보에 기여하였다.

:: 게오르게스 잔 프란츠 쾰러 Georges Jean Franz Kohler (1946~1995)

독일의 면역학자. 1974년에 프라이부르크 대학교에서 생물학으로 박사학위를 취득하였으며, 1975년부터 1976년까지 케임브리지 대학교의 분자생물학 연구소에서 공동 수상자인 체자르 밀슈타인의 연구팀에 합류하여 연구하면서 융합세포 기법을 이용하여 단일클론 항체를 생성하는 기술을 개발하였다. 1976년부터 1984년까지 바젤 면역학연구소에서 일한 후, 1984년에 막스 플랑크 면역생물학연구소 소장이 되었다.

:: **체자르 밀스테인 Cesar Milstein (1927~2002)**

아르헨티나의 면역학자. 부에노스아이레스 대학교에서 공부하였으며, 1960년에 케임브리지 대학교에서 박사학위를 취득하였다. 1957년부터 1963년까지 부에노스아이레스에 있는 국립 미생물학연구소에서 연구하였다. 1963년부터는 케임브리지 대학교 분자 생물학 연구소에서 연구하였으며, 1975년부터 1976년까지 공동 수상자인 게오르게스 J. F. 쾰러와 함께 융합세포 기법을 이용하여 단일클론 항체를 생성하는 기술을 개발하였다.

전하, 그리고 신사 숙녀 여러분.

사람이 건강할 때는 몸의 기능에 대해 별다른 관심을 보이지 않다가 일단 아프면 뜨거운 관심을 기울이는 것이 일반적입니다. 면역체계는, 어찌 보면 아무런 개성이 없는 듯 보이지만, 재능있고 잘 훈련된 세포 조직으로서 우리의 건강을 유지하기 위해 적절한 기능을 수행하고 있습니다. 면역 방어체계는 외인성 물질이 유입되는 즉시 이를 인식하는데, 수십 년이 지나도 이 물질을 기억할 수 있는 뛰어난 능력을 갖고 있으며, 이를 근거로 예방 접종의 개념도 생겨났습니다. 한 인간에게 존재하는 면역체계의 수많은 세포들은 유전자를 효율적으로 활용하여 수십 억 개에 달하는 다양한 형태의 방어 물질, 즉 항체들을 생산합니다. 올해의 노벨 생리·의학상 수상자들은 모두 특정 항체를 생성해 내는 면역체계에 대해 연구하신 분들입니다.

근대 면역학의 위대한 이론가인 닐스 예르네 박사님은 1955년에 면역체계를 구성하는 아주 중요한 이론을 처음으로 발표하였습니다. 이로 인해 그는 44세라는 비교적 늦은 나이에 면역학계에 입문하게 됩니다.

그는 무수히 많은 외부 물질을 인식하는 면역 방어체계의 능력은 신체가 처음 외부 물질을 접할 때부터 이미 내재되어 있다고 주장했습니다. 그리고 면역 방어체계는 이미 존재하는 항체군 중에서 유입된 물질에 맞는 항체를 선택하여 그 항체를 대량으로 생성하는 것이라고 생각했습니다. 예르네 박사님의 이 이론은 그 당시 지배적이던 이론과 전혀 달랐지만 빠르게 검증되며 확산되었습니다. 면역세포 또한 다윈의 자연도태설을 따라 원하는 항체 유형을 생산할 수 있는 세포들만 선택되어 증식함으로써 예방접종과 같은 효과를 얻을 수 있는 것입니다.

예르네 박사님은 1971년에 면역 방어체계의 또 다른 특징을 설명하는 두 번째 이론을 발표합니다. 그는 이 이론에서 면역체계는 개개인의 가장 강력한 방어 수단이며 한 개체 내에서도 조직에 따라 다른 특징을 보인다는 것을 분명히 했습니다. 이것은 한 개체에서 다른 개체로 조직 이식이 이루질 때마다 큰 문제점이 되었습니다. 예르네 박사님은 각 조직에 존재하는 어떤 물질, 이른바 이식항원이라는 물질이 이런 작용을 할 것이라고 예측하였습니다. 그리고 이 물질이 각 개인의 몸 안에서 정상적인 기능을 수행해야 면역세포들이 선택된 방어 물질을 대량 생산할 수 있게 된다고 생각했습니다. 또한 이들 면역세포들이 흉선과 같은 특정 기관에 존재할 것으로 추측하기도 했습니다. 다시 말해 그는 이 이론에서 세포성 면역의 특이성이 생성되는 과정을 설명하고자 했던 것입니다.

예르네 박사님은 1974년에 발표된 세 번째 이론에서 면역학이 마치 거울이 있는 방과 같다고 했습니다. 그는 거대한 컴퓨터와 같은 면역체계 안에서 서로 다른 세포들이 끊임없이 의사소통하며 서로를 조절한다고 주장했습니다. 성인의 면역체계에 존재하는 세포의 수는 무려 천억 개에 달합니다. 따라서 면역체계는 다양한 외부 물질의 구조에 따라 무수히 많은 종류의 항체들을 생산합니다. 예르네 박사님은 이 때문에 항체가 스스로의 거울상과 결합하기도 하는 복잡한 상보관계가 생성된다고 생각했습니다. 따라서 어떤 항체는 또 다른 항체에 의해 외부물질로 인식될 수도 있다고 하였습니다. 그는 항체와 그에 대한 거울상은 면역체계의 발달 과정에서 자연스럽게 생성되는 것이며, 이런 과정에서 의사소통의 체계가 완성되고 평형상태를 조절할 수 있게 된다고 하였습니다. 그는 면역 형성 과정에서 외인성 물질들이 거울이 있는 면역 공간에 들어갈 것이라고 추측했습니다. 그 방 안에서 항체와 세포들은 서로의 짝을 바꾸어 가면서 다양하게 결합하는데 이때 거울상이 배제된다고 생각한 것입니다. 그리고 이렇게 변화된 평형 상태는 면역성을 획득하는 원동력이 될 것이라고 생각했습니다.

예르네 박사님이 추측했던 면역 형성의 원동력은 분명히 우리들 면역체계 안에 내재되어 있습니다. 뿐만 아니라 이 이론을 근거로 외부 물질과 거의 동일한 거울상 형태의 항체들을 이용하여 면역을 유도할 수 있다는 놀라운 가능성도 확인할 수 있었습니다. 그리고 이 예측은 이제 사실로 증명되었습니다. 그 예로 헤르페스 바이러스를 직접 사용한 백신을 대신하여 헤르페스 바이러스 항체의 거울상을 항체로서 접종하는 것을 들 수 있으며 이 방법은 헤르페스 바이러스에 대한 면역력을 오랫동안 유지시키는 것으로 확인되었습니다.

결론적으로, 예르네 박사님의 통찰력 있는 이론들로 근대 면역학은 상당한 도약을 이루었습니다. 이제는 분명한 사실로 받아들여지는 면역학의 몇 가지 개념들 역시 그의 진보적인 생각들을 근거로 하고 있습니다.

게오르게스 쾰러 박사님과 체자르 밀스테인 박사님의 발견이 얼마나 중요한지를 이해하려면 우리는 우선 몇 걸음 뒤로 돌아가야 할 것 같습니다. 의도적으로 면역시킨 동물이나 사람의 혈청 안에는 병원 또는 연구실에서 중요하게 사용하는 도구들이 포함되어 있습니다. 그 혈청들은 감염 질환 진단에 사용되기도 하고, 시료 중에 존재하는 특정 호르몬의 농도를 측정하기 위해서도 사용됩니다. 그러나 각각의 면역혈청에는 다양한 세포들과 그 자손 세포에 의해 생산된 독특한 항체들이 혼합되어 있으며, 이 다양한 항체들은 비슷하게 보이지만 전혀 다른 작용을 하고 있습니다. 그러므로 각각의 면역혈청들이 가진 능력, 즉 연관성 있는 호르몬이나 다양한 박테리아 등을 구분할 수 있는 능력을 파악하기 위해서는 몇 가지 시험을 거치게 됩니다. 하지만 면역혈청은 그 능력에 상관없이 한번 생성되면 언제나 완전히 소진되며 이와 비슷한 혈청이 다시 생성되기 때문에 면역혈청에 대한 시험법이 국제적으로 표준화되는 것은 매우 어려운 일입니다.

쾰러 박사님과 밀스테인 박사님은 융합세포기법을 이용하여 이른바 단일 클론항체를 생성하는 원리를 발견하였으며 이로 인해 앞에서 언급했던 모든 문제들은 대부분 해결할 수 있었습니다. 이 기술을 발견하는 과정에서 우리는 악이 선으로 바뀌는 교훈적 무용담을 찾아볼 수 있습니다. 그들은 어떻게 그 원리를 발견할 수 있었을까요? 체자르 밀스테인 박사님은 아주 유망한 생화학자로서 영국 케임브리지에서 오랫동안 다양한 항체 생산에 대해 연구하였습니다. 밀스테인 박사님은 정상적으로 항체를 생산하는 세포로부터 변형된 종양세포를 실험에 이용하였습니다. 그 종양들이 생산하는 단백질은 거의 모든 측면에서 항체와 비슷해 보였습니다. 하지만 이 단백질, 즉 유사항체에 맞는 외인성 구조는 전혀 찾을 수 없었습니다. 때문에 이 단백질은 외부 물질과 결합할 수 없었던 것입니다.

밀스테인 박사님은 두 개의 서로 다른 종양세포주를 융합시켰을 때 어떤 일이 일어날 것인가도 궁금했습니다. 즉 이와 같은 경우에 항체와 같은 단백질 생산에 어떤 변화가 일어날 것인지 매우 궁금했습니다. 따라서 종양세포주를 제작하여 융합된 세포들만이 자랄 수 있는 세포배양액에서 키웠습니다. 이 시스템은 정상적으로 작동되었고, 융합세포들에 의해 항체와 유사한 단백질들이 많이 생산되었습니다. 일부 단백질은 분자 수준에서 보아야만 비로소 융합된 단백질임을 알 수 있을 정도로 정상 단백질과 유사했습니다.

이 무렵 젊은 과학자였던 게오르게스 쾰러 박사님은 스위스의 바젤 연구소에서 정상적인 항체를 생산하는 배양세포주를 집중 연구하고 있었습니다. 그는 아주 소수의 세포들만이 짧은 기간 생존하는 것을 발견한 후 이 결과에 대해 무척이나 당황스러워 했습니다. 따라서 그는 이미 밀스테인 박사님의 연구를 통해 정상적으로 항체를 생산하는 세포와 종양세포주의 융합을 시도하여 오랫동안 생존할 수 있는 융합세포주를 만들어 보고자 했습니다. 만일 이것이 실제로 가능하다면 항체를 지속적으로 생산할 수 있게 되며, 이때 영원히 증식할 수 있는 종양세포의 특성은 아주 유익한 요소로 작용할 것입니다.

쾰러 박사님은 밀스테인 박사님의 연구팀에 합류하여 이와 같은 문제들과 씨름하였고, 또 그 문제를 해결하기 위해 1975년부터 1976년까지 2년이라는 시간을 아주 분주하게 보냈습니다. 그 결과 그들은 수많은 세포들 속에서 그들이 원하는 대로 정확하게 항체를 생산해 내는 특정 세포를 골라내는 기술을 개발하였습니다. 그리고 이를 종양세포와 융합하였고 이 세포는 종양세포에서 물려받은 영속성으로 인해 똑같은 항체를 지속적으로 대량 생산할 수 있었습니다. 쾰러 박사님과 밀스테인 박사님은 이 세포들을 융합세포라고 불렀습니다. 모든 융합세포들은 각각 한 개의 세포에서 유래되었으며, 이들은 단일항원물질을 인식하는 순수한 단일항체, 즉 단일클론항체를 대량으로 생산할 수 있었습니다.

보건의료와 그 기초 연구에 항체를 사용하는 것과 관련하여 쾰러 박사님과 밀스테인 박사님이 보여준 단일클론항체 생산을 위한 융합세포 기법은 거의 10년을 뛰어넘는 대변혁이었습니다. 주어진 구조에 알맞은 항체가 비록 드물게 존재한다고 해도 이제는 이 항체를 대량으로 만들 수 있게 된 것입니다. 그리고 제작된 융합세포는 세포조직은행에 저장되어, 영원히 제공될 수 있습니다. 따라서 전 세계 어디에서나 이 융합세포를 사용할 수 있습니다. 융합세포 기법을 이용한 진단법은 매우 정확하였으며 이를 이용한 새로운 치료법도 개발되었습니다. 극소량으로 존재하는 희귀 물질도 이제는 단일클론항체를 이용하여 효과적으로 분리할 수 있습니다. 이 모든 것은 바로 게오르게스 쾰러 박사님과 체자르 밀스테인 박사님이 발견한 융합세포 기법으로 설명할 수 있으며, 이 발견은 금세기에 이루어진 의학계의 방법론적인 진보 중 가장 중요한 진보 중의 하나로 기록될 것입니다.

예르네 박사님, 쾰러 박사님, 그리고 밀스테인 박사님.

왕립 카롤린스카 연구소와 노벨 위원회를 대신하여 세 분의 탁월한 연구 업적에 대해 축하드립니다. 이제 국왕 전하로부터 노벨 생리·의학상을 받으시기 바랍니다.

왕립 카롤린스카 연구소 한스 위그젤

콜레스테롤 대사 조절에 관한 연구

1985

마이클 브라운 | 미국 **조지프 골드스테인** | 미국

:: 마이클 스튜어트 브라운 Michael Stuart Brown (1941~)

미국의 분자유전학자. 펜실베이니아 대학교에서 공부하여 1966년에 박사학위를 취득하였으며, 1968년까지 보스턴에 있는 매사추세츠 종합 병원에서 인턴 및 레지던트 과정을 이수하면서 공동 수상자 조지프 L. 골드스테인을 알게 되었다. 1968년부터 1971년까지 미국 국립보건원에서 연구한 후, 1972년에 댈러스에 있는 텍사스 대학교 사우스웨스턴 의과대학 조교수가 되어 골드스테인과 함께 콜레스테롤의 대사 조절에 관하여 연구하였다. 1977년에는 유전질환 센터 교수 겸 소장이 되었다.

:: 조지프 레너드 골드스테인 Joseph Leonard Goldstein (1940~)

미국의 분자유전학자. 워싱턴앤드리 대학교에서 공부하였으며, 1966년 댈러스에 있는 텍사스 대학교 사우스웨스턴 의과대학에서 박사학위를 취득한 후, 1968년까지 보스턴에 있는 매사추세츠 종합병원에서 인턴 및 레지던트 과정을 이수하면서 공동 수상자 마이클 S. 브라운을 알게 되었다. 1968년부터 1972년까지 미국 국립보건원에서 연구한 후, 1972년에 댈러스에 있는 텍사스 대학교 사우스웨스턴 의과대학 조교수가 되어 마이클 S. 브라운과 함께 콜레스테롤의 대사 조절에 관하여 연구하였다. 1976년 정교수가 되었다.

전하, 그리고 신사 숙녀 여러분.

1816년 8월 26일 프랑스 과학아카데미에서 열린 회의에서 화학자인 슈브뢸 박사님은, 프랑스와 독일의 의사들이 수십 년 전 담석에서 발견한 지방과 유사한 성질을 가진 물질을 콜레스테린이라고 부르자고 제안했습니다. 그리스어 어원의 이 이름은 담즙, 입체, 고체를 의미합니다.

콜레스테린은 담석에만 국한되지 않고 모든 척수동물과 인간의 모든 장기에서 발견되었으며, 매우 중요한 물질로 판명되었습니다. 나중에 콜레스테롤이라 불린 이 물질은 세포막의 형성에 관여하며, 소화에 중요한 담즙산의 합성과 생명 유지를 위해 필요한 스테로이드의 합성에도 중요합니다. 콜레스테롤과 담즙산의 복잡한 구조를 규명한 공로로 빌란트 박사와 빈다우스 박사는 1927년과 이듬해에 각각 노벨상을 수상하였습니다. 콜레스테롤은 지극히 중요한 물질인 동시에, 담석보다 훨씬 유해한 물질입니다. 19세기 중반에, 동맥경화에서 콜레스테롤 또는 콜레스테롤 에스테르가 높은 농도로 발견되었으며, 1930년 후반부터 특이한 유전질환인 고콜레스테롤혈증이 고농도의 혈중 콜레스테롤에 의해 일어나며 이로 인해 혈관의 정상적인 구조가 심각하게 변형되는 것을 알게 되었습니다.

콜레스테롤은 대부분 물에 녹지 않습니다. 하지만 다른 지방과 마찬가지로, 안쪽에 지용성 성분 입자가 모여 있고, 바깥쪽에 인지질이나 단백질 같은 비교적 지용성이 적은 물질이 모자이크층을 이루고 있으므로 혈액 속에서 용해될 수 있습니다. 이러한 입자들을 지질단백질이라고 부릅니다. 콜레스테롤은 그중에서도 주로 LDL이라고 하는 지질단백질의 형태로 나타납니다.

모든 유기체가 콜레스테롤을 필요로 하는 것은 아니며, 곤충같이 스스로 콜레스테롤을 만들 수 없는 경우에는 전적으로 음식물에 의존해서 섭취해야 합니다. 그러나 포유동물 세포는 스스로 콜레스테롤을 합성할 수 있음에도 불구하고, 음식물로부터 혈액을 경유해서 콜레스테롤을 얻습니다. 1930년대 쇼엔하이머 박사는 세포가 스스로 합성하는 콜레스테롤의 양과 음식으로부터 얻는 양 사이에 어떤 평형이 존재한다고 주장했습니다. 그러나 어떻게 이 평형이 유지되는지, 그리고 고콜레스테롤혈증에서 왜 혈중 콜레스테롤 농도가 그렇게 증가되는지도 알 수 없었습니다. 그러던 중 1964년에 블로흐 박사와 리넨 박사가 복잡한 콜레스테롤의 복잡한 세포 내 합성기전을 밝혔으며, 그분들은 이와 같은 공로로 노벨상을 수상하였습니다.

정밀하고 체계적인 협동 연구를 통해 올해의 연구 수상자들은 콜레스테롤 대사를 연구하였습니다. 그들은 혈청을 첨가하거나 혹은 첨가하지 않음으로써, 콜레스테롤이 있는 혹은 없는 세포배양액에서 건강한 사람 또는 고콜레스테롤혈증 환자의 결합조직세포를 배양하였습니다.

건강한 사람의 세포는 LDL에 결합하기 위한 특이적 수용체가 표면에 있는 반면에, 환자의 세포는 그렇지 않았습니다. 환자가 양쪽 부모에 의해 질병을 얻었는지, 아니면 어느 한쪽에 의해 질병을 얻었는지에 따라 수용체는 아예 존재하지 않거나 감소되어 있었습니다. LDL이 수용체에 결합된 후에 수용체와 함께 세포 안으로 이동한다는 것 또한 놀라운 발견이었습니다. 그러고 나면 수용체는 다시 방출되어 세포 표면으로 돌아와 다른 LDL과 다시 결합합니다. 한편 세포 안으로 이동한 LDL 입자는 분해되어 여러 기능을 하게 됩니다. 이와 같은 과정에서 세포는 필요로 하는 콜레스테롤을 얻을 수 있습니다. 이때 합성을 위한 HMG CoA 환원 효소의 활성은 억제되어 세포에 의한 내인성 콜레스테롤의 합성은 감소됩니다. 이것은 다시 LDL 수용체의 수를 감소시키고, 그리하여 LDL의 유입은 더욱 감소하게 됩니다. 그리고 이것은 세포로 하여금 관련 효소를 활성화시켜 과량의 콜레스테롤을 적절한 형태로 전환하여 저장하게 합니다. 따라서 콜레스테롤의 정상적인 세포 내 대사에 관련해서 밝혀진 'LDL 경로'를 통해 우리는 수용체 구조의 결함으로 나타나는 콜레스테롤 대사 이상뿐 아니라, 음식에 존재하는 콜레스테롤 양이 질병에 어떤 영향을 주는지에 대해 알 수 있게 되었습니다. 따라서 이 질병의 치료 및 예방법의 개발을 기대할 수 있게 되었습니다. 콜레스테롤에 대한 연구는 두 세기에 걸쳐 계속 발전해 왔습니다. 이 분야의 흥미로운 부분 중에서도 가장 매혹적인 부분을 바로 오늘 수상자들이 완성하였습니다.

브라운 교수님, 골드스테인 교수님.

두 분은 정밀하고 체계적인 연구를 통해 가장 중요한 생리학적 작용 기전인 포유동물이 세포 내에서 합성한 콜레스테롤과 음식으로 섭취한 콜레스테롤이 평형을 이루는 방법을 발견하였습니다. 더불어 이 기전으로부터 유전적으로 나타나는 중요한 이상 현상도 규명하였습니다. 그리고 비정상적인 혈중 콜레스테롤 농도에 따르는 여러 질병의 예방과 치료법 개발을 위한 합리적인 기반도 마련하였습니다. 두 분의 성공적인 협조 또한 과학을 비롯한 다른 여러 분야에 좋은 본보기가 되었습니다.

왕립 카롤린스카 연구소 노벨위원회를 대표하여, 두 분에게 따뜻한 축하를 전합니다. 이제 전하께서 시상하시겠습니다.

왕립 카롤린스카 연구소 V. 뮤트

세포 성장을 촉진하는 성장인자의 발견

1986

스탠리 코언 | 미국

리타 레비몬탈치니 | 이탈리아

:: **스탠리 코언 Stanley Cohen (1922~2020)**

미국의 생화학자. 브루클린 대학교에서 공부하였으며, 1945년에 오벌린 대학교에서 동물학으로 석사학위를, 1948년에 미시건 대학교에서 생화학으로 박사학위를 취득하였다. 1952년부터 7년에 걸쳐 세인트루이스에 있는 워싱턴 대학교에서 공동 수상자 리타 레비몬탈치니와 함께 연구하면서 최초로 성장 인자들을 분리해 냄으로써 성장 신호가 세포 밖에서 안으로 전달되는 과정을 밝혔다. 1967년 내슈빌에 있는 밴더빌트 대학교 생화학 교수가 되었다.

:: **리타 레비몬탈치니 Rita Levi-Montalcini (1909~2012)**

이탈리아의 신경학자. 1939년에 토리노 대학교에서 신경정신의학으로 박사학위를 취득하였다. 1947년에 세인트루이스에 있는 워싱턴 대학교의 동물학자 빅터 햄버거의 실험실 연구원이 되어 1961년까지 연구하였다. 1952년부터는 공동 수상자 스탠리 코언과 함께 연구하면서 신경세포의 성장 조절을 밝혀냈다. 1969년에 로마에 있는 세포생물학연구소 소장이 되어 1978년까지 재직하였다.

전하, 그리고 신사 숙녀 여러분.

우리들은 모두 작은 어린아이로부터 성장해 왔습니다. 인체의 성장은 주로 뇌하수체에서 분비되는 성장호르몬이 조절합니다. 신생아 시기에 이 호르몬이 부족하면 성장 발달이 지연되고, 성장호르몬 결핍 환자는 결국 충분히 성장하지 못하게 됩니다. 그러나 이 뇌하수체의 성장호르몬이 직접 세포의 성장을 촉진하는 것은 아닙니다. 또한 태아의 성장은 이 성장호르몬과는 별개입니다. 우리들은 모두 단 한 개의 세포에서 시작되었습니다. 이 세포는 성인의 몸에 존재하는 무수히 많은 여러 세포의 모든 특징들을 발현하는 유전암호를 포함합니다. 이 최초의 세포는 두 개의 똑같은 딸세포로 분열합니다. 이와 같은 세포분열 과정에서 세포는 독특한 성질을 나타내기 시작하며 이를 일컬어 세포가 분화한다고 표현합니다. 갓 태어난 신생아는 성인의 몸에서 발견되는 모든 형태의 세포들을 이미 갖고 태어납니다.

성장과 분화의 모형은 오랜 기간에 걸쳐서 확립되었지만, 태아의 발달을 조절하는 기전은 아직 밝혀지지 않았습니다. 이 단계의 조절은 성장호르몬과는 무관합니다. 뇌하수체가 아닌 생물 조직에 있는 성장인자를 발견함으로써 우리는 비로소 새로운 사실을 깨닫게 되었습니다. 즉, 성장과 분화는 세포에서 분비되는 어떤 신호물질에 의해 조절되며, 이는 또한 이웃에 위치한 세포들에게 많은 영향을 주게 됩니다. 이와 같은 신호물질 중에서 처음으로 규명된 물질이 바로 신경성장인자nerve growth factors(NGF)와 상피성장인자epidermal growth factors(EGF)입니다. 리타 레비몬탈치니 박사님이 발견한 NGF와 스탠리 코언 박사님이 발견한 EGF는 성장과 분화 연구에 새로운 시대를 열었습니다. 이후 서로 다른 형태의 세포에서 분리된 다양한 성장인자들이 속속 밝혀지기 시작했습니다.

이 모든 일은 이탈리아의 발달생물학자인 리타 레비몬탈치니 박사님이 미국 미주리주 세인트루이스에 있는 빅터 햄버거 교수의 연구실에 초청되어 오면서 시작되었습니다. 그곳에서 박사님은 이전부터 해오던 연구를 계속 수행하였지만 이전과 전혀 다른 결과를 얻었습니다. 생쥐의 종양을 병아리 태아(배)에 이식하면 병아리에서 뻗어 나오는 어떤 신경섬유를 발견할 수 있습니다. 그런데 종양과 병아리 배 사이에 직접적인 접촉이 없어도 신경섬유가 뻗어 나오는 양상은 비슷했습니다. 따라서 리타 레비몬탈치니 박사님은 신경의 성장을 촉진하는 어떤 물질이 종양에서 분비된다고 확신했습니다. 그리고 이 물질의 존재를 확인하기 위해 신경세포주를 이용한 생물학적 시험법을 개발하였습니다.

생화학자인 스탠리 코언은 1950년대 초반에 이 연구팀에 합류하였습니다. 그는 수컷 생쥐의 침과 침샘에서 생쥐의 종양에서보다 더 많은 양의 NGF를 발견하였습니다. 그가 NGF를 발견하고 분리해 냄으로써 발달신경생물학은 획기적으로 발전하였습니다. 즉 신경 성장에 잘 알려진 화학 물질을 사용할 수 있게 된 것입니다. 리타 레비몬탈치니 박사님은 일련의 연구를 통해 NGF가 특정 신경세포들의 생존뿐만 아니라, 신경섬유의 성장 방향을 조절하는 데에도 필요하다는 것을 보여 주었습니다. NGF를 항체로 억제하면 신경세포들은 죽었습니다. 그리고 신경섬유의 성장을 유인하는 표적세포들은 NGF를 생성하고 있으며 뇌에 NGF를 주입하면 특정 신경섬유기가 뻗어 나가는 것을 볼 수 있습니다. NGF에 의해 나타나는 이와 같은 신경 친화적인 효과는 뇌의 복잡한 신경을 거쳐 신경섬유들이 어떻게 성장해 나가는지를 설명할 수 있습니다.

스탠리 코언 박사님은 순수한 NGF를 분리했을 뿐만 아니라, 상피성장인자인 EGF도 발견하였습니다. 박사님은 NGF의 효과를 연구하는 과정에서, 갓 태어난 생쥐에 침샘 추출물을 주입하면 이들의 발달이 촉진되는 것을 관찰하였습니다. 이 생쥐들은 훨씬 빠른 시간 안에 눈을 떴고 이빨도 빨리 났습니다. 따라서 그는 이 침샘 추출물에 NGF와는 다른 어떤 새로운 성장인자가 포함되어 있음을 알게 되었습니다. 그는 이 물질을 분리하여 특성을 밝히고, 아미노산 배열을 확인하였습니다. 그리고 이 물질이 손상된 각막을 치유한다는 것도 발견했습니다.

EGF는 상피세포뿐 아니라 다양한 세포에서 기능하는 아주 포괄적인 성장인자로 밝혀졌습니다. 이 성장인자가 제 기능을 하기 위해서는 표적 세포의 표면에 수용체가 존재해야 합니다. 스탠리 코언 박사님은 이 EGF의 수용체 또한 분리하였으며 그 특징도 규명하였습니다. 이 수용체는 두 부분으로 나누어져 있습니다. 이 두 부분은 각각 EGF와 직접 결합하는 세포막 외부 부분과, 효소의 기능을 가진 세포막 내부 부분입니다. 세포 외부에 위치한 수용체가 EGF와 결합하면, 이로 인해 수용체 내부의 효소가 활성화됩니다. 이 새로운 개념은 점차 확산되어 갔습니다. 즉 성장인자에 의한 효소 활성화 과정이 일반적인 활성화 경로로서 인정받게 된 것입니다. 더 나아가, 일부 바이러스성 발암 유전자는 EGF 수용체 내부 효소와 동일한 활성을 갖는 단백질을 생성함으로써 암세포의 성장을 촉진하는 것으로 밝혀졌습니다.

NFG와 EGF는 생쥐에서 처음으로 발견되었지만 그 연구 대상은 점차 인간으로 옮겨갔습니다. 오늘날에는 인간의 NGF와 EGF의 화학 구조가 밝혀졌고, 유전공학적으로 재조합한 인간 유래 NGF와 EGF가 생산되고 있습니다. 이는 NGF와 EGF가 임상 의약품으로 사용될 수 있는 길을 열었습니다. 이들 성장인자들의 결핍 현상 또는 과다 생성은 아마도 기형, 발달장애, 퇴행성 재생결함, 상처 치유의 지연, 종양 등과 같은 질환의 중요 원인일 것입니다. 현재는 노인성 치매와 같은 중추신경 계통의 질환과 관련된 NGF의 역할, 말초신경 손상 후 NGF의 사용 가능성 등을 활발하게 연구하고 있습니다. 손상된 각막이나 피부 또는 내장세포의 치료제로서 EGF의 효과는 이미 검증되었습니다. 그 밖에도 EGF를 이용하여 신체 외부에서 피부 조직 배양을 촉진함으로써 배양된 피부조직을 화상 치료를 위한 자가이식에 활용하기도 합니다.

리타 레비몬탈치니 박사님, 그리고 스탠리 코언 박사님.

성장인자를 발견하고 연구한 두 분의 선구자적인 공로는 오늘날 많은 성장인자들이 발견되고 그 특징이 규명되는 밑거름이 되었습니다. 나아가 두 분의 연구는 미래 의약품 개발에 매우 중요합니다. 지금까지 우리는 성장인자의 존재를 알지 못했습니다. 때문에 성장과 분화 과정을 단지 하나의 현상으로만 받아들였습니다. 하지만 이제 리타 레비몬탈치니 박사님과 스탠리 코언 박사님에 의해 세포의 증식과 기관의 분화, 그리고 종양세포로의 변형 과정에 작용하는 성장인자들의 기능을 알게 되었습니다. 리타 레비몬탈치니 박사님은 신경세포의 성장 조절을 밝힌 위대한 발달생물학자입니다. 그리고 스탠리 코언 박사님은 최초로 성장인자들을 분리해 냄으로써, 성장신호가 세포 밖에서 안으로 전달되는 과정을 밝힌 탁월한 생화학자입니다.

카롤린스카 연구소 노벨 총회의 대표자로서 저는 두 분께 진심어린 축하를 전합니다. 이제 앞으로 나오셔서 국왕 전하로부터 상을 받으시기 바랍니다.

왕립 카롤린스카 연구소 케르스틴 홀

다양한 항체 생성의 유전적 원리 발견

도네가와 스스무 | 일본

1987

:: 도네가와 스스무 利根川進 (1939~)

일본의 분자생물학자이자 면역학자. 1963년에 교토 대학교에서 석사학위를, 1969년에 샌디에이고에 있는 캘리포니아 대학교에서 분자생물학으로 박사학위를 취득하였다. 1971년에 스위스의 바젤 면역학연구소의 주임연구원이 되어 1981년까지 면역에 관한 유전자를 연구하였다. 1981년에 매사추세츠 공과대학 생물학 교수가 되었다. 다양한 항체를 생성하는 유전적 원리를 밝힘으로써 면역체계의 기본적인 메커니즘을 규명하였으며, 면역학을 비롯하여 현대 의학의 발전에 기여하였다.

전하, 그리고 신사 숙녀 여러분.

감염에 대한 방어는 자아와 비자아를 구별할 수 있고, 수십 년 전에 접촉한 것을 기억하는 능력을 가진 천재적인 세포체계인 면역계에서 수행합니다. 면역계의 작용으로 각각의 사람들은 수많은 형태의 방어 분자들, 즉 항체 생산 능력을 갖게 됩니다. 올해의 노벨상을 수상하는 연구 주제는 무수히 다양한 특이 항체를 생산하는 면역계의 독특한 이 능력에 대한 것입니다.

도네가와 박사님은 면역학을 연구한 위대한 분자생물학자입니다. 1970년 중반에 실행한 그의 천재적인 실험들은 한정적인 유전물질을 가지고 기존의 미생물뿐만 아니라 미래의 미생물까지 방어할 수 있는 무수한 다양성이 어떻게 만들어지는지를 설명해 주었습니다. 도네가와 박사님이 스위스의 바젤 면역연구소에서 이 실험을 하였을 때, 다른 과학자들은 이미 항체의 기능과 특징에 관해 많은 것을 알고 있었습니다. 그러나 이것은 불확실했고 때로는 혼란을 야기했습니다. 단백질인 항체의 구조는 유전자에 의하여, 즉 염색체의 DNA에 의해 엄격하게 통제됩니다. 그가 실험하였을 때에는 유전자와 개개의 단백질, 즉 개개의 폴리펩티드 사슬이 일 대 일로 연관되어 있다고 일반적으로 믿고 있었습니다. 그러나 사람 염색체에서 한 단백질을 결정하는 유전자 수는 아마도 몇십만 개에 이를 것입니다. 적혈구의 헤모글로빈, 눈의 색소 등을 비롯한 모든 단백질에는 충분한 유전자 수가 필요합니다. 하지만 그중의 아주 작은 부분, 아마 1퍼센트 정도가 항체를 만드는 데 사용될 것입니다. 약 1,000개의 유전자를 가지고 과연 수십억 개의 항체를 만들 수 있을까요? 이와 같은 방정식은 불가능해 보입니다.

우리의 항체는 짧은 것과 긴 것, 두 종류의 폴리펩티드로 구성되어 있습니다. 도네가와 박사님은 먼저 하이브리드 DNA라는 가장 정확한 도구를 확보하였고, 새로운 실험법을 개발하여 항체 분자의 짧은 사슬을 결정하는 유전자의 실질적인 구조를 연구하였습니다. 그는 유전학에서 정말로 새롭고 획기적인 발견을 하였습니다. 짧은 사슬에 해당하는 유전자가 위치할 것으로 기대되는 염색체에는 하나의 유전자가 아닌 진주 모양의 끈을 형성한 유전자가 있었습니다. 하나의 특별한 유전자는 어느 한곳에 위치하는 반면에 두 개의 변이 유전자는 두 가지 유전자 계열, 즉 모두 약 100개의 유전자를 만들었습니다. 어떤 세포가 항체를 만들기 시작할 때, 이 중에서 어느 하나가 선택되는 것입니다.

거대한 유전자 집단에서 임의로 선택된 한 종류의 유전자는 염색체로부터 잘려져서 제2의 유전자 계열의 구성성분으로 이동하고, 그 후에 고립되어 있는 유전자와 함께 짧은 사슬에 대한 기능적 유전자를 만들어냅니다. 하나가 아니라 3개의 유전자가 항체 분자의 짧은 사슬을 만드는데 참여하는 것을 알 수 있습니다. 각 계열의 구성원은 아마도 증식에 의해 변이성을 증가시키는 제2계열의 구성원 중 하나에 연결될 수 있습니다. 이 결과로 우리의 몸이 진보된 재조합 DNA 과정을 실행할 수 있다는 것이 명백히 드러났습니다.

연구가 계속되면서 자연의 지혜도 이해할 수 있게 되었습니다. 유전자의 재조합과 이들의 연결이 조금의 오차도 없이 정확하게 일어나는 것은 아닙니다. 그러한 결함은 어떤 계에서는 나쁠 수 있지만, 여기에서 이들은 항체의 다양성을 증가시키는 기전을 작동시킵니다. 도네가와 박사님을 비롯한 다른 과학자들의 실험은 이와 똑같은 원리가 항체의 긴 사슬을 만들 때에도 적용됩니다. 4개의 서로 다른 유전자가 이 과정에 포함되는 것 같습니다. 따라서 항체 수준에서 다양성을 나타내기 위하여, 변이체의 짧은 사슬과 무거운 사슬의 재조합이 이루어질 것이며, 이는 실제로 항체의 다양성을 극적으로 증가시킬 것입니다.

이제 방정식은 해답을 찾았습니다. 몇백 개의 유전자가 새롭고 획기적인 방법으로 인체에서 사용되며, 이로 인해 수십억 개의 다양한 항체를 만들 수 있습니다. 이 유전적 뽑기를 통해 면역계는 항상 기존에 알려진 미생물뿐만 아니라 미지의 미생물도 방어할 수 있도록 준비됩니다.

귀중한 DNA의 경제적인 사용은 중요하지 않은 더 많은 물질을 소비하여 보상합니다. 1분마다 우리의 신체는 몇백만 개의 백혈구 세포, 림포사이트를 만들어 냅니다. 이들 각각은 하이브리드 DNA 절차를 거쳐, 자신만의 독특한 항체가 됩니다. 반응하지 못한 항체는 빠르게 사라질 것입니다. 그러나 이들이 잘 맞는 외부의 구조와 접촉하면 증식하게 되며, 오래 남아 있게 됩니다. 위대한 임의의 유전자 뽑기 후에 자연은 승자를 선택하고, 특별한 면역을 생성함으로써 감염에 대항하여 가장 값싸고 가장 효과적인 예방을 할 수 있게 됩니다.

도네가와 박사님.

카롤린스카 연구소를 대표하여 박사님의 훌륭하신 업적에 대하여 축하드립니다. 이제 전하께서 노벨 생리·의학상을 시상하시겠습니다.

왕립 카롤린스카 연구소 한스 위그첼

약물 치료의 중요한 원칙의 발견

1988

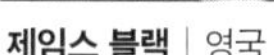

제임스 블랙 | 영국

거트루드 엘리언 | 미국

조지 히칭스 | 미국

:: 제임스 화이트 블랙 James Whyte Black (1924~2010)

영국의 약리학자. 1946년에 스코틀랜드에 있는 세인트앤드루스 대학교에서 의학 박사학위를 취득하였다. 1962년에 베타 수용체 억제 약물을 개발하였으며, 히스타민 분자의 화학 구조를 변경시켜 새로운 위궤양 치료제인 히스타민-2 수용체 억제제를 개발하였다. 1973년에 런던 대학교 교수가 되었으며, 1978년부터는 미국 웰컴 제약회사 연구원으로 일하였다. 1981년에 기사작위를 받았다.

:: 거트루드 벨 엘리언 Gertrude Belle Elion (1918~1999)

미국의 약리학자. 헌터 대학교에서 공부하였으며, 1941년에 뉴욕 대학교에서 화학으로 석사학위를 취득하였다. 박사학위를 취득하지 않았으며 후에 조지워싱턴 대학교, 브라운 대학교, 미시건 대학교에서 명예 박사학위를 받았다. 1944년부터 미국 웰컴 제약회사 연구원으로 활동하면서 공동 수상자 조지 히칭스와 함께 핵과 핵산 즉 유전 정보 물질에 대해 연구하였으며, 1963년에는 통풍 치료제인 알로푸리놀을 개발하기도 하였다.

:: **조지 허버트 히칭스George Herbert Hitchings (1905~1998)**

미국의 약리학자. 워싱턴 대학교를 졸업하고 1933년에 하버드 대학교에서 생화학 박사학위를 취득한 뒤 1939년까지 동 대학교에서 강의하였다. 1942년에 미국 웰컴 제약회사 연구원이 되어 공동 수상자 거트루드 엘리언과 함께 핵과 핵산, 즉 유전정보물질에 대해 연구하였으며, 1963년에는 통풍 치료제인 알로푸리놀을 개발하기도 하였다. 1974년부터 1977년까지 한국 중앙대학교 임상약리학 객원교수로도 활동하였다.

올해의 노벨 생리·의학상은 약물 치료의 중요한 원칙을 발견한 세 분의 박사님에게 돌아갔습니다. 이것은 다양한 중증 질환 치료에 매우 효과적입니다. 제임스 블랙 경의 발견으로 협심증, 심근경색, 고혈압 그리고 위궤양과 같은 질환에 효과적인 새로운 치료제가 개발되었습니다. 1987년에 스웨덴에서만 약 50만 명의 환자가 블랙 경의 연구로 개발된 새로운 약물로 치료받았습니다. 거트루드 엘리언 박사님과 조지 히칭스 박사님은 백혈병, 이식된 장기에 대한 거부 반응, 통풍, 말라리아, 그리고 박테리아나 바이러스 감염증 같은 광범위한 질병을 치료할 수 있는 효과적인 약물을 개발하였습니다. 올해의 노벨상 수상자들이 발견한 이 약물들은 15년에서 35년 정도의 시험 기간을 거치며 의약품으로서 검증을 마쳤습니다. 그리고 오늘날 이 약품들은 다양한 영역의 질병을 치료하는 데 널리 쓰이고 있습니다. 뿐만 아니라 이 의약품들은 세계보건기구에서 지정한 이른바 '필수 의약품' 명단에도 올랐습니다. 이는 '2000년대까지 모든 인류의 건강을 위하여'라는 목표 아래 전 세계 어디에서나 구할 수 있는 의약품이 되었다는 것을 뜻합니다.

1896년 알프레드 노벨 박사님이 서거하기 몇 달 전, 그는 가까운 친구에게 다음과 같은 편지를 보냈습니다. "심장 질환 때문에 이곳 파리에서 적어도 며칠은 더 머물게 될 것 같네. 그런데 나는 이 질병 때문에 니트로글리세린을 처방받았네. 이야말로 운명의 아이러니가 아닌가! 의사들은 화학자나 일반인들이 두려워하지 않도록 하기 위해 니트로글리세린을 트리니트린이라고 부르고 있다네." 이 니트로글리세린을 다이너마이트에 사용한 사람은 바로 노벨 박사님 자신이었습니다.

니트로글리세린은 협심증 통증을 완화하는 효과가 있습니다. 이 화학물질로 심장혈관을 확장하여 심장으로 공급되는 산소의 양을 증가시키는 것입니다. 제임스 블랙 경은 협심증에 대한 또 다른 치료 방법으로 심장에 필요한 산소량을 감소시키는 약물을 개발하고자 했습니다. 이를 위해 그는 베타 수용체를 집중 연구하였습니다. 심근세포에 있는 이 베타 수용체가 스트레스 호르몬인 아드레날린 또는 노르아드레날린과 결합하면 심장박동이 증가하고 산소 요구량도 증가합니다. 이때 스트레스 호르몬은 열쇠에, 그리고 수용체는 자물쇠에 비유할 수 있습니다. 어떤 생리작용이 일어나기 위해서는 바로 이 열쇠가 자물쇠를 열어야만 합니다.

1962년에 이르러 블랙 경은 임상적으로도 매우 유용한 화합물을 개발하는 데 성공하였습니다. 이 화합물은 심장에서 스트레스 호르몬과 수용체의 결합을 방해함으로써 호르몬의 효과를 억제하였습니다. 즉 자물쇠에 작용하는 가짜 열쇠와도 같았습니다. 환자에게 이른바 베타 수용체 억제 약물이라고 불리는 이 화합물을 투여하면, 환자의 심장은 과도하게 활동하지 않고서도 신체 효과를 증진시킬 수 있었습니다. 이어서 그는 이 화합물이 고혈압도 치료하며 심근경색의 치사율도 감소시킨다는 것을 확인하였습니다.

이와 더불어 제임스 블랙 경은 기존의 방법과 전혀 다른 새로운 위궤양 치료법을 개발하였습니다. 환자의 증세가 위궤양으로 발전할 가능성을 진단하기 위해 일반적으로 위산 분비를 강력하게 촉진하는 히스타민이라는 약물을 사용합니다. 블랙 경은 여기서 한 가지 의문을 갖게 되었습니다. 그것은 이른바 항히스타민제라는 약물이 히스타민에 의한 알레르기 반응은 효과적으로 억제하는 반면, 히스타민에 의한 위산 분비는 억제하지 못했기 때문입니다. 그것은 위에 존재하는 히스타민 수용체와 항히스타민제가 작용하는 수용체가 전혀 다른 종류였기 때문이었습니다. 이에 블랙 경은 히스타민 분자의 화학구조를 변경시켜 새로운 화합물을 만들었습니다. 그리고 이 새로운 화합물은 위에 존재하는 히스타민 수용체에 적합한 가짜 열쇠의 역할을 성공적으로 수행하였습니다. 1972년에 개발된 이 화합물은 사용 즉시 위산분비를 중지시킬 만큼 매우 효과적이었습니다. 이 화합물을 히스타민-2 수용체 억제제라고 하며 매우 효과적인 위궤양 치료제로 입증되었습니다. 뿐만 아니라 이 화합물은 수술이 필요한 위궤양 환자들의 숫자를 현저하게 줄여 주었습니다.

제임스 블랙 경이 세포의 외벽 구조에 대해 연구하는 동안, 거트루드 엘리언 박사님과 조지 히칭스 박사님은 핵과 그 내부 물질인 핵산, 즉 유전정보 물질을 연구하였습니다. 1950년대 초반에 발표한 가설에서 그들은 정상적인 세포 성장에는 아무런 해를 입히지 않고 암세포나 박테리아 등에서 일어나는 핵산의 합성만 선택적으로 억제할 수 있는 약물의 개발 가능성을 내다보았습니다. 세포 안에서 핵산이 어떻게 합성되는지에 관해서는 그 당시 극히 일부분만 알고 있을 뿐이었습니다. 그러나 세포가 핵산이라는 거대물질을 생산하기 위해서는 수많은 벽돌들이 필요하다는 사실은 알고 있었습니다.

엘리언 박사님과 히칭스 박사님은 이와 관련하여 이른바 대사길항물질이라는 가짜 벽돌들이 세포 성장을 저해하는 기전을 연구하였습니다.

그들이 1951년에 개발한 6-메르캅토푸린이라는 화합물은 지금껏 불치병이라고 여겨왔던 백혈병에 아주 효과적이었습니다. 1957년에는 이 6-메르캅토푸린의 화학적 구조를 다시 변형시켜 아자티오프린이라는 화합물을 개발하였습니다. 이 아자티오프린은 장기 이식을 할 때 백혈구 세포가 일으키는 거부 반응을 억제하는 데 효과적입니다. 이로부터 20년 후 장기이식에 세계적으로 권위 있는 외과 전문의는 위와 같은 면역 억제재의 발견으로 20,000명 이상의 환자가 신장 이식을 받을 수 있게 되었다고 하였습니다. 뿐만 아니라 1963년에 엘리언 박사님과 히칭스 박사님은 통풍 치료제인 알로푸리놀도 개발하였습니다.

한편 히칭스 박사님의 연구팀은 1950년에 항말라리아 약물인 피리메타민을 개발하였고, 1956년에는 항균제인 트리메토프림도 개발하였습니다. 또한 설폰아마이드가 이들 화합물의 약효를 증폭시킨다는 중요한 사실도 발견하였습니다. 이로 인해 AIDS 환자들에게 나타나는 것과 같은 중증 박테리아 감염, 그리고 말라리아 등을 치료하기 위해 트리메토프림-설파를 조합한 약제가 사용되었습니다. 엘리언 박사님과 히칭스 박사님은 아시클로버라는 최초의 항바이러스제도 개발하였습니다. 이 아시클로버는 헤르페스 바이러스 감염증 치료에 매우 효과적이었습니다. 이 약물은 바이러스에 감염된 세포만 공격하여 성장을 억제함으로써 바이러스 입자의 재생산을 막는 효과가 있었습니다.

블랙 경, 엘리언 박사님, 그리고 히칭스 박사님.

이 세 분은 새로운 의약품 개발에 헌신하였으며, 생화학 또는 생리학적 기초 연구를 바탕으로 하는 합리적인 의약품 개발 방법을 탄생시켰습니다. 세 분의 연구 결과는 의약품 개발 연구에 새로운 시대를 열어 주었고, 이로 인해 치료약이 아예 존재하지 않는 경우, 또는 기존 약물에 효과가 없었던 질병에 대한 새로운 치료법을 기대할 수 있게 되었습니다.

블랙 박사님, 엘리언 박사님, 그리고 히칭스 박사님,

카롤린스카 연구소 노벨 총회를 대신하여 여러분들의 탁월한 업적에 대한 축하를 전해드립니다. 이제 앞으로 나오셔서 국왕 전하로부터 노벨 생리·의학상을 받으시기 바랍니다.

왕립 카롤린스카 연구소 폴케 쇽비스트

암을 유발하는 레트로바이러스에 관한 연구

1989

마이클 비숍 | 미국

해럴드 바머스 | 미국

:: 존 마이클 비숍 John Michael Bishop (1936~)

미국의 바이러스 학자. 펜실베이니아에 있는 게티스버그 대학교에서 공부하였으며, 1962년에 하버드 대학교에서 의학 박사학위를 취득하였다. 메릴랜드 베세즈다에 있는 미국 국립보건원에서 연구하였으며, 1968년에 캘리포니아 주립대학교의 교수가 되어 미생물학과 면역학을 연구하였다. 1972년에 정교수가 되었다. 1970년부터 공동 수상자 해럴드 바머스와 함께 레트로 바이러스성 종양 유전자들을 발견하고 규명함으로써 암의 연구에 기여하였다.

:: 해럴드 엘리엇 바머스 Harold Elliot Varmus (1939~)

미국의 생물학자. 매사추세츠 앰허스트 대학교에서 공부하였으며, 1966년에 컬럼비아 대학교에서 박사학위를 취득 하였다. 이후 미국 국립보건원을 거쳐, 1970년에 캘리포니아 주립 대학교 교수가 되어 미생물학과 면역학을 연구하였다. 1970년부터 공동 수상자 마이클 비숍과 함께 연구하여 레트로 바이러스성 종양 유전자들을 발견하고 규명함으로써 암 연구에 기여하였다.

전하, 그리고 신사 숙녀 여러분.

우리 몸은 세포라고 부르는 독립적으로 살아 있는 실체로 구성되어 있습니다. 개개인의 세포 수는 이 지구상에 존재하는 모든 인구의 수보다도 약 1,000배나 더 많습니다. 지금 이 시간에도 이 모든 세포들은 조절되며 상호작용합니다. 이러한 조화로운 상호작용은 생물학 분야에서 가장 경이로운 현상입니다.

우리가 손가락을 베었을 때, 상처에서는 치료가 시작됩니다. 놀라울 정도로 잘 조절되는 세포분열에 의해 상처 부위의 피부와 이웃 조직들은 본래대로 회복됩니다. 올해의 노벨 생리·의학상은 세포의 성장과 분열을 조절하는 기전의 발견에 관한 것입니다. 이러한 발견은 정상세포의 균형 잡힌 성장을 연구함으로써 만들어진 것이 아니라, 닭에서 종양을 일으키는 바이러스를 조사하는 과정에서 이루어졌습니다.

1966년, 페이턴 라우스 박사는 55년 전 자신의 이름을 따서 명명한 종양 바이러스를 발견한 공로로 노벨 생리·의학상을 수상했습니다. 1970년대 중반에는 라우스바이러스가 종양의 유도에 관여하는 독립적인 유전자를 가지고 있다는 것을 발견하였습니다. 하지만 이 유전자는 바이러스 복제에는 이용되지 않습니다. 올해의 수상자들인 마이클 비숍 박사님과 해럴드 바머스 박사님은 동료들과 함께 라우스바이러스 내에 존재하는 종양 유도 유전자를 식별할 수 있는 분자 식별자를 개발하였습니다. 그리고 이 분자 식별자를 이용해 그 결정적인 유전자가 모든 종의 정상적인 세포 내에 존재하고 있음을 밝혔습니다. 그들과 과학 단체들은 라우스바이러스의 종양유도 유전자가 놀랍게도 세포 그 자체에서 비롯되었다는 결론을 내릴 수밖에 없었습니다. 하지만 우리가 세포 내에 암세포를 발현하는 유전자를 가지고 있다는 뜻은 아닙니다. 세포 내에는 진화론적인 의미로 세포의 정상적인 성장과 분열을 통제해 온 약 수백 가지의 유전자들이 있습니다. 이러한 유전자 중에 어느 하나라도 문제가 생기면 세포의 성장을 통제하는 정보망에 이상이 생깁니다. 그러면 세포에는 혼란이 일어나고, 그 결과 종양이 생성되는 것입니다.

지금까지 우리는 의학적인 불균형 상태를 연구해 오면서 생물계의 정상적인 기능에 대한 새로운 통찰력을 얻었습니다. 비정상이란 19세기 스웨덴의 시인 에릭 조안 스태그넬리어스가 이야기한 "혼돈은 신의 이웃입니다"라는 말처럼 정상인 것의 거울 형상과도 같은 것입니다. 60여 종을 넘는 성장통제 유전자 집합이 종양세포에 드러났기 때문에 그들은 종양 유전자라는 약간 비논리적인 이름을 갖게 되었습니다. 이 이름은 종양을 의미하는 그리스어 'onkos'에서 유래되었습니다. 단백질이 종양 유전자의 지시 아래 합성된다는 사실은 우리에게 세포 내의 복잡한 성장통제 신호체계에 대해 많은 것을 알려주었습니다. 이러한 신호사슬에는 성장인자, 세포 표면에 존재하는 성장인자 수용체, 세포 표면에서 세포핵 내 유전자에 신호를 전달하는 물질, 그리고 마지막으로 유전자에 직접 영향을 주는 물질들을 포함합니다.

암은 세포 내 유전물질이 붕괴되면서 시작됩니다. 그러나 대부분의 경우에 한 가지만의 붕괴로는 충분하지 않으며, 여러 개의 극단적인 붕괴가 누적되어야 합니다. 따라서 암은 다른 질병들에 비해 발병에 많은 시간이 걸립니다. 지금까지 비정상 기능을 갖는 종양 유전자는 인간에게서 다양한 종양을 유발하는 것으로 드러났습니다. 우리는 처음으로 이러한 질병들의 배후에 감춰진 복잡한 체계들을 이해하게 되었습니다. 다양한 형태의 암들을 진단하고 치료할 수 있는 새로운 기회가 주어진 것입니다.

마이클 비숍 박사님, 그리고 해럴드 바머스 교수님.

두 분이 발견한 레트로바이러스성 종양 유전자들이 세포에서 기인한다는 사실로 세포의 정상 성장을 지배하는 요인들에 관한 연구는 매우 활발해졌습니다. 이번 연구는 우리에게 생의 가장 근본적인 현상들 중 하나에 대한 새로운 관점을 갖게 했으며, 그 결과 우리가 암이라고 부르는 복잡한 질병에 대한 새로운 통찰력을 갖게 하였습니다. 카롤린스카 연구소 노벨위원회를 대표하여 교수님께 뜨거운 축하를 보내드립니다. 이제 전하께서 시상하시겠습니다.

왕립 카롤린스카 연구소 에를링 노르비

생체기관과 세포 이식에 관한 발견

1990

조지프 머리 | 미국

에드워드 토머스 | 미국

:: 조지프 에드워드 머리 Joseph Edward Murray (1919~2012)

미국의 외과의사. 매사추세츠 주 우스터에 있는 홀리크로스 대학교에서 공부하였으며, 1943년에 하버드 대학교에서 의학 박사학위를 취득하였다. 보스턴에 있는 피터벤트 브링햄 병원에서 연구하였으며, 1964년부터 1985년까지 성형외과 과장을 지냈다. 1970년에는 하버드 대학교 교수가 되었다. 1954년에 유전적 요소가 동일한 일란성 쌍둥이 간의 신장 이식을 최초로 성공시켰으며, 1962년에는 면역억제제를 사용하여 타인 간의 신장 이식 수술에 성공하였다.

:: 에드워드 도널 토머스 Edward Donnall Thomas (1920~2012)

미국의 의사. 1943년에 텍사스 대학교에서 석사학위를 취득하였으며, 1946년에 하버드 대학교에서 의학 박사학위를 취득하였다. 1955년부터 1963년까지 컬럼비아 대학교 교수로 재직하였으며, 1963년부터는 시애틀에 있는 워싱턴 대학교에서 교수로 재직하였다. 1975년부터는 프레드 허치슨 암 연구센터에서 활동하였다. 메토트렉세이트를 이용하여 이식대숙주 반응을 제거함으로써 타인 간의 골수 이식을 용이하게 하였다.

전하, 그리고 신사 숙녀 여러분.

우리는 19세기에 이루어진 여러 연구 결과, 질병의 증세는 생체기관의 손상과 밀접하게 연관되어 있음을 알게 되었습니다. 소변에 문제가 생기면 신장에, 피부색이 노랗게 변했다면 간에 이상이 생긴 것을 의미합니다. 그런데 신장은 한번 손상되면 치료하기가 매우 어렵습니다. 때문에 우리는 오래전부터 손상되지 않은 다른 사람의 신장을 이용하는 치료 방법을 생각해 왔습니다. 한 세기라는 긴 시간 동안 돼지나 양, 그리고 염소의 신장을 이식하기 위해 노력했음에도 불구하고 그 어느 것도 성공하지 못했습니다. 1902년에는 사람의 신장 이식도 시도해 보았지만 역시 실패하였습니다. 하지만 얼마 후, 마침내 한 개체 안에서는 조직이나 장기 이식이 가능하다는 것을 발견하게 되었습니다. 그리고 1912년에 알렉시스 카렐 박사님은 혈관 및 장기 이식에 관한 공로로 노벨상을 수상하였습니다. 그러나 이 성공 역시 한 개체 내에서의 이식에 국한되었습니다. 그는 마침내 개체 간 이식을 방해하는 어떤 '생물학적인 힘'이 있다는 결론에 도달했습니다. 그리고 다른 사람으로부터 이식받은 장기는 결코 정상적으로 기능하지 못할 것으로 믿었습니다. 이를 지지한 피터 메더워 박사님도 1960년에 노벨상을 수상하였습니다. 메더워 박사님은 이식 거부 반응에서 나타나는 면역 방어기전을 발견하였고 이로써 카렐 박사님이 생각했던 '생물학적인 힘'이 바로 면역 현상임을 알게 되었습니다.

그러나 조지프 머리 교수님은 이런 상황에서도 이식 성공을 향한 용기를 잃지 않았습니다. 일란성 쌍둥이 사이에서는 앞서 말한 면역학적 장애가 관찰되지 않았기 때문입니다. 조지프 머리 교수님은 개를 대상으로 신장 이식에 필요한 외과적 수술 기법을 확립하였습니다. 그리고 한 개에서 다른 개로 이식된 신장이 정상 기능을 되찾을 수 있다는 것도 보여 주었습니다. 1954년 12월, 마침내 박사님은 이 기술을 이용하여 일란성 쌍둥이의 신장 이식을 최초로 성공하였습니다. 첫 번째 신장 이식의 주인공은 치료할 수 없을 정도로 신장이 손상된 리처드 헤릭이었습니다. 그와 그의 남동생 로널드가 일란성 쌍둥이임을 확인하기 위해 조지프 머리 교수님은 보스턴 경찰서에 그들의 지문 서류를 요청하기까지 했습니다. 극비로 진행되던 이 일은 경찰서 서류를 검토하던 한 신문기자에 의해 세상에 널리 알려지게 되었습니다. 그러나 리처드 헤릭은 이런 상황을 차분하게 받아들였습니다. 언론의 높은 관심 속에서 수술은 완벽하게 이루어졌고, 이식받은 신장은 정상적으로 기능하기 시작했습니다. 리처드 헤릭은 회복실 간호사와 결혼하여 두 아이의 아버지가 되었습니다. 그 후로도 8년 동안 행복하게 잘 살았지만 결국 심근경색으로 사망하였습니다. 조지프 머리 교수님은 그 후에도 일란성 쌍둥이들 사이에서 여러 건의 장기이식 수술을 하였습니다. 그렇지만 신장이 손상된 대부분의 환자들은 쌍둥이가 아니기 때문에 이들에게 가능한 이식수술법이 필요했습니다.

이로부터 약 2년 후, 에드워드 토머스 박사님은 백혈병이나 말기 골수암 환자를 치료하기 위한 목적으로 골수이식 수술을 시도하였습니다. 그는 먼저 환자의 골수를 제거하기 위해 몸 전체에 방사선을 조사하였습니다. 그는 또한 건강한 사람의 뼈에서 약 1리터의 골수를 빼내는 데에도 성공하였습니다. 그리고 이 건강한 골수를 암환자의 혈관에 주입하였습니다. 이식된 골수세포는 새로운 몸 안에서 제자리를 찾았고, 거기에서 정상적인 기능을 하는 새로운 혈액세포를 생성하였으며, 이 세포들은 순환계를 따라 관찰되었습니다. 그러나 건강한 골수세포 속에는 자기 방어 세포도 포함되어 있었기 때문에 이들에 의해 새로운 몸은 공격받기 시작했습니다. 따라서 결과는 반전되었으며 이와 같은 치명적인 거부 반응을 이식대숙주 반응이라고 합니다.

1950년대와 1960년대에 이루어진 연구들은 미래의 성공적인 장기이식 연구를 위해서 매우 중요한 것이었습니다. 장 도세 박사님이 발견한 인체의 이식 항원은 그 신체 내에 존재하는 세포들의 지문과도 같은 것이었습니다. 이 발견은 박사님에게 1980년 노벨상을 안겨 주었습니다. 이와 거의 비슷한 시기에 조지 히칭스 박사님과 거트루드 엘리언 박사님은 첫 번째 세포 독성 약물을 발견한 공로로 1988년도 노벨상을 수상하였습니다. 이들 세포 독성 약물은 이식할 때 거부 반응을 없애는 효과가 있었으며 이는 조지프 머리 교수님이 거부반응을 없애기 위해 몸 전체에 방사선을 조사한 것과 같았습니다.

세포 독성 약물이 처음 발견된 이후, 그를 포함한 여러 과학자들은 가장 효과적으로 거부반응을 제거하는 아자티오프린(히칭스와 엘리언이 발견한 약물 중의 하나임—옮긴이)이라는 약물을 발견하였습니다. 이 약물의 발견은 곧 일란성 쌍둥이가 아닌 친척 간 신장 장기이식의 성공으로 이어졌습니다. 뿐만 아니라 사체에서 얻은 신장을 이식하는 데에도 성공하였습니다. 가장 효과적인 이식은 장기 제공자와 환자가 서로 이식 항원이 맞아떨어질 때 이루어집니다. 신장과 장기 이식술은 이제 하나의 치료법으로 자리 잡았습니다. 오늘날 매년 약 2만 명의 환자가 신장이식을 받으며, 이식받은 10만 명이 넘는 환자들은 그 후로 더 나은 새로운 삶을 영위하고 있습니다.

에드워드 토머스 박사님은 이식대숙주 반응을 제거하기 위해 메토트렉세이트라는 약물을 이용하였습니다. 곧이어 이식 항원을 타이핑하여 제공자를 선택할 수 있게 되었으며, 이 제공자들은 대부분 형제들이었습니다. 이와 같은 경우, 백혈병이나 유전적인 골수 이상증 또는 비가소성 빈혈과 지중해성 빈혈 같은 치명적인 혈액질환도 치료가 가능했습니다. 그리고 이렇게 골수이식을 받은 만 명 이상의 환자들은 이제 정상적인 삶을 영위하고 있습니다.

조지프 머리 교수님 그리고 에드워드 토머스 박사님.

카롤린스카 연구소의 노벨 총회를 대신하여 두 분의 뛰어난 업적에 축하를 드리며, 이제 앞으로 나오셔서 국왕 전하로부터 올해의 노벨 생리·의학상을 받으시기 바랍니다.

카롤린스카 연구소 괴스타 가르톤

세포의 정보교환에 관한 발견

1991

에르빈 네어 | 독일

베르트 자크만 | 독일

:: 에르빈 네어 Erwin Neher (1944~)

독일의 세포 생리학자. 뮌헨 대학교에서 물리학을 공부하였으며, 1967년에 미국 위스콘신 대학교에서 석사학위를 취득하였고, 1970년에 뮌헨 대학교에서 박사학위를 취득하였다. 1968년에 뮌헨에 있는 막스플랑크 정신의학 연구소에 들어가 1972년까지 연구하였으며, 1972년부터는 괴팅겐에 있는 막스 플랑크 연구소에서 연구하면서, 공동 수상자 베르트 자크만과 함께 하나의 이온 채널을 통해 흐르는 작은 전류를 측정하는 기술을 개발하였으며, 이를 통해 이온 채널이 존재한다는 가설을 증명해 냈다.

:: 베르트 자크만 Bert Sakmann (1942~)

독일의 신경 생리학자. 튀빙겐 대학교, 프라이부르크 대학교, 베를린 대학교, 파리 대학교, 뮌헨 대학교에서 의학을 공부하였다. 1974년에 괴팅겐 대학교에서 의학 박사학위를 취득한 후, 괴팅겐에 있는 막스 플랑크 연구소에서 공동 수상자 에르빈 네어와 함께 하나의 이온 채널을 통해 흐르는 작은 전류를 측정하는 기술을 개발하였으며, 이를 통해 이온 채널이 존재한다는 가설을 증명해 냈다.

전하, 그리고 신사 숙녀 여러분.

우리 몸은 신체 기능을 담당하는 작은 세포로 되어 있습니다. 각각의 기관들에는 상상할 수 없을 정도로 많은 세포들이 존재합니다. 신경계 신경세포의 숫자만 해도 이 지구상의 인구 수보다도 훨씬 많을 정도입니다. 각각의 작은 세포들은 비누 거품 두께 정도의 얇은 막으로 둘러싸여 있습니다. 이 막에 둘러싸여 있는 세포 내부에서는 크고 작은 분자들을 만드는 고도의 활동들이 일어나고 있습니다. 그리고 각각의 세포는 자신만의 발전소에서 필요한 화학 에너지를 생성합니다. 세포 내부는 변화에 매우 민감하기 때문에 세포막을 경계로 외부와 나누어집니다. 세포는 지속적으로 새로운 분자들을 만들어 필요한 곳으로 보내야 하며, 노폐물도 효과적으로 처리해야 합니다. 그러므로 세포막은 여러 작용물질을 세포의 안과 밖으로 보낼 수 있는 수많은 수송 체계를 가지고 있습니다.

올해 노벨상을 수상한 연구는 이러한 수송 체계들 중에서 바로 이온 채널 시스템에 관한 것입니다. 이것은 전기적으로 전하를 띤 원자들, 이른바 이온들을 수송합니다. 체액은 주로 나트륨, 칼륨, 그리고 염소 이온들로 구성되어 있습니다. 세포의 내부는 칼륨 이온의 농도가 높은 반면, 세포의 외부는 나트륨의 농도가 높습니다. 이는 세포 내외의 전기적 전위차를 일으켜 그 전압이 최대 100밀리볼트까지 이를 수 있습니다. 이 막전위가 수행하는 임무는 많은데 그중의 한 가지는 이 전위차로 생성된 전기적 신호가 신경세포에 전달되어 세포들이 서로 의사소통을 하게 된다는 것입니다.

나트륨 또는 칼륨과 같은 이온들은 이온별로 특정한 이온 채널을 통해서만 이동할 수 있습니다. 각 이온 채널의 얇은 벽은 한 단백질 혹은 그 복합체에 의해 형성되며 이를 통해 세포의 내부와 외부가 연결됩니다. 이 이온 채널의 직경은 너무 작아 오직 한 개의 이온만 들어갈 수 있습니다. 그리고 이 이온 채널이 열리거나 닫힐 때는 그 분자 모양이 달라집니다. 이와 같이 나트륨 분자를 위한 이온 채널이 열리면, 나트륨 이온이 세포 내부보다 외부에 더 많기 때문에, 한 줄로 늘어선 나트륨 이온들이 미세한 이온 채널을 통해 세포 내부로 들어가게 됩니다. 그리고 이 이온들의 전기적 전하나 형성된 전류 또한 열려 있는 이온 채널을 통과할 것입니다.

올해 노벨상 수상자인 에르빈 네어 박사님과 베르트 자크만 박사님은 하나의 이온 채널을 통해 흐르는 아주 작은 전류를 측정하는 기술을 개발하여 이온 채널이 존재한다는 가설을 명확하게 증명해 냈습니다. 이는 1조분의 1암페어에 해당하는 전류를 측정할 수 있음을 의미합니다. 하지만 이 기술은 매우 간단했습니다. 기록을 위한 전극으로는 액체로 가득 찬 얇은 유리관을 사용하는데, 그 관의 끝부분의 넓이는 1000분의 1제곱밀리미터 정도밖에 안 됩니다. 이것을 세포막 가까이에 접촉시키면 그 자체로 이들은 화학적 조화를 이루게 됩니다. 따라서 열려 있는 피펫 아래 세포막에 존재하는 이온 채널이 이제 세포 내부와 외부를 연결하는 유일한 연결통로가 되는 것입니다.

하나의 채널이 열리면서 형성된 아주 작은 전류는 네어 박사님과 자크만 박사님이 개발한 기술을 이용해 측정할 수 있습니다. 따라서 우리는 분자 모양이 바뀌는 때, 즉 채널이 열리거나 닫히는 때를 정확하게 측정할 수 있습니다. 이는 매우 독특한 측정 방법입니다. 이 기술은 단일 분자에 대한 생화학적 미세수술법과 결합되어 이온 채널의 여러 부분에서 구성 분자를 바꾸거나 변화시킬 수 있었습니다. 이를 통해 여러 부분의 분자 기능, 즉 이온 채널이 어떻게 한 가지 이온을 선택하게 되는지,

또는 어떤 분자에 의해 특정 형태의 화학적 전달물질에 민감하게 반응하는지를 밝혀낼 수 있었습니다.

이 기술로 우리는 작은 세포들의 생존에 영향을 미치는 여러 이온 채널을 연구할 수 있게 되었습니다. 현재 전 세계의 수천 개 연구실에서는 동식물의 여러 조직에 존재하는 이온 채널들이 어떠한 역할을 하는지 이해하기 위해 이 기술을 사용하고 있습니다. 예를 들어 췌장세포들이 인슐린을 분비할 때, 심장이 수축 운동할 때, 혹은 우리 자신이 생각하거나 무엇을 기억해 낼 때에도 이온 채널이 관여합니다. 수많은 질병들은 이온 채널 기능의 변화에 영향을 받습니다. 이 때문에 특정 질병에서 중요한 이온 채널에 직접 작용하는 의약품들이 많이 있습니다. 예를 들면 불안감, 심장혈관 질환, 간질, 그리고 당뇨병 등입니다. 생명은 사실 수정되는 순간에 정자가 난자에 있는 이온 채널을 활성화시키면서 시작됩니다. 그리고 이와 같은 방법은 경쟁 상대인 다른 정자들이 난자에 접근하지 못하도록 하는 역할도 합니다.

네어 박사님, 그리고 자크만 박사님.

카롤린스카 연구소 노벨위원회를 대표하여 이온 채널을 구성하는 분자의 기능을 밝혀 주신 두 분께 크나큰 축하를 보내드립니다. 이 분자들은 생물체의 삶에 없어서는 안 될 중요한 것들입니다. 이제 전하께서 두 분께 노벨상을 수여하시겠습니다.

왕립 카롤린스카 연구소 스텐 그릴너

가역적인 단백질 인산화에 관한 연구

1992

에드먼드 피셔 | 미국 **에드윈 크레브스** | 미국

:: 에드먼드 H. 피셔 Edmond H. Fischer (1920~2021)

미국의 생화학자. 1947년에 제네바 대학교에서 쿠르트 메이어의 지도 아래 화학으로 박사 학위를 취득한 후, 동 대학교에서 연구하였다. 1950년에 미국으로 이주하여 시애틀에 있는 워싱턴 대학교에서 공동 수상자 에드윈 크레브스와 함께 생화학을 연구하면서 단백질 인산화에 의해 근육에 저장되어 있던 글리코겐이 고에너지를 갖는 당분으로 유리된다는 사실을 발견하였다. 대학교 교수로 재직하면서 인산기를 제거하는 독특한 형태의 단백질을 분리하였다.

:: 에드윈 제러드 크레브스 Edwin Gerhard Krebs (1918~2009)

미국의 생화학자. 일리노이 대학교에서 생화학을 공부하였으며, 1943년에 세인트루이스에 있는 워싱턴 대학교 의과대학을 졸업하였으며, 세인트루이스에 있는 반스 병원에서 실습하였으며, 제2차 세계대전에는 해군 군의관으로 참전하였다. 1957년에 워싱턴 대학교 교수가 되었다. 1968년부터 1977년까지 캘리포니아 공과대학에서 재직한 후, 다시 워싱턴 대학교에서 재직하였다. 공동 수상자 에드먼드 피셔와 함께 생화학을 연구하면서 단백질 인산화에 의해 근육에 저장되어 있던 글리코겐이 고에너지를 갖는 당분으로 유리된다는 사실을 발견하였다.

전하, 그리고 신사 숙녀 여러분.

올해의 노벨 생리·의학상을 수상하는 연구 주제는 가역적인 단백질 인산화 반응에 관한 것입니다. 이것은 어떤 의미일까요? 그리고 인산화는 어떻게 이루어지는 것일까요?

우선 단백질에 대해 이야기해 보겠습니다. 단백질은 우리 몸의 조직에서 일꾼과도 같은 역할입니다. 우리 몸은 세포들로 이루어져 있으며 각 세포들은 하나의 작은 공동체입니다. 우리가 일반적으로 생각하는 사회 공동체와 세포의 공통점은 끊임없는 활동입니다. 사회 공동체 안에는 교통, 에너지의 생성, 생산, 그리고 폐기물 처리 등에 관한 체계가 잘 마련되어 있습니다. 그리고 이 모든 일을 처리하는 주체는 바로 사람들입니다. 마찬가지로 세포 안에서는 단백질들이 이와 같은 일을 합니다. 그들은 어떻게 그 기능을 수행하는 것일까요? 단백질도 사람과 마찬가지로 다른 구성 요소들과 상호작용하면서 일을 합니다. 마치 비행기 조종사가 관제소의 지시를 인식하고 그에 반응하는 것처럼, 단백질들도 상호작용할 파트너를 인식하고 그들과 결합하여 반응을 일으키게 됩니다.

이제 인산화에 대해 살펴보겠습니다. 단백질에 한 개 또는 몇 개의 작은 인산기가 결합되면 그 단백질의 특성이 변합니다. 사람과 비교해 본다면, 인산화는 아마도 발레 슈즈와 같다고 할 수 있습니다. 발레 슈즈는 작은 신발에 불과하지만 그것을 신은 사람에게는 드라마틱한 효과를 나타냅니다. 즉 발의 모양이 달라지고 춤을 추게 됩니다. 올해의 노벨상 수상자인 에드먼드 피셔 교수님과 에드윈 크레브스 교수님은 1950년대에 이와 같은 원칙을 설명하였습니다. 그들은 단백질 인산화에 의해 근육에 저장되어 있던 글리코겐이 고에너지를 갖는 당분으로 유리된다는 사실을 발견하였습니다. 그 후로 이 현상은 모든 세포 활동에서 명백하게 나타나는 일반적인 원칙이 되었습니다. 오늘날 우리는 생명과학계의 상당 부분에 단백질 인산화가 관련되어 있음을 알고 있습니다.

그렇다면, 왜 이런 조절 작용이 인산기와의 결합으로 일어나는 것일까요? 이 과정의 한 가지 장점은 가역적이라는 점입니다. 즉 발레 슈즈는 벗었다 신었다 할 수 있으며, 이러한 동작은 여러 차례 반복이 가능합니다. 이와 마찬가지로 단백질 인산화도 양쪽 방향으로 조절이 가능합니다. 또 다른 장점은 반응이 연속적으로 일어날 수 있으며 그 효과가 최종적으로 크게 증폭되는 캐스케이드를 생성할 수 있다는 점입니다. 이는 브레이크에 걸리는 유압식의 증폭에 비유될 수 있습니다. 즉 자동차 페달을 가볍게 밟는 것만으로 무거운 자동차를 멈추게 할 수 있는 것과 같습니다. 크레브스 교수님과 그의 연구팀은 인산화 사슬의 바로 전 단계 단백질도 연구하였습니다. 이는 단백질 세계에 도로 포장을 하듯 인산화에 관한 지식을 얻을 수 있는 기반을 마련해 주는 역할을 했습니다. 한편 피셔 교수님은 또 다른 연구를 통해 인산기를 제거하는 독특한 형태의 단백질을 분리하여 보고하는 성과를 거두었습니다.

그 외에도 인산화에 의한 조절 작용은 또 다른 신호의 영향을 받는다는 장점도 있습니다. 피셔 교수님과 크레브스 교수님이 처음 연구했던 시스템은 우리가 공포에 싸여 도망칠 때 방출되는 스트레스 호르몬으로도 활성화되는 체계였습니다. 또는 다른 이유로 달려가려는 의지적인 행동을 할 때에도 활성화될 수 있습니다. 이 두 경우는 마치 전혀 다른 시스템 안에서 일어나는 세포반응인 것처럼 개별적인 각각의 신호에 의해 인산화를 일으킵니다. 그렇다면 이것이 의학과는 어떤 상관관계가 있을까요? 이에 대한 가장 쉬운 답은 우리가 잘 알고 있는 사회의 경제적 연쇄반응으로 인한 불균형 심화 현상입니다. 이와 비교하여 우리는 고혈압이나 종양과 같은 질병에서 나타나는 인산화의 불균형 현상을 이해하게 됩니다. 처음에는 간이나 근육 내의 글리코겐 저장과 관련하여 이와 같은 상관관계가 밝혀지기 시작했으며 세포 내부의 모든 일반적 조절 과정에서도 그 상관관계는 입증되었습니다. 이는 기초 연구의 중요성을 강조하는 동시에 다목적으로 활용이 가능한 훌륭한 본보기가 되었습니다.

글리코겐 저장과 관련된 단백질 시스템에 관한 연구는 지난 수십 년 동안 노벨상을 여러 번 수상하였습니다. 1947년에는 거티 코리 박사님과 칼 코리 박사님이 효소 촉매작용에 의한 글리코겐의 전환에 관한 연구로 수상하였고, 1971년에는 얼 서덜랜드 박사님이 호르몬의 작용 기전에 관한 연구로 수상하였습니다. 이제 피셔 교수님과 크레브스 두 분 교수님은 생물학적 조절기전으로서의 가역적인 단백질 인산화 반응에 관한 연구로 노벨상을 수상하게 되었습니다.

에드먼드 피셔 교수님, 그리고 에드윈 크레브스 교수님.

저는 이 자리에서, 두 분의 연구 분야에 대해 그리고 인산화효소의 최초 발견에서부터 최근의 인산분해효소로 이어지는 가역적인 단백질 인산화 반응에 대한 두 분의 업적을 설명하였습니다. 이제 우리는 두 분이 발견한 특정 시스템이 모든 세포 내 단백질을 조절하는 기본 원칙이었음을 알게 되었습니다.

왕립 카롤린스카 연구소 노벨위원회를 대신하여 두 분께 따뜻한 축하의 말씀을 전하며, 두 분은 이제 앞으로 나오셔서 국왕 전하로부터 올해의 노벨 생리·의학상을 받으시기 바랍니다.

카롤린스카 연구소 노벨 생리·의학위원회 한스 요른발

절단 유전자의 발견

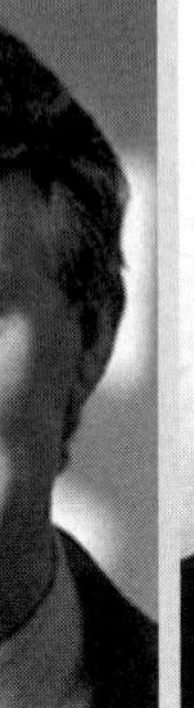

리처드 로버츠 | 영국 **필립 샤프** | 미국

:: 리처드 존 로버츠 Richard John Roberts (1943~)

미국의 유기화학자. 1968년에 영국 셰필드 대학교에서 유기화학으로 박사학위를 취득한 후, 하버드 대학교에서 박사후과정을 이수하였다. 1972년부터 콜드 스프링스 하버 연구소에서 연구하였으며 1986년에는 동 연구소 부소장이 되었다. 공동 수상자와의 독립적인 연구를 통하여 고등생물의 유전자는 서로 다른 여러 개의 분리된 사슬들로 존재할 수 있음을 증명하고, 절단 유전자를 발견함으로써 RNA 접합을 예측하였다.

:: 필립 앨런 샤프 Phillip Allen Sharp (1944~)

미국의 분자 생물학자. 켄터키 주에 있는 유니언 칼리지에서 공부하였으며, 1969년에 일리노이 대학교 어배나샴페인 캠퍼스에서 박사학위를 취득한 후, 캘리포니아 공과대학에서 1971년까지 연구하였다. 1971년에 뉴욕 주에 있는 콜드 스프링 하버 연구소에서 연구하였으며, 1974년에 매사추세츠 공과대학으로 옮겨 연구하였다. 1985년에 동 대학교 암 연구 센터 소장이 되었다. 공동 수상자와의 독립적인 연구를 통하여 절단 유전자를 발견함으로써 RNA 접합을 예측하였다.

전하, 그리고 신사 숙녀 여러분.

아이들은 어떻게 그들의 부모를 닮을까요? 이 질문은 아마도 인류에게 가장 흥미로운 질문이었을 것입니다. 그리고 자연과학은 이에 대해 상당히 만족스러운 답을 주었습니다.

지난 세기 중반에 오스트리아의 수사 그레고어 멘델은 자신의 정원에서 나오는 완두콩을 이용하여 교배 실험을 한 것으로 유명합니다. 그는 모든 식물의 특성이 양쪽 부모로부터 얻은 한 쌍의 유전자로 결정된다고 결론지었습니다. 멘델에게 유전자는 그의 교배 실험을 해석하기 위한 매우 추상적인 개념이었을 뿐, 그는 그 기능에 대해 전혀 몰랐습니다.

그러다가 1940년대 중반에 들어서면서 비로소 유전물질이 DNA라는 핵산으로 이루어져 있다는 화학적 개념이 확립되었습니다. 그리고 그로부터 10년 후, DNA의 이중 나선형 구조가 밝혀졌습니다. 그때부터 분자생물학은 매우 빠르게 발전했으며, 노벨상 수상자도 여럿 배출했습니다.

처음에는 박테리아 혹은 세균성 바이러스 등, 단순한 유기체에서만 유전물질이 연구되었습니다. 그 당시는 유전자가 길고 가느다란 한 가닥실 모양의 DNA라고 생각했으며, 이는 모든 유기체에서 마찬가지일 것으로 추정되었습니다. 그러나 노벨상 수상자인 리처드 로버츠 박사님과 필립 샤프 박사님은 1977년에 고등생물의 유전자는 서로 다른 여러 개의 분리된 사슬들로 존재한다는 것을 각자의 연구로 증명하였습니다. 이러한 유전자들은 마치 모자이크와 같았습니다. 로버츠 박사님과 샤프 박사님, 두 분이 분석한 것은 복잡한 유기체에서의 유전 연구에 적당한 상부 호흡기 바이러스였습니다. 하지만 그 이후로 인간을 포함하는 고등생물 대부분의 유전자들이 이러한 모자이크 구조라는 사실이 명백해졌습니다.

그들은 또한 유전자를 쪼개어 단백질 합성을 명령하고, 그럼으로써 세포의 성질을 결정하기 위해서는 특정한 유전 기전이 필요하다고 생각했습니다. 수년 동안 연구자들은 유전자가 단백질을 합성하기 위한 세부적인 정보들을 가지고 있다고 알고 있었습니다. 이에 대한 정보는 먼저 DNA로부터 메신저 RNA(mRNA)라는 다른 핵산으로 복사됩니다. 결과적으로 RNA 정보에 의해 단백질이 합성되는 것입니다. 현재 로버츠 박사님과 샤프 박사님은 이와 같은 단백질 합성 과정에서 고등생물에 있는 mRNA가 편집된다고 주장하고 있습니다.

접합이라는 중요한 과정은 영화의 필름 편집자가 하는 일과 비슷합니다. 편집되지 않은 부분은 정밀히 검사하고, 불필요한 부분은 절단하여 제거하며, 남은 부분만 연결해서 완벽한 필름이 만들어지는 것입니다. 이렇게 만들어진 mRNA는 유전적 조각에 일치하는 부분만 갖게 됩니다. 언제나 mRNA의 같은 부분들이 편집 과정에서 선택된다는 것은 나중에야 알게 되었습니다. 따라서 접합 과정으로 유전물질의 기능을 조절할 수도 있음을 알 수 있습니다.

로버츠 박사님과 샤프 박사님의 발견을 통해 우리는 질병의 발병 과정을 이해할 수 있습니다. 그 한 예가 유전물질에 선천적으로 결함이 있을 때 발병하는 지중해 빈혈입니다. 이와 같은 유전적 결함으로 접합 과정에서 오류가 생기며, 그 결과 비정상적인 mRNA가 형성되어 불완전한 단백질이 합성되거나 아예 단백질이 합성되지 않기도 합니다.

절단 유전자의 발견은 과학적인 업적에도 많이 기여하였습니다. 오늘날, 의약뿐만 아니라 생물학 연구에서도 이 발견은 매우 중요합니다.

리처드 로버츠 박사님, 그리고 필립 샤프 박사님.

박사님들은 절단 유전자를 발견하여 RNA 접합이라는 새로운 유전 과정을 예측하였습니다. 또한 이 발견은 고등생물이 진화할 때 유전자들이 어떻게 발전하는지에 대한 우리의 시각을 바꾸어 놓았습니다.

카롤린스카 연구소 노벨위원회를 대표하여 박사님들에게 축하를 보내드립니다. 이제 앞으로 나오셔서 전하께 노벨상을 받으시기 바랍니다.

카롤린스카 연구소 노벨 생리·의학위원회 베르틸 데인홀트

G-단백질의 발견과 세포 내 신호전달 체계에서의 기능 연구

1994

앨프리드 길먼 | 미국

마틴 로드벨 | 미국

:: 앨프리드 굿맨 길먼 Alfred Goodman Gilman (1941~2015)

미국의 약리학자. 예일 대학교에서 공부하였으며, 1969년에 오하이오 주 클리블랜드에 있는 케이스웨스턴 리저브 대학교에서 박사학위를 취득하였다. 1969년부터 1971년까지 국립보건원에서 박사후과정을 이수하였다. 1971년에 버지니아 대학교 교수가 되었으며, 1981년부터는 댈러스에 있는 텍사스 대학교 약리학 교수 및 학과장으로 재직하였다. 1986년에 국립 과학아카데미 회원이 되었다.

:: 마틴 로드벨 Martin Rodbell (1925~1998)

미국의 환경의학자. 존스홉킨스 대학교에서 생물학을 공부하였으며, 1954년에 워싱턴 대학교에서 생화학으로 박사학위를 취득하였다. 1954년부터 1956년까지 일리노이 대학교에서 박사후과정을 이수하였다. 1956년에 국립보건원에 들어가 연구하였다. 1985년에 국립 환경의학연구소 소장이 되었다. 세포막을 거치는 신호 전달을 연구하여 G 단백질을 발견하였다.

전하, 그리고 신사 숙녀 여러분.

자동차, 텔레비전처럼 복잡한 기계가 고장이 나서 종종 작동을 멈춘다고 해도 우리는 이상하게 생각하지 않습니다. 오히려 이런 복잡한 기계들이 항상 아무 고장없이 작동한다면 오히려 이것을 이상하게 생각할 것입니다. 하물며 우리가 알고 있는 가장 복잡한 기계인 인간의 몸이 가끔씩 고장이 나고 그래서 병을 앓게 되는 것 역시 그리 놀랄 만한 일이 아닙니다. 우리 몸은 수천, 수십억의 개별적인 단위 조직으로 이루어져 있고, 이들이 서로 나무블록과도 같이 완벽한 협력 관계를 유지해야만 모든 상황에 무난히 대처할 수 있습니다. 이는 우리 신체 내에 매우 정교한 교신 체계가 필요하다는 것을 의미합니다. 세포는 호르몬이라는 물질을 이용하여 다른 세포들과 화학신호를 주고받는다고 알려져 있습니다. 그러나 효과적인 교신은 올바른 신호를 보내고, 그 신호들을 정확하게 수용하여, 적합한 형태의 반응이 일어날 때만 가능합니다.

세포를 둘러싼 얇은 막은 세포 내부와 외부를 효과적으로 분리합니다. 그러나 세포 외부의 화학신호는 이 막을 넘어 어떻게든 세포 내부를 변화시킬 수 있어야 합니다. 그렇게 되어야 세포, 나아가 전체 생명체에 필요한 변화를 이끌어 낼 수 있습니다. 앨프리드 길먼 교수님과 마틴 로드벨 박사님은 바로 이런 세포 간의 교신에 관해 연구하였습니다.

마틴 로드벨 박사님과 그의 연구진은 약 25년 전부터 호르몬이라고 하는 화학신호가 세포막 외부 표면에 결합함으로써 내부 변화를 유도하는 기전에 대해 연구하기 시작했습니다. 그들은 세포막을 거치는 신호전달을 세 단계로 설명하였습니다. 그 첫째 단계는 세포가 몸의 다른 부위로부터 전달된 화학신호를 인식하는 단계입니다. 로드벨 박사님은 이것을 '판별기'라고 불렀습니다. 마지막 단계는 신호전달 체계의 '증폭기' 로서 인식된 신호를 세포 내부에 어떤 변화를 일으킬 수 있는 강한 신호로 증폭시키는 단계입니다. 로드벨 박사님의 가장 눈부신 업적은 바로 이 두 단계 사이에 어떤 '스위치' 가 존재한다는 것을 밝힌 것입니다. 그는 이 스위치를 '변환기' 라고 불렀으며, 이는 구아노신 트리포스페이트 guanosine triphosphate와 같은 높은 에너지를 가진 물질에 의해 작동될 수 있었습니다. G 단백질에서 G라는 글자는 바로 이 구아노신 트리포스페이트의 G를 의미합니다.

앨프리드 길먼 교수님은 로드벨 박사님의 뒤를 이어 계속 연구하였습니다. 박사님들은 유전학과 생화학의 연구 기법을 조합하면서 많은 노력을 한 결과, 세포막의 여러 부위에서 G 단백질을 분리해 낼 수 있었습니다. 그리고 이 단백질의 작용에 대해 연구한 결과, G 단백질은 마치 시한 스위치처럼 작용하며 따라서 일정 시간만 신호를 전달할 수 있다는 것을 발견하였습니다. 우리는 이 G 단백질을 작은 기계 '부품' 에 비유할 수 있습니다. 이 '부품' 은 전화기에 꽂으면 통화를 가능하게 하고, 전등에 꽂으면 불을 켜고 끌 수 있게 하며, 전기 전열기나 커튼 등에도 사용이 가능한 그런 부품입니다. 즉 그 '부품' 을 어디에 연결하여 썼느냐에 따라 다양한 적용이 가능하다는 뜻입니다.

오늘날 우리는 신호전달 체계의 모든 요소들, 즉 판별기, 스위치, 증폭기가 다양하게 존재하고 있음을 알고 있습니다. 모든 세포들은 각자 독특한 신호전달 체계와 그에 맞는 요소들이 있습니다. 따라서 이들은 외부의 신호를 각자 독특한 방법으로 받아들이게 되며 이에 따라 개별적으로 반응합니다. 다시 말해, 각 세포들이 몸에서 일어나는 무수히 많은 신호들 중에서 무엇을 인식할 것인지, 그리고 그 신호를 어떤 방법으로 얼마나 길게 전달할 것인지를 결정하는 방법이 모두 다르다는 것입니다.

따라서 세포 내부의 어떤 기관이 작동할 것인지 또는 멈출 것인지도 모두 다르게 나타나게 됩니다. 우리가 노벨 연회장의 다양한 '노벨 파르페 아이스크림'을 눈으로 볼 때, 망막에 존재하는 다양한 G 단백질들은 서로 협력하여 그 색깔, 빛, 그리고 그림자의 감각을 전달합니다. 음식의 향은 우리의 코에 있는 다른 G 단백질들을 활성화시킵니다. 그리고 파르페의 맛은 혀에 존재하는 또 다른 G 단백질들을 활성화시킵니다. 그리고 최종적으로 이 모든 감각을 통해 얻은 느낌이 뇌에서 분석·통합되는 과정에도 또 다른 많은 G 단백질들이 핵심적인 기능을 할 것입니다.

앨프리드 길먼 교수님과 마틴 로드벨 박사님의 발견으로 우리는 모든 생명체의 특징이자 선행 요구 조건인 무수한 다양성을 더 이해할 수 있게 되었습니다. 뿐만 아니라 왜 우리 몸이 때때로 제대로 기능하지 못하고 병에 걸리는지에 대해서도 알게 되었습니다. 콜레라에 걸려 심한 설사를 하는 이유는 소장에 존재하는 G 단백질의 기능 변화 때문입니다. 그 외에 다른 질병에서도 G 단백질의 변질을 관찰할 수 있습니다. 이와 같이 질병의 원인에 대해 좀 더 많은 것을 알게 된다면 앞으로 병의 치료는 훨씬 수월할 것으로 기대됩니다.

앨프리드 길먼 박사님, 마틴 로드벨 박사님.

저는 이 자리에서, 박사님들의 연구 결과가 생명의학계에 끼친 많은 영향들에 대해 설명하였습니다. 그리고 두 분께 카롤린스카 연구소 노벨 위원회의 따뜻한 축하의 말씀을 전하게 된 것을 무한한 영광이자 즐거움으로 생각합니다. 이제 앞으로 나오셔서 국왕 전하로부터 올해의 노벨 생리·의학상을 받으시기 바랍니다.

왕립 카롤린스카 연구소 노벨 생리·의학위원회 베르틸 프레드홀름

초기 배아 발달의 유전적 조절에 관한 연구

1995

에드워드 루이스 | 미국

크리스티아네 뉘슬라인 폴하르트 | 독일

에릭 위샤우스 | 미국

:: 에드워드 루이스 Edward B. Lewis (1918~2004)

미국의 발생생물학자. 미네소타 대학교에서 공부하였으며, 1942년에 캘리포니아 공과대학에서 앨프레드 스튜테밴트의 지도 아래 박사학위를 취득하였다. 1946년에 동 대학교 강사가 되었으며, 1956년에 생물학 교수가 되어 1988년까지 재직하였으며, 이후 명예교수로 지냈다. 독자적으로 발생생물학을 연구하여 초파리에서 체절의 발달을 좌우하는 유전자들이 연속으로 배열되어 있음을 발견하였다.

:: 크리스티아네 뉘슬라인 폴하르트 Christiane Nusslein-Volhard (1942~)

독일의 발생 생물학자. 프랑크푸르트암마인에 있는 괴테 대학교 및 튀빙겐에 있는 에버하트칼스 대학교에서 공부하였으며, 1973년에 튀빙겐 대학교에서 박사학위를 취득하였다. 1969년에 막스 플랑크 연구소에 들어가 연구하였다. 1970년대에 공동 수상자인 에릭 위샤우스와 함께 하이델베르크에 있는 유럽 분자생물학 실험실에서 유충의 발달을 좌우하는 유전자들을 확인하고 분류하는 것이 가능함을 보임으로써 발달생물학 연구에 기여하였다.

:: **에릭 F. 위샤우스 Eric F. Wieschaus (1947~)**

미국의 생물학자. 노트르담 대학교에서 공부하였으며, 1974년에 예일 대학교에서 박사학위를 취득하였다. 1975년부터 1978년까지 스위스 취리히 대학교에서 박사후과정을 이수하였다. 1978년부터 1981년까지 하이델베르크에 있는 유럽 분자생물학 실험실에서의 연구를 이끌었다. 1981년에 프린스턴 대학교 조교수가 되어 1983년에 부교수를 거쳐 1987년에 정교수로 승진하였다.

전하, 그리고 신사 숙녀 여러분.

삶이 시작되는 바로 그 순간, 수정란은 분열하여 두 개로 되고, 그 다음 네 개, 여덟 개 등으로 계속 분열합니다. 처음에는 모든 세포들이 똑같아 보입니다. 그러나 나중에는 모든 세포가 분화되어 어느 세포가 머리, 꼬리, 또는 앞과 뒤가 될 것인지 분명해집니다. 이와 같은 분화 과정은 유전자가 좌우합니다. 어떤 유전자가 이러한 역할을 하는 것일까요? 그 유전자들은 몇 개나 될까요? 그리고 그들은 어떻게 작용하는 것일까요?

올해 노벨 생리·의학상 수상자들은 바로 이와 같은 궁금증을 풀어 주었습니다. 그들은 연구가 간단하다는 장점 때문에 초파리를 실험동물로 사용하였습니다. 초파리가 새로 낳은 알은 10일 만에 유충이 되고, 그 다음 번데기를 거쳐서 성적으로 성숙한 파리가 됩니다.

곤충의 유충은 각각의 체절로 나누어집니다. 나비의 애벌레를 생각해 봅시다. 각 체절은 각자의 발달 프로그램에 따라 발달합니다. 장수말벌은 머리, 가운데, 그리고 줄무늬 꼬리가 있는 뒷부분으로 이루어져 있는데, 이 모든 부분이 유충의 특정 체절에서 발달했습니다. 이처럼 전체 몸통은 각 체절에 의해 결정됩니다. 따라서 크리스티아네 뉘슬라인 폴하르트 박사님과 에릭 위샤우스 박사님은 정확히 14개의 체절로 발달하는 유충에서 그 모든 유전자들을 찾아보기로 했습니다. 그들의 성공 가능성은 불투명했습니다. 이전에 이와 비슷한 것을 시도한 사람은 아무도 없었지만, 생각했던 것보다 많은 수의 유전자들이 여기에 연관되어 있을 수도 있기 때문이었습니다. 그들은 간단하면서도 독창적인 실험으로 연구를 시작했습니다. 파리의 유전자 20,000개 중 절반 이상을 시험한 결과, 그들은 체절 분할을 좌우하는 세 종류의 유전자를 찾아냈습니다. 첫 번째 유전자는 몸통의 축을 따라 체절 분할의 기반을 마련하고, 두 번째 유전자는 두 번째 체절의 발달을 결정하며, 세 번째 유전자는 개별적인 체절들의 구조를 제한하고 있었습니다.

크리스티아네 뉘슬라인 폴하르트 박사님과 에릭 위샤우스 박사님은 유전자가 뒤죽박죽으로 가득 차 제어할 수 없을 것 같은 판도라의 상자를 연 것입니다. 그리고 성공에 대한 희망은 현실로 나타났습니다. 그들은 합리적인 방법으로 유충의 발달을 좌우하는 유전자들을 확인하고 분류하는 것이 가능함을 보여 주었습니다. 그들이 찾은 유전자들은 겨우 15개밖에 되지 않았지만, 이 성공적인 결과는 다른 발달생물학자들이 또 다른 선구적인 발견을 할 수 있는 길을 열어 주었습니다. 어찌하여 동일해 보이는 유충의 체절들이 성숙한 초파리의 여러 다른 부분으로 발달하게 되는 것일까요? 금세기 초반에 여분으로 날개 한 쌍을 더 가진 파리들이 발견되었습니다. 유충에 있는 하나의 체절이 '다른' 발달 프로그램을 선택했기 때문입니다. 에드워드 루이스 박사님은 초파리에서 체절의 발달을 좌우하는 유전자들이 잇달아 연속으로 배열되어 있음을 발견하였습니다. DNA에 있는 유전자의 배열은 이로 인해 나타나는 유충 체절의 배열과 일치하였습니다. 이것은 새로운 개념이었습니다. 오늘의 노벨상 수상자들이 발견한 초파리의 유전자에 상응하는 유전자는 우리 인류에게도 있습니다. 그리고 이 유전자들은 태아 발생기에 중요한 기능들을 수행하였습니다. 에드워드 루이스 박사님이 발견한 유전자들은 실제로 인류의 DNA와 동일한 배열입니다. 따라서 초파리의 발생연구는 현재 척추동물의 발생 과정을 이해하기 위해 필수적입니다.

에드워드 루이스 박사님, 크리스티아네 뉘슬라인 폴하르트 박사님, 그리고 에릭 위샤우스 박사님.

박사님들이 발견한 유충 발생에 관련된 유전자들은 우리에게 어떻게 하나의 세포가 다세포의 복합적인 유기체로 발달하는지를 쉽게 이해시켜 주었습니다.

카롤린스카 연구소의 노벨위원회를 대표하여 박사님들께 커다란 축하를 드립니다. 앞으로 나오셔서 전하로부터 노벨상을 받으시기 바랍니다.

카롤린스카 연구소 노벨 생리·의학위원회 보른 벤스트룀

세포에 의한 면역방어체계의 특이성에 관한 발견

1996

피터 도허티 | 오스트레일리아 **롤프 칭커나겔** | 스위스

:: 피터 찰스 도허티 Peter Charles Doherty (1940~)

오스트레일리아의 면역학자. 1966년에 퀸즐랜드 대학교에서 수의학으로 학사(1962년) 및 석사학위(1966년)를 취득하였으며, 1970년에 에든버러 대학교에서 박사학위를 취득하였다. 이후 오스트레일리아 캔버라에 있는 존 커틴 의과대학에서 공동 수상자 롤프 칭커나겔과 함께 실험용 쥐를 가지고 세포 매개 면역 방어 체계의 특이성을 밝혀냈다. 1988년에 성 주드 어린이병원 면역학과 교수 및 학과장이 되었다.

:: 롤프 마르틴 칭커나겔 Rolf Martin Zinkernagel (1944~)

스위스의 면역학자. 바젤 대학교에서 의학을 공부하여 1970년에 석사학위를 취득한 후, 오스트레일리아 캔버라에 있는 존 커틴 의과대학에서 공동 수상자 피터 도허티와 함께 실험용 쥐를 가지고 세포 매개 면역 방어 체계의 특이성을 밝혀냈다. 1979년에 취리히 대학교 병리학과 부교수로 임용되었으며, 1988년에 정교수가 되어 1992년까지 재직하였다. 1992년 취리히에 있는 실험면역학연구소 소장이 되었다.

전하, 그리고 신사 숙녀 여러분.

올해 노벨 생리·의학상 수상자는 세포의 면역방어 체계의 특이성을 밝힌 피터 도허티 박사님과 롤프 칭커나겔 박사님입니다. 두 분은 백혈구 세포가 어떻게 바이러스에 감염된 세포를 인식하여 공격하고 죽이는가에 대해 연구하였으며 그 기전을 밝혔습니다. 이제 앞으로 몇 분 동안 저는 이것이 얼마나 놀라운 것인지에 관해 설명하고자 합니다.

만약 우리가 극도로 위험한 환경에 처해 있다고 상상합시다. 이런 환경에서 우리는 도처에 존재하는 다양한 종류의 미생물들에 둘러싸여 있게 됩니다. 이에 대해 우리가 가질 수 있는 유일한 구제 방법은 면역 시스템이지만, 이 또한 간단하지 않습니다. 미생물은 무수히 많고 도처에 존재합니다. 면역 시스템은 유해한 세균과 유익한 세균을 구별할 수 있어야 할 뿐 아니라, 자신의 물질과 외부로부터 유입된 이물질도 구별할 수 있어야 합니다. 이뿐만이 아닙니다. 면역 시스템은 바이러스 같은 침입자들도 구분해야 하는데, 이들은 숙주 세포를 이용하여 스스로를 복제하는 특징이 있으며 그 세포 속에 숨어 있기 때문에 이 또한 쉽지 않습니다.

1960년대 후반과 1970년대 초반, 피터 도허티 박사님과 롤프 칭커나겔 박사님이 이 연구를 시작하였을 당시에는 이미 순환계에 존재하는 방어 물질인 항체가 어떻게 박테리아를 인식하고 죽이는지 잘 알려져 있었습니다. 하지만 세포성 면역인자인 백혈구 세포들이 어떻게 감염되지 않은 정상세포는 건드리지 않고 바이러스에 감염된 세포만을 인식하고 죽일 수 있는지는 잘 알지 못했습니다.

또한 개개인의 면역 시스템이 각각의 특이성을 갖는다는 것도 관찰할 수 있었습니다. 이것은 매우 흥미로운 사실이면서 동시에 문제를 일으키는 원인이 되기도 합니다. 개개인에게 존재하는 이식항원이라는 물질들 간에는 작지만 아주 중요한 차이가 있는데 이것으로 백혈구 세포가 자신의 물질과 이물질을 구별합니다. 그러나 이 면역학적 특이성이 장기이식의 장애요인인 이유는 여전히 미스터리로 남아 있었습니다.

1973년에 롤프 칭커나겔 박사님은 스위스를 떠나 '지식을 향한 여행'을 시작했습니다. 박사님은 호주 캔버라 존커틴 의과대학 로버트 블렌든의 실험실에 근무하면서 도허티 박사님을 만났습니다. 그리고 두 분은 혈통이 서로 다른 실험용 쥐를 사용하여 바이러스 감염에 대항하는 면역 방어 작용을 연구하였습니다. 같은 혈통의 실험용 쥐에서 얻은 백혈구 세포—좀 더 정확히 말하면 킬러 T세포—는 다른 혈통의 실험용 쥐에서 얻은 바이러스에 감염된 세포를 인식해서 죽였습니다. 하지만 이러한 현상은 두 혈통의 쥐들이 반드시 같은 유형의 이식항원을 갖고 있어야만 가능했습니다. 이 연구 결과는 얼핏 보기에는 기술적으로 단순하다고 할 수 있으나 도허티 박사님과 칭커나겔 박사님, 그리고 그 뒤를 잇는 모든 면역학자들에게는 일련의 면역학적 문제에 대한 새로운 시도와 해결책을 제시한 아주 중요한 일이었습니다.

이제 우리는 이식항원이 그저 단순한 장기이식의 장애 요인만은 아니라는 것을 이해할 수 있게 되었습니다. 실제로 이식항원은 바이러스 또는 다른 미생물 같은 이물질을 백혈구 세포에 결합시켜 백혈구 세포가 이에 대한 공격 여부를 결정할 수 있도록 기능하고 있었습니다. 따라서 개개인은 고유한 이식항원에 의해 각자 특이적인 면역 시스템을 보유하게 되는 것입니다.

또한 같은 혈통 안에서도 개개인에 따라 왜 그렇게도 다양한 면역력의 차이가 생겨났는지에 대해서도 알게 되었습니다. 면역력의 다양성은 개인에게나 그 혈통의 종에게나 모두 유익한 일입니다. 이로 인해 혹독한 전염병이 돌아도 어떤 개인들은 반드시 살아남게 됩니다. 하지만 반대로 어떤 특정 형태의 이식항원을 보유한 개인은 관절염이나 다발성 경화증 같은 자가면역질환에 걸릴 확률이 높기도 합니다. 이것은 아마도 이들의 먼 조상이 혹독한 전염병에서 살아남은 것에 대한 대가일지도 모르겠습니다.

무엇보다도 고무적인 것은 이와 같은 연구 결과를 통하여 면역 시스템에 대해 더 잘 이해할 수 있게 되었으며 이 시스템을 변화시킬 수 있다는 사실을 알게 된 것입니다. 예를 들면 미생물의 침입이나 암의 전이에 맞서서 완벽하게 대항할 수는 없다 해도, 면역에 대해 보다 많이 알게 되면서 우리는 좀 더 유익한 면역 반응을 강화할 수 있습니다. 또한 류머티즘 질환처럼 원하지 않는 자가면역질환의 경우에도 면역 반응을 제거하거나 변화시킬 수 있습니다.

올해의 노벨상 수상자들은 기초 생물학 연구가 어떻게 이 사회에 폭넓은 영향을 미치는지를 보여 주었습니다. 이것은 임상에서 생물학적 다양성에 근거한 근본적으로 새로운 치료가 가능해진 것을 의미합니다.

피터 도허티 박사님, 그리고 롤프 칭커나겔 박사님.

두 분이 밝힌 세포 매개 면역방어체계의 특이성은 기초면역학과 임상면역학의 근본적인 문제를 이해하는 데 많은 도움을 주었습니다.

카롤린스카 연구소의 노벨위원회를 대표하여 두 분께 따뜻한 축하의 말씀을 전하며, 이제 앞으로 나오셔서 국왕 전하로부터 올해의 노벨 생리·의학상을 받으시기 바랍니다.

카롤린스카 연구소 노벨 생리·의학위원회 라스 클라레스콕

새로운 생물학적 감염 물질인 프리온의 발견

1997

스탠리 프루시너 | 미국

:: 스탠리 벤 프루시너 Stanley Ben Prusiner (1942~)

미국의 생화학자. 펜실베이니아 대학교에서 화학을 공부하였으며, 1968년에 동 대학교에서 의학 박사학위를 취득하였다. 1968년부터 1974년까지 샌프란시스코에 있는 캘리포니아 대학교에서 인턴 및 레지던트 과정을 이수하였으며, 1974년에 동 대학교 신경학 조교수가 되었다. 1984년에 신경학 정교수 및 버클리에 있는 캘리포니아 대학교 바이러스학 정교수가 되었다. 1988년에는 샌프란시스코에 있는 캘리포니아 대학교 생화학 정교수가 되었다. 단백질성 감염 입자 프리온을 발견하여 인간 광우병 및 알츠하이머병의 연구에 기여하였다.

전하, 그리고 신사 숙녀 여러분.

올해의 노벨 생리·의학상은 새로운 생물학적 감염 물질인 프리온을 발견한 스탠리 프루시너 박사님에게 돌아갔습니다. 프리온이란 도대체 무엇일까요? 그것은 작은 감염성 단백질로서 인간이나 동물에게 치명적인 치매를 일으키는 원인 물질입니다. 거의 100여 년 동안 감염성 질환은 박테리아, 바이러스, 균류나 기생충이 그 원인으로 알려져 왔습니다. 이러한 모든 감염성 병원체들은 복제가 가능한 유전자를 가지고 있습니다. 이런 병원체들이 질병을 일으키기 위해서 복제 능력은 필수적입니다. 프리온의 가장 주목할 만한 특징은 유전자 없이도 자기 자신을 복제할 수 있다는 것입니다. 프리온에는 유전물질이 없습니다. 프리온이 발견되기 전까지는 유전자 없이 복제한다는 것이 불가능한 일이었습니다. 때문에 그 누구도 이와 같은 발견을 예상하지 못했으며, 논쟁을 유발하기도 했습니다.

스탠리 프루시너 박사님이 프리온을 발견하기 전까지는 이것에 대해 아무것도 알지 못했습니다. 하지만 프리온에 의한 질병 기록은 많았습니다. 18세기에 아이슬란드에서는 양에게 치명적인 스크래피라는 질병이 처음 발견되었습니다. 1920년대에는 신경과 전문의인 한스 크로이츠펠트 박사와 알폰스 야코프 박사는 한 남자에게 이와 비슷한 질병을 발견하였습니다. 1950년대와 1960년대에 칼턴 가이두섹 박사는 뉴기니 포레족의 식인 의식으로 전염되는 쿠루라는 질병을 연구했습니다. 요즈음에는 무려 17만 마리의 소가 감염된 영국의 광우병에 많은 관심이 쏠리고 있습니다. 이러한 질병들은 전염된 개체들의 뇌를 파괴하는 공통점이 있습니다. 수년 동안의 잠복기를 거쳐 영향을 받은 뇌 부분은 스펀지 모양으로 서서히 변해 갑니다. 가이두섹 박사님은 쿠루병과 크로이츠펠트-야코프병을 원숭이에게 감염시켜 이들 질병이 전염성이라는 것을 증명했습니다. 지난 1976년에 가이두섹 박사님이 노벨상을 받았을 때는 전염성 병원체의 특성을 완전히 알지 못했습니다. 그 당시에는 이러한 질병들이 미확인 바이러스가 원인일 것으로 추측했습니다. 1970년대부터 오늘날 스탠리 프루시너 박사님이 이 문제를 해결하기 전까지는 이런 병원체의 특성에 관한 별다른 결과가 없었습니다.

프루시너 박사님은 10년간의 힘겨운 노력 끝에 감염성 병원체를 분리하는 데 성공하였습니다. 이 병원체는 놀랍게도 단백질만으로 되어 있었습니다. 따라서 박사님은 이 물질을 단백질성 감염 입자라는 뜻의 프리온이라 명명하였습니다. 하지만 이상하게도 이 단백질은 병에 걸린 개체와 건강한 개체 모두에서 동일한 양이 발견되었습니다. 이런 이유로 사람들은 혼란스러워 했으며, 모두들 프루시너 박사님의 결과가 잘못되었다고 생각했습니다. 병에 걸린 개체와 건강한 개체에 모두 존재하는 단백질이라면 이것이 어떻게 병의 원인일 수 있겠습니까? 프루시너 박사님이 병에 걸린 개체 내에 존재하는 단백질이 건강한 개체와는 완전히 다른 3차원 구조를 가지고 있다는 것을 밝히면서 이 문제는 완전히 해결되었습니다. 따라서 박사님은 정상적인 단백질 구조가 변형되어 질병을 일으킬 수 있다는 가설을 세웠습니다.

그가 제안한 이 작용은 지킬박사가 하이드로 변하는 과정과 비슷하다고 할 수 있습니다. 같은 존재이지만 두 가지 표현이 가능합니다. 즉 하나는 무해하지만 다른 하나는 매우 치명적입니다. 그런데 이 단백질은 어떻게 유전자 없이 복제될 수 있을까? 스탠리 프루시너 박사님은 프리온 단백질이 정상적인 단백질을 위험한 형태로 변하게끔 압박하는 연쇄 반응을 일으키면서 복제하기 때문이라고 주장했습니다. 즉 위험한 단백질과 정상적인 단백질이 만나면 정상적인 단백질이 위험한 단백질로 변한다는 것입니다. 또한 프리온 질병은 가능한 발병 기전이 세 가지라는 점에서 주목할 만합니다. 즉 자연적으로, 혹은 전염으로 아니면 유전으로 발병할 수 있습니다.

프리온이 유전자 없이 복제하여 병을 일으킬 수 있다는 가설은 1980

년대의 전형적인 개념의 영향으로 강한 비판을 받았습니다. 스탠리 프루시너 박사님은 압도적인 강한 반발에 부딪히면서 10년이 넘게 힘겨운 싸움을 계속해 왔습니다. 그러나 다행히도 1990년대에 와서 프리온 가설에 대한 강한 지지 세력이 생겼습니다. 스크래피, 쿠루병, 그리고 광우병에 관한 불가사의는 결국 해명되었습니다. 게다가 프리온의 발견은 알츠하이머병과 같은 보다 흔한 치매의 병인을 밝혀낼 수 있는 새로운 발판을 마련하였습니다.

스탠리 프루시너 박사님.

교수님이 발견한 프리온의 감염 원리가 새롭게 규명됨으로써 흥미로운 의학 분야가 열렸습니다.

카롤린스카 연구소 노벨위원회를 대표하여 교수님에게 축하를 드립니다. 이제 앞으로 나오셔서 전하로부터 노벨상을 받으시기 바랍니다.

카롤린스카 연구소 노벨 생리 · 의학위원회 랄프 페터슨

심혈관 시스템에서 신경전달물질로서 기능하는 일산화질소에 대한 연구

1998

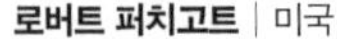
로버트 퍼치고트 | 미국

루이스 이그내로 | 미국

페리드 머래드 | 미국

:: 로버트 프랜시스 퍼치고트 Robert Francis Furchgott (1916~2009)

미국의 약리학자. 노스캐롤리나 대학교에서 화학을 공부하였으며, 1940년 노스웨스턴 대학교에서 생화학으로 박사학위를 취득하였다. 1956년에 뉴욕 주립대학교 약리학과 교수가 되어 1988년까지 재직하였다. 1988년에 동 대학교 건강과학센터 교수 및 및 마이애미 대학교 의과대학 약리학 부교수가 되었다. 일산화질소가 세포들 간의 신호전달 물질로서 기능한다는 사실을 밝혀냈다.

:: 루이스 이그내로 Louis J. Ignarro (1941~)

미국의 약리학자. 컬럼비아 대학교에서 약학을 공부하였으며, 1966년에 미네소타 대학교에서 약리학으로 박사학위를 취득하였다. 1979년에 뉴올리언스에 있는 툴레인 대학교 의과대학 약리학 교수가 되어 1985년까지 재직하였으며, 1985년에 로스앤젤레스에 있는 캘리포니아 대학교 의과대학 약리학과 교수가 되었다.

:: 페리드 머래드 Ferid Murad (1936~2023)

미국의 약리학자. 1965년에 클리블랜드에 있는 웨스턴리저브 대학교에서 의학 박사학위와 약리학 박사학위를 취득하였다. 1975년에 버지니아 대학교 내과 및 약리학과 교수가 되어 1981년까지 재직하였다. 1981년부터 1989년까지 스탠퍼드 대학교 내과 및 약리학과 교수를 지냈다. 휴스턴에 있는 텍사스 대학교 의과대학 교수로 재직 중이다.

전하, 그리고 신사 숙녀 여러분.

로버트 퍼치고트 박사님, 루이스 이그내로 박사님, 그리고 페리드 머래드 박사님. 이 세 분은 생체 내부에서 잠시 생성되었다가 사라지는 일산화질소가 세포들 간의 신호전달 물질로서 기능한다는 사실을 각자의 연구로 발견하였습니다. 이는 전혀 예상치 못했던 일이며 아주 특별한 의미를 갖습니다. 이 발견으로 생의학 연구의 새로운 장이 시작되었으며, 앞으로도 새로운 지평이 열릴 것으로 기대됩니다.

1980년부터 로버트 퍼치고트 교수님은 이 분야에 관한 연구를 시작하였습니다. 1970년대만 해도 과학자들은 혈관 내벽의 내피세포들은 단지 수동적이며 보호적인 특성만을 갖고 있다고 생각했습니다. 하지만 퍼치고트 교수님은 혈관 내벽의 수축과 이완 작용이 뜻밖에도 내피세포의 존재 여부에 따라 달라진다는 것을 밝혔습니다. 박사님은 이른바 '샌드위치 실험법'이라는 기발한 방법으로 매우 중요한 연구 결과를 얻었으며 이것은 미래의 과학 발전에 기반이 되었습니다.

그는 이 샌드위치 실험법을 이용하여 대동맥 조각에서 일어나는 여러 반응을 조사하였습니다. 한 조각은 내피세포가 완벽하게 존재하였고, 다른 조각은 내피세포가 제거된 것이었습니다. 내피세포가 없는 경우에는 자극에 의한 수축 작용이 일어난 반면, 내피세포가 있는 경우에는 수축도 이완도 일어나지 않았습니다. 그 두 개의 조각을 붙여서 샌드위치 모델을 만들었을 때, 앞에서와 동일한 자극은 수축 작용을 일으키지 않았으며, 오히려 이완 작용을 일으켰습니다. 퍼치고트 교수님은 이 연구를 통해 내피세포로부터 어떤 미지의 물질, 즉 어떤 인자가 생성되고 이것이 내피세포가 제거된 대동맥 조각에 수송됨으로써, 결국 이완 작용이 야기된다는 결론에 도달했습니다.

이 발견은 실로 대단한 것이었습니다. 이것은 내피세포 인자의 존재를 탐색하기 시작한 신호탄과도 같았습니다. 그 탐색에는 6년이라는 시간이 걸렸고, 여러 가설들이 세워졌습니다. 그중 한 가지가 이 인자가 질소 함유 물질이라는 주장입니다. 이와 같은 가설의 배경에는 페리드 머래드 교수님의 연구가 한몫을 하고 있었습니다. 그는 니트로글리세린이 대동맥 근육세포 내부에 존재하는 구아닐릴사이클라제 라는 효소를 활성화시켜 고리형 GMP(cyclic GMP, cGMP)를 증가시킨다고 했습니다. 그리고 이로 인해 이완 작용이 일어난다는 사실을 밝혔습니다. 그리고 그는 여기에서 다음과 같은 아주 중요한 질문을 하였습니다. '니트로글리세린이 일산화질소를 방출함으로써 작용하는 것은 아닐까?' 그는 이 가설을 확인하기 위하여, 구아닐릴사이클라제를 포함한 근육조직을 준비하면서 일산화탄소 기포를 넣어 주는 간단한 과정을 하나 추가하였습니다. 그러자 cGMP의 생성이 증가되는 것을 확인할 수 있었습니다. 이로써 효소의 기능을 활성화시키는 의약품의 새로운 기전이 발견되었습니다.

지난 100여 년 동안, 급성통증 치료를 위해 니트로글리세린을 사용하여 왔음에도 불구하고 알지 못했던 실질적인 작용 원리가 드디어 밝혀진 것입니다. 페리드 머래드 교수님의 이 실험은, 퍼치고트 교수님이 내피세포 인자를 발견하기 몇 년 전에 이루어졌습니다. 이 실험은 새로운 지식을 창출해 냈고, 이 지식은 후에 내피세포 인자들의 탐색에 견인차 역할을 하게 됩니다.

올해 노벨 생리·의학상의 세 번째 수상자인 루이스 이그내로 교수님 역시 이 탐색의 과정에서 많은 과학적 업적을 남겼습니다. 머래드 교수님의 발견에서 영감을 얻은 이그내로 교수님은 일산화탄소가 혈관 내벽을 이완시킨다는 것을 알게 되었습니다. 박사님은 1980년대 전반기를 지나는 동안 이 인자들에 대해 많은 것을 알게 되었습니다. 이런 업적은 로버트 퍼치고트 교수님과 거의 동시에, 그러나 독립적으로 이루어졌습니다. 그 인자의 실체는 점점 명확해져 갔습니다. 퍼치고트 교수님은 1986년 여름 미국 미네소타주 로체스터의 메이오 클리닉에서 열린 학술회의 중에 내피세포 인자에 대한 결론에 도달하게 됩니다. 그 회의에서 퍼치고트 교수님은, 몇몇 발견을 근거로 그 인자가 일산화탄소와 동일하다고 결론지었습니다. 그리고 이그내로 교수님도 같은 회의에서 이에 대한 지지 발표를 하였습니다. 여기서 한 걸음 더 나아가 이그내로 교수님은 아주 흥미로운 실험을 하였습니다. 그는 물질들이 각자 독특한 분광을 보인다는 것을 이용하여 분광분석법을 시도하였습니다. 그리고 환원 형태의 헤모글로빈이 내피세포 인자와 반응할 때의 분광이 일산화탄소와 반응할 때의 분광과 동일하다는 것을 확인하여 그 인자가 일산화탄소임을 명확히 밝혀냈습니다.

이제 탐구는 끝났습니다. 그리고 마침내 내피세포 인자에 대한 수수께끼가 풀렸습니다. 내부에서 잠시 생성되었다가 사라지는 기체가 우리 몸의 세포 사이에서 신호전달물질로서 작용하고 있었던 것입니다. 이 새로운 발견은 우리에게 니트로글리세린의 작용 기전을 설명해 주었습니다. 고혈압과 급성통증에 보편적으로 사용되던 이 약물의 기전을 이제야 알게 된 것입니다. 고혈압을 앓던 알프레드 노벨 박사님은 "니트로글리세린을 처방받았다네. 이야말로 운명의 아이러니가 아닌가! 의사들은 화학자나 일반인들이 두려워하지 않도록 하기 위해 니트로글리세린을 트리니트린이라고 부르고 있다네"라고 기록하였습니다. 그리고 노벨 박사님은 니트로글리세린이 두통을 야기한다는 사실을 알고 있었기 때문에 의사의 지시를 따르지 않았습니다. 내피세포 인자인 일산화탄소를 발견함으로써 새로운 치료법이 임상에 적용되기 시작했습니다. 심한 염증 질환의 진단법도 개선되었으며, 신약 개발의 새로운 가능성도 열렸습니다. 일산화탄소와 관련된 연구는 1986년 이후 지금까지 계속되며 양적으로도 그 규모가 매우 방대합니다.

로버트 퍼치고트 교수님, 루이스 이그내로 교수님, 그리고 페리드 머래드 교수님.

세 분이 심혈관계에서 일산화질소가 신호전달물질로 작용하고 있다는 것을 발견함으로써 오랫동안 사용된 질소 함유 혈관확장제의 실제 작용 기전이 설명되었습니다. 뿐만 아니라 이 발견은 다양한 질병의 환자들을 치료하고 진단하는 데 새로운 장을 열었다는 큰 의미도 있습니다. 세 분의 발견이 의학 연구의 새로운 시대를 연 것입니다.

카롤린스카 연구소의 노벨위원회를 대표하여 따뜻한 축하의 말씀을 전해드립니다. 이제 앞으로 나오셔서 국왕 전하로부터 올해의 노벨 생리·의학상을 받으시기 바랍니다.

카롤린스카 연구소 노벨 생리·의학위원회 스탠 린달

세포 내 단백질 이동 경로를 규정하는 고유한 신호전달 체계의 발견

1999

권터 블로벨 | 독일

:: **권터 블로벨 Günter Blobel (1936~2018)**

독일 태생 미국의 생물학자. 1960년대에 미국으로 이주하였으며, 1967년에 메디슨에 있는 위스콘신 대학교에서 종양학으로 박사학위를 취득하였다. 1967년부터 1969년까지 록펠러 대학교에서 박사후과정을 이수한 후, 1969년에 동 대학교 조교수가 되었으며 1976년에 정교수로 승진하였다. 1986년 하워드 휴스 의학연구소의 연구원이 되었다. '신호 가설'을 통하여 새로이 합성된 분비성 단백질의 이동 과정을 규명하였으며, 세포와 기관의 구조를 형성하고 유지하는 근본적인 원리를 밝혔다.

전하, 그리고 신사 숙녀 여러분.

어떤 큰 공장이 수천 가지의 다른 제품을 한 시간에 백만 개씩 만들어 신속히 포장하고 소비자에게 보낸다고 상상해 봅시다. 당연히 각각의 제품에는 혼란을 막기 위해 정확한 주소가 적힌 꼬리표가 필요할 것입니다. 권터 블로벨 박사님은 앞서 말한 공장에서 만든 제품들처럼, 새롭게 합성된 단백질이 주소 꼬리표와 같은 역할을 하는 내장된 신호에 의해 특정 세포로 이동한다는 것을 증명함으로써 올해 노벨 생리·의학상을 수상하게 되었습니다.

성인은 구조적으로 비슷한 약 100조 개의 세포로 되어 있습니다. 놀라운 점은 각각의 세포에 칸막이를 친 방과 같은 소기관이 존재한다는 것입니다. 이 소기관들은 생명에 필수적인 생화학 물질대사를 물질적·기능적으로 분리해 주는 지질이 풍부한 막으로 나뉘어 있습니다. 세포에서의 이러한 구획화는 각각의 공적 기능이 독립적인 건물에 수용되어 있는 큰 도시에 비유될 수 있습니다. 세포 물질대사의 설계도는 세포의 핵, 쉽게 말해 '세포라는 도시의 시청' 안에 있는 유전자에 저장되어 있습니다. 에너지 생산은 세포의 발전소라고 불리는 미토콘드리아에서 일어납니다. 노폐물의 폐기와 재활용은 리소좀에서 일어납니다. 새로운 제품의 생산이라고 할 수 있는 단백질의 생산은 리보솜에서 일어납니다. 사실 세포 내에는 매우 강렬한 활동이 일어나고 있습니다. 초당 수천 개의 단백질 분자들이 끊임없이 퇴화되고, 또 새로운 것으로 교체되고 있습니다. 새로 만들어진 단백질이 어떻게 정확한 위치로 이동하며, 여러 기관들을 둘러싸고 있는 세포막을 어떻게 통과하는 것일까요? 1960년대 과학자들에게는 이 두 가지가 궁금증의 대상이었습니다.

귄터 블로벨 박사님은 이 두 가지 문제를 모두 해결했습니다. 박사님은 1967년에 뉴욕 록펠러 대학교의 조지 펄라디 교수님이 이끄는 유명한 세포생물연구소에서 일하였습니다. 1974년에 노벨상을 수상한 펄라디 교수님은 분비성 단백질들이 합성되고, 세포 표면에 도달하기까지의 과정을 정의하여 도표로 정리하였습니다. 세포에서 생성되는 분비성 단백질은 소포체라고 부르는 막 시스템과 관련되어 있습니다.

블로벨 박사님은 새로 합성된 분비성의 단백질이 어떻게 특정 장소로 이동하는지 그리고 어떻게 소포체 막을 통과하는지를 연구하였습니다. 정교한 실험 결과를 바탕으로 이러한 과정을 설명하기 위해 그는 1971년에 처음 '신호 가설'을 제안하였으며, 1975년에는 이를 완성하였습니다. 이 신호 가설에 의하면 새로 합성된 단백질은 주소 꼬리표와 같은 내장된 신호를 따라 소포체로 이동하여 특정 채널을 통해 막을 통과합니다. 다른 쪽을 통과한 단백질들은 세포 표면으로 수송되기 위해 포장됩니다.

이 가설을 검증하기 위하여 블로벨 박사님은 과정의 각 단계를 개별적으로 연구할 수 있는 훌륭한 시험관 체계를 고안했습니다. 쥐, 토끼, 그리고 개의 세포에서 나온 성분들을 이용한 이 시스템을 기반으로 분자 세포생물학은 크게 발전하였습니다. 그로부터 20년간, 블로벨 박사님과 그의 동료들은 이 복잡한 과정을 자세히 설명하였습니다. 이 독창적인 신호 가설은 시간과 노력을 투자한 만큼 많은 결과를 얻었으며 이 내용 또한 사실로 검증되었습니다.

블로벨 박사님은 폭넓은 연구를 통해 단백질은 반드시 다른 기관으로 이동하도록 정해져 있거나, 그렇지 않으면 다른 세포막에 통합된다는 것을 보여 주었습니다. 그리고 이 단백질들이 특정 주소 꼬리표와 같은 '위치생성 신호'를 갖고 있다는 것도 확인하였습니다. 블로벨 박사님이 밝혀낸 이 원리들은 전 세계적으로 적용되어 높이 평가받고 있습니다. 또한 이 원리들은 진화되는 동안에도 변하지 않고 유지되어 효모, 식물, 그리고 동물 세포에 항상 적용됩니다.

귄터 블로벨 박사님의 가장 중요한 업적은 세포와 기관의 구조를 형성하고 유지하는 근본적인 원리를 밝힌 일입니다. 신호 가설은 유전병을 비롯해 위치가 잘못된 특정 단백질에 의한 질병들의 근본적인 기전을 이해할 수 있도록 도와주었습니다. 뿐만 아니라 제약산업 쪽에서는 이러한 발견들을 응용하여 배양세포에서 인슐린, 성장호르몬, 혈액응고인자 같은 단백질 의약품을 효율적으로 생산할 수 있게 되었습니다.

권터 블로벨 교수님.

단백질에는 세포 안의 세포막을 통과하여 정확한 목적지로 이동하도록 하는 신호가 내장되어 있다는 교수님의 발견은, 세포와 그 기관들이 어떻게 구성되고 유지되는지를 이해하는 데에 많은 영향을 주었을 뿐 아니라, 현대 분자세포생물학의 기초 확립에도 중요한 역할을 했습니다.

카롤린스카 연구소 노벨위원회를 대표하여 교수님에게 커다란 축하를 드립니다. 이제 앞으로 나오셔서 전하로부터 노벨상을 받으시기 바랍니다.

카롤린스카 연구소 노벨 생리·의학위원회 랄프 페터슨

신경계의 신호전달에 대한 발견

2000

아르비드 칼손 | 스웨덴

폴 그린가드 | 미국

에릭 캔들 | 미국

:: 아르비드 칼손 Arvid Carlsson (1923~2018)

스웨덴의 약리학자이자 신경정신학자. 1951년에 룬드 대학교에서 의학 박사학위를 취득하였으며, 동 대학교에서 조교수가 되었다. 1956년에 부교수가 되었으며, 1959년에 괴텐베르크 대학교 약리학 정교수가 되어 1989년까지 재직하였다. 1959년부터 1976년까지 학과장을 지냈다. 1989년부터는 동 대학교 명예교수를 지냈다. 파킨슨씨병의 원인이 시냅시스에서 도파민이 방출되지 않는 것에 있음을 밝혀냈으며, 시냅시스의 기능 상실을 L-도파로써 보완할 수 있음을 밝혀냈다.

:: 폴 그린가드 Paul Greengard (1925~2019)

미국의 약리학자이자 신경학자. 1953년에 볼티모어에 있는 존스홉킨스 대학교에서 의학 박사학위를 취득하였으며, 1953년부터 1959년까지 런던 대학교, 케임브리지 대학교, 국립 의학연구소에서 박사후과정을 이수하였다. 1959년에 뉴욕에 있는 게이지 연구소 생화학 분과 과장이 되어 1967년까지 활동하였다. 1968년에 예일 대학교 약리학 및 정신병학 교수가 되어 1983년까지 재직하였으며, 1983년에 록펠러 대학교의 교수가 되었다. 신경전달 물질인 도파민의 생화학적 작용 과정을 규명함으로써 정신분열, 알츠하이머병 등 뇌 관련 질환의 치료에 기여하였다.

:: 에릭 리처드 캔들 Eric Richard Kandel (1929~)

미국의 신경생물학자. 1956년에 뉴욕 대학교에서 의학 박사학위를 취득하였으며, 1960년부터 1964년까지 하버드 대학교 의과대학에서 정신과 레지던트를 지냈다. 1965년에 뉴욕 대학교 생리학 및 정신병학 부교수가 되어 1974년까지 재직하였으며, 1974년에 컬럼비아 대학교 생리학 및 정신병학과 교수가 되었다. 1992년에는 동 대학교 생화학 및 분자생물학 교수가 되었다. 신경 전달 물질들이 제2차 전달자 및 단백질을 인산화시켜 기억을 형성시킨다는 점을 입증하였다.

전하, 그리고 신사 숙녀 여러분.

올해의 노벨 생리·의학상을 수상하는 연구 주제는 이 우주에서 가장 복잡한 구조라고 알고 있는 인체의 뇌에 대한 것입니다. 인체의 뇌는 약 천억 개의 신경세포로 이루어져 있으며, 이 숫자는 이 지구상에 존재해 왔던 인류의 숫자와 비슷합니다.

요즘 우리는 3,500만 인터넷 사용자가 의사소통을 할 수 있는 '인터넷 혁명'에 대해 이야기하곤 합니다. 이는 바로 우리 모두의 몸 안에 존재하는 신경세포들과 비교할 수 있습니다. 즉 천억 개의 신경세포들이 끊임없이 서로 의사소통을 하고 있다는 것입니다.

'신경계의 신호전달'이 바로 올해 노벨상의 주제입니다. 한 개의 신경세포는 수천 개의 시냅시스로 다른 세포와 연결됩니다. 이 시냅시스 안에서 신경세포들은 화학적으로 의사소통을 합니다. 즉 한 개의 세포는 한 개의 신경전달물질을 방출하며 이것이 다른 세포에 전달되면서 의사소통이 이루어지는 것입니다.

아르비드 칼손 교수님은 도파민이 바로 이런 역할을 하는 신경전달물질이라는 것을 입증하였습니다. 지금까지 도파민은 다른 신경전달물질들의 전구체로만 알려져 있었습니다. 그러나 칼손 교수님은 도파민이 뇌의 특정 부위에 존재하며, 이 물질 자체가 신경전달물질로서 고유 기능이 있음을 발견하였습니다.

그후 그는 레세르핀이라는 천연물질이 신경세포로부터 생성되는 도파민을 고갈시키면 동물이 운동신경을 잃어버린다는 사실을 발견하였습니다. 그리고 도파민의 전구체인 L-도파를 공급하면 고갈되었던 도파민의 양이 회복될 것이라고 생각했습니다. 실제로 운동신경을 상실한 동물은 L-도파를 투여 받은 후 운동능력을 회복할 수 있었습니다.

레세르핀이 도파민을 고갈시키면 그 동물은 몸이 경직되면서 주위 환경으로부터 받는 자극에 반응할 수 없게 됩니다. 이것이 바로 파킨슨병의 증상입니다. 이런 증상을 보이는 동물에게 L-도파를 투여하자 동물의 뇌는 다시 도파민을 생성하였습니다. 이후로 L-도파를 파킨슨병의 치료법으로 사용하게 되었고 이 치료방법은 수백만 환자들에게 정상적인 삶을 선물해 주었습니다.

폴 그린가드 교수님은 도파민뿐만 아니라 그 외의 여러 신경전달물질들이 신경세포를 자극함으로써 일어나는 현상을 연구하였습니다. 세포표면 수용체들은 세포벽에 존재하는 효소들을 활성화시키고, 이로써 제2차 전달자들을 생성합니다. 그리고 이 전달자들은 세포 안을 돌아다니며 단백질 인산화효소를 활성화시킵니다. 활성화된 인산화효소는 다시 다른 단백질에 인산그룹을 붙여 주고, 이로 인해 그 단백질의 기능은 변하게 됩니다. 예를 들면 이와 같은 과정을 통해 세포막에 존재하는 이온 채널이 열리고, 세포의 전기적인 활성 또한 변하게 되는 것입니다.

그린가드 교수님은 DARPP-32라고 불리는 조절 단백질이 도파민과 다른 신경전달물질들에 많은 영향을 준다는 것을 밝혀냈습니다. 즉 이 단백질이 마치 오케스트라의 지휘자와 같은 역할을 함으로써 다른 단백질들이 언제 어떻게 활성화되어야 하는가를 지시합니다.

이와 같은 이른바 '느린 시냅스의 신경전달'은 우리들의 움직임과 더불어, 뇌에서 감정을 이끌어 내는 과정, 또는 코카인, 암페타민, 헤로인과 같은 중독성 마약에 대한 반응들을 조절합니다.

에릭 캔들 교수님은 아르비드 칼손 교수님이 연구했던 것과 동일한 신경전달물질이, 폴 그린가드 교수님이 규명한 단백질 효소의 인산화 과정을 통해 기억이 형성되는 과정, 즉 고도로 발달된 신경계의 기능에 관여하고 있음을 밝혀냈습니다.

천억 개의 신경세포로 이루어진 뇌에서의 기억 형성 과정을 연구하는 것이 얼마나 어려울까요? 그리고 이것이 과연 가능하기나 한 것일까요? 에릭 캔들 교수님은 20,000여 개의 신경세포로 이루어진 민달팽이류에 속하는 아플리시아라는 단순한 모델 시스템을 선택하여 가장 고전적인 방법으로 실험하였습니다. 그는 미개한 동물일지라도 살아남기 위해서는 반드시 학습 과정이 필요하다는 확신을 갖고 있었습니다.

아플리시아는 자신의 아가미를 보호하기 위해 수축 반응을 합니다. 만일 이 동물을 지속적으로 자극하면 그들의 반응은 점점 무뎌질 것입니다. 이것은 마치 인체가 예상치 않은 자극에 반응하는 것과 같습니다. 그와 반대로, 만일 그 자극이 강제적이라면 반사 작용은 증폭되고 점점 더 강해질 것입니다.

습관 작용이나 증폭 작용의 효과는 단 몇 분 동안만 지속됩니다. 이를 두고 사람들은 아플리시아가 단기 기억을 보인다고 말할 수 있을 것입니다. 하지만 자극이 강제적이고 지속적으로 반복된다면, 과민반응 상태가 몇 주 동안이나 지속되는데, 이는 아플리시아가 장기 기억을 형성한다는 것을 의미합니다.

캔들 교수님은 자극으로 인한 시냅시스, 즉 신경세포 간의 연결 접점에서 일어나는 변화가 습관을 만든다고 생각했습니다. 습관적인 작용이 일어나는 동안, 생성되는 신경전달물질의 양은 갈수록 점점 더 적어집니다.

장기 기억을 형성하는 강제적인 자극은 이와는 전혀 다르게 작용합니다. 이것으로 생성된 이차 전달자들은 단백질 인산화 효소들을 활성화시키고, 이들은 핵 내로 이동하여 새로운 단백질들을 생성하기 시작합니다. 결과적으로 시냅시스의 형태나 기능이 변화합니다. 따라서 우리가 말하는 기억 작용은 신경세포들을 연결하는 수십억 개 시냅시스들에서 직접 일어나는 변화에서 비롯된 것입니다.

우리들은 오늘의 노벨상 시상식을 앞으로도 몇 년간 기억할 것입니다. 우리가 이것을 기억할 수 있는 것도 아르비드 칼손 교수님이 발견하신 도파민이 뇌의 반응을 조절하고 있기 때문이며, 폴 그린가드 교수님이 규명한 것처럼 제2차 전달물질이 신경세포 내로 신호를 전달하고, 에릭 캔들 교수님이 밝힌 것처럼 시냅시스의 형태 및 기능이 변화하기 때문입니다.

존경하는 아르비드 칼손 교수님, 폴 그린가드 교수님, 그리고 에릭 캔들 교수님.

'신경계의 신호전달'에 관한 여러분의 발견은 우리가 뇌의 기능을 보다 잘 이해할 수 있도록 해주었습니다. 아르비드 칼손 교수님의 연구는 파킨슨병의 원인이 시냅시스에서 도파민이 방출되지 않는 것임을 알려주었습니다. 이와 더불어 시냅시스의 기능 상실을 L-도파라는 작은 물질로써 보완할 수 있음도 알게 해주었습니다. 즉 텅 빈 도파민 저장소를

L-도파에 의해 다시 채울 수 있게 된 것입니다. 이는 수백만 인류의 삶을 질적으로 향상시켜 주었습니다.

폴 그린가드 교수님의 연구는 이런 일들이 일어나는 과정을 상세히 알려 주었습니다. 따라서 우리는 제2차 전달자들이 단백질 인산화 효소를 활성화시키는 과정, 이로 인해 변화되는 세포반응에 대해서 알게 되었습니다. 그리고 여러 신경전달물질이 신경세포에 전달되는 과정에서 인산화 작용이 얼마나 중요한지도 깨닫게 되었습니다.

끝으로, 에릭 캔들 교수님은 신경전달물질들이 제2차 전달자 및 단백질을 인산화시킴으로써 우리의 존재 능력과 상호작용 능력의 근간이 되는 단기 기억 및 장기 기억을 형성한다는 것을 입증하였습니다.

카롤린스카 연구소 노벨 위원회를 대표하여 이 세 분께 따뜻한 축하의 말씀을 전합니다. 세 분은 이제 앞으로 나오셔서 국왕 전하로부터 올해의 노벨 생리·의학상을 받으시기 바랍니다.

카롤린스카 연구소 노벨 생리·의학위원회 우르반 언저스테트

세포주기의 핵심 조절 인자 발견

2001

릴런드 하트웰 | 미국

티머시 헌트 | 영국

폴 너스 | 영국

:: 릴런드 하트웰 Leland H. Hartwell (1939~)

미국의 유전학자. 캘리포니아 대학교 공과대학에서 공부하였으며, 1964년에 매사추세츠 공과대학에서 박사학위를 취득하였다. 1965년에 캘리포니아 대학교의 부교수가 되어 1968년까지 재직하였으며, 1968년에 워싱턴 대학교 교수가 되었다. 1997년부터는 프레드 허치슨 암연구소 소장을 맡았다. 세포 주기 연구를 위한 유전적 연구 방법을 실험시킴으로써 세포 주기 조절의 핵심인자인 CDK와 사이클린을 발견하는 데에 기여하였다.

:: 리처드 티머시 헌트 Richard Timothy Hunt (1943~)

영국의 과학자. 케임브리지 대학교를 졸업하고 1968년에 박사학위를 취득하였다. 1991년부터 런던에 있는 임페리얼 암연구기금 산하 클레어홀 세포주기조절연구소에서 연구학자로 활동하였다. 영국학술원 회원이며, 미국 과학아카데미의 외국인 준회원이기도 하다. 세포 주기 엔진의 CDK 기능을 조절하는 또 다른 핵심 요소인 사이클린을 발견하였다.

:: 폴 M. 너스 Paul M. Nurse (1949~)

영국의 생물학자. 버밍엄 대학교에서 공부하였으며, 1973년에 이스트앵글리아 대학교에서 박사학위를 취득하였다. 1996년부터 임페리얼 암연구기금 총재 겸 세포주기조절연구소 소장으로 활동하였다. 공동 수상자인 릴런드 하트웰과는 다른 효모를 사용하여 세포 주기를 위한 유전적 접근 방법을 시도함으로써 세포 주기 조절의 핵심인자인 CDK와 사이클린을 발견하는 데에 기여하였다. 1989년에 영국학술원 회원으로 선출되었다.

전하, 그리고 신사 숙녀 여러분.

세포 분열은 삶의 근본적인 과정입니다. 이 지구상에 살아 있는 모든 생명체들은 약 30억 년 전에 나타난 조상 세포에서 유래하며, 그때부터 세포 분열은 끊임없이 이루어졌습니다. 인간의 몸 역시 하나의 세포가 100조 개의 세포로 분열하여 구성되었습니다. 우리의 몸에서 초당 백만 개의 세포들이 분열하고 있는 것입니다.

세포가 분열을 반복하는 과정을 세포주기라고 합니다. 세포주기 안에서 세포는 우선 성장하고, 염색체 안의 DNA 분자들을 복제하여, 두 개의 딸세포로 분열됩니다.

올해 노벨상 수상자들은 세포주기를 조절하는 핵심 인자인 사이클린-의존성 키나아제(CDK)와 사이클린을 발견했습니다. 이 두 가지 성분이 함께 하나의 효소를 형성하며, 이때 CDK는 세포 내 단백질의 구조와 기능을 변형시켜 세포주기를 시작하는 '분자 엔진' 과도 같은 역할을 합니다. 사이클린은 'CDK 엔진' 의 시동을 걸고 끌 수 있는 스위치입니다. 이 세포주기 엔진은 효모 세포나 동식물, 인간 같은 모든 생명체에서 공통적으로 작용합니다.

그렇다면 어떻게 CDK와 사이클린 같은 핵심 조절 인자들이 발견될 수 있었을까요?

하트웰 박사님은 세포주기 연구를 위한 유전적 연구 방법을 실현하였습니다. 그는 제빵용 효모를 유기체 모델로 선택했습니다. 그리고 높은 배양 온도에 의해 세포주기가 멈춘 유전적으로 변형된 세포, 즉 돌연변이 세포를 현미경으로 식별해 냈습니다. 이미 1970년대 초에 하트웰 박사님은 이 방법으로 세포분열 주기에 관여하는 특정 유전자들을 많이 발견하였으며, 이들을 CDC 유전자라고 명명했습니다. 이들 중 CDC28이라는 유전자는 세포주기의 시작을 조절합니다. 하트웰 박사님은 또한 세포주기의 각 과정이 올바르게 이루어지는지를 검사하는 '검문소'의 개념을 확립하였습니다. 여기서 말하는 검문소는 다음 단계에 들어가기 전에 이전 단계가 완전히 끝났는지 검사하는 세탁기 프로그램과 같은 역할을 합니다. 이 검문소에 이상이 생기면 정상세포가 암세포로 변형되는 원인이 되기도 합니다.

폴 너스 박사님도 세포주기 연구를 위해 유전적 접근 방법을 시도하였으나, 하트웰 박사님이 사용한 것과는 다른 효모를 사용했습니다. 1970년대 말과 1980년대 초에 폴 너스 박사님은 세포가 아예 분열되지 않거나 너무 일찍 분열되도록 하는 CDC2라는 유전자를 발견했습니다. 따라서 그는 CDC2가 세포분열을 통제한다는 결론을 얻을 수 있었습니다. 그는 나중에 CDC2가 세포주기의 마지막 과정을 통제하며, 앞서 언급한 제빵용 효모의 CDC28과 같이 세포주기의 전 과정에서 핵심 조절인자로 기능한다는 것을 밝혀냈습니다. CDK는 세포주기 엔진에서 바로 이 핵심 기능을 담당하고 있었습니다. 1987년에 너스 박사님은 인간의 유전자를 효모 세포로 옮겨서 인간 CDC2 유전자를 분리해 냈습니다. 이 인간 CDC2 유전자는 효모 세포에서도 훌륭하게 작용했습니다. 이는 세포주기 엔진의 CDK 기능이 효모가 인간으로 진화해 온 10억 년이 넘는 기간 동안 보존되어 왔음을 의미합니다.

티머시 헌트 박사님은 세포주기 엔진의 CDK 기능을 조절하는 또 다른 핵심 요소인 사이클린을 발견했습니다. 1982년에 그는 성게의 알에서, 세포분열 직전에는 그 양이 증가하고 세포분열 직후에는 급격히 감소하는 특정 단백질을 발견했습니다. 이러한 주기적인 변동 때문에 그는 이 물질을 단백질 사이클린이라고 명명했습니다. 이러한 실험들은 사이클린을 발견하는 성과를 거두었을 뿐 아니라, 이 주기적 단백질이 세포주기 내에서 분해된다는 사실도 밝혀냈습니다. 헌트 박사님은 또한 이 사이클린이 다른 종에도 존재함을 밝혔습니다. 따라서 사이클린도 CDK와 마찬가지로 진화가 일어나는 동안에 보존되어 왔음을 알 수 있습니다.

DNA 분자의 이중나선형 구조가 밝혀진 지 50년이 지났습니다. 이제 우리는 CDK와 사이클린을 발견함으로써 세포가 어떻게 스스로를 복제할 수 있는지 분자적 수준에서 이해할 수 있게 되었습니다.

하트웰 박사님, 헌트 박사님, 그리고 너스 박사님.

박사님들의 발견은 세포주기의 통제 방법을 이해하는 데 큰 도움이 되었습니다. 또한 세포생물학을 비롯한 생물학과 의학 발전에 많은 영향을 주었습니다.

카롤린스카 연구소 노벨위원회를 대표하여 박사님들께 커다란 축하를 드립니다. 이제 앞으로 나오셔서 전하께 노벨상을 받으시기 바랍니다.

카롤린스카 연구소 노벨 생리·의학위원회 엔더스 제터버그

생체기관의 발생과 세포 사멸의 유전학적 조절에 대한 발견

2002

시드니 브레너 | 영국

존 설스턴 | 영국

로버트 호비츠 | 미국

:: 시드니 브레너 Sydney Brenner (1927~2019)

남아프리카 공화국 태생 영국의 분자생물학자이자 유전학자. 남아프리카 공화국 요하네스버그에 있는 위트워터 스트랜드 대학교를 졸업하고 1951년에 석사학위를 취득한 후, 영국으로 이주하여 1954년에 옥스퍼드 대학교에서 박사학위를 취득하였다. 1957년에 케임브리지 대학교 영국 의학연구협회 분자생물학 연구소에 들어가 1979년부터 1986까지는 소장을 지내기도 했다.

:: 존 에드워드 설스턴 John Edward Sulston (1942~2018)

영국의 분자생물학자이자 유전학자. 케임브리지 대학교를 졸업하고 1966년에 박사학위를 취득한 후, 미국으로 가서 1969년까지 샌디에이고에 있는 솔크 생물학연구소에서 박사과정을 이수하였다. 1969년에 공동 수상자 시드니 브레너가 이끄는 분자생물학연구소 연구팀에 합류하여 연구하였다. 1992년부터 2000년까지 영국의 웰컴 트러스트 생어센터 소장을 지냈다. 2001년 기사 작위를 받았다.

:: H. 로버트 호비츠 H. Robert Horvitz (1947~)

미국의 생물학자이자 유전학자. 하버드 대학교에서 생물학으로 석사학위(1972)와 박사학위(1974)를 취득하였으며, 1974년에 공동 수상자 시드니 브레너가 이끄는 분자생물학연구소 연구팀에 합류하여 연구하였다. 1978년에 매사추세츠 공과대학의 조교수로 임명되어 부교수를 거쳐 1986년부터 정교수로 재직하였다. 1988년에는 동 대학 하워드 휴스 의학연구소 연구원이 되었다.

전하, 그리고 신사 숙녀 여러분.

우리 모두의 생명은 아주 작은, 즉 0.1밀리미터 정도에 불과한 수정란 세포에서부터 시작됩니다. 이 작은 세포로부터 수백, 수천, 수십억의 세포로 분화되면서 인간이 만들어집니다. 이 과정에서 많은 세포분열과 세포분화가 이루어지며 다양한 생체 기관이 형성됩니다. 그러나 이 자연적인 성장에는 새로운 세포들을 만드는 과정뿐만 아니라 특정 시기에 특정한 세포들은 반드시 사멸해야 하는 과정이 포함되어 있습니다. 태아 시기에 손가락과 발가락 사이에 생겼던 피막이 세포 사멸을 통해 사라지는 것을 생각해 보면 쉽게 알 수 있습니다.

세포의 분화와 생체기관의 발생이 중요하다는 것은 많은 연구 결과를 통해 강조되어 왔습니다. 하지만 이에 관한 연구는 더디게 진전될 수밖에 없었습니다. 우리 인체가 수많은 종류의 세포들로 이루어져 너무나도 복잡하기 때문입니다. 즉 수많은 나무들 때문에 숲을 볼 수 없었던 것입니다. 그렇다면 유전 원칙을 좀 더 쉽게 찾을 수 있는 방법은 없을까요? 그리고 인간보다는 다소 단순하지만 일반적인 유전 원칙을 충분히 도출할 수 있는 적합한 실험동물은 무엇일까요?

영국 케임브리지의 시드니 브레너 교수님은 선형동물인 C. 엘레간스라는 동물을 실험대상으로 선택하였습니다. 이 선택은 언뜻 보기에는 다소 의아한 것이었습니다. 이 동물은 단지 1밀리미터 정도로 실패 모양을 하고 있으며 959개의 세포로 구성되어 박테리아를 잡아먹는 지렁이 같은 벌레에 지나지 않는 것이었습니다. 그러나 그는 이미 1960년대 초반에 이 C. 엘레간스라는 동물이 이른바 '갖출 것은 다 갖춘' 그런 동물임을 알아봤습니다.

C. 엘레간스는 유전자 실험을 하기에도 용이했고, 색깔도 투명하여 세포 분열 및 분화 과정을 현미경 상으로 관찰할 수 있었습니다. 그는 1974년에 이 동물의 유전자에 많은 돌연변이를 일으킬 수 있었으며, 이로 인해 나타나는 생체기관 형성의 뚜렷한 변화들을 생생하게 보여 주었습니다. 이 연구로 이 동물은 아주 중요한 '연구 수단'이 되었고 이 선충류를 연구하는 팀들도 늘어나기 시작했습니다.

1969년에 존 설스턴 박사님은 브레너 교수님의 연구팀에 합류하였습니다. 그리고 이 동물의 세포분열을 현미경으로 관찰할 수 있다는 점, 그리고 이 벌레 세포들의 계보를 정리할 수 있다는 점 등을 이용하여 어느 세포가 형제지간인지 아니면 사촌 또는 육촌인지를 규명하였습니다. 그는 세포분열은 매우 정확하게 일어나는 과정이며, 세포들 간의 계보는 다른 개체에서도 동일하다는 것을 발견했습니다. 또한 특정 세포들은 특정 시간대에 언제나 사멸한다는 것도 알아냈습니다. 이는 프로그램화된 세포의 죽음이, 확률적으로 일어나는 것이 아니라 정확한 규칙에 따라 일어나고 있음을 의미합니다. 설스턴 박사님은 이 연구에서 세포 사멸 과정에서 중요한 역할을 하는 nuc-1 유전자의 존재를 확인하였습니다. 이 유전자는 세포 사멸에 관련되어 있는 것으로 밝혀진 첫 번째 유전자입니다.

1974년에 로버트 호비츠 교수님은 브레너 박사님과 설스턴 박사님의 연구에 합류하였습니다. 호비츠 교수님은 세포의 프로그램화된 죽음을 조절하는 유전자들을 체계적으로 연구한 결과 세포 사멸 조절 기전에 관여하는 여러 핵심 유전자들을 규명해 냈습니다. ced-3, ced-4, ced-9와 같은 세포 사멸 유전자들의 발견은, 모호하기만 하던 세포 사멸 과정을 유전적인 명확한 프로그램으로 확실하게 인식시켜 주는 데 기여하였습니다.

그는 또한 C. 엘레간스에서 관찰된 죽음의 유전자가 인체에도 동일하게 존재하며 기능하고 있다는 것도 밝혔습니다. 이로써 우리는 세포 사멸 기전이 진화 과정에서 오랫동안 유지되어 왔다는 것을 알게 되었습니다.

올해의 노벨상은 이 선충류로부터 얻은 연구 업적을 기념하고자 합니다. 브레너 교수님의 예언자적인 식견으로 1960년대 초부터 연구되기 시작한 이 동물 모델은 현실적으로도 매우 이상적인 실험 모델이었습니다. 이는 우리가 생체기관과 조직의 발생뿐만 아니라 특정 세포들의 운명적 죽음에 대한 통찰력을 갖는 데 도움을 주었습니다. 바이러스나 박테리아들이 어떻게 세포를 공격하는지, 그리고 심장마비나 뇌졸중이 일어났을 때 어떻게 세포가 사멸하는지 등을 이해하게 되었으며 이로 인해 그 가치는 이미 증명되었습니다.

시드니 브레너 박사님, 로버트 호비츠 박사님, 그리고 존 설스턴 박사님.

생체기관의 발생과 프로그램화된 세포 사멸의 유전적 조절에 관한 여러분들의 연구 성과는 생물학과 의학 연구에 새로운 길을 열어 주었습니다. 카롤린스카 연구소의 노벨위원회를 대표하여 세 분께 따뜻한 축하의 말씀을 전해드리며, 이제 앞으로 나오셔서 국왕 전하로부터 올해의 노벨 생리·의학상을 받으시기 바랍니다.

카롤린스카 연구소 노벨 생리·의학위원회 우르반 렌달

자기공명영상에 관한 연구

2003

폴 로터버 | 미국　　　**피터 맨스필드** | 영국

:: 폴 크리스천 로터버 Paul Christian Lauterbur (1929~2007)

미국의 화학자 · 의학자. 클리블랜드에 있는 케이스 공과대학에서 화학을 공부하였으며, 1962년에 피츠버그 대학교에서 화학으로 박사학위를 취득하였다. 1969년에 뉴욕 대학교 화학 · 방사선학과 교수가 되어 1985년까지 재직하였으며, 1985년부터 일리노이 대학교 교수 및 부설 생의학 자기공명연구소 소장을 지냈다.

:: 피터 맨스필드 Peter Mansfield (1933~2017)

영국의 물리학자. 런던 대학교 퀸 메리 칼리지에서 물리학을 공부하여 1962년에 박사학위를 취득하였다. 1962년부터 1964년까지 일리노이 대학교 물리학과 부교수를 지냈다. 1964년에 노팅엄 대학교 물리학 강사가 되었으며, 1979년에 정교수로 승진하여 1994년까지 재직하였다. 이후 동 대학 명예교수를 지냈다. 라디오 신호를 수학적으로 분석하여 자기공명영상을 만드는 데에 기여하였다.

전하, 그리고 신사 숙녀 여러분.

현대 의학에서 인간의 내부 기관에 직접 침입하지 않고서 그 안을 들여다볼 수 있는 기술은 대단히 중요합니다. 지난 30년 동안 의학적 이미지를 보는 기술은 극적인 변화를 겪어 왔습니다. 많은 종류의 이미지 양식들이 발견되고 개발되었으며, 컴퓨터 기술의 도움으로 개발된 단층촬영 장치는 1979년에 노벨 생리·의학상을 수상하였습니다. 이제 자기공명 단층 촬영법 MRI은 의학적 진단을 목적으로 이미지를 얻기 위한 새로운 양식을 보여 주었습니다. 이 기술은 보다 개선될 수 있는 잠재력을 여전히 갖고 있지만, 지금의 기술만으로도 인간 대부분의 기관을 보고 측정하기에는 충분합니다. 자기공명으로 이미지를 보는 것은 검색과 탐지, 진단과 치료에서부터 질병의 추적 관리까지 전체적인 건강의 체계적 관리에 매우 귀중한 도움이 되고 있습니다.

1949년에 핵자기 공명의 물리적 현상을 처음 밝혀낸 사람은 펠릭스 블록 박사와 에드워드 밀스 퍼셀 박사였습니다. 그분들은 이 발견으로 1952년에 노벨물리학상을 받았습니다. 자기공명은 원자핵들과 라디오 주파수에서 나오는 전자기파들 사이의 자기장에서 일어납니다. 원자핵들은 자기장에서 자기 모멘트를 가지며 그들의 스핀은 자기장의 세기에 따라 달라지고, 자기화의 방향은 자기 모멘트에 따라 달라질 수 있습니다. 이는 핵들이 자기 자신의 회전 주파수와 같은 라디오파의 주파수와 공명할 때에 일어나는 현상입니다. 이와 같은 방법으로 핵들은 자기 모멘트의 방향이 변화될 때, 라디오파를 되돌려 보낼 수 있습니다.

처음에 자기공명은 주로 화학적 화합물의 구조를 연구하기 위한 분광학에서 사용되었습니다. 1970년대 초에 폴 로터버 박사님은 자기장에 변화를 줌으로써 2차원의 이미지를 만들 수 있는 가능성을 발견했습니다. 그는 방출된 라디오파의 특성을 분석하여 그 파의 위치를 결정하였으며, 다른 어떠한 방법으로도 볼 수 없는 이미지를 만들어 냈습니다.

피터 맨스필드 박사님은 자기장의 변화가 가진 훨씬 많은 활용 가능성을 발견하였습니다. 그는 이 유용한 이미지를 만들어 내는 라디오 신호들을 수학적으로 분석하였습니다. 또한 맨스필드 박사님은 자기공명을 이용해 어떻게 이미지를 빠르게 만들어 낼 수 있는지 보여 주었습니다. 이 기술이 임상의학에 적용되기까지는 10년이 걸렸습니다.

비유를 하자면, 자기공명 분광학은 1940년대의 교향곡을 라디오 방송을 통해서 듣는 것과 비슷합니다. 반면에 이미지 기술은 콘서트홀에 앉아서 교향악을 듣는 것과 같습니다. 그냥 듣고 있는 것이 아니라 여러 악기들을 쳐다본다는 것은 우리 몸의 여러 기관들이 어디에 위치하여 어떻게 기능하고 있는지 알아보는 것에 비유됩니다. 그리고 당신이 바이올린의 소리를 들으면, 틀린 음색을 기억해 낼 수 있는 것처럼, 자기공명 이미지를 통해 신체 내 질병 과정을 구분할 수 있습니다.

로터버 교수님, 그리고 맨스필드 교수님.

당신들이 발견한 자기공명 영상 기술은 오늘날 의학에 매우 유용한 이미지 양식 중의 하나로 자리 잡았습니다. 이는 앞으로도 의학 실습과 연구를 위한, 그리고 무엇보다도 환자를 위한 중요한 기술이 될 것입니다.

카롤린스카 연구소 노벨위원회를 대표하여 교수님들에게 따뜻한 축하를 보냅니다. 이제 앞으로 나오셔서 전하께서 수여하시는 노벨상을 받으시기 바랍니다.

카롤린스카 연구소 노벨 생리·의학위원회 한스 린거츠

냄새 수용체와 후각 시스템의 구조에 대한 발견

2004

리처드 액설 | 미국

린다 벅 | 미국

:: **리처드 액설 Richard Axel (1946~)**

미국의 병리학자이자 생화학자. 컬럼비아 대학교에서 공부하였으며, 1970년에 존스 홉킨스대학교에서 의학 박사학위를 취득하였다. 1978년에 컬럼비아 대학교 병리학 및 생화학 교수가 되었다. 1984년부터는 동 대학 하워드 휴스 의학연구소 연구원이 되었다.

:: **린다 B. 벅 Linda B. Buck (1947~)**

미국의 면역학자이자 신경생물학자. 워싱턴 대학교에서 심리학과 미생물학을 공부하였으며, 1980년에 댈러스에 있는 텍사스 대학교 사우스웨스턴 의과대학에서 면역학으로 박사학위를 취득하였다. 1984년부터 1991년까지 컬럼비아 대학교 하워드 휴스 의학연구소 부연구원을 지냈으며, 1991년에 하버드 대학교 신경생물학과 조교수가 되어 2001년에 정교수로 승진하였다.

전하, 그리고 신사 숙녀 여러분.

우리는 주위의 찬란한 색깔들을 보고, 자연의 소리를 들으며, 다양한 냄새를 맡으면서 세상을 경험하고 인식합니다. 사람이 식별할 수 있는 냄새의 종류는 약 10,000여 가지라고 합니다. 노벨의 산레모에 있는 꽃의 향기를 구분할 수 있으며 향료, 그리고 그 외의 다른 향기들도 구별해 낼 수 있습니다. 곧 이어 열릴 만찬에서도 우리는 후각으로 각 요리법의 차이를 구분하고 와인의 질을 평가할 것입니다.

어린 시절에 익숙하던 낚시 배의 오래된 타르 냄새, 또는 넝쿨장미의 냄새 등은 잊고 있던 추억을 기억나게 합니다. 어떤 면에서 후각은 다른 감각에 비해 원초적입니다. 말로 표현할 수 없는, 즉 새로운 냄새를 표현할 마땅한 단어가 없는 경우가 많기 때문입니다.

만일 사람이 후각을 잃게 된다면, 삶의 많은 부분을 잃게 될 것입니다. 인생은 무미건조해질 것이고 음식을 먹어도 맛을 제대로 느끼지 못할 것입니다. 하지만 그렇다고 하더라도 살아가는 데는 아무 문제가 없습니다. 그렇지만 대부분의 동물에게 후각은 생사가 달린 문제입니다. 갓 태어난 강아지는 후각적 신호로 어미를 찾으며 후각 없이는 살아남을 수조차 없습니다.

후각세포는 코 안쪽 깊숙이 높은 곳에 위치하며 이 세포가 뼈의 작은 구멍을 통해 뇌의 후각구상이라는 부분에 감각신호를 보낸다는 것은 잘 알려져 있습니다. 뿐만 아니라 후각신경이 어떻게 작용하는지에 대해서도 우리는 이미 자세히 알고 있습니다. 하지만 후각신경의 작용 기전을 알게 된 것은 오늘 노벨상을 수상하는 리처드 액설 교수님과 린다 벅 교수님의 연구 덕분입니다.

두 분은 쥐를 이용하여 유전자의 3퍼센트 정도가 후각 수용체—냄새 분자들의 도킹 스테이션—를 구성하고 있음을 알게 되었습니다. 이 수용체는 후각신경의 세포막에 위치하며 코로 들어오는 냄새 분자들에 반응합니다. 이 유전자 그룹은 약 1,000여 개의 서로 다른 도킹 스테이션을 만들어 내는데, 각자 정해진 냄새 분자에만 반응하도록 되어 있습니다. 뿐만 아니라 후각세포의 세포벽마다 한 종류의 도킹 스테이션만 존재한다는 사실도 두 분이 밝혔습니다. 이는 곧 쥐가 1,000여 종류의 서로 다른 후각 수용체 세포를 가진다는 것을 의미하며 종류마다 수많은 동일 세포들이 코 점막에 흩어져 있음도 알게 되었습니다.

1,000여 종류의 수용체 세포 혹은 센서를 가진 쥐와 달리, 사람은 일부 유전자가 퇴화됨으로써 이보다 훨씬 적은 350여 종의 센서만을 가지고 있습니다. 때문에 쥐나 개의 후각이 사람보다 더 발달되어 있는 것입니다. 그럼에도 불구하고 사람의 후각 능력만으로도 삶의 질은 크게 높아집니다.

각 수용체 세포는 후각구상의 특정 미세지역에 신호를 보내고, 이 신호는 다시 다음 단계의 신경세포로 전달을 거듭하면서 마침내 후각을 관장하는 대뇌피질에 이르게 됩니다. 이를 보다 전문적인 용어로는 수용체마다 대뇌피질에 이르는 고유 전달경로를 갖고 있다고 표현하며 이 경로를 따라서 수용체의 수많은 아형들이 활성화되는 것을 알 수 있습니다.

냄새 안에는 서로 다른 수용체 세포를 활성화시키는 여러 냄새 분자들이 섞여 있습니다. 그리고 각 냄새 분자들로 활성화된 수용체 세포들은 각자의 신호를 후각구상을 통해 대뇌피질로 전달합니다. 이렇게 전달된 신호가 대뇌피질에서 조합되면서 비로소 하나의 냄새로 인식되는 것입니다. 리처드 액설 교수님과 린다 벅 교수님의 연구로 수많은 냄새를 구별하는 후각능력이 규명되었습니다.

액설 교수님, 그리고 벅 교수님.

카롤린스카 연구소의 노벨 총회를 대표해서 후각계의 기능을 규명하신 두 분께 큰 축하의 말씀을 전합니다. 이제 국왕 전하께서 노벨상을 수여하시겠습니다.

카롤린스카 연구소 노벨 생리·의학위원회 스텐 그릴네르

위염과 위궤양을 일으키는 원인균인 헬리코박터파일로리균의 발견

2005

배리 마셜 | 오스트레일리아

로빈 워런 | 오스트레일리아

:: 배리 제임스 마셜 Barry James Marshall (1951~)

오스트레일리아의 의사이자 미생물학자. 웨스턴 오스트레일리아 대학교를 졸업한하고 1974년에 석사학위를 취득하였다. 이후 1977년부터 1986년까지 로열퍼스 병원에서 일하였다. 버지니아 대학교 연구원 및 교수(1986년~1994년)를 지낸 후, 1996년에 동 대학 내과 연구교수가 되었다. 1997년에 웨스턴 오스트레일리아 대학교의 교수가 되었으며, 2003년부터 동 대학 헬리코박터파일로리 연구소 책임연구원으로 활동하였다. 공동 수상자 J. 로빈 워런이 제안한 헬리코박터파일로리균의 존재를 입증하였다.

:: J. 로빈 워런 J. Robin Warren (1937~)

오스트레일리아의 병리학자. 1961년에 애들레이드 대학교에서 의학 석사학위를 취득한 후, 퀸 엘리자베스 병원에서 레지던트 과정을 이수하였다. 1964년부터 1968년까지 로열 멜버른 병원 임상병리학실과 병리학실에서 일하였으며, 1968년부터 1999년까지 로열퍼스 병원에서 병리학자로 활동하였다. 헬리코박터파일로리균의 존재를 제안하였으며, 이는 공동 수상자 배리 J. 마셜에 의해 입증되었다.

전하, 그리고 신사 숙녀 여러분.

나폴레옹 보나파르트 프랑스 황제는 독살된 것이 아니라 위궤양에서 발전한 위암 때문에 사망했습니다. 작가 제임스 조이스는 자신의 저서 『피네건의 경야』에 대한 반응이 별로 좋지 않아 크게 실망했고 결국 천공성 궤양으로 사망했습니다. 하지만 유명한 사람들만 궤양을 앓는 것은 아닙니다. 궤양은 인류의 가장 흔한 질병들 중의 하나입니다. 궤양은 스트레스와 잘못된 식습관 때문에 생긴다고 오랫동안 알려져 왔습니다. 그러므로 배리 마셜 박사님과 로빈 워런 박사님이 궤양의 병인을 박테리아성 전염이라고 한 혁명적인 주장은 처음에 상당히 회의적이었습니다.

임상병리학자인 로빈 워런 박사님은 위 내시경 검사를 마친 많은 환자의 위조직 표본에서 나선형 박테리아를 발견했습니다. 이 박테리아는 위의 상피세포와 결합하여 두꺼운 점액층의 도움을 받고 있었기 때문에 염산의 공격에도 많은 양이 위 조직에 존재하고 있었습니다. 워런 박사님은 환자들의 점막에서 항상 염증의 흔적를 관찰할 수 있었으며, 이로 인해 나선형 박테리아가 위염을 일으킨 것이라고 주장하였습니다.

배리 마샬 박사님은 워런 박사님의 발견을 흥미롭게 생각하고, 그 박테리아들을 배양하기로 했습니다. 하지만 모두 실패하고 말았습니다. 그러다가 1982년 부활절 휴일을 보내는 동안 실수로 배양기에 넣어 두었던 한천 접시에서 워런 박사님이 관찰한 것과 동일한 박테리아가 콜로니를 형성한 것을 관찰하였습니다. 박사님은 곧 이것이 지금까지 전혀 알지 못했던 새로운 박테리아라는 사실을 알아냈습니다. 그리고 헬리코박터파일로리라고 명명하였습니다.

마셜 박사님과 워런 박사님은 이에 관한 임상연구도 실시하였습니다. 그 결과, 위 또는 십이지장 궤양을 앓고 있는 대부분의 환자들의 위에서 헬리코박터파일로리균이 발견되었으며, 이 균이 점막에 염증을 일으킨다는 것도 알게 되었습니다.

마셜 박사님은 분리된 박테리아가 질병의 원인이라는 것을 증명하기 위해 노력했습니다. 박사님은 분리된 전염성의 병원체가 실험동물에서도 작용하여 인간과 동일한 질병을 일으키는 것을 증명하려 했지만 적당한 실험동물을 찾을 수 없었습니다. 결국 그는 스스로 헬리코박터가 포함된 박테리아 배양균을 직접 마시기로 결정하였고, 심한 위염을 앓게 되었습니다.

헬리코박터균과 궤양의 관계가 분명해지기 전까지 이 질병은 빈번히 재발하는 만성적인 질병이었습니다. 하지만 마셜 박사님과 워런 박사님은 항생제를 사용해 위에서 헬리코박터균을 제거하면 이 질병을 완전히 치료할 수 있다는 사실을 알아냈습니다.

이제 우리는 궤양의 원인이 대부분 헬리코박터균이라는 사실을 잘 알고 있습니다. 위 전체에서 일어나는 만성적인 전염은 위암의 위험성을 증가시킵니다. 일반적으로 사람들은 어린 시절에 이 균에 전염되어 평생 동안 이 균을 갖고 살아갑니다. 인류의 절반이 이 균에 전염되어 있지만, 운 좋게도 대부분의 사람은 아무런 증상을 나타내지 않습니다. 헬리코박터 파일로리는 오직 인간의 위에서만 살아가는 박테리아입니다. 박테리아가 인간을 숙주로 살아간다는 점을 고려할 때, 궤양이나 암, 그리고 이로 인한 죽음은 이들의 장기적이며 조화로운 관계가 실패했기 때문이라고 생각할 수 있습니다.

배리 마셜 박사님, 그리고 로빈 워런 박사님.

박사님들께서는 인류에게 가장 흔하고 그래서 중요한 질병 가운데 하나인 위궤양의 원인 박테리아를 발견하였습니다. 이 발견으로 인해 만성적인 위궤양에 시달리는 수백만 환자들이 항생제를 처방받고 완전히 치료되었습니다. 또한 박사님들의 발견은 만성적인 감염과 암의 관계에 관한 연구를 전 세계적으로 촉진하였습니다. 카롤린스카 연구소의 노벨위원회를 대표하여 교수님들에게 따뜻한 축하를 보내드립니다. 이제 앞으로 나오셔서 전하께서 수여하시는 노벨상을 받으시기 바랍니다.

카롤린스카 연구소 노벨 생리·의학위원회 스타판 노르막

이중나선 RNA에 의한 RNA 간섭현상 발견

2006

앤드루 파이어 | 미국

크레이그 멜로 | 미국

:: 앤드루 재커 파이어 Andrew Zachary Fire (1959~)

미국의 병리학자. 1983년에 매사추세츠 공과대학에서 생물학으로 박사학위를 취득하였으며, 1989년에 미국 존스홉킨스 대학교 생물학과 조교수가 되었다. 2003년부터 스탠퍼드 대학교 병리학과 교수로 재직하였다. 유전정보 조절 원리인 RNA 간섭현상을 발견함으로써 생명 현상에 대한 새로운 관점을 제시하였으며, 의학 분야의 발달에도 기여하였다.

:: 크레이그 캐머런 멜로 Craig Cameron Mello (1960~)

미국의 분자생물학자. 브라운 대학교에서 공부하였으며, 1990년에 하버드 대학교에서 박사학위를 취득한 후, 프레드 허치슨 암 연구소에서 박사후과정을 이수하였다. 1994년부터 매사추세츠 대학교 분자생물학과 교수로 재직하였다. 유전정보 조절 원리인 RNA 간섭현상을 발견함으로써 생명 현상에 대한 새로운 관점을 제시하였으며, 의학 분야의 발달에도 기여하였다.

전하, 그리고 신사 숙녀 여러분.

우리는 이른바 정보사회에서 살고 있습니다. 뉴스 매체와 인터넷으로 우리는 끊임없이 정보의 흐름을 접하고 있습니다. 따라서 현대사회를 살아가는 우리에게 수많은 정보의 우선순위를 매기고 선택하는 것은 필수적인 일이 되었습니다.

수많은 정보 중에 인간이 어떻게 형성되었는가 하는 것은 우리에게 무엇보다도 중요한 정보입니다. 우리는 이 과정을 연구하면서 줄기세포에서 신경세포, 혈액세포, 그리고 근육세포 등이 분화되어 나왔다는 것을 알게 되었습니다. 각각의 기관들이 어떻게 발달되었는지, 상처나 감염에는 어떻게 대처할 수 있는지에 대해서도 알게 되었습니다. 이 모든 정보들은 바로 우리의 유전자에 저장되어 있습니다. 세포들은 이 정보를 끊임없이 이용하며 각자의 기능을 제대로 수행합니다. 즉 유전정보에 의해 신경세포는 신경세포의 기능을, 근육세포는 근육세포의 기능을 수행하는 것입니다.

인간의 형성 과정이 신체 내 각각의 세포 안에 저장되어 있다는 것은 정말 놀라운 일입니다. 이 과정을 하나의 책에 비유한다면, 무엇보다도 중요한 것은, 근육세포는 근육에 관련된 장만을 정확하게 읽어내야 한다는 것, 그럼으로써 신경세포로 잘못 분화되는 일은 없어야 한다는 것입니다. 이와 같이 유전자를 읽는 방법을 이해하는 것, 그것이 50여 년 전, 왓슨 박사와 크릭 박사가 유전자를 발견한 이래 생명과학의 가장 중요한 목표였습니다.

유전정보가 DNA로부터 전령 RNA로 복제되어 단백질이 생성되고, 이 단백질이 생명 현상에서 중요한 역할을 한다는 것은 얼마 지나지 않아 밝혀졌습니다. 때문에 DNA로부터 RNA를 거쳐 단백질로 흘러가는 유전정보를 조절할 수만 있다면 의학과 생물학에 획기적인 수단이 될 것이라는 것은 너무나도 분명했습니다.

15년 전에 우리는 실질적인 목적으로 유전정보를 활용할 수 있을 만큼 유전정보에 대해서 충분히 알고 있다고 생각했습니다. 그러나 기대했던 결과는 얻을 수 없었습니다. 실험동물에서 유전자 발현을 억제하려 했던 시도들은 아무 효과가 없었으며, 꽃의 색깔을 개량하고자 했던 시도들은 오히려 색깔을 없애 버리는 결과를 낳았습니다. 과학자들은 혼란에 빠졌습니다. DNA로부터 단백질로 정보가 전해지는 과정에 우리가 지금까지 알지 못했던 어떤 조절 단계가 있는 것일까요?

2006년도 노벨상 수상자이신 앤드루 파이어 박사님과 크레이크 멜로 박사님은 바로 이 수수께끼를 풀어냈습니다. 두 분은 RNA가 이 문제의 해법이라고 생각했습니다. 그리고 이를 꼬마선충을 대상으로 실험하였습니다.

파이어 박사님과 멜로 박사님은 이 벌레에 여러 형태의 RNA를 주입했습니다. 하지만 아무 일도 일어나지 않았습니다. 그들은 여기서 멈추지 않고 두 개의 RNA 분자를 섞어서 다시 주입해 보기로 했습니다. 하나는 전령 RNA였고 다른 하나는 그 RNA의 거울상이었습니다. 시험관에서 이 두 RNA 분자는 서로 결합하여 이중나선을 형성하였습니다. 그리고 이 이중나선 RNA를 꼬마선충에 주입하자 마침내 유전자 발현이 억제되는 것을 관찰할 수 있었습니다. 파이어 박사님과 멜로 박사님은 유전정보의 흐름을 조절하는 새로운 기전을 발견한 것입니다.

1998년도 논문에서 앤드루 파이어 박사님과 크레이그 멜로 박사님은 이중나선 RNA에 의해 유전자 발현이 억제될 때 활성화되는 효소들을 밝힘으로써 그 메커니즘 또한 규명하였습니다. 그리고 이 RNA 분자가 가진 유전정보에 따라 어떤 유전자가 억제되는지 결정된다고 하였습니다. 오늘날, 우리는 이 현상을 RNA 간섭현상이라고 부릅니다.

세포들이 이 RNA 간섭현상에 의해 수천 개의 유전자를 조절하고 있음이 후속 연구로 속속 밝혀졌습니다. 유전자 발현은 RNA 간섭현상으로 아주 정밀하게 조절되며, 이로 인해 각 세포들은 그들의 유전자를 정확하게 이용하여 단백질을 생성할 수 있게 됩니다. 이제 우리는 RNA 간섭현상이 바이러스와 점프 유전자로부터 우리를 보호해주고 있다는 것도 알게 되었습니다. RNA 간섭현상을 이용하여 실험실에서 유전자를 조절할 수 있게 된 것입니다. 그리고 이는 곧 의학 분야에도 적용될 수 있을 것입니다.

파이어 교수님 그리고 멜로 교수님.

두 분이 발견하신 RNA 간섭현상은 이제 새로운 유전정보 조절 원리로서 자리 잡았습니다. 우리는 새로운 차원에서 생명 현상을 이해하게 되었고 의학에 새로운 기술을 제공할 수 있게 되었습니다. 카롤린스카 연구소의 노벨위원회를 대표하여 두 분께 따뜻한 축하 말씀을 전합니다. 이제 앞으로 나오셔서 전하로부터 노벨상을 받으시기 바랍니다.

카롤린스카 연구소 노벨 생리·의학위원회 위원장 괴란 한손

배아줄기세포를 이용하여 특정 유전자를 생쥐에 주입하는 원리 발견

2007

마리오 카페키 | 미국

마틴 에반스 | 영국

올리버 스미시스 | 미국

:: 마리오 R. 카페키Mario R. Capecchi (1937~)

이탈리아의 생물학자. 이탈리아 베로나에서 태어나 제2차 세계대전이 끝난 후, 미국으로 이주하여 안티오크 대학교를 졸업하고, DNA 이중나선구조를 밝혀낸 제임스 왓슨의 지도 아래 1967년 하버드 대학교에서 박사학위를 취득하였다. 1980년부터 인간에게서 선천성 기형이 나타나는 원인과 질병 치료를 연구하기 위해 쥐를 이용한 유전자 적중 기술을 개발하기 시작했고, 이를 통해 각종 유전성 질환의 치료법을 찾는 데 기여하였다.

:: 마틴 J. 에반스Martin J. Evans (1941~)

영국의 생물학자. 1963년 케임브리지 대학교를 졸업하고, 1969년에 런던 정경대학교에서 박사학위를 취득하였다. 영국 《선데이 타임즈》로부터 "줄기세포의 대부"라는 별명을 얻었으며, 1981년 세계 최초로 쥐의 배아줄기세포를 확립한 이후 그는 미국인 과학자들과 함께 유전자 재조합 공동 연구를 추진하여 2001년 레스커 상을 받았고, 2003년에는 영국 왕실로부터 기사 작위를 수여받았다. 현재 영국 카디프 대학교 포유류유전학과 교수이다.

:: **올리버 스미시스 Oliver Smithies (1925~2017)**

미국계 영국의 유전학자. 캐나다 토론토 대학교의 코너트 의료연구소를 거쳐, 1960년에서 1988년가지 위스콘신 매디슨 대학교 유전학 교수로 있었다. 유전자 적중 기술을 이용해 유전질환으로 분류되는 낭포성섬유증과 지중해성빈혈, 고혈압, 동맥경화증 연구용 쥐를 만들어낸 공로를 세웠다 .현재 미국 노스캐롤라이나 대학교 병리학 교수로 재직 중이다.

전하, 그리고 신사 숙녀 여러분.

올해의 노벨 생리·의학상은 유전자의 역할을 규명하는 새롭고 효과적인 방법을 개발해 유전자 이해에 공헌하신 세 분의 연구자들에게 돌아갔습니다. DNA 암호에 의해 정보를 전달하는 인간의 유전자는 2001년에 처음으로 모두 다 읽혀졌습니다. 그러나 유전자의 암호를 읽어낸 것과 그 유전자 기능의 중요성을 이해하는 것은 별개입니다.

유전자의 역할을 연구하기 위해서 우리는 특정한 방법을 사용하여 유전자를 변형시키고 변화를 관찰합니다. 이와 같은 실험과 관찰에 의한 연구방법은 어린아이들이 단어의 의미를 배워 나가는 과정과 비슷합니다. 어린 아이들은 복잡한 문장에 단어를 넣어 보기도 하고 빼보기도 하면서 주변 사람들의 반응에 따라 그 단어의 의미를 추측합니다. 예를 들어, 어린 아이가 새로운 단어를 말할 때, 만일 부모가 "부끄러운 줄 알아야지. 다시는 그렇게 말하면 안돼"라고 대답한다면, 아이는 이 단어를 매우 조심스럽게 사용해야 한다는 것을 알게 됩니다.

물론, 유전자 언어에 대한 이와 같은 실험은 비록 원리는 비슷하다 해도 매우 복잡합니다. 우리는 22,000개 이상의 유전자를 가지고 있으며, 이 유전자들은 30억 개나 되는 DNA 문자로 이루어져 있습니다. 따라서 특정 유전자를 변형시킨다는 것은 스웨덴 국립 대백과사전 보다 30배나 더 많은 자료에서 오류를 찾아내 교정하는 것에 비유할 수 있을 만큼 어려운 일입니다. 하지만 최근에는 컴퓨터와 워드프로세서 프로그램의 도움으로 이런 것들이 더 이상 큰 문제가 되지 않습니다. 그저 어떤 문장을 제거하고 무엇을 넣을 것인지를 결정하기만 하면, 컴퓨터가 적당한 곳을 찾아 넣어 줄 수 있게 되었습니다.

1980년대 전반기에 마리오 카페키 교수님과 올리버 스미시스 교수님은 이와 유사한 획기적인 실험을 수행하였습니다. 두 분은 각자의 독립적인 연구를 통해, 정상 유전자와 비슷하면서도 결정적으로 다른 부분을 가진 DNA 분자를 전체 게놈에서 정확한 위치에 삽입하는 방법을 발견하였습니다.

이로 인해, 배양된 각각의 세포에 변형시킨 목표 유전자를 넣는 것이 가능해졌습니다. 하지만 한 가지 중요한 문제점이 남아 있었습니다. 우리 몸의 모든 세포가 완전한 유전체genome를 가지고 있기 때문에, 특정 유전자의 실질적인 기능을 완전하게 이해하려면, 우리 몸의 모든 세포에서 동일한 유전자 변형을 일으켜야 했습니다. 하나의 세포 안에 들어 있는 목표 유전자를 변형시키는 것을 건초더미에서 바늘 한 개를 찾는 것에 비유한다면, 모든 세포에서 유전자를 변형시키는 것은 마치 수천억 개의 건초더미에서 한 개의 바늘을 찾는 것과 같을 것입니다.

마틴 에반스 교수님은 배아줄기세포를 발견함으로써 이 문제를 해결하였습니다. 초기 단계의 배아로부터 얻어 시험관에서 배양한 배아줄기세포는 수정란 세포와 마찬가지로, 신체의 모든 종류의 세포로 분화될 수 있는 세포입니다. 따라서 변형된 특정 유전자를 포함한 모든 유전자를 다음 세대에 전달할 수 있게 됩니다.

그러나 유전을 조작하는 것, 즉 목표 유전자의 변형을 일으켜 다음 세대로 전달하는 것은 인간에게 적용할 수 없으며, 해서도 안 될 뿐만 아니라, 허용되지도 않는 일입니다. 따라서 우리는 인간의 유전자와 매우 유사한 유전자를 가지고 있는 생쥐에 이것을 적용하고 있습니다. 하지만 이 경우에도 동물실험에 대한 허용된 기준과 윤리 원칙을 따르는 것이 매우 중요합니다. 그렇게 함으로써 인류에 기대되는 이익과 더불어 실험에 사용된 동물의 수나 동물에 가해지는 고통 또한 고려할 수 있기 때문입니다. 변형된 목표 유전자를 가지고 있는 생쥐의 유용성은 아무리 강조해도 지나치지 않습니다. 특정 유전자의 기능을 없앤 "녹아웃 생쥐 Knockout mice"는 이미 수천 개의 유전자의 역할을 규명하는 데 중요하게 이용되었으며, 오늘날 인류의 주요 질병들을 치료하는 신약 개발에 실질적으로 활용되고 있습니다. 그러므로 2007년 노벨 생리·의학상을 수상하시는 세 분의 업적은 정말로 대단한 것입니다.

카페키, 에반스, 스미시스 교수님. 1980년대 초에는, 특정 유전자를 정확하게 변형시킨 생쥐를 만드는 방법에 대한 교수님의 아이디어에 회의적이었습니다. 1990년대 초기에도 유전자 적중gene-targeted 생쥐에 대한 성공적인 연구 결과가 보고되었지만 여전히 하나의 일화로 치부될 뿐이었습니다. 하지만 이제 우리는 마음만 먹으면 모든 포유동물에 대해 유전자의 생리적인 기능을 알 수 있는 방법을 갖게 되었습니다. 그 어떤 것도 여러분의 업적만큼 현대 의학에 큰 영향을 준 것은 없을 것입니다.

카롤린스카 노벨위원회를 대신하여 이 세 분께 따뜻한 축하의 말씀을 드립니다. 이제 앞으로 나오셔서 국왕 전하로부터 올해의 노벨 생리·의학상을 받으시기 바랍니다.

카롤린스카 연구소 노벨 생리·의학위원회 크리스터 베숄츠

자궁경부암 유발 인유두종 바이러스의 발견 | 추어하우젠
인간면역결핍 바이러스의 발견 | 바레-시누시, 몽타니에

2008

하랄트 추어하우젠 | 독일

프랑수아 바레-시누시 | 프랑스

뤽 몽타니에 | 프랑스

:: 하랄트 추어하우젠Harald zur Hausen (1936~2023)

독일의 바이러스 학자. 1960년 뒤셀도르프 대학교에서 의학 박사학위를 취득하였으며, 필라델피아 아동병원 바이러스연구소, 뷔르츠부르크 대학교, 프라이부르크 대학교 등에서 활동하였다. 1970년대 후반 성교를 통하여 자궁 안에 들어와 기생하는 인체유두종바이러스(HPV)를 세계 최초로 발견하였다.

:: 프랑수아 바레-시누시Françoise Barré-Sinoussi (1947~)

프랑스의 바이러스 학자. 1975년 파스퇴르 연구소와 프랑스 과학대학교에서 박사학위를 받은 뒤로 지금까지 그곳에서 연구활동을 이어오고 있다. 1983년 몽타니에와 함께 환자 혈액에서 인간면역결핍 바이러스를 처음 분리하는 데 성공하였다.

:: 뤽 몽타니에Luc Montagnier (1932~2022)

프랑스의 바이러스 학자. 1983년 바레-시누시와 함께 환자 혈액에서 인간면역결핍 바이러스를 처음 분리하는 데 성공하였다. 파리 대학에서 바이러스학으로 박사학위를 받았으며 현재 이곳 명예교수이자 세계에이즈예방연구재단에서 연구 중이다.

전하, 그리고 신사 숙녀 여러분.

올해의 노벨 생리·의학상을 수상하는 연구는 전 세계적으로 심각한 질병을 일으키고 있는 두 가지 바이러스에 대한 것입니다.

인류의 역사는 흑사병, 콜레라, 결핵, 천연두, 홍역, 독감과 같은 유행성 전염병에 의해 큰 영향을 받았습니다. 이 전염병들은 인류의 문화를 몰락의 위기로 몰고 갔습니다. 바이러스의 전염은 국경도 없었으며, 초기에 감염되었던 사람들에게는 치명적인 결과를 가져왔습니다. 그렇기 때문에 새로운 전염병이 생길 때마다 그 병이 얼마나 퍼져 나갈지 알 수 없었기 때문에 불안과 공포에 떨어야만 했습니다. 최선의 해결책은 이들 질병을 야기하는 원인 바이러스에 대한 기초 지식의 축적이라고 할 수 있습니다.

올해의 노벨상을 수여받는 한 분야는 하랄트 추어하우젠 박사님이 연구하신 자궁경부암을 유발시키는 바이러스에 관한 것입니다. 자궁경부암은 전 세계 여성에게서 두 번째로 흔하게 나타나는 암으로, 매년 50만 명 정도가 이 병에 걸리고 있습니다. 추어하우젠 박사님이 맨 처음 인유두종 바이러스, 즉 사마귀를 일으키는 것으로 알려져 있던 이 바이러스가 자궁경부암을 일으킨다고 했을 때 많은 사람들은 믿지 않았습니다. 하지만 그는 이 바이러스가 무언가 특별한 형태로 존재하면서 암세포를 유발한다고 추측하였습니다. 그리고 마침내 바이러스가 아닌 바이러스 유전자가 자궁경부세포의 유전자에 삽입되고 시간이 경과하면서 암을 유발시킨다는 것을 밝혀내게 되었습니다.

이 바이러스를 배양하는 것은 불가능한 일이었습니다. 그러나 추어하우젠 박사님은 사마귀 바이러스에서 얻은 단사 DNA의 작은 조각을 이용하여 자신의 가설을 증명하였습니다. 그는 이 작은 DNA 조각들을 바이러스 DNA의 복제를 유도하는 데 이용하였습니다. 처음에는 성기사마귀로부터 바이러스 DNA 복제를 유도하였고, 나중에는 자궁경부암세포를 이용하였습니다. 10년 이상 꾸준히 연구한 결과, 그는 인유두종 바이러스의 다른 형태를 분리하는 데 성공하였으며, 자궁경부암의 70% 정도가 이 바이러스에 의한 것임을 밝혔습니다. 바이러스 유전자는 모든 암세포의 DNA에 존재하고 있었으며, 이로써 세포가 무제한적으로 증식하도록 세포를 조작하는 것입니다.

이와 같은 발견은 다시 백신 개발로 이어졌으며, 바이러스 감염의 위험에 처해 있는 많은 여성들을 보호할 수 있게 되었습니다.

올해의 노벨상을 받게 되는 또 다른 한 분야는 인간면역결핍 바이러스(HIV)에 관한 연구입니다. 1981년, 젊고 건강했던 사람들이 폐렴이나 생소한 암에 의해 사망했다는 보고서가 다수 발견되기 시작했습니다. 이것은 새로운 전염병의 시작이었으며 이전까지의 전염병과는 전혀 다른 불가사의한 것이었습니다. 이는 인류가 새로운 항생제, 백신, 위생 상태와 생활환경의 개선 등으로, 주요한 전염성 질병들을 어느 정도 극복했다고 생각했던 시기부터 시작되었습니다. 심지어는 전염성 질병을 통제해 오던 많은 기관들은 이제 문을 닫을 것이라고까지 생각하기도 했었습니다. 그러나 AIDS에 관련하여 이전과는 전혀 다른 새로운 걱정과 근심거리로써 전 세계의 많은 나라로 퍼져 나가게 되었습니다.

프랑수아 바레-시누시 박사님과 뤽 몽타니에 박사님은 AIDS가 잘 알려지지 않은 레트로바이러스의 일종에 의해 유발된다고 생각했습니다. 이 바이러스는 동물 세계에서 비롯된 종양바이러스의 일종으로, 최근에는 인간에게서도 발견되기 시작했습니다. 그러나 어떻게 1만 분의 1mm의 크기를 가진 하나의 바이러스가 이 질병의 수많은 증상들을 일으킬 수 있는지는 도무지 알 수 없었습니다.

바레-시누시 박사님과 몽타니에 박사님은 최근 환자의 림프절에서 HIV를 발견하였습니다. 이 바이러스는 백혈구에서 다량 발견되었으며 감염된 세포는 결국 죽게 되는데, 백혈구는 AIDS 환자들에게 결핍되어 있는 세포였습니다. HIV는 마치 카멜레온 같아서 환자마다 독특한 변형 바이러스를 갖고 있었으며, 숙주세포의 유전자에 끼어 들어가 숨을 수 있었습니다. 바레-시누시 박사님과 몽타니에 박사님의 발견은 이 병의 진행 상황과 전염성을 밝혀 주었으며, 이로 인해 HIV와 AIDS의 연관성을 확인시켜 주었습니다. 감염된 사람들과 감염된 혈액제재들을 찾아내는 방법도 개발되었습니다. HIV/AIDS 환자들은 항-레트로바이러스 치료제를 빨리 처방받을 수 있게 되어 이 질병을 어느 정도 통제할 수 있게 되었습니다. 전 세계적으로 6000만 명 정도가 HIV에 감염되었고, 2500만 명 정도가 AIDS로 사망하였습니다. 항-레트로바이러스 치료제를 처방받는 사람은 점점 증가하고 있으며, 개발도상국에도 그 혜택이 늘어나고 있습니다. 또 한 가지 고무적인 일은 처음 이 질병이 시작된 나라에서 젊은 사람들의 감염률이 점차 낮아지고 있다는 것입니다. 그러나 가장 좋은 HIV/AIDS 예방법은 지속적인 관심을 갖는 것입니다.

카롤린스카 연구소 노벨 총회를 대표해서 수상자들께 깊은 존경심과 진심 어린 축하 메시지를 전해드리게 되어 대단히 기쁩니다. 이제 앞으로 나오셔서 전하로부터 노벨상을 받으시기 바랍니다.

카롤린스카 연구소 노벨 생리·의학위원회 얀 안데르손

텔로미어와 텔로머라제 효소의 염색체 보호 기전의 발견

2009

엘리자베스 블랙번 | 미국

캐럴 그라이더 | 미국

잭 조스택 | 미국

:: 엘리자베스 H. 블랙번Elizabeth H. Blackburn (1948~)

미국의 생물학자. 오스트레일리아 출신으로 1975년 케임브리지 대학교에서 박사학위를 취득하였고, 1978년부터 캘리포니아 대학교 버클리 캠퍼스와 샌프랜시스코 캠퍼스에서 교수로 근무하였다. 2001년 조지 부시 정부에서 대통령 생명윤리자문위원회 위원으로 위촉되었으나 줄기세포 연구에 반발하여 2004년 해임되기도 했다. 2007년 《타임Time》 '세계에서 가장 영향력 있는 100인' 가운데 한 사람으로 선정되었다.

:: 캐럴 W. 그라이더Carol W. Greider (1961~)

미국의 분자생물학자. 1987년 캘리포니아 대학교 버클리 캠퍼스에서 박사학위를 취득하였고, 지도교수인 엘리자베스 블랙번과 함께 세포 분열시 염색체가 보호되는 기전에 대한 연구를 진행하는 과정에서 말단소립 복제효소를 발견하였다. 현재 존스홉킨스 대학교 분자생물학 및 유전학 교수로 재직 중이고, 미국 국립과학원 원장을 역임하였다.

:: 잭 W. 조스택Jack W. Szostak (1952~)

미국의 생물학자. 영국 출신으로, 런던에서 태어나 캐나다 맥길 대학교를 거쳐 1977년 미국 코넬 대학교에서 박사학위를 취득하였다. 1979년에 하버드 대학교 교수가 되어 1988

년에 종신교수가 되었다. 현재 매사추세츠 종합병원의 유전학 교수를 겸임하면서 하워드휴스 의학연구소에도 관여하고 있다. 세포에 대한 이해를 한 차원 높였을 뿐 아니라 질병 발생 메커니즘에 대한 이해를 돕고 노화(老化)와 암 등의 질병에 대한 새로운 치료법 개발을 촉진하였다는 평가를 받는다.

전하, 그리고 신사 숙녀 여러분.

모든 인간의 탄생은 단 한 개의 수정란이 반복적인 세포분열을 거듭하여 수많은 종류의 세포와 조직을 만듦으로써 이루어집니다. 각각의 세포는 유전물질에 들어 있는 유전자 지도가 완벽하게 복제된 후에 세포분열을 합니다. 따라서 분열된 각각의 세포는 완벽한 유전자 지도를 지니게 됩니다.

20세기 중반 무렵에, 유전자 정보는 세포의 핵 안에 DNA 가닥으로 이루어져 있음이 밝혀졌습니다. 사람에게는 이 DNA 가닥이 46개의 염색체 안에 들어 있습니다. 이전 노벨상 수상자이신 허먼 멀러 박사님(1946년 수상)과 바버라 매클린턱(1983년 수상) 박사님께서는 멀러 박사님이 텔로미어라고 명명하셨던 염색체의 끝부분은 다른 부분들과 달리 특이하고 매우 안정하다는 것을 알았습니다. 하지만 풀리지 않는 의문점은 "텔로미어의 유전자 구조가 왜 다른 부분과 특이하게 다르며, 이것들의 실질적인 기능은 무엇일까?" 하는 점이었습니다.

또 다른 의문점은 "텔로미어가 어떻게 유전자를 완벽하게 복제하는가?"입니다. 1970년대 후반에 알려진 정보에 따르면 염색체의 DNA는 세포분열이 일어날 때마다 더 짧아져야 하는데, 실제로는 그렇게 되지 않았습니다.

이 텔로미어의 기능에 관한 첫 번째 질문의 답은 1980년에 엘리자베스 블랙번 교수님과 잭 조스택 교수님께서 과학학술회의에서 만난 후 이어진 공동 연구의 결과로 해결되었습니다. 이 분들의 뛰어난 연구 결과로 말미암아, 섬모성 단일세포의 원생동물인 테트라하이메나 *Tetrahymena theromophila*의 텔로미어 DNA는 이것과는 완전히 다른 종인 효모의 염색체를 안정화시켜 보호하는 것을 확인하였습니다. 또한 효모세포 그 자체에서도 염색체를 보호하는 기능을 나타내는 DNA 배열이 있음을 알게 되었습니다. 오늘날에 와서는 텔로미어의 유전자 보호 기능이 진화 과정을 거치는 동안에도 잘 보존되어 인류를 포함하는 모든 고등동물에서도 유지되고 있음을 잘 알게 되었습니다.

두 번째 질문인 텔로미어 DNA는 어떻게 형성되며 세포가 분열할 때마다 왜 짧아지지 않는가에 대해서는 엘리자베스 블랙번 교수님과 캐럴 그라이더 교수님께서 텔로미어 DNA를 만들어 내는 효소를 발견함으로써 훌륭한 답을 제시해 주셨습니다. 이 효소의 존재를 처음 증명한 것이 1984년 크리스마스였고, 이건 정말 멋진 선물이었습니다. 텔로머라제라는 이름이 이 효소에 붙여졌습니다. 이 효소는 두 부분으로 즉, 효소활성을 지닌 단백질 부분과 새로운 텔로미어 DNA을 만드는 주형template으로 이용되는 RNA 부분으로 구성되어 있으므로 그 구조가 매우 독특하다는 것을 알게 되었습니다.

텔로미어와 텔로머라제에 대한 지식의 이해 덕분에 우리는 의학적으로 중요한 통찰력을 갖게 되었으며, 이를 통해 여러 분야에 폭넓게 적용할 수 있는 길이 열렸습니다.

어떤 희귀한 선천성 질병은 돌연변이에 의하여 텔로머라제의 기능이 손상되어 나타납니다. 이러한 질병들은 골수의 이상으로 인하여 결과적으로는 혈액세포의 생성이 감소하게 되며, 이제는 이 질병에 대하여 확실한 진단이 가능하게 되었습니다.

텔로미어가 유지되지 않는다면 세포는 결국 살 수가 없습니다. 이렇게 텔로미어가 짧아지는 현상은 노화 과정에 영향을 미치는 여러 가지 요소 중의 하나입니다. 이와는 대조적으로, 암세포는 무한대로 분열하며, 거의 모든 암세포들은 텔로머라제가 활성화되어 있습니다. 따라서 텔로머라제에 작용하는 신약들을 개발하여 암을 치료할 수 있다는 희망이 생겼으며, 많은 임상적인 시도들이 진행되고 있습니다.

세 분 교수님들의 연구에 대한 호기심과 간단한 원생동물 모델을 사용함으로써 유전자의 안정성을 유지하는 텔로미어 및 텔로머라제의 중요한 역할이 밝혀졌습니다. 이러한 연구의 업적은 인체의 생물학과 질병의 기전을 이해하는 데 근본적인 해결책을 제시해 주었습니다.

블랙번 교수님, 그라이더 교수님, 조스택 교수님.

세 분께서는 반복적으로 배열된 텔로미어 유전자의 기능이 어떻게 염색체와 유전자의 안정성을 유지하며, 텔로머라제가 어떻게 텔로미어 DNA를 합성하는지를 발견하셨습니다. 그리하여 세 분께서는 생물학 분야의 오랜 의문점을 해결하셨을 뿐만 아니라, 질병기전의 이해와 텔로머라제에 작용하는 새로운 치료제의 개발에 대한 희망을 주셨습니다.

오늘이 바로 100번째 노벨 생리·의학상을 수여하는 날입니다. 카롤린스카 연구소 노벨 생리·의학위원회를 대표하여 따뜻한 축하의 말씀을 드립니다. 이제 앞으로 나오셔서 전하께서 수여하시는 노벨상을 받으시기 바랍니다.

카롤린스카 연구소 노벨 생리·의학위원회 루네 토프트가르트

체외수정 기술의 개발

2010

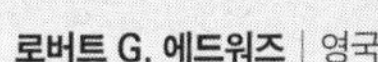

로버트 G. 에드워즈 | 영국

:: **로버트 G. 에드워즈Robert G. Edwards (1925~2013)**

영국의 생리학자. 영국 요크셔에서 태어나 웨일즈 대학교에서 농학을 전공했다. 이후 1955년 에딘버러 대학교에서 동물유전학으로 박사학위를 받았고, 1963년부터 케임브리지 대학교에서 교수로 재직했다. 1960년대부터 인간 수정을 연구하여, 생식학과 관련한 주요한 원리를 발견하고 시험관 수정 기술을 확립하여 생식의학의 전설로 불린다. 100번 이상의 실패를 극복하고 1978년 최초의 시험관 아기를 탄생시켰다. 그가 개발한 체외수정 기술 덕에 전 세계 10퍼센트 이상의 불임부부가 아이를 얻게 되었다.

전하, 그리고 신사 숙녀 여러분.

2010년 노벨 생리 · 의학상은 우리 시대의 위대한 의학 업적 중 하나인 체외수정(시험관 수정) 기술로 선정되었습니다. 이 기적과도 같은 기술 덕에 수많은 불임 부부가 아이를 갖게 되었습니다.

불임을 과학적으로 해결한 이 기술 뒤에는 영국의 연구자 로버트 에드워즈 박사가 있습니다. 에드워즈 박사님은 생식생물학reproductive biology에 관한 기초적인 연구를 통해 인류의 10퍼센트 이상이 겪고 있는 불임을 해결할 가능성을 보았습니다.

불임은 흔히 정자와 난자가 자연스러운 수정에 실패함으로써 비롯됩니다. 1960년대 초, 에드워즈 박사는 체외에서 정자와 난자를 수정시킨 후에 여성의 몸에 수정란을 넣어주는 방법을 고안하였습니다. 이 이상적인 연구 계획은 생명의 시작과 인간 본성의 한계에 관한 논쟁으로 인해 계획 초기부터 저항에 부딪혔습니다. 이에 에드워즈 박사는 체외수정에 관한 윤리적 토론을 먼저 시작함으로써 이 기술을 점차 받아들일 수 있도록 하였습니다.

체외수정을 실현시키기까지 에드워즈 박사는 수많은 과학적 문제점을 체계적으로 해결했습니다. 1960년대에는 체외에서 인간의 난자를 성숙시키는 과정과 이에 관여하는 다양한 호르몬을 밝히는 데 주력했습니다. 그 결과 에드워즈 박사와 그의 동료들은 1969년에 마침내 인간 난자를 체외에서 수정시키는 데 성공하였습니다. 이는 혁명적인 발견입니다.

그 후, 에드워즈 박사는 산부인과 전문 임상의와 함께 기초 과학적인 통찰이 임상의학적인 치료로 이어질 수 있도록 노력하였습니다. 그들은 난자를 체외수정 시킨 후, 초기 배아 단계로 만드는 데까지 성공하였습니다. 그러나 가장 중요한 문제점은 체외수정 후에 이를 임신과 출산으로까지 이끌어내는 것이었습니다.

수년 동안의 실험 끝에 이 또한 해결되었습니다. 그리고 마침내 1978년 7월 25일, 체외수정을 통해 임신된 첫 아기인 루이스 조이 브라운Louise Joy Brown이 태어났습니다. 체외수정은 이제 불임을 치료하는 보편적인 방법으로 자리 잡았으며, 체외수정의 도움으로 태어난 아이는 400만 명에 이릅니다. 이들은 건강하게 태어났고 성인이 되어 자녀를 출산하기도 했습니다.

의학의 새로운 영역을 개척한 로버트 에드워즈 박사는 수백만 불임 부부에게 새로운 희망을 주었습니다. 그는 과학적인 선견지명을 갖고 대단한 용기를 내어 수많은 논쟁을 극복하면서 새로운 의학적 치료법을 개척해 나아가는 과정을 우리에게 단적으로 보여 주었습니다.

존경하는 로버트 에드워즈 박사님.

인간의 체외수정 기술은 수많은 불임 환자들을 치료할 수 있는 길을 열어 주었습니다. 박사님의 이와 같은 선구적 연구는 인류에게 가장 위대한 유익함을 준 실로 기념비적인 업적이라고 할 수 있습니다. 그 결과 수백만 불임 부부에게 아이라는 귀중한 선물을 안겨주었고, 우리 모두는 이에 큰 감동을 받았습니다.

카롤린스카 연구소 노벨위원회를 대표하여 따뜻한 축하와 깊은 존경을 전할 수 있어 매우 영광스럽게 생각합니다.

올해의 노벨 생리 · 의학상 수상자가 불참한 관계로 에드워즈 박사님의 부인과 오랜 과학적 동반자이신 루스 파울러 에드워즈 박사님께서 앞으로 나오셔서 노벨상을 받으시기 바랍니다.

카롤린스카 연구소 노벨 생리 · 의학위원회 크리스테르 회그

선천적 면역반응 활성화와 관련된 발견 | 보이틀러, 호프만
수지상 세포의 발견과 적응 면역(후천 면역)에서의 해당 세포의 역할을 규명 | 스타인먼

2011

브루스 A. 보이틀러 | 미국

쥘 A. 호프만 | 미국

랠프 M. 스타인먼 | 미국

:: 브루스 A. 보이틀러 Bruce A. Beutler (1957~)

미국의 면역학자. 열여덟 살 때 샌디에이고의 캘리포니아 대학교를 졸업하고, 1981년에 시카고 대학교 의과대학에서 의학 박사학위를 취득하였다. 이후 2년간 텍사스 대학교 사우스웨스턴 메디컬센터와 뉴욕 록펠러 대학교의 앤터니 세라미 연구소를 거쳐 2000년 캘리포니아 스크립스 연구소에서 면역학과 교수로 재직하였고, 2007년에 새로 개설된 유전학과 과장이 되었다. 현재 사우스웨스턴 메디컬센터의 숙주방어유전학센터 소장이다.

:: 쥘 A. 호프만 Jules A. Hoffmann (1941~)

프랑스의 생물학자. 1941년 룩셈부르크에서 태어나 고등학교 과학 교사인 아버지의 영향으로 생물학에 관심을 가지며 성장했다. 프랑스 스트라스부르 대학교에서 생물학과 화학을 전공하였고, 1964년부터 프랑스국립과학연구소에서 연구조교로 공부하다 1969년에 정식

연구원이 되었다. 같은 해에 스트라스부르 대학교에서 생물학 박사학위를 받았다. 2007년에 프랑스국립과학연구소 원장이 되었다.

:: **랠프 M. 스타인먼 Ralph M. Steinman (1943~2011)**

캐나다의 면역학자. 캐나다 맥길 대학교를 졸업하고, 1968년 하버드의학대학원에서 의학 박사학위를 취득하였다. 1988년에 록펠러 대학교 정교수가 되었고, 1998년에는 록펠러 대학교 크리스토퍼 브라운 면역학 · 면역성 질병연구소 소장이 되었다. 수많은 기관과 연구소의 고문이자 연구원으로 활동하였다. 2008년 췌장암 진단을 받은 뒤 노벨상 수상자를 발표하기 사흘 전에 사망하였다.

전하, 그리고 신사 숙녀 여러분.

우리는 위험한 세상에 살고 있습니다. 콘서트홀에 있는 이 순간에도 여러분은 엄청나게 많은 세균과 바이러스에 노출되어 있습니다. 다행스럽게도, 여러분에게는 이에 대처할 수 있는 튼튼한 방어체계가 있어 당장 위험에 처하지는 않습니다. 방어체계는 세균, 바이러스 및 여러 가지 미생물로부터 우리 몸을 보호해 주는 면역체계로 구성됩니다. 즉 두 종류의 방어체계가 존재하는데, 하나는 침입자를 막아 주는 것이고, 또 다른 하나는 이를 살해하여 제거해 주는 것입니다. 많은 연구가 항체나 살해 세포를 이용한 두 번째 방어체계에 집중되어 있습니다. 하지만 중요한 문제들이 아직 해결되지 않았습니다. 바로 항체가 생성될 때까지 우리는 감염에도 불구하고 어떻게 생존할 수 있을까, 하는 물음입니다. 충분한 양의 항체가 생성되기 까지는 몇 주가 소요됩니다. 그리고 그때는 이미 감염된 상처나 감기가 회복된 상태입니다. 첫 번째의 면역 방어체계인 선천적인 면역기제에 따라서 항체가 작용하기 전에 미리 세균을 발견하여 침입을 막았을지도 모릅니다.

쥘 호프만 교수는 첫 번째 방어체계의 비밀을 밝히기 위한 연구를 하였습니다. 그는 곤충류에서는 두 번째 면역 방어체계가 존재하지 않음을 알게 되었으며, 그리하여 초파리를 연구모델로 선택하였습니다. 톨Toll 유전자가 없는 초파리는 감염을 성공적으로 막을 수 없었습니다. 호프만 교수와 그의 동료는 미생물에서 유래된 분자에 의하여 활성화되는 Toll 관련 검색 시스템을 확인하여 침입자에 대항하는 면역 방어체계의 이용을 가능하게 하였습니다. 호프만 교수의 발견으로, 마침내 1차적 숙주방어센서가 확인되었습니다.

브루스 보이틀러 교수는 또 다른 문제에 대한 해결점을 찾고자 하였습니다. 그는 살모넬라 등의 박테리아가 어떻게 패혈증 쇼크(패혈증)를 일으키는지를 이해하고자 하였습니다. 여러 가지 혈통의 생쥐 유전체를 비교하여, 단 하나의 유전자가 패혈증 쇼크 반응을 일으키는 것을 증명하였습니다. 이 유전자는 Toll 과 닮은 포유동물의 유전자로, 세포막에서 센서로 이용될 수 있는 수용체를 만듭니다. 박테리아가 이 수용체에 결합하면 면역체계가 활성화되어 박테리아에 대항할 면역기제가 가동됩니다. 보이틀러 교수의 발견으로, 감염인자를 인식하기 위하여 선천적인 면역체계 센서가 어떻게 작동하는지를 이해할 수 있게 되었습니다. 이 두 분의 수상자는 1차적 방어기제가 작동하는 원리를 밝혔습니다.

이 발견과 더불어, 랠프 스타인먼 교수는 후천적 면역이라고 하는 제2차 면역 방어체계의 활성화에 대하여 연구하였습니다. 30여 년 전에, 그는 수지상(손가락모양) 세포라는 새로운 세포를 분리하였습니다. 그의 체계적인 연구로, 수지상세포가 미생물을 감시하여 병원균을 찾아내고 그것의 항체와 면역적인 기억으로, 2차적 면역방어체계를 가동한다는 것을 알게 되었습니다. 실제로 수지상 세포는 보이틀러와 호프만 교수가 확인한 Toll 수용체에 의하여 스스로 활성화되었습니다. 이 기제가 두 종류의 면역 방어체계를 함께 연결시켜 주었습니다.

오늘 수여되는 노벨상에서 위와 같은 세 가지 내용의 발견은 선천적 및 후천적 면역체계의 방아쇠를 확인시켜 주었으며, 우리를 감염으로부터 보호하기 위하여 이 두 종류의 면역방어체계가 어떻게 서로 연결되어 있는가를 보여주었습니다. 오늘날, 선천적 면역의 센서에 대한 지식이 백신의 개발이나 치료에 이용되고 있으며, 수지상세포는 감염이나 암을 치료하는데 사용됩니다.

보이틀러 교수님, 호프만 교수님. 두 분은 면역 시스템이 가동되는 비밀을 밝히셨습니다. 두 분의 발견으로, 면역학의 주요 수수께끼가 해결되었을 뿐만 아니라, 인류는 감염, 암 및 염증성 질병 치료에 대한 새로운 희망을 얻었습니다. 카롤린스카 연구소 노벨 생리·의학위원회를 대표하여 두 분께 따뜻한 축하를 전달해드립니다.

스타인먼 부인. 이제는 고인이 되신 당신의 남편께서는 후천적인 면역체계가 어떻게 작동하는지를 밝히셨고, 질병에 대항할 수 있는 새로운 도구를 마련해 주셨습니다. 스타인먼 교수님이 우리와 함께할 수 없어 매우 유감스럽지만, 그의 노벨상 수상을 대신하기 위하여 부인이 여기에 계셔서 기쁩니다.

보이틀러 교수님, 호프만 교수님, 스타인먼 부인.

이제 앞으로 나오셔서 노벨상을 수상하시기 바랍니다.

카롤린스카 연구소 노벨 생리·의학위원회 사무총장 괴란 한손

성숙한 세포가 만능세포로 재구성되는 기제에 대한 발견

2012

존 B. 거던 | 영국

야마나카 신야 | 일본

:: 존 B. 거던 John B. Gurdon (1933~)

영국의 생물학자. 어린 시절 과학자를 꿈꾸었으나 과학 성적은 늘 꼴찌여서 고전학을 전공하려고 했다. 하지만 지원자가 미달인 동물학과에 입학해 1960년 옥스퍼드 대학교에서 개구리 핵이식에 관한 논문으로 박사학위를 얻는다. 이후 옥스퍼드 대학교와 캐임브리지 대학교의 교수가 되었고, 2004년부터 자신의 이름을 딴 케임브리지 대학교 거던연구소의 소장을 맡고 있다. 핵이식과 복제 분야의 개척자로 1995년 기사 작위를 받았다.

:: 야마나카 신야 山中伸彌 (1962~)

일본의 의학자. 1987년 고베 대학 의학부를 졸업한 뒤 국립 오사카병원 정형외과 임상수련의로 근무하였으나 수술 실력이 좋지 않아 동료 의사들로부터 '자마나카'(걸림돌)라고 불렸다. 2년 만에 의사를 그만 두고 기초의학을 배우기 위해 대학원에 진학하여 1993년 오사카시립대학교 대학원에서 의학 박사학위를 취득하였다. 미국 캘리포니아대학교 샌프란시스코 캠퍼스의 글래드스톤연구소에서 박사후과정 연구원으로 유전자 연구를 시작하였고, 1999년 나라첨단과학기술대학교 조교수를 거쳐 2003년 정교수가 되었다. 2004년 교토대학교 재생의학연구소 교수로 자리를 옮긴 뒤 2010년부터 iPS세포연구소 소장으로 있다.

전하, 그리고 신사 숙녀 여러분.

이곳 스톡홀름 콘서트홀에 계신 분들 중 다시 젊어지고 싶다는 생각을 하신 분도 계실 것입니다. 혹은 다른 시대를 살아볼 수 있는 기회가 주어진다면 이전과는 다른 생을 살아보고 싶다는 약간은 허황된 생각을 한번쯤 해보신 분들도 꽤 있을 겁니다. 이제 인생 자체는 아니어도 적어도 다 자란 성숙한 세포가 시간을 역행할 수 있다는 것이 밝혀졌습니다. 이것이 바로 올해의 노벨 생리 · 의학상을 받을 연구입니다.

우리는 모두 수정란으로부터 세포 분화 과정을 거쳐 여러 형태의 세포들로 특화됨으로써 인간의 모습으로 완성됩니다. 이 과정에서 미성숙 세포들은 간, 폐, 뇌 등과 같은 각 기관의 특별한 세포 형태를 갖추도록 분화되어 갑니다.

오랜 기간 동안, 이 과정은 한 방향으로만 진행되는 것으로 믿어져 왔습니다. 즉 초기 배아의 미성숙한 세포가 성인의 특화된 세포로 분화하는 것만이 가능하다고 생각하였습니다. 아마도 세포들이 모든 형태의 세포로 분화될 수 있는 유전 정보를 계속 유지하는 것이 아니기 때문에 세포를 이전 형태로 되돌리는 일은 불가능하다고 생각하였던 것입니다.

그러나 1960년대에 발표된 존 거던 교수의 복제 실험 결과는 이와 같은 생각을 완전히 뒤바꾸어 놓았습니다. 거든 교수는 개구리의 난자 세포에서 유전 정보를 지닌 핵을 없애고, 그 자리에 올챙이 창자 세포의 핵을 바꾸어 넣었습니다. 그러나 이미 특화된 창자 세포의 유전 정보를 갖고 있음에도 불구하고 핵이 바뀐 개구리 난자 세포는 온전한 성체 개구리로 발달할 수 있었습니다. 따라서 세포가 분화하는 동안 모든 동물 세포를 만드는 데 필요한 정보가 보존된다는 것을 알게 되었습니다. 이는 최초로 수행된 척추동물의 복제였습니다.

이와 같은 결과에 연구자들은 큰 충격을 받았고, 거던 교수의 발견을 받아들이기까지는 시간이 필요했습니다. 그러나 그의 연구 결과는 마침내 증명되었고, 우리는 거던 교수의 개구리 실험과 동일한 원리에 의해 만들어진 세계 최초의 복제 동물인 양 돌리를 만나게 되었습니다.

야마나카 신야 교수는 거든 교수의 발견 이후 40여 년의 연구 끝에 또 하나의 새로운 획기적인 실험을 수행하였습니다. 거든 교수의 연구 결과는 미성숙 단계로 역행하는 것에 대한 가능성은 보여 주었습니다만, 과연 이것이 난자 세포의 도움 없이 가능한 것인지, 성숙한 세포 안에서 이와 같은 역행을 가능하게 하는 유전자를 찾을 수 있을 것인지에 대한 의문은 남아 있었습니다. 야마나카 교수는 미성숙 줄기세포를 피부 세포로 유도하는 중요한 유전자들 중에 단지 네 개의 유전자 조합이면 충분히 역행이 가능하다는 것을 증명하였습니다. 단 몇 개의 유전자가 다 자란 성숙세포를 줄기세포 단계로 되돌릴 수 있다는 사실에 연구자들은 놀라지 않을 수 없었습니다.

야마나카 교수가 2006년에 발표한 논문은 매우 빠르게 발전을 거듭하였습니다. 인간 피부세포는 이제 줄기세포로 재구성이 가능해져 신경세포, 심장 근육세포 등을 형성할 수 있게 되었습니다. 우리는 이제 질병에 대한 보다 나은 이해, 새로운 진단과 치료법의 발전을 위해 한 걸음 더 나아가게 되었습니다.

따라서 올해 수상의 영광은 "인간의 발달과 세포 분화과정에 관한 지식을 근본부터 뒤바꿔버린 역분화가 가능한 성숙 세포의 발견"이라는 업적에게 돌아가게 되었습니다.

거든 교수님, 야마나카 교수님.

두 분의 연구는 분화 단계의 열쇠를 풀고, 다 자란 성숙한 세포가 어떤 세포로도 분화 가능한 미성숙 상태로 되돌려질 수 있다는 것을 보여 주었습니다. 이는 새로운 진단과 치료법의 발전에 있어서 엄청난 가치를 제공해 주는 것입니다. 카롤린스카 연구소 노벨 생리 · 의학위원회를 대표하여 따뜻한 축하를 전해드립니다. 이제 앞으로 나오셔서 노벨상을 받으시기 바랍니다.

카롤린스카 연구소 노벨 생리 · 의학위원회 토마스 페를만

세포내 물질의 수송 시스템인 소포체의 수송 조절 장치의 발견

2013

제임스 로스먼 | 미국 **랜디 셰크먼** | 미국 **토마스 쥐트호프** | 미국

:: 제임스 로스먼 James Rothman (1950~)

미국 메사추세츠에서 태어나 1971년 예일 대학교 물리학과를 수석으로 졸업하였다. 1976년 하버드 대학교 의과대학에서 생화학 전공을 박사학위를 취득한 뒤 1978년 스탠퍼드 대학교 생화학과 조교수가 되었고, 1988년 프린스턴 대학교로 옮겨 1991년까지 분자생물학과 교수로 재직하였다. 2003년 컬럼비아 대학교 의학대학원 생리학과 교수를 거쳐 2008년 예일 대학교 화학과 교수로 자리를 옮겼으며, 나노생물학연구소 소장을 겸하고 있다.

:: 랜디 셰크먼 Randy Schekman (1948~)

미국 미네소타 주에서 태어나 로스앤젤리스의 캘리포니아 대학교(UCLA)에서 분자과학을 공부하였고, 1975년 스탠퍼드 대학교 의과대학원에서 노벨생리 · 의학상 수상자인 아서 콘버그 밑에서 DNA 복제에 관한 논문으로 박사학위를 취득하였다. 1976년부터 UCLA에서 강의를 하여 1994년에 정교수가 되었으며, 1999년에는 미국 세포생물학회 회장으로 선출되었다. 현대 세포생물학의 창시자 중 한 명으로 꼽힌다.

:: **토마스 쥐트호프 Thomas Sudhof (1955~)**

독일 괴팅겐에서 태어났다. 하노버발도르프스쿨을 졸업한 뒤 아헨 공과대학교와 하버드 대학교를 거쳐 1982년 괴팅겐 대학교에서 크로마핀 세포에 관한 논문으로 의학 박사학위를 취득하였다. 1983년 텍사스 대학교에서 박사후연구 과정을 거친 뒤 사우스웨스턴 메디컬 센터에 자신의 연구소를 갖고 20여 년 동안 시냅스전 신경세포 연구에 매진하였다. 2008년 스탠퍼드 대학교로 옮겨 분자세포학과 생리학, 신경학 등을 가르치고 있다.

전하, 그리고 신사 숙녀 여러분.

주위를 장식하고 있는 아름다운 꽃들이 없이 노벨상 시상식을 한다고 상상해 보십시오. 여기에 장식되어 있는 이 꽃들은 해마다 이탈리아의 산크레모에서 스톡홀름으로 수송된 것입니다. 만일 여기에 있는 꽃들이 배달 과정에서 실수로 코펜하겐으로 배송되었다고 상상해 보세요. 효율적인 수송 시스템이 없다면 이러한 실수는 쉽게 발생할 수 있습니다. 이와 같은 수송 실수를 막기 위하여, 수화물을 올바른 소포vesicle에 담아 필요한 시간에 정확한 장소로 수송할 수 있는 정밀한 수송 시스템이 우리 몸 안에 있습니다.

여러 장소로 나뉘어 있는 세포에는 매우 유사한 수송 체계들이 존재하기 때문에 정확한 수송이 필수적입니다. 우리 몸을 구성하고 있는 세포는 마치 공장에서 제품을 생산하듯이 단백질 분자를 만들어 필요로 하는 시간에 정확하게 특정한 장소로 수송합니다. 아주 작은 크기의 풍선 모양처럼 생긴 소포가 세포 안 여러 곳에 단백질 분자를 운반합니다. 이 소포가 어떤 방식으로 정확한 시간에 올바른 장소로 단백질 분자를 수송할 수 있는가는 생리 · 의학계의 커다란 불가사의 중 하나로 여겨졌습니다. 또한 이러한 일련의 과정이 어떻게 순간적으로 정확하게 이루어지는지 수수께끼였습니다.

1970년대에, 랜디 W. 세크먼 교수는 이 질문에 심취하게 되었습니다. 그는 효모yeast를 모델로 하여 소포 수송 시스템 연구를 시작하였습니다. 그리하여 수송 시스템에 결함이 생긴 효모 세포를 발견하였습니다. 이 세포는 마치 잘 갖추어지지 않은 대중 수송시스템과 매우 닮았습니다. 즉, 매우 복잡한 도시에서 철로에 문제가 생겨 기차가 역에서 떠나지 못하는 경우처럼 말입니다. 그 결과 어떤 승객들은 역에 남아 있고, 또 어떤 승객들은 다른 목적지를 찾아 우회하여 그들의 목적지로 가게 됩니다. 세크먼 교수의 실험에서, 이 소포는 세포의 특정 부분에 모이게 되었습니다. 이와 같은 소포의 축적이 유전적 원인임을 발견하고, 이와 관련된 돌연변이 유전자를 확인하였습니다. 이러한 파격적인 연구를 통하여, 그는 세포 내에서 소포 수송을 담당하는 정교한 수송 시스템에 대하여 새로운 통찰력을 갖게 하였습니다.

제임스 로스먼 교수도 세포 수송 시스템의 원리에 흥미를 갖게 되었습니다. 1980년대와 1990년대에 소포 수송 시스템을 연구하는 동안, 소포가 타깃 세포막에 도달하여 세포막과 접합하는 단백질 복합체를 발견하였습니다. 소포와 타깃 세포막의 단백질은 접합 과정에서 마치 지퍼처럼 단단하게 결합합니다. 이러한 종류의 단백질이 많이 존재하고 있으며, 매우 특정한 조합에 의해서만 결합함으로 단백질 분자 화물을 올바른 위치로 수송할 수 있도록 보장해 줍니다. 이러한 정교한 실험을 통하여, 로스먼 교수는 지퍼 기능을 사용하여 소포가 어떻게 세포 내에 올바른 도킹 위치를 찾을 수 있는지를 밝히셨습니다. 그리하여 내 주위에 놓여 있는 꽃처럼, 화물은 목표로 하는 위치로 수송될 수 있었습니다!

그러나 여전히 한 가지 질문이 더 남아 있습니다. 그러면 어떻게 이러한 단백질 분자가 소포로부터 정확하게 꺼내어질 수 있을까요? 토마스 쥐트호프 교수는 신경세포가 뇌에서 서로 의사소통을 하는 방법에 흥미를 가졌습니다. 신호전달물질의 하나인 신경전달물질은 수송 시스템 장치를 이용하여 소포로부터 분리되어 나온다는 것을 로스먼 교수와 셰크먼 교수가 발견하였습니다. 1990년대에, 쥐트호프 교수는 칼슘에 민감하게 반응하는 단백질이 이 과정을 조절한다는 것을 확인하였습니다. 그는 마침내 칼슘 이온을 감지하여 소포의 접합을 매개하는 단백질을 찾았습니다. 이 단백질은 소포 안의 화물을 꺼내기 위하여 지퍼를 열게 하는 것입니다. 쥐트호프 교수의 획기적인 발견으로, 소포가 어떻게 명령에 따라 재빨리 화물을 내려놓는지를 설명할 수 있게 되었습니다. 마치 이 꽃들이 원하는 날짜에 노벨상 시상식 축하연에 전달될 수 있는 것과 같이, 신경전달물질은 신경세포로부터 순간적으로 정확하게 전달됩니다.

2013년 노벨 생리·의학상 수상자는 세포생리학 분야에서 매우 근본적인 원리를 발견하였습니다. 이러한 발견은 분자들이 세포 내의 정확한 목적지를 필요한 시간에 정확하게 그리고 어떤 방식으로 전달하는지에 대한 이해를 증진시키는 데 큰 영향을 미쳤습니다. 이와 같이 놀라운 정도의 정밀한 수송 기제가 없다면 우리는 생존할 수 없을 것입니다. 이 과정은 식사 후 혈당을 조절하는 인슐린과 같은 호르몬의 분비뿐만 아니라, 신경전달물질을 하나의 신경세포에서 다른 신경세포로 보내는 데 필요합니다.

로스먼 교수님, 셰크먼 교수님, 쥐트호프 교수님.

여러분의 훌륭한 실험으로, 세포생리학의 커다란 수수께끼 하나가 풀렸습니다. 여러분의 발견은 세포가 소포 안에 들어 있는 분자를 여러 목적지로 수송하기 위하여 어떻게 역할을 하는지에 대한 이해의 폭을 바꾸었습니다. 분자물질의 수송에 있어 정확성과 타이밍은 생존에 필수적입니다.

카롤린스카 연구소 노벨 생리 · 의학위원회를 대표하여 여러분께 따듯한 축하를 드립니다. 이제 앞으로 나오셔서 노벨상을 받으시기 바랍니다.

카롤린스카 연구소 노벨 생리 · 의학위원회 질른 시에라트

뇌세포의 위치정보처리에 관한 발견

2014

존 오키프 | 미국 **마이브리트 모세르** | 노르웨이 **에드바르 모세르** | 노르웨이

:: 존 오키프 John O'Keefe (1939~)

미국과 영국의 심리학자이자 신경과학자. 뉴욕에서 태어나 로널드 멜잭의 지도를 받으며 1967년 맥길 대학교에서 생리심리학으로 박사를 받았다. 영국 UCL에서 박사 후 연구원을 거쳐 1987년 같은 대학에서 인지신경학 정교수가 되어 현재까지 활동 중에 있다. 쥐를 대상으로 자기 위치를 인지할 때 뇌에서 어떤 일이 일어나는지에 대한 연구를 해왔고 위치정보를 처리하는 장소세포가 해마에 존재한다는 사실을 밝혀냈다.

:: 마이브리트 모세르 May-Britt Moser (1963~)

노르웨이의 신경과학자. 1990년 오슬로 대학교에서 심리학을 공부하고 1995년에 신경생리학에 관한 연구로 박사 학위를 받았다. 에든버러 대학교의 신경과학센터와 UCL 존 오키프 연구소에서 박사 후 연구원을 거쳐 1996년에 노르웨이 과학기술 대학교 생물심리학 교수가 되었다. 같은 대학교 기억생물학센터의 설립자이자 신경계산센터 소장을 역임하고 있다. 에드바르 모세르와 함께 쥐가 특정 위치 정보를 처리할 때 해마에 인접한 내후각 피질에서 활성화되는 격자세포를 연구하였다.

:: 에드바르 모세르 Edvard I. Moser (1962~)

노르웨이의 신경과학자. 오슬로 대학교에서 심리학과 신경생물학을 공부하고 1995년에 신경생리학 박사 학위를 취득했다. 에든버러 대학교와 존 오키프 연구소에서 박사 후 연구원을 거쳐 1996년 노르웨이 과학기술 대학교 생물심리학 교수가 되었다. 노르웨이 과학기술 대학교 시스템 신경과학 연구소 소장, 에딘버러 대학교 인지 신경 시스템 센터 교수를 역임하고 있다. 마이브리트 모세르와 함께 쥐가 특정 위치 정보를 처리할 때 해마에 인접한 내후각 피질에서 활성화되는 격자세포를 연구하였다.

전하 그리고 신사 숙녀 여러분.

우리는 매일같이 하루에도 수십 번씩 길을 찾습니다. 여러분들이 이 노벨상 시상식에 오실 때에도 그러했습니다. 또한 이 방에 들어오셔서 자리에 앉는 순간에도 여러분 스스로가 어디에 있는지를 파악하는 것은 그리 오래 걸리지 않았습니다. 이곳에 다시 오신다면 이곳이 다른 어떤 곳도 아닌 스톡홀름 콘서트홀이라는 것도 여러분은 알 수 있습니다. 공간 안에서 위치를 파악하는 것, 길을 찾는 것, 방문했던 곳을 기억하는 능력은 인간과 동물의 생존에 반드시 필요한 능력입니다. 그리고 이를 위해서 우리는 뇌와 체내에 GPS가 필요합니다.

그렇다면 위치정보 처리 시스템, 즉 체내 GPS는 뇌의 어디에 있는 것일까요? 그리고 신경세포가 이러한 추상적인 활동을 어떻게 정보화하는 것일까요? 올해의 노벨 생리의학상 수상자들은 바로 이런 신경과학의 가장 핵심적이고 위대한 질문들에 대하여 답을 찾아 주었습니다.

1960년대 후반, 존 오키프 박사님은 쥐가 자유롭게 움직이는 동안 뇌의 깊숙한 곳에 있는 해마의 신경세포로부터 신호를 측정하였습니다. 그리고 쥐가 특정 위치에 있을 때 활성화되는 세포를 발견하였습니다. 쥐가 다른 곳으로 이동하자 또 다른 새로운 세포가 활성화되는 것도 관찰하였습니다. 그는 이들 세포를 '장소세포place cell' 라고 명명하였습니다. 이 장소세포는 쥐의 위치를 머릿속에 지도로 만들어 그림으로 표현해줍니다. 오키프 박사님은 장소세포들의 특정조합으로 장소를 기억할 수 있게 된다고 생각하였습니다. 박사님의 획기적인 실험은 이 특화된 신경세포들이 공간을 인식하여 정보를 처리함으로써 어떤 곳이든 인지하게 된다는 것을 알려줬습니다.

그리고 삼십여 년 후에 마이브리트 모세르 박사님과 에드바르 모세르 박사님은 해마 근처, 내후각 피질에서 놀라운 패턴의 신경세포 활동을 발견하였습니다. '격자세포grid cell' 라고 명명한 이 세포는 여러 장소에서 활성화 되었습니다. 그리고 이들이 활성화되는 지점은 육각형의 격자 패턴을 형성하고 있었습니다. 모세르 부부는 이 육각형의 패턴이 전적으로 뇌의 활동에 의해서 만들어진다는 것을 알게 되었습니다. 많은 격자세포의 활동이 뇌 속에 좌표계를 만들어 주어 우리가 어디서 출발해서 얼마나 멀리 움직이고 있는지를 알게 해주는 것입니다. 이런 모세르 부부의 획기적인 업적은 외부 세상에서 길을 찾게 해주는 정신적 활동의 좌표계가 뇌 속에 있다는 것을 알려준 것입니다.

계속된 연구결과 격자세포들은 내후각 피질의 다른 여러 세포들과 함께 해마에 있는 장소세포들과 전기회로를 형성하여 뇌 속의 장소처리 시스템 즉, 체내 GPS를 구성하고 있다는 것을 알게 되었습니다.

오늘날 우리는 쥐가 가지고 있는 것과 비슷한 장소세포와 격자세포를 인간도 가지고 있다는 것을 알고 있습니다. 여러분의 장소세포와 격자세포가 오늘밤 여러분이 이곳으로 찾아오는 것을 가능하게 하였고 이 아름다운 홀에 여러분이 있음을 인지하게 합니다. 그리고 다시 이곳을 찾아

오실 수 있게 기억하게 될 것입니다. 이 세포들이 없다면 우리는 공간 속에서 쉽게 길을 잃게 될 것입니다.

존 오키프 교수님, 마이브리트 모세르 교수님, 그리고 에드바르 모세르 교수님.

뇌의 위치정보처리 시스템의 핵심요소인 장소세포와 격자세포의 발견은 특화된 세포들이 보다 높은 단계의 뇌기능을 실행하기 위해 어떻게 협력하는지에 대한 우리 사고의 틀을 바꾸어 주었습니다. 여러분들은 훌륭한 실험을 통하여 가장 불가사의한 삶의 현상 중의 하나에 대하여 새로운 통찰을 우리에게 주었습니다. 바로 어떻게 뇌가 행동 양식을 형성하는지 그리고 그것이 어떻게 매혹적인 정신적 숙련성을 우리에게 제공하는지에 대한 이해를 높여 주었습니다.

카롤린스카 노벨위원회를 대표하여 따뜻한 축하를 전해 드립니다. 이제 전하 앞으로 나오셔서 노벨상을 받으시기 바랍니다.

카롤린스카 연구소 노벨 생리·의학위원회 올 키엔

기생충 감염 및 말라리아 치료제의 개발

2015

윌리엄 캠벨 | 아일랜드

사토시 오무라 | 일본

유유 투 | 중국

:: 윌리엄 캠벨William C. Campbell (1930~)

아일랜드의 기생충학자. 더블린 트리니티 대학교에서 동물학을 공부하고 1957년 위스콘신 대학교에서 간디스토마에 대한 연구로 박사 학위를 받았다. 마크 사의 머크연구소에서 시금 연구 개발 책임자로 일했으며, 2002년에 미국 과학아카데미 회원이 되었다. 1990년부터 2010년까지 드루 대학교에서 교수로 재직하였으며 현재는 명예 교수다. 기생충 감염 질환을 치료하는 아버멕틴을 개발하였다.

:: 사토시 오무라Satoshi Omura (1935~)

일본의 생화학자. 야마나시 대학교에서 자연과학과를 졸업하고 1968년 도쿄 대학교에서 류코마이신에 대한 연구로 약학 박사 학위를 받았다. 웨슬리언 대학교의 객원 교수와 기타사토 대학교 약학부 교수, 기타사토연구소 소장을 거쳐 현재 기타사토 대학교의 특별 명예 교수며 미국 과학아카데미, 일본 아카데미, 프랑스 과학아카데미 회원이다. 450종 이상의 신규 화합물을 발견하고 항생제 후보 물질 50여 종의 군주를 가려내는 연구를 통해 윌리엄 캠벨이 아버멕틴을 개발하는 토대를 제공했다.

:: **유유 투** Youyou Tu (1930~)

중국의 약리학자. 베이징 대학교 의과대학 약학과에서 공부하고 중국 전통 의학아카데미에서 연구하여 1985년 정교수가 되었다. 개똥쑥을 이용한 말라리아 치료 성분인 아르테미시닌을 발견하였다.

전하, 존경하는 수상자, 신사 숙녀 여러분.

자연, 우리의 몸과 피부 등 우리 주변의 모든 생명체는 생존을 위해 싸우는 수많은 종의 미생물과 부단히 힘겨루기를 하면서 살아가고 있습니다. 자연생태계에는 중요한 요소가 많이 있지만, 그 중에 어떤 것들은 사람을 공격하여 질병을 일으키고 죽음에 이르게도 합니다. 올해의 노벨 생리 · 의학상은, 고대로부터 인류를 괴롭혀 온 기생충과 싸울 수 있는 약을 개발하기 위하여, 자연으로부터 얻은 것으로 이 생존 전쟁에 사용할 무기를 만든 과학자들에게 수여합니다.

기생충은 상피병(림프관 사상충증lymphatic filariasis)과 사상충증river blindness을 일으킵니다. 이는 가장 가난한 나라들의 수억 명이나 되는 사람을 괴롭힌 질병입니다. 일본의 사토시 오무라 교수님과 미국의 캠벨 교수님은 앞으로 10년 이내에 근절되기를 바라는 이 질병들을 엄청나게 감소시킬 수 있는 발견을 하였습니다.

신약을 만드는 데 사용될 수 있는 자연적인 물질을 찾는 연구는 사토시 오무라 교수님께서 시작하였습니다. 그는 항생제 물질을 생산하기 위하여 토양 박테리아에 속하는 방선균을 배양하는 전문가가 되었습니다. 그는 박테리아를 배양하는 데 사용할 목적으로 일본의 도처를 여행하여 수천 종류의 토양시료를 모았습니다. 오무라 교수님이 배양하신 박테리아 배양액 중 하나는 캠벨 교수님의 실험실로 보내어졌는데, 이 시료로부터 아주 새로운 균주의 방선균을 찾았고, 이는 세상을 놀라게 할 만한 것이었습니다.

캠벨 교수님의 실험실에서는 기생충에 감염된 생쥐에 이 배양 추출액을 투여하였습니다. 이 중에서 한 종류의 추출액이 매우 효과가 뛰어나서 기생충을 모두 죽였기 때문에, 캠벨 교수님은 이 추출액에서 활성 성분을 분리해내었고, 이 성분을 아버멕틴Avermectin으로 이름 지었습니다. 여러 화학자들의 도움을 받아, 효과가 훨씬 더 높은 화합물을 만들어 이 신물질을 이버멕틴Ivermectin이라고 불렀습니다. 이 물질은 가축에서 기생충에 매우 강력한 효과를 나타내는 것이 확인되었습니다. 드디어 캠벨 교수님은 이 약물이 사람한테도 효과가 있는지를 시험하기로 하여, 결국에는 사상충증을 가진 환자들을 대상으로 임상 연구를 시작하였습니다. 단 한 번 투여만으로도 눈을 감염시킨 기생충의 유충을 죽이기에는 충분하였습니다. 이 연구결과는 심각한 장애로 고통 받는 수억 명의 인구를 구해낸 기생충 치료제의 시작이었습니다.

말라리아는 모기에 의하여 매개된 기생충이 원인입니다. 이 질병은 적혈구를 감염시키고, 발열과 오한, 심한 경우에는 뇌염을 일으킵니다. 매년 50만 명이 말라리아로 사망합니다. 그들 중의 대부분은 어린이입니다. 1960년대와 1970년대에, 중국의 유유 투 교수님은 말라리아 치료제를 개발하기 위하여 주요한 연구과제에 참여하였습니다. 투 교수님이 고대 문헌을 연구하다가, 개똥쑥Artemisia annua 또는 향기가 좋은 쑥이 발열을 다스리는 여러 가지의 처방에 들어가 있음을 알았습니다. 투 교수님은 기생충에 감염된 생쥐에서 이 쑥의 추출물을 시험하였습니다. 말라리아 기생충의 일부가 죽었지만, 그 효과는 가지각색 이었습니다. 그래서 투 교수님은 1700년이 된 문헌으로 거슬러 올라가 이 식물에 열을 가하지 않고 추출물을 얻는 방법을 찾아냈습니다. 이 결과로 얻은 추출물은 굉장히 효력이 강하여 기생충 모두를 죽일 수 있었습니다. 그리고 이 활성 성분을 확인하여 아르테미시닌Artemisinin으로 이름 지었습니다. 아르테미시닌이 독특한 방식으로 말라리아 기생충을 공격한다는 것이 확인되었습니다. 아르테미시닌의 발견은 수백만 명의 생명을 구하고, 지난 15년 동안에 말라리아 치사율을 반으로 줄일 수 있는 획기적인 신약개발로 이어졌습니다.

윌리엄 캠벨, 사토시 오무라, 유유 투 교수님.

여러분의 연구는 무시무시한 기생충 질병으로부터 고통 받는 환자들에게 획기적인 치료법을 제시하였을 뿐만 아니라, 인류와 사회를 위한 복지증진과 번영을 가져왔으므로, 의학의 근본적인 변화를 상징적으로 보여 준 것입니다. 여러분의 연구 결과가 세계에 미친 영향과 인류에 가져다 준 이익은 이루 다 헤아릴 수가 없습니다.

카롤린스카 노벨위원회를 대표하여, 저는 교수님들께 진심으로 따뜻한 축하를 전해 드립니다. 이제 앞으로 나오셔서 국왕폐하로부터 노벨상을 수상하시기 바랍니다.

카롤린스카 연구소 노벨 생리 · 의학위원회 한스 폴스버그

자가 포식 기전에 대한 발견

2016

요시노리 오스미 | 일본

:: **요시노리 오스미** Yoshinori Ohsumi **(1945~)**

일본의 생물학자. 도쿄 대학교에서 교양학부를 졸업하고 1974년 동 대학원 농학부에서 코리신 E3 작용에 관한 연구로 박사 학위를 취득했다. 미국 록펠러 대학교에서 박사 후 연구원과 1988년 도쿄 대학교 교양학부 조교수를 거쳐 1996년 오카자키 국립 기초생물학연구소와 2004년 고등연구대학원 생명과학연구소 교수를 역임했다. 2009년 도쿄 공업대학교 통합연구원 특임 교수를 거쳐 현재 동 대학교 명예 교수다. 세포 생물학 전문가로 세포 구성 요소들을 파괴하고 재활용하는 과정인 자가 포식 작용에 대해 연구하였다.

전하, 왕족, 존경하는 노벨상 수상자 그리고 신사 숙녀 여러분.

우리는 오늘 올해의 노벨상 시상식을 위해 스톡홀름 콘서트홀에 모여 있습니다. 스톡홀름 콘서트홀은 1926년에 준공된 스웨덴의 대표적인 건축물 중 하나입니다. 이 콘서트홀은 수십 년에 걸쳐 사용되었음에도 불구하고 그동안 보수하고 잘 관리한 덕분에 아름다운 모습을 간직하고 있습니다. 특별히 오늘은 잘 청소되어 티끌 하나 없이 깨끗합니다. 이전의 손님들이 남겨둔 것들은 수거되고 재활용되기도 합니다. 우리는 이와 같은 매일 매일의 관리를 당연하게 생각합니다. 그러나 만일 90년 동안 콘서트홀을 보수하고 청소하지 않았다면 이 같은 관리가 얼마나 중요한지 분명히 알 수 있었을 것입니다. 우리의 세포도 이와 비슷합니다. 결함이 생긴 요소들은 끊임없이 교체되고, 폐기되는 물질들은 바로 제거됩니다. 올해의 노벨 생리 · 의학상을 수상하는 연구는 바로 세포가 새로운 환경에 적응하고 제대로 기능하기 위해 어떻게 내용물을 유지하고 자신의 구성요소들을 재활용하는가에 관한 것입니다.

세포의 분해가 이루어지는 리소좀lysosome은 1955년 벨기에 과학자인 크리스티앙 드 뒤브 박사님에 의해 생화학적인 방법으로 밝혀졌습니다. 이 연구 성과로 드 뒤브 박사님은 1974년에 노벨 생리 · 의학상을 수상하셨습니다. 뒤이어 여러 연구자들은 전자현미경을 이용하여 유핵세포를 갖고 있는 모든 생물체에 리소좀이 존재하는 것으로 보인다는 결론에 도달했습니다. 또한 여러 단계의 분해 과정에서 정상적인 세포 성분들이 리소좀에 가득 차 있는 것도 관찰하였습니다. 이는 놀랍게도 세포가 자신의 일부 구성성분을 분해할 수 있다는 것을 보여주는 것입니다. 1963년 크리스티앙 드 뒤브 박사님은 이 과정을 '스스로 먹는다'는 뜻으로 '자가 포식autophagy'이라고 이름 붙였습니다. 이후 수십 년 동안, 우리는 '자가 포식'에 대해 좀 더 많이 이해할 수 있게 되었지만, 여전히 다음과 같은 근본적인 질문에 대한 해답은 얻지 못했습니다. '자가 포식'이 정상적인 세포기능에 반드시 필요한 것인가? 만일 그렇다면 어떻게 조절되는가? 그리고 '자가 포식'은 인간의 질병에 있어서도 중요한 것인가? 등의 질문입니다.

요시노리 오스미 박사님은 40대의 초반을 열정적으로 연구하며 새롭고 중요한 과학적 성과를 얻고자 노력하였습니다. 마침내 1980년대 후반에는 그동안 잘 알려지지 않았던 세포 분해과정이라는 새로운 분야를 개척하였습니다. 오스미 박사님은 세포 내에서의 분해과정은 새로운 요소들의 생성만큼이나 매우 중요한 과정이라고 생각했습니다. 그는 일반적으로 사용되는 제빵용 효모를 선택하여 연구하였습니다. 단세포 진핵생물인 효모의 세포는 인간 세포의 기본적인 과정을 이해하기 위한 모델 시스템으로 많이 활용될 수 있습니다. 오스미 박사님은 뛰어난 전략적 실험을 통해 효모 내에서 실제로 일어나는 '자가 포식' 현상을 밝혀냈습니다. 그리고 일련의 연구를 수행하여 '자가 포식' 조절에 필수적인 유전자들을 규명하였습니다. 또한 이 유전자들에 의해 조절되는 전혀 예상치 못했던 새로운 생화학적 메커니즘도 밝혀냈습니다. 그리고 얼마 지나지 않아 '자가 포식'을 조절하는 세포기구는 매우 보존적이며 유핵세포를 포함하는 모든 유기체에서 발견된다는 것도 알게 되었습니다.

'자가 포식' 분자기구의 발견은 오스미 박사님의 전체 연구 분야에 대변혁을 가져왔습니다. 오늘날 우리는 '자가 포식'이 정상적인 세포기능을 보장하는 매우 중요한 관리 과정임을 알게 되었습니다. 예를 들어, 단식과 굶주림에 적응하는 우리의 대사과정에서 '자가 포식'은 매우 중요한 역할을 하며, '자가 포식' 조절장애는 당뇨, 암, 감염성 질병, 심각한 신경계 장애 등과 연관됩니다. 오스미 박사님의 중요한 연구 성과 덕분에 우리는 서로 다른 수많은 생물학적 과정에서 '자가 포식'이 핵심적인 역할을 하고 있음을 알게 되었습니다.

오스미 교수님.

교수님의 획기적인 연구는 생물학의 오래된 수수께끼를 풀었습니다.

즉, 세포가 구성성분을 재활용하고 질병을 퇴치하는 기전을 밝혀내셨습니다. 교수님은 일련의 훌륭한 실험을 통해 생물학의 새로운 분야를 개척하셨습니다. 카롤린스카 연구소 노벨위원회를 대표하여 교수님께 따뜻한 축하를 전하게 되어 영광입니다. 이제 앞으로 나오셔서 전하께서 수여하시는 노벨상을 받으시기 바랍니다.

카롤린스카 연구소 노벨 생리 · 의학위원회 닐스-고란 라손

일주기 리듬 (생체시계) 조절의 분자 기전을 규명

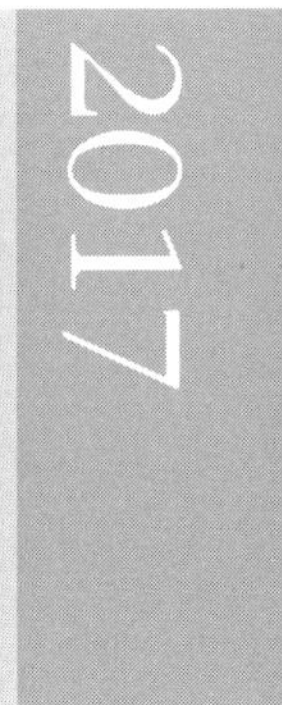

제프리 홀 | 미국　**마이클 로스배시** | 미국　**마이클 영** | 미국

:: 제프리 홀 Jeffrey C. Hall (1945~)

미국의 유전학자. 브랜다이스 대학교의 생물학 명예 교수다. 1963년 애머스트 대학교에서 의학으로 학사 학위를 취득했고 1971년 시애틀의 워싱턴 대학교에서 유전학으로 박사 학위를 취득했다. 1973년까지 캘리포니아 공과대학교의 초파리 연구 권위자인 시모어 벤저 연구실에서 박사 후 연구원 과정을 이수했다. 미국 과학 아카데미 회원이다.

:: 마이클 로스배시 Michael Rosbash (1944~)

미국의 유전학자이자 생물학자. 유대계 독일 이민자의 아들로 태어났다. 브랜다이스 대학교의 교수 겸 연구원이자 하워드 휴스 의학연구소의 연구원이다. 1965년 캘리포니아 공과대학교에서 화학과를 졸업하고 1970년 매사추세츠 공과대학교에서 생물물리학으로 박사 학위를 취득했다. 그 후 영국 에든버러 대학교에서 3년 동안 박사 후 연구원 과정을 이수했으며, 1974년부터 브랜다이스 대학교 교수로 재직하였다. 미국 과학 아카데미 회원이다.

:: 마이클 영 Michael W. Young (1949~)

미국의 생물학자이자 유전학자. 1971년 오스틴에 있는 텍사스 대학교에서 생물학으로 학사 학위를 취득했고 1975년 동 대학원에서 유전학으로 박사 학위를 받았다. 스탠퍼드 대학교 의과대학에서 박사 후 과정을 거쳤으며, 1978년부터 록펠러 대학교 교수로 지내다 2004년에 부총장을 역임했다. 하워드 휴스 의학연구소의 연구원이다.

폐하, 전하, 영예로운 수상자 그리고 신사 숙녀 여러분.

쥘 베른의 유명한 소설 《80일간의 세계일주》의 주인공인 필리어스 포그는 시차가 있는 여러 나라를 여행하였음에도 불구하고 시차로 인한 피로를 겪지 않았습니다. 그는 시차에 적응하기 위해 한 지역에서 적어도 3일 이상씩 머물렀습니다. 오늘날처럼 자주 여행하는 시대에는 몇 시간 안에 시차가 있는 여러 지역을 여행할 수도 있습니다. 그러나 목적지의 새로운 시차에 적응해야 하므로 우리 몸은 고통을 겪습니다. 오늘 저녁, 이 자리에 계신 많은 외국인 여러분들은 지금도 분명히 이 시차를 겪고 있습니다. 우리의 생리는 왜 더 빠르게 적응할 수 없을까요? 그것은 무엇 때문일까요?

우리 몸의 생리는 매일의 리듬을 만드는 "일주기"라고 하는 생체시계에 의해 조절됩니다. 오래전부터 일주기 리듬은 모든 생명체에 있었습니다. 지구의 생명체는 지구의 운동에 적응하고, 내부의 생체시계는 낮과 밤의 주기에 맞춰 유기체가 생리와 행동을 최적화하도록 돕습니다. 생물학적 시계의 존재가 알려진 지는 거의 한 세기가 되었지만, 최근에 와서야 무엇으로 구성되었고 어떻게 작동하는지를 이해하기 시작했습니다.

1729년 프랑스 천문학자 장 자크 도르투 드 메랑이 잎이 낮에는 열리고 밤에는 닫히는 미모사 식물을 가져와 항상 어두운 곳에 두었던 것에 관한 이야기로 시작하겠습니다. 그는 이 식물의 잎이 장소와 무관하게 일정한 시간에 규칙적으로 열리고 닫히는 것을 관찰하였는데, 이는 식물

안에 일주기 리듬이 존재한다는 것을 암시합니다. 생리학은 유전자에 의해 조절되며 생물학적 시계도 예외는 아닙니다. 1771년 시모어 벤저와 로널드 코노프카는 24시간의 정상적인 활동 주기에 변화를 나타내는 돌연변이 초파리를 분리 배양하여 연구했습니다. 이로부터 15년 후, 매사추세츠주에 있는 브랜다이스 대학교의 제프리 홀과 마이클 로스배시, 뉴욕 록펠러 대학교의 마이클 영이 함께 '피리어드' 라고 하는 돌연변이 유전자를 분리하였습니다.

피리어드 유전자 발견은 중요한 연구였지만, 생물학적 시계의 작용기전을 이해하기 위해서는 더 많은 연구가 필요했습니다. 올해의 노벨 수상자들이 우리 몸의 생물학적 시계가 어떻게 작용하는지 최종적으로 밝힌 것은 1990년대에 그들이 이루어낸 주목할 만한 발견 덕분입니다. 제프리 홀과 마이클 로스배시가 처음 제안한 기본 원리는 믿을 수 없을 정도로 간단합니다. 피리어드 유전자는 세포에 단백질을 생성하고 축적하며, 특정 수준에 도달하면 유전자를 차단해 단백질의 생성을 막습니다. 단백질 수치가 떨어지면 유전자가 다시 활성화되고 단백질을 생성하는 새로운 주기가 시작합니다. 생물학에서 흔히 볼 수 있듯이, 정말 중요한 것은 세부적인 것에 감추어져 있습니다. 피리어드 유전자가 만든 단백질이 어떻게 오랜 시간 동안 안정화된 다음 세포핵으로 들어가 자신의 유전자를 억제하는지는 아직 밝혀지지 않았습니다. 마이클 영은 피리어드 유전자와 짝을 이루고, 약 24시간의 견고한 리듬을 생성하는 데 관여하는 2개의 유전자를 추가로 발견하고, '타임리스' 와 '더블타임' 이라고 명명하였습니다.

시차로 인해 불편함을 느끼는 것은 우리 몸의 생체시계가 강력하게 작동한다는 증거이며, 이는 환경 조건의 갑작스러운 변화에 적응하는 데 시간이 걸리기 때문입니다. 스톡홀름에서는 매년 이 무렵 햇빛이 부족함에도 불구하고, 다행히 음식이 시차를 재설정하는 강력한 자극제가 되기 때문에 시상식 후 이어질 만찬이 우리 몸의 생체시계를 조정하는 데 분명히 도움이 될 것입니다.

2017년 노벨상 수상자들은 우리 세포와 몸이 생체시계를 작동시켜 시간을 유지하는 방식, 즉 생리학 원리의 기본적인 진행 과정을 정확하게 제어하는 기전을 발견하였습니다. 이러한 시간 유지는 우리 몸의 적응에 필수적이며, 사람의 건강에 큰 영향을 미칩니다. 시차뿐만 아니라 암, 대사, 수면 장애, 여러 가지 신경 질환과 같은 만성 증후군의 발병률을 증가시킵니다.

홀, 로스배시, 영 교수님. 교수님들의 훌륭한 연구는 생리학의 큰 질문의 하나를 해결하였습니다. 교수님들께서는 지구상 생명체의 생존에 중요한 생체시계의 기전을 정확하게 밝히셨습니다.

카롤린스카 노벨위원회를 대표해 여러분께 따뜻한 축하를 보냅니다. 이제 앞으로 나오셔서 국왕 폐하로부터 노벨상을 받으시기 바랍니다.

카롤린스카 연구소 노벨 생리의학위원회 카를로스 이바녜스

음성(네가티브) 면역 관문 억제를 통한 암 치료법 발견

2018

제임스 앨리슨 | 미국　　**혼조 다스쿠** | 일본

:: 제임스 앨리슨 James P. Allison (1948~)

미국의 면역학자. 텍사스 대학교 MD 앤더슨 암 센터의 면역학 교수 겸 의장이자 면역치료 플랫폼 총괄 책임자이며, 암 연구소(CRI) 과학 자문 위원회의 이사이다. 1969년 오스틴에 있는 텍사스 대학교에서 공부한 후 1973년 생물학철학으로 박사 학위를 취득했으며, 1974년부터 1977년까지 캘리포니아의 스크립스 클리닉 및 연구 재단에서 박사 후 연구원으로 근무했다. 미국 과학 아카데미와 의학 아카데미 회원이다.

:: 혼조 다스쿠 本庶佑 (1942~)

일본의 의사, 의학자. 교토 대학교 명예 교수이다. 1966년에는 교토 대학교 의학과를 졸업한 뒤 1975년 의학으로 박사 학위를 취득했다. 1999년부터 2004년까지 문부성에서 고등교육국 과학관을 맡았고, 일본 학술진흥회 학술시스템연구센터 소장을 역임했다. 교토 대학교 암면역종합연구센터 초대 센터장이다.

폐하, 국왕 전하, 영예로운 수상자 여러분, 신사 숙녀 여러분.

암은 인류의 가장 큰 재앙 중 하나로 병든 세포가 통제되지 않고 증식하여 체내에 퍼져 전이를 일으킴으로써 발생합니다. 암 치료법은 수술, 방사선 요법, 암세포를 공격하는 약물이라는 세 가지 핵심을 기반으로 합니다. 오늘날 암의 3분의 2 이상이 치료되지만, 암은 여전히 매년 수백만 명의 생명을 앗아가고 있습니다. 새로운 형태의 치료법이 절실히 필요합니다. 연구자들은 일반적으로 감염으로부터 우리를 보호하는 면역체계를 활용하는 가능성에 긴 희망을 걸었습니다.

면역체계는 다양한 세포와 분자 형태의 다양한 도구 배열을 기반으로 합니다. 각각의 악기는 작동하는 데 필요한 고유한 사운드와 기술적 요구 사항을 갖고 있습니다. 이 면역체계는 오케스트라의 악기와 어느 정도 유사합니다.

면역체계의 기본 임무는 외부 세포를 구별하여 이에 대응하는 것과 우리 몸의 자체 세포를 식별하여 평화롭게 내버려두는 것에 있습니다.

T세포(무엇보다도 킬러 세포 역할을 하는 일종의 백혈구)는 수용체라는 특수 도구를 사용하여 암세포를 이물질로 식별합니다. 1990년대에 이르러 암 면역학 연구자들은 T세포가 반응은 하지만, 안타깝게도 너무 소극적으로 반응한다는 것을 보여주었습니다. 이를 오케스트라에 비유해 설명해 보겠습니다.

아름답고 선명하지만 아쉽게도 너무 짧고 느리고 약합니다! '안단테와 피아니시모' 를 연주하는 것만으로는 암세포를 제거하기에는 충분하지 않았습니다. 올해 노벨 생리의학상은 면역체계를 억제하는 브레이크를 해제함으로써 암 치료에 동원하는 방법을 발견한 두 명의 연구자에게 돌아갔습니다. 두 수상자 모두 면역학자지만 처음부터 암 연구자는 아니었습니다. 따라서 이 이야기는 기초과학 연구의 예상치 못한 혜택이라는 중요한 사실을 보여줍니다.

1990년대 중반, 제임스 앨리슨 박사는 T세포의 반응을 증폭시키는 '가속 페달'과 이를 약화시키는 '브레이크 페달'을 확인하는 연구에 몰두하고 있었습니다. 그는 암에 대한 T세포 반응을 유발하는 항체를 사용하였습니다. 바로 브레이크 페달을 떼어내는 매우 대담한 아이디어를 시험했습니다. 그는 쥐의 암을 치료하는 것으로 시작했습니다. 그런 다음 인간을 위한 치료법을 개발하기 위해 단계적으로 노력했습니다. 앨리슨 박사는 이를 "면역 관문Immune checkpoint 억제"라고 불렀습니다. 악성 흑색종에 대한 첫 번째 임상 연구에서 일부 환자들은 극적인 반응을 보였습니다. 심지어 온몸에 암이 퍼진 환자에게서도 전이가 줄어들고 사라졌습니다.

혼조 다스쿠 교수는 이미 1990년대 초에 T세포에서 새로운 분자를 발견했습니다. 수년간 체계적으로 연구를 수행해 오던 혼조 다스쿠 교수는 이 분자가 면역체계에서 또 다른 제동 메커니즘으로 작용한다는 사실을 밝혀냈습니다. 앨리슨 박사로부터 영감을 받은 그는 이 브레이크를 차단하면 생쥐의 면역체계가 암세포를 공격하고 새로운 방식으로 작동한다는 것을 보여주었습니다. 혼조 교수는 이것이 강력한 암 치료법으로 개발될 수 있다고 제안했습니다. 임상 연구자들은 나중에 그의 가설을 확인할 수 있었습니다. 이러한 형태의 면역 관문 억제는 더 많은 환자에게 반응을 일으키고 다른 형태의 암에도 효과가 있습니다.

이 두 가지 요법은 함께 사용하면 특히 강력한 효과를 발휘합니다. 면역체계의 오케스트라로 돌아가서 다시 살펴보겠습니다. 지난번에는 얼마나 한심하게 들렸는지 기억하실 겁니다. 이제 브레이크를 풀었을 때 같은 반응이 어떻게 나타나는지 들어보겠습니다. 자, 마에스트로?

"알레그로 에 포티시모Allegro e Fortissimo!" 소리가 좀 달라졌어요! 면역체계를 올바른 방식으로 조율함으로써 수만 명의 환자의 질병을 통제하거나 제거할 수 있음이 입증되었습니다. 많은 환자가 5년이 지난 후에도 여전히 종양이 없는 상태를 유지합니다. 암 치료의 새로운 패러다임이 확고하게 자리 잡았습니다. 수상자들의 발견은 완전히 새로운 연구 분야에 영감을 불어넣었습니다. 마치 카르멘 서곡처럼 흥미진진한 미래를 약속합니다.

앨리슨 교수님과 혼조 교수님. 두 분의 획기적인 연구는 암 치료에 새로운 기둥을 추가했습니다. 암세포를 직접 표적으로 삼는 것이 아니라 면역체계의 브레이크를 풀어주는 새로운 치료 패러다임을 제시했습니다. 여러분의 중요한 발견은 수많은 환자와 전 인류에게 유익한 암 퇴치라는 획기적인 사건이 되었습니다. 카롤린스카 노벨위원회를 대표하여 여러분께 따뜻한 축하를 보냅니다. 이제 앞으로 나오셔서 국왕 폐하로부터 노벨상을 받으시기 바랍니다.

카롤린스카 연구소 노벨 생리의학위원회 클라스 캐러

세포의 산소 이용을 감지하고 적응하는 방법의 발견

2019

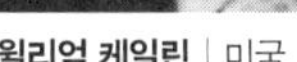

윌리엄 케일린 | 미국

피터 랫클리프 | 영국

그레그 서멘자 | 미국

:: 윌리엄 케일린 William G. Kaelin Jr (1957~)

미국의 의학자. 하버드 대학교와 다나-파버 암센터의 의학과 교수이다. 1979년 듀크 대학교에서 수학 및 화학을 공부하고, 1982년 듀크 대학교 의과대학에서 박사 학위를 취득했다. 1987년 하버드 의과대학 부속병원인 다나-파버 암센터에서 종양학 전문의 과정을 시작하였고, 1992년 다나-파버 연구원, 2002년부터 하버드 의과대학 교수로 재직했다.

:: 피터 랫클리프 Sir Peter J. Ratcliffe (1954~)

영국의 의학자, 세포생물학자. 1978년 세인트 바살러뮤 병원 의과대학에서 학사 학위를 받은 후 1987년 케임브리지 대학교에서 의학 박사 학위를 취득했다. 옥스퍼드 존 래드클리프 병원에서 임상의로 재직했다. 현재 프랜시스 크릭 연구소의 임상 연구 책임자이며, 옥스퍼드 모들린 칼리지의 펠로이다.

:: 그레그 서멘자 Gregg L. Semenza (1956~)

미국의 의학자. 존스홉킨스 의과대학과 교수이며 세포공학 연구소의 혈관 연구 책임자이다. 1978년 하버드 대학교에서 소아유전학 및 생물학을 공부하고 1984년 펜실베이니아 대학교에서 의학 및 이학 박사 학위를 취득했다. 듀크 대학병원에서 소아과 전문의 과정을 마치고 존스홉킨스 대학교에서 박사 후 과정을 수료했다. 체내에 저산소를 유도하는 유전자인 HIF-1을 최초로 발견했다.

폐하, 국왕 전하, 영예로운 수상자 그리고 신사 숙녀 여러분.

생명의 특효약Elixir of Life은 1500년대에 우리가 현재 산소로 알고 있는 기체에 붙여진 이름입니다. 불의 공기Air of Fire는 1700년대에 셸레Scheele가 연소에 필요한 공기 성분을 더 간결하게 표현하기 위해 사용한 용어입니다.

우리는 모두 불에 타고 있습니다.

우리는 에너지 생성을 위해 몸 안에서 산소로 영양소를 연소시킵니다.

산소가 없으면 에너지도 만들 수 없고 생명도 존재할 수 없습니다.

우리는 산소가 없으면 죽는다는 것을 모두 압니다. 그러나 우리는 근육 운동을 하면 몸 안에서 산소 결핍이 끊임없이 일어나게 된다는 것을 알지 못합니다.

올해의 노벨 생리의학상은 산소 부족이 일어날 때, 우리 세포의 가장 미세한 부분에서 어떻게 이를 감지하고 적응하는지에 관한 연구입니다.

1800년대 말에 우리는 산소가 적은 높은 고도에서는 더 많은 적혈구를 생성함으로써 적응한다는 사실을 알게 되었습니다.

1900년대 중반에 적혈구의 생성은 신장에서 에리트로포이에틴의 작용으로 일어난다는 것을 알게 되었습니다. 그러나 이러한 조절이 어떻게 일어나는지 전혀 알지 못했습니다.

그레그 서멘자와 피터 랫클리프 경은 산소 농도가 떨어질 때 에리트로포이에틴 유전자가 어떻게 뛰어난 반응력을 가질 수 있는지를 연구하기로 결심했습니다. 서멘자는 DNA의 필수적인 인자를 발견하였습니다. 랫클리프 경은 그와 같은 주제를 연구해 이 DNA 인자가 모든 세포에서 활성화된다는 것을 보여주었습니다. 산소는 우리 몸 어디에서나 감지됩니다. 그리고 서멘자 교수님은 방어 유전자를 활성화하는 중요한 작용점을 발견하였습니다. 그것의 이름은 저산소증 유도인자(HIF)입니다. HIF는 정교한 통제를 통해 조절됩니다. HIF는 지속해 생성되지만, 산소가 충분하면 사라집니다. 산소 농도가 떨어질 때만 HIF가 유지되고 방어되는 기전으로 작용합니다.

윌리엄 케일린은 유전이 잘되는 암으로 알려진 폰 히펠-린다우(VHL) 질병의 여러 가지 문제점을 연구하였습니다. VHL 유전자가 없는 암세포는 HIF에 의하여 조절되는 활성화된 유전자를 가지고 있습니다. 피터 랫클리프 경은 중요한 실험을 통해 HIF를 제거하기 위하여 VHL유전자가 필요하다는 것을 증명하였습니다.

그러면 HIF를 제거하는 데 필요한 VHL의 신호는 무엇일까요?

2000년대 초반에 케일린과 랫클리프 경 모두가 이 수수께끼를 풀었습니다. 이 신호는 산소 원자를 HIF에 결합하는 것입니다.

산소가 없으면 VHL에 대한 신호가 없으므로, HIF는 제거되지 않고 원래대로 남아 있어 우리 몸의 방어 기능을 활성화할 수 있습니다.

노벨 수상자들은 이 퍼즐의 조각을 맞춰 드디어 생명에 중요한 산소가 정확한 양으로 이용할 수 없을 때를 보상하기 위한 민감한 장치를 알아냈습니다.

오늘날 우리는 이 장치가 여러 가지 기능에 영향을 미친다는 것을 알고 있습니다.

산소가 부족하면, 산소의 수송은 신생 혈관과 적혈구를 생성하여 증가합니다. 또한 우리 세포는 에너지 대사를 재프로그래밍하여 이용할 수 있는 산소를 절약하도록 지시를 받습니다. 산소의 감지는 또한 많은 질병과 관련이 있습니다. 수상자 여러분의 발견으로 빈혈과 암의 치료법을 개발하기 위한 집중적인 연구가 진행되고 있습니다.

서멘자, 랫클리프, 케일린 교수님. 여러분의 획기적인 발견은 변화무쌍한 산소의 농도를 감지하고 반응하는 능력을 설명할 수 있는 훌륭한 기전을 밝혔습니다. 여러분이 밝힌 이 접근법은 생리학의 모든 분야와 다양한 인간 질병에 매우 중요합니다. 그것이 없다면 동물의 삶은 이 지구상에서 가능하지 않습니다.

카롤린스카 노벨위원회를 대표하여, 여러분께 따뜻한 축하의 말씀을 드리게 된 것을 큰 영광으로 생각합니다. 이제 국왕 폐하로부터 노벨상을 받으러 앞으로 나와주시기 바랍니다.

카롤린스카 연구소 노벨 생리의학위원회 안나 웨델

C형 간염 바이러스 발견

2020

하비 올터 | 미국

마이클 호턴 | 영국

찰스 라이스 | 미국

:: 하비 올터 Harvey J. Alter (1935~)

미국의 바이러스학자, 의학자. 미국 국립보건원(NIH) 임상센터의 전염병 연구 책임자이자 수혈의학 연구 부소장이며 명예 연구원이다. 1960년 로체스터 대학교에서 의학으로 학위를 취득하고 워싱턴 대학교, 조지타운 대학교 의과대학에서 근무했다. 수혈 관련 간염의 원인을 밝혔다.

:: 마이클 호턴 Michael Houghton (1949~)

영국의 바이러스학자. 캐나다 앨버타 대학교 리카싱 응용바이러스연구소 소장이다. 1972년 영국 이스트 앵글리아 대학교에서 생명과학으로 학사 학위를 받았고, 1977년 런던 대학교 킹스 칼리지에서 박사 학위를 받았다. 1982년 미국의 생명공학기업 카이론에서 바이러스 유전자를 분석하는 연구를 수행했다.

:: 찰스 라이스 Charles M. Rice (1952~)

미국의 바이러스학자. 록펠러 대학교 교수이고 코넬 대학교, 워싱턴 대학교 의과대학의 겸임 교수다. 미국 과학진흥협회, 미국 과학 아카데미 회원이다. 1974년 캘리포니아 대학교에서 동물학으로 학사 학위를 취득했고, 1981년 캘리포니아 공과대학교에서 생화학으로 박사 학위를 받은 후 박사 후 연구원을 거쳤다. 미국 식품의약국, 국립보건원, 세계보건기구 위원회에서 활동했으며, 미국 바이러스학회의 회장을 역임했다.

폐하, 국왕 전하, 존경하는 수상자 여러분 그리고 신사 숙녀 여러분.

바이러스는 항상 우리 존재의 일부였습니다. 진화를 통해 우리는 우리를 침입하는 병원균에 대처할 수 있는 다양한 기능을 획득했습니다. 이로써 우리는 일상적인 위협으로부터 우리를 보호하며, 정교하게 조정되는 매우 효과적인 면역체계를 갖추게 되었습니다. 박테리아, 식물, 동물 등 다양한 종류의 생명체에는 그 종마다 특정 집단 내에서 순환하는 고유한 바이러스 침입자 집합이 있습니다. 하지만 새로운 위협은 끊임없이 발생합니다. 바이러스는 종종 종의 장벽을 넘어 숙주의 범위를 넓히기도 합니다. 자신을 좀 더 효과적인 방법으로 확산시키고자 합니다. 이것이 바이러스의 유일한 존재 이유이기 때문입니다.

바이러스는 육안으로는 볼 수 없습니다. 다양한 형태와 모양으로 나타나며 종종 우리를 놀라게 합니다. 전 세계는 올해 바이러스 팬데믹에 직면해 있습니다. 우리 사회의 거의 모든 측면에서 영향을 받고 있습니다. 팬데믹의 원인 바이러스인 사스 코로나바이러스-2(SARS CoV-2)의 신속한 발견은 실로 전례가 없는 일이었습니다. 바이러스와 이 바이러스가 일으키는 질병에 대한 이해도는 날로 높아지고 있습니다. 팬데믹 억제라는 목표를 향해 많은 진전이 이루어지고 있습니다.

올해의 노벨상 시상식은 수상자들이 참석하지 않은 가운데 개최하게 되었습니다. 바로 팬데믹의 여러 결과 중 하나입니다. 그러하기에 올해의 노벨 생리의학상의 의미가 더욱 두드러집니다. 바로 인간의 주요 병원체이자 눈에 보이지도 않는 전염병의 원인인 C형 간염 바이러스의 발견이기 때문입니다.

수상자들은 수십 년에 걸쳐 전통적 기술과 새로운 기술을 모두 활용하여 연구를 수행했습니다. 이들은 과학적인 협업과 체계적인 실험의 중요성을 잘 보여주었습니다. 출발점은 수혈을 받은 사람들이 수년 후 만성 간 염증을 앓는 경우가 점점 늘어나는 것을 관찰한 것에서부터였습니다. 이 질병의 임상 결과는 이미 알려진, 간염 바이러스에 감염된 후 나타나는 것과는 확연히 달랐습니다. 이것은 초기에는 거의 증상이 나타나지 않는 침묵의 상태였습니다. 그러나 시간이 지남에 따라서 대부분의 감염된 개인에서 간이 점진적으로 손상되었습니다.

하비 올터 박사는 이 새로운 질병을 조사하기 시작했습니다. 그는 헌혈자와 이 형태의 간염에 걸린 사람들의 샘플을 활용하여 신중하게 연구를 설계했으며, 퍼즐을 풀어나갔습니다. 1978년 올터 박사는 이 질병이 전염됨을 공식적으로 입증했습니다. 이로써 그 원인 물질을 찾기 위한 경쟁이 시작될 수 있었습니다.

이 무렵에는 분자생물학 기반의 기술이 다양하게 개발되어 활용되기 시작했습니다. 그러나 지금처럼 효율적이지는 못했습니다. 마이클 호턴 박사와 그의 팀은 새로운 스크리닝 기술을 사용하여 미지의 바이러스를 복제하기 시작했습니다. 당시 기술의 한계를 감안할 때 거의 모든 역경에도 불구하고 스크리닝에 성공하여 C형 간염 바이러스를 분리해 냈습니다.

찰스 라이스 박사는 바이러스가 세포 내에서 어떻게 스스로 복제하여 새로운 감염 입자를 만드는지 규명하기 위한 연구에 착수했습니다. 이 과정의 세부 사항을 정의함으로써 그는 생산적인 감염과 간 질환을 단독으로 유발하는 바이러스 클론을 생성할 수 있었습니다. 이는 C형 간염 바이러스가 새로운 형태의 혈액 매개 간염을 유발했다는 최종 증거를 제공한 것입니다.

올해 수상자들의 업적은 C형 간염 바이러스의 발견입니다. 바이러스가 장기간의 만성 감염 동안 어떻게 틈새에서 살아남는지, 간 질환이 어떻게 발생하는지에 대한 오늘날 이해의 토대를 마련했습니다. 그리고 무엇보다도 중요한 것은 이 연구 업적이 매우 효과적인 항바이러스 의약품의 개발로 이어졌다는 점입니다. 이는 현재 거의 모든 치료 대상자의 감염을 치료하는 데 적용이 됩니다.

올해 노벨 생리의학상 수상자는 바이러스를 중심 무대로 삼고 있습니다. 바이러스는 계속해서 우리를 놀라게 할 것입니다. 바이러스는 다양한 전파 경로를 이용하는 적응의 달인입니다. 새로운 바이러스 위협에 대비하려면 올해 수상자들이 수행한 연구와 같은 연구가 필요합니다. 다양한 유형의 바이러스가 숙주와 상호작용하는 기본적인 특성을 깊이 이해하는 것이 필요합니다.

카롤린스카 연구소의 노벨위원회를 대표하여 수상자 여러분께 따뜻한 축하의 인사를 전하게 되어 큰 영광으로 생각합니다. 이제 앞으로 나오셔서 국왕 폐하로부터 노벨상을 받으시기 바랍니다.

카롤린스카 연구소 노벨 생리의학위원회 구닐라 칼손 헤데스탐

온도와 촉각 수용체의 발견

2021

데이비드 줄리어스 | 미국 아뎀 파타푸티언 | 미국

:: 데이비드 줄리어스David Julius (1955~)

미국의 생물학자. 캘리포니아 대학교 교수다. 1977년 매사추세츠 공과대학교에서 학사 학위를 받은 후, 1984년 버클리에 있는 캘리포니아 대학교에서 박사 학위를 취득했다. 1989년 컬럼비아 대학교에서 박사 후 과정을 수료했다. 우리가 캡사이신을 만졌을 때 느끼게 되는 작열감에 대해 연구하면서 피부에 있는 온도 수용체를 규명했다.

:: 아뎀 파타푸티언Ardem Patapoutian (1967~)

레바논 태생 미국의 분자생물학자. 1986년에 미국으로 이주한 후 1990년에 캘리포니아 대학교에서 세포 및 발달 생물학으로 학사 학위를 받았고, 1996년에는 캘리포니아 공과대학교에서 생물학으로 박사 학위를 받았다. 2000년 캘리포니아 스크립스 연구소의 신경과학 교수이었으며, 2014년부터 하워드 휴스 의학연구소 연구원으로 일하고 있다.

폐하, 전하, 영예로운 수상자 그리고 신사 숙녀 여러분.

우리가 어떻게 환경을 감지하는지에 대한 의문은 인류의 큰 수수께끼

중의 하나입니다. 우리는 휘황찬란한 색깔을 볼 수 있고, 먹는 음식의 맛을 즐기며, 소리를 듣고, 우리 주변의 무수히 많은 냄새와 향기를 맡습니다. 수년에 걸친 끈질긴 연구가 눈의 광수용체, 입의 미각수용체, 내이inner ear의 복잡한 구조와 후각 수용체 등 감각기관의 문지기를 발견했습니다. 그러나 우리는 세상을 경험하는 또 다른 감각 능력인 온도와 촉각을 느끼는 능력을 갖추고 있습니다. 신체 기반의 온도 감각과 촉각은 우리 주변의 미묘하고 풍부한 세계를 인식하는 데 필요합니다. 수백만 년의 진화를 통하여 만들어진 이 감각은 매우 정교하고 놀라운 감도와 정밀도를 가지고 있습니다.

우리 몸의 피부와 장기에 분포하고 있는 신경이 주변 환경에 대한 정보를 추출하는 역할을 한다는 것은 오랫동안 알려져 왔지만, 해결해야 할 중요한 질문들이 남아 있었습니다. 신경계가 온도와 촉각을 감지할 수 있는 센서는 무엇일까요?

온도 센서의 발견은 매운 음식을 먹을 때 맵고 타는 듯한 느낌을 주는 고추의 성분인 캡사이신에 관한 관심으로 시작되었습니다. 데이비드 줄리어스 교수님은 집중적인 탐색을 통하여 캡사이신 센서를 찾았습니다. 줄리어스 교수님께서 뜨거운 것에 반응하는 캡사이신의 작용을 연구했을 때, 그는 열 감지 수용체를 발견했음을 깨달았습니다. 이 후속 연구와 발견을 통하여 줄리어스 교수님 덕분에 우리는 커피 한 잔의 따뜻한 느낌, 샤워할 때의 시원함, 뜨거운 난로에 피부가 닿을 때의 통증처럼 주변 온도를 인식하는 방법을 이해할 수 있게 되었습니다. 통증의 느낌은 신체의 부상이나 위협을 경고해 줍니다. 이러한 능력이 없다면 우리는 해로운 것으로부터 우리 자신을 보호할 수 없을 것입니다.

온도 센서의 발견은 매우 획기적인 것이었으나 촉각을 감지하는 작용

기전은 수수께끼로 남았습니다. 아뎀 파타푸티언 교수님은 끈질긴 연구를 통해 기계적 자극에 반응하는 새로운 종류의 특별한 단백질을 발견하였습니다. 파타푸티언 교수님에 의한 미묘한 센서의 발견은 우리의 신경계가 어떻게 접촉과 압력을 감지하는지를 설명하였습니다. 예를 들면 손끝으로 탐색하는 대상을 어떻게 인식할 수 있는지를 설명합니다. 이것은 또한 우리의 팔다리가 공간에서 어디에 있는지를 알 수 있게 하는 '여섯 번째' 감각을 갖게 하였습니다. 예를 들어 걷거나 뜨거운 차를 마실 때와 같이 이 능력이 없이는 우리는 팔과 다리를 움직일 수 없습니다.

2021년 노벨 수상자는 우리 몸 안팎에서 세계를 어떻게 감지하는지를 뒷받침하는 근본적인 기전을 설명하였습니다. 우리 몸의 온도와 촉각 센서는 매일매일 우리의 삶에서 늘 사용되고 있습니다. 이 센서는 우리 환경의 실시간 정보를 끊임없이 작동해 주고, 이것이 없으면 간단한 것조차 수행하는 것이 불가능합니다.

데이비드 줄리어스, 아뎀 파타푸티언 교수님. 교수님들께서는 인간 생리학에서 가장 근본적인 질문 중의 하나에 답을 주셨습니다. 당신들의 발견은 우리의 주변 환경을 인식하고 상호작용하는 방식을 이해하는 패러다임에 전환을 가져왔습니다. 카롤린스카 노벨위원회를 대표하여 당신께 가장 따뜻한 축하를 드리게 되어 매우 영광스럽게 생각합니다. 이제 앞으로 나오셔서 국왕 폐하로부터 노벨상을 받으시기 바랍니다.

카롤린스카 연구소 노벨 생리의학위원회 파트리크 에른포르스

멸종된 호미닌의 유전체와 인류 진화에 관한 발견

2022

스반테 페보 | 스웨덴

:: **스반테 페보 Svante Paabo (1955~)**

스웨덴의 고생물학 유전학자. 독일 라이프치히 대학교 명예 교수이며, 막스 플랑크 연구소의 진화인류학 분과 책임자이다. 1982년 노벨 생리의학상을 수상한 스웨덴 생화학자 수네 베리스트룀의 아들이다. 1986년 웁살라 대학교에서 박사 학위를 받은 후 취리히 대학교에서 박사 후 연구원을 지냈다. 수십 년 동안 호미닌과 현생 인류의 연관성을 밝히기 위해 연구해 네안데르탈인의 게놈 전체를 해독하였고 '데니소바'의 존재를 발견했다.

폐하, 국왕 전하, 존경하는 노벨상 수상자 여러분, 신사 숙녀 여러분.

"우리는 누구이며 어디에서 왔는가?" 이러한 질문은 오랫동안 인류가 흥미롭게 생각했습니다. 살아 있는 모든 것은 역사를 통해 흔적을 남깁니다. 인류는 오랫동안 고대 뼈를 연구해 왔습니다. 그러나 우리가 어떻게 연관되어 있는지에 대해서는 이런 방식으로는 답할 수 없었습니다.

DNA는 새로운 기회를 제공합니다. DNA는 생명의 암호를 담고 있습니다. 이 코드가 점진적으로 변화하며 진화의 기초를 형성합니다. 조상의 흔적이 우리 DNA에 남아 있습니다. DNA를 비교함으로써 우리는 생명체와 개인 간의 관계를 이해할 수 있습니다. 스반테 페보 박사는 어려서부터 고대 인류의 역사에 매료되었습니다. 그는 면역학을 공부하는 동안 새로운 가능성을 발견했습니다. 최신 DNA 기술을 이용하여 비밀리에 이집트 미라를 연구했습니다.

그의 연구는 전 세계의 주목을 받았습니다만 곧 문제에 봉착했습니다. 고대의 DNA는 그 당시 어떠한 첨단 기술로도 쉽게 포착할 수 없었습니다. 따라서 페보 박사는 엄격함과 구조를 향한 여정에 착수했습니다. DNA 생화학에 대한 깊은 지식과 기술적 탁월함, 끈기, 열정, 동료애가 결합하여 새로운 과학 분야가 탄생했습니다. 바로 고유전체학입니다.

그는 현 인류와 가장 가까운 멸종 친척인 네안데르탈인의 게놈 분석이라는 도전에 나섰습니다. 새로운 고처리량 시퀀싱 기술을 사용했습니다. 방대한 데이터 분석을 위해 국제 컨소시엄을 구성했습니다. 이로써 페보 박사는 불가능해 보였던 네안데르탈인의 전체 게놈의 서열을 분석하는 데 성공했습니다.

호모 사피엔스는 아프리카에서 발생하여 다른 대륙으로 이주하였습니다. 수십만 년 동안 유라시아 대륙에 적응한 네안데르탈인과 함께 살았습니다. 페보 박사의 발견 덕분에 근본적인 의문이 해결되고 놀라운 사실이 밝혀질 수 있었습니다. 호모 사피엔스와 네안데르탈인은 함께 아이를 낳았습니다. 멸종한 친척의 유전자를 물려받아 오늘날까지도 우리에게 영향을 미친다는 것을 알게 되었습니다. 감염에 반응하는 방식에도 영향을 미치고 있음이 밝혀졌습니다. 페보 박사는 또한 작은 손가락뼈의 DNA를 분석하여 새로운 호미닌을 발견하는 놀라운 성과를 거두기도 했습니다. 새로 발견된 데니소바 호미닌 역시 오늘날까지도 우리에게 영향을 미치는 유전적 흔적을 남겼습니다.

스반테 페보 박사의 발견으로 우리는 가장 근본적인 질문 중 하나를 해결할 수 있게 되었습니다. 바로 "무엇이 우리를 특별하게 만드는가?"라는 질문입니다. 네안데르탈인은 우리와 마찬가지로 두뇌가 크고 집단 생활을 하며 도구를 사용했습니다. 다만 알 수 없는 이유로 네안데르탈인이 사라질 때까지 수십만 년 동안 거의 변화하지 않았습니다. 반면 호모 사피엔스는 복잡한 문화, 조형 예술, 첨단 혁신을 빠르게 발전시켰습니다. 그들은 바다를 건너 지구의 모든 지역으로 퍼져 나갔습니다. 우리에게 새로운 능력을 부여하는 일이 일어난 것입니다.

그 해답은 인류가 분리된 이후 발생한 유전적 변화에 있을 것입니다. 페보 박사의 중요한 발견 덕분에 현생 인류가 모두 공유하지만, 네안데르탈인과 데니소바인에게는 없는 유전적 변이가 확인되었습니다. 이들의 기능적 의미를 이해하는 것은 흥미로운 도전입니다. 바로 스반테 페보 박사가 현재 집중하고 있는 연구 내용입니다.

스반테 페보 박사님.

당신의 획기적인 발견으로 고대 과거에 대한 창이 열렸습니다. 이는 누구도 예상하지 못한 의미를 담고 있습니다. 인류와 가장 가까운 멸종 친척의 게놈을 밝힘으로써 우리가 누구이며 어디에서 왔는지에 관한 연구를 위해 새로우면서 최근의 기준점을 제공해 주었습니다. 인간이란 무엇인가를 이해하려면 유전학 이상의 것이 필요합니다. 박사님은 이 근본적인 질문에 대한 추가적인 탐구를 위하여 견고한 생물학적 토대를 제공했습니다.

카롤린스카 연구소 노벨 위원회를 대표하여 따뜻한 축하를 전할 수 있게 되어 큰 영광으로 생각합니다. 이제 앞으로 나오셔서 국왕 폐하로부터 노벨상을 받으시기 바랍니다.

카롤린스카 연구소 노벨 생리의학위원회 안나 웨델

코로나19의 mRNA 백신 개발을 가능하게 한 핵산 염기 변형 기술 발견

2023

커털린 커리코 | 미국 **드루 와이스먼** | 미국

:: 커털린 커리코 Katalin Kariko (1955~)

헝가리 태생 미국의 생화학자. 헝가리 세게드 대학교 교수, 펜실베이니아 대학교 의과대학 겸임 교수다. 1978년 헝가리 세게드 대학교에서 생물학으로 학사 학위를, 1982년 생화학으로 박사 학위를 취득했다. 1985년까지 헝가리 과학 아카데미에서 박사 후 연구를 수행한 후 필라델피아 템플 대학교, 베제스타 대학교 건강과학대에서 박사 후 연구를 수행했다. 2013년까지 펜실베이니아 대학교 조교수를 역임한 뒤 BioNTech RNA 제약회사 부사장, 수석부회장을 역임했다.

:: 드루 와이스먼 Drew Weissman (1959~)

미국의 의사, 면역학자. 펜실베이니아 대학교 교수다. 1981년 브랜다이스 대학교에서 생화학 및 효소학으로 학사 학위를, 1987년 보스턴 대학교에서 의학 및 이학으로 박사 학위를 취득했다. 하버드 의과대학교의 메디컬 센터(BIDMC)에서 임상 훈련을 마친 후 국립보건원(NIH)에서 박사 후 연구를 수행했다. 1997년 펜실베이니아 대학교 페렐만 의과대학에 연구 실험실을 설치했다. 제1호 백신연구 로버트패밀리 교수로 펜실베이니아 대학교 의과대학의 RNA혁신연구소의 소장을 역임하고 있다.

전하, 그리고 신사 숙녀 여러분.

DNA는 우리가 물고기, 꿀벌, 레몬 나무, 사람 등 어떤 종인지를 정의하는 유전적인 청사진입니다. RNA는 이보다는 덜 알려졌지만, DNA와 마찬가지로 중요합니다. 전령 RNA(mRNA)의 역할은 유전정보를 전달하여 단백질을 생산하는 주형틀 역할을 합니다. 각 세포에는 수천 개의 서로 다른 mRNA 분자가 항상 존재하며, 세포가 특정한 작용으로 발달해 그 기능을 수행하도록 지시합니다. DNA에서 RNA로 전사되어 단백질로의 변환되는 과정은 모든 생명체에 적용되는, 진화적으로 보존된 과정입니다.

mRNA는 1961년 자코브와 모노에 의하여 처음으로 발견되었으며, 이 발견으로 1965년에 노벨 생리의학상을 받았습니다. mRNA의 정체성과 기능은 60년 이상 알려져 왔고, 대부분의 현대 의학 실험실에서 일상적으로 사용되고 있으나, 최근까지도 이 용어는 과학계를 제외하고 대체로 모호한 상태로 남아 있었습니다.

올해 노벨 생리의학상 수상자인 커털린 커리코 교수와 드루 와이스먼 교수가 자신들의 업적을 통해 mRNA 용어를 널리 알렸습니다. 오늘 여기 계신 여러분들 대다수가 팔에 한 번 또는 그 이상 백신을 접종했을 텐데, 백신 접종은 우리 세포가 잠시 암호화된 단백질을 생성하도록 지시하는 과정입니다. 코로나19백신처럼 mRNA가 외부 바이러스 단백질을 암호화하면 면역체계가 바이러스에 대해 반응하도록 자극해 경고함으로써 나중에 감염될 때 질병으로부터 우리를 보호합니다.

RNA 분자는 구성이 매우 단순한 4개의 구성 요소(뉴클레오티드)를 이용하여 암호화 단백질을 서로 다른 여러 가지 순서로 연결합니다. RNA 전문 생화학자 커털린 커리코 교수와 숙련된 면역학자 드루 와이스먼 교수는 유전정보 전달체로서 mRNA를 임상 연구에 사용하는 비전을 공유하였습니다. 그러나 초기의 결과는 좋지 않았습니다. 커리코와 와이스먼 교수는 이 목표를 이루기 위해서 세포가 분자 수준에서 여러 가지의 RNA에 어떻게 반응하는지를 이해할 필요가 있음을 깨달았습니다.

2005년에 출판된 획기적인 논문에서 그들은 뉴클레오티드로 생산된 mRNA가 인간 세포에 전달될 때 원하지 않는 염증 반응을 일으킨다는 것을 입증하였습니다. 그러나 4개의 뉴클레오티드 중 하나를 화학적으로 변형시켜 우리 세포의 mRNA를 모방하면 염증 반응이 일어나지 않는 것을 발견하였습니다. 이 발견은 이전에 mRNA를 기반으로 하는 임상 응용 분야에서 직면하고 있던 문제점을 해결하여 mRNA 기술의 새로운 시대를 열었습니다.

올해 노벨상 수상자의 발견은 놀랍게도 15년 후에 최악의 전염병을 통제할 수 있는 효과적인 백신 개발을 가능하게 해 수백만 명의 생명을 구했습니다. 2020년에 과학자들은 정부, 민간 부문, 규제 당국과 함께 노력하여 백신 개발이 시급한 상황에서 개발에 필요한 시간을 크게 줄일 수 있다는 사실을 증명하였습니다.

과학적으로 소통하는 일은 어렵습니다. 그러나 질병의 감염 위협과 면역체계의 기능에 관한 대중적인 인식과 지식을 높인 것은 팬데믹이 가져다 준 희망이었습니다. mRNA, 변종 바이러스, 항체, B세포 및 T세포와 같은 용어는 이제는 대부분 사람에게 잘 알려져 있습니다. 설문 조사에 따르면 팬데믹 기간 동안 과학 연구에 관한 대중의 신뢰가 높았던 것으로 나타났습니다. 올해 수상자들의 기초 연구가 이에 기여한 것은 의심할 여지가 없습니다.

올해의 노벨 생리의학상은 인류의 가장 큰 이익에 공헌해야 한다는 알프레드 노벨의 의지에 잘 부합합니다.

커리코 교수님과 와이스먼 교수님. 카롤린스카 노벨위원회를 대표하여 따뜻한 축하를 드리게 되어 큰 영광입니다. 이제 앞으로 나오셔서 국왕 폐하로부터 노벨상을 받으시기 바랍니다.

카롤린스카 연구소 노벨 생리의학위원회 구닐라 칼손 헤데스탐

• 알프레드 노벨의 생애와 사상

• 노벨상의 역사

• 노벨상 수상자 선정 과정

알프레드 노벨의 생애와 사상

알프레드 노벨은 1833년 10월 21일 스톡홀름에서 태어났다. 그는 어려서부터 아버지 이마누엘 노벨로부터 공학을 배웠으며, 아버지를 닮아 손재주가 뛰어난 편이었다. 1842년 러시아의 상트페테르부르크에서 지뢰 공장을 차려 성공한 아버지를 따라 스톡홀름을 떠난 뒤 그는 주로 가정교사에게 교육을 받았는데, 이미 열여섯 살 때부터 화학에 뛰어난 소질을 보였고, 모국어인 스웨덴어를 비롯해 영어, 프랑스어, 독일어, 러시아어 등을 능숙하게 구사했다.

열일곱 살이 된 1850년에는 파리에서 1년 동안 화학을 공부했고, 그 뒤 미국으로 건너가 스웨덴 출신의 발명가이자 조선기사인 존 에릭손 아래서 4년 동안 일하며 기계공학을 배웠다. 그러나 폭약 등 군수물자를 생산하며 번창하던 아버지의 사업이 크림전쟁이 끝나면서 몰락하기 시작하자 미국에서 돌아와 아버지의 사업을 도왔으나 결국 1859년에 파산하고 말았다.

이후 스웨덴으로 돌아온 알프레드 노벨은 1860년경에 큰 위험을 무릅쓰고 실험을 반복한 끝에 니트로글리세린을 만드는 데 성공했다. 그런 다음 니트로글리세린을 흑색화약과 섞은 혼합물로 1863년 10월에 정식으로 특허를 받았다. 이후 지속적으로 발명과 생산활동을 계속하다가 이듬해에는 니트로글리세린의 제조법으로 특허를 받았고, 움푹한 나무 마개에 흑색화약을 채운 뇌관에 관한 특허도 얻었다. 이러한 성공은 그를 확고한 결단력과 자신감으로 가득 찬 사업가로 변모시켰다.

1864년 9월 스톡홀름에 있는 공장에서 폭발 사고가 일어나 동생을 비롯하여 다섯 명이 사망했음에도 노벨은 한 달 후 단호하게 첫 합자회사를 차리는 추진력을 발휘했다. 하지만 사람들에에 "미치광이 과학자"로 낙인찍힌 데다가 스웨덴 정부도 위험을 이유로 공장의 재건을 허락하지 않자, 노벨은 배 위에서 니트로글리세린 취급에 따른 위험을 극소화시킬 수 있는 방법을 찾는 실험을 시작했다. 그는 니트로글리세린을 규산질 충전물질인 규조토 스며들게 한 뒤 건조시켜 안전한 고형 폭약 다이너마이트를 만들었다. 이후 1867년과 1868년에 각각 영국과 미국에서 다이너마이트 관련 특허를 따낸 그는 더 강력한 폭약을 만드는 실험을 거듭한 끝에 폭발성 젤라틴을 개발하여 1876년에 또 특허를 취득하였다.

약 10년 뒤 알프레도 노벨은 최초의 니트로글리세린 무연화약이자 코르다이트 폭약의 전신인 발리스타이트를 만들었는데, 특허권과 관련하여 1894년에는 영국 정부와 소송을 벌이기도 했다. 그는 화약제조뿐 아니라 발사만으로는 폭발하지 않는 화약에 쓸 뇌관을 만들고 이를 완벽한 수준까지 끌어올렸다.

노벨의 공장은 스웨덴, 독일, 영국 등에서 연이어 건설되어, 1886년에 세계 최초의 국제적인 회사 '노벨다이너마이트트러스트사'를 세우기도 하였고, 그동안 그의 형인 로베르트와 루트비히는 카스피해 서안에 있는 바쿠 유전지대의 개발에 성공하여 대규모의 정유소를 건설하고 세계 최초의 유조선 조로아스타호를 사용하여 세계 최초의 파이프라인(1876)을 채용함으로써 노벨 가문은 유럽 최대의 부호가 되었다.

이렇게 전 세계를 돌아다니며 바쁘게 평생을 살아왔지만, 노벨은 은퇴 후에는 가급적 조용히 지내려 애썼으며, 결혼도 하지 않았다. 동시대인들 사이에서는 자유주의자, 심지어는 사회주의자로 알려져 있었으나, 사실 그는 민주주의를 불신했을 뿐만 아니라 여성의 참정권을 반대했으며 부하 직원들에게도 너그럽긴 했지만 가부장적 태도를 견지했다. 또한 남의 말을 들어주는 능력이 뛰어났을 뿐만 아니라 기지가 번득이는 사람이기도 했다.

자신의 발명품과는 달리 타고난 평화주의자였던 그는 자신이 발명한 무기로 세상이 평화로워지길 기대했으나 허사에 그치고 말았다. 또한 문학에도 관심이 많아 젊은 시절에는 스웨덴어가 아니라 영어로 시를 쓰기도 했으며, 유품으로 남은 그의 서류뭉치에서는 그가 쓴 소설의 초고들이 발견되기도 했다.

알프레드 노벨은 1895년까지 협심증으로 고생하다 이듬해인 1896년 12월 10일 이탈리아 산레모에 있는 별장에서 뇌출혈로 사망했다. 사망 당시, 그의 사업체는 폭탄 제조공장과 탄약 제조공장을 합해 전 세계에 걸쳐 90여 곳이 넘게 있었다. 그가 1895년 11월 27일 파리에서 작성해 스톡홀름의 한 은행에 보관해 두었던 유언장이 공개되자, 가족과 친지는 물론 일반인들까지 깜짝 놀랐다. 노벨은 인도주의와 과학의 정신을 표방하는 자선사업에 늘 아낌없이 지원했으며, 재산의 대부분을 기금으로 남겨 세계적으로 가장 권위있는 상으로 인정받고 있는 노벨상을 제정했다.

노벨상의 역사

노벨상은 알프레드 노벨의 유언에 따라 설립한 기금으로 물리학, 화학, 생리의학, 문학, 평화, 경제학 여섯 분야에서 "인류에 가장 큰 공헌을 한 사람들"에게 수여하는 상이다. 노벨이 이 상을 제정한 이유는 확실히 밝혀지지 않았는데, 가장 그럴듯한 설명은 1888년에 노벨의 형이 사망했을 때 프랑스의 신문들이 그를 형과 혼동하면서 내보낸 "죽음의 상인, 사망하다"라는 제목의 기사를 본 뒤 충격을 받아 죽은 뒤의 오명을 피하기 위해 제정했다는 것이다. 어쨌든 분명한 사실은 노벨이 설립한 상이 물리학, 화학, 생리의학, 문학 분야에 대한 평생에 걸친 그의 관심을 반영하고 있다는 점이다. 평화상의 설립과 관련해서는 오스트리아 출신의 평화주의자 베르타 폰 주트너와의 교분이 강력한 동기로 작용했다는 설이 우세하다.

노벨의 사망 5주기인 1901년 12월 10일부터 상을 주기 시작했으며, 경제학상은 1968년 스웨덴 은행에 의해 추가 제정된 것으로 1969년부터 수여되었다. 알프레드 노벨은 유언장에서 스톡홀름에 있는 스웨덴 왕립과학원(물리학과 화학), 왕립 카롤린스카 연구소(생리의학), 스웨덴 아카데미(문학), 그리고 노르웨이 국회가 선임하는 오슬로의 노르웨이 노벨위원회(평화)를 노벨상 수여 기관으로 지목했다. 노벨 평화상만 노르웨이에서 수여하는 이유는 노벨이 사망할 당시는 아직 노르웨이와 스웨덴이 분리되지 않았었기 때문이다.

노벨 경제학상은 1968년에 스웨덴 중앙은행이 설립 300주년을 맞아 노벨 재단에 거액의 기부금을 내면서 재정되어 1969년부터 시상해 왔다. 스웨덴 중앙은행은 경제학상 수상자 선정에 전혀 관여하지 않으며 수상자 선정과 수상은 다른 상들과 마찬가지로 스웨덴 왕립과학원이 주관하고 있다. 그 직후 노벨 재단은 더 이상 새로운 상을 만들지 않기로 결정했다.

노벨의 유언에 따라 설립된 노벨 재단은 기금의 법적 소유자이자 실무담당 기관으로 상을 주는 기구들의 공동 집행기관이다. 그러나 재단은 후보 심사나 수상자 결정에는 전혀 관여하지 않으며, 그 업무는 4개 기구가 전담한다. 각 수상자는 금메달과 상장, 상금을 받게 되는데, 상금은 재단의 수입에 따라 액수가 달라진다.

노벨상은 마땅한 후보자가 없거나 세계대전 같은 비상사태로 인해 정상적인 수상 결정을 내릴 수 없을 때는 보류되기도 했다. 국적, 인종, 종교, 이념에 관계없이 누구나 받을 수 있으며, 공동 수상뿐 아니라 한 사람이 여러 차례 수상하는 중복 수상도 가능하다. 두 차례 이상 노벨상을 받은 사람은 마리 퀴리(1903년 물리학상, 1911년 화학상)를 비롯하여 존 바딘(1956년과 1972년 물리학상), 프레더릭 생어(1958년과 1980년 화학상), 그리고 라이너스 폴링(1954년 화학상, 1962년 평화상)이 있으며, 단체로는 국제연합 난민고등판무관이 1954년과 1981년 두 차례 노벨 평화상을 받았고, 국제 적십자위원회는 1917년과 1943년, 1966년 세 차례 노벨상을 수상했다.

노벨상을 거부한 경우도 있는데, 그 이유는 개인의 자발적인 경우와 정부의 압력으로 크게 나눌 수 있다. 1937년 아돌프 히틀러는 1935년 당시 독일의 정치범이었던 반나치 저술가 카를 폰 오시에츠키에게 평화상을 수여한 데 격분해 향후 독일인들의 노벨상 수상을 금지하는 포고령을 내린 바 있다. 이에 따라 리하르트 쿤(1938년 화학상)과 아돌프 부테난트(1939년 화학상), 게르하르트 도마크(1939년 생리의학상)는 강제로 수상을 거부하였다. 그 외에도 『닥터 지바고』로 1958년 노벨 문학상을 수상한 보리스 파스테르나크는 그 소설에 대한 당시 구소련 대중의 부정적인 정서를 이유로 수상을 거부했으며, 1964년 문학상 수상자 장폴 사르트르와 1973년 평화상 수상자인 북베트남의 르둑토는 개인의 신념 및 정치적 상황을 이유로 스스로 노벨상을 거부했다. 노벨상은 지금까지 6개 분야에서 113년 동안 561회 수여되었으며 개인은 847명, 단체는 22곳에 수여되었다. 하지만 여성 개인 수상자는 847명 중에서 단 45명뿐이다.

노벨상 수상자 선정 과정

노벨상의 권위는 엄격한 심사를 통한 수상자 선정 과정에 기인한다. 노벨상 수상자는 매년 10월 첫째 주와 둘째 주에 발표되는데, 수상자 선정 작업은 그 전해 초가을에 시작된다. 이 시기에 노벨상 수여 기관들은 한 부문당 약 1,000명씩 총 6,000여 명에게 후보자 추천을 요청하는 안내장을 보낸다. 안내장을 받은 사람은 전해의 노벨상 수상자들과 상 수여 기관을 비롯해 물리학, 화학, 생리·의학 분야에서 활동 중인 학자들과 대학교 및 학술단체 직원들이다. 이들은 해당 후보를 추천하는 이유를 서면으로 제출해야 하며 자기 자신을 추천하는 사람은 자동적으로 자격을 상실하게 된다.

후보자 명단은 이듬해 1월 31일까지 노벨위원회에 도착해야 한다. 후보자는 부문별로 보통 100명에서 250명가량 되는데, 노벨 위원회는 2월 1일부터 접수된 후보자들을 대상으로 선정 작업에 들어간다. 이 기간 동안 각 위원회는 수천 명의 인원을 동원해 후보자들의 연구 성과를 검토하며, 필요한 경우에는 외부 인사에게 검토 작업을 요청하기도 한다.

이후 각 위원회는 9월에서 10월초 사이에 스웨덴 왕립과학원과 기타

기관에 추천장을 제출하게 된다. 대개는 위원회의 추천대로 수상자가 결정되지만, 수여 기관들이 반드시 여기에 따르는 것은 아니다. 수여 기관에서 행해지는 심사 및 표결 과정은 철저히 비밀에 부쳐지며 토의 내용은 절대로 문서로 남기지 않는다. 상은 단체에도 수여할 수 있는 평화상을 제외하고는 개인에게만 주도록 되어 있다. 죽은 사람은 수상 후보자로 지명하지 않는 게 원칙이지만, 다그 함마르시욀드(1961년 평화상 수상자)와 에리크 A. 카를펠트(1931년 문학상 수상자)처럼 생전에 수상자로 지명된 경우에는 사후에도 상을 받을 수 있다. 일단 수상자가 결정되고 나면 번복할 수 없다.

노벨 생리학·의학상 수상 후보자를 추천할 수 있는 사람은 수상 기관에 따라 다르며 세부 사항은 다음과 같다.

1. 카롤린스카 연구소의 노벨 총회 임원들
2. 스웨덴 왕립과학원의 의학분과위원회 소속 회원(외국인 포함)
3. 노벨 생리학·의학상 수상자
4. 위의 1항에 해당되지 않는 노벨 위원회 위원
5. 스웨덴 내의 의과대학 교수, 덴마크, 핀란드, 아이슬란드, 노르웨이의 의과대학이나 유사 기관에서 이에 상응하는 직위를 가진 사람
6. 여러 나라를 적절히 대표하도록 스웨덴 왕립과학원이 선정한 최소한 여섯 군데의 대학에서 이에 상응하는 지위를 가진 사람
7. 노벨 총회가 적절한 자격이 있다고 판단한 자연과학 교수나 연구자

인명 찾아보기

ㄱ

게르하르트 도마크Gerhard Johannes Paul Domagk 244
게오르게스 쾰러Georges Jean Franz Kohler 503
게오르크 폰 베케시Georg von Bekesy 374
게트루드 앨리언Gertrude Belle Elion 523
고드프리 하운스필드Godfrey Newbold Hounsfield 474
고빈드 코라나Har Gobind Khorana 418
그레그 서멘자Gregg L. Semenza 653
귄터 블로벨Günter Blobel 571

ㄴ

니콜라스 틴베르헨Nikolaas Tinbergen 443
닐스 예르네Niels Kai Jerne 503
닐스 핀센Niels Ryberg Finsen 34

ㄷ

다니엘 보베Daniel Bovet 350
대니얼 네이선스Daniel Nathans 468
데이비드 볼티모어David Baltimore 453
데이비드 줄리어스David Julius 661
데이비드 허블David Hunter Hubel 486
도네가와 스스무利根川進 519
드루 와이스먼Drew Weissman 668
디킨슨 리처즈Dickinson Woodruff Richards 343

ㄹ

랑나르 그라니트Ragnar Arthur Granit 411
랜디 셰크먼Randy Schekman 628
랠프 M. 스타인먼Ralph M. Steinman 620
레나토 둘베코Renato Dulbecco 453
로널드 로스Ronald Ross 28
로드니 포터Rodney Robert Porter 439
로버트G. 에드워즈Robert G. Edwards 617

로버트 퍼치고트Robert Francis Furchgott 566
로버트 호비츠H. Robert Horvitz 585
로버트 홀리Robert William Holley 418
로베르트 바라니Robert Bárány 103
로베르트 코흐Heinrich Hermann Robert Koch 48
로빈 워런J. Robin Warren 597
로저 스페리Roger Wolcott Sperry 486
로절린 옐로Rosalyn Sussman Yalow 462
로제 기유맹Roger Charles Louis Guillemin 462
롤프 칭커나겔Rolf Martin Zinkernagel 558
루이스 이그내로Louis J. Ignarro 566
뤽 몽타니에Luc Montagnier 609
리처드 로버츠Richard John Roberts 546
리처드 액설Richard Axel 593
리타 레비몬탈치니Rita Levi-Montalcini 514
린다 벅Linda B. Buck 593
릴런드 하트웰Leland H. Hartwell 581

ㅁ

마리오 카페키Mario R. Capecchi 605
마셜 니런버그
Marshall Warren Nirenberg 418
마이브리트 모세르May-Britt Moser 633
마이클 로스배시Michael Rosbash 645
마이클 브라운Michael Stuart Brown 510
마이클 비숍John Michael Bishop 529
마이클 영Michael W. Young 645
마이클 호턴Michael Houghton 657
마틴 로드벨Martin Rodbell 550
마틴 에반스Martin J. Evans 605
막스 델브뤼크Max Delbrück 424
맥스 타일러Max Theiler 310
맥팔레인 버닛Frank Macfarlane Burnet 368
모리스 윌킨스Maurice Hugh Frederick Wilkins 379

ㅂ

바그너 야우레크Julius Wagner-Jauregg 158
바루 베나세라프Baruj Benacerraf 479
바버라 매클린턱Barbara McClintock 498
발터 루돌프 헤스Walter Rudolf Hess 293
배리 마셜Barry James Marshall 597
버나드 카츠Bernard Katz 430
버룩 블럼버그Baruch Samuel Blumberg 458
베르나르도 우사이 Bernardo Alberto Houssay 276
베르너 아르버Werner Arber 468
베르너 포르스만Werner Theodor Otto Forssmann 343
베르트 자크만Bert Sakmann 538
벵트 사무엘손
Bengt Ingemar Samuelsson 492
브루스 A. 보이틀러Bruce A. Beutler 620
빌렘 에인트호벤Willem Einthoven 143

ㅅ

사토시 오무라Satoshi Omura 637
산티아고 라몬 이 카할Santiago Ramon y Cajal 56
살바도르 루리아Salvador Edward Luria 424
샤를 니콜Charles-Jules-Henri Nicolle 163
샤를 리셰Charles Richet 97
세베로 오초아Severo Ochoa 362
셀먼 왁스먼Selman Abraham Waksman 316
수네 베리스트룀Sune Karl Bergstrom 492
스반테 페보Svante Paabo 664
스탠리 코언Stanley Cohen 514
스탠리 프루시너Stanley Ben Prusiner 562
시드니 브레너 Sydney Brenner 585

ㅇ

아뎀 파타푸티언Ardem Patapoutian 661
아르비드 칼손Arvid Carlsson 575
아서 콘버그Arthur Kornberg 362
아우구스트 크로그Schack August Steenberg Krogh 116
아치볼드 힐Archibald Vivian Hill 126
악셀 후고 테오렐Axel Hugo Teodor Theorell 339
알렉산더 플레밍Alexander Fleming 261
알렉시스 카렐Alexis Carrel 90
알바르 굴스트란드Alvar Gullstrand 86
알베르 클로드Albert Claude 448
알브레히트 코셀Albrecht Kossel 80
알퐁스 라베랑Charles-Louis Alphonse Laveran 62
앙드레 르보프Andre Michel Lwoff 396
앙드레 쿠르낭André Frédéric Cournand 343
앙토니우 에가스 모니즈Antonio Caetano de Abreu Freire Egas Moniz 293
앤드루 섈리Andrew Victor Schally 462
앤드루 파이어Andrew Zachary Fire 601
앤드루 헉슬리Andrew Fielding Huxley 385
앨런 코맥Allan MacLeod Cormack 474
앨런 호지킨Alan Lloyd Hodgkin 385
앨프레드 허시Alfred Day Hershey 424
앨프리드 길먼Alfred Goodman Gilman 550
야마나카 신야山中伸彌 624
언스트 체인Ernst Boris Chain 261
얼 서덜랜드Earl Wilbur Sutherland 435
얼베르트 센트죄르지Albert von Szent-Györgyi Nagyrapolt 230
에드거 에이드리언Edgar Douglas Adrian 189
에드먼드 피셔Edmond H. Fischer 542
에드바르 모세르Edvard I. Moser 633
에드워드 도이지Edward Adelbert Doisy 251
에드워드 루이Edward B. Lewis 554
에드워드 켄들Edward Calvin Kendall 299
에드워드 테이텀Edward Lawrie Tatum 355
에드워드 토머스
Edward Donnall Thomas 533
에드윈 크레브스Edwin Gerhard Krebs 542

에르빈 네어Erwin Neher 538
에릭 위샤우스Eric F. Wieschaus 554
에릭 캔들Eric Richard Kandel 575
에밀 코허Emil Theodor Kocher 75
에밀 폰 베링Emil Adolf von Behring 23
엘리자베스 H. 블랙번Elizabeth H. Blackburn 613
오토 뢰비Otto Loewi 223
오토 마이어호프Otto Fritz Meyerhof 126
오토 바르부르크Otto Heinrich Warburg 185
올리버 스미시스 Oliver Smithies 605
요시노리 오스미Yoshinori Ohsumi 641
요하네스 피비게르Johannes Andreas Grib Fibiger 153
울프 폰 오일러Ulf von Euler 430
윌리엄 머피William Parry Murphy 205
윌리엄 케일린William G. Kaelin Jr 653
윌리엄 캠벨William C. Campbell 637
유유 투Youyou Tu 637
이반 파블로프Ivan Petrovich Pavlov 40
일리야 메치니코프Ilya Ilich Mechnikov 70

ㅈ

자크 모노Jacques Lucien Monod 396
장 도세Jean Baptiste Gabriel Dausset 479
잭 W. 조스택Jack W. Szostak 613
제럴드 애들먼Gerald Maurice Edelman 439
제임스 로스먼James Rothman 628
제임스 블랙James Whyte Black 523
제임스 앨리슨James P. Allison 649
제임스 왓슨James Dewey Watson 379
제프리 홀Jeffrey C. Hall 645
조슈아 레더버그Joshua Lederberg 355
조지 마이넛George Richards Minot 205
조지 비들George Wells Beadle 355
조지 스넬George Davis Snell 479
조지 월드George Wald 411
조지 펄라디George Emil Palade 448
조지 휘플George Hoyt Whipple 205
조지 히칭스George Herbert Hitchings 523
조지프 골드스테인Joseph Leonard Goldstein 510
조지프 머리Joseph Edward Murray 533
조지프 얼랜저Joseph Erlanger 256
존 매클라우드John James Richard Macleod 136
존 베인John Robert Vane 492
존 B. 거던John B. Gurdon 624
존 설스턴John Edward Sulston 585
존 에클스John Carew Eccles 385
존 엔더스John Franklin Enders 330
존 오키프John O'Keefe 633
줄리어스 액설로드Julius Axelrod 430
쥘 A. 호프만Jules A. Hoffmann 620
쥘 보르데Jules Jean Baptiste Vincent Bordet 109

ㅊ

찰스 라이스Charles M. Rice 657
찰스 셰링턴Charles Scott Sherrington 189
찰스 허긴스Charles Brenton Huggins 403
체자르 밀스테인Cesar Milstein 503

ㅋ

카를 란트슈타이너Karl Landsteiner 179
카를 폰 프리슈Karl von Frisch 443
카밀로 골지Camillo Golgi 56
커털린 커리코Katalin Kariko 668
칼턴 가이두섹Daniel Carleton Gajdusek 458
캐럴 W. 그라이더Carol W. Greider 613
코르네유 하이만스 Corneille-Jean-François Heymans 237
코리 부부Cori 276
콘라트 로렌츠Konrad Zacharias Lorenz 443
콘래드 블로흐Konrad Emil Bloch 391
크레이그 멜로Craig Cameron Mello 601
크리스티아니 뉘슬라인 폴하르트 Christiane Nusslein-Volhard 554
크리스티안 에이크만Christiaan Eijkman 170
크리스티앙 드 뒤브Christian Rene Marie Joseph de Duve 448

ㅌ

타데우시 라이히슈타인Tadeus Reichstein 299
토르스텐 비셀Torsten Nils Wiesel 486
토마스 쥐트호프Thomas Sudhof 629
토머스 웰러Thomas Huckle Weller 330
토머스 헌트 모건 Thomas Hunt Morgan 197
티머시 헌트Richard Timothy Hunt 581

ㅍ

파울 뮐러Paul Hermann Müller 286
파울 에를리히Paul Ehrlich 70
페리드 머래드Ferid Murad 566
페오도르 리넨 Feodor Felix Konrad Lynen 391
페이턴 라우스Francis Peyton Rous 403
폴 그린가드Paul Greengard 575
폴 너스Paul M. Nurse 581
폴 로버터Paul Christian Lauterbur 590
프랑수아 바레-시누시Françoise Barré-Sinoussi 609
프랑수아 자코브Francois Jacob 396
프랜시스 크릭 Francis Harry Compton Crick 379
프레더릭 로빈스 Frederick Chapman Robbins 330
프레더릭 밴팅Frederick Grant Banting 136
프레더릭 홉킨스 Frederick Gowland

Hopkins 170
프리츠 리프만Fritz Albert Lipmann 324
피터 도허티Peter Charles Doherty 558
피터 랫클리프Sir Peter J. Ratcliffe 653
피터 맨스필드Peter Mansfield 590
피터 메더워Peter Brian Medawar 368
필립 샤프Phillip Allen Sharp 546
필립 헨치Philip Showalter Hench 299

ㅎ

하랄트 추어하우젠
Harald zur Hausen 609
하비 올터Harvey J. Alter 657
하워드 테민Howard Martin Temin 453
하워드 플로리Howard Walter Florey 261
한스 슈페만Hans Spemann 218
한스 크레브스Hans Adolf Krebs 324
해밀턴 스미스Hamilton Othanel Smith 468
핼던 하틀라인Haldan Keffer Hartline 411
허먼 멀러Hermann Joseph Muller 270
허버트 개서Herbert Spencer Gasser 256
헤럴드 바머스Harold Elliot Varmus 529
헨리 데일Henry Hallett Dale 223
헨리크 담Henrik Carl Peter Dam 251
혼조 다스쿠本庶佑 649

옮긴이 소개

유영숙 | 한국과학기술연구원(KIST) 명예연구원. (재)기후변화센터 이사장. 이화여자대학교를 졸업하고 1986년에 미국 오리건주립대학교에서 생화학으로 박사 학위를 받았으며, 미국 스탠퍼드 대학교 의과대학에서 박사 후 과정을 역임했다. 2006년 과학기술 포장, 2008년 아모레퍼시픽 여성과학자상 대상, 2013년에는 한국 로레알-유네스코 여성생명과학 진흥상을 수상했다. 단백질 및 고분자 물질에 대한 새로운 분석법 개발과 더불어 신호전달 단백질들의 정량화 연구를 수행하는 등 시스템 생물학 연구를 주도하였다. 2011년부터 2013년까지 제14대 환경부 장관을 역임했다.

권오승 | 한국과학기술연구원(KIST) 도핑콘트롤센터 연구전문위원 및 UST 명예교수. 중앙대학교 약학대학을 졸업하고 1996년 미국 아칸소 의과대학교에서 박사 학위를 받았다. 1994년 미국 식품의약국 우수논문상, 2011년 국가과학기술위원회 교과부장관상, 2012년 과학기술총연합회 과학기술 우수논문상, 2018년 이달의 KIST인상, 2020년 지올분석과학상을 수상했다. 2009년부터 2021년까지 도핑콘트롤센터장, 2021년 한국약제학회 회장을 역임하였다. 신경면역질환 동물 실험 모델에서의 질병 연구, 생체 시료 중 약물분석법 및 독성 물질의 체내 동태가 주요 연구 분야이다.

한선규 | 서울여자대학교 화학과를 졸업하고 2001년에 박사 학위를 받았다. 이후 배화여자대학교, 육군사관학교, 서울여자대학교 화학과에서 강의했으며, 2003년부터 2006년까지 KIST 생체대사연구센터 생화학연구실에서 박사 후 연구원을 지냈다. 자가면역질환인 류마티스 관절염에서의 사이토카인 신호전달기전 및 조절 등에 관해 연구하고 있다.

당신에게 노벨상을 수여합니다 노벨 생리의학상

초판 1쇄 발행 2007년 10월 15일
2024 신판 발행 2024년 1월 10일

지은이 | 노벨 재단
옮긴이 | 유영숙·권오승·한선규
책임편집 | 정일웅·나현영·김정하
펴낸곳 | (주)바다출판사
주소 | 서울시 마포구 성지1길 30 3층
전화 | 322-3885(편집), 322-3575(마케팅)
팩스 | 322-3858
홈페이지 | www.badabooks.co.kr
E-mail | badabooks@daum.net

ISBN 979-11-6689-212-7 04400
979-11-6689-209-7 (전 3권)